U0901289

中国国家标准汇编

2008年修订-12

中国标准出版社　编

中国标准出版社
北京

图书在版编目（CIP）数据

中国国家标准汇编：2008年修订.12/中国标准出版社编.—北京：中国标准出版社，2009
ISBN 978-7-5066-5359-6

Ⅰ.中… Ⅱ.中… Ⅲ.国家标准-汇编-中国-2008
Ⅳ.T-652.1

中国版本图书馆CIP数据核字（2009）第099335号

中国标准出版社出版发行
北京复兴门外三里河北街16号
邮政编码:100045
网址 www.spc.net.cn
电话:68523946 68517548
中国标准出版社秦皇岛印刷厂印刷
各地新华书店经销

*

开本 880×1230 1/16 印张 40 字数 1 206 千字
2009年7月第一版 2009年7月第一次印刷

*

定价 200.00 元

ISBN 978-7-5066-5359-6

出 版 说 明

1.《中国国家标准汇编》是一部大型综合性国家标准全集。自1983年起，按国家标准顺序号以精装本、平装本两种装帧形式陆续分册汇编出版。它在一定程度上反映了我国建国以来标准化事业发展的基本情况和主要成就，是各级标准化管理机构，工矿企事业单位，农林牧副渔系统，科研、设计、教学等部门必不可少的工具书。

2.《中国国家标准汇编》收入我国每年正式发布的全部国家标准，分为“制定”卷和“修订”卷两种编辑版本。

“制定”卷收入上年度我国发布的、新制定的国家标准，顺延前年度标准编号分成若干分册，封面和书脊上注明“20××年制定”字样及分册号，分册号一直连续。各分册中的标准是按照标准编号顺序连续排列的，如有标准顺序号缺号的，除特殊情况注明外，暂为空号。

“修订”卷收入上年度我国发布的、被修订的国家标准，视篇幅分设若干分册，但与“制定”卷分册号无关联，仅在封面和书脊上注明“20××年修订-1,-2,-3,……”字样。“修订”卷各分册中的标准，仍按标准编号顺序排列(但不连续)；如有遗漏的，均在当年最后一分册中补齐。需提请读者注意的是，个别非顺延前年度标准编号的新制定的国家标准没有收入在“制定”卷中，而是收入在“修订”卷中。

读者配套购买《中国国家标准汇编》“制定”卷和“修订”卷则可收齐上一年度我国制定和修订的全部国家标准。

3. 由于读者需求的变化，自1996年起，《中国国家标准汇编》仅出版精装本。

4. 2008年制修订国家标准共5946项。本分册为“2008年修订-12”，收入新制修订的国家标准11项。

中国标准出版社
2009年5月

目　录

GB/T 2900.23—2008　电工术语　工业电热装置 …… 1
GB/T 2900.25—2008　电工术语　旋转电机 …… 107
GB/T 2900.26—2008　电工术语　控制电机 …… 189
GB/T 2900.27—2008　电工术语　小功率电动机 …… 247
GB/T 2900.29—2008　电工术语　家用和类似用途电器 …… 267
GB/T 2900.35—2008　电工术语　爆炸性环境用设备 …… 353
GB/T 2900.41—2008　电工术语　原电池和蓄电池 …… 395
GB/T 2900.48—2008　电工名词术语　锅炉 …… 434
GB/T 2900.50—2008　电工术语　发电、输电及配电　通用术语 …… 519
GB/T 2900.52—2008　电工术语　发电、输电及配电　发电 …… 535
GB/T 2900.56—2008　电工术语　控制技术 …… 555

ICS 01.040.29;25.180.10
K 61

中华人民共和国国家标准

GB/T 2900.23—2008/IEC 60050-841:2004
代替 GB/T 2900.23—1995

电工术语 工业电热装置

Electrotechnical terminology Industrial electroheat

(IEC 60050-841:2004, International Electrotechnical Vocabulary, Part 841:Industrial electroheat,IDT)

2008-06-18 发布 2009-05-01 实施

中华人民共和国国家质量监督检验检疫总局
中国国家标准化管理委员会 发布

前　言

本部分为 GB/T 2900 的第 23 部分。

本部分等同采用 IEC 60050-841:2004《国际电工词汇　第 841 部分　工业电热》。

本部分中术语条目编号与 IEC 60050-841:2004 保持一致。

本部分代替 GB/T 2900.23—1995《电工术语　工业电热设备》。

本部分与 GB/T 2900.23—1995 相比，标准结构变化较大，删除了一些术语，增加了一些新的术语。

本部分由全国电工术语标准化技术委员会(SAC/TC 232)提出。

本部分由全国电工术语标准化技术委员会和全国工业电热设备标准化技术委员会共同归口。

本部分起草单位：西安电炉研究所有限公司、机械科学研究院中机生产力促进中心、电子科技大学物理电子学院、天津大学、中科院等离子体物理研究所。

本部分主要起草人：葛华山、刘西萍、杨芙、季天仁、楮治德、高翔。

本部分所代替标准的历次版本发布情况为：

——GB/T 2900.23—1983；

——GB/T 2900.23—1995。

电工术语 工业电热装置

1 范围

本部分规定了工业电热技术领域用术语和定义。

本部分适用于工业电热技术领域制定标准,编制技术文件,编写和翻译专业手册、教材或书刊,供从事电工专业工作的生产、科研、使用和教学等有关部门的人员使用。

2 规范性引用文件

下列文件中的条款通过本部分的引用而成为本部分的条款。凡是注日期的引用文件,其随后所有的修改单(不包括勘误的内容)或修订版均不适用于本部分,然而,鼓励根据本部分达成协议的各方研究是否可使用这些文件的最新版本。凡是不注日期的引用文件,其最新版本适用于本部分。

GB/T 2900.25—1994 电工术语 旋转电机(neq IEC 60050-411:1996)

GB/T 2900.60—2002 电工术语 电磁学(eqv IEC 60050-121:1998)

GB/T 2900.61—2002 电工术语 物理和化学(mod IEC 60050-111:1996)

GB/T 2900.65—2004 电工术语 照明(IEC 60050-845:1987,MOD)

GB/T 2900.66—2004 电工术语 半导体器件和集成电路(IEC 60050-521:2002,IDT)

GB/T 4597—1996 电子管词汇(mod IEC 60050-531:1974)

GB/T 13811—2003 电工术语 超导电性(IEC 60050-815:2000,MOD)

GB/T 14733.2 电信术语 传输线与波导(GB/T 14733.2—1993,idt IEC 60050-726:1982)

GB/T 14733.12—1993 电信术语 光纤通信

IEC 60050-151:2001 国际电工词汇 第151部分 电的和磁的器件

3 术语和定义

3.1 关于传热和电能转换成热的一般概念

841-21-01

温度场 temperature field

每点温度都能给定的空间。

841-21-02

等温面 isothermal surface

给定时刻其上各点温度都相同的面。

841-21-03

温度梯度 temperature gradient

在与等温面垂直的方向上,温度差除以距离之商。

841-21-04

热量 (quantity of)**heat**

当物质和电磁能量均不穿过物理系统的边界时,系统总能量的增加与对系统做的功的差。

[GB/T 2900.61—2002,111-13-35]

注1:热量取决于如何从一个状态到达另一状态的变化,并且在不引起其他变化时只能部分地转变为功。

注2:供热可引起与粒子运动有关的能量的增加或相变之类的其他效应。

841-21-05

热传导 heat conduction；thermal conduction

在由固体或流体组成的实体中，由相邻分子间的相互作用引起的热的传递。

841-21-06

热对流 heat convection；thermal convection

在由流体组成的实体中由物质运动引起的热的传递。

841-21-07

自然对流 free convection；natural convection

热对流的一种方式，在这种方式下流体的运动是由温度差导致的密度差引起的。

841-21-08

强迫对流 forced convection

热对流的一种方式，在这种方式下流体的运动除了由该实体内密度差的作用产生外，还由外部机械装置产生或维持。

注：这些外部机械装置可能是风机。

841-21-09

热辐射 thermal radiation

由于物体具有温度，能量从该物体以电磁波形式的发射。

841-21-10

传热 heat transfer

在两个不同温度的实体间的热量交换。

841-21-11

比热 specific heat

单位质量物质温度升高或降低 1 K 所需的热量。

841-21-12

潜热 latent heat

在恒温和恒压条件下，实体内物质相态或结构变化所需的热量。

841-21-13

热平衡 heat balance

在实体内考虑到接收的热、内部所生的热、储存的热、散发到周围环境的热和潜热的能量平衡。

841-21-14

热损失 thermal losses

实体在给定时间间隔内的输入热和储存热之和与有用热之间的热量差。

841-21-15

输入热 heat input

以热的形式引入实体或在该实体内转换成热的能量。

841-21-16

输出热 heat output

实体以热的形式通过其边界释放出的能量或在该实体内转换成其他形式能量的热量。

841-21-17

储存热 stored heat

某实体在给定时间间隔的终点和起点所含热能之差。

841-21-18

热过程　thermal process

需要一些热量使炉料实现预期的物理或化学变化的工艺过程。

841-21-19

有用热　useful heat

为完成预期的热过程必需的热量。

注：该热过程例如可为升高炉料温度和实现炉料的物理和化学变化。

841-21-20

回收热　recuperative heat

可以回收利用的热损失部分。

841-21-21

热功率　thermal power

在某一过程中传递的或产生的热量除以该过程所需时间之商。

841-21-22

电热(学)　electroheat

为了使用的目的，研究将电能转换成热的科学和技术分支。

841-21-23

电加热　electric heating

为了使用的目的从电能产生热。

841-21-24

直接电加热　direct electric heating

电能到热能的转换发生在炉料内的电热过程。

841-21-25

间接电加热　indirect electric heating

电能到热能的转换发生在炉料外，然后再把该热能传递给炉料的电热过程。

841-21-26

局部电加热　localized electric heating

炉料某一限定的部分或体积的电加热。

841-21-27

表面电加热　electric surface heating

炉料表面的电加热。

841-21-28

隔热(材料)　thermal insulation

用于减少两介质间热传递的材料。

841-21-29

工频(电热的)　**mains frequency**(in electroheat)

给电加热电力网供电的交流电力系统的频率。

注：工频通常为 50 Hz 或 60 Hz。

841-21-30

低频(电热的)　**low frequency** (in electroheat)

低于工频的频率。

841-21-31

中频(电热的)　**medium frequency** (in electroheat)

高于工频但低于或等于 10 kHz 的频率。

841-21-32

高频(电热的)　**high frequency** (in electroheat)

高于 10 kHz 但低于或等于 300 MHz 的频率。

841-21-33

微波频率(电热的)　**microwave frequency** (in electroheat)

高于 300 MHz 但低于或等于 300 GHz 的频率。

841-21-34

加热功率　**heating power**

由电热装置产生的热功率。

841-21-35

额定值　**rated value**

用于规范目的的量值,是为部件、器件、设备或系统的规定的运行条件制定的。

[151-16-08]

841-21-36

电透热　**electric through heating**

对炉料整个体积进行的电加热。

841-21-37

升温功率　**heating-up power**

加于电热设备的使其升温至开始正常运行的电功率。

841-21-38

额定保温损失(电热的)　**rated stand-by losses** (in electroheat)

电热设备在额定温度下的热稳定状态时的热损失功率的额定值。

841-21-39

运行温度　**operating temperature**

工作温度　**working temperature**

电热设备在规定工艺过程中运行的温度。

841-21-40

炉料容量(电热设备的)　**charge capacity** (of an electroheat equipment)

可以放置炉料的工作空间的容积。

3.2　有关电热装置、特性值和应用的一般概念

841-22-01

电热设备　**electroheat equipment**

为了使用的目的,将电能转换成热的设备。

841-22-02

电热装置　**electroheat installation**

由电热设备及其在操作和使用中所必需的电气和机械附属设备所组成的成套装置。

841-22-03

电加热器　**electric heater**

没有炉室的电热设备。

841-22-04

电炉　**electric furnace**

具有炉室的电热设备。

841-22-05

电干燥器　**electric dryer**

用于干燥工艺的电炉。

841-22-06

炉料 charge

在电热设备中经受加热过程的材料或工件。

841-22-07

化学气相沉积 chemical vapour deposition;CVD (abbreviation)

通过蒸气和/或气体的化学反应在基体表面产生沉积的过程。

[修改 GB/T 14733.12—1993 中 731-02-53]

841-22-08

物理气相沉积 physical vapour deposition;PVD(abbreviation)

主要通过物理蒸发和随后的沉积产生薄膜的过程。

[修改 GB/T 13811—2003 中 815-05-13]

841-22-09

蒸镀 evaporation

通过例如铝、铬、硼、硅、镍等材料气化所得的非电离或轻微电离的金属蒸气,在炉料冷表面上的结晶而形成金属沉积的过程。

841-22-10

离子注入 ion implantation

通过引入加速的离子来改变固体外层的过程。

[修改 GB/T 2900.66—2004 中 521-03-14]

841-22-11

热喷涂 thermal spraying

用气动喷雾方法,把气焰、电弧或等离子体中涂层材料的细小颗粒涂敷在炉料上的过程。

841-22-12

溅射 sputtering

利用离子轰击或其他能量,从固体源提取粒子并沉积在邻近表面上形成薄膜的过程。

[修改 GB/T 2900.66—2004 中 521-03-17]

841-22-13

加热 heating

给实体提供热量以提高或维持其温度的过程。

841-22-14

冷却 cooling

连续或逐渐降低实体温度的过程。

841-22-15

熔化 melting

把炉料从固态变为液态的过程。

841-22-16

真空熔化 vacuum melting

控制在很低气压下进行的熔化。

841-22-17

精炼 refining

从金属、合金或半导体等的液态炉料中去除杂质的过程。

841-22-18

流态化 fluidization

为改善热交换条件,使精细颗粒在上升气流中悬浮。

841-22-19

重熔　remelting

二次熔化中的加热作业。

841-22-20

盐浴加热　heating in salt bath

炉料在熔融盐中被加热以进行热处理或化学热处理，盐的熔化或加热通常由电极加热来实现的。

841-22-21

热处理　heat treatment

目的在于改变材料物理和化学性能的热过程。

841-22-22

表面热处理　surface heat treatment

目的在于改变材料表面性能的热处理。

841-22-23

退火　annealing

把炉料加热到所需温度并在规定时间内一直保持在该温度下，然后以规定的速度冷却的热处理。

841-22-24

淬火　hardening

把炉料加热到奥氏体化温度，然后均热保温和快速冷却以获得马氏体或贝氏体组织的热处理。

841-22-25

淬-回火　hardening by quenching

先淬火然后进行低温回火的热处理。

841-22-26

保温　holding

把炉料保持在某一适当温度下直到其温度均等的热处理。

841-22-27

表面淬火　surface hardening

炉料表面层的淬火。

841-22-28

透淬　through hardening

炉料通体的淬火。

841-22-29

回火　tempering

加热已淬火的炉料至适当温度并保温，然后进行冷却的热处理。

841-22-30

化学热处理　thermo-chemical treatment

取决于温度、处理时间长短以及与周围介质的化学反应的，改变材料性质的热过程。

841-22-31

阳极　anode

能向较低电导率介质发射正载流子和/或从较低电导率介质中接收负载流子的电极。

[151-13-02]

注1：电流的方向是从外电路经过阳极流入较低电导率介质。

注2：在某些场合下(例如电化学电池)，"阳极"一词是用于这个电极或另一个电极，取决于电池的运行情况，而在其他场合(例如电子管和半导体器件)"阳极"一词指定用于一个特定的电极"。

841-22-32

阴极　cathode

能向较低电导率介质发射负载流子和/或从较低电导率介质中接收正载流子的电极。

[151-13-03]

注1：电流的方向是从较低电导率介质中经过阴极流向外电路。

注2：在某些场合下(例如电化学电池)，阴极一词用于这个电极或另一个电极，取决于电池的运行情况，在另外的场合下(例如电子管和半导体器件)，“阴极”一词指定用于一个特定的电极。

841-22-33

底电极　bottom electrode

位于电炉外壳底部的电极。

841-22-34

加热室　heating chamber

电炉中放置被加热炉料的，由炉墙包围的空间。

841-22-35

拱顶　vault

电炉加热室的炉顶。

841-22-36

闸室　lock chamber

气密性的中间室，炉料在进入电炉的加热室或冷却室之前通过该室。

841-22-37

溜槽　chute

利用炉料自身重力给电炉装料和出料的开口斜槽。

841-22-38

流槽　launder

利用熔融金属自身重力或借助电磁力来输送熔融金属的具有耐火衬里的槽。

841-22-39

耐火炉衬　refractory lining

由高耐热、高机械强度和低热导率材料制成的炉子加热空间的内层。

841-22-40

隔热炉衬　heat insulation lining

由低热导率材料制成的炉衬。

841-22-41

倾炉系统　furnace tilting system

由机械、液压和电气装置组成的，用于改变电炉姿态进行出料、除渣等的成套设备。

841-22-42

送料器　charge feeder

用于在加热和冷却时，手动、半自动或全自动地放置、移动和替换炉料的电炉设备。

841-22-43

链条输送装置　chain conveyor

用于电炉加热室内装运炉料，具有由链轮驱动的链条环的输送设备。

841-22-44

振动输送装置　vibrating conveyor

由作小幅度振动的、略带倾斜的槽构成的，用来连续输送炉料的设备。

841-22-45

振底输送装置　shaker conveyor

由作往返运动的水平或略带倾斜的炉底构成的，推动炉料步进的输送设备。

841-22-46

料筐　charging basket

用来给炉罐或炉子加热室装料的容器。

841-22-47

料盘　charging tray

用来承载和输送炉料入炉并在处理后随同炉料一起出炉的盘状容器。

841-22-48

结晶器　crystallizer

无底的水冷金属容器，液态金属连续送入其内，固化的铸件被连续从其内拉引出。

841-22-49

炉罐　retort

用来在真空或控制气氛中加热炉料的陶瓷或金属制密闭容器。

841-22-50

坩埚　crucible

由耐火材料或导电材料如钢、铜或石墨制成，用来盛装被熔化炉料的容器。

841-22-51

钢包　ladle

浇包

具有耐火炉衬，用来盛装、输送和浇铸液态金属的金属容器。

841-22-52

中间包　charging tundish

用来盛放金属液并让其连续通过底部的孔流入连铸工艺结晶器的容器。

841-22-53

观察孔　inspection hole

用来观察加热室内部的开口。

841-22-54

气体发生器　gas generator

用来从燃气、氨和液态有机物获得吸热式或放热式保护气氛的设备。

841-22-55

惰性气氛　inert atmosphere

中性气氛　neutral atmosphere

在给定温度下不与炉料交换成分的保护气体介质。

841-22-56

还原气氛　reducing atmosphere

含有还原性成分且具有进行还原过程所需量的气体介质。

841-22-57

氧化气氛　oxidizing atmosphere

含有氧化性成分且具有进行氧化过程所需量的气体介质。

841-22-58

工艺气氛　processing atmosphere

加热室内为进行规定工艺过程所需的气体介质。

841-22-59

可控气氛　controlled atmosphere

能与炉料相互作用,成分受控的气体介质。

841-22-60

氮基气氛　nitrogen-based atmosphere

以氮气作为载体的控制气氛。

841-22-61

自然气氛　natural atmosphere

以自然状态存在于加热室内,无任何气氛成分控制的气体介质。

841-22-62

合成气氛　synthetic atmosphere

由于液态有机化合物如甲醇、异丙醇在空气中的裂解或转化,而在加热室内获得的气体介质。

841-22-63

吸热式气氛　endothermic atmosphere; endogas

由于在外界供热情况下碳氢化合物与气体氧化剂的反应,在发生器内获得的气体介质。

841-22-64

放热式气氛　exothermic atmosphere; exogas

由于燃气燃烧,在无外界供热情况下在发生器内获得的气体介质。

841-22-65

发生器气氛　generator atmosphere

在气体发生器内从燃气、氨或工业氮中获得的气体介质。

841-22-66

氮氢气氛　nitrogen-hydrogen atmosphere

在气体发生器内通过裂解获得的含氮和氢的气体介质。

841-22-67

电热装置特性值　characteristic value of an electroheat installation

与电热装置的特性有关的物理量。

841-22-68

热效率　thermal efficiency

有用热功率与加热功率之比。

841-22-69

电热效率　electrothermal efficiency

在电网直接供电的附属设备不给电热装置输入能量的情况下,电热装置的有效热能与输入电能之比。

841-22-70

电热装置效率　efficiency of an electroheat installation

电热装置中有用能与总输入能之比。

841-22-71

电热装置生产率　electroheat installation productivity; electroheat installation output

在电热装置中加热的炉料质量除以工艺持续时间的商。

841-22-72

单位电耗　specific energy consumption

在工艺过程中所用的电能除以炉料质量的商。

841-22-73

炉子升温时间 furnace heating-up time

从炉子在环境温度下合闸通电时刻至加热室达到规定炉温时刻的时间间隔。

841-22-74

炉料加热时间 charge heating time

炉料从其起始温度上升到工艺过程规定的最终温度的时间间隔。

841-22-75

熔化时间 melting time

从加热装置合闸通电时刻到炉料完全熔化时刻的时间间隔。

841-22-76

装料时间 charging time

从加热室开始装料到开始加热的时间间隔。

841-22-77

卸料时间 unloading time

从炉料达到最终温度时刻或从工艺过程结束时刻到炉料从加热室全部取出的时间间隔。

3.3 电阻加热

841-23-01

电阻加热 resistance heating

利用电流在固体介质中产生的焦耳效应的电加热。

841-23-02

直接电阻加热 direct resistance heating

电流通过被加热材料的电阻加热。

841-23-03

间接电阻加热 indirect resistance heating

由焦耳效应在电阻器中产生的热量按传热定律传递到被加热炉料的电阻加热。

841-23-04

直接电阻电热装置 direct resistance electroheat installation

用于直接电阻加热的装置。

841-23-05

间接电阻电热装置 indirect resistance electroheat installation

用于间接电阻加热的装置。

841-23-06

电阻炉 resistance furnace

用于电阻加热,具有炉室的电热设备。

841-23-07

电阻加热器 resistance heater

用于电阻加热,无炉室的电热设备。

841-23-08

连续式炉 continuous furnace

被加热炉料通过炉内连续输送的电炉。

841-23-09

非连续式炉 discontinuous furnace

装料和卸料以非连续方式进行的电炉。

841-23-10

间歇式炉 batch furnace

用来处理单批炉料并可与炉料一起加热和冷却或保持在规定温度下的卧式、矩形或圆柱形非连续式炉。

841-23-11

电辐射管 electric radiant tube

由耐热材料制成，其内有加热电阻器的管状加热元件。

注：炉料主要由该管表面的辐射来加热的。

841-23-12

加热电缆 heating cable

具有一根或多根加热导体的电绝缘柔性电缆。

841-23-13

加热电阻器 heating resistor

加热元件中用来把电能转换成热的，可拆装或不可拆装的部件。

841-23-14

加热元件 heating element

由加热电阻器和附件组成，用来把电能转换成热的可拆装或不可拆装的部件。

841-23-15

石墨加热元件 graphite heating element

棒、管、坩埚、板、柔性薄片、带或螺旋等形状的石墨制品的加热元件。

841-23-16

碳化硅加热元件 silicon carbide heating element

由棒、管或螺旋状碳化硅制品和附件构成的加热元件。

841-23-17

低温加热元件 low temperature heating element

允许工作温度达 500 ℃的加热元件。

841-23-18

中温加热元件 medium temperature heating element

由中温电阻材料（绝大部分为金属材料）制成，能在 1 400 ℃以下温度长期工作的加热元件。

841-23-19

高温加热元件 high temperature heating element

由高熔点电阻材料制成，能在 1 400 ℃以上温度长期工作的加热元件。

841-23-20

加热元件支撑 heating element support

在加热室内支撑加热元件的组件。

841-23-21

螺线形加热元件 spiral heating element

由螺旋形加热电阻器组成的加热元件。

841-23-22

发针形加热元件 hair-pin heating element

由发针形加热电阻器组成的加热元件。

841-23-23

棒状加热元件 rod-type heating element

由棒状加热电阻器组成的加热元件。

841-23-24

转耙形加热元件　rotary harrow heating element; porcupine heating element

由绕成螺线形的波浪形线电组器组成的加热元件。

841-23-25

带状加热元件　tape heating element

由带状加热电阻器组成的加热元件。

841-23-26

加热毯　heating mat

由编织成片状或特殊形状的电热丝组成的，用来缠绕烧瓶、容器和管件等的加热元件。

841-23-27

引出棒　cold lead

引出线　cold tail

连接加热电阻器和电源线且无明显发热的零件。

841-23-28

箱式炉　box-type furnace

加热室呈箱形、卧式，具有进出料炉门的间歇式电阻炉。

841-23-29

多室炉　multi-chamber furnace

具有一个以上加热室的电炉。

841-23-30

卧式炉　horizontal furnace

具有卧式加热室的电阻炉。

841-23-31

立式炉　vertical furnace

具有立式加热室的电阻炉。

841-23-32

井式炉　pit furnace

加热室呈井式，炉料从其顶部装料的间歇式电阻炉。

841-23-33

坩埚式炉　pot-type furnace

具有可从炉内取出的坩埚的间歇式电阻炉，炉料盛放在坩埚内进行处理。

841-23-34

升降式炉　elevator furnace

一种间歇式电阻炉，其加热室上部为固定罩，加热时炉底抬高进入罩内，冷却炉子或炉料时炉底下降。

841-23-35

舀出式炉　bale out furnace

可用手勺或自动浇注装置从炉内取出金属液的电阻炉。

841-23-36

隧道式炉　tunnel furnace

加长的卧式连续式电阻炉。

841-23-37

牵引式炉　drawing furnace

专门用来加热线材或带材的卧式连续式电阻炉，线材或带材被牵引通过炉子的加热室。

841-23-38

传送带式炉　belt conveyor furnace

由网带或铸链带承载和输送炉料通过其内的连续式电阻炉。

841-23-39

多区炉　multi-zone furnace

具有二个或更多加热区的电阻炉,各区独立自动控制以获得热处理所需的各温度。

841-23-40

管式炉　tubular furnace

具有卧式或立式管状加热室的非连续式电阻炉。

841-23-41

底开槽式炉　grooved hearth furnace

炉底开槽或开缝以接受装料机的炉料支撑道轨的间歇式炉。

841-23-42

马弗炉　muffle furnace

炉室中有马弗的电阻炉。

841-23-43

倾动式炉　tilting furnace

能绕着水平轴旋转倾动以便装料、除渣、浇注或出料的电阻炉。

841-23-44

罩式炉　bell furnace

炉底固定,炉罩盖可移动开的间歇式电阻炉。

841-23-45

链输送式炉　chain conveyor furnace

炉料由链条输送装置输送通过其内的连续式电阻炉。

841-23-46

螺旋输送式炉　screw conveyor furnace

加热时炉料的运动是通过固定在筒内的阿基米德螺旋的转动来输送的连续式电阻炉。

841-23-47

斜底式炉　sloping hearth furnace

炉料由重力作用输送的连续式电阻炉。

841-23-48

振底式炉　shaker hearth furnace

由于炉底周期性的慢进和快速返回运动,使炉料沿着炉底逐步输送的连续式电阻炉。

841-23-49

辊底式炉　roller hearth furnace

炉料由辊棒承载和输送通过其内的连续式电阻炉,其中有些辊棒是被驱动的。

841-23-50

推送式炉　pusher furnace

每件炉料被后一件炉料沿着炉底间歇地推进的连续式电阻炉。

841-23-51

转底式炉　rotary hearth furnace

具有绕立轴回转的圆形或环形炉底以及进、出开口的卧式连续式电阻炉,有时只有一个开口。

841-23-52

转筒式炉　rotary drum furnace

具有转动筒体的卧式连续式电阻炉。

841-23-53

步进式炉　walking beam furnace

炉料由机械装置交替地抬升和向前放落，沿着炉膛向前输送的连续式电阻炉。

841-23-54

滑底式炉　skid hearth furnace

具有或平坦的或有诸多抬高点的水平炉底，炉料在其上被依次抬高或推送而连续输送和卸料的连续式电阻炉。

841-23-55

台车式炉　bogie hearth furnace

炉底做成小车，炉料放在车上进出炉子但加热时小车滞留炉内的间歇式电阻炉。

841-23-56

车底式炉　bogie furnace

炉料放在多个小车上沿着加热室输送的连续式电阻炉。

841-23-57

摆动式炉　rocking furnace

炉体绕轴摆动输送炉料，由棒状电阻器辐射加热，具有良好传热功能的电阻炉。

841-23-58

真空炉　vacuum furnace

加热室结构允许在低于大气压力下处理炉料的电炉。

841-23-59

热壁真空炉　hot wall vacuum furnace

外热式真空炉

炉料和真空密闭室由外部加热的真空炉。

841-23-60

冷壁真空炉　cold wall vacuum furnace

内热式真空炉

真空密封室的壁被冷却的，内部具有加热元件的真空炉。

841-23-61

流态粒子炉　fluidized bed furnace

炉膛内具有流动状态粒子的间歇式电阻炉，有可能参与反应的被加热或被冷却的气体通过该炉膛。

841-23-62

浴炉　bath furnace

把炉料浸入处于工作温度下的液态介质进行加热的炉子，如盐浴炉、液态金属浴炉和油浴炉，该炉通常为间歇式。

841-23-63

电阻加热锅炉　resistance heated boiler

由充入流体并浸入加热元件的隔热罐组成的，用来加热流体或产生蒸气的设备。

841-23-64

电阻干燥器　resistance dryer

最高可把炉料加热到 300 ℃进行干燥的低温电炉。

841-23-65

强迫对流炉　forced convection furnace

在加热室内具有强制气流以确保炉内温度均匀分布或炉料均匀加热的电炉。

841-23-66

低热容量炉　low thermal capacity furnace

由低热容量材料构成的,能在短时内达到炉温的电炉。

841-23-67

冷却室　cooling chamber

位于加热区后的电炉结构部分,炉料通过该部分进行冷却或随后的热处理。

841-23-68

马弗　muffle

电阻炉加热室内用来与加热元件和炉衬隔离的薄壁部件。

841-23-69

加热导体表面负荷　heating conductor surface load

加热导体的功率除以其表面积的商。

841-23-70

有用表面(加热室的)　**useful surface** (of a heating chamber)

加热过程期间加热室中能被炉料占有的最大表面。

3.4　红外加热

841-24-01

红外辐射　infrared radiation

真空中波长大于可见光辐射的电磁辐射,其真空中的波长位于 780 nm(纳米)~1 mm 之间。

841-24-02

长波红外辐射　longwave infrared radiation

远红外辐射　far infrared radiation

真空中波长大于 4 μm 的红外辐射。

841-24-03

中波红外辐射　mediumwave infrared radiation

中红外辐射　medium infrared radiation

真空中波长大于 2 μm 小于 4 μm 的红外辐射。

841-24-04

短波红外辐射　shortwave infrared radiation

近红外辐射　near infrared radiation

真空中波长小于 2 μm 的红外辐射。

841-24-05

红外加热　infrared heating

由专门制造大部分为红外辐射源发射的,以吸收(发射)热辐射和光辐射形式进行的电加热。

841-24-06

红外干燥　infrared drying

由于吸收红外辐射导致温度升高而引起的从固体中除液(或脱水)的过程。

841-24-07

红外真空干燥　infrared vacuum drying

在低于大气压力下进行的红外干燥。

841-24-08

红外供暖　infrared space heating

为保障生物、居室、物件和材料具有舒适的热环境而进行的红外加热,它是调节气候条件的诸多因素之一。

841-24-09

红外装置 infrared installation

由于吸收了由专门制造其大部分为红外辐射的辐射源发射的热辐射和光辐射，而导致加热的一种电热装置。

841-24-10

红外炉 infrared furnace

具有一个加热室，物料在其中主要用红外辐射进行加热的电热设备。

841-24-11

红外真空炉 infrared vacuum furnace

具有一个加热室并在低于大气压下运行的红外炉。

841-24-12

红外加热器 infrared heater

无加热室，主要用红外辐射对物料进行加热的电热设备。

841-24-13

红外陶瓷加热器 infrared ceramic heater

具有一个用陶瓷材料制作或者以陶瓷材料为壳体的辐射源组件的红外发射器。

841-24-14

红外加热元件 infrared heating element

发射出红外辐射的加热源。

841-24-15

红外灯辐射器 infrared lamp radiator

带有封装在玻璃壳体中的发射器的红外辐射源。

841-24-16

暗红外发射器 infrared dark emitter

发射极微弱的单色可见辐射，而不引起视觉的红外发射器。

841-24-17

亮红外发射器 infrared bright emitter

除红外波段辐射外，还发射可见波段的单色辐射的红外发射器。

841-24-18

低温红外发射器 infrared low-temperature emitter

发射器温度低至最大单色辐射功率所对应的真空中波长大于 4 μm 的红外辐射源。

841-24-19

中温红外发射器 infrared medium temperature emitter

发射器温度使最大单色辐射功率所对应的真空中波长位于 2 μm～4 μm 之间的红外辐射源。

841-24-20

高温红外发射器 infrared high temperature emitter

发射器温度高至最大单色辐射功率所对应的真空中波长小于 2 μm 的红外辐射源。

841-24-21

电红外发射器 electric infrared emitter

结构元件或者功能元件，如等离子体，可作为辐射器的红外辐射源。

841-24-22

卤素灯发射器 halogen lamp emitter

石英玻璃壳内装有钨丝并充以卤素气体的红外发射器。

841-24-23

点红外发射器　infrared spot emitter

辐射表面很小的红外发射源，不存在任何线尺度是它的特征。

841-24-24

管状红外发射器　tubular infrared emitter

以发射元件和定向元件的基本尺度之一作为实际上的主导尺寸的红外辐射源。

841-24-25

板状红外发射器　infrared plate emitter

以发射元件和定向元件的两个基本尺度作为实际上的主导尺寸的红外辐射源。

841-24-26

红外石英发射器　infrared quartz emitter

发射器以结构元件的形式被封或者安装在石英玻璃泡内的红外发射源。

841-24-27

灯丝　filament

红外发射器中的结构元件，使电能在其中转换成热能。

841-24-28

红外发射器的定向装置　infrared emitter directing unit

红外发射器的一个部件，将红外辐射导向周围整个区域或者反射并引导至某个区域面积。

841-24-29

红外发射器反射器　infrared emitter reflector

将红外辐射反射并引导至某个特定立体角内的红外发射器的部件。

841-24-30

辐射加热板　radiant heating panel

一体化的标准模块结构，安装一个或多个红外发射器，在模块结构中用作可以再生的基本元件。

3.5　电极加热

841-25-01

电极加热　electrode heating

基于电极间液态介质中的电流所产生的焦耳效应的电加热。

841-25-02

熔融盐电解　fused salt electrolysis

在熔融盐中发生的由电流引起的化学变化并伴随有关的物质置换作用的过程。

841-25-03

热电解　thermo-electrolysis

热电解还原　thermo-electrolytic reduction

与电解质的直接电极加热同时发生的，产生盐的分解和金属分离(该金属不能从水溶液中分离)的熔融盐电解的过程。

841-25-04

热电解精炼　thermo-electrolytic refining

在一层或多层电解质的热电解过程中去除金属杂质，精炼熔融金属的过程。

841-25-05

液态加热介质　liquid heating medium

作为电能转换成热的媒质的金属浴、盐浴、渣浴或水浴。

841-25-06

加热盐 heating salt

在熔融状态具有高电导率并能用作加热浴的盐。

841-25-07

加热盐混合物 heating salt mixture

为获得规定的熔化温度、工作温度、粘性和与被加热炉料的相互作用而按合适比例组成的多种盐的混合物。

841-25-08

金属浴 metal bath

由熔融金属组成的加热浴。

841-25-09

盐浴 salt bath

由熔融盐或熔融盐混合物组成的加热浴。

841-25-10

玻璃配料 glass making batch

加到电极玻璃炉熔化端的炉料。

841-25-11

导电渣 conducting slag

作为重熔钢料和去除杂质的加热介质的液态导电渣。

841-25-12

电极水加热 electrode water heating

热量直接在作为炉料的水中产生的电热设备中进行的水加热。

841-25-13

电渣重熔 electroslag remelting

在液态导电渣层下面中进行的金属重熔，该渣作为把电能转换成热能和精炼重熔金属去除杂质的介质。

841-25-14

金属锭凝固 ingot solidification

在结晶器的导电渣层下面进行的金属锭的凝固过程。

841-25-15

阳极效应 anode effect

在电解炉的阳极上产生的会增加阳极与阴极间的电位差和扰乱电解过程的过度气体析出。

841-25-16

电极炉 electrode furnace

由于电流在电极间的流动而加热炉料的电热设备。

841-25-17

电极盐浴炉 electrode salt-bath furnace

热量在盐浴中释放并传递给浸入盐浴中的炉料的电极炉。

841-25-18

隔离加热电极盐浴炉 electrode salt-bath furnace with isolated heating space

指电流主要在炉子加热空间中紧挨的工作电极间流动，而被加热的盐浴流入放置炉料的工作空间的电极盐浴炉。

841-25-19

非隔离加热电极盐浴炉　electrode salt-bath furnace with unisolated heating space

工作电极对称放置在炉子的工作空间中，电流流过加热浴整个体积的电极盐浴炉。

841-25-20

电极玻璃炉　electrode glass furnace

用来在玻璃制作过程中熔化和澄清炉料的电极炉。

841-25-21

电极锅炉　electrode boiler

由于交流电流流过电极间的水而使水加热的电锅炉。

841-25-22

电极喷流锅炉　electrode shower boiler

电极喷嘴向接收电极喷水，量在水流中产生热的电极锅炉。

841-25-23

电极蒸汽发生器　electrode steam generator

用来产生蒸汽的电极锅炉。

841-25-24

电极加热器　electrode heater

炉料由电极加热方式加热的，没有炉室的电热设备。

841-25-25

电极流水加热器　continuous electrode water heater

加热流水的电极加热器。

841-25-26

蓄热器　heat accumulator

与电极锅炉或电阻锅炉联接用于在水中储存热量，通常为压力容器的水槽。

841-25-27

电解炉　electrolytic furnace

用于在熔融盐电解过程中提炼不能从水溶液中分离的金属的电热设备。

841-25-28

加热电极　heating electrode

电极加热设备中把电压加到被加热液体的部件。

841-25-29

重熔电极　remelted electrode

与电源的一端相连，在导电渣下中被重熔的金属锭。

841-25-30

工作电极　working electrode

在电极加热器的正常运行状态下与电源电压相接的加热电极，用来在盐浴炉中熔化加热盐和维持熔融盐的温度。

841-25-31

启动电极(电极盐浴炉的)　**starting electrode** (of an electrode salt bath furnace)

用于电极盐浴炉中使加热盐开始熔化的电极。

841-25-32

配对电极　counter electrode

既作为主电路元件又作为如电极锅炉等设备的结构件，通常为接地的电极。

841-25-33

电极夹持器　electrode holder

在电渣重熔设备中，为重熔电极和电流导体提供可靠接触的金属构件。

841-25-34

电极升降架　electrode stand

电渣重熔设备中用来升降被熔电极的构件。

841-25-35

电解炉汇流排　electrolytic furnace busbars

串接在电解炉大电流电路中向电极提供电流的一个部件。

841-25-36

电极玻璃炉工作端　working end of an electrode glass furnace

玻璃熔化电极炉中通过沟槽与炉子的熔化端相接用来提取熔融玻璃的箱体。

841-25-37

电极玻璃炉熔化端　melting end of an electrode glass furnace

熔化玻璃的电极炉中在玻璃制作过程中用来熔化和澄清原材料配料的箱体。

841-25-38

结晶器底板　crystallizer bottom plate

电渣重熔设备结晶器底部的金属板，在单相设备中它与电源的一端子相接。

841-25-39

阳极配料　anode mix

由无烟煤、焦炭和沥青组成，用于制作自焙电极的电极化合物。

841-25-40

电极电流负荷　electrode current load

电极电流除以电极横截面积的商。

841-25-41

熔融盐分解电压　molten salt decomposition voltage

开始电解过程的最小电极电压。

3.6　电弧加热

841-26-01

电弧加热　arc heating

基于放电空间中电流的热效应的电加热。

841-26-02

直接电弧加热　direct arc heating

由于电极和炉料之间的电弧放电而产生的加热。

841-26-03

间接电弧加热　indirect arc heating

由于电极之间的电弧放电而产生的加热。

841-26-04

埋弧加热　submerged arc heating

由于渣中的电弧放电而产生的加热。

841-26-05

电弧炉　arc furnace

炉料主要由电弧来加热的电炉。

841-26-06

直流电弧炉　direct current arc furnace

以直流供电的电弧炉。

841-26-07

交流电弧炉　alternating current arc furnace

以交流供电的电弧炉。

841-26-08

直接电弧炉　direct arc furnace

电弧维持在炉料与一根或多根电极间的电弧炉。

841-26-09

间接电弧炉　indirect arc furnace

电弧电流不通过炉料的电弧炉。

841-26-10

钢包(加热)**炉　ladle** (heating) **furnace**；**LF**(abbreviation)；**LHF** (abbreviation)

供液态金属二次处理的电弧炉。

841-26-11

单电极电弧炉　single electrode arc furnace

电弧维持在一根电极与炉料间的电弧炉。

841-26-12

埋弧电阻炉　submerged arc-resistance furnace

由电弧加热和电阻加热共同作用进行炉料熔化的炉子。

841-26-13

真空重熔电弧炉　vacuum remelting arc furnace

在真空室中进行精炼的直接电弧炉。

841-26-14

电弧炉装置　arc furnace installation

具有电弧炉的电热装置。

841-26-15

埋弧电阻炉装置　submerged arc-resistance furnace installation

具有埋弧电阻炉的电热装置。

841-26-16

电弧炉炉体　arc furnace body

在其内熔化炉料的电弧炉的主体。

841-26-17

电弧炉炉衬　arc furnace lining

构成电弧炉衬体的耐火材料和隔热材料的组合。

841-26-18

电弧炉炉顶　arc furnace roof

电弧炉炉体的上盖。

841-26-19

喷淋炉顶　spray cooled roof

由水喷嘴系统冷却的电弧炉炉顶。

841-26-20

电弧炉炉壳　arc furnace shell

电弧炉的外层钢体。

841-26-21

导电炉底　conductive hearth

包含导电材料的电弧炉或直流电弧炉的炉底。

841-26-22

摇架　cradle

使电弧炉倾动的机械设备。

841-26-23

排烟弯管　fume elbow

用来抽吸电弧炉烟气的设备。

841-26-24

排烟罩　fume hood

用来排除烟气供随后作清洗和进一步处理的机械设备。

841-26-25

氧枪　oxygen lance

给电弧炉炉体内部供氧的机械设备。

841-26-26

氧枪操纵器　lance manipulator

调整向金属熔池供氧的氧枪位置的装置。

841-26-27

氧燃料烧嘴　oxy-fuel burner

设置在电弧炉炉体的侧壁中,使用燃料和氧气混合气以加速炉料熔化的烧嘴。

841-26-28

预热器　preheater

用来预先加热炉料的设备。

841-26-29

炉顶提升旋开系统　roof lifting and swinging system

用来提升炉顶并将其旋向一边供料筐装料的设备。

841-26-30

侧出料口　side tapping hole

位于电弧炉炉体侧壁供金属液排出的口。

841-26-31

底出料口　bottom tapping hole

位于电弧炉炉底中心或偏心部位的出料口。

841-26-32

水冷板　water cooled panel

电弧炉炉壳上的一块块水冷框架结构,用于冷却电弧炉的其他构件。

841-26-33

水冷炉顶　water cooled roof

由强迫水流冷却的电弧炉炉顶。

841-26-34

出渣门　slagging door

用来关闭电弧炉上炉壳上向熔池添加合金料和排放熔渣的开口的门。

841-26-35

出料凸室　tapping bay

出钢凸室

通过电弧炉侧出料口排出金属液的装置。

841-26-36

出料槽　tapping spout

设置在电弧炉出钢口上的具有耐火材料衬里的槽子。

841-26-37

倾动系统　tilting system

倾动电弧炉进行出料或除渣的机构。

841-26-38

电弧炉电极　arc furnace electrode

大电流线路的一个组成部分，它通过电极孔插入炉体内以在电极端头与炉料或与另一个电极端头间起弧和维持电弧。

841-26-39

电极夹头　electrode clamp

用来夹住电极并将电弧电流供给电极的水冷金属装置。

841-26-40

电极臂　electrode arm

一端与电极立柱相连，另一端装有电极夹头的梁状支撑结构件。

841-26-41

电极立柱　electrode mast

支撑电极臂的直立结构件。

841-26-42

涂层电极　coated electrode

侧表面覆盖一层金属以减少侧表面耗损的电极。

841-26-43

连续电极　continuous electrode

随着耗损通过一节一节添装而加长的电极。

841-26-44

电极驱动机构　electrode drive

确保电弧炉运行的电极移动系统。

841-26-45

电极驱动滞后时间　delay time of electrode drive

从电极控制系统发生阶跃输入信号到电极驱动机构使电极开始移动所需的时间。

841-26-46

电极调节器　electrode regulator; electrode controller

控制电极端头位置以调节电弧长度和功率的装置。

841-26-47

电极接头　electrode nipple

用来连接两根同直径电弧炉电极的，两头带螺纹的圆柱体或共底截锥体状石墨制件。

841-26-48

自焙电极　self-baking electrode

一种金属外套内填充电极糊的连续电极，随着电极的耗损不断移进电弧炉内进行焙烧。

841-26-49

启动电极(电弧炉的)　**starting electrode** (of an arc furnace)

用来引发电弧放电的辅助电极。

841-26-50

水冷电极　water-cooled electrode

其内通冷却水的电极。

841-26-51

电极(升降)速度　electrode speed

分别对电极升降测定的最高速度。

841-26-52

电弧炉装置供电线路　arc furnace installation electric line

给电弧供电的成套电力设备。

841-26-53

电弧控制系统　arc control system

通过改变电弧长度和引发电弧放电来维持表征电弧炉设备运行状态的规定参量的系统。

841-26-54

电弧炉装置大电流线路　arc furnace installation high-current line

电弧炉装置供电线路的低压部分。

841-26-55

电弧炉变压器　arc furnace transformer

给电弧炉供电的变压器。

841-26-56

调压变压器　booster transformer

与电弧炉的主变压器组装在同一箱体内的附加变压器，通过抽头换接开关来控制由该两变压器的二次电压合成的炉子供电电压。

841-26-57

电弧炉紧急开关　arc furnace emergency switch

电弧炉装置发生紧急情况或人员危险时用的开关。

841-26-58

电弧炉操作开关　arc furnace manoeuvring switch; arc furnace operational switch

电弧炉装置正常运行期间所用的开关。

841-26-59

挠性电缆(电弧炉的)　**flexible cable** (of an arc furnace)

与电弧炉变压器和电极臂相连的，传导电弧电流的空冷或水冷电缆。

841-26-60

感应搅拌器　induction stirrer; arc furnace stirrer

位于电弧炉炉底下面或紧挨侧壁的，用来在炉内搅拌液态金属的电磁设备。

841-26-61

电弧电流　arc current

在电弧中流动的电流。

841-26-62

电弧功率　arc power

电弧的有功功率。

841-26-63

电弧电压　arc voltage

电极端头与炉料间的电位差;或在间接电弧加热情况下为电极端头之间的电位差。

841-26-64

电弧炉供电电压　furnace supply voltage

电弧炉变压器的输出电压。

841-26-65

电弧炉变压器额定功率　rating power of an arc furnace transformer

电弧炉变压器连续负荷时的最高允许功率。

841-26-66

电弧炉大电流线路电阻　resistance of high-current line of an arc furnace

相对于某一电压档的电弧炉大电流线路的各组成部分的电阻之和。

841-26-67

电弧炉大电流线路电抗　reactance of an arc furnace high-current line

相对于某一电压档的电弧炉大电流线路的各组成部分的电抗之和。

841-26-68

电弧炉装置供电线路电阻　resistance of arc furnace installation electric line

相对于某一电压档的电弧炉装置供电线路所有组成部分的电阻之和。

841-26-69

电弧炉装置供电线路电抗　reactance of arc furnace installation electric line

相对于某一电压档的电弧炉装置供电线路所有组成部分的电抗之和。

841-26-70

运行短路　operating short-circuit

在工艺过程中发生的电极与炉料的非有意短路。

841-26-71

试验短路　testing short-circuit

一根、二根或三根电极与已熔化炉料(在直接电弧加热情况下),或两根电极间(在间接电弧加热情况下)的短暂短路,以测定电弧炉装置供电线路的某些参数。

841-26-72

电弧炉装置短路阻抗　short-circuit impedance of an arc furnace installation

电弧炉装置试验短路条件下的阻抗。

841-26-73

电流平衡　current balancing

选择各相电弧长度使三相电弧炉装置各相电弧电流有效值相等。

841-26-74

电弧炉装置不平衡　arc furnace installation unbalance

由于电弧炉设备各相参数值的不等而产生的不对称性。

841-26-75

电弧炉装置运行不平衡　arc furnace installation operating unbalance

由于操作原因造成的电弧炉装置各相阻抗不等而产生的不对称性。

841-26-76

电弧炉装置结构不平衡 arc furnace installation structural unbalance

由于结构原因造成的电弧炉装置各相阻抗不等而产生的不对称性。

841-26-77

不平衡系数 unbalance coefficient

测定电弧炉装置不平衡程度的数值指标。

841-26-78

强相 wild phase

超前相 leading phase

由于三相电弧炉电路的不平衡而造成的电弧功率增加的那一相。

841-26-79

弱相 dead phase

滞后相 lagging phase

由于三相电弧炉电路的不平衡而造成的电弧功率减小的那一相。

841-26-80

电弧偏移 arc deviation

直流电弧炉中由于直流供电线路的磁场引起的电弧运动。

841-26-81

单位电极消耗 specific electrode consumption

电极消耗的质量与产生的金属液体质量之比。

841-26-82

电弧炉装置比功率 specific power of an arc furnace installation

电弧炉变压器的视在功率与电弧炉的额定炉料容量之比。

841-26-83

闪烁 flicker

由亮度或光谱分布随时间波动的光刺激所引起的不稳定的目视感觉。上述波动主要由负荷的剧变引起。

[修改 GB/T 2900.65—2004 中 845-02-49]

3.7 感应加热

841-27-01

涡流 eddy currents

导电物体在交变磁场中感生的电流。

841-27-02

趋肤效应 skin effect

交流电流在导体表层的密度大于其内部的现象。

[修改 GB/T 2900.60—2002 中 121-13-18]

841-27-03

邻近效应 proximity effect

由邻近导体或半导体内电流所引起的导体或半导体内电流密度不均匀分布现象。

[修改GB/T 2900.60—2002 中 121-13-19]

841-27-04

感应加热 induction heating

利用感应电流产生的焦耳效应的电加热。

841-27-05

直接感应加热　direct induction heating

在炉料自身内发生热量的感应加热。

841-27-06

间接感应加热　indirect induction heating

发生在炉料外部的媒介物中，再通过如传导、对流或辐射把热量从该媒介物传递给炉料的感应加热。

841-27-07

纵向磁通感应加热　longitudinal flux induction heating

磁通平行于炉料主轴的感应加热。

841-27-08

横向磁通感应加热　transverse flux induction heating

磁通垂直于炉料主轴的感应加热。

841-27-09

表面感应加热　surface induction heating

仅加热炉料表层的感应加热，由于电流频率的作用，电流透入深度小于炉料的横截面尺寸。

841-27-10

感应透热　through induction heating

炉料增体加热的感应加热。

841-27-11

行波加热　travelling wave heating

多相磁通方向与炉料的最大表平面垂直，并且以基波频率扫描该平面的感应加热。

841-27-12

感应熔化　induction melting

利用感应加热进行的熔炼。

841-27-13

区域感应熔化　zone induction melting

炉料局部的感应熔炼。

841-27-14

感应淬火　induction hardening

利用感应加热进行的淬火。

841-27-15

轮廓淬火　contour hardening

利用邻近效应的传导淬火或感应淬火，对如换向齿条、齿轮等工件进行感应淬火，以获得沿工件轮廓淬硬区的过程。

841-27-16

双频感应加热　dual-frequency induction heating

依次或同时使用两种不同频率的感应加热。

841-27-17

感应钎焊　induction soldering；induction brazing

利用感应加热用钎焊料连接金属件的过程。

841-27-18

感应焊接　induction welding

利用感应加热把被连接金属件的连接面加热到熔化点，然后再压接在一起的连接过程。

841-27-19

管材感应焊接　induction tube welding

用于管材生产的感应焊接。

841-27-20

悬浮熔化　levitation melting

冷坩埚熔化　cold crucible melting

由于磁场的悬浮作用，炉料不触及坩埚壁的感应熔炼。

841-27-21

透入深度　depth of penetration

交流载流导体的想像表层厚度，假定与实际电流的均方根同值的均匀直流电流过与该导体同材质的整个上述表层横截面，并且按焦耳效应，每单位外表面散发的热量也相等。

注：在该表层中的涡流密度减少到表面涡流密度的 1/e。

841-27-22

淬火深度　depth of hardening

工件表面到工件中马氏体含量减少到规定硬度值处的距离。

841-27-23

熔池搅拌　bath stirring

在感应炉坩埚内或在沟槽感应炉的炉膛内由电磁力所引起金属熔液的运动。

841-27-24

液态金属电磁搅拌　electromagnetic stirring of liquid metals

利用行进、旋转或任何其他运动方式的电磁场在液态金属中实现搅拌运动的过程。

841-27-25

液态金属电磁输送　electromagnetic transport of liquid metals

利用运动的电磁场使液态金属朝某一规定方向运动的过程。

841-27-26

液态金属电磁铸造　electromagnetic casting of liquid metals

浇注后利用电磁场使液态金属流成形或影响其表面质量的过程。

841-27-27

电磁场内液态金属强化结晶　enhancing crystallization of liquid metal in electromagnetic fields

在电磁场中金属晶体形成的过程。

841-27-28

箍缩效应　pinch effect

由于电磁力的作用，液态金属载流横截面随电流的增加而收缩的现象。

[修改 GB/T 2900.60—2002 中 121-13-17]

841-27-29

感应炉　induction furnace

在炉膛或炉室内感应加热液态或固态炉料的电热设备。

841-27-30

沟槽式感应炉　induction channel furnace

有心感应炉

一个或多个耐火炉衬炉膛构成的感应熔炼炉或感应保温炉，炉膛内放入要熔化或保温的炉料，并配置一个或多个沟槽感应体。

841-27-31

双室沟槽式感应炉　two-chamber induction channel furnace

熔池分为两个连接的部分，一个装入炉料熔化，另一个供液态金属取出浇铸的沟槽式感应炉。

注：各部分可有一个共用的感应体或单独的感应体。

841-27-32

坩埚式感应炉　induction crucible furnace

无心感应炉

利用环绕着坩埚的一个或多个感应器线圈，热量直接在炉料中或装有炉料的坩埚中产生的感应熔炼炉或感应保温炉。

841-27-33

感应保温炉　induction holding furnace

专门设计使液态金属保持在所需温度上的坩埚式感应炉或沟槽式感应炉。

841-27-34

冷坩埚感应炉　induction furnace with cold crucible

具有水冷金属坩埚的感应炉，在该坩埚内，由于电磁力的作用，液态金属不与坩埚侧壁接触。

841-27-35

坩埚推出式感应炉　push-out induction crucible furnace

垂直抬升环绕坩埚的感应线圈或垂直下降坩埚，以移走坩埚并让装有新炉料的另一只坩埚放进感应线圈的感应炉。

841-27-36

坩埚抬升式感应熔化炉　lift off coil induction crucible melting furnace

坩埚可从感应线圈中垂直抬升出来的坩埚感应炉。

841-27-37

感应熔化炉　induction melting furnace

对固态炉料进行熔化和熔炼的感应炉。

841-27-38

感应浇注炉　induction pouring furnace

配备机械、气动或电磁装置，用于连续或间歇式将规定量的液态金属浇进铸模、压机或结晶器的感应炉。

841-27-39

双频坩埚式感应炉　two-frequency induction crucible furnace

为了提高电效率和加强搅拌效果而依次或同时使用两种不同频率电流的坩埚式感应炉，如 50 Hz 和 1 000 Hz。

841-27-40

真空感应炉　vacuum induction furnace

加热室内压力低于大气压力的感应炉。

841-27-41

感应加热器　induction heater

将炉料感应加热到低于熔点温度的没有封闭加热室的电热部件。

841-27-42

表面感应加热器　surface induction heater

对炉料表面进行感应加热的电热部件。

841-27-43

透热感应加热器　through induction heater

对炉料进行整体感应加热的电热部件。

841-27-44

陶瓷坩埚　ceramic crucible

由耐火材料制成的坩埚感应炉容器，其内存放固态或液态炉料，以便熔化或加热。

841-27-45

导电坩埚　conducting crucible

由导电材料，如钢、铸铁、石墨或铜制成并对其进行感应加热的坩埚，固态或液态炉料放入该坩埚内。

841-27-46

非导电坩埚　non-conducting crucible

由非导电材料制成的，用来盛放固态或液态炉料的容器，如陶瓷坩埚。

841-27-47

感应器　inductor;reactor

基本上以电感为特征的两端器件

注：在英语中，“reactor”一词用于工作于固定频率下的“感应器”。

[151-13-25]

841-27-48

加热感应器　heating inductor

用来承载交流并产生磁场在炉料内感应电流的感应加热或感应熔炼设备的部件。

841-27-49

线圈绝缘　coil insulation

由电绝缘、隔热和耐火材料制成的感应加热器或感应炉线圈的电和热的保护。

841-27-50

内感应器　inner inductor

用于感应加热内表面，如在感应淬火过程中加热内孔的加热感应器。

841-27-51

单匝感应器　loop inductor

短距离围绕负载呈环状但不闭合的加热感应器。

841-27-52

回形感应器　meander inductor

曲折环绕的扁平加热感应器。

841-27-53

多层感应器　multi-layer inductor

其绕组为多层的加热器或感应炉的加热感应器。

841-27-54

平面感应器　pancake inductor

其绕组位于同一平面的加热感应器。

841-27-55

开合式感应器　split inductor

为放置炉料，绕组分单独的两个部分的加热感应器。

841-27-56

缝式感应器　gap inductor;folded pancake inductor

绕组构成窄缝，小尺寸工件或其端部可在该缝内移动的加热感应器。

841-27-57

沟槽式感应器　channel inductor;channel furnace inductor

沟槽式感应炉可更换或固定的部件，由感应器线圈、铁芯、保护套、外壳和用耐火材料捣筑的沟槽组成，安装在炉膛上的部件。

841-27-58

心式感应器　core type inductor

闭合铁芯穿过其感应线圈和被加热炉料的加热感应器。

841-27-59

坩埚式炉感应器　crucible furnace inductor

坩埚式感应炉的主要部件，它由同轴围绕坩埚的感应线圈和通常还有磁轭或磁屏蔽所组成，并由外壳支撑。

841-27-60

感应器冷却保护套　cooling and protection shield for inductor

置于沟槽感应炉的耐火炉衬和加热感应器间的气冷或水冷保护套。

注：该加热感应器的冷却保护套，在万一炉子沟槽发生的液态金属渗漏时也作为感应器的保护套。

841-27-61

线圈导磁体　coil flux guide

由磁性材料，如导磁性良好的变压器硅钢片、铁氧体、可加工铁氧体制成的感应器设备元件。

841-27-62

集磁器　concentrator

使炉料指定部位磁通集聚的感应器设备元件。

841-27-63

冷却系统　cooling system

确保冷却介质如空气或水流过感应加热装置部件和零件回路的成套设备。

841-27-64

淬冷器　quench

表面感应加热器的元件，在感应淬火过程中用于冷却工件表面。

841-27-65

喷雾器　sprayer

感应加热器用于冷却工件的元件。

841-27-66

感应加热器导轨　induction heater guide

置于感应器内，工件在其上面移动的感应加热器的金属或陶瓷件。

841-27-67

留剩金属液　liquid heel

为启动感应炉运行，从前炉熔化料中留存在坩埚或炉膛内的定量液态金属，或在首次熔炼前放入沟槽式感应炉炉膛内的一定量液态金属。

841-27-68

磁倍频器　magnetic frequency multiplier

由三台、五台、或九台单相变压器联接成的静止变频器，其输出频率是工频 50 Hz(60 Hz)的倍数，一般是 150 Hz(180 Hz)，250 Hz(300 Hz)或 450 Hz(540 Hz)。

841-27-69

旋转变频器(电机发电机组)　**rotary converter** (motor generator set)

由一台或多台电动机通过机械方式联接到一台或多台中频发电机而组成的成套装置。

841-27-70

晶闸管变频器　thyristor frequency converter

其主逆变器电路采用电力晶闸管的低、中频电源装置。

841-27-71

晶体管变频器　transistor frequency converter

其主逆变器电路采用电力晶体管的中、高频电源装置。

3.8　介质加热

841-28-01

介质加热　dielectric heating

介质和半导电负载在 1 MHz～300 MHz 频率范围内的高频电场作用下在其内部产生热的电加热。(注解:半导电负载指含导电物质的复合物质,与半导体有本质上的区别。)

841-28-02

介质损耗　dielectric loss

极化的物质从时变电场吸收的功率,不包括由于物质电导率所吸收的功率。

[GB/T 2900.60—2002 中 121-12-11]

841-28-03

[介质]损耗指数　(dielectric)loss index

复相对介电常数虚部的负值。

[GB/T 2900.60—2002 中 121-12-16]

841-28-04

弥散场加热　dispersed field heating

相互交替安放在工件一侧的两套棒状电极,与高频能源的两个输出端相连接,并在被加热工件中产生弥散高频场的介质加热。

841-28-05

定位加热　selective heating

热量主要在负载某些选定部分如在粘结层产生的介质加热。

841-28-06

介质干燥　dielectric drying

在溶媒蒸发时的介质加热,如从负载中蒸发水。

841-28-07

介质粘合　dielectric gluing;glue curing

用热凝胶粘结负载时胶层硬化的介质加热。

841-28-08

塑料介质热合　dielectric plastic welding

通过对两层或多层热塑板施加高频交变电场和压力来进行粘合的介质加热。

841-28-09

介质预热　dielectric preheating

热凝塑性材料的介质加热。

841-28-10

频率稳定性(介质加热发生器的)　**frequency stability** (of a dielectric heating generator)

介质加热发生器保持其频率在规定限值内的能力。

841-28-11

介质加热器　dielectric heater

具有两个或多个与介质加热发生器相接的工作电极的无炉室电热设备。

841-28-12

介质干燥器　dielectric dryer

供干燥负载用的介质加热器。

841-28-13

塑料介质热合机　dielectric plastic welder

用于热合塑料的介质加热器,该机配置的压机至少有一套热合电极。

841-28-14

介质预热器　dielectric preheater

主要用于塑性材料热合预热的介质加热器。

841-28-15

介质加热发生器　dielectric heating generator

用于产生高频能量以进行介质加热的设备。

841-28-16

介质粘压机　dielectric gluing press

用于介质粘合,装有两个或多个工作电极的压机。

841-28-17

附加电容空腔谐振器　cavity resonator with additional capacitance

为减小空腔尺寸和(或)降低谐振频率,除分布电感和分布电容外,另设置电容器的空腔谐振器。

841-28-18

加热电容器　heating capacitor

由多个工作电极和放在其间的被加热物料所构成的电容器。

841-28-19

气隙加热电容器　air gap heating capacitor

在电极和被加热物料间有空气气隙的加热电容器。

841-28-20

工作电极(介质加热器的)　**work electrode** (of a dielectric heater)

加热电容器的板状或其他形状的电极,物料在此电极间的交变电场中进行加热。

841-28-21

板电极　plate electrodes

由两块或多块平板组成,用来把电能传递给被加热负载的工作电极。

841-28-22

棒电极　rod electrode

并排放置的棒状的工作电极。

841-28-23

转柱电极　rotating cylinder electrodes

用于加热扁平物料,由并排水平放置的旋转圆柱体组成的工作电极,负载放在工作电极上,以防变形。

841-28-24

转盘电极　rotating disc electrode

用于加热期间推动被加热物料前进的转盘形工作电极。

841-28-25

介质热合电极　dielectric welding electrode

用于在工件内产生热能并对其施加压力进行热合的呈所需形状的工作电极。

841-28-26

刀状介质热合电极　dielectric cutting edge welding electrode

在高电流密度下工作,具有刀刃的热合电极,热合和切割过程同时完成。

841-28-27

波导滤波器(介质加热设备内的) **waveguide filter** (in a dielectric heating equipment)

由一个或多个工作频率低于其临界频率的波导管组成的滤波器,用于防止高频辐射从介质加热器向外泄漏,但允许冷却介质自由流动和/或蒸气从被加热物料中散发出去,并可肉眼观察被加热的物料。

注:临界频率定义见 726-05-03。

841-28-28

高频有用功率 **useful high-frequency power**

被加热物体吸收的有功功率。

841-28-29

额定有用输出功率 **rated useful output power**

在与工频电压最佳匹配情况下,介质加热发生器能向负载连续提供有功功率。

841-28-30

脉冲功率 **pulse power**

高频输出功率允许值取决于脉冲宽度和重复频率,并大于额定输出功率。

841-28-31

功率损失 **power losses**

给定瞬间总有功输入功率与总有用的高频有功功率间的差额。

841-28-32

标称值 **nominal value**

用以标志和识别一个部件、器件、设备或系统的量值。

[151-16-09]

注:标称值一般是一个修约值。

841-28-33

介质加热标称频率 **nominal dielectric heating frequency**

发生器的工作频率标称值,该值介于工作频率的最小与最大值之间,并标示在设备的额定铭牌上。

注:当发生器在标示频率段内运行时,标称频率通常是该频段上下限值的算术平均值。

3.9 微波加热

841-29-01

微波加热 **microwave heating**

频率范围从 300 MHz~300 GHz 的电磁波对物质的加热。

841-29-02

功率穿透深度 **power penetration depth**

给定频率垂直入射平面波的功率密度衰减为其表面值的 1/e 时所处的表面下的深度。

841-29-03

功率吸收深度 **power absorption depth**

给定频率的吸收功率流密度在负载中被吸收到 1-1/e 时的负载表面下的深度。

注:对于一个垂直入射的大平面负载,其功率吸收深度等于功率穿透深度。它适合于多模和曲面的情况。

841-29-04

衰减距离 **attenuation distance**

给定频率表面波的功率密度值从参考表面衰减到表面值的 1/e 时所处平面或点间的距离。

841-29-05

微波干燥 **microwave drying**

用来蒸发物料水分的微波加热。

841-29-06

微波加热设备　microwave heating equipment

用来将微波能量传送给物料的电气机械装置组成的微波设备，通常包括：微波源、加热器、内部连接电缆、波导、控制电路以及相关的传送材料和通风装置。

841-29-07

微波干燥机　microwave dryer

用于干燥的微波加热设备。

841-29-08

微波破碎　microwave grinding

用于破碎物料的微波加热。

841-29-09

微波巴氏消毒　microwave pasteurizing

把食料作为负载，用来对其消毒的微波加热。

841-29-10

微波灭菌　microwave sterilizing

用来对产品进行灭菌的微波加热。

841-29-11

微波应用器　microwave applicator

把微波能传送到负载的装置。

841-29-12

微波负载　microwave load

放进微波应用器中，或放在开口微波应用器附近指定位置的物体。

841-29-13

微波工作负载　microwave workload

供微波处理物料的负载。

841-29-14

微波透射性　microwave transparency

几乎不吸收和反射微波的性质。

注：通常微波透明材料的相对介电常数小于7，损耗因数小于0.015。

841-29-15

微波炉　microwave oven

包含加热腔的微波加热设备。

841-29-16

微波发生器　microwave generator

用来产生频率范围从300 MHz～300 GHz的电磁波源。

841-29-17

单模谐振腔　single mode cavity

具有单一电磁波模式的指定容积谐振腔。

841-29-18

多模谐振腔　multimode cavity

在同一频率下具有多种电磁波指定容积模式的谐振腔。

841-29-19

微波谐振腔　microwave cavity

由内金属壁，门和进出口所包围并谐振于微波频率范围的放负载的空间。

841-29-20

微波外罩　microwave enclosure

微波腔壁

把微波能量限制在给定区域的结构。

注：例如：腔体、封闭门和各种波导。

841-29-21

进出口　access opening

自由进入或无机械装置阻挡的微波腔体开口。

841-29-22

波导（微波加热器或微波炉的）　**waveguide**（of a microwave heater or oven）

位于微波发生器和应用器之间由良导体金属管组成微波传输线。

注：波导的一般定义见 726-01-02。

841-29-23

微波搅拌器　microwave stirrer

用机械、电或磁的手段来改变谐振腔内负载和微波发生器之间微波场相互关系的运动装置。

841-29-24

反射器　reflector

在多模谐振腔中比微波波长要大用来反射微波能的装置。

841-29-25

偏转器　deflector

它通常比微波波长小通过谐振或绕射来改变微波场相互关系的装置。

841-29-26

腔门　cavity door

不用工具就能打开供正常使用时进入腔体的结构件。

841-29-27

维修门　maintenance door

只有用工具才能打开的微波腔体结构部件。

3.10　电子束加热

841-30-01

电子束　electron beam

从某源发射并以非常高速度沿着严格规定的轨迹运动的电子流。

841-30-02

电子束加热　electron beam heating

由吸收在电场中加速的一个或多个电子束的动能所生的热而进行的电加热。

841-30-03

束腰　waist

枪内电子束的最小截面处。

841-30-04

电子束加热设备　electron beam heating equipment

利用电子束加热的电热设备。

841-30-05

电子束炉　electron beam furnace

炉料在真空中由一个或多个电子束加热的，具有炉室的电子束加热设备。

841-30-06

电子束加热器　electron beam heater

炉料由被引出真空区的一个或多个电子束加热的，无炉室的电子束加热设备。

841-30-07

电子束精密加工机　electron beam micromachine

用高功率密度的电子束对材料进行精细加工的电子束设备。

注：应用实例有切割、铣、打孔、焊接、热处理和蒸镀工艺等。

841-30-08

电子枪　electron gun

产生、成形和加速一个或多个电子束的系统。

841-30-09

轴对称电子枪　electron gun of axial symmetry

发射圆柱状电子束并使其在发射区和吸收区的截面成小于90°交角的，具有结构性阳极的电子枪。

841-30-10

等离子体发射电子枪　electron gun with plasma emission

直接或间接电子发射体是辉光放电等离子体的电子枪。

841-30-11

外置枪　external gun

设置在工作室外，枪和工作室具有各自真空抽气机组的电子枪。

841-30-12

内置枪　internal gun

在工作室内工作，枪和工作室使用同一真空抽气机组的电子枪。

841-30-13

多束电子枪　multi-beam electron gun

具有多个电子束的电子枪，在该枪中，除阴极以外的某些部件对多个电子束来说可是共同的。

841-30-14

环形电子枪　ring-shaped electron gun

具有环形直接加热阴极的电子枪。

841-30-15

热电子发射枪　thermionic emission gun

电子发射体具有一个或多个热阴极的电子枪。

841-30-16

横向电子枪　transverse electron gun

发射一个或多个电子束并使其在发射区和吸收区的截面成大于90°交角的，具有阳极或结构性阳极的电子枪。

841-30-17

二极枪　diode gun

控制极和阴极为同电位的电子枪。

841-30-18

三极枪　triode gun

聚束极相对于阴极为负电位的电子枪。

841-30-19

分离阳极（电子枪的）　**separate anode**（of an electron gun）

起阳极作用的炉料，用来在没有阳极作为单独结构件的枪中，加速一个或多个电子束。

841-30-20

结构阳极(电子枪的) **structural anode**(of an electron gun)

作为电子束枪的结构件的阳极,用来在枪内加速一个或多个电子束。

841-30-21

冷阴极(电子枪的) **cold cathode**(of an electron gun)

不需加热就能产生所需电子发射的阴极。

841-30-22

热阴极(电子枪的) **hot cathode** (of an electron gun)

必须加热才能产生所需电子发射的阴极。

841-30-23

控制电极 **control electrode**

用来启动或改变电极电流的电极。

[GB/T 4597—1996 中 531-22-01]

841-30-24

孔阑 **aperture diaphragm**

安置在电子束路径上用来限制束直径并使其保持最佳开角的屏孔。

841-30-25

电子束偏转系统 **electron beam deflection system**

使电子束枪中产生的电子束产生空间位移的电磁线圈或偏转电极系统。

841-30-26

电子束扫描系统 **electron beam scanning system**

控制电子束在炉料加热表面上的运动的电磁或静电装置。

841-30-27

聚焦系统 **focusing system**

用来在炉料受热表面上聚焦电子束的电磁线圈、多个电磁线圈的系统或电容器板。

841-30-28

光学观察系统 **optical viewing system**

用来观察电子束对炉料作用区域的系统。

841-30-29

束加速电压 **beam accelerating voltage**

用来产生电场加速电子的阴极和阳极间的电位差。

841-30-30

电子透入深度 **electron penetration depth**

发生被吸收电子动能几乎完全转换过程所在的炉料表面层厚度。

841-30-31

导流系数 **perveance**

在指定的电子束横截面内,平均运流电流除以与载流子平均动能相对应的电压的二分之三次方或除以加速极电压的二分之三次方的商。

[修改 GB/T 4597—1996 中 1.7.18]

3.11 等离子体加热

841-31-01

等离子体 **plasma**

由自由电子、离子和中性粒子(原子和/或分子)组成的,宏观上呈电中性并导电的任何电离气体。

841-31-02

等离子体加热　plasma heating

利用热等离子体作为热源的加热方法。

841-31-03

等离子体发生器　plasma generator

利用电能把气体转变成等离子体的设备。

841-31-04

等离子体稳定　plasma stabilization

在空间上限制和维持等离子体的方法。

841-31-05

冷等离子体　cold plasma

低温等离子体

(平均)电子温度高于重粒子温度的非平衡等离子体。

注：在工业应用中，这种等离子体通常是由低压气体中的放电产生的。

841-31-06

高温等离子体　high temperature plasma

电子动能超过 20 eV 的高度电离的等离子体。

841-31-07

热等离子体　thermal plasma

在近似大气压或高于大气压力情况下，处于局部热力学平衡的等离子体。

注：在 IEC 标准中，涉及装置或设备时，用简化的“等离子体”来代替“热等离子体”是容许的。

841-31-08

低压等离子体　low pressure plasma

压强通常低于 10^5 Pa 的非平衡等离子体，如电离层、在气体放电管和离子炉中的放电区域。

841-31-09

高压等离子体　high pressure plasma

压强超过 10^5 Pa 的等离子体，如天体物质，在电弧放电或等离子体装置中的电弧放电区域。

841-31-10

弧等离子体　arc plasma

弧热等离子体　arc thermal plasma

由流体中电极间的放电产生的热等离子体。

注：该等离子体弧柱的特点是高电流密度，在与大气压力同数量级的压强下，可高达 100 A/mm²。

841-31-11

等离子体弧　plasma arc

在有规定化学成分的气体流的情况下，在形状适当的有限空间内发生的电弧放电。

841-31-12

感应等离子体　inductive plasma

电离是由于在接近大气压、处于高频电磁场中的气体的激发而产生的热等离子体。

841-31-13

微波等离子体　microwave plasma

由微波天线阻抗电离和微波电磁场加热而产生的热等离子体。

841-31-14

等离子体工作气体　plasma gas

待转变为等离子体状态的任何气体、蒸汽或流体。

841-31-15

等离子体炬点火　ignition of a plasma torch

利用起动装置使非电离的等离子体工作气体转变成等离子体的引发。

841-31-16

高频点火装置（等离子体炬的）　**high-frequency ignition device**(of a plasma torch)

在弧等离子体炬中由电极间的高频放电起弧的装置。

841-31-17

短路点火装置(等离子体炬的）　**short-circuit ignition device**(of a plasma torch)

在弧等离子体炬中用电极间短路的方法来起弧的装置。

841-31-18

等离子体射流　plasma jet

由非转移弧等离子体炬或感应等离子体炬提供的高速等离子体流。

841-31-19

引导电弧　pilot arc

用于主弧点火的电极间低强度辅助弧。

841-31-20

等离子体熔化　plasma melting

借助于等离子体加热的熔化。

841-31-21

等离子体切割　plasma cutting；plasma arc cutting

利用弧等离子体炬产生的等离子体流,先使材料局部熔化随后让熔化部分喷离的切割。

841-31-22

等离子体射流开槽　plasma jet gouging

用等离子体炬开槽的过程。

841-31-23

等离子体焊接　plasma welding

由等离子体流供给能量,在惰性气体中进行的具有或没有填充金属的焊接。

841-31-24

等离子体喷涂　plasma spraying

引入粉末状或线状材料使其在等离子体射流中熔化然后喷涂在表面上的涂覆过程。

841-31-25

等离子体炉　plasma furnace

炉料在有耐火材料衬里的室内由一支或多支等离子体炬加热的电热设备装置,通常用于高温下熔化或冶炼材料。

841-31-26

等离子体燃料炉　plasma-fuel furnace

大部分热量由液态或固态燃料燃烧产生,其余部分由等离子体炬产生的电热设备。

841-31-27

等离子体反应器　plasma reactor

用等离子体炬对材料进行热化学处理的带有室体的电热设备。

841-31-28

等离子体加热器　plasma heater

用等离子体炬来加热材料的电加热器。

841-31-29

等离子体炬　plasma torch

电能把输入气体转变成等离子体流然后再喷射出去的电热设备。

841-31-30

弧等离子体炬　arc plasma torch

用电弧放电的电能，把输入气体转变成等离子体流然后再喷射出去的电热设备。

注：弧等离子体炬可由交流或直流供电。

841-31-31

非转移弧等离子体炬　non-transferred arc plasma torch

工作时主弧保持在炬内两个或更多电极间的弧等离子体炬。

841-31-32

转移弧等离子体炬　transferred arc plasma torch

工作时主弧保持在炬的内部电极与导电液态或固态介质(或固态工件)间的弧等离子体炬，该介质构成或包括供电流返回的外部电极。

841-31-33

可转换弧等离子体炬　convertible arc plasma torch

非转移弧等离子体炬和转移弧等离子体炬的组合体，它允许在转移和非转移两种状态下运行。

841-31-34

层流等离子体炬　laminar jet plasma torch

等离子体射流为层流的等离子体炬。

841-31-35

湍流喷射等离子体炬　turbulent jet plasma torch

等离子体射流为湍流的等离子体炬。

841-31-36

无电极等离子体炬　non-electrode plasma torch

由感性或容性高频电源供电的没有电极的等离子体炬。

841-31-37

微波等离子体炬　microwave plasma torch

在微波频率范围内工作的没有电极的等离子体炬。

841-31-38

感应等离子体炬　induction plasma torch

无电极情况下由旋转电场产生等离子体流的等离子体炬。该旋转电场是由感应线圈的交变高频磁场在输入气体中感应产生。

841-31-39

等离子体燃料烧嘴　plasma fuel burner

通过放电使离开常规燃烧室的燃气体加热到更高温度的等离子体炬。

841-31-40

喷嘴(等离子体炬的)　**nozzle** (of a plasma torch)

等离子体炬的一个零件，它能构成一电极，让等离子体流成形后喷射出去以提高等离子体流的速度和/或能量密度。

841-31-41

阳极(非转移或转移弧等离子体炬的)　**anode** (of a non-transferred or transferred arc plasma torch)

直流弧等离子体炬的正极。

注 1：阳极通常由高电导率和热导率材料如铜制作并由水冷却。

注 2：转移弧等离子体炬的返回电流电极在绝大多数情况下用作阳极。

注 3：在非转移弧等离子体炬中，阳极常是炬的喷嘴。

841-31-42

阴极(非转移或转移弧等离子体炬的)　**cathode** (of a non-transferred or transferred arc plasma torch)

直流弧等离子体炬的负极。

注 1：阴极可由高电导率和热导率材料如铜制作并由水冷却；或由难熔金属如钨制作，必要时用水冷却。

注 2：转移弧等离子体炬的返回电流电极有时用作阴极。

841-31-43

空心阴极　hollow cathode

转移弧等离子体炬的管状阴极，其长度要比其内径大得多，以便让输入气流通过以稳定在低压室内产生的电弧放电。

注：空心阴极通常由钽、钨或石墨材料制作。

841-31-44

等离子体平均焓　plasma mean enthalpy

等离子体炬发送的功率除以等离子体工作气体质量流率的商。

841-31-45

等离子体温度　plasma temperature

等离子体内的瞬时局部温度。

841-31-46

等离子体平均温度　plasma average temperature

在给定时间等离子体内的空间平均温度。

3.12　激光加热

841-32-01

激光加热　laser heating

基于吸收由电能激励的具有激活媒质的激光器所发射的电磁辐射的电加热。

841-32-02

激活媒质　active medium

可实现载流子在分子能级上粒子数反转的介质。

841-32-03

辐射束　beam of radiation

在确定的立体角空间内传播的辐射。

841-32-04

激光辐射　laser radiation

在被激励的激活媒质中累积的能量转换成的电磁辐射。

841-32-05

单模激光束　single modal laser beam

单一模式的电磁振荡占支配地位的激光辐射束，其相干性和单色性强。

841-32-06

多模激光束　multi-modal laser beam

有多种模式电磁振荡的激光辐射束，其相干性和单色性弱。

841-32-07

自发发射　spontaneous emission

不受同时存在的相类似辐射的影响，当一个量子力学系统的内能从被激发能级降至较低能级时发射的电磁辐射。

[修改 GB/T 14733.12—1993 中 731-06-01]

841-32-08

受激发射　stimulated emission

受相同频率辐射能感应时，量子力学系统的内能从被激能级降至较低能级时发射出的电磁辐射。

841-32-09

产生激光　lasing

利用受激发射，从伽马辐射到远红外波段的相干电磁辐射的放大或产生。

841-32-10

正常脉冲　normal pulse

脉宽与激活媒质的激励时间相适配的电磁辐射脉冲。

841-32-11

巨脉冲　giant pulse

利用谐振腔中的元件调制损耗而获得的窄脉宽电磁辐射脉冲。

841-32-12

泵浦　pumping

在激活媒质中为了发生载流子在分子能级上的粒子数反转而进行的产生强电磁场、载流子通量、质子束或其他效应的过程。

841-32-13

辐射束单色性　monchromaticity of radiation beam

决定辐射束中频率同一性程度的特性值。

注：它是光谱线宽度的度量，包括传递功率高于基频波传递功率一半的那些波，而基频波传递的功率为最高。

841-32-14

激光束相干性　coherence of laser beam

在两个波的相应分量的相位之间或一个波的某给定分量在两个不同时刻或两个不同空间点上的相位值之间存在相关的有关现象，存在这种相关才能成为激光束。

[修改 GB/T 14733.12—1993 中 731-01-09]

841-32-15

激光束发散性　divergence of laser beam

激光束的横截面积随着与光源距离的增加而增加的现象。

841-32-16

激光设备　laser equipment

基于吸收由电能激励的具有激活媒质的激光器所发射的电磁辐射进行加热的电热设备。

841-32-17

激光装置　laser installation

由激光设备及其运行所需的电气和机械附属设备组成的装置。

841-32-18

激光加热器　laser heater

用于表面热处理的激光设备。

841-32-19

激光加工机　laser machine

无工作室的激光设备，工件在其中由激光束处理。

841-32-20

激光打孔机　laser drilling machine

用于打孔的激光加工机。

841-32-21

激光切割机　laser cutting-off machine

用于切割的激光加工机。

841-32-22

连续激光器　continuous duty laser

以额定功率值连续运行时间等于或大于 0.25 s 的激光器。

841-32-23

脉冲激光器　pulsed laser

以脉冲宽度小于 0.25 s 的单脉冲或脉冲串形式输出能量的激光器。

841-32-24

激光(共振)腔　laser resonator

用于实现光学正反馈的镜面系统。

3.13　超声加热

841-33-01

超声加热　ultrasonic heating

由于超声能量的吸收把机械振动能量转换成热的电加热。

841-33-02

超声波　ultrasonic wave

以 16 kHz～10 GHz 的频率在周围介质中传播的应力或压强扰动。

841-33-03

超声焊接　ultrasonic welding

在施加静压力情况下，利用超声频率范围内的小振幅机械振动，在远低于被接合的材料的熔点温度下实现接合的过程。

841-33-04

超声设备　ultrasonic equipment

用电能产生超声波，利用超声波能量的吸收作用产生热来进行加热的电热设备。

841-33-05

超声装置　ultrasonic installation

由超声设备及其运行所需的电气和机械附属设备组成的装置。

841-33-06

聚能器　energy concentrator

用来增加超声强度的超声发射器部件。

841-33-07

磁致伸缩换能器　magnetostrictive converter

利用交变磁场激励铁磁性和反铁磁性材料产生超声频率机械振动的转换器。

841-33-08

上声极　sonotrode

与被加热区直接接触并传送超声振动给该区的超声发射器部件。

841-33-09

超声换能器　ultrasonic converter

把电能或磁能转变成超声波能量的转换器。

841-33-10

超声发生器　ultrasonic generator

用来产生超声波的发生器。

841-33-11

超声变幅杆　ultrasonic transformer

与磁致伸缩换能器配接，截面逐渐变小的杆状聚能器。

841-33-12

超声发射器　ultrasonic transmitter

超声设备的用于产生工作运动的主要部件，包括超声换能器、变幅杆和上声极。

841-33-13

超声强度　ultrasound intensity

在与超声波传播方向垂直的单位表面积上在单位时间内传送的超声能量。

3.14　电加热和处理

841-34-01

异常辉光放电　abnormal glow-discharge

阴极(炉料)附近的电流密度随着放电电流一起增加的辉光放电。

841-34-02

电晕放电　corona discharge

在导体附近有微弱发光的一种气体放电现象，放电不使导体过度加热，而发光仅限于导体周围场强超过一定值的区域。

841-34-03

辉光放电　glow-discharge

一种自持气体导电，其大多数载流子为二次电子发射所产生的电子。

[GB/T 2900.60—2002 中 121-13-13]

注：气体导电是自持的，此时不需外加电离剂就能产生必要的载流子。

[修改 GB/T 2900.60—2002 中 121-13-02]

841-34-04

电火花　electric spark

短暂的亮度小的电弧。

注：电弧通常伴随着响声。

[修改 GB/T 2900.60—2002 中 121-13-16]

841-34-05

辉光放电加热　glow-discharge heating

离子加热　ion heating

以低气压异常辉光放电作为热源和物理化学过程的激活剂而进行的电加热，用以产生和改变工件的外层。

841-34-06

辉光放电氮化　glow-discharge nitriding

离子氮化　ion nitriding

采用电离氮粒子实现金属材料外层的等离子体扩散浸透。

841-34-07

恒电压等离子体加热　heating in constant voltage plasma

在等离子体扩散处理或等离子体化学气相沉积(PACVD)处理过程中,用恒电压辉光放电的活性进行加热。

841-34-08

脉冲等离子体加热　heating in pulsating plasma

在等离子体扩散处理或等离子体化学气相沉积(PACVD)处理过程中,用脉冲电压辉光放电的活性进行加热。

841-34-09

等离子体化学气相沉积处理　plasma assisted chemical vapour deposition treatment(PACVD)

与异常辉光放电条件下气体介质的电活性结合在一起的化学气相沉积(CVD)处理。

841-34-10

等离子体物理气相沉积处理　plasma assisted physical vapour deposition treatment (PAPVD)

辅以异常辉光放电,用来激励蒸汽和气体的电离过程并把要被沉积的化合物溅射在基材上的物理气相沉积(PVD)处理。

841-34-11

等离子体扩散处理　plasma diffusive treatment

主要或全部借助异常辉光放电过程中电离时所产生的气体或蒸汽活性粒子的扩散而得到金属材料外层的浸透。

841-34-12

等离子体聚合　plasma polymerisation

利用异常辉光放电产生非晶态薄层和粉状聚合物的过程。

841-34-13

物理气相沉积处理　physical vapour deposition treatment (PVD)

主要利用物理蒸镀产生超导薄膜的过程。

注:PVD过程主要利用原子核素的真空蒸镀或利用在惰性或活性气氛中采用单靶或多靶的溅射沉积(例如离子束溅射)的方法来构成薄膜。

[修改 GB/T 13811—2003 中 815-05-13]

841-34-14

反应磁控(管)溅射　reactive magnetron sputtering

借助异常辉光放电进行圆盘溅射的物理气相沉积处理,作为获得被沉积基质蒸气的一种方法。

841-34-15

辉光放电炉　glow discharge furnace

炉料由辉光放电加热的,具有真空室的电热设备。

841-34-16

辉光放电装置　glow discharge installation

由辉光放电炉及其运行所需的机电附属设备组成的装置。

中 文 索 引

A

暗红外发射器 …… 841-24-16

B

摆动式炉 …… 841-23-57
板电极 …… 841-28-21
板状红外发射器 …… 841-24-25
棒电极 …… 841-28-22
棒状加热元件 …… 841-23-23
保温 …… 841-22-26
泵浦 …… 841-32-12
比热 …… 841-21-11
标称制 …… 841-28-32
表面淬火 …… 841-22-27
表面电加热 …… 841-21-27
表面感应加热 …… 841-27-09
表面感应加热器 …… 841-27-42
表面热处理 …… 841-22-22
波导(微波加热器或微波炉的) …… 841-29-22
波导滤波器(介质加热设备内的) …… 841-28-27
玻璃配料 …… 841-25-10
不平衡系数 …… 841-26-77
步进式炉 …… 841-23-53

C

侧出料口 …… 841-26-30
层流等离子体炬 …… 841-31-34
产生激光 …… 841-32-09
长波红外辐射 …… 841-24-02
超前相 …… 841-26-78
超声变幅杆 …… 841-33-11
超声波 …… 841-33-02
超声发射器 …… 841-33-12
超声发生器 …… 841-33-10
超声焊接 …… 841-33-03
超声换能器 …… 841-33-09
超声加热 …… 841-33-01
超声强度 …… 841-33-13
超声设备 …… 841-33-04
超声装置 …… 841-33-05
车底式炉 …… 841-23-56
重熔 …… 841-22-19
重熔电极 …… 841-25-29
出钢凸室 …… 841-26-35
出料槽 …… 841-26-36
出料凸室 …… 841-26-35
出渣门 …… 841-26-34
储存热 …… 841-21-17
传热 …… 841-21-10
传送带式炉 …… 841-23-38
磁倍频器 …… 841-27-68
磁致伸缩换能器 …… 841-33-07
淬-回火 …… 841-22-25
淬火 …… 841-22-24
淬火深度 …… 841-27-22
淬冷器 …… 841-27-64

D

带状加热元件 …… 841-23-25
单电极电弧炉 …… 841-26-11
单模激光束 …… 841-32-05
单模谐振腔 …… 841-29-17
单位电耗 …… 841-22-72
单位电极消耗 …… 841-26-81
单匝感应器 …… 841-27-51
氮基气氛 …… 841-22-60
氮氢气氛 …… 841-22-66
刀状介质热合电极 …… 841-28-26
导电坩埚 …… 841-27-45
导电炉底 …… 841-26-21
导电渣 …… 841-25-11
导流系数 …… 841-30-31
灯丝 …… 841-24-27
等离子体 …… 841-31-01
等离子体发射电子枪 …… 841-30-10
等离子体发生器 …… 841-31-03
等离子体反应器 …… 841-31-27
等离子体工作气体 …… 841-31-14
等离子体焊接 …… 841-31-23

等离子体弧 …… 841-31-11
等离子体化学气相沉积处理 …… 841-34-09
等离子体加热 …… 841-31-02
等离子体加热器 …… 841-31-28
等离子体炬 …… 841-31-29
等离子体炬点火 …… 841-31-15
等离子体聚合 …… 841-34-12
等离子体扩散处理 …… 841-34-11
等离子体炉 …… 841-31-25
等离子体喷涂 …… 841-31-24
等离子体平均焓 …… 841-31-44
等离子体平均温度 …… 841-31-46
等离子体切割 …… 841-31-21
等离子体燃料炉 …… 841-31-26
等离子体燃料烧嘴 …… 841-31-39
等离子体熔化 …… 841-31-20
等离子体射流 …… 841-31-18
等离子体射流开槽 …… 841-31-22
等离子体温度 …… 841-31-45
等离子体稳定 …… 841-31-04
等离子体物理气相沉积处理 …… 841-34-10
等温面 …… 841-21-02
低频(电热的) …… 841-21-30
低热容量炉 …… 841-23-66
低温等离子体 …… 841-31-05
低温红外发射器 …… 841-24-18
低温加热元件 …… 841-23-17
低压等离子体 …… 841-31-08
底出料口 …… 841-26-31
底电极 …… 841-22-33
底开槽式炉 …… 841-23-41
点红外发射器 …… 841-24-23
电磁场内液态金属强化结晶 …… 841-27-27
电辐射管 …… 841-23-11
电干燥器 …… 841-22-05
电红外发射器 …… 841-24-21
电弧电流 …… 841-26-61
电弧电压 …… 841-26-63
电弧功率 …… 841-26-62
电弧加热 …… 841-26-01
电弧控制系统 …… 841-26-53
电弧炉 …… 841-26-05
电弧炉变压器 …… 841-26-55
电弧炉变压器额定功率 …… 841-26-65
电弧炉操作开关 …… 841-26-58
电弧炉大电流线路电抗 …… 841-26-67
电弧炉大电流线路电阻 …… 841-26-66
电弧炉电极 …… 841-26-38
电弧炉供电电压 …… 841-26-64
电弧炉搅拌器 …… 841-26-60
电弧炉紧急开关 …… 841-26-57
电弧炉炉衬 …… 841-26-17
电弧炉炉顶 …… 841-26-18
电弧炉炉壳 …… 841-26-20
电弧炉炉体 …… 841-26-16
电弧炉装置 …… 841-26-14
电弧炉装置比功率 …… 841-26-82
电弧炉装置不平衡 …… 841-26-74
电弧炉装置大电流线路 …… 841-26-54
电弧炉装置短路阻抗 …… 841-26-72
电弧炉装置供电线路 …… 841-26-52
电弧炉装置供电线路电抗 …… 841-26-69
电弧炉装置供电线路电阻 …… 841-26-68
电弧炉装置结构不平衡 …… 841-26-76
电弧炉装置运行不平衡 …… 841-26-75
电弧偏移 …… 841-26-80
电火花 …… 841-34-04
电极臂 …… 841-26-40
电极玻璃炉 …… 841-25-20
电极玻璃炉工作端 …… 841-25-36
电极玻璃炉熔化端 …… 841-25-37
电极电流负荷 …… 841-25-40
电极调节器 …… 841-26-46
电极锅炉 …… 841-25-21
电极加热 …… 841-25-01
电极加热器 …… 841-25-24
电极夹持器 …… 841-25-33
电极夹头 …… 841-26-39
电极接头 …… 841-26-47
电极立柱 …… 841-26-41
电极流水加热器 …… 841-25-25
电极炉 …… 841-25-16
电极喷流锅炉 …… 841-25-22
电极驱动机构 …… 841-26-44
电极驱动滞后时间 …… 841-26-45
电极升降架 …… 841-25-34

电极(升降)速度 …… 841-26-51
电极水加热 …… 841-25-12
电极盐浴炉 …… 841-25-17
电极蒸汽发生器 …… 841-25-23
电加热 …… 841-21-23
电加热器 …… 841-22-03
电解炉 …… 841-25-27
电解炉汇流排 …… 841-25-35
电流平衡 …… 841-26-73
电炉 …… 841-22-04
电热(学) …… 841-21-22
电热设备 …… 841-22-01
电热效率 …… 841-22-69
电热装置 …… 841-22-02
电热装置生产率 …… 841-22-71
电热装置特性值 …… 841-22-67
电热装置效率 …… 841-22-70
电透热 …… 841-21-36
电晕放电 …… 841-34-02
电渣重熔 …… 841-25-13
电子枪 …… 841-30-08
电子束 …… 841-30-01
电子束加热 …… 841-30-02
电子束加热器 …… 841-30-06
电子束加热设备 …… 841-30-04
电子束精密加工机 …… 841-30-07
电子束炉 …… 841-30-05
电子束偏转系统 …… 841-30-25
电子束扫描系统 …… 841-30-26
电子透入深度 …… 841-30-30
电阻干燥器 …… 841-23-64
电阻加热 …… 841-23-01
电阻加热锅炉 …… 841-23-63
电阻加热器 …… 841-23-07
电阻炉 …… 841-23-06
定位加热 …… 841-28-05
短波红外辐射 …… 841-24-04
短路点火装置(等离子体炬的) …… 841-31-17
多层感应器 …… 841-27-53
多模激光束 …… 841-32-06
多模谐振腔 …… 841-29-18
多区炉 …… 841-23-39
多室炉 …… 841-23-29
多束电子枪 …… 841-30-13
惰性气氛 …… 841-22-55

E

额定保温损失(电热的) …… 841-21-38
额定有用输出功率 …… 841-28-29
额定值 …… 841-21-35
二极枪 …… 841-30-17

F

发生器气氛 …… 841-22-65
发针形加热元件 …… 841-23-22
反射器 …… 841-29-24
反应磁控(管)溅射 …… 841-34-14
放热式气氛 …… 841-22-64
非导电坩埚 …… 841-27-46
非隔离加热电极盐浴炉 …… 841-25-19
非连续式炉 …… 841-23-09
非转移弧等离子体炬 …… 841-31-31
分离阳极(电子枪的) …… 841-30-19
缝式感应器 …… 841-27-56
辐射加热板 …… 841-24-30
辐射束 …… 841-32-03
辐射束单色性 …… 841-32-13
附加电容空腔谐振器 …… 841-28-17

G

坩埚 …… 841-22-50
坩埚式感应炉 …… 841-27-32
坩埚式炉 …… 841-23-33
坩埚式炉感应器 …… 841-27-59
坩埚抬升式感应熔化炉 …… 841-27-36
坩埚推出式感应炉 …… 841-27-35
感应保温炉 …… 841-27-33
感应淬火 …… 841-27-14
感应等离子体 …… 841-31-12
感应等离子体炬 …… 841-31-38
感应焊接 …… 841-27-18
感应加热 …… 841-27-04
感应加热器 …… 841-27-41
感应加热器导轨 …… 841-27-66
感应浇注炉 …… 841-27-38
感应搅拌器 …… 841-26-60

感应炉 …… 841-27-29
感应器 …… 841-27-47
感应器冷却保护套 …… 841-27-60
感应钎焊 …… 841-27-17
感应熔化 …… 841-27-12
感应熔化炉 …… 841-27-37
感应透热 …… 841-27-10
钢包 …… 841-22-51
钢包(加热)炉 …… 841-26-10
高频(电热的) …… 841-21-32
高频点火装置(等离子体炬的) …… 841-31-16
高频有用功率 …… 841-28-28
高温等离子体 …… 841-31-06
高温加热元件 …… 841-23-19
高温红外发射器 …… 841-24-20
高压等离子体 …… 841-31-09
隔离加热电极盐浴炉 …… 841-25-18
隔热(材料) …… 841-21-28
隔热炉衬 …… 841-22-40
工频(电热的) …… 841-21-29
工艺气氛 …… 841-22-58
工作电极 …… 841-25-30
工作电极(介质加热器的) …… 841-28-20
工作温度 …… 841-21-39
功率穿透深度 …… 841-29-02
功率损失 …… 841-28-31
功率吸收深度 …… 841-29-03
拱顶 …… 841-22-35
沟槽式感应炉 …… 841-27-30
沟槽式感应器 …… 841-27-57
箍缩效应 …… 841-27-28
观察孔 …… 841-22-53
管材感应焊接 …… 841-27-19
管式炉 …… 841-23-40
管状红外发射器 …… 841-24-24
光学观察系统 …… 841-30-28
辊底式炉 …… 841-23-49

H

合成气氛 …… 841-22-62
恒电压等离子体加热 …… 841-34-07
横向磁通感应加热 …… 841-27-08
横向电子枪 …… 841-30-16
红外灯辐射器 …… 841-24-15
红外发射器定向装置 …… 841-24-28
红外发射器反射器 …… 841-24-29
红外辐射 …… 841-24-01
红外干燥 …… 841-24-06
红外供暖 …… 841-24-08
红外加热 …… 841-24-05
红外加热器 …… 841-24-12
红外加热元件 …… 841-24-14
红外炉 …… 841-24-10
红外石英发射器 …… 841-24-26
红外陶瓷加热器 …… 841-24-13
红外真空干燥 …… 841-24-07
红外真空炉 …… 841-24-11
红外装置 …… 841-24-09
弧等离子体 …… 841-31-10
弧热等离子体 …… 841-31-10
弧等离子体炬 …… 841-31-30
滑底式炉 …… 841-23-54
化学气相沉积 …… 841-22-07
化学热处理 …… 841-22-30
还原气氛 …… 841-22-56
环形电子枪 …… 841-30-14
辉光放电 …… 841-34-03
辉光放电氮化 …… 841-34-06
辉光放电加热 …… 841-34-05
辉光放电炉 …… 841-34-15
辉光放电装置 …… 841-34-16
回火 …… 841-22-29
回收热 …… 841-21-20
回形感应器 …… 841-27-52

J

激光打孔机 …… 841-32-20
激光辐射 …… 841-32-04
激光束发散性 …… 841-32-15
激光束相干性 …… 841-32-14
激光加工机 …… 841-32-19
激光加热 …… 841-32-01
激光加热器 …… 841-32-18
激光切割机 …… 841-32-21
激光设备 …… 841-32-16
激光(共振)腔 …… 841-32-24

激光装置 …… 841-32-17
激活媒质 …… 841-32-02
集磁器 …… 841-27-62
加热 …… 841-22-13
加热导体表面负荷 …… 841-23-69
加热电极 …… 841-25-28
加热电缆 …… 841-23-12
加热电容器 …… 841-28-18
加热电阻器 …… 841-23-13
加热感应器 …… 841-27-48
加热功率 …… 841-21-34
加热室 …… 841-22-34
加热毯 …… 841-23-26
加热盐 …… 841-25-06
加热盐混合物 …… 841-25-07
加热元件 …… 841-23-14
加热元件支撑 …… 841-23-20
间接电弧加热 …… 841-26-03
间接电弧炉 …… 841-26-09
间接电加热 …… 841-21-25
间接电阻电热装置 …… 841-23-05
间接电阻加热 …… 841-23-03
间接感应加热 …… 841-27-06
间歇式炉 …… 841-23-10
溅射 …… 841-22-12
浇包 …… 841-22-51
交流电弧炉 …… 841-26-07
结构阳极(电子枪的) …… 841-30-20
结晶器 …… 841-22-48
结晶器底板 …… 841-25-38
介质干燥 …… 841-28-06
介质干燥器 …… 841-28-12
介质加热 …… 841-28-01
介质加热标称频率 …… 841-28-33
介质加热发生器 …… 841-28-15
介质加热器 …… 841-28-11
介质热合电极 …… 841-28-25
介质损耗 …… 841-28-02
[介质]损耗指数 …… 841-28-03
介质预热 …… 841-28-09
介质预热器 …… 841-28-14
介质粘合 …… 841-28-07
介质粘压机 …… 841-28-16
金属锭凝固 …… 841-25-14
金属浴 …… 841-25-08
近红外辐射 …… 841-24-04
进出口 …… 841-29-21
晶体管变频器 …… 841-27-71
晶闸管变频器 …… 841-27-70
精炼 …… 841-22-17
井式炉 …… 841-23-32
局部电加热 …… 841-21-26
巨脉冲 …… 841-32-11
聚焦系统 …… 841-30-27
聚能器 …… 841-33-06

K

开合式感应器 …… 841-27-55
可转换弧等离子体炬 …… 841-31-33
可控气氛 …… 841-22-59
空心阴极 …… 841-31-43
孔阑 …… 841-30-24
控制电极 …… 841-30-23

L

冷壁真空炉 …… 841-23-60
冷等离子体 …… 841-31-05
冷坩埚感应炉 …… 841-27-34
冷坩埚熔化 …… 841-27-20
冷却 …… 841-22-14
冷却室 …… 841-23-67
冷却系统 …… 841-27-63
冷阴极(电子枪的) …… 841-30-21
离子氮化 …… 841-34-06
离子加热 …… 841-34-05
离子注入 …… 841-22-10
立式炉 …… 841-23-31
连续电极 …… 841-26-43
连续激光器 …… 841-32-22
连续式炉 …… 841-23-08
链输送式炉 …… 841-23-45
链条输送装置 …… 841-22-43
亮红外发射器 …… 841-24-17
料筐 …… 841-22-46
料盘 …… 841-22-47
邻近效应 …… 841-27-03

溜槽 …………………………………… 841-22-37
流槽 …………………………………… 841-22-38
留剩金属液 …………………………… 841-27-67
流态化 ………………………………… 841-22-18
流态粒子炉 …………………………… 841-23-61
炉顶提升旋开系统 …………………… 841-26-29
炉罐 …………………………………… 841-22-49
炉料 …………………………………… 841-22-06
炉料加热时间 ………………………… 841-22-74
炉料容量(电热设备的) ……………… 841-21-40
炉子升温时间 ………………………… 841-22-73
卤素灯发射器 ………………………… 841-24-22
轮廓淬火 ……………………………… 841-27-15
螺线形加热元件 ……………………… 841-23-21
螺旋输送式炉 ………………………… 841-23-46

M

马弗 …………………………………… 841-23-68
马弗炉 ………………………………… 841-23-42
埋弧电阻炉装置 ……………………… 841-26-15
埋弧加热 ……………………………… 841-26-04
埋弧电阻炉 …………………………… 841-26-12
脉冲等离子体加热 …………………… 841-34-08
脉冲功率 ……………………………… 841-28-30
脉冲激光器 …………………………… 841-32-23
弥散场加热 …………………………… 841-28-04

N

挠性电缆(电弧炉的) ………………… 841-26-59
内感应器 ……………………………… 841-27-50
内热式真空炉 ………………………… 841-23-60
内置枪 ………………………………… 841-30-12
耐火炉衬 ……………………………… 841-22-39

P

排烟弯管 ……………………………… 841-26-23
排烟罩 ………………………………… 841-26-24
配对电极 ……………………………… 841-25-32
喷淋炉顶 ……………………………… 841-26-19
喷雾器 ………………………………… 841-27-65
喷嘴(等离子体炬的) ………………… 841-31-40
偏转器 ………………………………… 841-29-25
频率稳定性(介质加热发生器的) …… 841-28-10
平面感应器 …………………………… 841-27-54

Q

启动电极(电弧炉的) ………………… 841-26-49
启动电极(电极盐浴炉的) …………… 841-25-31
气体发生器 …………………………… 841-22-54
气隙加热电容器 ……………………… 841-28-19
牵引式炉 ……………………………… 841-23-37
潜热 …………………………………… 841-21-12
腔门 …………………………………… 841-29-26
强迫对流 ……………………………… 841-21-08
强迫对流炉 …………………………… 841-23-65
强相 …………………………………… 841-26-78
倾动式炉 ……………………………… 841-23-43
倾炉系统 ……………………………… 841-22-41
倾动系统 ……………………………… 841-26-37
区域感应熔化 ………………………… 841-27-13
趋肤效应 ……………………………… 841-27-02

R

热壁真空炉 …………………………… 841-23-59
热处理 ………………………………… 841-22-21
热传导 ………………………………… 841-21-05
热等离子体 …………………………… 841-31-07
热电解 ………………………………… 841-25-03
热电解还原 …………………………… 841-25-03
热电解精炼 …………………………… 841-25-04
热电子发射枪 ………………………… 841-30-15
热对流 ………………………………… 841-21-06
热辐射 ………………………………… 841-21-09
热功率 ………………………………… 841-21-21
热过程 ………………………………… 841-21-18
热量 …………………………………… 841-21-04
热喷涂 ………………………………… 841-22-11
热平衡 ………………………………… 841-21-13
热损失 ………………………………… 841-21-14
热效率 ………………………………… 841-22-68
热阴极(电子枪的) …………………… 841-30-22
熔池搅拌 ……………………………… 841-27-23
熔化 …………………………………… 841-22-15
熔化时间 ……………………………… 841-22-75
熔融盐电解 …………………………… 841-25-02
熔融盐分解电压 ……………………… 841-25-41

弱相 …………………………………… 841-26-79

S

三极枪 …………………………………… 841-30-18
闪烁 …………………………………… 841-26-83
上声极 …………………………………… 841-33-08
升降式炉 …………………………………… 841-23-34
升温功率 …………………………………… 841-21-37
石墨加热元件 …………………………………… 841-23-15
试验短路 …………………………………… 841-26-71
受激发射 …………………………………… 841-32-08
输出热 …………………………………… 841-21-16
输入热 …………………………………… 841-21-15
束加速电压 …………………………………… 841-30-29
束腰 …………………………………… 841-30-03
衰减距离 …………………………………… 841-29-04
双频坩埚式感应炉 …………………………………… 841-27-39
双频感应加热 …………………………………… 841-27-16
双室沟槽式感应炉 …………………………………… 841-27-31
水冷板 …………………………………… 841-26-32
水冷电极 …………………………………… 841-26-50
水冷炉顶 …………………………………… 841-26-33
送料器 …………………………………… 841-22-42
塑料介质热合 …………………………………… 841-28-08
塑料介质热合机 …………………………………… 841-28-13
隧道式炉 …………………………………… 841-23-36

T

台车式炉 …………………………………… 841-23-55
碳化硅加热元件 …………………………………… 841-23-16
陶瓷坩埚 …………………………………… 841-27-44
调压变压器 …………………………………… 841-26-56
透淬 …………………………………… 841-22-28
透热感应加热器 …………………………………… 841-27-43
透入深度 …………………………………… 841-27-21
涂层电极 …………………………………… 841-26-42
湍流喷射等离子体炬 …………………………………… 841-31-35
推送式炉 …………………………………… 841-23-50
退火 …………………………………… 841-22-23

W

外热式真空炉 …………………………………… 841-23-59
外置枪 …………………………………… 841-30-11
微波巴氏消毒 …………………………………… 841-29-09
微波等离子体 …………………………………… 841-31-13
微波等离子体炬 …………………………………… 841-31-37
微波发生器 …………………………………… 841-29-16
微波负载 …………………………………… 841-29-12
微波干燥 …………………………………… 841-29-05
微波干燥机 …………………………………… 841-29-07
微波工作负载 …………………………………… 841-29-13
微波加热 …………………………………… 841-29-01
微波加热设备 …………………………………… 841-29-06
微波搅拌器 …………………………………… 841-29-23
微波炉 …………………………………… 841-29-15
微波灭菌 …………………………………… 841-29-10
微波频率(电热的) …………………………………… 841-21-33
微波破碎 …………………………………… 841-29-08
微波腔壁 …………………………………… 841-29-20
微波透射性 …………………………………… 841-29-14
微波外罩 …………………………………… 841-29-20
微波谐振腔 …………………………………… 841-29-19
微波应用器 …………………………………… 841-29-11
维修门 …………………………………… 841-29-27
温度场 …………………………………… 841-21-01
温度梯度 …………………………………… 841-21-03
涡流 …………………………………… 841-27-01
卧式炉 …………………………………… 841-23-30
无电极等离子体炬 …………………………………… 841-31-36
无心感应炉 …………………………………… 841-27-32
物理气相沉积 …………………………………… 841-22-08
物理气相沉积处理 …………………………………… 841-34-13

X

吸热式气氛 …………………………………… 841-22-63
线圈导磁体 …………………………………… 841-27-61
线圈绝缘 …………………………………… 841-27-49
箱式炉 …………………………………… 841-23-28
斜底式炉 …………………………………… 841-23-47
卸料时间 …………………………………… 841-22-77
心式感应器 …………………………………… 841-27-58
行波加热 …………………………………… 841-27-11
蓄热器 …………………………………… 841-25-26
悬浮熔化 …………………………………… 841-27-20
旋转变频器(电机发电机组) …………………………………… 841-27-69

Y

盐浴 …………………………………… 841-25-09
盐浴加热 ………………………………… 841-22-20
阳极 …………………………………… 841-22-31
阳极(非转移或转移弧等离子体炬的) …………
…………………………………… 841-31-41
阳极配料 ………………………………… 841-25-39
阳极效应 ………………………………… 841-25-15
氧化气氛 ………………………………… 841-22-57
氧枪 …………………………………… 841-26-25
氧枪操纵器 ……………………………… 841-26-26
氧燃料烧嘴 ……………………………… 841-26-27
摇架 …………………………………… 841-26-22
舀出式炉 ………………………………… 841-23-35
异常辉光放电 …………………………… 841-34-01
液态加热介质 …………………………… 841-25-05
液态金属电磁搅拌 ……………………… 841-27-24
液态金属电磁输送 ……………………… 841-27-25
液态金属电磁铸造 ……………………… 841-27-26
阴极 …………………………………… 841-22-32
阴极(非转移或转移弧等离子体炬的) …………
…………………………………… 841-31-42
引出棒 ………………………………… 841-23-27
引出线 ………………………………… 841-23-27
引导电弧 ………………………………… 841-31-19
有心感应炉 ……………………………… 841-27-30
有用表面(加热室的) …………………… 841-23-70
有用热 ………………………………… 841-21-19
浴炉 …………………………………… 841-23-62
预热器 ………………………………… 841-26-28
远红外辐射 ……………………………… 841-24-02
运行短路 ………………………………… 841-26-70
运行温度 ………………………………… 841-21-39

Z

闸室 …………………………………… 841-22-36
罩式炉 ………………………………… 841-23-44
真空感应炉 ……………………………… 841-27-40
真空炉 ………………………………… 841-23-58
真空熔化 ………………………………… 841-22-16
真空重熔电弧炉 ………………………… 841-26-13
振底式炉 ………………………………… 841-23-48
振底输送装置 …………………………… 841-22-45
振动输送装置 …………………………… 841-22-44
蒸镀 …………………………………… 841-22-09
正常脉冲 ………………………………… 841-32-10
直接电弧加热 …………………………… 841-26-02
直接电弧炉 ……………………………… 841-26-08
直接电加热 ……………………………… 841-21-24
直接电阻电热装置 ……………………… 841-23-04
直接电阻加热 …………………………… 841-23-02
直接感应加热 …………………………… 841-27-05
直流电弧炉 ……………………………… 841-26-06
滞后相 ………………………………… 841-26-79
中波红外辐射 …………………………… 841-24-03
中红外辐射 ……………………………… 841-24-03
中间包 ………………………………… 841-22-52
中频(电热的) …………………………… 841-21-31
中温红外发射器 ………………………… 841-24-19
中温加热元件 …………………………… 841-23-18
中性气氛 ………………………………… 841-22-55
轴对称电子枪 …………………………… 841-30-09
转底式炉 ………………………………… 841-23-51
转耙形加热元件 ………………………… 841-23-24
转盘电极 ………………………………… 841-28-24
转筒式炉 ………………………………… 841-23-52
转移弧等离子体炬 ……………………… 841-31-32
转柱电极 ………………………………… 841-28-23
装料时间 ………………………………… 841-22-76
自焙电极 ………………………………… 841-26-48
自发发射 ………………………………… 841-32-07
自然对流 ………………………………… 841-21-07
自然气氛 ………………………………… 841-22-61
纵向磁通感应加热 ……………………… 841-27-07

英 文 索 引

A

abnormal
abnormal glow-discharge ······ 841-34-01
absorption
power absorption depth ······ 841-29-03
accelerating
beam accelerating voltage ······ 841-30-29
access
access opening ······ 841-29-21
accumulator
heat accumulator ······ 841-25-26
active
active medium ······ 841-32-02
additiona
cavity resonatorwith additional capacitance ······ 841-28-17
air
air gap heating capacitor ······ 841-28-19
alternating
alternating current arc furnace ······ 841-26-07
annealing
annealing ······ 841-22-23
anode
anode ······ 841-22-31
anode (of a non-transferred or transferred arc plasma torch) ······ 841-31-41
anode effect ······ 841-25-15
anode mix ······ 841-25-39
separate anode(of an electron gun) ······ 841-30-19
structural anode (of an electron gun) ······ 841-30-20
aperture
aperture diaphragm ······ 841-30-24
applicator
microwave applicator ······ 841-29-11
arc
alternating current arc furnace ······ 841-26-07
anode (of a non-transferred or transferred arc plasma torch) ······ 841-31-41
arc control system ······ 841-26-53
arc current ······ 841-26-61
arc deviation ······ 841-26-80
arc furnace ······ 841-26-05

arc furnace body ······ 841-26-16
arc furnace electrode ······ 841-26-38
arc furnace emergency switch ······ 841-26-57
arc furnace installation ······ 841-26-14
arc furnace installation electric line ······ 841-26-52
arc furnace installation high-current line ······ 841-26-54
arc furnace installation operating unbalance ······ 841-26-75
arc furnace installation structural unbalance ······ 841-26-76
arc furnace installation unbalance ······ 841-26-74
arc furnace lining ······ 841-26-17
arc furnace manoeuvring switch ······ 841-26-58
arc furnace operational switch ······ 841-26-58
arc furnace roof ······ 841-26-18
arc furnace shell ······ 841-26-20
arc furnace stirrer ······ 841-26-60
arc furnace transformer ······ 841-26-55
arc heating ······ 841-26-01
arc plasma ······ 841-31-10
arc plasma torch ······ 841-31-30
arc power ······ 841-26-62
arc thermal plasma ······ 841-31-10
arc voltage ······ 841-26-63
convertible arc plasma torch ······ 841-31-33
direct arc furnace ······ 841-26-08
direct arc heating ······ 841-26-02
direct current arc furnace ······ 841-26-06
indirect arc furnace ······ 841-26-09
indirect arc heating ······ 841-26-03
pilot arc ······ 841-31-19
plasma arc ······ 841-31-11
plasma arc cutting ······ 841-31-21
rating power of an arc furnace transformer ······ 841-26-65
reactance of arc furnace high-current line ······ 841-26-67
reactance of arc furnace installation electric line ······ 841-26-69
resistance of arc furnace installation electric line ······ 841-26-68
resistance of high current line of arc furnace ······ 841-26-66
short-circuit impedance of an arc furnace installation ······ 841-26-72
single electrode arc furnace ······ 841-26-11
specific power of an arc furnace installation ······ 841-26-82
submerged arc heating ······ 841-26-04
submerged arc-resistance furnace ······ 841-26-12
submerged arc-resistance furnace installation ······ 841-26-15
transferred arc plasma torch ······ 841-31-32

vacuum remelting arc furnace ········ 841-26-13
arm
electrode arm ········ 841-26-40
assisted
plasma assisted chemical vapour deposition treatment(PACVD) ········ 841-34-09
plasma assisted physical vapour deposition treatment(PAPVD) ········ 841-34-10
atmosphere
controlled atmosphere ········ 841-22-59
endothermic atmosphere ········ 841-22-63
exothermic atmosphere ········ 841-22-64
generator atmosphere ········ 841-22-65
inert atmosphere ········ 841-22-55
natural atmosphere ········ 841-22-61
neutral atmosphere ········ 841-22-55
nitrogen-based atmosphere ········ 841-22-60
nitrogen-hydrogen atmosphere ········ 841-22-66
oxidizing atmosphere ········ 841-22-57
processing atmosphere ········ 841-22-58
reducing atmosphere ········ 841-22-56
synthetic atmosphere ········ 841-22-62
attenuation
attenuation distance ········ 841-29-04
average
plasma average temperature ········ 841-31-46
axial
electron gun of axial symmetry ········ 841-30-09

B

balance
heat balance ········ 841-21-13
balancing
current balancing ········ 841-26-73
bale
bale out furnace ········ 841-23-35
basket
charging basket ········ 841-22-46
batch
batch furnace ········ 841-23-10
glass making batch ········ 841-25-10
bath
bath furnace ········ 841-23-62
bath stirring ········ 841-27-23
heating in salt bath ········ 841-22-20

metal bath ································ 841-25-08
salt bath ································ 841-25-09
bay
tapping bay ································ 841-26-35
beam
beam accelerating voltage ································ 841-30-29
beam of radiation ································ 841-32-03
coherence of laser beam ································ 841-32-14
divergence of laser beam ································ 841-32-15
electron beam ································ 841-30-01
electron beam deflection system ································ 841-30-25
electron beam furnace ································ 841-30-05
electron beam heater ································ 841-30-06
electron beam heating ································ 841-30-02
electron beam heating equipment ································ 841-30-04
electron beam micromachine ································ 841-30-07
electron beam scanning system ································ 841-30-26
monochromaticity of radiation beam ································ 841-32-13
multi-modal laser beam ································ 841-32-06
single modal laser beam ································ 841-32-05
walking beam furnace ································ 841-23-53
bed
fluidized bed furnace ································ 841-23-61
bell
bell furnace ································ 841-23-44
belt
belt conveyor furnace ································ 841-23-38
body
arc furnace body ································ 841-26-16
furnace body ································ 841-26-36
bogie
bogie furnace ································ 841-23-56
bogie hearth furnace ································ 841-23-55
boiler
electrode boiler ································ 841-25-21
electrode shower boiler ································ 841-25-22
resistance heated boiler ································ 841-23-63
booster
booster transformer ································ 841-26-56
bottom
bottom electrode ································ 841-22-33
bottom tapping hole ································ 841-26-31
conducting bottom ································ 841-26-26

crystallizer bottom plate …… 841-25-38
box-type
box-type furnace …… 841-23-28
brazing
induction brazing …… 841-27-17
bright
infrared bright emitter …… 841-24-17
burner
oxy-fuel burner …… 841-26-27
plasma fuel burner …… 841-31-39
busbars
electrolytic furnace busbars …… 841-25-35

C

cable
flexible cable (of an arc furnace) …… 841-26-59
heating cable …… 841-23-12
capacitance
cavity resonator with additional capacitance …… 841-28-17
capacitor
air gap heating capacitor …… 841-28-19
heating capacitor …… 841-28-18
capacity
charge capacity (of an electroheat equipment) …… 841-21-40
low thermal capacity furnace …… 841-23-66
carbide
silicon carbide heating element …… 841-23-16
casting
electromagetic casting of liquid metals …… 841-27-29
cathode
cathode …… 841-22-32
cathode (of a non transferred or transferred arc plasma torch) …… 841-31-42
cold cathode (of an electron gun) …… 841-30-21
hot cathode (of an electron gun) …… 841-30-22
cavity
cavity door …… 841-29-26
cavity resonator with additional capacitance …… 841-28-17
microwave cavity …… 841-29-19
multimode cavity …… 841-29-18
single mode cavity …… 841-29-17
ceramic
ceramic crucible …… 841-27-44
infrared ceramic heater …… 841-24-13

chain
chain conveyor ········ 841-22-43
chain conveyor furnace ········ 841-23-45
chamber
cooling chamber ········ 841-23-67
heating chamber ········ 841-22-34
lock chamber ········ 841-22-36
two-chamber induction channel furnace ········ 841-27-31
channel
channel furnace inductor ········ 841-27-57
channel inductor ········ 841-27-57
induction channel furnace ········ 841-27-30
tank of induction channel furnace ········ 841-27-41
two-chamber induction channel furnace ········ 841-27-31
characteristic
characteristic value of an electroheat installation ········ 841-22-67
charge
charge ········ 841-22-06
charge capacity (of an electroheat equipment) ········ 841-21-40
charge feeder ········ 841-22-42
charge heating time ········ 841-22-74
charging
charging basket ········ 841-22-46
charging time ········ 841-22-76
charging tray ········ 841-22-47
charging tundish ········ 841-22-52
casting
electromagnetic casting of liquid metals ········ 841-27-26
chemical
chemical vapour deposition ········ 841-22-07
plasma assisted chemical vapour deposition treatment(PACVD) ········ 841-34-09
chute
chute ········ 841-22-37
clamp
electrode clamp ········ 841-26-39
coated
coated electrode ········ 841-26-42
coefficient
unbalance coefficient ········ 841-26-77
coherence
coherence of laser beam ········ 841-32-14
coil
coil flux guide ········ 841-27-61

coil insulation ······ 841-27-49
lift off coil induction crucible melting furnace ······ 841-27-36
cold
cold cathode (of an electron gun) ······ 841-30-21
cold crucible melting ······ 841-27-20
cold lead ······ 841-23-27
cold plasma ······ 841-31-05
cold tail ······ 841-23-27
cold wall vacuum furnace ······ 841-23-60
induction furnace with cold crucible ······ 841-27-34
concentrator
concentrator ······ 841-27-62
energy concentrator ······ 841-33-06
conducting
conducting crucible ······ 841-27-45
conducting slag ······ 841-25-11
conduction
heat conduction ······ 841-21-05
thermal conduction ······ 841-21-05
conductive
conductive hearth ······ 841-26-21
conductor
heating conductor surface load ······ 841-23-69
constant
heating in constant voltage plasma ······ 841-34-07
consumption
specific electrode consumption ······ 841-26-81
specific energy consumption ······ 841-22-72
continuous
continuous duty laser ······ 841-32-22
continuous electrode ······ 841-26-43
continuous electrode water heater ······ 841-25-25
continuous furnace ······ 841-23-08
contour
contour hardening ······ 841-27-15
control
arc control system ······ 841-26-53
control electrode ······ 841-30-23
controlled
controlled atmosphere ······ 841-22-59
controller
electrode controller ······ 841-26-46

convection
forced convection ································ 841-21-08
forced convection furnace ································ 841-23-65
free convection ································ 841-21-07
heat convection ································ 841-21-06
natural convection ································ 841-21-07
thermal convection ································ 841-21-06
converter
magnetostrictive converter ································ 841-33-07
rotary converter (motor generator set) ································ 841-27-69
thyristor frequency converter ································ 841-27-70
transistor frequency converter ································ 841-27-71
ultrasonic converter ································ 841-33-09
convertible
convertible arc plasma torch ································ 841-31-33
conveyor
belt conveyor furnace ································ 841-23-38
chain conveyor ································ 841-22-43
chain conveyor furnace ································ 841-23-45
screw conveyor furnace ································ 841-23-46
shaker conveyor ································ 841-22-45
vibrating conveyor ································ 841-22-44
cooled
spray cooled roof ································ 841-26-19
water cooled panel ································ 841-26-32
water cooled roof ································ 841-26-33
cooling
cooling ································ 841-22-14
cooling and protection shield for inductor ································ 841-27-60
cooling chamber ································ 841-23-67
cooling system ································ 841-27-63
core
core type inductor ································ 841-27-58
corona
corona discharge ································ 841-34-02
counter
counter electrode ································ 841-25-32
cradle
cradle ································ 841-26-22
crucible
ceramic crucible ································ 841-27-44
cold crucible melting ································ 841-27-20
conducting crucible ································ 841-27-45

crucible ······ 841-22-50
crucible furnace inductor ······ 841-27-59
induction crucible furnace ······ 841-27-32
induction furnace with cold crucible ······ 841-27-34
lift off coil induction crucible melting furnace ······ 841-27-36
non-conducting crucible ······ 841-27-46
push-out induction crucible furnace ······ 841-27-35
two-frequency induction crucible furnace ······ 841-27-39
crystallization
enhancing crystallization of liquid metal in electromagentic fields ······ 841-27-27
crystallizer
crystallizer ······ 841-22-48
crystallizer bottom plate ······ 841-25-38
curing
glue curing ······ 841-28-07
current
alternating current arc furnace ······ 841-26-07
arc current ······ 841-26-61
current balancing ······ 841-26-73
direct current arc furnace ······ 841-26-06
eddy currents ······ 841-27-01
electrode current load ······ 841-25-40
cutting-off
laser cutting-off machine ······ 841-32-21
cutting
dielectric cutting edge welding electrode ······ 841-28-26
plasma arc cutting ······ 841-31-21
plasma cutting ······ 841-31-21
CVD(abbreviation) ······ 841-22-07
cylinder
rotating cylinder electrodes ······ 841-28-23

D

dark
infrared dark emitter ······ 841-24-16
dead
dead phase ······ 841-26-79
decomposition
molten salt decomposition voltage ······ 841-25-41
deflection
electron beam deflection system ······ 841-30-25
deflector
deflector ······ 841-29-25

delay

delay time of electrode drive ······ 841-26-45

deposition

chemical vapour deposition ······ 841-22-07

physical vapour deposition ······ 841-22-08

physical vapour deposition treatment(PVD) ······ 841-34-13

plasma assisted chemical vapour deposition treatment(PACVD) ······ 841-34-09

plasma assisted physical vapour deposition treatment(PAPVD) ······ 841-34-10

depth

depth of hardening ······ 841-27-22

depth of penetration ······ 841-27-21

electron penetration depth ······ 841-30-30

power absorption depth ······ 841-29-03

power penetration depth ······ 841-29-02

deviation

arc deviation ······ 841-26-80

device

high-frequency ignition device (of a plasma torch) ······ 841-31-16

short-circuit ignition device (of a plasma torch) ······ 841-31-17

diaphragm

aperture diaphragm ······ 841-30-24

dielectric

dielectric cutting edge welding electrode ······ 841-28-26

dielectric dryer ······ 841-28-12

dielectric drying ······ 841-28-06

dielectric gluing ······ 841-28-07

dielectric gluing press ······ 841-28-16

dielectric heater ······ 841-28-11

dielectric heating ······ 841-28-01

dielectric heating generator ······ 841-28-15

dielectric loss ······ 841-28-02

(dielectric) loss index ······ 841-28-03

dielectric plastic welder ······ 841-28-13

dielectric plastic welding ······ 841-28-08

dielectric preheater ······ 841-28-14

dielectric preheating ······ 841-28-09

dielectric welding electrode ······ 841-28-25

nominal dielectric heating frequency ······ 841-28-33

diffusive

plasma diffusive treatment ······ 841-34-11

diode

diode gun ······ 841-30-17

direct
direct arc furnace ············ 841-26-08
direct arc heating ············ 841-26-02
direct current arc furnace ············ 841-26-06
direct electric heating ············ 841-21-24
direct induction heating ············ 841-27-05
direct resistance electroheat installation ············ 841-23-04
direct resistance heating ············ 841-23-02
directing
infrared emitter directing unit ············ 841-24-28
disc
rotating disc electrode ············ 841-28-24
discharge
corona discharge ············ 841-34-02
discontinuous
discontinuous furnace ············ 841-23-09
dispersed
dispersed field heating ············ 841-28-04
distance
attenuation distance ············ 841-29-04
divergence
divergence of laser beam ············ 841-32-15
door
cavity door ············ 841-29-26
maintenance door ············ 841-29-27
slagging door ············ 841-26-34
drawing
drawing furnace ············ 841-23-37
drilling
laser drilling machine ············ 841-32-20
drive
delay time of electrode drive ············ 841-26-45
electrode drive ············ 841-26-44
drum
rotary drum furnace ············ 841-23-52
dryer
dielectric dryer ············ 841-28-12
electric dryer ············ 841-22-05
microwave dryer ············ 841-29-07
resistance dryer ············ 841-23-64
drying
dielectric drying ············ 841-28-06
infrared drying ············ 841-24-06
infrared vacuum drying ············ 841-24-07

microwave drying ······ 841-29-05
dual-frequency
dual-frequency induction heating ······ 841-27-16
duty
continuous duty laser ······ 841-32-22

E

eddy
eddy currents ······ 841-27-01
edge
dielectric cutting edge welding electrode ······ 841-28-26
effect
anode effect ······ 841-25-15
pinch effect ······ 841-27-28
proximity effect ······ 841-27-03
skin effect ······ 841-27-02
efficiency
efficiency of an electroheat installation ······ 841-22-70
electrothermal efficiency ······ 841-22-69
thermal efficiency ······ 841-22-68
elbow
fume elbow ······ 841-26-23
electric
arc furnace installation electric line ······ 841-26-52
direct electric heating ······ 841-21-24
electric dryer ······ 841-22-05
electric furnace ······ 841-22-04
electric heater ······ 841-22-03
electric heating ······ 841-21-23
electric infrared emitter ······ 841-24-21
electric radiant tube ······ 841-23-11
electric spark ······ 841-34-04
electric surface heating ······ 841-21-27
electric through heating ······ 841-21-36
indirect electric heating ······ 841-21-25
localized electric heating ······ 841-21-26
reactance of arc furnace installation electric line ······ 841-26-69
resistance of arc furnace installation electric line ······ 841-26-68
electrode
arc furnace electrode ······ 841-26-38
bottom electrode ······ 841-22-33
coated electrode ······ 841-26-42
continuous electrode ······ 841-26-43

continuous electrode water heater ········ 841-25-25
control electrode ········ 841-30-23
counter electrode ········ 841-25-32
delay time of electrode drive ········ 841-26-45
dielectric cutting edge welding electrode ········ 841-28-26
dielectric welding electrode ········ 841-28-25
electrode arm ········ 841-26-40
electrode boiler ········ 841-25-21
electrode clamp ········ 841-26-39
electrode controller ········ 841-26-46
electrode current load ········ 841-25-40
electrode drive ········ 841-26-44
electrode furnace ········ 841-25-16
electrode glass furnace ········ 841-25-20
electrode heater ········ 841-25-24
electrode heating ········ 841-25-01
electrode holder ········ 841-25-33
electrode mast ········ 841-26-41
electrode nipple ········ 841-26-47
electrode regulator ········ 841-26-46
electrode salt-bath furnace ········ 841-25-17
electrode salt-bath furnace with isolated heating space ········ 841-25-19
electrode salt-bath furnace with unisolated heating space ········ 841-25-19
electrode shower boiler ········ 841-25-22
electrode speed ········ 841-26-51
electrode stand ········ 841-25-34
electrode steam generator ········ 841-25-23
electrode water heating ········ 841-25-12
heating electrode ········ 841-25-28
melting end of an electrode glass furnace ········ 841-25-37
plate electrodes ········ 841-28-21
remelted electrode ········ 841-25-29
rod electrode ········ 841-28-22
rotating cylinder electrodes ········ 841-28-23
rotating disc electrode ········ 841-28-24
self-baking electrode ········ 841-26-48
single electrode arc furnace ········ 841-26-11
specific electrode consumption ········ 841-26-81
starting electrode (of an arc furnace) ········ 841-26-49
starting electrode (of an electrode salt bath furnace) ········ 841-25-31
water-cooled electrode ········ 841-26-50
work electrode (of a dielectric heater) ········ 841-28-20
working electrode ········ 841-25-30

working end of an electrode glass furnace ······ 841-25-36
electroheat
characteristic value of an electroheat installation ······ 841-22-67
direct resistance electroheat installation ······ 841-23-04
efficiency of an electroheat installation ······ 841-22-70
electroheat ······ 841-21-22
electroheat equipment ······ 841-22-01
electroheat installation ······ 841-22-02
electroheat installation output ······ 841-22-71
electroheat installation productivity ······ 841-22-71
indirect resistance electroheat installation ······ 841-23-05
electrolysis
fused salt electrolysis ······ 841-25-02
electrolytic
electrolytic furnace ······ 841-25-27
electrolytic furnace busbars ······ 841-25-35
electromagnetic
electromagnetic casting of liquid metals ······ 841-27-26
electromagnetic stirring of liquid metals ······ 841-27-24
electromagentic transport of liquid metals ······ 841-27-25
enhancing crystallization of liquid metal in electromagentic fields ······ 841-27-27
electron
electron beam ······ 841-30-01
electron beam deflection system ······ 841-30-25
electron beam furnace ······ 841-30-05
electron beam heater ······ 841-30-06
electron beam heating ······ 841-30-02
electron beam heating equipment ······ 841-30-04
electron beam micromachine ······ 841-30-07
electron beam scanning system ······ 841-30-26
electron gun ······ 841-30-08
electron gun of axial symmetry ······ 841-30-09
electron gun with plasma emission ······ 841-30-10
electron penetration depth ······ 841-30-30
multi-beam electron gun ······ 841-30-13
ring-shaped electron gun ······ 841-30-14
transverse electron gun ······ 841-30-16
electroslag
electroslag remelting ······ 841-25-13
electrothermal
electrothermal efficiency ······ 841-22-69
element
graphite heating element ······ 841-23-15

hair-pin element ······ 841-23-22
heating element ······ 841-23-14
heating element support ······ 841-23-20
high temperature heating element ······ 841-23-19
infrared heating element ······ 841-24-14
low temperature heating element ······ 841-23-17
medium temperature heating element ······ 841-23-18
porcupine heating element ······ 841-23-24
rod-type heating element ······ 841-23-23
rotary harrow heating element ······ 841-23-24
silicon carbide heating element ······ 841-23-16
spiral heating element ······ 841-23-21
tape heating element ······ 841-23-25

elevator
elevator furnace ······ 841-23-34

emergency
arc furnace emergency switch ······ 841-26-57

emission
electron gun with plasma emission ······ 841-30-10
spontaneous emission ······ 841-32-07
stimulated emission ······ 841-32-08
thermionic emission gun ······ 841-30-15

emitter
electric infrared emitter ······ 841-24-21
halogen lamp emitter ······ 841-24-22
infrared bright emitter ······ 841-24-17
infrared dark emitter ······ 841-24-16
infrared emitter directing unit ······ 841-24-28
infrared emitter reflector ······ 841-24-29
infrared high temperature emitter ······ 841-24-20
infrared low temperature emitter ······ 841-24-18
infrared medium temperature emitter ······ 841-24-19
infrared plate emitter ······ 841-24-25
infrared quartz emitter ······ 841-24-26
infrared spot emitter ······ 841-24-23
tubular infrared emitter ······ 841-24-24

enclosure
microwave enclosure ······ 841-29-20

end
melting end of an electrode glass furnace ······ 841-25-37
working end of an electrode glass furnace ······ 841-25-36

endogas
endogas ······ 841-22-63

endothermic
endothermic atmosphere ······ 841-22-63
energy
energy concentrator ······ 841-33-06
specific energy consumption ······ 841-22-72
enhancing
enhancing crystallization of liquid metal in electromagentic fields ······ 841-27-27
enthalpy
plasma mean enthalpy ······ 841-31-44
equipment
electroheat equipment ······ 841-22-01
electron beam heating equipment ······ 841-30-04
laser equipment ······ 841-32-16
microwave heating equipment ······ 841-29-06
ultrasonic equipment ······ 841-33-04
evaporation
evaporation ······ 841-22-09
exogas
exogas ······ 841-22-64
exothermic
exothermic atmosphere ······ 841-22-64
external
external gun ······ 841-30-11

F

far
far infrared radiation ······ 841-24-02
feeder
charge feeder ······ 841-22-42
field
dispersed field heating ······ 841-28-04
enhancing crystallization of liquid metal in electromagentic fields ······ 841-27-27
temperature field ······ 841-21-01
filament
filament ······ 841-24-27
filter
waveguide filter (in a dielectric heating equipment) ······ 841-28-27
flexible
flexible cable (of an arc furnace) ······ 841-26-59
flicker
flicker ······ 841-26-83
fluidization
fluidization ······ 841-22-18

fluidized
fluidized bed furnace ···· 841-23-61
flux
coil flux guide ···· 841-27-61
longitudinal flux induction heating ···· 841-27-07
transverse flux induction heating ···· 841-27-08
focusing
focusing system ···· 841-30-27
folded
folded pancake inductor ···· 841-27-56
forced
forced convection ···· 841-21-08
forced convection furnace ···· 841-23-65
free
free convection ···· 841-21-07
frequency
frequency stability (of a dielectric heating generator) ···· 841-28-10
high frequency (in electroheat) ···· 841-21-32
low frequency (in electroheat) ···· 841-21-30
magnetic frequency multiplier ···· 841-27-68
mains frequency (in electroheat) ···· 841-21-29
medium frequency (in electroheat) ···· 841-21-31
microwave frequency (in electroheat) ···· 841-21-33
nominal dielectric heating frequency ···· 841-28-33
thyristor frequency converter ···· 841-27-70
transistor frequency converter ···· 841-27-71
two-frequency induction crucible furnace ···· 841-27-39
fuel
plasma fuel burner ···· 841-31-39
fume
fume elbow ···· 841-26-23
fume hood ···· 841-26-24
furnace
alternating current arc furnace ···· 841-26-07
arc furnace ···· 841-26-05
arc furnace body ···· 841-26-16
arc furnace electrode ···· 841-26-38
arc furnace emergency switch ···· 841-26-57
arc furnace installation ···· 841-26-14
arc furnace installation electric line ···· 841-26-52
arc furnace installation high-current line ···· 841-26-54
arc furnace installation operating unbalance ···· 841-26-75
arc furnace installation structural unbalance ···· 841-26-76

arc furnace installation unbalance ······ 841-26-74
arc furnace lining ······ 841-26-17
arc furnace manoeuvring switch ······ 841-26-58
arc furnace operational switch ······ 841-26-58
arc furnace roof ······ 841-26-18
arc furnace shell ······ 841-26-20
arc furnace stirrer ······ 841-26-60
arc furnace transformer ······ 841-26-55
bale out furnace ······ 841-23-35
batch furnace ······ 841-23-10
bath furnace ······ 841-23-62
bell furnace ······ 841-23-44
belt conveyor furnace ······ 841-23-38
bogie furnace ······ 841-23-56
bogie hearth furnace ······ 841-23-55
box-type furnace ······ 841-23-28
chain conveyor furnace ······ 841-23-45
channel furnace inductor ······ 841-27-57
cold wall vacuum furnace ······ 841-23-60
continuous furnace ······ 841-23-08
crucible furnace inductor ······ 841-27-59
direct arc furnace ······ 841-26-08
direct current arc furnace ······ 841-26-06
discontinuous furnace ······ 841-23-09
drawing furnace ······ 841-23-37
electric furnace ······ 841-22-04
electrode furnace ······ 841-25-16
electrode glass furnace ······ 841-25-20
electrode salt-bath furnace ······ 841-25-17
electrode salt-bath furnace with isolated heating space ······ 841-25-18
electrode salt-bath furnace with unisolated heating space ······ 841-25-19
electrolytic furnace ······ 841-25-27
electrolytic furnace busbars ······ 841-25-35
electron beam furnace ······ 841-30-05
elevator furnace ······ 841-23-34
fluidized bed furnace ······ 841-23-61
forced convection furnace ······ 841-23-65
furnace heating-up time ······ 841-22-73
furnace supply voltage ······ 841-26-64
furnace tilting system ······ 841-22-41
glow-discharge furnace ······ 841-34-15
grooved hearth furnace ······ 841-23-41
horizontal furnace ······ 841-23-30

hot wall vacuum furnace …… 841-23-59
indirect arc furnace …… 841-26-09
induction channel furnace …… 841-27-30
induction crucible furnace …… 841-27-32
induction furnace …… 841-27-29
induction furnace with cold crucible …… 841-27-34
induction holding furnace …… 841-27-33
induction melting furnace …… 841-27-37
induction pouring furnace …… 841-27-38
infrared furnace …… 841-24-10
infrared vacuum furnace …… 841-24-11
ladle (heating) furnace, LF, LHF …… 841-26-10
lift off coil induction crucible melting furnace …… 841-27-36
low thermal capacity furnace …… 841-23-66
melting end of an electrode glass furnace …… 841-25-37
muffle furnace …… 841-23-42
multi-chamber furnace …… 841-23-29
multi-zone furnace …… 841-23-39
pit furnace …… 841-23-32
plasma-fuel furnace …… 841-31-26
plasma furnace …… 841-31-25
pot-type furnace …… 841-23-33
pusher furnace …… 841-23-50
push-out induction crucible furnace …… 841-27-35
rating power of an arc furnace transformer …… 841-26-65
reactance of arc furnace high-current line …… 841-26-67
reactance of arc furnace installation electric line …… 841-26-69
resistance furnace …… 841-23-06
resistance of arc furnace installation electric line …… 841-26-68
resistance of high current line of arc furnace …… 841-26-66
rocking furnace …… 841-23-57
roller hearth furnace …… 841-23-49
rotary drum furnace …… 841-23-52
rotary hearth furnace …… 841-23-51
screw conveyor furnace …… 841-23-46
shaker hearth furnace …… 841-23-48
short-circuit impedance of an arc furnace installation …… 841-26-72
single electrode arc furnace …… 841-26-11
skid hearth furnace …… 841-23-54
sloping hearth furnace …… 841-23-47
specific power of an arc furnace installation …… 841-26-82
submerged arc-resistance furnace …… 841-26-12

submerged arc-resistance furnace installation …… 841-26-15
tilting furnace …… 841-23-43
tubular furnace …… 841-23-40
tunnel furnace …… 841-23-36
two-chamber induction channel furnace …… 841-27-31
two-frequency induction crucible furnace …… 841-27-39
vacuum furnace …… 841-23-58
vacuum induction furnace …… 841-27-40
vacuum remelting arc furnace …… 841-26-13
vertical furnace …… 841-23-31
walking beam furnace …… 841-23-53
working end of an electrode glass furnace …… 841-25-36
fused
fused salt electrolysis …… 841-25-02

G

gap
air gap heating capacitor …… 841-28-19
gap inductor …… 841-27-56
gas
gas generator …… 841-22-54
plasma gas …… 841-31-14
generator
dielectric heating generator …… 841-28-15
electrode steam generator …… 841-25-23
gas generator …… 841-22-54
generator atmosphere …… 841-22-65
microwave generator …… 841-29-16
plasma generator …… 841-31-03
ultrasonic generator …… 841-33-10
giant
giant pulse …… 841-32-11
glass
electrode glass furnace …… 841-25-20
glass making batch …… 841-25-10
melting end of an electrode glass furnace …… 841-25-37
working end of an electrode glass furnace …… 841-25-36
glow-discharge
abnormal glow-discharge …… 841-34-01
glow-discharge …… 841-34-03
glow-discharge furnace …… 841-34-15
glow-discharge installation …… 841-34-16
glow-discharge heating …… 841-34-05

glow-discharge nitriding ········ 841-34-06
glue
glue curing ········ 841-28-07
gluing
dielectric gluing ········ 841-28-07
dielectric gluing press ········ 841-28-16
gouging
plasma jet gouging ········ 841-31-22
gradient
temperature gradient ········ 841-21-03
graphite
graphite heating element ········ 841-23-15
grinding
microwave grinding ········ 841-29-08
grooved
grooved hearth furnace ········ 841-23-41
guide
coil flux guide ········ 841-27-61
induction heater guide ········ 841-27-66
gun
diode gun ········ 841-30-17
electron gun ········ 841-30-08
electron gun of axial symmetry ········ 841-30-09
electron gun with plasma emission ········ 841-30-10
external gun ········ 841-30-11
internal gun ········ 841-30-12
multi-beam electron gun ········ 841-30-13
ring-shaped electron gun ········ 841-30-14
thermionic emission gun ········ 841-30-15
transverse electron gun ········ 841-30-16
triode gun ········ 841-30-18

H

hair-pin
hair-pin element ········ 841-23-22
halogen
halogen lamp emitter ········ 841-24-22
hardening
contour hardening ········ 841-27-15
depth of hardening ········ 841-27-22
hardening ········ 841-22-24
hardening by quenching ········ 841-22-25
induction hardening ········ 841-27-14

surface hardening ································ 841-22-27
through hardening ································ 841-22-28
harrow
rotary harrow heating element ································ 841-23-24
hearth
bogie hearth furnace ································ 841-23-55
conductive hearth ································ 841-26-21
grooved hearth furnace ································ 841-23-41
roller hearth furnace ································ 841-23-49
rotary hearth furnace ································ 841-23-51
shaker hearth furnace ································ 841-23-48
skid hearth furnace ································ 841-23-54
sloping hearth furnace ································ 841-23-47
heat
heat accumulator ································ 841-25-26
heat balance ································ 841-21-13
heat conduction ································ 841-21-05
heat convection ································ 841-21-06
heat input ································ 841-21-15
heat insulation lining ································ 841-22-40
heat output ································ 841-21-16
heat transfer ································ 841-21-10
heat treatment ································ 841-22-21
latent heat ································ 841-21-12
(quantity of) heat ································ 841-21-04
recuperative heat ································ 841-21-20
specific heat ································ 841-21-11
stored heat ································ 841-21-17
surface heat treatment ································ 841-22-22
useful heat ································ 841-21-19
heated
resistance heated boiler ································ 841-23-63
heater
continuous electrode water heater ································ 841-25-25
dielectric heater ································ 841-28-11
electric heater ································ 841-22-03
electrode heater ································ 841-25-24
electron beam heater ································ 841-30-06
induction heater ································ 841-27-41
induction heater guide ································ 841-27-66
infrared ceramic heater ································ 841-24-13
infrared heater ································ 841-24-12
laser heater ································ 841-32-18

plasma heater ············ 841-31-28
resistance heater ············ 841-23-07
surface induction heater ············ 841-27-42
through induction heater ············ 841-27-43
heating
air gap heating capacitor ············ 841-28-19
arc heating ············ 841-26-01
charge heating time ············ 841-22-74
dielectric heating ············ 841-28-01
dielectric heating generator ············ 841-28-15
direct arc heating ············ 841-26-02
direct electric heating ············ 841-21-24
direct induction heating ············ 841-27-05
direct resistance heating ············ 841-23-02
dispersed field heating ············ 841-28-04
dual-frequency induction heating ············ 841-27-16
electric heating ············ 841-21-23
electric surface heating ············ 841-21-27
electric through heating ············ 841-21-36
electrode heating ············ 841-25-01
electrode salt-bath furnace with isolated heating space ············ 841-25-18
electrode salt-bath furnace with unisolated heating space ············ 841-25-19
electrode water heating ············ 841-25-12
electron beam heating ············ 841-30-02
electron beam heating equipment ············ 841-30-04
glow-discharge heating ············ 841-34-05
graphite heating element ············ 841-23-15
heating ············ 841-22-13
heating cable ············ 841-23-12
heating capacitor ············ 841-28-18
heating chamber ············ 841-22-34
heating conductor surface load ············ 841-23-69
heating electrode ············ 841-25-28
heating element ············ 841-23-14
heating element support ············ 841-23-20
heating in constant voltage plasma ············ 841-34-07
heating inductor ············ 841-27-48
heating in pulsating plasma ············ 841-34-08
heating in salt bath ············ 841-22-20
heating mat ············ 841-23-26
heating power ············ 841-21-34
heating resistor ············ 841-23-13
heating salt ············ 841-25-06

heating salt mixture ······ 841-25-07
high temperature heating element ······ 841-23-19
indirect arc heating ······ 841-26-03
indirect electric heating ······ 841-21-25
indirect induction heating ······ 841-27-06
indirect resistance heating ······ 841-23-03
induction heating ······ 841-27-04
infrared heating ······ 841-24-05
infrared heating element ······ 841-24-14
infrared space heating ······ 841-24-08
ion heating ······ 841-34-05
laser heating ······ 841-32-01
liquid heating medium ······ 841-25-05
localized electric heating ······ 841-21-26
longitudinal flux induction heating ······ 841-27-07
low temperature heating element ······ 841-23-17
medium temperature heating element ······ 841-23-18
microwave heating ······ 841-29-01
microwave heating equipment ······ 841-29-06
nominal dielectric heating frequency ······ 841-28-33
plasma heating ······ 841-31-02
porcupine heating element ······ 841-23-24
radiant heating panel ······ 841-24-30
resistance heating ······ 841-23-01
rod-type heating element ······ 841-23-23
rotary harrow heating element ······ 841-23-24
selective heating ······ 841-28-05
silicon carbide heating element ······ 841-23-16
spiral heating element ······ 841-23-21
submerged arc heating ······ 841-26-04
surface induction heating ······ 841-27-09
tape heating element ······ 841-23-25
through induction heating ······ 841-27-10
transverse flux induction heating ······ 841-27-08
travelling wave heating ······ 841-27-11
ultrasonic heating ······ 841-33-01
heating-up
furnace heating-up time ······ 841-22-73
heating-up power ······ 841-21-37
heel
liquid heel ······ 841-27-67
high
high frequency (in electroheat) ······ 841-21-32

high pressure plasma ………… 841-31-09
high temperature heating element ………… 841-23-19
high temperature plasma ………… 841-31-06
infrared high temperature emitter ………… 841-24-20
high-current
arc furnace installation high-current line ………… 841-26-54
reactance of arc furnace high-current line ………… 841-26-67
resistance of high current line of arc furnace ………… 841-26-66
high-frequency
high-frequency ignition device (of a plasma torch) ………… 841-31-16
useful high-frequency power ………… 841-28-28
holder
electrode holder ………… 841-25-33
holding
holding ………… 841-22-26
induction holding furnace ………… 841-27-33
hole
bottom tapping hole ………… 841-26-31
inspection hole ………… 841-22-53
side tapping hole ………… 841-26-30
hollow
hollow cathode ………… 841-31-43
hood
fume hood ………… 841-26-24
horizontal
horizontal furnace ………… 841-23-30
hot
hot cathode (of an electron gun) ………… 841-30-22
hot wall vacuum furnace ………… 841-23-59

I

ignition
high-frequency ignition device (of a plasma torch) ………… 841-31-16
ignition of a plasma torch ………… 841-31-15
short-circuit ignition device (of a plasma torch) ………… 841-31-17
impedance
short-circuit impedance of an arc furnace installation ………… 841-26-72
implantation
ion implantation ………… 841-22-10
index
(dielectric) loss index ………… 841-28-03
indirect
indirect arc furnace ………… 841-26-09

indirect arc heating ········ 841-26-03
indirect electric heating ········ 841-21-25
indirect induction heating ········ 841-27-06
indirect resistance electroheat installation ········ 841-23-05
indirect resistance heating ········ 841-23-03
induction
direct induction heating ········ 841-27-05
dual-frequency induction heating ········ 841-27-16
indirect induction heating ········ 841-27-06
induction brazing ········ 841-27-17
induction channel furnace ········ 841-27-30
induction crucible furnace ········ 841-27-32
induction furnace ········ 841-27-29
induction furnace with cold crucible ········ 841-27-34
induction hardening ········ 841-27-14
induction heater ········ 841-27-41
induction heater guide ········ 841-27-66
induction heating ········ 841-27-04
induction holding furnace ········ 841-27-33
induction melting ········ 841-27-12
induction melting furnace ········ 841-27-37
induction plasma torch ········ 841-31-38
induction pouring furnace ········ 841-27-38
induction soldering ········ 841-27-17
induction stirrer ········ 841-26-60
induction tube welding ········ 841-27-19
induction welding ········ 841-27-18
lift off coil induction crucible melting furnace ········ 841-27-36
longitudinal flux induction heating ········ 841-27-07
push-out induction crucible furnace ········ 841-27-35
surface induction heater ········ 841-27-42
surface induction heating ········ 841-27-09
through induction heater ········ 841-27-43
through induction heating ········ 841-27-10
transverse flux induction heating ········ 841-27-08
two-chamber induction channel furnace ········ 841-27-31
two-frequency induction crucible furnace ········ 841-27-39
vacuum induction furnace ········ 841-27-40
zone induction melting ········ 841-27-13
inductive
inductive plasma ········ 841-31-12
inductor
channel furnace inductor ········ 841-27-57

channel inductor ········ 841-27-57
cooling and protection shield for inductor ········ 841-27-60
core type inductor ········ 841-27-58
crucible furnace inductor ········ 841-27-59
folded pancake inductor ········ 841-27-56
gap inductor ········ 841-27-56
heating inductor ········ 841-27-48
inductor ········ 841-27-47
inner inductor ········ 841-27-50
loop inductor ········ 841-27-51
meander inductor ········ 841-27-52
multi-layer inductor ········ 841-27-53
pancake inductor ········ 841-27-54
split inductor ········ 841-27-55
inert
inert atmosphere ········ 841-22-55
infrared
electric infrared emitter ········ 841-24-21
far infrared radiation ········ 841-24-02
infrared bright emitter ········ 841-24-17
infrared ceramic heater ········ 841-24-13
infrared dark emitter ········ 841-24-16
infrared drying ········ 841-24-06
infrared emitter directing unit ········ 841-24-28
infrared emitter reflector ········ 841-24-29
infrared furnace ········ 841-24-10
infrared heater ········ 841-24-12
infrared heating ········ 841-24-05
infrared heating element ········ 841-24-14
infrared high temperature emitter ········ 841-24-20
infrared installation ········ 841-24-09
infrared lamp radiator ········ 841-24-15
infrared low temperature emitter ········ 841-24-18
infrared medium temperature emitter ········ 841-24-19
infrared plate emitter ········ 841-24-25
infrared quartz emitter ········ 841-24-26
infrared radiation ········ 841-24-01
infrared space heating ········ 841-24-08
infrared spot emitter ········ 841-24-23
infrared vacuum drying ········ 841-24-07
infrared vacuum furnace ········ 841-24-11
longwave infrared radiation ········ 841-24-02
medium infrared radiation ········ 841-24-03

mediumwave infrared radiation …… 841-24-03
near infrared radiation …… 841-24-04
shortwave infrared radiation …… 841-24-04
tubular infrared emitter …… 841-24-24
ingot
ingot solidification …… 841-25-14
inner
inner inductor …… 841-27-50
input
heat input …… 841-21-15
inspection
inspection hole …… 841-22-53
installation
arc furnace installation …… 841-26-14
arc furnace installation electric line …… 841-26-52
arc furnace installation high-current line …… 841-26-54
arc furnace installation operating unbalance …… 841-26-75
arc furnace installation structural unbalance …… 841-26-76
arc furnace installation unbalance …… 841-26-74
characteristic value of an electroheat installation …… 841-22-67
direct resistance electroheat installation …… 841-23-04
efficiency of an electroheat installation …… 841-22-70
electroheat installation …… 841-22-02
electroheat installation output …… 841-22-71
electroheat installation productivity …… 841-22-71
glow-discharge installation …… 841-34-16
indirect resistance electroheat installation …… 841-23-05
infrared installation …… 841-24-09
laser installation …… 841-32-17
reactance of arc furnace installation electric line …… 841-26-69
resistance of arc furnace installation electric line …… 841-26-68
short-circuit impedance of an arc furnace installation …… 841-26-72
specific power of an arc furnace installation …… 841-26-82
submerged arc-resistance furnace installation …… 841-26-15
ultrasonic installation …… 841-33-05
insulation
coil insulation …… 841-27-49
heat insulation lining …… 841-22-40
thermal insulation …… 841-21-28
intensity
ultrasound intensity …… 841-33-13
internal
internal gun …… 841-30-12

ion
ion heating ······ 841-34-05
ion implantation ······ 841-22-10
ion nitriding ······ 841-34-06
isolated
electrode salt-bath furnace with isolated heating space ······ 841-25-18
isothermal
isothermal surface ······ 841-21-02

J

jet
laminar jet plasma torch ······ 841-31-34
plasma jet ······ 841-31-18
plasma jet gouging ······ 841-31-22
turbulent jet plasma torch ······ 841-31-35

L

ladle
ladle ······ 841-22-51
ladle (heating) furnace ······ 841-26-10
lagging
lagging phase ······ 841-26-79
laminar
laminar jet plasma torch ······ 841-31-34
lamp
halogen lamp emitter ······ 841-24-22
infrared lamp radiator ······ 841-24-15
lance
lance manipulator ······ 841-26-26
oxygen lance ······ 841-26-25
laser
coherence of laser beam ······ 841-32-14
continuous duty laser ······ 841-32-22
divergence of laser beam ······ 841-32-15
laser cutting-off machine ······ 841-32-21
laser drilling machine ······ 841-32-20
laser equipment ······ 841-32-16
laser heater ······ 841-32-18
laser heating ······ 841-32-01
laser installation ······ 841-32-17
laser machine ······ 841-32-19
laser radiation ······ 841-32-04
laser resonator ······ 841-32-24

multi-modal laser beam ···· 841-32-06
pulsed laser ···· 841-32-23
single modal laser beam ···· 841-32-05
lasing
lasing ···· 841-32-09
latent
latent heat ···· 841-21-12
launder
launder ···· 841-22-38
lead
cold lead ···· 841-23-27
leading
leading phase ···· 841-26-78
levitation
levitation melting ···· 841-27-20
LF(abbreviation) ···· 841-26-10
LHF(abbreviation) ···· 841-26-10
lift
lift off coil induction crucible melting furnace ···· 841-27-36
lifting
roof lifting and swinging system ···· 841-26-29
line
arc furnace installation electric line ···· 841-26-52
arc furnace installation high-current line ···· 841-26-54
reactance of arc furnace high-current line ···· 841-26-67
reactance of arc furnace installation electric line ···· 841-26-69
resistance of arc furnace installation electric line ···· 841-26-68
resistance of high current line of arc an furnace ···· 841-26-66
lining
arc furnace lining ···· 841-26-17
furnace lining ···· 841-26-37
heat insulation lining ···· 841-22-40
refractory lining ···· 841-22-39
liquid
electromagnetic casting of liquid metals ···· 841-27-26
electromagnetic stirring of liquid metals ···· 841-27-24
electromagentic transport of liquid metals ···· 841-27-25
enhancing crystallization of liquid metal in electromagentic fields ···· 841-27-27
liquid heating medium ···· 841-25-05
liquid heel ···· 841-27-67
load
electrode current load ···· 841-25-40
heating conductor surface load ···· 841-23-69

microwave load ································ 841-29-12
localized
localized electric heating ································ 841-21-26
lock
lock chamber ································ 841-22-36
longitudinal
longitudinal flux induction heating ································ 841-27-07
longwave
longwave infrared radiation ································ 841-24-02
loop
loop inductor ································ 841-27-51
loss
dielectric loss ································ 841-28-02
(**dielectric**) **loss index** ································ 841-28-03
power losses ································ 841-28-31
rated stand-by losses (in electroheat) ································ 841-21-38
thermal losses ································ 841-21-14
low
infrared low temperature emitter ································ 841-24-18
low frequency (in electroheat) ································ 841-21-30
low pressure plasma ································ 841-31-08
low temperature heating element ································ 841-23-17
low thermal capacity furnace ································ 841-23-66

M

machine
laser cutting-off machine ································ 841-32-21
laser drilling machine ································ 841-32-20
laser machine ································ 841-32-19
magnetic
magnetic frequency multiplier ································ 841-27-68
magnetostrictive
magnetostrictive converter ································ 841-33-07
magnetron
reactive magnetron sputtering ································ 841-34-14
mains
mains frequency (in electroheat) ································ 841-21-29
maintenance
maintenance door ································ 841-29-27
making
glass making batch ································ 841-25-10
manipulator
lance manipulator ································ 841-26-26

manoeuvring
arc furnace manoeuvring switch ········ 841-26-58
mast
electrode mast ········ 841-26-41
mat
heating mat ········ 841-23-26
mean
plasma mean enthalpy ········ 841-31-44
meander
meander inductor ········ 841-27-52
medium
active medium ········ 841-32-02
infrared medium temperature emitter ········ 841-24-19
liquid heating medium ········ 841-25-05
medium frequency (in electroheat) ········ 841-21-31
medium infrared radiation ········ 841-24-03
medium temperature heating element ········ 841-23-18
mediumwave
mediumwave infrared radiation ········ 841-24-03
melting
cold crucible melting ········ 841-27-20
induction melting ········ 841-27-12
induction melting furnace ········ 841-27-37
levitation melting ········ 841-27-20
lift off coil induction crucible melting furnace ········ 841-27-36
melting ········ 841-22-15
melting end of an electrode glass furnace ········ 841-25-37
melting time ········ 841-22-75
plasma melting ········ 841-31-20
vacuum melting ········ 841-22-16
zone induction melting ········ 841-27-13
metal
electromagnetic casting of liquid metals ········ 841-27-26
electromagnetic stirring of liquid metals ········ 841-27-24
electromagentic transport of liquid metals ········ 841-27-25
enhancing crystallization of liquid metal in electromagentic fields ········ 841-27-27
metal bath ········ 841-25-08
micromachine
electron beam micromachine ········ 841-30-07
microwave
microwave applicator ········ 841-29-11
microwave cavity ········ 841-29-19
microwave dryer ········ 841-29-07

microwave drying ······ 841-29-05
microwave enclosure ······ 841-29-20
microwave frequency (in electroheat) ······ 841-21-33
microwave generator ······ 841-29-16
microwave grinding ······ 841-29-08
microwave heating ······ 841-29-01
microwave heating equipment ······ 841-29-06
microwave load ······ 841-29-12
microwave oven ······ 841-29-15
microwave pasteurising ······ 841-29-09
microwave plasma ······ 841-31-13
microwave plasma torch ······ 841-31-37
microwave sterilizing ······ 841-29-10
microwave stirrer ······ 841-29-23
microwave transparency ······ 841-29-14
microwave workload ······ 841-29-13
mix
anode mix ······ 841-25-39
mixture
heating salt mixture ······ 841-25-07
modal
single modal laser beam ······ 841-32-05
mode
single mode cavity ······ 841-29-17
molten
molten salt decomposition voltage ······ 841-25-41
monochromaticity
monochromaticity of radiation beam ······ 841-32-13
muffle
muffle ······ 841-23-68
muffle furnace ······ 841-23-42
multi-beam
multi-beam electron gun ······ 841-30-13
multi-chamber
multi-chamber furnace ······ 841-23-29
multi-layer
multi-layer inductor ······ 841-27-53
multi-modal
multi-modal laser beam ······ 841-32-06
multimode
multimode cavity ······ 841-29-18
multiplier
magnetic frequency multiplier ······ 841-27-68

multi-zone
multi-zone furnace ········· 841-23-39

N

natural
natural atmosphere ········· 841-22-61
natural convection ········· 841-21-07
near
near infrared radiation ········· 841-24-04
neutral
neutral atmosphere ········· 841-22-55
nipple
electrode nipple ········· 841-26-47
nitriding
glow-discharge nitriding ········· 841-34-06
ion nitriding ········· 841-34-06
nitrogen-based
nitrogen-based atmosphere ········· 841-22-60
nitrogen-hydrogen
nitrogen-hydrogen atmosphere ········· 841-22-66
nominal
nominal dielectric heating frequency ········· 841-28-33
nominal value ········· 841-28-32
non-conducting
non-conducting crucible ········· 841-27-46
non-electrode
non-electrode plasma torch ········· 841-31-36
non-transferred
non-transferred arc plasma torch ········· 841-31-31
normal
normal pulse ········· 841-32-10
nozzle
nozzle (of a plasma torch) ········· 841-31-40

O

opening
access opening ········· 841-29-21
operating
arc furnace installation operating unbalance ········· 841-26-75
operating short-circuit ········· 841-26-70
operating temperature ········· 841-21-39
operational
arc furnace operational switch ········· 841-26-58

optical
optical viewing system ………… 841-30-28
out
bale out furnace ………… 841-23-16
output
electroheat installation output ………… 841-22-71
heat output ………… 841-21-16
rated useful output power ………… 841-28-29
oven
microwave oven ………… 841-29-15
oxidizing
oxidizing atmosphere ………… 841-22-57
oxy-fuel
oxy-fuel burner ………… 841-26-27
oxygen
oxygen lance ………… 841-26-25

P

pancake
folded pancake inductor ………… 841-27-56
pancake inductor ………… 841-27-54
panel
radiant heating panel ………… 841-24-30
water cooled panel ………… 841-26-32
pasteurising
microwave pasteurising ………… 841-29-09
penetration
depth of penetration ………… 841-27-21
electron penetration depth ………… 841-30-30
power penetration depth ………… 841-29-02
perveance
perveance ………… 841-30-31
phase
dead phase ………… 841-26-79
lagging phase ………… 841-26-79
leading phase ………… 841-26-78
wild phase ………… 841-26-78
physical
physical vapour deposition ………… 841-22-08
physical vapour deposition treatment(PVD) ………… 841-34-13
plasma assisted physical vapour deposition treatment(PAPVD) ………… 841-34-10
pilot
pilot arc ………… 841-31-19

pinch
pinch effect ………………………………………………………………………… 841-27-28
pit
pit furnace ………………………………………………………………………… 841-23-32
plasma-fuel
plasma-fuel furnace ……………………………………………………………… 841-31-26
plasma
arc plasma ………………………………………………………………………… 841-31-10
arc plasma torch …………………………………………………………………… 841-31-30
arc thermal plasma ………………………………………………………………… 841-31-10
cold plasma ………………………………………………………………………… 841-31-05
convertible arc plasma torch ……………………………………………………… 841-31-33
electron gun with plasma emission ……………………………………………… 841-30-10
heating in constant voltage plasma ……………………………………………… 841-34-07
heating in pulsating plasma ……………………………………………………… 841-34-08
high pressure plasma ……………………………………………………………… 841-31-09
high temperature plasma …………………………………………………………… 841-31-06
ignition of a plasma torch ………………………………………………………… 841-31-15
induction plasma torch …………………………………………………………… 841-31-38
inductive plasma …………………………………………………………………… 841-31-12
laminar jet plasma torch …………………………………………………………… 841-31-34
low pressure plasma ……………………………………………………………… 841-31-08
microwave plasma ………………………………………………………………… 841-31-13
microwave plasma torch …………………………………………………………… 841-31-37
non-transferred arc plasma torch ………………………………………………… 841-31-31
plasma ……………………………………………………………………………… 841-31-01
plasma arc ………………………………………………………………………… 841-31-11
plasma arc cutting ………………………………………………………………… 841-31-21
plasma assisted chemical vapour deposition treatment(PACVD) ……………… 841-34-09
plasma assisted physical vapour deposition treatment(PAPVD) ……………… 841-34-10
plasma average temperature ……………………………………………………… 841-31-46
plasma cutting ……………………………………………………………………… 841-31-21
plasma diffusive treatment ………………………………………………………… 841-34-11
plasma fuel barner ………………………………………………………………… 841-31-39
plasma furnace ……………………………………………………………………… 841-31-25
plasma gas ………………………………………………………………………… 841-31-14
plasma generator …………………………………………………………………… 841-31-03
plasma heater ……………………………………………………………………… 841-31-28
plasma heating ……………………………………………………………………… 841-31-02
plasma jet …………………………………………………………………………… 841-31-18
plasma jet gouging ………………………………………………………………… 841-31-22
plasma mean enthalpy ……………………………………………………………… 841-31-44
plasma melting ……………………………………………………………………… 841-31-20

plasma polymerisation 841-34-12
plasma reactor 841-31-27
plasma spraying 841-31-24
plasma stabilization 841-31-04
plasma temperature 841-31-45
plasma welding 841-31-23
thermal plasma 841-31-07
transferred arc plasma torch 841-31-32
turbulent plasma torch 841-31-35
plastic
dielectric plastic welder 841-28-13
dielectric plastic welding 841-28-08
plate
crystallizer bottom plate 841-25-38
infrared plate emitter 841-24-25
plate electrodes 841-28-21
polymerisation
plasma polymerisation 841-34-12
porcupine
porcupine heating element 841-23-24
pot-type
pot-type furnace 841-23-33
pouring
induction pouring furnace 841-27-38
power
arc power 841-26-62
heating power 841-21-34
heating-up power 841-21-37
power absorption depth 841-29-03
power losses 841-28-31
power penetration depth 841-29-02
pulse power 841-28-30
rated useful output power 841-28-29
rating power of an arc furnace transformer 841-26-65
specific power of an arc furnace installation 841-26-82
thermal power 841-21-21
useful high-frequency power 841-28-28
preheater
dielectric preheater 841-28-14
preheater 841-26-28
preheating
dielectric preheating 841-28-09
press
dielectric gluing press 841-28-16

pressure
high pressure plasma ······ 841-31-09
low pressure plasma ······ 841-31-08
process
thermal process ······ 841-21-18
processing
processing atmosphere ······ 841-22-58
productivity
electroheat installation productivity ······ 841-22-71
protection
cooling and protection shield for inductor ······ 841-27-60
proximity
proximity effect ······ 841-27-04
pulsating
heating in pulsating plasma ······ 841-34-08
pulse
giant pulse ······ 841-32-11
normal pulse ······ 841-32-10
pulse power ······ 841-28-30
pulsed
pulsed laser ······ 841-32-23
pumping
pumping ······ 841-32-12
pusher
pusher furnace ······ 841-23-50
push-out
push-out induction crucible furnace ······ 841-27-35
PVD (abbreviation) ······ 841-22-08

Q

quantity
(**quantity of**) **heat** ······ 841-21-04
quartz
infrared quartz emitter ······ 841-24-26
quench
quench ······ 841-27-64
quenching
hardening by quenching ······ 841-22-25

R

radiant
electric radiant tube ······ 841-23-11
radiant heating panel ······ 841-24-30

radiation
beam of radiation …… 841-32-03
far infrared radiation …… 841-24-02
infrared radiation …… 841-24-01
laser radiation …… 841-32-04
longwave infrared radiation …… 841-24-02
medium infrared radiation …… 841-24-03
mediumwave infrared radiation …… 841-24-03
monochromaticity of radiation beam …… 841-32-13
near infrared radiation …… 841-24-04
shortwave infrared radiation …… 841-24-04
thermal radiation …… 841-21-09
radiator
infrared lamp radiator …… 841-24-15
rated
rated stand-by losses (in electroheat) …… 841-21-38
rated temperature (in electroheat) …… 841-21-37
rated useful output power …… 841-28-29
rated value …… 841-21-35
rating
rating power of an arc furnace transformer …… 841-26-65
reactance
reactance of arc furnace high-current line …… 841-26-67
reactance of arc furnace installation electric line …… 841-26-69
reactive
reactive magnetron sputtering …… 841-34-14
reactor
plasma reactor …… 841-31-27
reactor …… 841-27-47
recuperative
recuperative heat …… 841-21-20
reducing
reducing atmosphere …… 841-22-56
reduction
thermo-electrolytic reduction …… 841-25-03
refining
refining …… 841-22-17
thermo-electrolytic refining …… 841-25-04
reflector
infrared emitter reflector …… 841-24-29
reflector …… 841-29-24
refractory
refractory lining …… 841-22-39

regulator
electrode regulator ························ 841-26-46
remelted
remelted electrode ························ 841-25-29
remelting
electroslag remelting ························ 841-25-13
remelting ························ 841-22-19
vacuum remelting arc furnace ························ 841-26-13
resistance
direct resistance electroheat installation ························ 841-23-04
direct resistance heating ························ 841-23-02
indirect resistance electroheat installation ························ 841-23-05
indirect resistance heating ························ 841-23-03
resistance dryer ························ 841-23-64
resistance furnace ························ 841-23-06
resistance heated boiler ························ 841-23-63
resistance heater ························ 841-23-07
resistance heating ························ 841-23-01
resistance of arc furnace installation electric line ························ 841-26-68
resistance of high current line of arc furnace ························ 841-26-66
submerged arc-resistance furnace ························ 841-26-12
submerged arc-resistance furnace installation ························ 841-26-15
resistor
heating resistor ························ 841-23-13
resonator
cavity resonator with additional capacitance ························ 841-28-17
laser resonator ························ 841-32-24
retort
retort ························ 841-22-49
ring-shaped
ring-shaped electron gun ························ 841-30-14
rocking
rocking furnace ························ 841-23-57
rod
rod electrode ························ 841-28-22
rod-type
rod-type heating element ························ 841-23-23
roller
roller hearth furnace ························ 841-23-49
roof
arc furnace roof ························ 841-26-18
roof lifting and swinging system ························ 841-26-29
spray cooled roof ························ 841-26-19

water cooled roof …… 841-26-33
rotary
rotary converter (motor generator set) …… 841-27-69
rotary drum furnace …… 841-23-52
rotary harrow heating element …… 841-23-24
rotary hearth furnace …… 841-23-51
rotating
rotating cylinder electrodes …… 841-28-23
rotating disc electrode …… 841-28-24

S

salt
fused salt electrolysis …… 841-25-02
heating in salt bath …… 841-22-20
heating salt …… 841-25-06
heating salt mixture …… 841-25-07
molten salt decomposition voltage …… 841-25-41
salt bath …… 841-25-09
salt-bath
electrode salt-bath furnace …… 841-25-17
electrode salt-bath furnace with isolated heating space …… 841-25-18
electrode salt-bath furnace with unisolated heating space …… 841-25-19
scanning
electron beam scanning system …… 841-30-26
screw
screw conveyor furnace …… 841-23-46
selective
selective heating …… 841-28-05
self-baking
self-baking electrode …… 841-26-48
separate
separate anode (of an electron gun) …… 841-30-19
shaker
shaker conveyor …… 841-22-45
shaker hearth furnace …… 841-23-48
shell
arc furnace shell …… 841-26-20
shield
cooling and protection shield for inductor …… 841-27-60
short-circuit
operating short-circuit …… 841-26-70
short-circuit ignition device (of a plasma torch) …… 841-31-17
short-circuit impedance of an arc furnace installation …… 841-26-72

testing short-circuit ······ 841-26-71
shortwave
shortwave infrared radiation ······ 841-24-04
shower
electrode shower boiler ······ 841-25-22
side
side tapping hole ······ 841-26-30
silicon
silicon carbide heating element ······ 841-23-16
single
single electrode arc furnace ······ 841-26-11
single modal laser beam ······ 841-32-05
single mode cavity ······ 841-29-17
skid
skid hearth furnace ······ 841-23-54
skin
skin effect ······ 841-27-02
slag
conducting slag ······ 841-25-11
slagging
slagging door ······ 841-26-34
sloping
sloping hearth furnace ······ 841-23-47
soldering
induction soldering ······ 841-27-17
solidification
ingot solidification ······ 841-25-14
sonotrode
sonotrode ······ 841-33-08
space
electrode salt-bath furnace with isolated heating space ······ 841-25-18
electrode salt-bath furnace with unisolated heating space ······ 841-25-19
infrared space heating ······ 841-24-08
spark
electric spark ······ 841-34-04
specific
specific electrode consumption ······ 841-26-81
specific energy consumption ······ 841-22-72
specific heat ······ 841-21-11
specific power of an arc furnace installation ······ 841-26-82
speed
electrode speed ······ 841-26-51

spiral
spiral heating element ········ 841-23-21
split
split inductor ········ 841-27-55
spontaneous
spontaneous emission ········ 841-32-07
spot
infrared spot emitter ········ 841-24-23
spout
tapping spout ········ 841-26-36
spray
spray cooled roof ········ 841-26-19
sprayer
sprayer ········ 841-27-65
spraying
plasma spraying ········ 841-31-24
thermal spraying ········ 841-22-11
sputtering
reactive magnetron sputtering ········ 841-34-14
sputtering ········ 841-22-12
stability
frequency stability (of a dielectric heating generator) ········ 841-28-10
stabilization
plasma stabilization ········ 841-31-04
stand
electrode stand ········ 841-25-34
stand-by
rated stand-by losses (in electroheat) ········ 841-21-38
starting
starting electrode (of an arc furnace) ········ 841-26-49
starting electrode (of an electrode salt bath furnace) ········ 841-25-31
steam
electrode steam generator ········ 841-25-23
sterilizing
microwave sterilizing ········ 841-29-10
stimulated
stimulated emission ········ 841-32-08
stirrer
arc furnace stirrer ········ 841-26-60
induction stirrer ········ 841-26-60
microwave stirrer ········ 841-29-23
stirring
bath stirring ········ 841-27-23

electromagnetic stirring of liquid metals ········ 841-27-24
stored
stored heat ········ 841-21-17
structural
arc furnace installation structura unbalance ········ 841-26-76
structural anode (of an electron gun) ········ 841-30-20
submerged
submerged arc heating ········ 841-26-04
submerged arc-resistance furnace ········ 841-26-12
submerged arc-resistance furnace installation ········ 841-26-15
supply
furnace supply voltage ········ 841-26-64
support
heating element support ········ 841-23-20
surface
electric surface heating ········ 841-21-27
heating conductor surface load ········ 841-23-69
isothermal surface ········ 841-21-02
surface hardening ········ 841-22-27
surface heat treatment ········ 841-22-22
surface induction heater ········ 841-27-42
surface induction heating ········ 841-27-09
useful surface (of a heating chamber) ········ 841-23-70
swinging
roof lifting and swinging system ········ 841-26-29
switch
arc furnace emergency switch ········ 841-26-57
arc furnace manoeuvring switch ········ 841-26-58
arc furnace operational switch ········ 841-26-58
symmetry
electron gun of axial symmetry ········ 841-30-09
synthetic
synthetic atmosphere ········ 841-22-62
system
arc control system ········ 841-26-53
cooling system ········ 841-27-63
electron beam deflection system ········ 841-30-25
electron beam scanning system ········ 841-30-26
focusing system ········ 841-30-27
furnace tilting system ········ 841-22-41
optical viewing system ········ 841-30-28
roof lifting and swinging system ········ 841-26-29
tilting system ········ 841-26-37

T

tail
cold tail ······ 841-23-27
tape
tape heating element ······ 841-23-25
tapping
bottom tapping hole ······ 841-26-31
side tapping hole ······ 841-26-30
tapping bay ······ 841-26-35
tapping spout ······ 841-26-36
temperature
high temperature heating element ······ 841-23-19
high temperature plasma ······ 841-31-06
infrared high temperature emitter ······ 841-24-20
infrared low-temperature emitter ······ 841-24-18
infrared medium temperature emitter ······ 841-24-19
low temperature heating element ······ 841-23-17
medium temperature heating element ······ 841-23-18
operating temperature ······ 841-21-39
plasma average temperature ······ 841-31-46
plasma temperature ······ 841-31-45
temperature field ······ 841-21-01
temperature gradient ······ 841-21-03
working temperature ······ 841-21-39
tempering
tempering ······ 841-22-29
testing
testing short-circuit ······ 841-26-71
thermal
arc thermal plasma ······ 841-31-10
low thermal capacity furnace ······ 841-23-66
thermal conduction ······ 841-21-05
thermal convection ······ 841-21-06
thermal efficiency ······ 841-22-68
thermal insulation ······ 841-21-28
thermal losses ······ 841-21-14
thermal plasma ······ 841-31-07
thermal power ······ 841-21-21
thermal process ······ 841-21-18
thermal radiation ······ 841-21-09
thermal spraying ······ 841-22-11

thermionic
thermionic emission gun …… 841-30-15
thermo-chemical
thermo-chemical treatment …… 841-22-30
thermo-electrolysis
thermo-electrolysis …… 841-25-03
thermo-electrolytic
thermo-electrolytic reduction …… 841-25-03
thermo-electrolytic refining …… 841-25-04
through
electric through heating …… 841-21-36
through hardening …… 841-22-28
through induction heater …… 841-27-43
through induction heating …… 841-27-10
thyristor
thyristor frequency converter …… 841-27-70
tilting
furnace tilting system …… 841-22-41
tilting furnace …… 841-23-43
tilting system …… 841-26-37
time
charge heating time …… 841-22-74
charging time …… 841-22-76
delay time of electrode drive …… 841-26-45
furnace heating-up time …… 841-22-73
melting time …… 841-22-75
unloading time …… 841-22-77
torch
arc plasma torch …… 841-31-30
convertible arc plasma torch …… 841-31-33
ignition of a plasma torch …… 841-31-15
induction plasma torch …… 841-31-38
laminar jet plasma torch …… 841-31-34
microwave plasma torch …… 841-31-37
non-electrode plasma torch …… 841-31-36
non-transferred arc plasma torch …… 841-31-31
nozzle (of a plasma torch) …… 841-31-40
plasma torch …… 841-31-29
transferred arc plasma torch …… 841-31-32
turbulent jet plasma torch …… 841-31-35
transfer
heat transfer …… 841-21-10

transferred
transferred arc plasma torch …… 841-31-32
transformer
arc furnace transformer …… 841-26-55
booster transformer …… 841-26-56
rating power of an arc furnace transformer …… 841-26-65
ultrasonic transformer …… 841-33-11
transistor
transistor frequency converter …… 841-27-71
transmitter
ultrasonic transmitter …… 841-33-12
transparency
microwave transparency …… 841-29-14
transport
electromagentic transport of liquid metals …… 841-27-25
transverse
transverse electron gun …… 841-30-16
transverse flux induction heating …… 841-27-08
travelling
travelling wave heating …… 841-27-11
tray
charging tray …… 841-22-47
treatment
heat treatment …… 841-22-21
physical vapour deposition treatment(PVD) …… 841-34-13
plasma assisted chemical vapour deposition treatment(PACVD) …… 841-34-09
plasma assisted physical vapour deposition treatment(PAPVD) …… 841-34-10
plasma diffusive treatment …… 841-34-11
surface heat treatment …… 841-22-22
thermo-chemical treatment …… 841-22-30
triode
triode gun …… 841-30-18
tube
electric radiant tube …… 841-23-11
induction tube welding …… 841-27-19
tubular
tubular furnace …… 841-23-40
tubular infrared emitter …… 841-24-24
tundish
charging tundish …… 841-22-52
tunnel
tunnel furnace …… 841-23-36
turbulent
turbulent jet plasma torch …… 841-31-35

type
core type inductor …… 841-27-58
ultrasonic
ultrasonic converter …… 841-33-09
ultrasonic equipment …… 841-33-04
ultrasonic generator …… 841-33-10
ultrasonic heating …… 841-33-01
ultrasonic installation …… 841-33-05
ultrasonic transformer …… 841-33-11
ultrasonic transmitter …… 841-33-12
ultrasonic wave …… 841-33-02
ultrasonic welding …… 841-33-03

U

ultrasound
ultrasound intensity …… 841-33-13
unbalance
arc furnace installation operating unbalance …… 841-26-75
arc furnace installation structural unbalance …… 841-26-76
arc furnace installation unbalance …… 841-26-74
unbalance coefficient …… 841-26-77
unisolated
electrode salt-bath furnace with unisolated heating space …… 841-25-19
unit
infrared emitter directing unit …… 841-24-28
unloading
unloading time …… 841-22-77
useful
rated useful output power …… 841-28-29
useful heat …… 841-21-19
useful high-frequency power …… 841-28-28
useful surface (of a heating chamber) …… 841-23-70

V

vacuum
cold wall vacuum furnace …… 841-23-60
hot wall vacuum furnace …… 841-23-59
infrared vacuum drying …… 841-24-07
infrared vacuum furnace …… 841-24-11
vacuum furnace …… 841-23-58
vacuum induction furnace …… 841-27-40
vacuum melting …… 841-22-16
vacuum remelting arc furnace …… 841-26-13

value
characteristic value of an electroheat installation 841-22-67
nominal value 841-28-32
rated value 841-21-35
vapour
chemical vapour deposition 841-22-07
physical vapour deposition 841-22-08
physical vapour deposition treatment(PVD) 841-34-13
plasma assisted chemical vapour deposition treatment(PACVD) 841-34-09
plasma assisted physical vapour deposition treatment(PAPVD) 841-34-10
vault
vault 841-22-35
vertical
vertical furnace 841-23-31
vibrating
vibrating conveyor 841-22-44
viewing
optical viewing system 841-30-28
voltage
arc voltage 841-26-63
beam accelerating voltage 841-30-29
furnace supply voltage 841-26-64
heating in constant voltage plasma 841-34-07
molten salt decomposition voltage 841-25-41

W

waist
waist 841-30-03
walking
walking beam furnace 841-23-53
wall
cold wall vacuum furnace 841-23-60
hot wall vacuum furnace 841-23-59
water-cooled
water-cooled electrode 841-26-50
water
continuous electrode water heater 841-25-25
electrode water heating 841-25-12
water cooled panel 841-26-32
water cooled roof 841-26-33
wave
travelling wave heating 841-27-11
ultrasonic wave 841-33-02

waveguide
waveguide (of a microwave heater or oven) ······ 841-29-22
waveguide filter (in a dielectric heating equipment) ······ 841-28-27
welder
dielectric plastic welder ······ 841-28-13
welding
dielectric cutting edge welding electrode ······ 841-28-26
dielectric plastic welding ······ 841-28-08
dielectric welding electrode ······ 841-28-25
induction tube welding ······ 841-27-19
induction welding ······ 841-27-18
plasma welding ······ 841-31-23
ultrasonic welding ······ 841-33-03
wild
wild phase ······ 841-26-78
work
work electrode (of a dielectric heater) ······ 841-28-20
working
working electrode ······ 841-25-30
working end of an electrode glass furnace ······ 841-25-36
working temperature ······ 841-21-39
workload
microwave workload ······ 841-29-13

Z

zone
zone induction melting ······ 841-27-13

ICS 29.160.01
K 20

中华人民共和国国家标准

GB/T 2900.25—2008/IEC 60050-411:1996
代替 GB/T 2900.25—1994

电工术语　旋转电机

Electrotechnical terminology—Rotating electrical machines

(IEC 60050-411:1996, International electrotechnical vocabulary—Part 411: Rotating electrical machines+Amd 1:2007, IDT)

2008-05-28 发布　　2009-01-01 实施

中华人民共和国国家质量监督检验检疫总局
中国国家标准化管理委员会　发布

前　言

本部分为 GB/T 2900 的第 25 部分，等同采用 IEC 60050-411:1996《国际电工词汇　旋转电机》及其第一号修改单(IEC 60050-411-amd 1:2007)。

本部分代替 GB/T 2900.25—1994《电工术语　旋转电机》。

本部分与 GB/T 2900.25—1994 相比，标准结构变化较大，删除了一些术语，另增加了一些新的术语。

本部分中术语条目编号与 IEC 60050-411 保持一致。

本部分由全国电工术语标准化技术委员会(SAC/TC 232)提出并归口。

本部分起草单位：上海电器科学研究(集团)有限公司、机械科学研究院中机生产力促进中心。

本部分主要起草人：黄国治、李秀英、黄磊、杨芙。

本部分所代替标准的历次版本发布情况为：

——GB/T 2900.25—1982、GB/T 2900.25—1994。

电工术语　旋转电机

1　范围

本部分规定了旋转电机的专用术语。

本部分适用于制定标准、编制技术文件、编写和翻译专业手册、教材及书刊，供从事电工和相关专业工作的生产、科研、应用和教学等有关部门的人员使用。

本部分规定的术语与GB/T 2900.1《电工术语　基本术语》的有关部分内容相协调；本部分中未作规定的术语，需要时可在有关标准中给予规定。

2　规范性引用文件

下列文件中的条款通过GB/T 2900的本部分的引用而成为本部分的条款。凡是注日期的引用文件，其随后所有的修改单(不包括勘误的内容)或修订版均不适用于本部分，然而，鼓励根据本部分达成协议的各方研究是否可使用这些文件的最新版本。凡是不注日期的引用文件，其最新版本适用于本部分。

GB/T 2900.1—1992　电工术语　基本术语

3　术语和定义

3.1　一般术语

411-31-01

旋转电机　(electrical) rotating machine

依靠电磁感应而运行的电气装置，它具有能作相对旋转运动的部件，用于转换能量。

注：本术语也适用于原理相同，结构类似，作其他用途(例如用作调节、发出或吸取无功功率)的电气装置，但不适用于静电机械。

411-31-02

同极电机　homopolar machine

一种电机，其中磁力线以同一方向由一个部件通过气隙全部面积至另一个部件。

411-31-03

单极电机　acyclic machine

一种直流同极电机。

411-31-04

异极电机　heteropolar machine

使不同极性的有形磁极或等效磁极作交替布置的电机。

411-31-05

直流电机　direct current machine; d. c. machine

一种电机，其电枢绕组经换向器联接到直流系统，磁极由直流或波动电流励磁或为永久磁铁。

411-31-06

交流电机　alternating current machine; a. c. machine

一种电机，具有与交流系统联接的电枢绕组。

411-31-07

双馈电机　double-fed machine

一种电机，其定子绕组和转子绕组由交流电源供电。

411-31-08

同步电机　synchronous machine

一种交流电机,其电动势的频率与电机转速之比为恒定值。

411-31-09

异步电机　asynchronous machine

一种交流电机,其负载时的转速与所接电网频率之比不是恒定值。

411-31-10

感应电机　induction machine

一种异步电机,仅一套绕组联接电源。

411-31-11

磁阻电机　reluctance machine

一种同步电机,其中一个部件(通常为静止部件)上装有相互间适当排列的电枢绕组和励磁绕组或永久磁铁,而另一部件(通常为旋转部件)上没有绕组,只具有若干规则的凸出部分。

411-31-12

永磁电机　permanent magnet machine

一种电机,其磁系统包含有一块或多块永久磁铁。

411-31-13

单相电机　single-phase machine

产生或应用单相交流电的电机。

411-31-14

多相电机　polyphase machine

产生或应用多相交流电的电机。

411-31-15

凸极电机　salient pole machine

磁极由机座轭部或转子轮毂部向气隙方向凸出的电机。

411-31-16

实心极靴电机　solid pole shoe machine

具有非叠片极靴的凸极电机。

411-31-17

圆柱形转子电机　cylindrical rotor machine

具有圆柱形转子的电机,转子表面有槽,槽中嵌有绕组的线圈边。

411-31-18

汽轮型电机　turbine-type machine

以高转子周速运行的圆柱形转子电机。

注:本术语多适用于交流发电机,如汽轮发电机。

411-31-19

盘式电机　disc-type machine

具有轴向气隙且转子呈盘形的电机。

3.2　发电机

411-32-01

发电机　generator

将机械能转化为电能的电机。

411-32-02

交流发电机　alternating current generator;a. c. generator

产生交流电压及电流的发电机。

411-32-03

双绕组同步发电机　double wound synchronous generator;double-winding synchronous generator

一种同步发电机,在同一磁性结构上装有两套相似的电枢绕组,可以向两个独立电路供电。

411-32-04

感应发电机　induction generator

与无功电源相联接,作为发电机运行的感应电机。

411-32-05

励磁机　exciter

供给另一台电机磁场绕组全部或部分励磁功率的电源。

注:励磁机可以是直流电机、带整流器的交流电机或静止的固态整流器。它是励磁系统的一部分。

411-32-06

主励磁机　main exciter generator

向一台或多台主电机供给励磁功率的励磁机。

411-32-07

副励磁机　pilot exciter generator

一种励磁机,用以对另一台励磁机提供励磁功率。

3.3　电动机

411-33-01

电动机　motor

将电能转化为机械能的电机。

411-33-02

交直流两用电动机　universal motor

既可用直流电源,又可用单相工频交流电源的电动机。

411-33-03

笼型同步电动机　cage synchronous motor

一种凸极同步电动机,极靴内嵌有起动用的笼型绕组。

411-33-04

同步感应电动机　synchronous induction motor

一种圆柱形转子同步电动机,其次级绕组与绕线转子感应电动机的次级绕组相类似,可兼作起动和励磁之用。

411-33-05

磁阻电动机　reluctance motor

一种同步电动机,转子无励磁,具有若干形状规则的凸出部分,上面装有起动用的笼型绕组或不装笼型绕组。

411-33-06

亚同步磁阻电动机　subsynchronous reluctance motor

一种磁阻电动机,其次级组件上起凸极作用的凸出部分的数目多于初级绕组所形成的极数。电动机在相当于电机视在同步转速的几分之一的恒定平均转速下运行。

411-33-07

笼型感应电动机 cage induction motor;squirrel induction motor

次级绕组为笼型绕组的感应电动机。

411-33-08

绕线转子感应电动机 wound-rotor induction motor

次级绕组为多相线圈绕组的感应电动机。

411-33-09

带集电环感应电动机 slip-ring induction motor

次级绕组与集电环联接的绕线转子感应电动机。

411-33-10

无刷绕线转子感应电动机 brushless wound-rotor induction motor

一种绕线转子感应电动机,其次级绕组直接与配套的旋转起动装置相连接。

411-33-11

磁滞电动机 hysteresis motor

一种同步电动机,具有磁性材料构成的平滑圆柱形转子,无磁场绕组,借助于转子的磁滞效应而起动,依靠转子的顽磁性以同步转速运行。

411-33-12

罩极电动机 shaded pole motor

一种单相感应电动机,具有一个或几个辅助性短路绕组,这种绕组在磁场位置上相对主绕组偏移一个角度。所有这些绕组都在初级铁心上,通常是在定子上。

411-33-13

分相电动机 split phase motor

一种单相感应电动机,其辅助线路与主绕组并联,含有一个在磁场位置上相对主绕组偏移的辅助绕组,采取措施使得两个绕组内的电流有相位差。

注:当电动机达到适当转速时,通常辅助线路即行断开。

411-33-14

电阻起动分相电动机 resistance start split phase motor

一种分相电动机,依靠辅助线路内的电阻产生相位差。该电阻或是辅助绕组固有电阻,或是一个单独的串联电阻。

411-33-15

电抗起动分相电动机 reactor start split phase motor

一种分相电动机,依靠电机主线路中的附加感抗使两个绕组内电流之间产生相位差。当辅助线路断开时,附加感抗被短接或用其他方法使之失去感抗作用。

411-33-16

电容电动机 capacitor motor

一种分相电动机,依靠辅助线路中的电容器使两个绕组内电流之间产生相位差。

411-33-17

电容起动电动机 capacitor start motor

一种电容电动机,其辅助线路仅在电动机起动期间通电。

411-33-18

电容起动及运行电动机 capacitor start and run motor;permanent split capacitor motor

一种电容电动机,其辅助线路在电动机起动和运行期间均通电。

411-33-19

双值电容电动机　two-value capacitor motor

一种电容起动及运行电动机，起动及运行期间使用不同数值的电容器。

411-33-20

多相换向器电动机　polyphase commutator motor

经换向器向多相电枢绕组供电的一种交流电动机。

411-33-21

单相换向器电动机　single phase commutator motor

经换向器向单相电枢绕组供电的一种交流电动机。

411-33-22

多相并励换向器电动机；施拉格电动机　Schrage motor

一种多相电动机，其转子具有两套绕组，一套通过集电环从电源得到电流，另一套接至换向器，换向器表面装有两套可以调节的电刷，并以可调电压供给定子上分开的各相绕组，借以调节电动机的转速和取自电源的无功功率。

411-33-23

推斥电动机　repulsion motor

一种单相感应电动机，定子上具有联接电源的初级绕组，转子上具有接到换向器的次级绕组，换向器上的电刷被短接，并可沿换向器圆周表面改变电刷位置。

411-33-24

双套电刷推斥电动机　Deri motor

德里电动机

具有两套电刷的推斥电动机，其中一套固定而另一套可以移动。

411-33-25

补偿式推斥电动机　compensated repulsion motor

一种推斥电动机，其定子上的初级绕组通过换向器上的第二套电刷与转子绕组串联，借以改善功率因数和换向。

411-33-26

推斥起动感应电动机　repulsion start induction motor

一种推斥电动机，在达到适当转速时其换向片被短路或按其他方式联接起来，使转子绕组形成等效笼型绕组。

411-33-27

推斥感应电动机　repulsion induction motor

转子上具有附加笼型绕组的推斥电动机。

411-33-28

起动电动机　starting motor

与主机作机械联接的辅助电动机，用以使主机易于起动和加速。

411-33-29

锥形转子电动机　conical rotor motor

转子呈圆锥台形的电动机。

411-33-30

一般用途电动机　general purpose motor

按标准定额设计、提供产品目录和供货的电动机，其运行特性和机械结构适用于一般运行条件，而不限于某一特定用途或某一类型的特定用途。

411-33-31

规定用途电动机　definite purpose motor

按标准定额设计、提供产品目录和供货的电动机，其运行特性或机械结构抑或两方面均适用于某一特定用途或某一类型的特定用途。

411-33-32

特殊用途电动机　special purpose motor

为某一特殊用途设计的具有特殊运行特性或特殊机械结构或两者兼备的电动机，这种电动机不属于一般用途或规定用途定义的范围之内。

411-33-33

标准(安装)尺寸电动机　motor with standardized mounting dimensions

一种电动机，其安装尺寸允许该电动机与相同机座尺寸且符合同一标准规范的其他电动机作整机互换。

411-33-34

小功率电动机　small power motor

折算至 1 500 r/min 时最大连续定额不超过 1.1 kW 的电动机。

411-33-35

恒速电动机　constant speed motor

在正常负载范围内，转速保持恒定或基本恒定的电动机。

411-33-36

变速电动机　varying speed motor

在正常负载范围内，转速有明显变化的电动机。

411-33-37

多速电动机　multi-speed motor

在指定负载下可按两级或多级规定转速中任一级转速运行的电动机。

411-33-38

多级恒速电动机　multi-constant speed motor

一种多速电动机，在正常负载范围内，按各级转速运行时，转速保持恒定或基本恒定。

411-33-39

多速变速电动机　multi-varying speed motor

一种多速电动机，在正常负载范围内，按各级转速运行时，转速有明显的变化。

411-33-40

调速电动机　adjustable speed motor

在指定负载下，转速可在规定范围内调节到任意数值的电动机。

411-33-41

可调恒速电动机　adjustable constant speed motor

一种调速电动机，对应于任一调定的转速都具有恒速电动机的特性。

411-33-42

可调变速电动机　adjustable varying speed motor

一种调速电动机，对应于任一调定的转速都具有变速电动机的特性。

3.4　特殊电机

411-34-01

电动测功机　electrical dynamometer

一种测定机械功率用的电机，装有力矩指示装置和转速指示装置。

411-34-02

升压机 booster

一种接在电路中的电机，其电压可与另一电源所提供的电压相加或相减。

411-34-03

同步补偿机 synchronous compensator

没有机械负载，只供给或吸收无功功率的同步电机。

411-34-04

电动发电机组 motor generator set

一台或多台电动机与一台或多台发电机机械耦合而成的成套机组。

411-34-05

旋转变流机 rotary convertor

一种电机，其电枢绕组与换向器和集电环相联接，用以把交流电变为直流电，或把直流电变为交流电。

411-34-06

电动变流机 motor convertor

一台感应电动机与一台旋转变流机同轴耦合而成的机组，其电动机转子中产生的电流流过变流机的电枢绕组。

411-34-07

(旋转)变频机 (rotating) frequency convertor

把交流电能由一种频率变换为另一种频率的电机。

411-34-08

换向器式变频机 commutator type frequency convertor

一种多相电机，其转子具有接到换向器和集电环的一套或两套绕组，只要在换向器或集电环的电刷接线端施加一种频率的交流电压，就可在集电环或换向器的电刷接线端得到另一种频率的交流电压。

411-34-09

变频机组 frequency changer set

把交流电能由一种频率变换为另一种频率的电动发电机组。

411-34-10

感应变频机 induction frequency convertor

一种绕线转子感应电机，通过相对旋转的初级和次级绕组间的感应作用而变频，次级绕组输出功率，其频率正比于初级绕组磁场与次级绕组组件之间的相对速度。

411-34-11

感应子变频机 inductor frequency convertor

一种电机，具有两套定子绕组。一套具有交流输入，起励磁作用；另一套极数不同的定子输出绕组在带规则凸出体的转子(齿形转子)旋转时，因磁场磁阻变化而感生输出频率的电压。

411-34-12

(旋转)变相机 (rotating) phase convertor

在变换电能的同时，改变相数的电机。

411-34-13

电耦合器 electric coupling

通过电磁或磁的方法将转矩从一根转轴传递到另一根转轴的电机。

注：两根转轴的相对转速是可控的。

411-34-14

感应耦合器　induction coupling

一种电耦合器,借助于一个旋转件上的磁极所产生的磁场与另一个旋转件中感应电流之间的相互作用传递转矩。

411-34-15

磁耦合器　magnetic coupling

转差耦合器　slip coupling

一种感应耦合器,具有绕线型或笼型次级绕组,承载感应电流。

411-34-16

涡流耦合器　eddy current coupling

一种感应耦合器,其次级组件承载感生的涡流。

411-34-17

同步耦合器　synchronous coupling

一种电耦合器,通过以同样转速旋转的驱动件和被驱动件上磁极的相互吸引而传递转矩。

411-34-18

磁滞耦合器　hysteresis coupling

一种电耦合器,借助于铁磁材料中磁畴抗磁场重新取向而产生的力传递转矩。

411-34-19

磁摩擦离合器　magnetic friction clutch

利用磁性器件使摩擦面啮合或脱离的摩擦离合器。

411-34-20

磁性粉末耦合器　magnetic particle coupling

一种电耦合器,利用集聚在耦合件之间的磁场内的磁性粉末作为媒介传递转矩。

3.5　控制系统用电机

411-35-01

华德利翁系统　Ward-Leonard system

一种直流电动机转速和转向的控制方法,控制供电的直流发电机磁场电流以改变电动机电枢电压,必要时,可改变电枢电压的极性。

411-35-02

直流发电机电动机组　Ward-Leonard generator set

华德利翁发电机组

由一台或多台直流发电机与一台或多台驱动电动机组成的成套机组,用于华德利翁系统。

411-35-03

静止喀拉姆系统　static Kraemer system

绕线转子感应电动机在低于同步转速下的转速控制系统,电动机的转差功率经静止变流设备回馈,变流设备在电气上联接在感应电动机次级绕组和电源之间。

411-35-04

旋转扩大机　rotary amplifier

将输入信号扩大以获得功率输出的电机。

411-35-05

步进电动机　stepping motor

定子绕组按一定程序供电时,转子以离散的角度增量旋转的电动机。

3.6 限定性术语

411-36-01

他励 separately excited

用以指明电机的励磁是由其他电源而不是电机本身供给的。

411-36-02

自励 self-excited

用以指明电机的励磁是由电机本身供给的。

411-36-03

混励 compositely excited

用以指明电机的励磁一部分是由电机本身供给,一部分是由其他电源供给的。

411-36-04

并励 shunt

用以指明电机是由与电枢绕组并联的绕组励磁的。

411-36-05

串励 series

用以指明电机是由与电枢绕组串联的绕组励磁的。

411-36-06

复励 compound excited

用以指明电机至少由两个绕组励磁,其中之一是串励绕组。

411-36-07

积复励 cumulative compounded

用以指明复励电机的串励绕组和并励绕组的磁势方向是相同的。

411-36-08

差复励 differential compounded

用以指明复励发电机的串励绕组和并励绕组的磁势方向是相反的。

411-36-09

过复励 over-compounded

用以指明复励发电机的串励绕组将使电机在额定负载时的端电压大于空载端电压。

411-36-10

平复励 level compounded;flat compounded

用以指明复励发电机的串励绕组将使电机在额定负载时的端电压与空载时的端电压相等。

411-36-11

欠复励 under-compounded

用以指明复励发电机的串励绕组将使电机在额定负载时的端电压小于空载端电压。

411-36-12

稳并励(发电机) stabilized shunt (for a generator)

指欠复励发电机,其负载所产生的电压降可使发电机能在无均压线时作并联运行。

411-36-13

稳并励(电动机) stabilized shunt (for a motor)

指复励电动机,其串励绕组所占的比例和极性能使电动机在负载增加时转速略有降低。

411-36-14

自调 self-regulated

指具有单一铁心的电机,不需要外部设备介入就能自行控制本身的特性,如电压、功率因数和转速。

411-36-15

补偿调节　compensated regulated

指电机与他励电源结合时能自行调节本身的特性，如电压、功率因数和转速。

411-36-16

自动调节　automatically regulated

指电机在适当的闭环回路内与其他电器相结合时能调节本身的特性。

411-36-17

无刷　brushless

指电机没有传统的电刷构件。

411-36-18

逆置　inverted

指电机的定子和转子的正常电磁功能相互对换。

411-36-19

容差　tolerance

一个量的标称值与其测定值之间的允许偏差。

411-36-20

局部放电起始电压　partial discharge inception voltage

当施加于试验物上的电压从不出现放电的最低值逐渐增加时，在试验中开始出现局部放电的最低电压。

注：当施加正弦波电压时，局部放电起始电压规定为方均根电压。当施加脉冲电压时，局部放电起始电压规定为峰值电压。

411-36-21

局部放电熄灭电压　partial discharge extinction voltage

当施加于试验物上的电压从出现放电的最高值逐渐降低时，在试验中局部放电熄灭时的电压。

注：当施加正弦波电压时，局部放电熄灭电压规定为方均根电压。当施加脉冲电压时，局部放电熄灭电压规定为峰值电压。

3.7　绕组分类

411-37-01

绕组　winding

旋转电机内具有规定功能的一组线匝或线圈。

411-37-02

电枢绕组　armature winding

同步、直流或单相换向器电机的一种绕组，与外部电力系统联接，用以吸收或送出有功功率。

注：本定义也适用于同步补偿机，只是以无功功率取代有功功率。

411-37-03

初级绕组　primary winding

感应电机内的一种绕组，电机运行时与外部电力系统联接，用以吸收或送出有功功率。

411-37-04

次级绕组　secondary winding

感应电机内的一种绕组，电机运行时与外部电力系统不直接联接。

411-37-05

主绕组　main winding

分相电动机的初级绕组。

411-37-06

起动绕组　starting winding

用以起动电机的绕组。

411-37-07

辅助起动绕组　auxiliary starting winding

分相电动机的起动绕组。

411-37-08

励磁绕组　excitation winding

产生磁场的绕组,磁场相对于该绕组是静止的。

411-37-09

磁场绕组　field winding

产生电机主磁场的励磁绕组。

411-37-10

并励绕组　shunt winding

一种磁场绕组,跨接在全部或部分电枢电路上。

411-37-11

串励绕组　series winding

一种与电枢绕组串联的磁场绕组,承载部分或全部电枢电流。

411-37-12

补偿绕组　compensating winding

一种励磁绕组,承载负载电流或与之成比例的电流,借以降低因其他绕组中流过负载电流而发生的磁场畸变。

411-37-13

换向绕组　commutating winding

换向器电机中的一种励磁绕组,承载负载电流或与之成比例的电流借以促进正在进行换向的线圈内电流改变流向。

411-37-14

阻尼绕组　damping winding

通常为笼型的短路绕组,或可以短路的绕组,用以抑制与该绕组匝链的磁通的快速变化。

411-37-15

控制绕组　control winding

一种励磁绕组,承载可调电流以控制电机的性能。

411-37-16

定子绕组　stator winding

电机定子上的绕组。

411-37-17

转子绕组　rotor winding

电机转子上的绕组。

411-37-18

集中绕组　concentrated winding

凸极电机的励磁绕组,或其线圈边在每极下只占用一个槽的绕组。

411-37-19

分布绕组　distributed winding

其线圈边在每极下占用若干个槽的绕组。

411-37-20

单层绕组　single layer winding

一种分布绕组,沿槽深方向每槽只有一个线圈边。

411-37-21

双层绕组　two layer winding

一种分布绕组,沿槽深方向每槽有两个线圈边。

411-37-22

整数槽绕组　integral slot winding

一种分布绕组,其每极每相槽数为整数,且各极均相同。

411-37-23

分数槽绕组　fractional slot winding

一种分布绕组,其每极每相槽数为分数。

411-37-24

对称分数槽绕组　symmetrical fractional slot winding

一种分数槽绕组,其在气隙主磁场作用下能感应对称多相电压系统。

411-37-25

异槽绕组　split throw winding

一种双层绕组,其线圈一个边的导线在同一槽内,而另一个边的导线不在同一槽内。

411-37-26

笼型绕组　cage winding;squirrel cage winding

两端由导电环或导电板联接起来的若干导条所构成的绕组。

411-37-27

同心绕组　concentric winding

一种分布绕组,其每个极相组的各个线圈同心式布置,具有不同的节距。

411-37-28

框式绕组　diamond winding

一种分布绕组,各线圈的节距和形状都相同。

411-37-29

叠绕组　lap winding

一种双层绕组,分布在一对主极下面的所有线匝依次联接,相邻主极对下面的线圈组按极对的顺序彼此联接。

411-37-30

单叠绕组　simplex lap winding

一种叠绕组,其并联路数与极数相等。

411-37-31

双叠绕组　duplex lap winding

一种叠绕组,其并联路数为极数的2倍。

411-37-32

复叠绕组　multiplex lap winding

一种叠绕组,其并联路数为极数的整数倍,且倍数大于2。

411-37-33

波绕组　wave winding

一种双层绕组,线圈的联接顺序是围绕电机沿一个方向把相邻主极对下面的诸线圈单元联接起来。

411-37-34

单波绕组　simplex wave winding

一种波绕组,无论极数多少,其并联路数总是等于2。

411-37-35

双波绕组　duplex wave winding

一种波绕组,无论极数多少,其并联路数为除4以外的2的倍数。

411-37-36

复波绕组　multiplex wave winding

一种波绕组,无论极数多少,其并联路数为除4以外的2的倍数。

411-37-37

蛙绕组　frog-leg winding

由一个叠绕组和一个波绕组置于共同的槽内所组成的组合绕组,并联到同一个换向器上。

411-37-38

变极绕组　pole changing winding

一种绕组,其中两个或多个线圈组引出线接到端子,变换端子的相互联接方式可以改变绕组的极数。

411-37-39

极幅调制绕组　pole amplitude modulated winding

通过抑制或加强磁场谐波以得到极数比为非整数的变极绕组。

411-37-40

电路　(electric) circuit

电流可在其中流通的器件或媒质的组合。

411-37-41

初级电路　primary circuit

感应电机内的一个电路,电机运行时与外部电力系统联接,用以吸收或送出有功功率。

411-37-42

次级电路　secondary circuit

感应电机内的一个电路,电机运行时与外部电力系统不联接。

411-37-43

电枢电路　armature circuit

同步、直流或单相换向器电机内的一个电路,电机运行时与外部电力系统联接,用以吸收或送出有功功率。

注:本定义也适用于同步补偿机,只要将"无功功率"代替术语"有功功率"。

3.8 绕组结构

411-38-01

(线)匝　turn

组成一圈的一根或一组导体。

注:导体可以是多股的或多层的,每一股或层视截面形状不同而呈线状、杆状、带状或条状,可以不加绝缘或为减少涡流损耗而加绝缘。

411-38-02

线圈单元 coil section

由一匝或相互绝缘的多匝组成的绕组基本单元。

411-38-03

线圈 coil

具有一个或多个线圈单元的组件，通常具有公共绝缘。

411-38-04

多单元线圈 multi-section coil

由各自绝缘的两个或多个线圈单元或线匝组所组成的线圈。

411-38-05

半线圈 half-coil

线棒 bar

整个线圈的任何一半，各自具有一个线圈边和相应的端部，拼起来就成为一个完整的线圈。

注：通常大电机单匝线圈的一半叫作线棒。

411-38-06

线圈边 coil side

线圈中沿电机轴向的两个直线部分的任何一个。

411-38-07

线圈端部 end winding

连接两个线圈边的连接部分。

411-38-08

绕组端部 winding overhang

绕组中伸出铁心两端之外的部分。

411-38-09

线圈边槽部 embedded coil side; slot portion

线圈边嵌入槽内的部分，即铁心两端面之间的部分。

411-38-10

规则绕组 regular winding

线圈边内各导体呈规则性排列的绕组。

411-38-11

成型绕组 form-wound winding

线圈在嵌线前预先成形的规则绕组。

411-38-12

部分成型绕组 partly form-wound winding

线圈除一个端部外，在嵌线前已预先成形，嵌线后把另一端部成形并把各线圈联接起来的规则绕组。

411-38-13

散嵌绕组 random wound winding

一种绕组，各导体在线圈边内无规定的位置。

411-38-14

嵌入绕组 fed-in winding

一种绕组（通常为散嵌绕组），其线圈边的各导体从槽口嵌入槽内。

411-38-15

插入绕组　push-through winding

线圈边沿轴向插入槽内后再把另一端成形并联接所成的绕组。

411-38-16

拉入绕组　pull-through winding

线圈沿轴向拉入槽内的绕组。

411-38-17

开口线圈　open-ended coil

一种部分成形线圈，其线匝在一端开口便于嵌线。

411-38-18

发夹式线圈　hairpin coil

一种特殊形式的开口线圈，用于插入半闭口槽或闭口槽。

411-38-19

磁场线圈　field coil

——直流和交流凸极电机的一种带适当绝缘的线圈，装在一个磁极上用以励磁；

——圆柱形转子同步电机的磁场绕组中占据一对槽的一组线匝。

411-38-20

端平面　tier

说明同心绕组端部状态的术语。线圈组端部围绕电机轴线的层次可具有一、二或三层，按线圈排列形式而定。

411-38-21

跨越线圈　cranked coil

绕组端部呈特殊形状的一种线圈，其端部能由这一层跨越到另一层。

411-38-22

均压线　equalizer

绕组内某些点之间的连接线，用以降低这些点之间不应存在的电位差。

411-38-23

死线圈　dummy coil

假线圈

绕组内的一个线圈，在电气上它不接入绕组回路，仅由于机械平衡的需要而设置。

411-38-24

抽头　tap

分接

绕组某些中间点上引出的接线头。

411-38-25

齿距　tooth pitch

相邻两齿上对应位置的两个点之间的圆周距离。

411-38-26

线圈节距　coil span；coil pitch

一个线圈的两个边所在槽的相隔齿距数。

411-38-27

前节距　front span

在绕组连接端的线圈节距。

411-38-28

后节距　back span

在绕组非连接端的线圈节距。

411-38-29

极距　pole pitch

相邻两磁极上相应点之间的圆周距离，通常以齿距数表示。

411-38-30

绕组节距　winding pitch

线圈节距与极距之比，通常以百分比表示。

411-38-31

整距绕组　full pitch winding

绕组节距为100%的绕组。

411-38-32

短距绕组　short pitch winding

绕组节距小于100%的绕组。

411-38-33

长距节距　long pitch winding

绕组节距大于100%的绕组。

411-38-34

换向器节距　commutator pitch

单个线圈单元的始端与终端之间的换向片数。

411-38-35

换位　transposition

组成线匝或线圈的一根或多根导体，如为多股或多层的组合导体，为了降低涡流损耗而改变股或层在槽中的相对位置。

411-38-36

罗贝尔换位　Roebel transposition

一种换位方式。组成线棒的线股排列成两列，各线股在铁心全长范围内依次以相同的间隔两次由一列跨越到另一列，并按一定的规律加以编织使每一线股占据两列中的所有垂直位置。

411-38-37

分布因数　distribution factor

分布绕组的一个系数，用以考虑因不同槽内线圈感应电势的槽位不同所引起的绕组电势值降低。

411-38-38

节距因数　pitch factor

分布绕组的一个系数，用以考虑当绕组节距不等于100%时感应电势值的降低。

411-38-39

绕组因数　winding factor

分布因数与节距因数的乘积。

411-38-40

斜槽　skewed slot

转子或定子槽沿轴线偏移一个角度，电机铁心一端槽的角位置与另一端不同。

411-38-41

斜槽因数 skew factor

与绕组有关的一个系数,用以考虑因定、转子槽不平行时绕组内感应电势的降低。

411-38-42

每相有效匝数 effective turns per phase

每个线圈串联匝数乘以每相串联的线圈数,再乘以绕组因数所得之积。

3.9 绝缘

411-39-01

导体绝缘 conductor insulation

在单根导体上的绝缘或相邻导体之间的绝缘。

411-39-02

股绝缘 strand or lamination insulation

在一股导体上的绝缘,或与相邻的股之间的绝缘。

411-39-03

线匝绝缘 turn insulation

包在每一线匝导体上的绝缘。

411-39-04

匝间绝缘 interturn insulation

相邻匝之间的绝缘。

411-39-05

线圈或线棒绝缘 coil or bar insulation

除导体绝缘或线匝绝缘之外,绕在线圈(线棒)上的对地或相间主绝缘。

411-39-06

囊封式绕组 encapsulated winding

绕组用模塑绝缘完全封闭。

411-39-07

(电机的)真空压力浸渍 vacuum-pressure impregnation (of a machine)

一种绝缘处理,其部件在组装及绕组接线之后,在真空状态下浸渍。

411-39-08

电晕防护 corona shielding

为降低沿线圈表面的电位梯度而采取的措施。

411-39-09

电阻防晕层 resistance grading (of corona shielding)

在线圈表面施以高电阻率材料的电晕防护措施。

411-39-10

层间绝缘 coil side separator

为隔开嵌入槽内的线圈边而附加的绝缘。

411-39-11

槽衬 slot packing

为将线圈边压紧在槽内而附加的衬垫绝缘。

411-39-12

槽绝缘 slot liner

放在槽与嵌入槽内线圈边之间,在机械和电气上起保护作用的绝缘。

411-39-13

端部衬垫　overhang packing

衬在绕组端部起间隔和支撑作用的绝缘。

411-39-14

梳形衬垫　comb

具有梳状的绕组端部衬垫。

411-39-15

带形绝缘　belt insulation

一种绕组端部衬垫，沿圆周方向衬在绕组端部的相邻各层之间。

411-39-16

相间线圈绝缘　phase coil insulation

不同相的相邻线圈之间的附加绝缘。

411-39-17

端箍绝缘　banding insulation

绕组端部与端箍之间的绝缘。

411-39-18

绕组端部支架　winding overhang support

支撑绕组端部的构件。

注：此构件本身可为绝缘体，也可为带有绕组端部支架绝缘的非绝缘体。

411-39-19

绕组端部支架绝缘　winding overhang support insulation

绕组端部与未绝缘的绕组端部支架之间的绝缘。

411-39-20

磁场线圈框架　field spool

支撑磁场线圈的构件。

注：这种构件本身可为绝缘材料，也可为包有绝缘的框架。

411-39-21

磁场线圈框架绝缘　field spool insulation

未绝缘的框架与磁场线圈之间的绝缘。

411-39-22

极身绝缘　pole body insulation

极身与磁场线圈之间的绝缘。

411-39-23

磁场线圈的凸缘绝缘　field coil flange

磁场线圈与极靴或磁场线圈与安装极身的构件之间的绝缘。

411-39-24

轴孔引线绝缘　up-shaft insulation; bore-hole lead insulation

绕在穿过空心轴的引线上的绝缘。

411-39-25

绝缘结构　insulation system

绝缘材料或多种绝缘材料的组合，连同其相关导电部件，通指特定类型或特定大小或特定部分的电气设备。

411-39-26

待评绝缘结构　candidate insulation system

要作试验的绝缘系统,以确定其能力同老化因子(即热等级)的关系。

411-39-27

基准绝缘结构　reference insulation system

其性能经运行经验证实满意的绝缘结构。

3.10　磁性件

411-40-01

铁心　core

电机承载磁通的磁路部件,不包括气隙。

411-40-02

叠片铁心　laminated core

由叠片组成的铁心。

411-40-03

铁心端板　core end plate

在叠片铁心两端为保持叠片轴向压力而旋转的端板或构件。

411-40-04

磁极　field pole

铁心的一部分,带有或嵌有励磁绕组,或包含一块或几块永久磁铁。

411-40-05

隐极　non-salient pole

圆柱形铁心的一部分,通过分布绕组的励磁效应起磁极作用。

411-40-06

凸极　salient pole

从轭部向气隙方向伸出的一种磁极。

411-40-07

极身　pole body

凸极上安装磁场线圈或包含一块或几块永久磁铁的那一部分。

411-40-08

极靴　pole shoe

凸极靠近气隙的部分。

411-40-09

极尖　pole tips

极靴沿圆周方向的两个极端。

411-40-10

极面　pole face

在电机中构成气隙一侧边界的极靴表面。

411-40-11

削角极面　pole face bevel

极靴的被削斜部分,其作用是沿极尖方向增加径向气隙长度。

411-40-12

异形极面　pole face shaping

极靴的改形部分(不包括削角极面),其作用是增加径向气隙长度。

411-40-13

磁极端板　pole end plate

在叠片磁极两端为保持叠片轴向压力而放置的端板或构件。

411-40-14

磁轭　yoke

铁心的环形或多角形部分,可以是叠片结构或整体结构。

411-40-15

机座磁轭　frame yoke

为静止凸极提供机械支撑的磁轭。

411-40-16

转子磁轭　rotor yoke;hub

为旋转凸极提供机械支撑的磁轭。

411-40-17

气隙　air gap

磁路内铁磁性部分中的间隙。

411-40-18

主气隙　main air gap

磁路中相对运动件之间的最小径向距离。

411-40-19

槽　slot

铁心上的凹槽,可在其中放置绕组导体。

411-40-20

齿　tooth

两个相邻槽之间的铁心部分。

411-40-21

齿压板　tooth support

在铁心两端对齿部施加轴向压力的构件。

411-40-22

通风槽片　duct spacer

为构成径向通风槽而安置于相邻铁心叠片段之间的隔片。

3.11　电刷、刷握、换向器、集电环、端子

411-41-01

电刷　brush

通常为静止的一种导电部件,与换向器或集电环作滑动接触而形成电连接。

411-41-02

刷辫　brush flexible;(brush) shunt

电刷与电刷端子之间的连接线。

411-41-03

刷握　brush holder

使电刷相对于换向器或集电环保持规定位置并对电刷施加近似于恒定压力的构件。

411-41-04

刷盒　brush box

刷握中安放电刷的部分。

411-41-05

电刷压力装置　brush pressure device

一种机械装置，通常为刷握的一个组成部分，对电刷施加以压力，使之与换向器或集电环保持接触。

411-41-06

刷握固定装置　brush holder fixing device

把刷握固定在支撑构件上的装置。

411-41-07

刷握支撑构件　brush holder supporting structure

一种构件，刷握安装在上面并且彼此相对定位。

411-41-08

刷握架　brush holder rocker

刷握的支撑构件，使整体能沿圆周方向移动位置。

411-41-09

（刷握）架座　（brush holder）rocker yoke

当刷架不是由电机机壳或轴承支撑时，专门设置用以固定刷架的构件。

411-41-10

（刷握）架调节装置　（brush holder）rocker gear

调节刷架位置的蜗轮蜗杆或其他类似构件。

411-41-11

隔弧栅　flash barrier

耐火材料制成的隔板，用以阻止电弧的形成，或减小因电弧所造成的损伤。

411-41-12

集电环　slip-ring；collector ring

与电刷相接触的导电金属环。使电流从电路的一部分通过滑动接触流到另一部分。

411-41-13

换向器　commutator

由若干彼此绝缘的导电件构成的组件，相对于此组件设置有电刷，经滑动接触使电流在旋转绕组和电路的静止部分中流通，并可以使旋转绕组中某些线圈换接。

411-41-14

换向片　commutator segment

换向器的导电件，与绕组上相应的线圈单元之间的公共端相连接。

411-41-15

换向器V形压圈　commutator V-ring

截面呈V形的压圈。用以夹紧换向片使之成为坚固的整体。

411-41-16

换向器V形绝缘环　commutator V-ring insulation

换向器V形压圈与换向片之间的绝缘。

411-41-17

换向器片间绝缘　commutator segment insulation

换向片之间的绝缘。

411-41-18

换向器升高片　commutator riser

连接换向片与线圈的导电件。

411-41-19

接线装置　termination

为使电机内部引线与外界导体连接而提供的装置。

411-41-20

(电机)端子　(machine) terminal

用以连接电机内部导体和其他内部或外部导体的导电件。

411-41-21

螺栓端子　stud terminal

螺栓形的端子。

411-41-22

片状端子　strip terminal

呈片状的端子。

411-41-23

接线板　terminal board

安置接线端子的板。

411-41-24

电缆耦接器　cable coupler

接线装置的形式之一,端子用接插件与外接引线连接。

411-41-25

接地端子　earth terminal;ground terminal

与电机中容易被触及到的金属部分相连接的端子,用以连接防护导线或接地导线。

411-41-26

磁场绕组端子　field winding terminals

磁场绕组回路的端子,通过该端子的功率定义为磁场绕组所需的输入功率。

411-41-27

散放引出线　loose leads

接线装置的一种形式,电机内部引出线散放引出。

411-41-28

接线箱　terminal enclosure;terminal housing

一种防护外壳,端子在壳内与外接引线相连接,并满足有关间隔与爬电距离以及便于拆接等要求,接线盒通常安装在电机上。

411-41-29

分装接线箱　separate terminal enclosure

不装在电机本体上的接线箱。

注:电机底座或支撑体可构成箱体的一部分。

411-41-30

接线盒　terminal box

刚性盒子状的接线箱。

411-41-31

释压式接线盒　pressure relief terminal box

接线盒的一种,盒内由于电击穿而产生的生成物能通过释压膜逸出。

注:限定术语"释压式"除适用于接线盒外,也适用于接线箱。

411-41-32

空气绝缘式接线盒　air insulated terminal box

接线盒的一种，盒内的各相裸导体都具有合适的绝缘支撑，以及足够的间距以防电击穿。

注：限定术语“空气绝缘式”除适用于接线盒外，也适用于接线箱。

411-41-33

相绝缘式接线盒　phase insulated terminal box

接线盒的一种，主要是用固体绝缘来防止盒内各相导体电击穿。

注：限定术语“相绝缘式”除适用于接线盒外，也适用于接线箱。

411-41-34

分相接线盒　phase separated terminal box

接线盒的一种，通过接地金属遮板使各相隔离，从而使任何电击穿限制在接地事故范围之内。

注：限定术语“分相”除适用于接线盒外，也适用于接线箱。

411-41-35

隔相接线盒　phase segregated terminal box

接线盒的一种，利用接地金属板构成完全隔开的单独相空间，从而使任何电击穿限制在接地事故范围之内。

注：限定术语“隔相”除适用于接线盒外，也适用于接线箱。

411-41-36

储压式接线盒　pressure containing terminal box

接线盒的一种，盒内由于电击穿而产生的生成物将全部包容在盒内。

3.12　轴承和润滑

411-42-01

轴承　bearing

用作支持转轴的一种结构件，如需要可用作限制轴向移动。

411-42-02

径向轴承　journal bearing

支持轴颈为圆柱形或部分圆柱形的轴承。

411-42-03

球轴承　ball bearing

周边由若干圆球装配组成的轴承。

411-42-04

滚子轴承　roller bearing

周边由若干滚子装配组成的轴承。

411-42-05

止推轴承　thrust bearing

推力轴承

承受轴向负载并限制轴向移动的轴承。

411-42-06

导轴承　guide bearing

限制立式机组轴线在一定范围内摆的轴承。

411-42-07

套筒轴承　sleeve bearing

具有完整的轴承套筒的径向轴承。

411-42-08

分瓣套筒轴承　split sleeve bearing

具有分离装配轴承套筒的径向轴承。

411-42-09

定位轴承　location bearing

用作限制水平轴轴向移动而不能承受任何连续推力负载的轴承。可与承受负载的轴承结合使用。

411-42-10

弹簧加载轴承　spring loaded bearing

带弹簧的球轴承可保证球与内圈和外圈之间完全角接触，从而排除电机两端球轴承径向间隙的影响。

411-42-11

瓦块轴承　pad type bearing

一种径向或止推轴承，其轴承表面不连续而由不相连的瓦块组成。

411-42-12

可倾瓦块轴承　tilting pad bearing

一种瓦块轴承，其瓦块能移动以改进轴承与轴颈或轴环之间润滑液的流动。

411-42-13

自润滑轴承　self-lubricating bearing

轴承材料本身含有润滑剂，以后仅需少量或不需另加润滑液就能满足轴承的润滑。

411-42-14

油环润滑轴承　oil ring lubricated bearing

轴承具有环绕轴颈并一起旋转的环，使油从油槽进入油环而润滑轴承。

411-42-15

油盘润滑轴承　disc and wiper lubricated bearing

轴承具有安置在轴上并与其同心的圆盘，圆盘浸入油槽中，当轴旋转时，由刮板作用使油从圆盘表面进入轴承。

411-42-16

充油润滑轴承　flood lubricated bearing

一种轴承其润滑油在正常大气压下连续流遍轴承或轴颈顶部。

411-42-17

强迫润滑轴承　forced lubricated bearing

一种轴承其润滑油被强迫连续流遍轴承或轴颈。

411-42-18

压力润滑轴承　pressure lubricated bearing

一种轴承其润滑油被强迫在轴承轴颈下连续流动。

411-42-19

油压轴承　oil-jacked bearing

一种径向轴承其高压润滑油能在轴颈下形成润滑油膜。

411-42-20

柱面支撑轴承　straight seated bearing

一种径向轴承其轴承衬套限制在由支持结构确定的固定轴线上。

411-42-21

球面支撑轴承 spherically seated bearing

一种径向轴承其轴承衬套支持方式允许轴颈轴线沿一个预先估算的圆周角移动。

411-42-22

筒式轴承 cartridge type bearing

一种完整的球轴承或滚子轴承装配,由球轴承或滚子轴承及嵌入电机端罩上轴承室组成。

411-42-23

插入式轴承 plug-in type bearing

一种完整的径向轴承装配,由轴承衬套和轴承室以及嵌入电机端罩上的支持构件组成。

411-42-24

座式轴承 pedestal bearing

一种带有支持座的完整轴承装配。

411-42-25

甩油器 oil thrower

装在靠近轴颈的轴上的圆环或突出部分,阻止油沿着轴流动。

411-42-26

油封 oil seal

轴承装配中一种防止润滑油从轴承漏出的密封方式。

411-42-27

气封 gas seal

轴承装配中一种使通过轴承流入或流出电机的气体减到最少的密封方式。

411-42-28

尘封 dust seal

一种防止特定灰尘进入轴承的密封方式。

411-42-29

轴承衬套 bearing lining

径向轴承装配的零件,轴颈在其上旋转。

411-42-30

轴承壳 bearing shell

径向轴承装配中支持轴承衬套的零件。

411-42-31

轴承衬套装配 bearing liner

轴承壳与衬套的装配。

411-42-32

轴承室 bearing housing

在轴承装配中支持轴承衬套或球轴承或滚子轴承的构件。

411-42-33

油槽 oil grooves

刻在轴承衬套或有时刻在轴颈表面上有助于润滑油均匀散布在轴承表面的槽沟。

411-42-34

轴承间隙 bearing clearance

轴颈与轴承衬套间直径的差异。

411-42-35

轴承压力 bearing pressure

轴承单位作用面积能承受的负载;作用面积是指轴颈长度和直径的乘积。

3.13 机械结构、安装型式、旋转方向

411-43-01

定子 stator

电机的静止部分。

411-43-02

转子 rotor

电机的转动部分。

411-43-03

电枢 armature

电机带电枢绕组的部分。

411-43-04

磁场系统 field system

电机带磁场绕组的部分。

411-43-05

轴 shaft

电机带旋转件的部分,由轴承支撑而旋转。

411-43-06

(轴)颈 journal (of a shaft)

在轴承内旋转的轴段。

411-43-07

轴伸 shaft extension

伸出电机轴承外的轴段。

注:轴承可以装在电机上,或包含电机和附加一个或多个轴承装配的一部分。

411-43-08

轴端 shaft end

电机转轴的一部分,用以在电机和其他机械之间传输转矩。

注:轴端可位于电机轴承之间或电机与附加轴承之间,也可呈轴伸形式。

411-43-09

副轴 jack shaft

本身带有轴承并与电机轴刚性联接的独立轴。

411-43-10

短副轴 stub shaft

本身不带轴承并与电机轴刚性联接的独立轴。

411-43-11

中间轴 dumb-bell shaft;spacer shaft

使两台电机轴作机械联接的独立轴。

411-43-12

转矩轴 torque shaft

用于增加两联接轴间柔性的细轴。

411-43-13

套管轴　quill shaft

能安放和联接实心轴以增加柔性的空心轴。

411-43-14

键　key

插入两相邻凹槽处的棒,以传递转矩。

411-43-15

转子支架　spider

支撑铁心或磁极的转子构件,一般由毂、辐和缘,或这些部件的变形件所组成。

411-43-16

扇形缘转子　segmental rim rotor

缘边由装入的扇形板夹、栓或铆在一起组成的转子。

411-43-17

转子绕组端部护环　rotor end-winding retaining ring

防止转子部件和绕组端部在离心力作用下发生径向移动的机械构件。

411-43-18

(转子)端板　end plate (of a rotor)

与转子绕组端部外端相配合的圆环板。

411-43-19

绑箍　binding band

绑在转子上的高强度材料制成的线或带;通常绑扎在线圈端部,以防止端部产生径向位移。

411-43-20

槽楔　slot wedge

插在槽内绕组上部空间的扁条,利用其锁紧作用,防止槽内绕组产生径向位移。

411-43-21

轴承座　bearing pedestal

安置在电机底板或机架上用以支持轴承的构件。

411-43-22

绝缘轴承座　insulated bearing pedestal

支持结构中带电气绝缘的轴承座以防止电流流过轴承。

411-43-23

绝缘轴承室　insulated bearing housing

支持结构中带电气绝缘的轴承室以防止电流流过轴承。

411-43-24

端盖　end bracket

轴承托架　bearing bracket

装在机座上用以支撑轴承。

411-43-25

端罩　end shield

装在机座上用以保护绕组的实心或骨架式构件,并可在其中装轴承。

411-43-26

绕组端套　end-winding cover

保护绕组端部以防止机械损伤和/或与绕组端部接触。

411-43-27

机座 stator frame

支撑定子铁心或铁心组件的构件。

411-43-28

箱式机座 box frame

呈箱形的定子机座,用端板和侧板围住定子铁心。

411-43-29

骨架式机座 skeletom frame

简单结构组成的机座,用以夹紧但不能围住定子铁心。

411-43-30

叠片机座 laminated frame

由夹、栓或铆在一起的铁心叠片构成的机座,带或不带附加的加强板。

411-43-31

可转动机座 rotatable frame

能围绕电机轴向作有限量转动的机座。

411-43-32

可移动机座 end-shift frame

能沿电机轴向移动的机座,以作检验之用。

411-43-33

盘车齿轮 barring gear;turning gear

一种手动或电动装置使电机转子低速旋转。

411-43-34

结构型式 type of construction

有关固定用构件、轴承装置和轴伸等电机部件的构成情况。

411-43-35

安装型式 mounting arrangement

用轴线和固定状况全面表述电机安装方式的情况。

411-43-36

电机的传动端 drive end of a machine

D端 D-end

指电机轴端一端。

注:通常指电动机的传动端和发电机的被传动端。

411-43-37

电机的非传动端 non-drive end of a machine

N端 N-end

相对于传动端的另一端。

411-43-38

旋转方向 direction of rotation

从电机的传动端朝电机的非传动端沿轴向看电机的旋转方向。

411-43-39

顺时针方向旋转 clockwise rotation

与时钟指针同方向旋转。

411-43-40

反时针方向旋转　anti-clockwise rotation;counter clockwise rotation

与时钟指针相反方向旋转。

3.14　冷却

411-44-01

冷却　cooling

一种热量传递过程,电机中因损耗而产生的热量被传递给初级冷却介质,该介质可以不断地被更换或在冷却器中被次级冷却介质冷却。

411-44-02

冷却介质　coolant

传递热量的气体或液体介质。

411-44-03

初级冷却介质　primary coolant

温度比电机某部件的温度低的气体或液体介质,它与电机的该部件相接触,并将其放出的热量带走。

411-44-04

次级冷却介质　secondary coolant

温度低于初级冷却介质温度的气体或液体介质,通过冷却器或电机的外表面将初级冷却介质放出的热量带走。

411-44-05

最终冷却介质　final coolant

热量传递过程中最后阶段所用的冷却介质。

411-44-06

(电机的)周围环境介质　surrounding medium (of a machine);ambient medium (of a machine)

电机周围环境中的气体或液体介质。

411-44-07

(电机的)远方介质　remote medium (of a machine)

位于电机远方的气体或液体介质,可从中吸取冷却介质并通过进口管道或通道进入电机,也可由出口管道或通道排放冷却介质。

411-44-08

直接冷却绕组　direct cooled winding

内冷却绕组　inner cooled winding

一种绕组,其冷却介质流经位于主绝缘内部作为绕组组成部分的空心导体,导管或通道。

411-44-09

间接冷却绕组　indirect cooled winding

除直接冷却绕组以外的以其他方式冷却的绕组。

注:在任何情况下,如未标明“间接”或“直接”字样,则意味着是间接冷却绕组。

411-44-10

冷却器　heat exchanger

使一种冷却介质的热量传递给另一种冷却介质,并保持两种冷却介质分开的装置。

411-44-11

通道　pipe

(冷却系统的)管道　duct (of a cooling system)

引导冷却介质的通路。

411-44-12

开路冷却回路　open circuit (of a cooling system)

一种冷却回路,在回路中的冷却介质直接取自电机周围介质或远方介质,流经或通过电机或冷却器,直接排放到周围或远方。

411-44-13

闭路冷却回路　closed circuit (of a cooling system)

一种冷却回路,回路中的冷却介质在闭合环路中循环,该环路位于电机内或通过电机,还可能通过冷却器,热量从此种介质通过电机的表面或冷却器传递给次一级冷却介质。

411-44-14

管道或通道冷却回路　piped or ducted circuit (of a cooling system)

一种冷却回路,冷却介质只经输入管道流入,或只由输出管道排出,或经输入管道流入并由输出管道排出。管道用以隔离开冷却介质和周围介质。

411-44-15

备用或紧急冷却系统　standby or emergency cooling system

在正常冷却系统以外所设置的系统,一旦正常冷却系统不能使用时即能投入应用。

411-44-16

开启式电机　open machine

一种开路冷却电机,直接从周围介质吸入冷却介质,通过电机后直接排放到周围介质。

411-44-17

封闭式电机　closed machine

一种电机,在冷却过程中周围介质不进入电机。

411-44-18

密封式电机　sealed machine

具有专门密封措施的电机,在正常运行时,可使电机内部冷却介质的外泄量或周围介质的渗入量极少。

411-44-19

充压式电机　pressurized machine

一种电机,其内部冷却介质压力高于周围介质压力。

411-44-20

汽密式电机　gas or vapour-proof machine

一种电机,在规定的条件下指定的蒸汽或气体进入电机内并不能影响电机的运行。

411-44-21

罐封式电机　canned machine

一种电机,采用金属封层完全密封电机的指定部分以防止液体进入。

411-44-22

机座表面冷却电机　frame surface cooled machine

机座表面用周围介质冷却的封闭式电机。

注:机座表面可带有散热筋。

411-44-23

空-空冷却电机　air-to-air cooled machine

带内装式或外装式冷却器,使用空气作为初级和次级冷却介质的封闭式电机。

411-44-24

空-水冷却电机　air-to-water cooled machine

带冷却器,以空气作为初级冷却介质、水作为次级冷却介质的封闭式电机。

411-44-25

直接水冷电机　direct water-cooled machine

以水作为初级冷却介质的电机。

411-44-26

自冷式电机　self-cooled machine

冷却作用与电机转速无关的电机。

411-44-27

他冷式电机　separately-cooled machine

冷却作用与电机转速无关的电机。

411-44-28

风罩　fan housing

包围风扇并形成通过风扇的冷却气体外围边界的一种构件。

411-44-29

风扇挡风圈　fan shroud

形成风扇周界的构件使冷却气体通过风叶片间流动,防止轴向流失。

411-44-30

铁心径向通风道　radial core duct

设置在铁心叠片段之间的空间,容许冷却介质径向流动。

411-44-31

铁心轴向通风道　axial core duct

通过铁心叠片的轴向通道,容许冷却介质轴向流动。

411-44-32

导流构件　guide

电机内控制冷却介质流向改善冷却系统效率的任何构件。

411-44-33

通风导管　air trunking

安装在电机上的构件,用以引导冷却空气出入电机、冷却、过滤器、风扇或装在电机上的其他装置。

3.15　电机状态变量

411-46-01

(分布绕组的)安培导体　ampere-conductors (of a distributed winding); current linkage (of a distributed winding)

绕组沿气隙圆周的导体数乘以通过这些导体的电流(安培)所得的积。

411-46-02

安匝　ampere-turns

分布或集中绕组(或线圈)的匝数乘以通过这些匝的电流(安培)所得的积。

411-46-03

电机的电负荷　electric loading of a machine

初级绕组沿气隙圆周每单位长度的平均安培导体。

411-46-04

分布绕组的电负荷　electric loading of a distributed winding

分布绕组沿气隙圆周每单位长度的平均安培导体。

411-46-05

磁负荷　magnetic loading

气隙表面每单位面积的平均磁通量。

411-46-06

同步转速　synchronous speed

按电机供电系统的频率和电机本身的极数所决定的转速。

411-46-07

转差率　slip

同步转速与转子实际转速之差，以标么值或同步转速的百分比表示。

3.16　特性

411-47-01

饱和特性　saturation characteristic

在规定的负载、转速等条件下，电枢或初级绕组的电压与励磁安匝或励磁电流之间的关系。

411-47-02

磁化特性　magnetization characteristic

磁通量与磁化电流之间的关系。

411-47-03

开路特性　open-circuit characteristic

空载特性　no-load characteristic

在规定的转速或频率条件下电机空载状态时的饱和特性。

411-47-04

负载特性　load characteristic

电机在规定的恒定负载、转速或频率状态下的饱和特性。

411-47-05

短路特性　short-circuit characteristic

电机在规定转速下，电枢绕组短路电流与励磁电流之间的关系。

411-47-06

(异步电机的)堵转阻抗特性　locked-rotor impedance characteristic (of an asynchronous machine)

电机在转子堵住和次级绕组短路情况下，初级绕组电流与电压之间的关系。

411-47-07

零功率因数特性　zero power-factor characteristic

电机在接近于零功率因数并输出恒定电流时的负载特性。

411-47-08

电压调整特性　voltage regulation characteristic

发电机在规定条件下的电枢绕组电压与负载电流之间的关系。

411-47-09

转速调整特性　speed regulation characteristic

电动机在规定条件下的转速与负载之间的关系。

411-47-10

V 形曲线特性 V-curve characteristic

电机以额定转速运行,在有功负载和电枢绕组电压恒定的情况下,同步电机的电枢绕组电流与励磁电流之间的关系。

411-47-11

功角特性 load angle characteristic

在电枢绕组电压和励磁电流恒定的情况下,同步电机转子位移角与有功负载之间的关系。

411-47-12

圆图 circle diagram

在规定条件下,同步或异步电机初级绕组电流的有功分量与无功分量之间的关系。

411-47-13

(交流电机的)频率响应特性 frequency response characteristic (of an a.c. machine)

复导纳(或复导纳的倒数,即复阻抗)或其组成部分与转子电流频率(通常以转差率表示)之间的关系。

3.17 特性量

411-48-01

负载转矩 load torque

电动机处于静止、起动、运行或制动状态下的任意指定时刻,负载机械要求电动机轴端输出的转矩。

411-48-02

(负载的)松动转矩 break loose torque (of the load)

负载机械从静止起动的瞬间要求电动机轴端输出的转矩。

411-48-03

负载的起动(过程)转矩 load starting torque

负载机械由静止到达负载转速(指停止加速)的起动过程中要求电动机轴端输出的转矩。

411-48-04

负载的满负荷转矩 load full torque

负载机械达到满负荷值时要求电动机轴端输出的转矩。

411-48-05

额定转矩 rated torque

电动机在额定输出和额定转速下的轴端转矩。

411-48-06

堵转转矩 locked-rotor torque

电动机在额定频率、额定电压和转子在其所有角位堵住时所产生的转矩的最小测得值。

411-48-07

起动(过程)转矩 starting torque

在额定电压和额定频率下,转速由零到负载转速的起动期间电动机产生的电磁转矩减去风摩转矩所得值。

411-48-08

加速转矩 accelerating torque

电动机起动转矩和负载机械起动转矩之差,用以加速电动机和负载机械的旋转部件。

411-48-10

标称牵入转矩 nominal pull-in torque

同步电动机在额定频率、额定电压和励磁绕组直接或经适当的电阻被短路的条件下,以感应电动机方式运行于95%同步转速时所产生的转矩。

411-48-11

制动转矩 braking torque

电动机在任意指定时刻所生产的使转速减低的转矩。

411-48-12

固有制动转矩 inherent braking torque

当电动机切断电源并卸除负载(如皮带轮或联轴器)时,由满载转速滑行到零转速的过程中所承受的转矩。

411-48-13

电制动转矩 electrical braking torque

当为某种目的使电流注入电动机绕组时,由负载转速下降到零转速的过程中在电动机轴端所产生的制动转矩。

411-48-14

机械制动转矩 mechanical braking torque

加于电动机上的机械制动装置施加于电动机轴端上的制动转矩。

411-48-15

单位加速时间 unit accelerating time

在加速转矩等于额定有功功率与额定角速度之商并保持不变的情况下,电机旋转部件从静止状态加速到额定转速所需要的时间。

411-48-16

堵转电流 locked-rotor current

电动机在额定频率、额定电压和转子在所有转角位置堵住时从供电线路输入的最大稳态方均根电流。

411-48-17

带起动器电动机的堵转电流 locked-rotor current of a motor and starter

转子在所有转角位置堵转、起动器置于开始起动位置、供电频率和电压均为额定值时,电动机从供电线路输入的最大稳态方均根电流。

411-48-18

起动(过程)电流 starting current

在额定电压和额定频率下,转速由零到负载转速的起动期间电动机从供电线路输入的稳态方均根电流。

411-48-19

合闸峰值电流 peak-switching current

电动机合闸后的最大峰值瞬态电流。

411-48-20

稳态短路电流 steady short-circuit current

同步发电机在转速和励磁(如有)为其额定值时电枢绕组短路时的稳态电流。

411-48-21

周期性短路电流初始值 initial periodic short-circuit current

电枢绕组在突然短路瞬间的方均根电流。如有非周期分量,应不计在内。

411-48-22

短路电流非周期性分量初始值 initial aperiodic component of short-circuit current

电枢绕组在突然短路瞬间的电流的一个组成部分,所有基波和谐波均不计算在内。

411-48-23

最大非周期性短路电流　maximum aperiodic short-circuit current

电枢绕组突然短路后,在半个周期内绕组中电流所达到的峰值。其条件是:在电流中的非周期性分量的初始值应为最大。

411-48-24

瞬态电流　transient current

电枢绕组的电抗等于瞬态电抗时,在额定电压下通过的电流。

411-48-25

超瞬态电流　sub-transient current

电枢绕组的电抗等于超瞬态电抗时,在额定电压下通过的电流。

411-48-26

非周期时间常数　aperiodic time constant

当一个非周期分量实际上是时间指数函数时的时间常数,或当该分量呈现显著周期性时,指该分量的包络线的时间常数。

411-48-27

直轴瞬态开路时间常数　direct-axis transient open-circuit time constant

电机在额定转速下运行,当运行条件突变后,由于直轴磁通所产生的电枢绕组开路电压的渐变分量衰减到其初始值的1/e,即0.368倍时所需的时间。

411-48-28

直轴瞬态短路时间常数　direct-axis transient short-circuit time constant

电机在额定转速下运行,当运行条件突变后,直轴短路电枢绕组电流的渐变分量衰减到其初始值的1/e,即0.368倍时所需的时间。

411-48-29

直轴超瞬态开路时间常数　direct-axis sub-transient open-circuit time constant

电机在额定转速下运行,当运行条件突变后,由于直轴磁通所产生的电枢绕组开路电压在开始几周内出现的迅变分量衰减到其初始值的1/e,即0.368倍时所需的时间。

411-48-30

直轴超瞬态短路时间常数　direct-axis sub-transient short-circuit time constant

电机在额定转速下运行,当运行条件突变后,直轴短路电枢电流在开始几周内出现的迅变分量衰减到其初始值的1/e,即0.368倍时所需的时间。

411-48-31

电枢绕组短路时间常数　short-circuit time constant of armature winding

电机在额定转速下运行,当运行条件突变后,电枢绕组短路电流中直流分量衰减到其初始值的1/e,即0.368倍时所需的时间。

411-48-32

交轴瞬态开路时间常数　quadrature-axis transient open-circuit time constant

电机在额定转速下运行,当运行条件突变后,由于交轴磁通所产生的电枢绕组开路电压的渐变分量衰减到其初始值的1/e,即0.368倍时所需的时间。

411-48-33

交轴瞬态短路时间常数　quadrature-axis transient short-circuit time constant

电机在额定转速下运行,当运行条件突变后,交轴短路电枢绕组电流的渐变分量衰减到其初始值的

1/e,即 0.368 倍时所需的时间。

411-48-34

交轴超瞬态开路时间常数　quadrature-axis sub-transient open-circuit time constant

电机在额定转速下运行,当运行条件突变后,由于交轴磁通所产生的电枢绕组开路电压的迅变分量衰减到其初始值的 1/e,即 0.368 倍时所需的时间。

411-48-35

交轴超瞬态短路时间常数　quadrature-axis sub-transient short-circuit time constant

电机在额定转速下运行,当运行条件突变后,交轴短路电枢绕组电流在开始几周内出现的迅变分量衰减到其初始值的 1/e,即 0.368 倍时所需的时间。

411-48-36

建压临界电阻　critical build-up resistance

在规定条件下,由电枢绕组供电的并励绕组回路中,能使电机建压的最大电阻。

411-48-37

建压临界转速　critical build-up speed

在规定条件下,能使电机建压的最低转速。

411-48-38

顶值电压　ceiling voltage

发电机在运行条件下,在限定的时间内端子能提供的最高电压。

411-48-39

同步发电机的功角位移　angular displacement in synchronous generators

在频率保持不变时,磁极轴线从有载到无载所改变的以电角度来度量的角位移。

411-48-40

临界转速　critical whirling speeds

由转轴旋转所引起的横振动使电机转子的振动幅度达最大值时的转速。

411-48-41

临界扭力转速　critical torsional speeds

由转轴扭转振动使电机转子的振动幅度达最大值时的转速。

411-48-42

(交流电动机的)最小转矩　pull-up torque (of an a. c. motor)

电动机在额定频率、额定电压下,在零转速与对应于最大转矩的转速之间所产生的稳态异步转矩的最小值。

注 1:这一定义不适用于转矩随转速增加而连续下降的感应电动机。

注 2:除稳态异步转矩以外,在特定转速下还会出现与转子负载角有关的谐波同步转矩。

411-48-43

(交流电动机的)最大转矩　breakdown torque (of an a. c. motor)

电动机在额定频率和额定电压下所能产生的最大稳态异步转矩。

注:这一定义不适用于转矩随转速增加而连续下降的电动机。

411-48-44

(同步电动机的)失步转矩　pull-out torque (of a synchronous motor)

同步电动机在额定频率、额定电压和额定励磁条件下能保持同步的最大转矩。

411-48-45

齿槽转矩　cogging torque

无供电的永磁电动机由于其转子和定子有自行调整至磁阻最小位置的趋势而产生的周期性转矩。

411-48-46

阻滞位置　detent position

无供电和无负载的永磁电动机和混合型步进电动机转子处于静止的位置。

411-48-47

阻滞转矩　detent torque

施加于无供电的永磁或混合型步进电动机轴上而不会引起连续旋转的最大稳态转矩。

411-48-48

分辨度　resolution

电动机轴每转步数的倒数。

411-48-49

堵转表观功率　locked rotor apparent power

堵转视在功率

电动机在额定电压和频率下保持静止状态所输入的视在功率。

3.18　分析量

411-49-01

电枢反应　armature reaction

电枢绕组电流所产生的磁势，或广义地说，是由该电流所造成的气隙磁通的变化。

411-49-02

同步电势　synchronous generated voltage

在不考虑饱和的假定条件下，相应于励磁电流的磁通在开路的电枢绕组中所感生的电压。

411-49-03

磁势的直轴分量　direct-axis component of magnetomotive force

沿磁极轴线指向的磁势分量。

411-49-04

磁势的交轴分量　quadrature-axis component of magnetomotive force

垂直于磁极轴线的磁势分量。

411-49-05

电流的直轴分量　direct-axis component of current

产生电枢反应磁势直轴分量的电流分量。

411-49-06

电流的交轴分量　quadrature-axis component of current

产生电枢反应磁势交轴分量的电流分量。

411-49-07

同步电势的直轴分量　direct-axis component of synchronous generated voltage

同步电机磁势的交轴分量磁通所感应出来的同步电势分量。

411-49-08

同步电势的交轴分量　quadrature-axis component of synchronous generated voltage

同步电机磁势的直轴分量磁通所感应出来的同步电势分量。

411-49-09

电压的直轴分量　direct-axis component of voltage

同步电势直轴分量与直轴电压降作向量叠加而得的电位差。

411-49-10

电压的交轴分量　quadrature-axis component of voltage

同步电势交轴分量与交轴电压降作向量叠加而得的电位差。

411-49-11

直轴超瞬态电压　direct-axis sub-transient voltage

在规定负载下运行的电机突然开路之后,而励磁及阻尼回路交链的磁通尚未变化之前所出现的端电压直轴分量。

411-49-12

交轴超瞬态电压　quadrature-axis sub-transient voltage

在规定负载下运行的电机突然开路之后,而励磁及阻尼回路交链的磁通尚未变化之前所出现的端电压交轴分量。

411-49-13

直轴瞬态电压　direct-axis transient voltage

在规定负载下运行的电机突然开路后所出现的端电压直轴分量。此时不考虑开始阶段内可能存在的很快衰减部分。

411-49-14

交轴瞬态电压　quadrature-axis transient voltage

在规定负载下运行的电机突然开路后所出现的端电压交轴分量。此时不考虑开始阶段内可能存在的很快衰减部分。

3.19　参数

411-50-01

同步阻抗　synchronous impedance

同步电机同步电势与端电压的相量差的值和稳态电流之比。

411-50-02

异步阻抗　asynchronous impedance

连接到一台失步同步电机的平衡系统中一相绕组的正弦电压与该相绕组电流的同频率分量之间的比值。

411-50-03

负序阻抗　negative sequence impedance

电机作同步旋转,电压假定为正弦波形,其端电压负序分量与同频率电流负序分量之比。

411-50-04

零序阻抗　zero sequence impedance

电机作同步旋转,电压假定为正弦波形,供给同步电机的电压零序分量与同频率电流零序分量之比。

411-50-05

异步电抗　asynchronous reactance

电机作非同步旋转,在其电枢绕组上施加以额定频率、正弦波形且三相对称的电压,电机电枢绕组上的电压无功分量(幅值)的平均值与同频率电流分量(幅值)的平均值之比。

411-50-06

有效同步电抗　effective synchronous reactance

对特定运行条件进行电力系统研究计算时所用的代表电机的同步电抗值。

411-50-07

直轴同步电抗　direct-axis synchronous reactance

电机在额定转速下运行时，由直轴电枢电流产生的直轴电枢绕组总磁链所感应的持续交流基波电压与交流基波电流之比。

411-50-08

交轴同步电抗　quadrature-axis synchronous reactance

电机在额定转速下运行时，由交轴电枢电流产生的交轴电枢绕组总磁链所感应的持续交流基波电压与交流基波电流之比。

411-50-09

直轴瞬态电抗　direct-axis transient reactance

电机在额定转速下运行时，由直轴电枢绕组总磁链产生的电枢电压中交流基波分量在突变时的初始值(不考虑开始几周内的快速衰减部分)，与同时变化的直轴电枢交流基波分量之比。

411-50-10

交轴瞬态电抗　quadrature-axis transient reactance

电机在额定转速下运行时，由交轴电枢绕组总磁链产生的电枢电压中交流基波分量在突变时的初始值(不考虑开始几周内的快速衰减部分)，与同时变化的交轴电枢交流基波分量之比。

411-50-11

直轴超瞬态电抗　direct-axis sub-transient reactance

电机在额定转速下运行时，由直轴电枢绕组总磁链产生的电枢电压中交流基波分量在突变时的初始值，与同时变化的直轴电枢交流基波分量之比。

411-50-12

交轴超瞬态电抗　quadrature-axis sub-transient reactance

电机在额定转速下运行时，由交轴电枢绕组总磁链产生的电枢电压中交流基波分量在突变时的初始值，与同时变化的交轴电枢交流基波分量之比。

411-50-13

保梯电抗　potier reactance

以保梯法计算有载励磁时用以替代电枢漏抗的等值电抗。该电抗值考虑了励磁绕组在负载时和过励情况下的漏磁。

411-50-14

正序电抗　positive sequence reactance

电机在额定转速下运行时，由额定频率正弦正序电枢电流所引起的正序电枢电压无功基波分量与该电流之比。

411-50-15

负序电抗　negative sequence reactance

电机在额定转速下运行时，由额定频率正弦负序电枢电流所引起的负序电枢电压无功基波分量与该电流之比。

411-50-16

零序电抗　zero sequence reactance

电机在额定转速下运行时，由额定频率零序电枢基波电流所引起的零序电枢电压无功基波分量与该电流之比。

411-50-17

异步电阻　asynchronous resistance

电机作非同步转速旋转，它的电枢绕组上施加以额定频率、正弦波形且三相对称的电压，电机电枢绕组上的电压有功分量的平均值与同频率电流分量的平均值之比。

411-50-18

正序电阻　positive sequence resistance

电机在额定转速下运行时，由电枢绕组中对应于正弦正序电枢电流的电阻损耗和负载杂散损耗所引起的同相正序电枢电压与该电流之比。

411-50-19

负序电阻　negative sequence resistance

电机在额定转速下运行时，由额定频率正弦负序电枢电流所引起的负序电枢电压的同相基波分量与该电流之比。

411-50-20

零序电阻　zero sequence resistance

电机在额定转速下运行时，由额定频率零序电枢基波电流所引起的零序电枢电压的同相基波分量与该电流之比。

411-50-21

短路比　short-circuit ratio

电机在额定转速下运行时，其开路额定电压时的励磁电流与对称短路稳态额定电流时的励磁电流之比。

411-50-22

饱和因数　saturation factor

在规定条件下，一处参量的饱和值对非饱和值之比。

411-50-23

同步系数　synchronizing coefficient

电压、负载、功率因数和频率均为额定值时轴功率与转子位移角之比。

411-50-24

同步功率系数　synchronizing power coefficient

电功率改变与相应的转子角位移改变之比。

411-50-25

由静止电力变流器供电的直流电动机电枢电流的额定波形因数　rated form factor of direct current supplied to a d. c. motor armature from a static power converter

在额定条件下，允许的最大方均根电流 $I_{\mathrm{rms,max\,N}}$ 与其平均值 I_{avN}（一个周期内积分平均值）之比。

411-50-26

电流纹波因数　current ripple factor

波动电流的最大值 $I_{\max}$ 和最小值 $I_{\min}$ 之差与其二倍平均值 I_{av}（一个周期内积分平均值）之比。

3.20　负载、工作制、定额

411-51-01

（电机的）负载　load (of a machine)

电机输出的功率。表示旋转电机在某一瞬间供给一个电路或一台机械所需要的电量或机械量的全部数值。

411-51-02

空载（运行）　no-load (operation)

旋转电机在额定条件下以正常转速运行而没有输出时的状态。

411-51-03

停机和断能　rest and de-energized

电机处在既无运动,又无电能或机械能输入时的状态。

411-51-04

(电机的)输出功率　output power (of a machine)

电机输出的电气或机械功率。

411-51-05

(电机的)输入功率　input power (of a machine)

供给电机的电气或机械功率。

411-51-06

工作制　duty

电机所承受的一系列负载状况的说明,包括起动、电制动、空载、停机和断能及其持续时间和先后顺序等。

411-51-07

工作周期　duty cycle

在一定时间内的负载重复变化过程,每个周期的时间较短,不足以使电机达到热稳定状态。

411-51-08

热稳定　thermal equilibrium

电机发热部件的温升在一小时内的变化不超过 2 K 的状态。

411-51-09

负载持续率　cyclic duration factor

工作周期中的负载(包括起动与电制动在内)持续时间与整个周期的时间之比,以百分数表示。

411-51-10

满载　full load

电机以其定额运行时的负载。

411-51-11

满载值　full load value

电机满载运行时的量值。

411-51-12

周期工作制　periodic duty

工作周期以规律性时间间隔重复的工作制。

411-51-13

工作制类型　duty type

工作制可以分为连续、短时、周期性或非周期性几种类型。周期性工作制包括一种或多种规定了持续时间的恒定负载;非周期性工作制中的负载和转速通常在允许的运行范围内变化。

411-51-14

连续工作制　continuous running duty

S1 工作制　duty type S1

在无规定期限的长时间内是恒载的工作制。

在恒定负载下连续运行达到热稳定状态。

411-51-15

短时工作制　short-time duty

S2 工作制　duty type S2

在恒定负载下按指定的时间运行,在未达到热稳定前即停机和断能,其时间足以使电机或冷却器冷却到与最终冷却介质温度之差在 2 K 以内。

411-51-16

断续周期工作制　intermittent periodic duty

S3 工作制　duty type S3

按一系列相同的工作周期运行，每一周期由一段恒定负载运行时间和一段停机并断能时间所组成。但在每一周期内运行时间较短，不足以使电机达到热稳定，且每一周期的起动电流对温升无明显的影响。

411-51-17

包括起动的断续周期工作制　intermittent periodic duty with starting

S4 工作制　duty type S4

按一系列相同的工作周期运行，每一周期由一段起动时间、一段恒定负载运行时间和一段停机并断能时间所组成。但在每一周期内起动和运行时间较短，均不足以使电机达到热稳定。

411-51-18

包括电制动的断续周期工作制　intermittent periodic duty with electric braking

S5 工作制　duty type S5

按一系列相同的工作周期运行，每一周期由一段起动时间、一段恒定负载运行时间、一段快速电制动时间和一段停机并断能时间所组成。但在每一周期内起动、运行和制动时间较短，均不足以使电机达到热稳定。

411-51-19

连续周期工作制　continuous-operation periodic duty

S6 工作制　duty type S6

按一系列相同的工作周期运行，每一周期由一段恒定负载运行时间和一段空载运行时间组成。但在每一周期内负载运行时间较短，不足以使电机达到热稳定。

411-51-20

包括电制动的连续周期工作制　continuous-operation periodic duty with electric braking

S7 工作制　duty type S7

按一系列相同的工作周期运行，每一周期由一段起动时间、一段恒定运行时间和一段电制动时间所组成。

411-51-21

包括负载-转速相应变化的连续周期工作制　continuous-operation periodic duty with related load-speed changes

S8 工作制　duty type S8

按一系列相同的工作周期运行，每一周期由一段按预定转速的恒定负载运行时间，接着按一个或几个不同转速的其他恒定负载运行时间所组成(例如多速感应电动机使用场合)。

411-51-22

负载和转速作非周期变化的工作制　duty with non-periodic load and speed variations

S9 工作制　duty type S9

负载和转速在允许的范围内作非周期变化的工作制，这种工作制包括经常性过载，其值可远远超过满载。

411-51-23

额定值　rated value

一般由制造厂对电机在规定工作条件下所规定的一个量值。

411-51-24

定额 rating

一组额定值和工作条件。

制造厂按指定的要求对电机所规定的,并于铭牌上标明的全部电量和机械量的数值及其他有关数值。

3.21 运行

411-52-01

起动 starting

电机从静止状态加速到工作转速的整个过程。

注:包括通电、最初起动和加速过程,必要时还包括与电源同步的过程。

411-52-02

最初起动 breakaway

电机从静止到开始转动这一瞬间的状态。

411-52-03

加速 accelerating

电机从最初起动直到工作转速的过程。

411-52-04

同步 synchronizing

同步电机在完成加速过程后,与另一同步电机或电源进入同步运行的一系列步骤。

411-52-05

理想同步 ideal synchronizing

在使同步电机与另一同步电机或电源进入同步时,调节电压、频率和相位角,使该同步电机的电状态尽可能与对方一致的同步过程。

411-52-06

不规则同步 random synchronizing

在使同步电机与另一同步电机或电源进入同步时,仅调节电压使之与对方相接近而没有精确地调节频率与相位的同步过程。

411-52-07

自同步 motor synchronizing

使同步电机与电源同步时,先把电机加速到接近同步转速并接入电源,然后加励磁的同步过程。

411-52-08

粗同步 coarse synchronizing

使同步电机与电源同步时,先把该电机加速到接近同步转速,再加励磁然后接入电源的同步过程。

411-52-09

磁阻同步 reluctance synchronizing

把凸极式同步电机加速到接近同步转速,不施加励磁就能进入同步的同步过程。

411-52-10

同步运行 synchronous operation

电机转子转速等于其同步转速时的运行状态。

411-52-11

异步运行 asynchronous operation

电机转子转速不等于同步转速时的运行状态。

411-52-12

牵入同步 pulling into synchronism

从异步转速牵入到同步转速的过程。

411-52-13

牵出同步 pulling out of synchronism

从同步转速减速到较同步转速为低的异步转速的过程。

411-52-14

超出同步 rising out of synchronism

从同步转速加速到较同步转速为高的异步转速的过程。

411-52-15

全压起动 direct-on-line starting;across the line starting

把电动机直接接在额定电压的电源上的起动方式。

411-52-16

星-三角起动 star-delta starting

Y-△起动

把三相电动机初级绕组先接成星形接入电源,然后改接成三角形作正常运行的起动方式。

411-52-17

自耦变压器起动 auto-transformer starting

把交流电动机初级绕组先接在自耦变压器上作降压起动,然后接到额定电压的电源上作正常运行的起动方式。

411-52-18

自耦变压器断电换接起动 open transition auto-transformer starting;open circuit transition auto-transformer starting

采用自耦变压器起动,从较低的电压到额定电压的换接过程中,电机从电源断开的起动方式。

411-52-19

自耦变压器带电换接起动 closed transition auto-transformer starting;closed circuit transition auto-transformer starting

采用自耦变压器起动,从较低的电压到额定电压的换接过程中,电机与电源并不断开的起动方式。

411-52-20

电抗器起动 reactor starting

把电动机与电抗器串接作降压起动,然后把电抗器短路使电动机正常运行的起动方式。

411-52-21

转子串接电阻起动 rotor resistance starting

先把绕线转子电动机或同步感应电动机的转子绕组与起动电阻串接起动,然后把电阻短路,使电动机作正常运行的起动方式。

411-52-22

定子串接电阻起动 stator resistance starting

先把电动机定子绕组与起动电阻串接降压起动,然后再改为并联,使电动机作正常运行的起动方式。

411-52-23

串并联起动 series-parallel starting

先将电动机每相的并联定子绕组改为串联通电起动,然后再改为并联,使电动机作正常运行的起动方式。

411-52-24

部分绕组起动　part-winding starting

先把电动机每相并联定子绕组中的一个支路接入电源起动，然后改变为每相全部支路并联接入电源，使电动机作正常运行的起动方式。

411-52-25

串接电动机起动　series connected starting-motor starting

先把电动机的定子绕组与一台起动用电动机的定子绕组串接并通电起动，然后把起动用电动机的定子绕组短接，使电动机作正常运行的起动方式。

411-52-26

转速周期性波动　cyclic irregularity

由于原动机转矩的波动所引起的转速周期性波动。

411-52-27

振荡　hunting

在一稳定转速上下的转速波动。

411-52-28

相角摆动　phase swinging

振荡形式之一，同步电机在同步转速上下作周期性波动。

411-52-29

励磁机响应　exciter response

励磁机在要求改变其电压时的电压增减速率。

411-52-30

建压　voltage build-up

发电机建立励磁和内电势的过程。

411-52-31

阻抗压降　impedance drop

电流与内阻抗之积，也就是电机端电压与感应电势的矢量差。

411-52-32

电流脉动　current pulsation

在相当于负载转动一圈的电流周期中，电动机电流的最高幅值与最低幅值之差，用该周期平均电流的百分比表示。

注：对交流电动机，上述电流都是方均根值。

411-52-33

(发电机的)电压调整率　regulation (of a generator)

由于负载变化而引起的电压变化。

注：电压变化一般考虑额定负载与空载之间。

411-52-34

(电动机的)转速调整率　regulation (of a motor)

由于负载变化而引起的转速变化。

注：转速变化一般考虑额定负载与空载之间。

411-52-35

(发电机的)固有电压调整率　inherent regulation (of a generator)

在负载变化而转速保持不变且不调节励磁时所出现的电压变化，其数值完全取决于发电机本身的基本特性。

411-52-36

（电动机的）固有转速调整率 inherent regulation (of a motor)

在负载变化而供电电压及频率保持不变时所出现的转速变化，其数值完全取决于电动机本身的基本特性。

411-52-37

复励特性 compounding characteristics

复励电机的电压、转速或功率因数与该电机负载电流之间的关系。

411-52-38

中性区 neutral zone

位于相邻磁极之间的电枢部分，通过该部分的磁通接近零；当加以引申时，可理解为空载时相邻换向片之间的电压接近于零的换向器区域。

411-52-39

无火花换向区 black band

在换向器电机中，当电刷位置固定，负载在一定范围内变化而不发生火花的换向极磁场强度变化范围。

411-52-40

极距滑动 pole slipping

同步电机的磁场系统相对于电枢中的磁通滑过一个极距的过程。

411-52-41

单相运行 single-phasing

多相电机在电源实际上已成为单相时的不正常运行状态。

411-52-42

渐动 inching

以电能驱使电机所作的角移动或慢速旋转。

411-52-43

蠕行 crawling

同步或异步电机在接近于同步转速若干分之一的低转速下出现的稳定但不正常的运行状态。

411-52-44

（直流电动机的）爬行 creeping (of a d. c. motor)

直流电动机由于剩磁作用而出现的不正常低速运行状态。

411-52-45

电磁制动 electromagnetic braking

用电磁铁使制动闸与电机接触或分离的制动方式。

411-52-46

电制动 electric braking

使电机产生电能并使之消耗或反馈给电源，从而使电机降速的制动方式。

411-52-47

能耗制动 dynamic braking

电制动方式之一，将被励磁电机从电源断开并改接为发电机，使电能在其电枢绕组中消耗，必要时还可消耗在外接电阻中。

411-52-48

电容器制动　capacitor braking

感应电动机的能耗制动方式之一，当电机从电源断开后，用电容器来维持励磁电流，从而使电机作发电机运行。

411-52-49

直流制动　d.c. injection braking；d.c. braking

感应电动机的能耗制动方式之一，当电机从电源断开后，用另一直流供应励磁电流从而使电机作为发电机运行。

411-52-50

再生制动　regenerative braking

使电能返回电源系统的电制动方式。

411-52-51

直流电机的再生制动　regenerative braking of a d.c. machine

直流电机电枢电流反向的再生制动方式。

411-52-52

超同步制动　over-synchronous braking

使感应电动机的转子加速到超过同步转速而得到的再生制动方式。

411-52-53

反接制动　plug braking；plugging

将感应电动机电源相序反接的电制动方式。

411-52-54

涡流制动　eddy-current braking

电制动方式之一，其能量转化为金属中涡流所产生的热量而消耗。

3.22 试验

411-53-01

型式试验　type test

对按照某一设计而制造的一台或几台电机所进行的试验，以表明这一设计符合一定的标准。

411-53-02

（常规）检查试验　routine test

对每台电机在制造完工后所进行的试验，以判明其是否符合标准。

411-53-03

性能试验　performance test

注：本定义在考虑中。

411-53-04

重复试验　duplicate test

注：本定义在考虑中。

411-53-05

抽样试验　sampling test

在同一批产品中随机地提取几台电机所进行的试验。

411-53-06

投（入）运（行）试验　commissioning test

在现场对电机所进行的，以表明其安装和运转正常的一种试验。

411-53-07

验收试验　acceptance test

为执行合同所进行的,以向用户证明电机符合标准中某些条件的一种试验。

411-53-08

效率　efficiency

输出功率对输入功率之比,通常以百分数表示。

411-53-09

(电机的)总损耗　power losses (of a machine);total loss (of a machine)

在某一给定时刻输入与输出功率之差。

411-53-10

效率的直接确定　direct determination of efficiency

直接测量输入与输出功率并由此求效率的方法。

411-53-11

效率的间接确定　indirect determination of efficiency

由测出的损耗求效率。

411-53-12

总损耗确定效率　determination of efficiency from total loss

直接测定总损耗,借以间接确定效率的方法。

411-53-13

各项损耗之和确定效率　determination of efficiency from summation of losses

分别测定各种损耗并求和,借以间接确定效率的方法。

411-53-14

转矩仪试验　torque meter test

制动试验　brake test

测定轴上的转矩,同时测定其转速借以确定该电机的机械功率。

注1:作电动机运行时,用制动器、测功机或其他适当设备测定输出功率。

注2:作发电机运行时,用测功机或其他适当设备测定输入功率。

411-53-15

测功机试验　dynamometer test

用测功机测定轴上转矩的转矩仪试验。

411-53-16

量热法试验　calorimetric test

从电机所产生的热量来推算损耗的试验方法,损耗根据冷却介质所吸收的热量计算而得,如有热量散失于周围介质亦应计入。

411-53-17

校准电机试验　calibrated driving machine test

将一台校准过的电机与被试电机机械耦合,由前者的输出或输入电功率来计算被试电机的输出或输入机械功率。

411-53-18

双电源回馈试验　dual-supply back-to-back test

试验时将两台完全相同的电机机械耦合,根据一台电机的电输入与另一台电机的电输出之差计算两台电机的总损耗。

411-53-19

单电源回馈试验　single-supply back-to-back test

试验时将两台完全相同的电机机械耦合并接在同一电源上。

注：从电源吸收的功率即为两台电机的总损耗。

411-53-20

自减速试验　retardatin test

当电机仅因损耗减速时，按电机减速过程绘制转速—时间曲线以确定损耗的试验。

411-53-23

持续短路试验　sustained short-circuit test

在电机作发电机运行而线端短路时进行的试验。

411-53-24

突然短路试验　sudden short-circuit test

当同步电机在规定条件下运行时使电枢绕组突然短路的试验。

411-53-25

轻载试验　light load test

当电机在驱动或被驱动状态下运行时：

——作为电动机，仅供给被驱动机械的空载损耗；

——作为发电机，在线端仅提供轻微输出的试验。

411-53-26

（同步电机的）零功率因数试验　zero power factor test (synchronous machine)

同步电机在磁场过励，功率因数接近于零的条件下进行的空载试验。

411-53-27

单位功率因数试验　unity power-factor test

同步电机在规定情况下调节励磁使功率因数为1的试验。

411-53-28

温升试验　temperature-rise test

在规定的运行条件下，确定电机一个或几个部件温升的试验。

411-53-29

波形试验　waveform test

为记录电机任一变量的波形而进行的试验。

411-53-30

波形分析　waveform analysis

确定波形的一个或几个参数。

411-53-31

谐波试验　harmonic test

直接从电机的周期参量的波形中确定一个或几个谐波分量对基波值之比的试验。

411-53-32

堵转试验　locked-rotor test

为确定堵转转矩及堵转电流在电机通电而转子堵住时进行的试验。

411-53-33

起动试验　starting test

为确定起动转矩而使电机在规定情况下从静止状态开始加速至负载转速所进行的试验。

411-53-34

(同步电动机的)牵入转矩试验　pull-in test (of a synchronous motor)

为确定牵入转矩而使同步电动机在规定的转差率与惯量条件下牵入同步的试验。

411-53-35

换向试验　commutation test

评定带换向器的电机在规定情况下运行时换向性能的试验。

411-53-36

无火花换向区试验　black-band test

换向试验之一,借以确定电机在规定负载范围内保持无火花换向时换向极磁场强度的变化范围。

411-53-37

直流电阻试验　resistance test

用直流电测定绕组电阻的试验。

411-53-38

铁心损耗试验　core test

为确定电机叠片铁心(通常不带绕组)的损耗特性或片间绝缘的有效性而进行的试验。

411-53-39

超速试验　overspeed test

为确定电机转子能否满足规定的超速要求而在电机上进行的试验。

411-53-40

平衡试验　balance test

为确定转子是否符合规定的平衡要求而进行的试验。

411-53-41

振动试验　vibration test

为测定电机各部分在规定条件下的振动情况而进行的试验。

411-53-42

噪声级试验　noise-level test

为确定电机噪声级而进行的试验,试验应在规定的运行条件下按规定的测试方法进行。

411-53-43

轴电压试验　shaft-voltage test

在电机带电情况下,为测定电机可能产生轴电流的电压而进行的试验。

411-53-44

转向试验　rotation test

为确定转子旋转方向及线端标志是否正确的试验。

411-53-45

相序试验　phase-sequence test

为确定多相绕组的相序是否正确的试验。

411-53-46

极性试验　polarity test

为确定电机绕组或永磁磁极的各个极性相互关系是否正确而进行的试验。

411-53-47

换向片间电阻试验　segment to segment test

测定换向器相邻片间电阻以检查绕组是否良好的试验。

411-53-48

绝缘电阻试验　insulation resistance test

在规定条件下测定绝缘电阻的试验。

411-53-49

耐电压试验　voltage withstand test

在绝缘上施加高电压以确定绝缘介电强度是否符合要求的试验。

411-53-50

低频耐电压试验　low-frequency voltage withstand test

在0.1 Hz～1.0 Hz的低频下进行的耐电压试验。

411-53-51

介质损耗角试验　loss tangent measurement;dissipation factor test

在规定的温度、频率、电压或场强下测定绝缘介质损耗的试验。

411-53-52

放电起始试验　discharge inception test

测定最低起始放电电压的试验。试验时，把逐步增加的工作频率交流电压施加于绝缘上，直至产生规定强度的连续几个周期放电为止。

411-53-53

局部放电起始试验　partial discharge inception test

电晕起始试验　corona inception test

测量导体表面或其绝缘层外表面出现局部放电时的最低电压的试验。

411-53-54

放电能量试验　discharge energy test

为测定在规定电压下绝缘内部一次或多次放电所消耗的能量而进行的试验。

411-53-55

冲击电压试验　impulse test

在绝缘件上施加一个非周期性瞬变电压的试验，试验电压的极性、幅值及波形均须符合预先的规定。

411-53-56

匝间试验　interturn test;turn-to-turn test

为检查匝间绝缘的完好情况而进行的试验。试验时，以规定幅值的电压施加于绝缘导体的相邻匝之间。

411-53-57

空载试验　no-load test

电机作电动机运行时轴上无有效机械输出的试验，或作发电机运行时线端开路的试验。

411-53-58

热保护　thermal protection

防止过载或冷却失效而引起电机绕组温度过高的保护。

411-53-59

热探测器　thermal detector

仅对温度敏感的电气绝缘器件，当其温度达到预先设定值时能在保护系统中起切换功能。

411-53-60

热保护器　thermal protector

对载流电机绕组温度敏感的电气绝缘器件，当其温度达到预先设定值时能直接使电机断开电源。

411-53-61

功能性试验　functional test

在模拟工作条件的老化因子和诊断因子下,对绝缘结构或试品的试验,以获得关于其工作能力的信息,包括评估试验结果。

411-53-63

诊断试验　diagnostic test

施加于试样上的诊断因子试验,以识别其工作状况,并通常用以帮助确定试验寿命的终止。

411-53-64

成型绕组模型　formette

用于评定成型绕组电气绝缘结构的特定试验模型。

411-53-65

散绕绕组模型　motorette

用于评定散绕绕组电气绝缘结构的特定试验模型。

3.23　励磁系统和磁场绕组特性

411-54-01

励磁系统　excitation system

提供电机磁场电流的设备,包括励磁机、所有调节和控制单元、磁场的消磁和灭磁设备以及保护装置。

411-54-02

励磁系统输出端子　excitation system output terminals

励磁设备的一个部位,在该处确定励磁系统提供的功率。

411-54-03

励磁系统额定电流　excitation system rated current

在规定的运行条件下,励磁系统输出端子所提供的直流电流。

411-54-04

励磁系统额定电压　excitation system rated voltage

在规定的运行条件下,当励磁系统输出额定电流时端子处的直流电压。

411-54-05

励磁系统顶值电流　excitation system ceiling current

励磁系统从输出端子处所提供规定持续时间的最大直流电流。

411-54-06

励磁系统顶值电压　excitation system ceiling voltage

在规定条件下,励磁系统从输出端子处所提供的最大直流电压。

411-54-07

额定磁场电流　rated field current

当电机在额定电压、电流和转速(同步电机还包括额定功率因数)状况下运行时,电机磁场绕组内的直流电流。

411-54-08

额定磁场电压　rated field voltage

当磁场绕组的温度是其在电机额定运行时的温度且最终冷却介质为其最高温度时,产生额定磁场电流所需要的磁场绕组端子处的直流电压。

中 文 索 引

A

安匝 …… 411-46-02
安装型式 …… 411-43-35

B

半线圈 …… 411-38-05
绑箍 …… 411-43-19
包括电制动的断续周期工作制 …… 411-51-18
包括电制动的连续周期工作制 …… 411-51-20
包括负载-转速相应变化的连续周期工作制 …… 411-51-21
包括起动的断续周期工作制 …… 411-51-17
饱和特性 …… 411-47-01
饱和因数 …… 411-50-22
保梯电抗 …… 411-50-13
备用或紧急冷却系统 …… 411-44-15
闭路冷却回路 …… 411-44-13
变极绕组 …… 411-37-38
变频机组 …… 411-34-09
变速电动机 …… 411-33-36
标称牵入转矩 …… 411-48-10
标准(安装)尺寸电动机 …… 411-33-33
并励 …… 411-36-04
并励绕组 …… 411-37-10
波绕组 …… 411-37-33
波形分析 …… 411-53-30
波形试验 …… 411-53-29
补偿调节 …… 411-36-15
补偿绕组 …… 411-37-12
补偿式推斥电动机 …… 411-33-25
不规则同步 …… 411-52-06
步进电动机 …… 411-35-05
部分成型绕组 …… 411-38-12
部分绕组起动 …… 411-52-24

C

槽 …… 411-40-19
槽衬 …… 411-39-11
槽绝缘 …… 411-39-12
槽楔 …… 411-43-20
测功机试验 …… 411-53-15
层间绝缘 …… 411-39-10
插入绕组 …… 411-38-15
插入式轴承 …… 411-42-23
差复励 …… 411-36-08
长距节距 …… 411-38-33
(常规)检查试验 …… 411-53-02
超出同步 …… 411-52-14
超瞬态电流 …… 411-48-25
超速试验 …… 411-53-39
超同步制动 …… 411-52-52
尘封 …… 411-42-28
成型绕组 …… 411-38-11
成型绕组模型 …… 411-53-64
持续短路试验 …… 411-53-23
齿 …… 411-40-20
齿槽转矩 …… 411-48-45
齿距 …… 411-38-25
齿压板 …… 411-40-21
充压式电机 …… 411-44-19
充油润滑轴承 …… 411-42-16
冲击电压试验 …… 411-53-55
重复试验 …… 411-53-04
抽头 …… 411-38-24
抽样试验 …… 411-53-05
初级电路 …… 411-37-41
初级冷却介质 …… 411-44-03
初级绕组 …… 411-37-03
储压式接线盒 …… 411-41-36
串并联起动 …… 411-52-23
串接电动机起动 …… 411-52-25
串励 …… 411-36-05
串励绕组 …… 411-37-11
磁场绕组 …… 411-37-09
磁场绕组端子 …… 411-41-26
磁场系统 …… 411-43-04
磁场线圈 …… 411-38-19
磁场线圈的凸缘绝缘 …… 411-39-23
磁场线圈框架 …… 411-39-20
磁场线圈框架绝缘 …… 411-39-21

磁轭 …… 411-40-14
磁负荷 …… 411-46-05
磁化特性 …… 411-47-02
磁极 …… 411-40-04
磁极端板 …… 411-40-13
磁摩擦离合器 …… 411-34-19
磁耦合器 …… 411-34-15
磁势的交轴分量 …… 411-49-04
磁势的直轴分量 …… 411-49-03
磁性粉末耦合器 …… 411-34-20
磁滞电动机 …… 411-33-11
磁滞耦合器 …… 411-34-18
磁阻电动机 …… 411-33-05
磁阻电机 …… 411-31-11
磁阻同步 …… 411-52-09
次级电路 …… 411-37-42
次级冷却介质 …… 411-44-04
次级绕组 …… 411-37-04
粗同步 …… 411-52-08

D

带集电环感应电动机 …… 411-33-09
带起动器电动机的堵转电流 …… 411-48-17
带形绝缘 …… 411-39-15
待评绝缘结构 …… 411-39-26
单波绕组 …… 411-37-34
单层绕组 …… 411-37-20
单电源回馈试验 …… 411-53-19
单叠绕组 …… 411-37-30
单极电机 …… 411-31-03
单位功率因数试验 …… 411-53-27
单位加速时间 …… 411-48-15
单相电机 …… 411-31-13
单相换向器电动机 …… 411-33-21
单相运行 …… 411-52-41
导流构件 …… 411-44-32
导体绝缘 …… 411-39-01
导轴承 …… 411-42-06
德里电动机 …… 411-33-24
低频耐电压试验 …… 411-53-50
电磁制动 …… 411-52-45
电动变流机 …… 411-34-06
电动测功机 …… 411-34-01
电动发电机组 …… 411-34-04
电动机 …… 411-33-01
(电动机的)固有转速调整率 …… 411-52-36
(电动机的)转速调整率 …… 411-52-34
(电机)端子 …… 411-41-20
(电机的)负载 …… 411-51-01
(电机的)输出功率 …… 411-51-04
(电机的)输入功率 …… 411-51-05
(电机的)远方介质 …… 411-44-07
(电机的)周围环境介质 …… 411-44-06
(电机的)总损耗 …… 411-53-09
电机的传动端 …… 411-43-36
电机的电负荷 …… 411-46-03
电机的非传动端 …… 411-43-37
(电机的)真空压力浸渍 …… 411-39-07
电抗起动分相电动机 …… 411-33-15
电抗器起动 …… 411-52-20
电缆耦接器 …… 411-41-24
电流的交轴分量 …… 411-49-06
电流的直轴分量 …… 411-49-05
电流脉动 …… 411-52-32
电流纹波因数 …… 411-50-26
电路 …… 411-37-40
电耦合器 …… 411-34-13
电容电动机 …… 411-33-16
电容起动电动机 …… 411-33-17
电容起动及运行电动机 …… 411-33-18
电容器制动 …… 411-52-48
电枢 …… 411-43-03
电枢电路 …… 411-37-43
电枢反应 …… 411-49-01
电枢绕组 …… 411-37-02
电枢绕组短路时间常数 …… 411-48-31
电刷 …… 411-41-01
电刷压力装置 …… 411-41-05
电压的交轴分量 …… 411-49-10
电压的直轴分量 …… 411-49-9
电压调整特性 …… 411-47-08
电晕防护 …… 411-39-08
电晕起始试验 …… 411-53-53
电制动 …… 411-52-46
电制动转矩 …… 411-48-13
电阻防晕层 …… 411-39-09

电阻起动分相电动机 …………………… 411-33-14
叠片机座 …………………………………… 411-43-30
叠片铁心 …………………………………… 411-40-02
叠绕组 ……………………………………… 411-37-29
顶值电压 …………………………………… 411-48-38
定额 ………………………………………… 411-51-24
定位轴承 …………………………………… 411-42-09
定子 ………………………………………… 411-43-01
定子串接电阻起动 ……………………… 411-52-22
定子绕组 …………………………………… 411-37-16
堵转表观功率 …………………………… 411-48-49
堵转电流 …………………………………… 411-48-16
堵转视在功率 …………………………… 411-48-49
堵转试验 …………………………………… 411-53-32
堵转转矩 …………………………………… 411-48-06
端部衬垫 …………………………………… 411-39-13
端盖 ………………………………………… 411-43-24
端箍绝缘 …………………………………… 411-39-17
端平面 ……………………………………… 411-38-20
端罩 ………………………………………… 411-43-25
短副轴 ……………………………………… 411-43-10
短距绕组 …………………………………… 411-38-32
短路比 ……………………………………… 411-50-21
短路电流非周期性分量初始值 ……… 411-48-22
短路特性 …………………………………… 411-47-05
短时工作制 ……………………………… 411-51-15
断续周期工作制 ………………………… 411-51-16
对称分数槽绕组 ………………………… 411-37-24
多单元线圈 ……………………………… 411-38-04
多级恒速电动机 ………………………… 411-33-38
多速变速电动机 ………………………… 411-33-39
多速电动机 ……………………………… 411-33-37
多相并励换向器电动机 ……………… 411-33-22
多相电机 …………………………………… 411-31-14
多相换向器电动机 ……………………… 411-33-20

E

额定磁场电流 …………………………… 411-54-07
额定磁场电压 …………………………… 411-54-08
额定值 ……………………………………… 411-51-23
额定转矩 …………………………………… 411-48-05

F

发电机 ……………………………………… 411-32-01
(发电机的)电压调整率 ……………… 411-52-33
(发电机的)固有电压调整率 ………… 411-52-35
发夹式线圈 ……………………………… 411-38-18
反接制动 …………………………………… 411-52-53
反时针方向旋转 ………………………… 411-43-40
放电能量试验 …………………………… 411-53-54
放电起始试验 …………………………… 411-53-52
非周期时间常数 ………………………… 411-48-26
分瓣套筒轴承 …………………………… 411-42-08
分辨度 ……………………………………… 411-48-48
分布绕组 …………………………………… 411-37-19
(分布绕组的)安培导体 ……………… 411-46-01
分布绕组的电负荷 ……………………… 411-46-04
分布因数 …………………………………… 411-38-37
分接 ………………………………………… 411-38-24
分数槽绕组 ……………………………… 411-37-23
分相电动机 ……………………………… 411-33-13
分相接线盒 ……………………………… 411-41-34
分装接线箱 ……………………………… 411-41-29
风扇挡风圈 ……………………………… 411-44-29
风罩 ………………………………………… 411-44-28
封闭式电机 ……………………………… 411-44-17
辅助起动绕组 …………………………… 411-37-07
负序电抗 …………………………………… 411-50-15
负序电阻 …………………………………… 411-50-19
负序阻抗 …………………………………… 411-50-03
负载持续率 ……………………………… 411-51-09
(负载的)松动转矩 …………………… 411-48-02
负载的满负荷转矩 ……………………… 411-48-04
负载的起动(过程)转矩 ……………… 411-48-03
负载和转速作非周期变化的
工作制 …………………………………… 411-51-22
负载特性 …………………………………… 411-47-04
负载转矩 …………………………………… 411-48-01
复波绕组 …………………………………… 411-37-36
复叠绕组 …………………………………… 411-37-32
复励 ………………………………………… 411-36-06
复励特性 …………………………………… 411-52-37
副励磁机 …………………………………… 411-32-07
副轴 ………………………………………… 411-43-09

G

感应变频机 ……………………………… 411-34-10

感应电机 ………………………………… 411-31-10
感应发电机 ……………………………… 411-32-04
感应耦合器 ……………………………… 411-34-14
感应子变频机 …………………………… 411-34-11
隔弧栅 …………………………………… 411-41-11
隔相接线盒 ……………………………… 411-41-35
各项损耗之和确定效率 ………………… 411-53-13
工作制 …………………………………… 411-51-06
工作制类型 ……………………………… 411-51-13
工作周期 ………………………………… 411-51-07
功角特性 ………………………………… 411-47-11
功能性试验 ……………………………… 411-53-61
股绝缘 …………………………………… 411-39-02
骨架式机座 ……………………………… 411-43-29
固有制动转矩 …………………………… 411-48-12
管道或通道冷却回路 …………………… 411-44-14
罐封式电机 ……………………………… 411-44-21
规定用途电动机 ………………………… 411-33-31
规则绕组 ………………………………… 411-38-10
过复励 …………………………………… 411-36-09
滚子轴承 ………………………………… 411-42-04

H

合闸峰值电流 …………………………… 411-48-19
恒速电动机 ……………………………… 411-33-35
后节距 …………………………………… 411-38-28
华德利翁发电机组 ……………………… 411-35-02
华德利翁系统 …………………………… 411-35-01
换位 ……………………………………… 411-38-35
换向片 …………………………………… 411-41-14
换向片间电阻试验 ……………………… 411-53-47
换向器 …………………………………… 411-41-13
换向器 V 形绝缘环 ……………………… 411-41-16
换向器 V 形压圈 ………………………… 411-41-15
换向器节距 ……………………………… 411-38-34
换向器片间绝缘 ………………………… 411-41-17
换向器升高片 …………………………… 411-41-18
换向器式变频机 ………………………… 411-34-08
换向绕组 ………………………………… 411-37-13
换向试验 ………………………………… 411-53-35
混励 ……………………………………… 411-36-03

J

机械制动转矩 …………………………… 411-48-14
机座 ……………………………………… 411-43-27
机座表面冷却电机 ……………………… 411-44-22
机座磁轭 ………………………………… 411-40-15
积复励 …………………………………… 411-36-07
基准绝缘结构 …………………………… 411-39-27
极幅调制绕组 …………………………… 411-37-39
极尖 ……………………………………… 411-40-09
极距 ……………………………………… 411-38-29
极距滑动 ………………………………… 411-52-40
极面 ……………………………………… 411-40-10
极身 ……………………………………… 411-40-07
极身绝缘 ………………………………… 411-39-22
极性试验 ………………………………… 411-53-46
极靴 ……………………………………… 411-40-08
集电环 …………………………………… 411-41-12
集中绕组 ………………………………… 411-37-18
加速 ……………………………………… 411-52-03
加速转矩 ………………………………… 411-48-08
假线圈 …………………………………… 411-38-23
间接冷却绕组 …………………………… 411-44-09
建压 ……………………………………… 411-52-30
建压临界电阻 …………………………… 411-48-36
建压临界转速 …………………………… 411-48-37
渐动 ……………………………………… 411-52-42
键 ………………………………………… 411-43-14
(交流电动机的)最小转矩 ……………… 411-48-42
(交流电动机的)最大转矩 ……………… 411-48-43
交流电机 ………………………………… 411-31-06
(交流电机的)频率响应特性 …………… 411-47-13
交流发电机 ……………………………… 411-32-02
交直流两用电动机 ……………………… 411-33-02
交轴超瞬态电抗 ………………………… 411-50-12
交轴超瞬态电压 ………………………… 411-49-12
交轴超瞬态短路时间常数 ……………… 411-48-35
交轴超瞬态开路时间常数 ……………… 411-48-34
交轴瞬态电抗 …………………………… 411-50-10
交轴瞬态电压 …………………………… 411-49-14
交轴瞬态短路时间常数 ………………… 411-48-33
交轴瞬态开路时间常数 ………………… 411-48-32
交轴同步电抗 …………………………… 411-50-08
接地端子 ………………………………… 411-41-25
接线板 …………………………………… 411-41-23
接线盒 …………………………………… 411-41-30

接线箱 …… 411-41-28
接线装置 …… 411-41-19
节距因数 …… 411-38-38
结构型式 …… 411-43-34
介质损耗角试验 …… 411-53-51
静止喀拉姆系统 …… 411-35-03
局部放电起始电压 …… 411-36-20
局部放电起始试验 …… 411-53-53
局部放电熄灭电压 …… 411-36-21
绝缘电阻试验 …… 411-53-48
绝缘结构 …… 411-39-25
绝缘轴承室 …… 411-43-23
绝缘轴承座 …… 411-43-22
均压线 …… 411-38-22
径向轴承 …… 411-42-02

K

开口线圈 …… 411-38-17
开路冷却回路 …… 411-44-12
开路特性 …… 411-47-03
开启式电机 …… 411-44-16
可倾瓦块轴承 …… 411-42-12
可调变速电动机 …… 411-33-42
可调恒速电动机 …… 411-33-41
可移动机座 …… 411-43-32
可转动机座 …… 411-43-31
空-空冷却电机 …… 411-44-23
空气绝缘式接线盒 …… 411-41-32
空-水冷却电机 …… 411-44-24
空载(运行) …… 411-51-02
空载试验 …… 411-53-57
空载特性 …… 411-47-03
控制绕组 …… 411-37-15
跨越线圈 …… 411-38-21
框式绕组 …… 411-37-28

L

拉入绕组 …… 411-38-16
冷却 …… 411-44-01
冷却介质 …… 411-44-02
冷却器 …… 411-44-10
(冷却系统的)管道 …… 411-44-11
理想同步 …… 411-52-05
励磁机 …… 411-32-05
励磁机响应 …… 411-52-29
励磁绕组 …… 411-37-08
励磁系统 …… 411-54-01
励磁系统顶值电流 …… 411-54-05
励磁系统顶值电压 …… 411-54-06
励磁系统额定电流 …… 411-54-03
励磁系统额定电压 …… 411-54-04
励磁系统输出端子 …… 411-54-02
连续工作制 …… 411-51-14
连续周期工作制 …… 411-51-19
量热法试验 …… 411-53-16
临界扭力转速 …… 411-48-41
临界转速 …… 411-48-40
零功率因数特性 …… 411-47-07
零序电抗 …… 411-50-16
零序电阻 …… 411-50-20
零序阻抗 …… 411-50-04
笼型感应电动机 …… 411-33-07
笼型绕组 …… 411-37-26
笼型同步电动机 …… 411-33-03
罗贝尔换位 …… 411-38-36
螺栓端子 …… 411-41-21

M

满载 …… 411-51-10
满载值 …… 411-51-11
每相有效匝数 …… 411-38-42
密封式电机 …… 411-44-18

N

内冷却绕组 …… 411-44-08
耐电压试验 …… 411-53-49
囊封式绕组 …… 411-39-06
能耗制动 …… 411-52-47
逆置 …… 411-36-18

P

盘车齿轮 …… 411-43-33
盘式电机 …… 411-31-19
片状端子 …… 411-41-22
平复励 …… 411-36-10
平衡试验 …… 411-53-40

Q

起动 …………………………………… 411-52-01
起动(过程)电流 ………………………… 411-48-18
起动(过程)转矩 ………………………… 411-48-07
起动电动机 …………………………… 411-33-28
起动绕组 ……………………………… 411-37-06
起动试验 ……………………………… 411-53-33
气封 …………………………………… 411-42-27
气隙 …………………………………… 411-40-17
汽轮型电机 …………………………… 411-31-18
汽密式电机 …………………………… 411-44-20
牵出同步 ……………………………… 411-52-13
牵入同步 ……………………………… 411-52-12
前节距 ………………………………… 411-38-27
欠复励 ………………………………… 411-36-11
嵌入绕组 ……………………………… 411-38-14
强迫润滑轴承 ………………………… 411-42-17
轻载试验 ……………………………… 411-53-25
球面支撑轴承 ………………………… 411-42-21
球轴承 ………………………………… 411-42-03
全压起动 ……………………………… 411-52-15

R

绕线转子感应电动机 ………………… 411-33-08
绕组 …………………………………… 411-37-01
绕组端部 ……………………………… 411-38-08
绕组端部支架 ………………………… 411-39-18
绕组端部支架绝缘 …………………… 411-39-19
绕组端套 ……………………………… 411-43-26
绕组节距 ……………………………… 411-38-30
绕组因数 ……………………………… 411-38-39
热保护 ………………………………… 411-53-58
热保护器 ……………………………… 411-53-60
热探测器 ……………………………… 411-53-59
热稳定 ………………………………… 411-51-08
容差 …………………………………… 411-36-19
蠕行 …………………………………… 411-52-43

S

散放引出线 …………………………… 411-41-27
散嵌绕组 ……………………………… 411-38-13
散绕绕组模型 ………………………… 411-53-65
扇形缘转子 …………………………… 411-43-16
升压机 ………………………………… 411-34-02
施拉格电动机 ………………………… 411-33-22
实心极靴电机 ………………………… 411-31-16
释压式接线盒 ………………………… 411-41-31
梳形衬垫 ……………………………… 411-39-14
刷辫 …………………………………… 411-41-02
刷盒 …………………………………… 411-41-04
刷握 …………………………………… 411-41-03
(刷握)架调节装置 …………………… 411-41-10
(刷握)架座 …………………………… 411-41-09
刷握固定装置 ………………………… 411-41-06
刷握架 ………………………………… 411-41-08
刷握支撑构件 ………………………… 411-41-07
甩油器 ………………………………… 411-42-25
双波绕组 ……………………………… 411-37-35
双层绕组 ……………………………… 411-37-21
双电源回馈试验 ……………………… 411-53-18
双叠绕组 ……………………………… 411-37-31
双馈电机 ……………………………… 411-31-07
双绕组同步发电机 …………………… 411-32-03
双套电刷推斥电动机 ………………… 411-33-24
双值电容电动机 ……………………… 411-33-19
顺时针方向旋转 ……………………… 411-43-39
瞬态电流 ……………………………… 411-48-24
死线圈 ………………………………… 411-38-23

T

他冷式电机 …………………………… 411-44-27
他励 …………………………………… 411-36-01
弹簧加载轴承 ………………………… 411-42-10
套管轴 ………………………………… 411-43-13
套筒轴承 ……………………………… 411-42-07
特殊用途电动机 ……………………… 411-33-32
调速电动机 …………………………… 411-33-40
铁心 …………………………………… 411-40-01
铁心端板 ……………………………… 411-40-03
铁心径向通风道 ……………………… 411-44-30
铁心损耗试验 ………………………… 411-53-38
铁心轴向通风道 ……………………… 411-44-31
停机和断能 …………………………… 411-51-03
通道 …………………………………… 411-44-11
通风槽片 ……………………………… 411-40-22

通风导管 …………………………… 411-44-33
同步 …………………………………… 411-52-04
(同步电机的)零功率因数试验 ……… 411-53-26
同步补偿机 ………………………… 411-34-03
(同步电动机的)牵入转矩试验 ……… 411-53-34
(同步电动机的)失步转矩 …………… 411-48-44
同步电机 …………………………… 411-31-08
同步电势 …………………………… 411-49-02
同步电势的交轴分量 ……………… 411-49-08
同步电势的直轴分量 ……………… 411-49-07
同步发电机的功角位移 …………… 411-48-39
同步感应电动机 …………………… 411-33-04
同步功率系数 ……………………… 411-50-24
同步耦合器 ………………………… 411-34-17
同步系数 …………………………… 411-50-23
同步运行 …………………………… 411-52-10
同步转速 …………………………… 411-46-06
同步阻抗 …………………………… 411-50-01
同极电机 …………………………… 411-31-02
同心绕组 …………………………… 411-37-27
筒式轴承 …………………………… 411-42-22
投(入)运(行)试验 ………………… 411-53-06
凸极 ………………………………… 411-40-06
凸极电机 …………………………… 411-31-15
突然短路试验 ……………………… 411-53-24
推斥电动机 ………………………… 411-33-23
推斥感应电动机 …………………… 411-33-27
推斥起动感应电动机 ……………… 411-33-26
推力轴承 …………………………… 411-42-05

W

蛙绕组 ……………………………… 411-37-37
瓦块轴承 …………………………… 411-42-11
温升试验 …………………………… 411-53-28
稳并励(电动机) …………………… 411-36-13
稳并励(发电机) …………………… 411-36-12
稳态短路电流 ……………………… 411-48-20
涡流耦合器 ………………………… 411-34-16
涡流制动 …………………………… 411-52-54
无火花换向区 ……………………… 411-52-39
无火花换向区试验 ………………… 411-53-36
无刷 ………………………………… 411-36-17
无刷绕线转子感应电动机 ………… 411-33-10

X

线棒 ………………………………… 411-38-05
线圈 ………………………………… 411-38-03
线圈边 ……………………………… 411-38-06
线圈边槽部 ………………………… 411-38-09
线圈单元 …………………………… 411-38-02
线圈端部 …………………………… 411-38-07
线圈或线棒绝缘 …………………… 411-39-05
线圈节距 …………………………… 411-38-26
(线)匝 ……………………………… 411-38-01
线匝绝缘 …………………………… 411-39-03
相间线圈绝缘 ……………………… 411-39-16
相角摆动 …………………………… 411-52-28
相绝缘式接线盒 …………………… 411-41-33
相序试验 …………………………… 411-53-45
箱式机座 …………………………… 411-43-28
削角极面 …………………………… 411-40-11
小功率电动机 ……………………… 411-33-34
效率 ………………………………… 411-53-08
效率的间接确定 …………………… 411-53-11
效率的直接确定 …………………… 411-53-10
校准电机试验 ……………………… 411-53-17
斜槽 ………………………………… 411-38-40
斜槽因数 …………………………… 411-38-41
谐波试验 …………………………… 411-53-31
“星-三角”(Y-△)起动……………… 411-52-16
型式试验 …………………………… 411-53-01
性能试验 …………………………… 411-53-03
旋转变流机 ………………………… 411-34-05
(旋转)变频机 ……………………… 411-34-07
(旋转)变相机 ……………………… 411-34-12
旋转电机 …………………………… 411-31-01
旋转方向 …………………………… 411-43-38
旋转扩大机 ………………………… 411-35-04

Y

压力润滑轴承 ……………………… 411-42-18
亚同步磁阻电动机 ………………… 411-33-06
验收试验 …………………………… 411-53-07
一般用途电动机 …………………… 411-33-30
异步电机 …………………………… 411-31-09
(异步电机的)堵转阻抗特性 ……… 411-47-06

异步电抗 …… 411-50-05
异步电阻 …… 411-50-17
异步运行 …… 411-52-11
异步阻抗 …… 411-50-02
异槽绕组 …… 411-37-25
异极电机 …… 411-31-04
异形极面 …… 411-40-12
隐极 …… 411-40-05
永磁电机 …… 411-31-12
油槽 …… 411-42-33
油封 …… 411-42-26
油环润滑轴承 …… 411-42-14
油盘润滑轴承 …… 411-42-15
油压轴承 …… 411-42-19
由静止电力变流器供电的直流电动机电枢电流的额定波形因数 …… 411-50-25
有效同步电抗 …… 411-50-06
圆图 …… 411-47-12
圆柱形转子电机 …… 411-31-17

Z

匝间绝缘 …… 411-39-04
匝间试验 …… 411-53-56
再生制动 …… 411-52-50
噪声级试验 …… 411-53-42
罩极电动机 …… 411-33-12
诊断试验 …… 411-53-63
振荡 …… 411-52-27
振动试验 …… 411-53-41
整距绕组 …… 411-38-31
整数槽绕组 …… 411-37-22
正序电抗 …… 411-50-14
正序电阻 …… 411-50-18
直接冷却绕组 …… 411-44-08
直接水冷电机 …… 411-44-25
(直流电动机的)爬行 …… 411-52-44
直流电机 …… 411-31-05
直流电机的再生制动 …… 411-52-51
直流电阻试验 …… 411-53-37
直流发电机电动机组 …… 411-35-02
直流制动 …… 411-52-49
直轴超瞬态电抗 …… 411-50-11
直轴超瞬态电压 …… 411-49-11
直轴超瞬态短路时间常数 …… 411-48-30
直轴超瞬态开路时间常数 …… 411-48-29
直轴瞬态电压 …… 411-49-13
直轴瞬态电抗 …… 411-50-09
直轴瞬态短路时间常数 …… 411-48-28
直轴瞬态开路时间常数 …… 411-48-27
直轴同步电抗 …… 411-50-07
止推轴承 …… 411-42-05
制动试验 …… 411-53-14
制动转矩 …… 411-48-11
中间轴 …… 411-43-11
中性区 …… 411-52-38
周期工作制 …… 411-51-12
周期性短路电流初始值 …… 411-48-21
轴 …… 411-43-05
轴承 …… 411-42-01
轴承衬套 …… 411-42-29
轴承衬套装配 …… 411-42-31
轴承间隙 …… 411-42-34
轴承壳 …… 411-42-30
轴承室 …… 411-42-32
轴承托架 …… 411-43-24
轴承压力 …… 411-42-35
(轴)颈 …… 411-43-06
轴承座 …… 411-43-21
轴电压试验 …… 411-53-43
轴端 …… 411-43-08
轴孔引线绝缘 …… 4411-39-24
轴伸 …… 411-43-07
主励磁机 …… 411-32-06
主气隙 …… 411-40-18
主绕组 …… 411-37-05
柱面支撑轴承 …… 411-42-20
转差率 …… 411-46-07
转差耦合器 …… 411-34-15
转矩仪试验 …… 411-53-14
转矩轴 …… 411-43-12
转速调整特性 …… 411-47-09
转速周期性波动 …… 411-52-26
转向试验 …… 411-53-44
转子 …… 411-43-02
(转子)端板 …… 411-43-18
转子串接电阻起动 …… 411-52-21

转子磁轭 …………………………… 411-40-16
转子绕组 …………………………… 411-37-17
转子绕组端部护环 ………………… 411-43-17
转子支架 …………………………… 411-43-15
锥形转子电动机 …………………… 411-33-29
自调 ………………………………… 411-36-14
自动调节 …………………………… 411-36-16
自减速试验 ………………………… 411-53-20
自润滑轴承 ………………………… 411-42-13
自冷式电机 ………………………… 411-44-26
自励 ………………………………… 411-36-02
自耦变压器带电换接起动 ………… 411-52-19
自耦变压器断电换接起动 ………… 411-52-18
自耦变压器起动 …………………… 411-52-17
自同步 ……………………………… 411-52-07
总损耗确定效率 …………………… 411-53-12
阻抗压降 …………………………… 411-52-31
阻尼绕组 …………………………… 411-37-14
阻滞位置 …………………………… 411-48-46
阻滞转矩 …………………………… 411-48-47
最初起动 …………………………… 411-52-02
最大非周期性短路电流 …………… 411-48-23
最终冷却介质 ……………………… 411-44-05
座式轴承 …………………………… 411-42-24
D 端 ………………………………… 411-41-36
S1 工作制 …………………………… 411-51-14
S2 工作制 …………………………… 411-51-15
S3 工作制 …………………………… 411-51-16
S4 工作制 …………………………… 411-51-17
S5 工作制 …………………………… 411-51-18
S6 工作制 …………………………… 411-51-19
S7 工作制 …………………………… 411-51-20
S8 工作制 …………………………… 411-51-21
S9 工作制 …………………………… 411-51-22
V 形曲线特性 ……………………… 411-47-10

英 文 索 引

A

a. c. generator ········ 411-32-02
a. c. machine ········ 411-31-06
accelerating ········ 411-52-03
accelerating torque ········ 411-48-08
acceptance test ········ 411-53-07
across the line starting ········ 411-52-15
acyclic machine ········ 411-31-03
adjustable constant speed motor ········ 411-33-41
adjustable speed motor ········ 411-33-40
adjustable varying speed motor ········ 411-33-42
air gap ········ 411-40-17
air insulated terminal box ········ 411-41-32
air trunking ········ 411-44-33
air-to-air cooled machine ········ 411-44-23
air-to-water cooled machine ········ 411-44-24
alternating current generator ········ 411-32-02
alternating current machine ········ 411-31-06
ambient medium (of a machine) ········ 411-44-06
ampere-conductors (of a distributed winding) ········ 411-46-01
ampere-turns ········ 411-46-02
angular displacement in synchronous generators ········ 411-48-39
anti-clockwise rotation ········ 411-43-40
aperiodic time constant ········ 411-48-26
armature ········ 411-43-03
armature circuit ········ 411-37-43
armature reaction ········ 411-49-01
armature winding ········ 411-37-02
asynchronous impedance ········ 411-50-02
asynchronous machine ········ 411-31-09
asynchronous operation ········ 411-52-11
asynchronous reactance ········ 411-50-05
asynchronous resistance ········ 411-50-17
automatically regulated ········ 411-36-16
auto-transformer starting ········ 411-52-17
auxiliary starting winding ········ 411-37-07
axial core duct ········ 411-44-31

B

back span ········ 411-38-28

balance test ………… 411-53-40
ball bearing ………… 411-42-03
banding insulation ………… 411-39-17
bar ………… 411-38-05
barring gear ………… 411-43-33
bearing ………… 411-42-01
bearing bracket ………… 411-43-24
bearing clearance ………… 411-42-34
bearing housing ………… 411-42-32
bearing liner ………… 411-42-31
bearing lining ………… 411-42-29
bearing pedestal ………… 411-43-21
bearing pressure ………… 411-42-35
bearing shell ………… 411-42-30
belt insulation ………… 411-39-15
binding band ………… 411-43-19
black band ………… 411-52-39
black-band test ………… 411-53-36
booster ………… 411-34-02
bore-hole lead insulation ………… 4411-39-24
box frame ………… 411-43-28
brake test ………… 411-53-14
braking torque ………… 411-48-11
break loose torque (of the load) ………… 411-48-02
breakaway ………… 411-52-02
breakdown torque (of an a. c. motor) ………… 411-48-43
brush ………… 411-41-01
brush box ………… 411-41-04
brush flexible ………… 411-41-02
brush holder ………… 411-41-03
brush holder fixing device ………… 411-41-06
brush holder rocker ………… 411-41-08
(brush holder) rocker yoke ………… 411-41-09
brush holder supporting structure ………… 411-41-07
(brush holder) rocker gear ………… 411-41-10
brush pressure device ………… 411-41-05
(brush) shunt ………… 411-41-02
brushless ………… 411-36-17
brushless wound-rotor induction motor ………… 411-33-10

C

cable coupler ………… 411-41-24
cage induction motor ………… 411-33-07

cage synchronous motor ························ 411-33-03
cage winding ························ 411-37-26
calibrated driving machine test ························ 411-53-17
calorimetric test ························ 411-53-16
candidate insulation system ························ 411-39-26
canned machine ························ 411-44-21
capacitor braking ························ 411-52-48
capacitor motor ························ 411-33-16
capacitor start and run motor ························ 411-33-18
capacitor start motor ························ 411-33-17
cartridge type bearing ························ 411-42-22
ceiling voltage ························ 411-48-38
circle diagram ························ 411-47-12
clockwise rotation ························ 411-43-39
closed circuit (of a cooling system) ························ 411-44-13
closed circuit transition auto-transformer starting ························ 411-52-19
closed machine ························ 411-44-17
closed transition auto-transformer starting ························ 411-52-19
coarse synchronizing ························ 411-52-08
cogging torque ························ 411-48-45
coil ························ 411-38-03
coil or bar insulation ························ 411-39-05
coil pitch ························ 411-38-26
coil section ························ 411-38-02
coil side ························ 411-38-06
coil side separator ························ 411-39-10
coil span ························ 411-38-26
collector ring ························ 411-41-12
comb ························ 411-39-14
commissioning test ························ 411-53-06
commutating winding ························ 411-37-13
commutation test ························ 411-53-35
commutator ························ 411-41-13
commutator pitch ························ 411-38-34
commutator riser ························ 411-41-18
commutator segment ························ 411-41-14
commutator segment insulation ························ 411-41-17
commutator type frequency convertor ························ 411-34-08
commutator V-ring ························ 411-41-15
commutator V-ring insulation ························ 411-41-16
compensated regulated ························ 411-36-15
compensated repulsion motor ························ 411-33-25
compensating winding ························ 411-37-12

compositely excited ······ 411-36-03
compound excited ······ 411-36-06
compounding characteristics ······ 411-52-37
concentrated winding ······ 411-37-18
concentric winding ······ 411-37-27
conductor insulation ······ 411-39-01
conical rotor motor ······ 411-33-29
constant speed motor ······ 411-33-35
continuous running duty-duty type S1 ······ 411-51-14
continuous-operation periodic duty with electric braking-duty type S7 ······ 411-51-20
continuous-operation periodic duty with related load-speed changes-duty type S8 ······ 411-51-21
continuous-operation periodic duty-duty type S6 ······ 411-51-19
control winding ······ 411-37-15
coolant ······ 411-44-02
cooling ······ 411-44-01
core ······ 411-40-01
core end plate ······ 411-40-03
core test ······ 411-53-38
corona inception test ······ 411-53-53
corona shielding ······ 411-39-08
counter clockwise rotation ······ 411-43-40
cranked coil ······ 411-38-21
crawling ······ 411-52-43
creeping (of a d. c. motor) ······ 411-52-44
critical build-up resistance ······ 411-48-36
critical build-up speed ······ 411-48-37
critical torsional speeds ······ 411-48-41
critical whirling speeds ······ 411-48-40
cumulative compounded ······ 411-36-07
current linkage (of a distributed winding) ······ 411-46-01
current pulsation ······ 411-52-32
current ripple factor ······ 411-50-26
cyclic duration factor ······ 411-51-09
cyclic irregularity ······ 411-52-26
cylindrical rotor machine ······ 411-31-17

D

D-end ······ 411-43-36
d. c. braking ······ 411-52-49
d. c. injection braking ······ 411-52-49
d. c. machine ······ 411-31-05
damping winding ······ 411-37-14
definite purpose motor ······ 411-33-31

Deri motor ······ 411-33-24
detent position ······ 411-48-46
detent torque ······ 411-48-47
determination of efficiency from summation of losses ······ 411-53-13
determination of efficiency from total loss ······ 411-53-12
diagnostic test ······ 411-53-63
diamond winding ······ 411-37-28
differential compounded ······ 411-36-08
direct cooled winding ······ 411-44-08
direct current machine ······ 411-31-05
direct determination of efficiency ······ 411-53-10
direct water-cooled machine ······ 411-44-25
direct-axis component of current ······ 411-49-05
direct-axis component of magnetomotive force ······ 411-49-03
direct-axis component of synchronous generated voltage ······ 411-49-07
direct-axis component of voltage ······ 411-49-09
direct-axis sub-transient open-circuit time constant ······ 411-48-29
direct-axis sub-transient reactance ······ 411-49-11
direct-axis sub-transient short-circuit time constant ······ 411-48-30
direct-axis sub-transient reactance ······ 411-50-11
direct-axis synchronous reactance ······ 411-50-07
direct-axis transient open-circuit time constant ······ 411-48-27
direct-axis transient reactance ······ 411-50-09
direct-axis transient short-circuit time constant ······ 411-48-28
direct-axis transient voltage ······ 411-49-13
direction of rotation ······ 411-43-38
direct-on-line starting ······ 411-52-15
discharge energy test ······ 411-53-54
discharge inception test ······ 411-53-52
disc and wiper lubricated bearing ······ 411-42-15
disc-type machine ······ 411-31-19
dissipation factor test ······ 411-53-51
distributed winding ······ 411-37-19
distribution factor ······ 411-38-37
double wound synchronous generator ······ 411-32-03
double-fed machine ······ 411-31-07
double-winding synchronous generator ······ 411-32-03
drive end of a machine ······ 411-43-36
dual-supply back-to-back test ······ 411-53-18
duct（of a cooling system）······ 411-44-11
duct spacer ······ 411-40-22
dumb-bell shaft ······ 411-43-11
dummy coil ······ 411-38-23

duplex lap winding ······ 411-37-31
duplex wave winding ······ 411-37-35
duplicate test ······ 411-53-04
dust seal ······ 411-42-28
duty ······ 411-51-06
duty cycle ······ 411-51-07
duty type ······ 411-51-13
duty with non-periodic load and speed variations-duty type S9 ······ 411-51-22
dynamic braking ······ 411-52-47
dynamometer test ······ 411-53-15

E

earth terminal ······ 411-41-25
eddy current coupling ······ 411-34-16
eddy-current braking ······ 411-52-54
effective synchronous reactance ······ 411-50-06
effective turns per phase ······ 411-38-42
efficiency ······ 411-53-08
electric braking ······ 411-52-46
(electric) circuit ······ 411-37-40
electric coupling ······ 411-34-13
electric loading of a distributed winding ······ 411-46-04
electric loading of a machine ······ 411-46-03
electrical braking torque ······ 411-48-13
electrical dynamometer ······ 411-34-01
(electrical) rotating machine ······ 411-31-01
electromagnetic braking ······ 411-52-45
embedded coil side ······ 411-38-09
encapsulated winding ······ 411-39-06
end bracket ······ 411-43-24
end plate (of a rotor) ······ 411-43-18
end shield ······ 411-43-25
end winding ······ 411-38-07
end-shift frame ······ 411-43-32
end-winding cover ······ 411-43-26
equalizer ······ 411-38-22
excitation system ······ 411-54-01
excitation system ceiling current ······ 411-54-05
excitation system ceiling voltage ······ 411-54-06
excitation system output terminals ······ 411-54-02
excitation system rated current ······ 411-54-03
excitation system rated voltage ······ 411-54-04
excitation winding ······ 411-37-08

exciter ······ 411-32-05
exciter response ······ 411-52-29

F

fan housing ······ 411-44-28
fan shroud ······ 411-44-29
fed-in winding ······ 411-38-14
field coil ······ 411-38-19
field coil flange ······ 411-39-23
field pole ······ 411-40-04
field spool ······ 411-39-20
field spool insulation ······ 411-39-21
field system ······ 411-43-04
field winding ······ 411-37-09
field winding terminals ······ 411-41-26
final coolant ······ 411-44-05
flash barrier ······ 411-41-11
flat compounded ······ 411-36-10
flood lubricated bearing ······ 411-42-16
forced lubricated bearing ······ 411-42-17
formette ······ 411-53-64
form-wound winding ······ 411-38-11
fractional slot winding ······ 411-37-23
frame surface cooled machine ······ 411-44-22
frame yoke ······ 411-40-15
frequency changer set ······ 411-34-09
frequency response characteristic (of an a.c. machine) ······ 411-47-13
frog-leg winding ······ 411-37-37
front span ······ 411-38-27
full load ······ 411-51-10
full load value ······ 411-51-11
full pitch winding ······ 411-38-31
functional test ······ 411-53-61

G

gas or vapour-proof machine ······ 411-44-20
gas seal ······ 411-42-27
general purpose motor ······ 411-33-30
generator ······ 411-32-01
ground terminal ······ 411-41-25
guide ······ 411-44-32
guide bearing ······ 411-42-06

H

hairpin coil …… 411-38-18
half-coil …… 411-38-05
harmonic test …… 411-53-31
heat exchanger …… 411-44-10
heteropolar machine …… 411-31-04
homopolar machine …… 411-31-02
hub …… 411-40-16
hunting …… 411-52-27
hysteresis coupling …… 411-34-18
hysteresis motor …… 411-33-11

I

ideal synchronizing …… 411-52-05
impedance drop …… 411-52-31
impulse test …… 411-53-55
inching …… 411-52-42
indirect cooled winding …… 411-44-09
indirect determination of efficiency …… 411-53-11
induction coupling …… 411-34-14
induction frequency convertor …… 411-34-10
induction generator …… 411-32-04
induction machine …… 411-31-10
inductor frequency convertor …… 411-34-11
inherent braking torque …… 411-48-12
inherent regulation (of a generator) …… 411-52-35
inherent regulation (of a motor) …… 411-52-36
initial aperiodic component of short-circuit current …… 411-48-22
initial periodic short-circuit current …… 411-48-21
inner cooled winding …… 411-44-08
input power (of a machine) …… 411-51-05
insulated bearing housing …… 411-43-23
insulated bearing pedestal …… 411-43-22
insulation resistance test …… 411-53-48
insulation system …… 411-39-25
integral slot winding …… 411-37-22
intermittent periodic duty with electric braking-duty type S5 …… 411-51-18
intermittent periodic duty with starting-duty type S4 …… 411-51-17
intermittent periodic duty-duty type S3 …… 411-51-16
interturn insulation …… 411-39-04
interturn test …… 411-53-56
inverted …… 411-36-18

J

jack shaft …… 411-43-09
journal bearing …… 411-42-02
journal (of a shaft) …… 411-43-06

K

key …… 411-43-14

L

laminated core …… 411-40-02
laminated frame …… 411-43-30
lap winding …… 411-37-29
level compounded …… 411-36-10
light load test …… 411-53-25
load (of a machine) …… 411-51-01
load angle characteristic …… 411-47-11
load characteristic …… 411-47-04
load full torque …… 411-48-04
load starting torque …… 411-48-03
load torque …… 411-48-01
location bearing …… 411-42-09
locked rotor apparent power …… 411-48-49
locked-rotor current …… 411-48-16
locked-rotor current of a motor and starter …… 411-48-17
locked-rotor impedance characteristic (of an asynchronous machine) …… 411-47-06
locked-rotor test …… 411-53-32
locked-rotor torque …… 411-48-06
long pitch winding …… 411-38-33
loose leads …… 411-41-27
loss tangent measurement …… 411-53-51
low-frequency voltage withstand test …… 411-53-50

M

(machine) terminal …… 411-41-20
magnetic coupling …… 411-34-15
magnetic friction clutch …… 411-34-19
magnetic loading …… 411-46-05
magnetic particle coupling …… 411-34-20
magnetization characteristic …… 411-47-02
main air gap …… 411-40-18
main exciter generator …… 411-32-06
main winding …… 411-37-05

maximum aperiodic short-circuit current ······ 411-48-23
mechanical braking torque ······ 411-48-14
motor ······ 411-33-01
motor convertor ······ 411-34-06
motor generator set ······ 411-34-04
motor synchronizing ······ 411-52-07
motor with standardized mounting dimensions ······ 411-33-33
motorette ······ 411-53-65
mounting arrangement ······ 411-43-35
multi-constant speed motor ······ 411-33-38
multiplex lap winding ······ 411-37-32
multiplex wave winding ······ 411-37-36
multi-section coil ······ 411-38-04
multi-speed motor ······ 411-33-37
multi-varying speed motor ······ 411-33-39

N

N-end ······ 411-43-37
negative sequence impedance ······ 411-50-03
negative sequence reactance ······ 411-50-15
negative sequence resistance ······ 411-50-19
neutral zone ······ 411-52-38
noise-level test ······ 411-53-42
no-load (operation) ······ 411-51-02
no-load characteristic ······ 411-47-03
no-load test ······ 411-53-57
nominal pull-in torque ······ 411-48-10
non-drive end of a machine ······ 411-43-37
non-salient pole ······ 411-40-05

O

oil grooves ······ 411-42-33
oil-jacked bearing ······ 411-42-19
oil ring lubricated bearing ······ 411-42-14
oil seal ······ 411-42-26
oil thrower ······ 411-42-25
open circuit transition auto-transformer starting ······ 411-52-18
open circuit (of a cooling system) ······ 411-44-12
open machine ······ 411-44-16
open transition auto-transformer starting ······ 411-52-18
open-circuit characteristic ······ 411-47-03
open-ended coil ······ 411-38-17
output power (of a machine) ······ 411-51-04

over-compounded …… 411-36-09
overhang packing …… 411-39-13
overspeed test …… 411-53-39
over-synchronous braking …… 411-52-52

P

pad type bearing …… 411-42-11
partial discharge extinction voltage …… 411-36-21
partial discharge inception voltage …… 411-36-20
partial discharge inception test …… 411-53-53
partly form-wound winding …… 411-38-12
part-winding starting …… 411-52-24
peak-switching current …… 411-48-19
pedestal bearing …… 411-42-24
performance test …… 411-53-03
periodic duty …… 411-51-12
permanent magnet machine …… 411-31-12
permanent split capacitor motor …… 411-33-18
phase coil insulation …… 411-39-16
phase insulated terminal box …… 411-41-33
phase segregated terminal box …… 411-41-35
phase separated terminal box …… 411-41-34
phase swinging …… 411-52-28
phase-sequence test …… 411-53-45
pilot exciter generator …… 411-32-07
pipe …… 411-44-11
piped or ducted circuit（of a cooling system） …… 411-44-14
pitch factor …… 411-38-38
plug braking …… 411-52-53
plugging …… 411-52-53
plug-in type bearing …… 411-42-23
polarity test …… 411-53-46
pole amplitude modulated winding …… 411-37-39
pole body …… 411-40-07
pole body insulation …… 411-39-22
pole changing winding …… 411-37-38
pole end plate …… 411-40-13
pole face …… 411-40-10
pole face bevel …… 411-40-11
pole face shaping …… 411-40-12
pole pitch …… 411-38-29
pole shoe …… 411-40-08
pole slipping …… 411-52-40

pole tips …… 411-40-09
polyphase commutator motor …… 411-33-20
polyphase machine …… 411-31-14
positive sequence reactance …… 411-50-14
positive sequence resistance …… 411-50-18
potier reactance …… 411-50-13
power losses (of a machine); total loss (of a machine) …… 411-53-09
pressure containing terminal box …… 411-41-36
pressure lubricated bearing …… 411-42-18
pressure relief terminal box …… 411-41-31
pressurized machine …… 411-44-19
primary circuit …… 411-37-41
primary coolant …… 411-44-03
primary winding …… 411-37-03
pull-in test (of a synchronous motor) …… 411-53-34
pulling into synchronism …… 411-52-12
pulling out of synchronism …… 411-52-13
pull-out torque (of a synchronous motor) …… 411-48-44
pull-through winding …… 411-38-16
pull-up torque (of an a. c. motor) …… 411-48-42
push-through winding …… 411-38-15

Q

quadrature-axis component of current …… 411-49-06
quadrature-axis component of synchronous generated voltage …… 411-49-08
quadrature-axis component of magnetomotive force …… 411-49-04
quadrature-axis component of voltage …… 411-49-10
quadrature-axis sub-transient open-circuit time constant …… 411-48-34
quadrature-axis sub-transient reactance …… 411-50-12
quadrature-axis sub-transient short-circuit time constant …… 411-48-35
quadrature-axis sub-transient voltage …… 411-49-12
quadrature-axis synchronous reactance …… 411-50-08
quadrature-axis transient open-circuit time constant …… 411-48-32
quadrature-axis transient reactance …… 411-50-10
quadrature-axis transient short-circuit time constant …… 411-48-33
quadrature-axis transient voltage …… 411-49-14
quill shaft …… 411-43-13

R

radial core duct …… 411-44-30
random synchronizing …… 411-52-06
random wound winding …… 411-38-13
rated field current …… 411-54-07

rated field voltage ······ 411-54-08
rated form factor of direct current supplied to a d. c. motor armature from a static power converter ······ 411-50-25
rated torque ······ 411-48-05
rated value ······ 411-51-23
rating ······ 411-51-24
reactor start split phase motor ······ 411-33-15
reactor starting ······ 411-52-20
reference insulation system ······ 411-39-27
regenerative braking ······ 411-52-50
regenerative braking of a d. c. machine ······ 411-52-51
regular winding ······ 411-38-10
regulation (of a generator) ······ 411-52-33
regulation (of a motor) ······ 411-52-34
reluctance machine ······ 411-31-11
reluctance motor ······ 411-33-05
reluctance synchronizing ······ 411-52-09
remote medium (of a machine) ······ 411-44-07
repulsion induction motor ······ 411-33-27
repulsion motor ······ 411-33-23
repulsion start induction motor ······ 411-33-26
resistance grading (of corona shielding) ······ 411-39-09
resistance start split phase motor ······ 411-33-14
resistance test ······ 411-53-37
resolution ······ 411-48-48
rest and de-energized ······ 411-51-03
retardatin test ······ 411-53-20
rising out of synchronism ······ 411-52-14
Roebel transposition ······ 411-38-36
roller bearing ······ 411-42-04
rotary amplifier ······ 411-35-04
rotary convertor ······ 411-34-05
rotatable frame ······ 411-43-31
(rotating) frequency convertor ······ 411-34-07
(rotating) phase convertor ······ 411-34-12
rotation test ······ 411-53-44
rotor ······ 411-43-02
rotor end-winding retaining ring ······ 411-43-17
rotor resistance starting ······ 411-52-21
rotor winding ······ 411-37-17
rotor yoke ······ 411-40-16
routine test ······ 411-53-02

S

salient pole …… 411-40-06
salient pole machine …… 411-31-15
sampling test …… 411-53-05
saturation characteristic …… 411-47-01
saturation factor …… 411-50-22
Schrage motor …… 411-33-22
sealed machine …… 411-44-18
secondary circuit …… 411-37-42
secondary coolant …… 411-44-04
secondary winding …… 411-37-04
segment to segment test …… 411-53-47
segmental rim rotor …… 411-43-16
self-cooled machine …… 411-44-26
self-excited …… 411-36-02
self-lubricating bearing …… 411-42-13
self-regulated …… 411-36-14
separate terminal enclosure …… 411-41-29
separately excited …… 411-36-01
separately-cooled machine …… 411-44-27
series …… 411-36-05
series connected starting-motor starting …… 411-52-25
series winding …… 411-37-11
series-parallel starting …… 411-52-23
shaded pole motor …… 411-33-12
shaft …… 411-43-05
shaft end …… 411-43-08
shaft extension …… 411-43-07
shaft-voltage test …… 411-53-43
short pitch winding …… 411-38-32
short-circuit characteristic …… 411-47-05
short-circuit ratio …… 411-50-21
short-circuit time constant of armature winding …… 411-48-31
short-time duty-duty type S2 …… 411-51-15
shunt …… 411-36-04
shunt winding …… 411-37-10
simplex lap winding …… 411-37-30
simplex wave winding …… 411-37-34
single layer winding …… 411-37-20
single phase commutator motor …… 411-33-21
single-phase machine …… 411-31-13
single-phasing …… 411-52-41

single-supply back-to-back test ······ 411-53-19
skeletom frame ······ 411-43-29
skew factor ······ 411-38-41
skewed slot ······ 411-38-40
sleeve bearing ······ 411-42-07
slip ······ 411-46-07
slip coupling ······ 411-34-15
slip-ring ······ 411-41-12
slip-ring induction motor ······ 411-33-09
slot ······ 411-40-19
slot liner ······ 411-39-12
slot packing ······ 411-39-11
slot portion ······ 411-38-09
slot wedge ······ 411-43-20
small power motor ······ 411-33-34
solid pole shoe machine ······ 411-31-16
spacer shaft ······ 411-43-11
special purpose motor ······ 411-33-32
speed regulation characteristic ······ 411-47-09
spherically seated bearing ······ 411-42-21
spider ······ 411-43-15
split phase motor ······ 411-33-13
split sleeve bearing ······ 411-42-08
split throw winding ······ 411-37-25
spring loaded bearing ······ 411-42-10
squirrel cage winding ······ 411-37-26
squirrel induction motor ······ 411-33-07
stabilized shunt (for a generator) ······ 411-36-12
stabilized shunt (for a motor) ······ 411-36-13
standby or emergency cooling system ······ 411-44-15
star-delta starting ······ 411-52-16
starting ······ 411-52-01
starting current ······ 411-48-18
starting motor ······ 411-33-28
starting test ······ 411-53-33
starting torque ······ 411-48-07
starting winding ······ 411-37-06
static Kraemer system ······ 411-35-03
stator ······ 411-43-01
stator frame ······ 411-43-27
stator resistance starting ······ 411-52-22
stator winding ······ 411-37-16
steady short-circuit current ······ 411-48-20

stepping motor …… 411-35-05
straight seated bearing …… 411-42-20
strand or lamination insulation …… 411-39-02
strip terminal …… 411-41-22
stub shaft …… 411-43-10
stud terminal …… 411-41-21
subsynchronous reluctance motor …… 411-33-06
sub-transient current …… 411-48-25
sudden short-circuit test …… 411-53-24
surrounding medium (of a machine); …… 411-44-06
sustained short-circuit test …… 411-53-23
symmetrical fractional slot winding …… 411-37-24
synchronizing …… 411-52-04
synchronizing coefficient …… 411-50-23
synchronizing power coefficient …… 411-50-24
synchronous compensator …… 411-34-03
synchronous coupling …… 411-34-17
synchronous generated voltage …… 411-49-02
synchronous impedance …… 411-50-01
synchronous induction motor …… 411-33-04
synchronous machine …… 411-31-08
synchronous operation …… 411-52-10
synchronous speed …… 411-46-06

T

tap …… 411-38-24
temperature-rise test …… 411-53-28
terminal board …… 411-41-23
terminal box …… 411-41-30
terminal enclosure …… 411-41-28
terminal housing …… 411-41-28
termination …… 411-41-19
thermal detector …… 411-53-59
thermal equilibrium …… 411-51-08
thermal protection …… 411-53-58
thermal protector …… 411-53-60
thrust bearing …… 411-42-05
tier …… 411-38-20
tilting pad bearing …… 411-42-12
tolerance …… 411-36-19
tooth …… 411-40-20
tooth pitch …… 411-38-25
tooth support …… 411-40-21

torque meter test …… 411-53-14
torque shaft …… 411-43-12
transient current …… 411-48-24
transposition …… 411-38-35
turbine-type machine …… 411-31-18
turn …… 411-38-01
turn insulation …… 411-39-03
turning gear …… 411-43-33
turn-to-turn test …… 411-53-56
two layer winding …… 411-37-21
two-value capacitor motor …… 411-33-19
type of construction …… 411-43-34
type test …… 411-53-01

U

under-compounded …… 411-36-11
unit accelerating time …… 411-48-15
unity power-factor test …… 411-53-27
universal motor …… 411-33-02
up-shaft insulation …… 4411-39-24

V

vacuum-pressure impregnation (of a machine) …… 411-39-07
varying speed motor …… 411-33-36
V-curve characteristic …… 411-47-10
vibration test …… 411-53-41
voltage build-up …… 411-52-30
voltage regulation characteristic …… 411-47-08
voltage withstand test …… 411-53-49

W

Ward-Leonard generator set …… 411-35-02
Ward-Leonard system …… 411-35-01
wave winding …… 411-37-33
waveform analysis …… 411-53-30
waveform test …… 411-53-29
winding …… 411-37-01
winding factor …… 411-38-39
winding overhang …… 411-38-08
winding overhang support …… 411-39-18
winding overhang support insulation …… 411-39-19
winding pitch …… 411-38-30
wound-rotor induction motor …… 411-33-08

Y

yoke …… 411-40-14

Z

zero power factor test (synchronous machine) …… 411-53-26
zero power-factor characteristic …… 411-47-07
zero sequence impedance …… 411-50-04
zero sequence reactance …… 411-50-16
zero sequence resistance …… 411-50-20

ICS 29.160.30
K 24

中华人民共和国国家标准

GB/T 2900.26—2008
代替 GB/T 2900.26—1994

电工术语 控制电机

Electrotechnical terminology—Electrical machine for automatic control system

2008-06-30 发布 2009-04-01 实施

中华人民共和国国家质量监督检验检疫总局
中国国家标准化管理委员会 发布

前　言

本部分为 GB/T 2900 的第 26 部分。

本部分代替 GB/T 2900.26—1994《电工术语　控制电机》。

本部分与 GB/T 2900.26—1994 相比主要变化如下：

——增加了永磁无刷电动机的内容，新增了超声波电动机、形状记忆合金电动机、静电电动机、基准电压发电机、摆动电动机、磁力耦合器、脉动电动机、波导转换器内容及限定性术语，步进电动机、交流力矩电动机、感应子发电机中增加了新的内容。

——为了和 GB/T 7345《控制电机基本技术要求》相一致，删除了“可闻结构噪声”术语。

——删除了交流测速发电机中不常用的术语“同相速敏输出电压”、“正交速敏输出电压”、“同相线性误差”、“同相[正交]速敏变压比”。

——删除了实际工作中很少单独使用的“机械时间常数”。

——删除了两相交流伺服电动机中不常用或没有必要定义的术语“堵转励磁[控制]电流”、“堵转励磁[控制]功率”、“堵转励磁[控制]绕组阻抗”、“滑行时间”、“反转时间”、“两相运行”。

——删除了步进电动机中不常用或没有必要定义的术语“额定供电状态”、“最高反转频率”、“步距”。

——收录了部分新词汇共 49 个。

本部分由中国电器工业协会提出。

本部分由全国微电机标准化技术委员会(SAC/TC 2)归口。

本部分起草单位：西安微电机研究所、北京和利时电机技术有限公司、横店集团联宜电机有限公司、国家稀土永磁电机工程技术研究中心、哈尔滨工业大学、贵州航天林泉电机有限公司、中国电子科技集团公司第 21 研究所、淄博博山杰瑞微电机有限公司。

本部分主要起草人：莫会成、仵均科、姜红、王健、谭莹、许晓华、王福杰。

本部分所代替历次版本发布情况为：

——GB 2900.26—1983、GB/T 2900.26—1994；

——GB 1206—1975。

电工术语　控制电机

1　范围

GB/T 2900 的本部分规定了控制电机的专用术语。

本部分适用于制定标准、编制技术文件、编写和翻译专业手册、教材及书刊。

本部分规定的术语应与 GB/T 2900.1 和 GB/T 2900.25 一起使用；本部分未作规定的术语，需要时可在有关标准中给予规定。

2　规范性引用文件

下列文件中的条款通过 GB/T 2900 的本部分的引用而成为本部分的条款。凡是注日期的引用文件，其随后所有的修改单(不包括勘误的内容)或修订版均不适用于本部分，然而，鼓励根据本部分达成协议的各方研究是否可使用这些文件的最新版本。凡是不注日期的引用文件，其最新版本适用于本部分。

GB/T 2900.1—1992　电工术语　基本术语

GB/T 2900.25—1994　电工术语　旋转电机

3　一般术语及产品名称

3.1　一般术语

3.1.1

控制电机　electrical machine for automatic control system

在自动控制系统中作状态监测、信号处理或伺服驱动等用途的各种电机、电机组件及其系统。

3.1.2

传感(器)　sense；sensor；sensing

在控制电机中，用于检测位置、速度、电流等的元件或技术。

3.1.3

电机热阻　thermal resistance of electrical machine

从电机内的热源(绕组、铁心等)到冷却介质之间对热流的阻抗。

3.1.4

连续工作区　continuous duty zone

图 1 中处于最大连续转矩、最高允许工作转速和额定转速以内的工作区域(图 1 中有阴影区域)，它是由电动机的发热、受离心力影响的机械强度、换向(或换相)或驱动器的极限工作条件限制的范围。在此区域内连续运行，电动机和驱动器都不会超过其最高允许温度。

注 1：额定功率 P_N(W)、额定转速 n_N(r/min)与最大连续转矩 T_N(N·m)的关系为 $P_N=\frac{2\pi T_N n_N}{60}$。

注 2：对于带油封、制动器等其他附件的电动机，应降额使用。

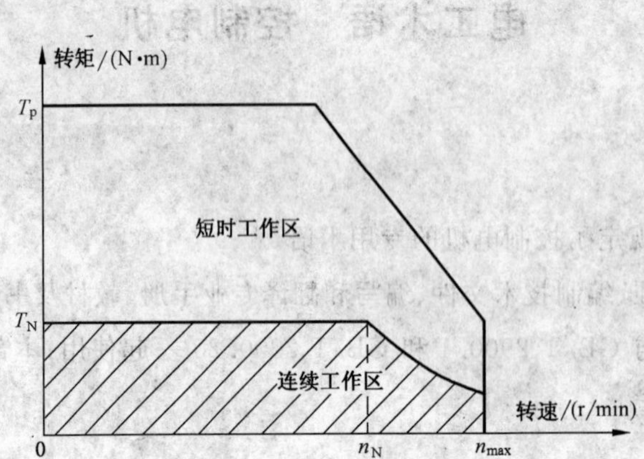

注：T_p——峰值转矩；

n_{max}——最高允许工作转速；

n_N——额定转速；

T_N——最大连续转矩。

图 1　工作区示意图

3.1.5

短时工作区　intermittent duty zone

图 1 中，处于峰值转矩以下，最大连续转矩以上的区域（图 1 中无阴影区域）。在该区域短时工作，电动机电流虽大于最大连续电流，但电动机绕组在一定时间内不会被损坏。

短时过流持续时间是由绕组的热时间常数决定的。

3.1.6

电磁兼容性　electromagnetic compatibility；EMC

控制电机在其电磁环境中能正常工作且不对该环境中任何事物构成不能承受的电磁骚扰的能力。

3.1.7

功率密度　power density

控制电机单位质量或单位体积的输出功率。

3.1.8

转矩密度　torque density

控制电机单位质量或单位体积的输出转矩。

3.1.9

直接驱动　direct drive；DD

不经过减速器等传动机构，直接驱动负载的驱动方式。

3.2　产品名称

3.2.1

自整角机　synchro；selsyn

一种角位移信息发送、接收、转换用交流控制电机，是自整角发送机、自整角接收机、自整角差动发送机、自整角差动接收机和自整角控制变压器的总称。

3.2.2

自整角机系统　synchro system

包含有一个或多个自整角机的系统，它根据角位移信号进行工作，并通过导线远距离传输这些信号。

3.2.3

力矩式自整角机系统　torque synchro system

当多个自整角机转轴之间存在相对角位移时，将产生力矩，并力图使此相对角位移减至最小的自整角机系统。

3.2.4

控制式自整角机系统　control synchro system

当多个自整角机转轴之间存在相对角位移时，将产生相应的电信号，该信号经放大器供给伺服电动机，驱动负载并将相对角位移减至最小的自整角机系统。

3.2.5

力矩式自整角机　torque synchro

可用于力矩式自整角机系统的自整角机。

3.2.6

控制式自整角机　control synchro

可用于控制式自整角机系统的自整角机。

3.2.7

自整角发送机　synchro transmitter

将转轴角位移转换成与之相对应的三线电信号输出的自整角机。

3.2.8

自整角差动发送机　synchro differential transmitter

接收来自自整角发送机的电信号，输出对应于发送机与自身角位移之和(或差)的电信号的自整角机。

3.2.9

自整角接收机　synchro receiver

接收来自自整角发送机(或差动发送机)的电信号，产生对应于发送机(或差动发送机)与自身角位移之差的力矩，此力矩力图将角位移之差减小的自整角机。

3.2.10

自整角差动接收机　synchro differential receiver

接收两个自整角发送机的电信号，转换为自整角位移对应于两发送机角位移之和(或差)的自整角机。

3.2.11

自整角(控制)变压器　synchro control transformer

接收自整角发送机(或差动发送机)的电信号，输出一个正比于发送机(或差动发送机)角位移与自身角位移之差的正弦函数值电压的自整角机。

3.2.12

力矩式(自整角)接收机-发送机　torque receiver-transmitter

具有双重用途的自整角机，既可作力矩式接收机用，又可作力矩式发送机用。

3.2.13

控制-力矩式自整角机　control torque synchro

具有双重用途的自整角机，可兼作控制变压器和力矩式接收机。

3.2.14

无刷自整角机　brushless synchro

没有电刷和滑环结构且允许连续旋转的自整角机。

3.2.15

多极自整角机　multipolar synchro

极对数大于1的自整角机。

3.2.16

双通道自整角机　dual-speed synchro

单对极和多对极自整角机的组合。

3.2.17

多线自整角机　multi-line synchro

输出线数大于3的自整角发送机。

3.2.18

旋转变压器　electrical resolver；resolver

以可变耦合变压器原理工作的交流控制电机。它的副方(次级)输出电压与转子转角呈确定的函数关系。

3.2.19

正余弦旋转变压器　sine-cosine resolver

副方(次级)输出电压与转子转角呈正弦和余弦函数关系的旋转变压器。

3.2.20

比例式旋转变压器　proportional resolver

在系统中作为调整电压的比例元件。结构上增加调整和锁紧转子位置的装置的正余弦旋转变压器。

3.2.21

线性旋转变压器　linear resolver

在一定转角范围内，副方(次级)输出电压与转子转角呈线性函数关系的旋转变压器。

3.2.22

特种函数旋转变压器　special function resolver

在一定的转角范围内，副方(次级)输出电压与转子转角呈某种特定函数(除正余弦函数和线性函数外)关系的旋转变压器。

3.2.23

单绕组线性旋转变压器　induction potentiometer

原方(初级)和副方(次级)各仅有一套绕组的线性旋转变压器。

3.2.24

旋变发送机　resolver transmitter

将转子角位移转换成与之相对应的四线电信号输出的正余弦旋转变压器。

3.2.25

旋变差动发送机　resolver differential transmitter

接收来自旋变发送机的电信号，输出对应于发送机与自身角位移之和(或差)的电信号的正余弦旋转变压器。

3.2.26

旋变变压器　resolver transformer

接收来自旋变发送机(或差动发送机)的电信号，输出一个对应于发送机(或差动发送机)角位移与自身角位移之和(或差)的电信号的正余弦旋转变压器。

3.2.27

无刷旋转变压器　brushless resolver

没有电刷和滑环结构且允许连续旋转的旋转变压器。

3.2.28

多极旋转变压器　multipolar resolver

极对数大于1的旋转变压器。

3.2.29

双通道旋转变压器　dual-speed resolver

单对极和多对极旋转变压器的组合。

3.2.30

磁阻式旋转变压器　variable reluctance resolver

按定转子之间可变磁阻效应原理工作的无刷旋转变压器。

3.2.31

传输解算器　transolver

可将三线自整角机信号与四线旋转变压器信号相互转换的类似于自整角机和旋转变压器的交流控制电机。

3.2.32

感应移相器　induction phase shifter

原方(初级)交流电压励磁,副方(次级)输出电压幅值恒定,原副方相位差与转子转角呈线性函数关系的交流控制电机。

3.2.33

单相感应移相器　single-phase induction phase shifter

原方(初级)单相励磁的感应移相器。

3.2.34

两相感应移相器　two-phase induction phase shifter

原方(初级)由正交两相电压励磁的感应移相器。

3.2.35

多极感应移相器　multipolar induction phase shifter

极对数大于1的感应移相器。

3.2.36

双通道感应移相器　dual-speed induction phase shifter

单对极和多对极感应移相器的组合。

3.2.37

感应同步器　inductosyn;printed circuit multi-pole electrical resolver

基于多极旋转变压器工作原理的精确位移检测元件,它的固定部分和运动部分都有平面印制绕组。

3.2.38

旋转式感应同步器　rotary inductosyn

检测角位移的感应同步器。

3.2.39

直线式感应同步器　linear inductosyn

检测直线位移的感应同步器。

3.2.40

轴角编码器　shaft encoder

将角位移、角速度转换成数码或电脉冲信号的检测元件。

3.2.41

增量式编码器 incremental encoder

输出串行脉冲信号,每个脉冲对应于转轴的一个规定的角度增量的编码器。

3.2.42

绝对式编码器 absolute encoder

输出并行数码或串行数码,每个数码对应于转轴的一个量化了的角度的编码器。

3.2.43

混合式编码器 hybrid encoder

在增量式编码器上附有电机转子磁极位置信号(如 U、V、W 信号)的编码器。

3.2.44

接触式编码器 contact encoder

由定转子之间若干电触点的开断变化而实现编码的编码器。

3.2.45

光学编码器 optical encoder

按光电效应原理工作的编码器。

3.2.46

磁性编码器 magnetic encoder

按磁电转换原理工作的编码器。

3.2.47

电容式编码器 capacitive encoder

按定转子之间的电容变化进行编码的编码器。

3.2.48

旋转式差动变压器 rotary variable differential transformer;RVDT

基于电磁感应原理的角位移检测元件,在一定范围内,它的输出电压幅值与转子偏离电气零位的角度成正比。

3.2.49

直线式差动变压器 linear variable differential transformer;LVDT

基于电磁感应原理的直线位移检测元件,在一定范围内,它的输出电压幅值与可动铁心的直线位移成正比关系。

3.2.50

测速发电机 tachogenerator;tachometer generator

将转速转换成电信号的检测元件,输出的信号(电压或频率)与转速成正比关系。某些测速机输出信号还能反映转向。

3.2.51

直流测速发电机 direct current tachogenerator;DC tachogenerator

采用直流电机结构的测速发电机,输出的直流电压与转速成正比,极性与转向相关。

3.2.52

永磁式低速直流测速发电机 permanent magnet low speed DC tachogenerator;PM low speed DC tachogenerator

最低工作转速可达每分钟数十转,或有较高输出斜率的永磁式直流测速发电机。

3.2.53

无刷直流测速发电机 brushless DC tachogenerator

没有电刷、换向器结构,由电机和电子电路结合的测速发电机,输出的直流电压值与转速成正比,极性与转向相关。

3.2.54

交流测速发电机　alternating current tachogenerator;AC tachogenerator

采用交流电机结构的测速发电机,输出的交流电压幅值和/或频率与转速成正比。

3.2.55

同步测速发电机　synchronous tachogenerator

采用同步电机结构的测速发电机,输出交流电压的幅值和频率均与转速成正比。

3.2.56

永磁同步测速发电机　PM synchronous tachogenerator

转子为永磁体励磁的同步测速发电机。

3.2.57

感应子发电机　inductor synchronous generator

按定转子之间可变磁阻效应产生感应电动势原理工作的同步发电机。

3.2.58

永磁式感应子发电机　PM inductor synchronous generator

由永磁体励磁的感应子发电机。

3.2.59

电磁式感应子发电机　electromagnetic inductor synchronous generator

由直流电流励磁的感应子发电机。

3.2.60

感应子测速发电机　inductor synchronous tachogenerator

用于转速测量的感应子发电机。

3.2.61

异步测速发电机　asynchronous tachogenerator

采用异步电机结构的交流测速发电机,输出交流电压频率与励磁电源频率相同,幅值与转子转速成正比。

3.2.62

杯型转子异步测速发电机　drag cup asynchronous tachogenerator

转子由非磁性导电金属材料加工成杯形的异步测速发电机。

3.2.63

阻尼型测速发电机　damping tachogenerator

具有高的堵转理论加速度值和低的零速输出电压的异步测速发电机。

3.2.64

积分型测速发电机　integrating tachogenerator

输出电压随温度变化偏差小、加热时间短的异步测速发电机。通常具有温度控制和补偿网络。

3.2.65

比率型测速发电机　proportional tachogenerator

速敏输出电压对零速输出电压之比较高,转子转动惯量较低,整个速度范围内输出电压线性度较高的异步测速发电机。

3.2.66

频率测速发电机　frequency tachogenerator

输出信号的频率与转子转速成正比的测速发电机。

3.2.67

直线测速发电机　linear tachogenerator

检测直线运动速度，转换为与之成正比电信号的测速发电机。

3.2.68

伺服电动机　servo motor

应用于运动控制系统中的电动机，它的输出参数，如位置、速度、加速度或转矩是可控的。

3.2.69

直流伺服电动机　DC servo motor

采用直流电机结构的伺服电动机。

3.2.70

无槽电机　slotless motor

电枢铁心采用无齿槽结构，绕组置于电枢铁心表面的电机。

3.2.71

无槽电枢直流伺服电动机　slotless armature DC servo motor

电枢采用无槽电机结构的直流伺服电动机。

3.2.72

无铁心直流伺服电动机　ironless[coreless]DC servo motor

电枢部分没有铁磁物质的直流伺服电动机。

3.2.73

杯型电枢直流伺服电动机　moving coil DC servo motor

电枢绕组是由导线排列成空心杯型的无铁心直流伺服电动机。

3.2.74

印制绕组直流伺服电动机　printed (armature) DC servo motor

由两层或两层以上导电金属箔(铜或铝等)组成的平面绕组构成无铁心盘式电枢的直流伺服电动机，其平面绕组用印制电路制作方法或其他方法制成。

3.2.75

线绕盘式直流伺服电动机　wound disc-armature DC servo motor

电枢绕组是由导线排列成盘状的无铁心直流伺服电动机。

3.2.76

交流伺服电动机　AC servo motor

采用交流电机结构的伺服电动机。

3.2.77

两相交流伺服电动机　two-phase AC servo motor

采用异步电机结构的交流伺服电动机，它的两相绕组由频率相同、互相独立的交流电压控制，通过改变控制相电压的幅值和/或相位差来控制电机的输出转矩、转速和转向。

3.2.78

杯型转子两相交流伺服电动机　drag cup two-phase AC servo motor

转子由非磁性导电金属材料加工成杯形的两相交流伺服电动机。

3.2.79

永磁无刷电动机　PM brushless motor

根据转子位置信息，通过电子电路进行换相或电流控制的永磁电动机。

按电动机传感类型可分为有传感器电动机和无传感器电动机。

3.2.80

(永磁)无刷直流电动机　(PM)brushless DC motor

驱动电流为矩形波的永磁无刷电动机。

3.2.81

无槽无刷直流电动机　slotless & brushless DC motor

采用无槽电机结构的无刷直流电动机。

3.2.82

无刷直流伺服电动机　brushless DC servo motor; electronically commutate DC servo motor

具有伺服驱动功能的永磁无刷直流电动机。

3.2.83

永磁交流伺服电动机　PM AC servo motor; brushless AC servo motor; synchronous AC servo motor

驱动电流为正弦波的永磁无刷电动机。

在控制系统控制下,综合输入指令和转子位置检测信号,由输入绕组电流的幅值和相位的变化来控制电动机输出转柜、转速的大小和方向。

3.2.84

直线伺服电动机　linear servo motor

作直线运动的伺服电动机。

3.2.85

音圈电动机　voice coil motor

音圈结构的直线直流伺服电动机。

3.2.86

步进电动机　stepping motor; stepper motor; step motor

步进电动机是一种多相同步电动机,它的定子绕组按一定程序励磁时,其转子按一定角位移(或直线位移)作增量运动。

3.2.87

永磁式步进电动机　PM stepping motor

转子由永磁体构成,在气隙中产生交替极性磁场的步进电动机。

3.2.88

永磁盘式步进电动机　disc rotor stepping motor

转子是盘式结构的永磁式步进电动机。

3.2.89

磁阻式步进电动机　variable reluctance stepping motor

转子由软磁材料制成,利用定转子齿槽的磁阻效应产生转矩的步进电动机。

3.2.90

混合式步进电动机　hybrid stepping motor

转子由永磁体和软磁材料构成,用永磁体使软磁材料转子磁极磁化的步进电动机。

3.2.91

直线步进电动机　linear stepping motor

作直线运动的步进电动机。

3.2.92

两维步进电动机　two-axis linear stepping motor

在一平面有限区域内作两维运动的步进电动机。

3.2.93

开关磁阻电动机　switched reluctance motor;switching reluctance motor

采用定转子凸极且极数相接近的大步距磁阻式步进电动机的结构,根据转子位置信息,通过电子电路进行换相和/或电流控制的电动机。

3.2.94

双凸极永磁电机　doubly salient PM motor;DSPM motor

结构上与开关磁阻电动机相似,在定子或转子上嵌有永磁体的电机。

3.2.95

电励磁双凸极电机　doubly salient electro-magnetic motor;DSEM motor

结构上与开关磁阻电动机相似,在定子或转子上嵌有励磁绕组的电机。

3.2.96

力矩电动机　torque motor

可直接驱动负载,能在低速、堵转状态下连续工作,以输出转矩为主要特征的电动机。

3.2.97

直流力矩电动机　DC torque motor

采用直流电机结构的力矩电动机。

3.2.98

交流(异步)力矩电动机　AC torque motor

采用异步电机结构的力矩电动机。

3.2.99

卷绕型交流力矩电动机　convolution AC torque motor

具有下降的机械特性曲线,用于恒功率负载驱动的交流力矩电动机。

3.2.100

导辊型交流力矩电动机　roller AC torque motor

具有近似水平的机械特性曲线,用于恒转矩负载驱动的交流力矩电动机。

3.2.101

永磁无刷力矩电动机　PM brushless torque motor

按永磁无刷电动机原理工作的力矩电动机。

3.2.102

有限转角力矩电动机　limited angle torque motor

给绕组输入恒定电流时,电动机在一定转角范围内工作并输出近似恒定转矩的力矩电动机。

3.2.103

摆动电动机　oscillating motor

转子在一定角度范围内摆动的电动机。

3.2.104

磁滞同步电动机　hysteresis synchronous motor

由磁滞材料制成的转子与定子旋转磁场作用产生的磁滞转矩使之启动并进入同步运行的电动机。

3.2.105

磁阻同步电动机　reluctance synchronous motor

利用转子直轴和交轴磁阻不相等产生磁阻转矩而运行的同步电动机,通常转子上还装有启动用笼型绕组。

3.2.106

混合式同步电动机　hybrid synchronous motor

兼有永磁式、磁滞式或磁阻式任意两种转子结构的同步电动机。

3.2.107

低速同步电动机　low speed synchronous motor

不经机械减速，利用定转子齿槽磁阻效应，在工频电压供电下获得每分数十转或数百转低速的同步电动机。

3.2.108

电机扩大机　rotary amplifier

对各控制绕组输入的诸电信号在电机内进行励磁合成，其结果经放大并以一定功率输出的特殊结构的直流发电机。

3.2.109

交磁电机扩大机　amplidyne

由一组电刷形成电枢绕组 q 轴短路的两级放大的电机扩大机。

3.2.110

伺服测速机组　servo motor tachogenerator

由伺服电动机和测速发电机组成一体的机组。

3.2.111

自整角伺服力矩机　servtorq

由自整角变压器、直流力矩电动机和电子电路构成的小功率伺服组件。它接收自整角发送机的电信号，精确复现发送机的轴位和运动。

3.2.112

超声波电动机　ultrasonic motor

利用压电材料的逆压电效应，把电能转换成弹性体的超声振动，并通过摩擦传动的方式，将超声振动转换成转子运动的电动机。

3.2.113

行波型超声波电动机　travelling wave motor

超声振动波为行波的超声波电动机。

3.2.114

驻波型超声波电动机　standing wave motor

超声振动波为驻波的超声波电动机。

3.2.115

形状记忆合金电动机　shape memory alloy motor;SMA motor

利用形状记忆合金的特点来实现直线位移的电动机。

3.2.116

温控形状记忆合金电动机　temperatur controlled shape memory alloy motor

依靠温度变化来控制材料变形的形状记忆合金电动机。

3.2.117

磁控形状记忆合金电动机　magnetically controlled shape memory alloy motor

依靠改变磁场强度来控制材料变形的形状记忆合金电动机。

3.2.118

静电电动机　static electricity motor

利用异性电荷之间的库仑力使电能转换成机械能的电动机。

3.2.119

基准电压发电机　reference vo1tage generator

永磁同步发电机的一种，输出两相正交的对称电压，作为测控系统的相位基准。

3.2.120

基准电压发电机组　reference voltage generator set

由驱动电动机(通常是同步电动机、异步电动机或者直流电动机)、基准电压发电机和波导同轴组合而成的机组。

3.2.121

磁力耦合器(磁力驱动器)　magnetic force coupler

将原动机的转矩通过磁力耦合到被驱动装置,可分为同步型和异步型两类。

3.2.122

脉动电机　rotary solenoid & steeping switch

将转子的轴向位移转变为旋转运动的电磁装置。

使用时定子通以额定幅值、一定脉宽的方波电压,转子步进旋转规定的角度,可带动1～8层开关片。

3.2.123

波导转换器　transducer for waveguide switch

改变直流电压的极性可使转子在一定角度范围内转动,以控制波导传输能量的通断或转换的电磁装置。

3.3　控制电机的电子控制装置

3.3.1

驱动器　driver

一种接收外部控制信号和/或反馈信号,经过信号处理和功率放大,使控制电机完成预期运动的装置,包括控制部分和功率放大部分。

3.3.2

调速(驱动)器　adjustable-speed device

调节电机转速的控制装置。

3.3.3

伺服驱动器　servo driver

用于伺服电动机的驱动器。

3.3.4

直流伺服驱动器　DC servo driver

用于直流伺服电动机的伺服驱动器。

3.3.5

交流伺服驱动器　AC servo driver

用于交流伺服电动机的伺服驱动器。

3.3.6

无刷直流伺服电动机驱动器　brushless DC servo motor driver

用于无刷直流伺服电动机的伺服驱动器。

3.3.7

(永磁)无刷直流电动机驱动器　(PM)brushless DC motor driver

用于(永磁)无刷直流电动机的驱动器。

3.3.8

开关磁阻电动机驱动器　switched reluctance motor driver

用于开关磁阻电动机的伺服驱动器。

3.3.9

步进电动机驱动器　stepping motor driver

用于步进电动机的驱动器。

3.3.10

轴角/数字转换器　angle-to-digital converter

将输入转角的模拟信号转换成数字信号的装置或器件。

3.3.11

自整角机/数字转换器　synchro-to-digital converter;SDC

用于自整角机的轴角/数字转换器。

3.3.12

感应同步器/数字转换器　inductosy-to-digital converter;IDC

用于感应同步器的轴角/数字转换器。

3.3.13

旋转变压器/数字转换器　resolver-to-digital converter;RDC

用于旋转变压器的轴角/数字转换器。

3.3.14

数字/自整角机转换器　digital-to-synchro converter;DSC

将数字量转换成自整角机三线信号的装置或器件。

3.3.15

数字/旋转变压器转换器　digital-to-resolver converter;DRC

将数字量转换成旋转变压器的四线信号的装置或器件。

3.4　结构类别术语

3.4.1

共磁路式　common magnetic path type

两个或两个以上控制电机的绕组设置在同一个铁心上的结构型式。

3.4.2

组装式　assembly type

有外壳和转轴等部件并装配成整机的电机结构型式。

3.4.3

分装式　separated type

只有定子、转子和主要部件,不能独立装配成整机的电机结构型式。

3.4.4

粗机　coarse speed

双通道自整角机、旋转变压器或感应移相器中极对数为 1 的部分。

3.4.5

精机　fine speed

双通道自整角机、旋转变压器或感应移相器中极对数大于 1 的部分。

3.4.6

机组　set

由两类及两类以上控制电机组成一体的结构型式。

4 主要零部件、附件

4.1 绕组

4.1.1

输出绕组 output winding

输出电能或电信号的绕组。

4.1.2

控制绕组 control winding

接收电信号,控制电机运行的绕组。

4.1.3

整步绕组 synchronizing winding

自整角机系统中互相对接的三相绕组。

4.1.4

补偿绕组 compensating winding

用来削弱剩余电压或用作温度、误差等补偿的绕组。

4.1.5

反馈补偿绕组 feed-back compensating winding

提供反馈信号,改变励磁绕组的输入,以减少环境和使用条件变化对电机性能影响的绕组。

4.1.6

交轴绕组 quadrature-axis winding

轴线与励磁绕组轴线空间相差 90°电角度的绕组。

4.1.7

正弦绕组 sine winding

各绕组的有效导体数近似按正弦规律调制的绕组。

4.1.8

正弦输出绕组 sine-output winding

输出电压的幅值与转子转角呈正弦函数关系的绕组。

4.1.9

余弦输出绕组 cosine-output winding

输出电压的幅值与转子转角呈余弦函数关系的绕组。

4.1.10

加热绕组 warm-up winding

为了使测速发电机的技术指标较快地达到所需要的热态指标而在测速发电机中增加的绕组。

4.2 机械构件、电磁部件

4.2.1

外定子 external stator

杯型转子电机中在转子外侧的定子。

4.2.2

内定子 internal stator

杯型转子电机中在转子内侧的定子。

4.2.3

外转子 external rotor

安放在定子外侧的转子。

4.2.4

内转子　internal rotor

安放在定子内侧的转子(即一般旋转电机的结构)。

4.2.5

动子　mover

直线电机的可运动部分。

4.2.6

静子　stay

直线电机中静止的部分。

4.2.7

定尺　scale

直线感应同步器的静止部分。

4.2.8

滑尺　slide

直线感应同步器的可运动部分。

4.2.9

阻尼器　damper

在电机中用来削弱转子机械振荡的部件。

4.2.10

爪极转子　claw pole rotor

转子磁极呈爪形环状对称结构分布的转子。

4.2.11

笼型转子　squirrel cage rotor

两端由导电环或导电板连接起来的若干导条构成绕组的转子。

4.2.12

杯形转子　drag cup rotor

中空呈杯形,内外两侧均可安放定子的转子。

4.2.13

实心转子　solid rotor

导电与导磁部分均由同一种材料(一般为铁磁材料)所构成的转子。

4.2.14

组合转子　assembled rotor

复合转子　composite rotor

由杯型转子与笼型转子组合而成的转子。

4.2.15

离心稳速器　centrifugal governor

与电动机同轴安装,在离心部件作用下在一定的转速附近使电动机主电路或控制电路反复通断,以维持转速稳定的器件。

4.3　附件

4.3.1

齿轮减速器　gearhead;gear box

采用一级或多级齿轮传动,使输出转速低于输入转速的装置。

4.3.2

电磁制动器　electromagnetic brake

依靠电磁吸力和弹簧压力(拉力)相互配合,使电机或其他机械装置快速停止转动的装置。可分为电磁失电制动器和电磁加电制动器。

4.3.3

斯科特变压器　Scott transformer

将空间三相电压信号转换成两相电压信号(或反之)的两个特殊连接的单相变压器。

变压器的初级有两个中心抽头,一个匝数比在 1/2 处,另一个匝数比在$\sqrt{3}/2$ 处。斯科特变压器的功能也可以用电子线路来实现。

4.4　限定性术语

4.4.1

斯科特连接　Scott connection

为使三相电压变换成两相电压,或反之,而将两个单相变压器的绕组互连的一种方法。

4.4.2

勒布朗克连接　Leblanc connection

利用三相电路中两相的线电压与第三相的相电压正交的特点,将三相电压变换成两相电压,或反之的三相变压器的绕组的连接方法。

4.4.3

微步驱动技术　micro-step drive technique

一种按照某种规律控制电机绕组电流从而将步进电机的整步分解为一系列细分步的方法。通常可以改善运行平稳性(尤其是低速下)、减小噪声、提高分辨率。

5　特性和参数

5.1　通用特性和参数

5.1.1

静摩擦力矩　static friction torque

静阻转矩

电机绕组开路,使转子在任意位置开始转动所需克服的阻力矩。

5.1.2

自锁转矩　self-lock torque

电机绕组开路,转子在任意位置所能抵抗而不致转动的外施转矩。

5.1.3

库仑摩擦力矩　Coulomb friction torque

其大小与转速无关的摩擦阻力矩。

5.1.4

黏性摩擦力矩　viscous friction torque

其大小与转速有关的摩擦阻力矩。

5.1.5

磁滞阻力矩　hysteresis friction torque

对应于铁心磁滞损耗而产生的阻力矩。

5.1.6

励磁静摩擦力矩　exciting friction torque

在规定励磁条件下,使转子在任意位置开始转动所需克服的阻力矩。

5.1.7

堵转转矩　stall torque

电动机在规定的条件下，转子在不同位置堵转时所产生转矩的最小值。

5.1.8

最大连续转矩(额定转矩)　maximum continuous torque(rated torque)

在规定条件下，电动机连续稳定运行所能输出的最大转矩。这时，电动机绕组温度和驱动器功率器件温度不会超过最高允许温度，电动机或驱动器不会损坏。

5.1.9

最大连续电流(额定电流)　maximum continuous current (rated current)

在规定条件下，电动机输出最大连续转矩(额定转矩)时的线电流值。该电流在电动机方波运行时为峰值，正弦波运行时为有效值；恒定直流供电运行时为直流电流值。

5.1.10

峰值转矩　peak torque

在规定条件下，电动机所能输出的最大转矩。在峰值转矩下短时工作不会引起电机损坏或性能不可恢复。

5.1.11

峰值电流　peak current

在规定条件下，电动机输出峰值转矩时的线电流值。该电流在电动机方波运行时为峰值，正弦波运行时为有效值；恒定直流供电运行时为直流电流值。

5.1.12

过载能力　over load capability

在规定条件下，电动机能够在规定时间内输出一定功率或转矩而不超过规定峰值电流的能力。通常把峰值电流与最大连续电流(额定电流)之比称为电流过载倍数，峰值转矩与最大连续转矩(额定转矩)之比称为转矩过载倍数。

5.1.13

驱动器效率　driver efficiency

驱动器输出有功功率与驱动器输入有功功率之比。

5.1.14

转速波动系数　speed ripple coefficient

在规定条件下电动机稳态运行时，转速波动系数 K_{fn} 用百分数表示为

$$K_{fn} = \frac{n_{max} - n_{min}}{n_{max} + n_{min}} \times 100\%$$

式中：

K_{fn}——转速波动系数，%；

n_{max}——瞬时转速的最大值，单位为转每分(r/min)；

n_{min}——瞬时转速的最小值，单位为转每分(r/min)。

5.1.15

转矩波动系数　torque ripple coefficient

在规定的条件下，电机一转内输出转矩的变化。通常表示为转矩变化的峰-峰值的1/2与平均转矩之比。

转矩波动系数 K_{fT} 用百分数表示为

$$K_{fT} = \frac{T_{max} - T_{min}}{T_{max} + T_{min}} \times 100\%$$

式中：

K_{rT}——转矩波动系数，%；

T_{max}——瞬态转矩的最大值，单位为牛米（N·m）；

T_{min}——瞬态转矩的最小值，单位为牛米（N·m）。

5.1.16

正反转速差率 difference ratio between CW and CCW speed

对于速度闭环的系统，在额定转速下，不改变转速指令的量值，仅改变电动机的旋转方向；对于速度开环的系统，在额定供电状态下，仅改变电动机的旋转方向；对于一般直流电动机仅改变电压的极性；对于一般交流电动机，在额定电压、额定频率下，仅改变电源的相序。各种电动机均在空载条件下，测量出电动机的正反转速平均值 n_{cw} 和 n_{ccw}，按照下式计算正反转速差率 K_n，用百分数表示。

$$K_n = \frac{2\left|n_{cw} - n_{ccw}\right|}{n_{cw} + n_{ccw}} \times 100\%$$

式中：

K_n——正反转速差率，%；

n_{cw}——电动机顺时针旋转时的转速平均值，单位为转每分（r/min）；

n_{ccw}——电动机逆时针旋转时的转速平均值，单位为转每分（r/min）。

5.1.17

转速调整率 speed regulation ratio

系统在额定转速、空载条件下，仅电源电压变化，或者仅环境温度变化，或者仅负载变化，电动机的平均转速变化值与额定转速的百分比分别称为电压变化的转速调整率、温度变化的转速调整率、负载变化的转速调整率。

5.1.18

调速比 speed ratio

系统满足规定的转速调整率和规定的转矩波动（或转速波动）时的最低空载转速 n_{min} 和额定转速 n_N 之比称为调速比 D。

$$D = \frac{n_{min}}{n_N}$$

式中：

D——调速比；

n_{min}——最低空载转速，单位为转每分（r/min）；

n_N——额定转速，单位为转每分（r/min）。

5.1.19

转子转动惯量 rotor inertia

相对于转轴旋转中心的转子惯性矩。

5.1.20

电气时间常数 electrical time constant

在阶跃输入电压和规定条件下，堵转电机使绕组电流达到其最终值的 63.2%所需时间。

5.1.21

热时间常数 thermal time constant

在恒定功耗和规定条件下，电机绕组温升达到其稳定值的 63.2%所需时间。

5.1.22

电流波形因数 current form factor

电流有效值与电流平均值的绝对值之比。

5.1.23

空载转速　no-load speed

电动机在一定输入条件下空载运行时的稳态转速。

5.1.24

极限转速　limit speed

最高允许工作转速　maximum permission speed

电机在保证电气绝缘介电强度和机械强度条件下允许的最高转速。

5.1.25

(相位)基准电压　phase reference voltage

作为相位参考基准的电压。

5.1.26

同相分量　in-phase component

与基准电压基波同相位的分量。

5.1.27

正交分量　quadrature component

与基准电压基波相位正交的分量。

5.1.28

电气零位　electrical zero position

自整角机、旋转变压器、直线式差动变压器、旋转式差动变压器、感应移相器或感应同步器输出电压的同相分量为零时的转子位置。

5.1.29

基准电气零位　reference electrical zero position

作为基准的电气零位。

5.1.30

零位电压　null voltage

转子处于电气零位时的输出电压。

5.1.31

总值零位电压　total null voltage

谐波零位电压和基波零位电压的方均根值。

5.1.32

基波[谐波]零位电压　fundamental[harmonic]null voltage; fundamental[harmonic]component of null voltage

零位电压的基波[谐波]分量。

5.1.33

输出(电压)斜率　output (voltage)gradient

a)　测速发电机在规定条件下，单位转速产生的输出电压。

b)　线性旋转变压器在规定条件下，每转动单位角度输出电压的增量。

5.1.34

电刷接触电阻变化　variation of brush contact resistance

正、反两个方向转动转子一周范围内，电刷和滑环[换向器]间接触电阻的变化。

5.1.35

开路[短路]输入阻抗　open-circuit[short-circuit]input impedance

输出端开路[短路]时输入端的阻抗。

5.1.36

开路[短路]输出阻抗　open-circuit[short-circuit]output impedance

输入端（和交轴绕组）开路[短路]时输出端的阻抗。

5.1.37

电气误差　electrical error

自整角机、旋转变压器、感应移相器或感应同步器实际电气位置与理论电气位置之差，以机械角表示。

5.1.38

零位误差　electrical error of null position

自整角机、旋转变压器、感应移相器或感应同步器实际电气零位与理论电气零位之差，以机械角表示。

5.1.39

线性误差　linearity error

a) 线性旋转变压器在工作转角范围内，输出电压的实际值与对应的理论值之差同最大理论输出电压之比。

b) 异步测速发电机在规定的转速范围内和规定的负载条件下，实际输出电压与理论输出电压之差同最大理论输出电压之比。可参考图2，用百分数表示。

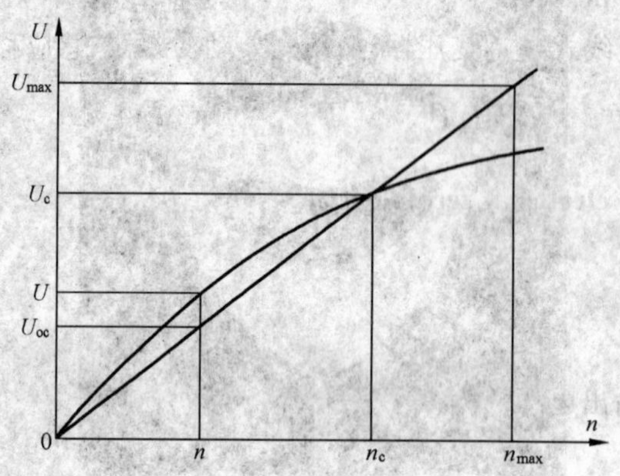

图2　异步测速发电机的线性误差

$$\Delta L = \frac{U - U_{oc}}{U_{max}} \times 100\%$$

式中：

ΔL——线性误差，%；

U——在规定转速范围内任意转速 n 时的实际输出电压，单位为伏[特]（V）；

U_{oc}——在规定转速范围内任意转速 n 时的理论输出电压，单位为伏[特]（V）；

$$U_{oc} = \frac{n}{n_c} U_c$$

n——在规定转速范围内的任意转速，单位为转每分（r/min）；

n_c——校准转速，单位为转每分（r/min）；

U_c——在校准转速 n_c 时实际的输出电压，单位为伏[特]（V）；

$$U_{max} = \frac{n_{max}}{n_c} U_c$$

n_{max}——在规定转速范围内的最大转速，单位为转每分（r/min）；

U_{max}——在转速范围内最大转速 n_{max} 时的理论输出电压，单位为伏[特]（V）。

c) 直流测速发电机在规定的转速范围内和规定的负载条件下,实际输出电压与理想输出电压之差同该转速时理想输出电压之比。

5.1.40

相位误差　phase error

a) 线性旋转变压器[异步测速发电机]在线性工作[转速]范围内输出相位移的变化值。

b) 感应移相器输出电压的相位移对极对数之比与其相应的转子实际转角之差。

5.1.41

零相位误差　null phase error

从基准相位零位开始,输出电压的相位每隔 $\frac{180°}{p}$,其对应的转子实际位置与理论位置 $\left(\frac{180°}{p},\frac{360°}{p}\cdots\cdots\right)$之差。

5.1.42

转子转角　angle of rotor

转子从基准电气零位起始的角位移。

5.1.43

失调角　misalignment angle

电机转子偏离协调位置或稳定平衡位置的角度。

5.1.44

粗精机零位偏差　deflection of zero position between coarse and fine speed

粗机与精机基准电气零位之间的偏差或基准相位零位之间的偏差。

5.1.45

输出相位移　output phase shift

在规定励磁条件下,输出电压基波分量对励磁电压基波分量的相位差。

5.1.46

补偿点　compensation point

旋转变压器和测速发电机测试时误差取为零的点。

5.1.47

频率敏感性　frequency sensitivity

当励磁电压的频率在额定值规定的允许偏差范围内变动时所引起性能变化的敏感程度。

5.1.48

电压敏感性　voltage sensitivity

当励磁电压在额定值规定的允许偏差范围内变动时所引起性能变化的敏感程度。

5.1.49

齿槽转矩　cogging torque

当带永磁体的电机绕组开路时,电机回转一周内,由于电枢铁心开槽,有趋于最小磁阻位置的倾向而产生的周期性转矩。

5.1.50

直流母线电压　DC bus voltage

逆变器输入端的直流电压。

5.1.51

闭环控制　closed loop control

为了将反馈变量调整到参比变量,系统将反馈变量与参比变量相比较,并利用两变量之差设定操纵变量的控制。按被控量的不同分为位置控制、速度控制、转矩控制三种。

5.1.52

超调[量]　overshoot

对于阶跃响应，为偏离输出变量最终稳态值的最大瞬时偏差，以最终稳态值与初始稳态值之差的百分数表示。见图3。

5.1.53

阶跃输入的转速响应时间　response time following a step change of reference input

系统输入由零到对应 n_N 的正阶跃信号，从阶跃信号开始至转速第一次达到 $0.9n_N$ 的时间(见图3)；系统输入由对应 n_N 到零的负阶跃信号，从阶跃信号开始至转速第一次达到 $0.1n_N$ 的时间。上述正、负阶跃过程中规定的时间称为阶跃输入的转速响应时间。

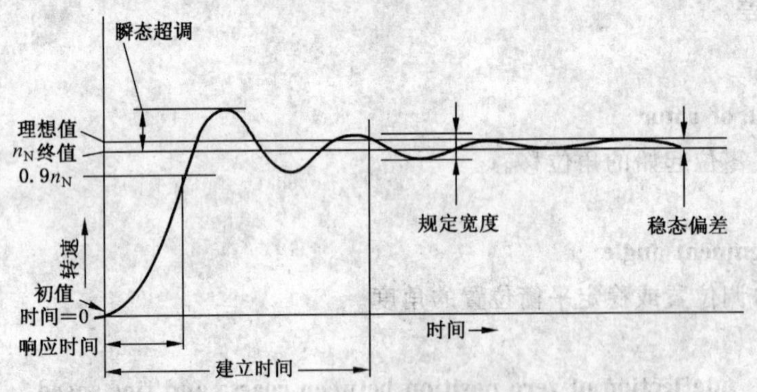

图3　阶跃输入的时间响应曲线

5.1.54

转矩变化的时间响应　response following a torque variation

系统正常运行时，对电动机突然施加转矩负载或突然卸去转矩负载，电动机转速随时间的变化称为系统对转矩变化的时间响应(见图4)。

5.1.55

建立时间　settling time

从一个输入变量发生阶跃变化的瞬间起，至输出变量偏离其最终稳态值与初始稳态值之差不超过±5%的瞬间止的持续时间间隔。

系统中转速发生阶跃变化的建立时间称转速建立时间(见图3)。

系统中转矩发生阶跃变化的建立时间称转矩变化的转速建立时间(恢复时间)(见图4)。

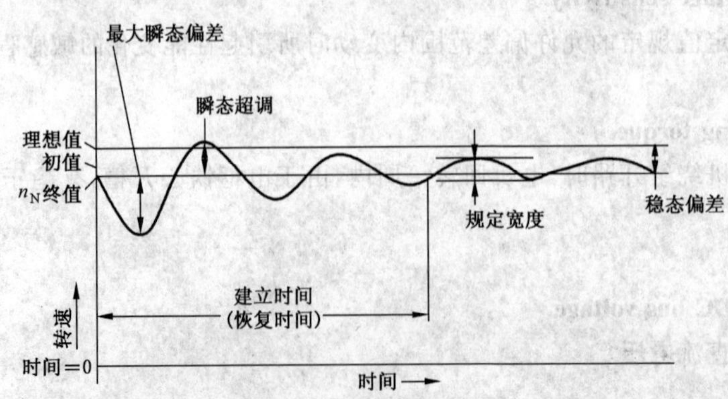

图4　突加负载的时间响应曲线(输入不变)

5.1.56

频带宽度　band width

系统输入量为正弦波，随着正弦波信号的频率逐渐升高，对应的输出量的相位滞后逐渐增大，同时幅值逐渐减小，相位滞后增大至90°时或者幅值减小至低频段幅值$1/\sqrt{2}$时的频率称为系统的频带宽度。

5.1.57

静态刚度　static stiffness

在位置控制方式下，系统处于空载零速工作状态，对电动机轴端正转方向或反转方向施加连续转矩T_0，测量出转角的偏移量$\Delta\theta$，则静态刚度K_s为

$$K_S=\frac{T_0}{\Delta\theta}$$

式中：

T_0——电动机轴端施加的连续转矩，单位为牛米(N·m)；

$\Delta\theta$——转角的偏移量，单位为分(′)；

K_S——静态刚度，单位为牛米每分[N·m/(′)]。

5.2　自整角机特性和参数

5.2.1

静态输出特性　static output characteristic

在控制式自整角机系统中，静态时输出电压与失调角的关系。

5.2.2

静态整步转矩特性　static synchronizing torque characteristic

在力矩式自整角机系统中，自整角机静态整步转矩与失调角的关系。

5.2.3

最大输出电压　maximum output voltage

在规定条件下，次级绕组和初级绕组处于最大耦合位置时的开路次级电压。

5.2.4

最大输出电压差　difference of maximum output voltage

整步绕组各线间最大输出电压中的最大值和最小值之差。

5.2.5

比电压　voltage gradient

控制式自整角机系统在协调位置附近单位失调角的输出电压。

5.2.6

交轴输出阻抗　quadrature-axis output impedance

转子从电气零位转过90°电角度时输出端的阻抗。

5.2.7

整步转矩　synchronizing torque

力矩式自整角机系统中由失凋角引起的转矩，此转矩使失调角趋近于零。

5.2.8

静态整步转矩　static synchronizing torque

转速为零时的整步转矩。

5.2.9

最大静态整步转矩　maximum static synchronizing torque

静态整步转矩的最大值。

5.2.10

动态整步转矩　dynamic synchronizing torque

转子旋转时的整步转矩。

5.2.11

比整步转矩　torque gradient

力矩式自整角机系统在协调位置附近单位失调角所产生的整步转矩。

5.2.12

静态误差　static receiver error

自整角机系统静态协调时，接收机（或自整角变压器）与发送机转子转角之差。

5.2.13

动态误差　dynamic receiver error

自整角机系统动态追随时，接收机与发送机转子转角之差。

5.2.14

自整步时间　self-aligning time

自整角机转子预先由协调位置转过一个规定的转角，自接通额定电压和额定频率的励磁一瞬间开始到转子达到自整步并一直在规定范围内保持整步的时间。

5.2.15

协调位置　aligned position

a) 力矩式自整角机系统输出转矩为零时，与发送机转子位置相对应的接收机转子的稳定平衡位置。

b) 控制式自整角机系统输出电压的基波同相分量为零时，与发送机转子位置相对应的自整角变压器转子的稳定平衡位置。

5.2.16

阻尼时间　synchronizing time

力矩式自整角机系统接收机自规定失调位置稳定到协调位置所需的时间。

5.3　旋转变压器、传输解算器特性和参数

5.3.1

交轴电压　quadrature-axis voltage

在规定励磁条件下，输出绕组开路时交轴绕组的电压。

5.3.2

变压比　transformation ratio

在规定励磁条件下，最大空载输出电压的基波分量与励磁电压的基波分量之比。

5.3.3

（正余弦）函数误差　sine-cosine function error

正余弦旋转变压器输出电压的实际值与对应的理论值之差同最大理论输出电压之比。

5.3.4

交轴误差　interaxis error

所有转子和定子绕组对应零位与转子角度成 90°、180°和 270°时的角度偏差。

5.3.5

线性工作范围　effective electrical travel

线性旋转变压器输出函数在线性误差内的转角范围。

5.3.6

补偿绕组阻抗　compensating winding impedance

转子和定子接线端开路时补偿绕组的阻抗。

5.4 感应移相器特性和参数

5.4.1

相位零位 zero position in phase

感应移相器输出电压和励磁电压相位移为零时的转子位置。

5.4.2

基准相位零位 reference zero position in phase

作为基准的相位零位。

5.4.3

试验相位零位 zero position of testing

感应移相器测试误差时选定的试验起始位置的相位零位。

5.4.4

移相电路 phase shifting circuit

单相感应移相器定子(或转子)两个绕组分别接以电容和电阻用作移相的电路。

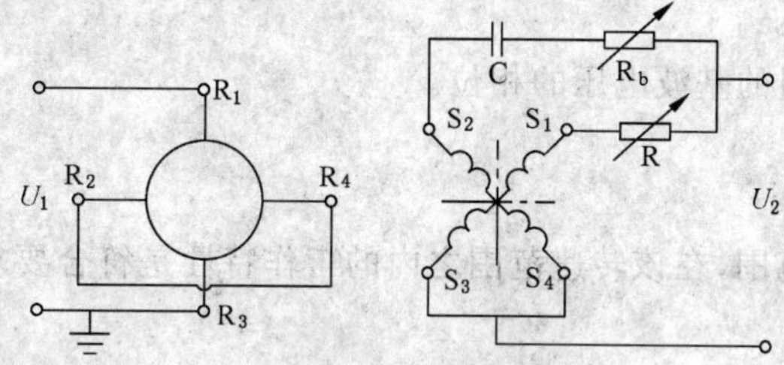

图 5 感应移相器电气原理图

5.4.5

移相参数 phase shifting parameter

移相电路中电阻和电容的数值。

5.4.6

补偿参数 compensating parameter

补偿电阻或补偿电感的数值。

5.4.7

补偿电阻 compensating resistance

为了提高移相精度,在移相电路的电容支路上接入的电阻。

5.4.8

补偿电感 compensating inductance

为了提高移相精度,在移相电路的电阻支路上接入的电感。

5.4.9

幅值误差 amplitude error

在规定励磁条件下,转子在一周范围内实测输出电压的最大值与最小值之差同输出电压平均值之比。

5.5 测速发电机特性和参数

5.5.1

输出特性 output characteristic

测速发电机在规定励磁和负载条件下,输出电压与转速的关系。

5.5.2

理想输出特性 ideal output characteristic

异步测速发电机通过原点和补偿点成直线的输出特性。

5.5.3

输出电压相位移　phase shift

异步测速发电机的励磁电压基波分量与输出电压基波分量之间的时间相位差。它等于在相同转速和试验条件下，正交速敏输出电压与同相速敏输出电压之比的反正切函数，以度表示。

$$\phi_o = \arctan \frac{U_q}{U_i}$$

式中：

ϕ_o——输出电压相位移，单位为度(°)；

U_q——正交速敏输出电压，单位为伏[特](V)；

U_i——同相速敏输出电压，单位为伏[特](V)。

5.5.4

相位特性　phase characteristic

在规定励磁和负载条件下，异步测速发电机输出电压相位移与转速的关系。

5.5.5

基准相位　reference phase

异步测速发电机励磁绕组的基波电压的相位。

5.5.6

转速范围　speed range

测速发电机规定的转速范围，在该转速范围之内的工作特性是符合要求的。

5.5.7

最大线性工作转速　maximum linear operation speed

测速发电机在允许线性误差范围内的最高转速。

5.5.8

校准转速　calibration speed

异步测速发电机测试时补偿点的转速，通常是最大线性工作转速的 5/6。

5.5.9

零速输出电压　zero speed output voltage；null voltage (of tachogenerator)

剩余电压　residual voltage

异步测速发电机在转速等于零时输出绕组两端产生的电压。它是转子位置的函数。

5.5.10

零速输出电压总有效值　total rms null voltage

异步测速发电机处在产生最大零速输出电压的转子位置时其零速输出电压的总有效值。

5.5.11

零速输出电压基波有效值　fundamental rms null voltage

异步测速发电机在产生最大零速输出电压的转子位置时其零速输出电压的基波有效值。

5.5.12

同相零速输出电压　in-phase null voltage

异步测速发电机的零速输出电压基波有效值中，与基准相位同相或相位移 180°分量的最大值。

5.5.13

正交零速输出电压　quadratue-phase null voltage

异步测速发电机的零速输出电压基波有效值中，与基准相位相位移 90°或 270°分量的最大值。

5.5.14

理想输出电压　ideal output voltage

测速发电机理想输出特性上对应点的电压。

5.5.15

输出电压不对称度　asymmetry of output voltage

直流测速发电机在相同转速及规定负载下，正反转输出电压绝对值之差与两者平均值之比，用百分数表示。

$$K_b = \frac{2\left|\,|U_1| - |U_2|\,\right|}{|U_1| + |U_2|} \times 100\%$$

式中：

K_b——输出电压不对称度，%；

U_1——转子逆时针旋转时的输出电压，单位为伏[特](V)；

U_2——转子顺时针旋转时的输出电压，单位为伏[特](V)。

5.5.16

速敏输出电压　speed-sensitive output voltage

异步测速发电机输出电压中为速度函数的基波输出电压分量。它在数值上等于在相同转速和试验条件下，按两个旋转方向所测得的基波输出电压之和的 1/2。

$$U_o = \frac{U_{ccw} + U_{cw}}{2}$$

式中：

U_o——速敏输出电压，单位为伏[特](V)；

U_{ccw}——转子逆时针旋转时的基波输出电压，单位为伏[特](V)；

U_{cw}——转子顺时针旋转时的基波输出电压，单位为伏[特](V)。

5.5.17

速敏变压比　speed-sensitive transformation ratio

异步测速发电机在转速范围内任一规定转速（通常为校准转速）下，速敏输出电压与基波励磁电压之比。

5.5.18

纹波系数　ripple coefficient; ripple ratio

a) 直流测速发电机在规定条件下，输出信号交流分量的峰-峰值与直流分量之比，称为峰-峰值纹波系数。

b) 直流测速发电机在规定条件下，输出信号交流分量有效值与直流分量之比，称为有效值纹波系数。

5.5.19

温度敏感性　temperature sensitivity

测速发电机当超出环境温度 20 ℃±2 ℃ 的规定偏差时所引起性能变化的敏感程度。

5.5.20

不灵敏区　unsensitive interval

a) 直流测速发电机在零速附近由于换向器和电刷的接触压降而导致输出斜率显著下降的转速范围。

b) 无刷直流测速发电机在零速附近由于功率管的导通压降而导致输出斜率显著下降的转速范围。

5.5.21

加热时间　warm-up time

测速发电机达到稳定非工作温度后，给加热绕组通电至性能满足要求时所需要的时间。

5.6 伺服电动机、力矩电动机特性和参数

5.6.1

机械特性 speed-torque characteristic

在规定输入条件下，电动机转速与输出转矩的关系。

5.6.2

理想机械特性 ideal speed-torque characteristic

两相交流伺服电动机在机械特性曲线上通过空载转速点和堵转转矩点连成的直线。

5.6.3

反电动势常数 back EMF constant

在规定温度下，电机的电枢绕组接线端开路时，单位角速度产生的感应电动势。

5.6.4

转矩常数 torque constant

在规定温度下，电机单位输入电流产生的电磁转矩。

5.6.5

机电时间常数 electromechanical time constant

伺服电动机在空载和额定励磁条件下，加以阶跃的额定控制电压，转速从零上升到空载转速的63.2%所需的时间。

5.6.6

黏性阻尼系数 viscous damping factor

D

电机转速增加 $\Delta\omega$ 引起转矩下降 ΔT 的量度。它可表示为

$$D=\left|\frac{\Delta T}{\Delta\omega}\right|$$

式中：

D——黏性阻尼系数，单位为牛米秒每弧度（N·m·s/rad）；

ΔT——转矩的下降值，单位为牛米（N·m）；

$\Delta\omega$——角速度的增加值，单位为弧度每秒（rad/s）。

5.6.7

阻尼系数 damping coefficient; damping factor

$\boldsymbol{K_D}$

表示电机阻尼效应的程度。对于直流伺服电动机可表示为

$$K_D=\frac{K_E K_T}{R}$$

式中：

K_D——阻尼系数，单位为牛米秒每弧度（N·m·s/rad）；

R——电机端电阻，单位为欧（Ω）；

K_E——反电动势常数，单位为伏秒每弧度（V·s/rad）；

K_T——转矩常数，单位为牛米每安（N·m/A）。

5.6.8

最大理论角加速度 maximum theoretical acceleration

a

电机的峰值转矩 T_p 与转子转动惯量 J_m 之比：

$$a=\frac{T_p}{J_m}$$

式中：

a——最大理论角加速度，单位为弧度每二次方秒（rad/s^2）；

J_m——转子转动惯量，单位为千克二次方米（$kg \cdot m^2$）；

T_p——峰值转矩，单位为牛米（N·m）。

5.6.9

空载启动电压　no-load starting voltage

在规定条件下，电机不带负载，能使电机从任一角位置启动并连续运转时所施加的最小电压。

5.6.10

最低空载转速　minimum no-load speed

在规定条件下，电机不带负载，能使电机从任一角位置启动并连续运转的转速最小值。

5.6.11

功率变化率　power rate

电动机输出功率对时间的变化率，它表征电动机的输出功率使负载速度改变的能力。功率变化率P_r表示为

$$P_r = \frac{T^2}{J_m}$$

若式中 T 为额定转矩时，P_r为额定功率变化率；若 T 用 T_p代替时，P_r 为峰值功率变化率。

式中：

P_r——功率变化率，单位为瓦每秒（W/s）；

T——输出转矩，单位为牛米（N·m）；

J_m——转子转动惯量，单位为千克二次方米（$kg \cdot m^2$）。

5.6.12

电枢[磁场]控制　armature[field]control

仅改变电枢[励磁]电压以控制直流伺服电动机运行的控制方式。

5.6.13

直轴电感　inductance of the d-axes (direct axis)

当定子旋转磁场的轴线与转子直轴重合时定子所表现的电感。

5.6.14

交轴电感　inductance of the q-axes (quadrature axis)

当定子旋转磁场的轴线与转子交轴重合时定子所表现的电感。

5.6.15

弱磁　field weakening

利用直轴电枢反应，通过驱动器提供直轴电流以削弱由转子永磁体产生的磁场，从而使电机最大转速得以提高，扩大调速范围。

5.6.16

转矩灵敏度　torque sensitivity

直流力矩电动机峰值堵转转矩与峰值堵转电流的比值。

5.6.17

堵转特性　stall characteristic

两相交流伺服电动机在规定条件下，堵转转矩与控制电压的关系。

5.6.18

理想堵转特性　ideal stall characteristic

两相交流伺服电动机在堵转特性曲线上，通过原点和额定控制电压下堵转转矩点连成的直线。

5.6.19

堵转特性非线性度　non-linearity of stall characteristic

两相交流伺服电动机在规定条件下，不同控制电压的堵转转矩与对应的理想堵转转矩之差同额定控制电压下堵转转矩之比的最大值。

$$K_d = \left(\frac{T_a}{T_{100}} - A\right) \times 100\%$$

式中：

K_d——堵转特性非线性度，%；

T_{100}——额定控制电压时的堵转转矩实测值，单位为牛米(N·m)；

T_a——各控制电压值时的堵转转矩实测值，单位为牛米(N·m)；

A——以十进制表示的各点控制电压相对值，即0.2、0.4、0.6……

5.6.20

调节特性　speed-voltage characteristic

两相交流伺服电动机在规定的励磁和负载转矩条件下，转速与控制电压幅值[相位差的正弦函数值]的关系。

5.6.21

机械特性非线性度　non-linearity of speed-torque characteristic

a) 两相交流伺服电动机在规定条件下，实际机械特性与理想机械特性之间转速之差同空载转速之比的最大值，用百分数表示。

b) 交流力矩电动机在额定电压、额定频率下按规定的堵转时间将转子堵转后，其实测机械特性与理想机械特性的转速最大差值与空载转速之比称为机械特性非线性度，用百分数表示。

$$K_n = \frac{\Delta n}{n_0} \times 100\%$$

式中：

K_n——机械特性非线性度，%；

Δn——实测机械特性与理想机械特性之间的最大转速差，单位为转每分(r/min)；

n_0——空载转速，单位为转每分(r/min)。

5.6.22

转矩-电流特性线性度　torque-current linearity

直流力矩电动机正反两方向实际的转矩-电流曲线与理想的转矩-电流曲线(转矩为零时的始动电流点和峰值堵转电流时的峰值堵转转矩点所连的直线)之差与峰值堵转转矩之比，用百分数表示。

$$K_L = \frac{\Delta T_d}{T_p} \times 100\%$$

$$\Delta T_d = |T - T_d|$$

$$T_d = \frac{T_p}{I_p - I_0}(I_d - I_0)$$

式中：

K_L——转矩-电流特性线性度，%；

ΔT_d——相应各点的转矩偏差值，单位为牛米(N·m)；

T_p——峰值堵转转矩，单位为牛米(N·m)；

T——相应各点的转矩实测值，单位为牛米(N·m)；

T_d——相应各点的转矩理论值,单位为牛米(N·m);

I_p——峰值堵转电流,单位为安(A);

I_0——始动电流,单位为安(A);

I_d——相应各点的电流理论值,单位为安(A)。

5.6.23

最大输出功率　maximum power output

两相交流伺服电动机的励磁绕组和控制绕组施加额定频率、额定电压,增大负载转矩,使转速减小到空载转速 1/2 时所产生的输出功率。

5.6.24

自制动时间　self braking time

两相交流伺服电动机空载运行时,从一相绕组短路[开路]瞬间到电机停转的时间。

5.6.25

自转　single-phasing;spining

两相交流伺服电动机一相绕组励磁,其转轴开始旋转的现象,或电机达到最高转速后,断开[短路]任一相,其转轴仍继续旋转的现象。

5.6.26

幅值[相位]控制　amplitude[phase]control

仅改变控制电压的幅值[相位],以控制两相交流伺服电动机运行的控制方式。

5.6.27

幅相控制　complex control

电容控制　capacitance control

同时改变控制电压的幅值和相位,以控制两相交流伺服电动机运行的控制方式。

5.6.28

控制绕组的耦合系数　coupling in control winding

控制绕组有中心抽头的两相交流伺服电动机,当一半控制绕组施加 1/2 额定控制电压励磁时,另一半控制绕组产生的互感电压,与 1/2 额定控制电压之比。

5.6.29

连续堵转电流　continuous stall current

在规定条件下,直流力矩电动机允许连续堵转又不致引起过热的最大电流。

5.6.30

连续堵转转矩　continuous stall torque

在规定条件下,对直流力矩电动机施加连续堵转电流,电机连续堵转时产生的输出转矩。

5.6.31

电动机常数　motor constant

表征直流力矩电动机品质的参数。电动机常数 K_M 可用堵转转矩 T_s,堵转电流 I_s 和端电阻 R 表示为

$$K_M = \frac{T_s}{\sqrt{I_s^2 R}}$$

式中:

K_M——电动机常数,$N \cdot m/\sqrt{W}$;

T_s——堵转转矩,单位为牛米(N·m);

I_s——堵转电流,单位为安(A);

R——端电阻,单位为欧(Ω)。

5.6.32

峰值堵转电流　peak stall current

在规定条件下,直流力矩电动机堵转而不致引起电机损坏或性能不可恢复的最大电流。

5.6.33

峰值堵转转矩　peak stall torque

在规定条件下,对直流力矩电动机施加峰值堵转电流,电机堵转时产生的输出转矩。

5.6.34

最大空载转速　maximum no-load speed

直流力矩电动机空载时施加峰值堵转电压所达到的稳定转速。

5.6.35

峰值堵转控制功率　peak control power at stall

直流力矩电动机产生峰值堵转转矩时的控制功率。

5.6.36

连续堵转控制功率　continuous control power at stall

直流力矩电动机产生连续堵转转矩时的控制功率。

5.6.37

峰值堵转电压　peak voltage at stall

直流力矩电动机产生峰值堵转转矩时的电枢电压。

5.6.38

连续堵转电压　continuous voltage at stall

直流力矩电动机产生连续堵转转矩时的电枢电压。

5.6.39

启动品质因数　starting character factor

在额定电压、额定频率下,交流力矩电动机单位堵转电流所能产生的堵转转矩。

5.6.40

特性系数　characteristic factor

交流力矩电动机在额定电压、额定频率下按规定的堵转时间将转子堵转后,在其实测的机械特性曲线上,1/4 同步转速时的转矩值 T_1 与 3/4 同步转速时的转矩值 T_2 之比 k 称为特性系数。

$$k=\frac{T_1}{T_2}$$

式中:

k——特性系数,

T_1——1/4 同步转速时的转矩值,单位为牛米(N·m);

T_2——3/4 同步转速时的转矩值,单位为牛米(N·m)。

5.7　步进电动机特性和参数

5.7.1

双极性驱动　bipolar drive

通过正、反向电流给绕组励磁,使步进电动机产生转矩的驱动方式。

5.7.2

单步响应　single step response

电动机对单步指令的响应,见图 6。

注:单步响应因控制器不同而不同。

5.7.3

步进位置　step position

当给空载状态下的步进电动机励磁使转轴不连续旋转时，其转子轴的角位置。

注：步进位置不一定与自定位位置相同。

5.7.4

响应范围　response range

步进电动机在此脉冲频率范围内可带动规定负载启动、停止和反转且不失步。

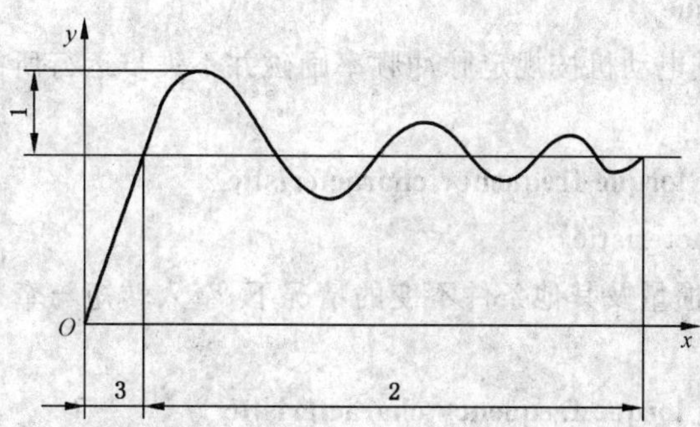

X 轴——时间；

Y 轴——角位置；

1——超调；

2——稳定时间；

3——单步时间。

图 6　单步响应曲线

5.7.5

运行范围　slew range

运行范围是由牵入频率和牵出频率之间所限定的频率范围，在该范围内，步进电动机可单方向运行并不失步，但在此范围内不可能不失步地启动、停止或反转。

5.7.6

最高运行频率　maximum slew frequency

步进电动机保持不失步空载运行的最高脉冲频率。

5.7.7

牵入频率　pull-in frequency

启动频率　starting frequency

步进电动机带规定负载启动且不失步运转的最高脉冲频率。

5.7.8

牵出频率　pull-out frequency

运行频率　running frequency

步进电动机带规定负载运行而不失步的最高脉冲频率。

5.7.9

谐振频率　resonant frequency

在低于运行矩频特性曲线下运行，出现振荡时的输入脉冲频率。

5.7.10

自定位转矩　detent torque

步进电动机不励磁时，在转轴上可施加转矩，而又不会引起连续转动的静态转矩最大值。

5.7.11

保持转矩　holding torque

按规定励磁方式步进电动机可提供的最大静态转矩。

5.7.12

牵入转矩　pull-in torque

步进电动机在某一固定脉冲频率下能启动并不失步运行所能承受的最大负载转矩。

5.7.13

牵出转矩　pull-out torque

在规定驱动条件下,步进电动机按规定脉冲频率励磁并不失步运行所能承受的最大负载转矩。

5.7.14

启动矩频特性　starting torque-frequency characteristic

牵入特性　pull-in characteristic

步进电动机在负载转动惯量及其他条件不变的情况下,牵入转矩与牵入频率的关系。

5.7.15

运行矩频特性　running torque-frequency characteristic

牵出特性　pull-out characteristic

步进电动机在负载转动惯量及其他条件不变的情况下,牵出转矩与牵出频率的关系。

5.7.16

启动[牵入]惯频特性　starting inertial-frequency characteristic

步进电动机在负载转矩及其他条件不变的情况下,启动[牵入]频率与负载转动惯量的关系。

5.7.17

运行[牵出]惯频特性　running inertial-frequency characteristic

步进电动机在负载转矩及其他条件不变的情况下,运行[牵出]频率与最大负载转动惯量的关系。

5.7.18

矩角特性　torque angular displacement characteristic

在规定励磁情况下,步进电动机静态转矩与失调角的关系。

5.7.19

步距角误差　step angle error

实际步距角相对理论步距角的偏差。

5.7.20

位置误差　positional error

步进电动机完成一系列步进运行后,实际位置相对理论位置的偏差,用步距角的百分数表示。

5.7.21

步距角　step angle

输入一个电脉冲信号,步进电动机转子的相应角位移。

5.7.22

整步[步距角]　full-step

步进电动机空载时,按最小运行拍数一步应走过的位移[角位移]。

5.7.23

半步[步距角]　half-step

改变励磁方式,获得每步步距[步距角]为整步[步距角]的一半。

5.7.24

微步[步距角]　mini-stepping;micro-stepping

对各相绕组电流大小进行控制,使步进电动机的整步[步距角]分细,获得小于半步[步距角]的步距[步距角]。

5.7.25

失步　loose step

步进电动机运动的步数与输入电脉冲数不相对应、动态过程结束后也不能自行消除的现象。

5.7.26

稳定平衡位置　position of stable balance

步进电动机控制绕组按一定方式通直流电后转子的稳定位置。

5.7.27

拍数　number of beats

步进电动机绕组在一个通电循环内,控制绕组通电状态改变的次数。

5.7.28

分配方式　distributing manner

规定步进电动机各相绕组通断状态的转换规律。

5.7.29

分辨率　resolution

步进电动机每转步数的倒数。

5.8　超声波电动机特性和参数

5.8.1

额定供电状态　rated power supplied condition

电机在额定激励电压和额定工作频率运行时的状态。

5.8.2

空载转速波动系数　speed ripple coefficient at no-load

在额定供电状态下,电机空载时,转速变化的峰-峰值的1/2与平均值之比,用正、负百分数表示。

5.8.3

额定工作点　rated operating point

在规定堵转转矩的50%处对应的工作点。

5.9　摆动电动机特性和参数

5.9.1

最大转矩　maximum torque

摆动电动机在规定的直流励磁下,可提供的最大静态转矩。

5.9.2

最大摆角　maximum excursion angle

在规定的励磁情况下,带有规定负载的摆动电动机转子正、反两个方向摆动角度的平均值。

5.9.3

零位　zero position

摆动电动机不加励磁时的转子位置。

5.9.4

零位重复误差　repeatability error of position

摆动电动机不加励磁时的转子位置与规定的励磁停止后的转子位置之差。

5.9.5

摆动特性线性误差　linearity error of oscillating characteristic

在摆动电动机的最大摆角范围内，摆角的实际值与同应的理论值之差同最大摆角之比，用百分数表示。

6　试验

6.1　试验条件

6.1.1

试验条件　test conditions

测量和试验应符合的条件。包括气候条件、试验稳定温度条件、试验电源、试验设备、安装夹具和电气试验负载条件等。

6.1.2

试验的标准大气条件　standard test atmosphere conditions

在无特殊规定时，测量和试验均应符合的大气条件。

6.1.3

仲裁试验的标准大气条件　closely controlled atmosphere conditions

为获得重现结果而加严规定的大气条件。

6.1.4

基准试验的标准大气条件　reference atmosphere conditions

作为计算校正依据而规定的大气条件。

6.1.5

稳定温度　stable temperature

在某一规定的环境温度下，周期地测量由通用技术条件规定的绕组直流电阻，当达到每隔 5 min 测得的电阻变化小于前一次所测得电阻的 0.5% 时的温度。

6.1.6

稳定非工作温度　stabilized non-operating temperature

在某一规定的环境温度下，电机不通电并对周围杂散空气流有足够防护的条件下，放置足够时间且达到稳定温度时的温度。

6.1.7

稳定工作温度　stabilized operating temperature

在某一规定的环境温度下，按相应通用技术条件的规定对电机通电运行足够长的时间且达到稳定温度时的温度。

6.2　试验项目

6.2.1

外观、外形及安装尺寸　visual ,form and installation dimension

对电机有关材料、接线端标识、机械尺寸，零位及识别标志和工艺质量等方面按规定进行检查。

6.2.2

轴伸径向圆跳动　shaft run-out

当转轴回转至少 360°时，用测量仪表测量轴伸表面规定位置处的最大值和最小值，其差值为轴伸径向圆跳动。

6.2.3

轴向间隙　axial end play

两个方向分别沿轴向施加规定的力，导致轴伸端面与电机安装端面之间的距离变化。

6.2.4

径向间隙　radial play

垂直于轴线方向施加规定的径向力,导致转轴位置偏离原基准线的距离变化。

6.2.5

安装配合面的同轴度　mounting boss concentricity

转子固定,当定子转动时,安装配合面对转轴轴线的同轴度。

6.2.6

安装配合端面的垂直度　mounting boss perpendicularity

转子固定,当定子转动时,安装配合端面对转轴轴线的垂直度。

6.2.7

接线端或引出线强度　terminal or wire leads strength

接线端或引出线能够经得住整机安装、拆卸时所遇到的数种应力的能力。

6.2.8

低温　ambient low temperature

电机在低温极值下所具有的耐受能力的试验。

6.2.9

高温　ambient high temperature

电机在高温极值下所具有的耐受能力的试验。

6.2.10

温度变化　thermal shock

温度冲击

电机在高、低温极值以及高、低温极值交替变化下所具有的耐受能力的试验。

6.2.11

低温低气压　altitude of low temperature

电机在低温、低气压同时作用下所具有的耐受能力的试验。

6.2.12

高温低气压　altitude of high temperature

电机在高温、低气压同时作用下所具有的耐受能力的试验。

6.2.13

低频振动　vibration of low frequency

电机在现场工作时可能遇到的 10 Hz～55 Hz 频率范围内的振动所受的影响的试验。

6.2.14

高频振动　vibration of high frequency

电机在现场工作时可能遇到的 10 Hz～500 Hz 、10 Hz～2 000 Hz 、10 Hz～3 000 Hz 范围内的振动所受的影响的试验。

6.2.15

规定脉冲冲击　shock of specified pulse

电机在进行粗鲁搬运、运输和军用操作时所受到的冲击的适应性的试验。

6.2.16

强冲击　shock of high impact

电机耐受类似于水下爆炸,撞击、空中爆炸等战场条件所遇到的相当严酷程度的冲击的能力的试验。

6.2.17

稳态加速度　steady state acceleration

恒加速度　constant acceleration

加速度应力对电机的影响,并验证其在经受加速度应力时能否正常工作的能力的试验。

6.2.18

爆炸　explosion

电机在工作时是否会点燃周围的爆炸性气体的试验。

6.2.19

砂尘　sand and dust

电机承受充满干燥尘埃(细砂)大气环境影响能力的试验。

6.2.20

电磁兼容　electromagnetic compatibility

包括电磁干扰要求和敏感度要求。其中电磁干扰要求用电磁发射限值表示,电磁敏感度要求用电磁抗扰度表示。

6.2.21

恒定湿热　steady state humidity

稳态湿热

一种加速试验方法,用于评价电机在水汽吸附、吸收和扩散作用影响下的绝缘材料特性变化。

6.2.22

交变湿热　moisture resistance

耐湿　moisture resistance

一种加速试验方法,用于评价电机及其结构材料在典型的高温、高湿条件下,由于温度循环引起的反复"凝露"和"呼吸"作用,电机及其结构材料耐潮湿劣化影响的能力。

6.2.23

盐雾　salt spray (corrosion)

电机及防护层抗盐雾腐蚀能力的试验。

6.2.24

长霉　mould growth

电机及其材料在霉菌生长条件下的长霉程度和霉菌对它们引起的表面变化或性能影响的试验。

6.2.25

包装　packing

对电机的包装及装箱方法的试验。

中 文 索 引

A

安装配合端面的垂直度…………………… 6.2.6
安装配合面的同轴度…………………… 6.2.5

B

摆动电动机…………………………………… 3.2.103
摆动特性线性误差…………………………… 5.9.5
半步[步距角] ……………………………… 5.7.23
包装 ………………………………………… 6.2.25
保持转矩 …………………………………… 5.7.11
爆炸 ………………………………………… 6.2.18
杯形转子 …………………………………… 4.2.12
杯型电枢直流伺服电动机 ………………… 3.2.73
杯型转子两相交流伺服电动机 …………… 3.2.78
杯型转子异步测速发电机 ………………… 3.2.62
比电压……………………………………… 5.2.5
比例式旋转变压器………………………… 3.2.20
比率型测速发电机 ………………………… 3.2.65
比整步转矩 ………………………………… 5.2.11
闭环控制 …………………………………… 5.1.51
变压比……………………………………… 5.3.2
波导转换器………………………………… 3.2.123
补偿参数…………………………………… 5.4.6
补偿点 ……………………………………… 5.1.46
补偿电感…………………………………… 5.4.8
补偿电阻…………………………………… 5.4.7
补偿绕组…………………………………… 4.1.4
补偿绕组阻抗……………………………… 5.3.6
步进电动机 ………………………………… 3.2.86
步进电动机驱动器………………………… 3.3.9
步进位置…………………………………… 5.7.3
步距角 ……………………………………… 5.7.21
步距角误差 ………………………………… 5.7.19
不灵敏区 …………………………………… 5.5.20

C

测速发电机 ………………………………… 3.2.50
超声波电动机……………………………… 3.2.112
超调[量] ………………………………… 5.1.52
齿槽转矩 …………………………………… 5.1.49
齿轮减速器………………………………… 4.3.1
传感(器)…………………………………… 3.1.2
传输解算器 ………………………………… 3.2.31
磁控形状记忆合金电动机………………… 3.2.117
磁力耦合器(磁力驱动器)………………… 3.2.121
磁性编码器 ………………………………… 3.2.46
磁滞同步电动机…………………………… 3.2.104
磁滞阻力矩………………………………… 5.1.5
磁阻式步进电动机 ………………………… 3.2.89
磁阻式旋转变压器 ………………………… 3.2.30
磁阻同步电动机…………………………… 3.2.105
粗机………………………………………… 3.4.4
粗精机零位偏差 …………………………… 5.1.44

D

单步响应…………………………………… 5.7.2
单绕组线性旋转变压器 …………………… 3.2.23
单相感应移相器 …………………………… 3.2.33
导辊型交流力矩电动机…………………… 3.2.100
电磁兼容 …………………………………… 6.2.20
电磁兼容性………………………………… 3.1.6
电磁式感应子发电机 ……………………… 3.2.59
电磁制动器………………………………… 4.3.2
电动机常数 ………………………………… 5.6.31
电机扩大机………………………………… 3.2.108
电机热阻…………………………………… 3.1.3
电励磁双凸极电机 ………………………… 3.2.95
电流波形因数 ……………………………… 5.1.22
电气零位 …………………………………… 5.1.28
电气时间常数 ……………………………… 5.1.20
电气误差 …………………………………… 5.1.37
电容控制 …………………………………… 5.6.27
电容式编码器 ……………………………… 3.2.47
电枢[磁场]控制 ………………………… 5.6.12
电刷接触电阻变化 ………………………… 5.1.34

电压敏感性 …… 5.1.48
低频振动 …… 6.2.13
低速同步电动机 …… 3.2.107
低温 …… 6.2.8
低温低气压 …… 6.2.11
定尺 …… 4.2.7
动态误差 …… 5.2.13
动态整步转矩 …… 5.2.10
动子 …… 4.2.5
堵转特性 …… 5.6.17
堵转特性非线性度 …… 5.6.19
堵转转矩 …… 5.1.7
短时工作区 …… 3.1.5
多极感应移相器 …… 3.2.35
多极旋转变压器 …… 3.2.28
多极自整角机 …… 3.2.15
多线自整角机 …… 3.2.17

E

额定工作点 …… 5.8.3
额定供电状态 …… 5.8.1

F

反电动势常数 …… 5.6.3
反馈补偿绕组 …… 4.1.5
分辨率 …… 5.7.29
分配方式 …… 5.7.28
分装式 …… 3.4.3
峰值电流 …… 5.1.11
峰值堵转电流 …… 5.6.32
峰值堵转电压 …… 5.6.37
峰值堵转控制功率 …… 5.6.35
峰值堵转转矩 …… 5.6.33
峰值转矩 …… 5.1.10
幅相控制 …… 5.6.27
幅值误差 …… 5.4.9
幅值[相位]控制 …… 5.6.26
复合转子 …… 4.2.14

G

感应同步器 …… 3.2.37
感应同步器/数字转换器 …… 3.3.12
感应移相器 …… 3.2.32
感应子测速发电机 …… 3.2.60
感应子发电机 …… 3.2.57
高频振动 …… 6.2.14
高温 …… 6.2.9
高温低气压 …… 6.2.12
功率变化率 …… 5.6.11
功率密度 …… 3.1.7
共磁路式 …… 3.4.1
光学编码器 …… 3.2.45
规定脉冲冲击 …… 6.2.15
过载能力 …… 5.1.12

H

恒定湿热 …… 6.2.21
恒加速度 …… 6.2.17
滑尺 …… 4.2.8
混合式编码器 …… 3.2.43
混合式步进电动机 …… 3.2.90
混合式同步电动机 …… 3.2.106

J

积分型测速发电机 …… 3.2.64
基波[谐波]零位电压 …… 5.1.32
基准电气零位 …… 5.1.29
基准电压发电机 …… 3.2.119
基准电压发电机组 …… 3.2.120
基准试验的标准大气条件 …… 6.1.4
基准相位 …… 5.5.5
基准相位零位 …… 5.4.2
机电时间常数 …… 5.6.5
机械特性 …… 5.6.1
机械特性非线性度 …… 5.6.21
机组 …… 3.4.6
极限转速 …… 5.1.24
交变湿热 …… 6.2.22
交磁电机扩大机 …… 3.2.109
交流测速发电机 …… 3.2.54
交流伺服电动机 …… 3.2.76
交流伺服驱动器 …… 3.3.5

交流(异步)力矩电动机 …………………… 3.2.98
交轴电感 ………………………………… 5.6.14
交轴电压………………………………… 5.3.1
交轴绕组………………………………… 4.1.6
交轴输出阻抗…………………………… 5.2.6
交轴误差………………………………… 5.3.4
接触式编码器 …………………………… 3.2.44
精机……………………………………… 3.4.5
静电电动机……………………………… 3.2.118
静摩擦力矩……………………………… 5.1.1
静态刚度 ………………………………… 5.1.57
静态误差 ………………………………… 5.2.12
静态输出特性…………………………… 5.2.1
静态整步转矩…………………………… 5.2.8
静态整步转矩特性……………………… 5.2.2
静子……………………………………… 4.2.6
静阻转矩………………………………… 5.1.1
径向间隙………………………………… 6.2.4
加热绕组 ………………………………… 4.1.10
加热时间 ………………………………… 5.5.21
建立时间 ………………………………… 5.1.55
校准转速………………………………… 5.5.8
接线端或引出线强度…………………… 6.2.7
阶跃输入的转速响应时间 ……………… 5.1.53
矩角特性 ………………………………… 5.7.18
卷绕型交流力矩电动机 ………………… 3.2.99
绝对式编码器 …………………………… 3.2.42

K

开关磁阻电动机 ………………………… 3.2.93
开关磁阻电动机驱动器………………… 3.3.8
开路[短路]输出阻抗 …………………… 5.1.36
开路[短路]输入阻抗 …………………… 5.1.35
空载启动电压…………………………… 5.6.9
空载转速 ………………………………… 5.1.23
空载转速波动系数……………………… 5.8.2
控制电机………………………………… 3.1.1
控制-力矩式自整角机 ………………… 3.2.13
控制绕组………………………………… 4.1.2
控制绕组的耦合系数 …………………… 5.6.28
控制式自整角机………………………… 3.2.6
控制式自整角机系统…………………… 3.2.4
库仑摩擦力矩…………………………… 5.1.3

L

勒布朗克连接…………………………… 4.4.2
离心稳速器 ……………………………… 4.2.15
理想堵转特性 …………………………… 5.6.18
理想机械特性…………………………… 5.6.2
理想输出电压 …………………………… 5.5.14
理想输出特性…………………………… 5.5.2
励磁静摩擦力矩………………………… 5.1.6
力矩电动机 ……………………………… 3.2.96
力矩式自整角机………………………… 3.2.5
力矩式自整角机系统…………………… 3.2.3
力矩式(自整角)接收机-发送机 ………… 3.2.12
连续堵转电流 …………………………… 5.6.29
连续堵转电压 …………………………… 5.6.38
连续堵转控制功率 ……………………… 5.6.36
连续堵转转矩 …………………………… 5.6.30
连续工作区……………………………… 3.1.4
两相感应移相器 ………………………… 3.2.34
两相交流伺服电动机 …………………… 3.2.77
两维步进电动机 ………………………… 3.2.92
零速输出电压…………………………… 5.5.9
零速输出电压基波有效值 ……………… 5.5.11
零速输出电压总有效值 ………………… 5.5.10
零位……………………………………… 5.9.3
零位重复误差…………………………… 5.9.4
零位电压 ………………………………… 5.1.30
零位误差 ………………………………… 5.1.38
零相位误差 ……………………………… 5.1.41
笼型转子 ………………………………… 4.2.11

M

脉动电机………………………………… 3.2.122

N

耐湿 ……………………………………… 6.2.22
内定子…………………………………… 4.2.2
内转子…………………………………… 4.2.4
黏性摩擦力矩…………………………… 5.1.4

黏性阻尼系数…………………………… 5.6.6

P

拍数 …………………………………… 5.7.27
频带宽度 ……………………………… 5.1.56
频率测速发电机 ……………………… 3.2.66
频率敏感性 …………………………… 5.1.47

Q

启动矩频特性 ………………………… 5.7.14
启动频率……………………………… 5.7.7
启动品质因数 ………………………… 5.6.39
启动[牵入]惯频特性 ………………… 5.7.16
牵出频率……………………………… 5.7.8
牵出特性 ……………………………… 5.7.15
牵出转矩 ……………………………… 5.7.13
牵入频率……………………………… 5.7.7
牵入特性 ……………………………… 5.7.14
牵入转矩 ……………………………… 5.7.12
强冲击 ………………………………… 6.2.16
驱动器………………………………… 3.3.1
驱动器效率 …………………………… 5.1.13

R

热时间常数 …………………………… 5.1.21
弱磁 …………………………………… 5.6.15

S

砂尘 …………………………………… 6.2.19
剩余电压……………………………… 5.5.9
失步 …………………………………… 5.7.25
失调角 ………………………………… 5.1.43
实心转子 ……………………………… 4.2.13
试验的标准大气条件………………… 6.1.2
试验条件……………………………… 6.1.1
试验相位零位………………………… 5.4.3
输出电压不对称度 …………………… 5.5.15
输出电压相位移……………………… 5.5.3
输出（电压）斜率 …………………… 5.1.33
输出绕组……………………………… 4.1.1
输出特性……………………………… 5.5.1
输出相位移 …………………………… 5.1.45
数字/旋转变压器转换器……………… 3.3.15
数字/自整角机转换器………………… 3.3.14
双极性驱动…………………………… 5.7.1
双通道感应移相器 …………………… 3.2.36
双通道旋转变压器 …………………… 3.2.29
双通道自整角机 ……………………… 3.2.16
双凸极永磁电机 ……………………… 3.2.94
斯科特变压器………………………… 4.3.3
斯科特连接…………………………… 4.4.1
伺服测速机组………………………… 3.2.110
伺服电动机 …………………………… 3.2.68
伺服驱动器…………………………… 3.3.3
速敏变压比 …………………………… 5.5.17
速敏输出电压 ………………………… 5.5.16

T

特性系数 ……………………………… 5.6.40
特种函数旋转变压器 ………………… 3.2.22
调节特性 ……………………………… 5.6.20
调速比 ………………………………… 5.1.18
调速(驱动)器………………………… 3.3.2
同步测速发电机 ……………………… 3.2.55
同相分量 ……………………………… 5.1.26
同相零速输出电压 …………………… 5.5.12

W

外定子………………………………… 4.2.1
外观、外形及安装尺寸 ……………… 6.2.1
外转子………………………………… 4.2.3
微步[步距角] ………………………… 5.7.24
微步驱动技术………………………… 4.4.3
位置误差 ……………………………… 5.7.20
温度变化 ……………………………… 6.2.10
温度冲击 ……………………………… 6.2.10
温度敏感性 …………………………… 5.5.19
温控形状记忆合金电动机…………… 3.2.116
纹波系数 ……………………………… 5.5.18
稳定非工作温度……………………… 6.1.6
稳定工作温度………………………… 6.1.7
稳定平衡位置 ………………………… 5.7.26

稳定温度……………………………………………… 6.1.5
稳态加速度 …………………………………………… 6.2.17
稳态湿热 ……………………………………………… 6.2.21
无槽电机 ……………………………………………… 3.2.70
无槽电枢直流伺服电动机 …………………………… 3.2.71
无槽无刷直流电动机 ………………………………… 3.2.81
无刷旋转变压器 ……………………………………… 3.2.27
无刷自整角机 ………………………………………… 3.2.14
无刷直流测速发电机 ………………………………… 3.2.53
无刷直流伺服电动机 ………………………………… 3.2.82
无刷直流伺服电动机驱动器………………………… 3.3.6
无铁心直流伺服电动机……………………………… 3.2.72

X

线绕盘式直流伺服电动机 …………………………… 3.2.75
线性工作范围………………………………………… 5.3.5
线性误差 ……………………………………………… 5.1.39
线性旋转变压器……………………………………… 3.2.21
响应范围……………………………………………… 5.7.4
(相位)基准电压……………………………………… 5.1.25
相位零位……………………………………………… 5.4.1
相位特性……………………………………………… 5.5.4
相位误差 ……………………………………………… 5.1.40
协调位置 ……………………………………………… 5.2.15
谐振频率……………………………………………… 5.7.9
行波型超声波电动机………………………………… 3.2.113
形状记忆合金电动机………………………………… 3.2.115
旋变发送机 …………………………………………… 3.2.24
旋变差动发送机 ……………………………………… 3.2.25
旋变变压器 …………………………………………… 3.2.26
旋转变压器 …………………………………………… 3.2.18
旋转变压器/数字转换器…………………………… 3.3.13
旋转式差动变压器 …………………………………… 3.2.48
旋转式感应同步器 …………………………………… 3.2.38

Y

盐雾 …………………………………………………… 6.2.23
移相参数……………………………………………… 5.4.5
移相电路……………………………………………… 5.4.4
异步测速发电机 ……………………………………… 3.2.61
音圈电动机 …………………………………………… 3.2.85
印制绕组直流伺服电动机 …………………………… 3.2.74
永磁交流伺服电动机 ………………………………… 3.2.83
永磁盘式步进电动机 ………………………………… 3.2.88
永磁式步进电动机 …………………………………… 3.2.87
永磁式低速直流测速发电机 ………………………… 3.2.52
永磁式感应子发电机 ………………………………… 3.2.58
永磁同步测速发电机 ………………………………… 3.2.56
永磁无刷电动机 ……………………………………… 3.2.79
永磁无刷力矩电动机………………………………… 3.2.101
(永磁)无刷直流电动机 ……………………………… 3.2.80
(永磁)无刷直流电动机驱动器……………………… 3.3.7
有限转角力矩电动机………………………………… 3.2.102
余弦输出绕组………………………………………… 4.1.9
运行范围……………………………………………… 5.7.5
运行矩频特性 ………………………………………… 5.7.15
运行频率……………………………………………… 5.7.8
运行[牵出]惯频特性 ………………………………… 5.7.17

Z

长霉试验 ……………………………………………… 6.2.24
增量式编码器 ………………………………………… 3.2.41
整步[步距角] ………………………………………… 5.7.22
整步绕组……………………………………………… 4.1.3
整步转矩……………………………………………… 5.2.7
正、反转速差率………………………………………… 5.1.16
正交分量 ……………………………………………… 5.1.27
正交零速输出电压 …………………………………… 5.5.13
正弦绕组……………………………………………… 4.1.7
正弦输出绕组………………………………………… 4.1.8
(正余弦)函数误差 …………………………………… 5.3.3
正余弦旋转变压器 …………………………………… 3.2.19
直接驱动……………………………………………… 3.1.9
直流测速发电机 ……………………………………… 3.2.51
直流力矩电动机 ……………………………………… 3.2.97
直流母线电压 ………………………………………… 5.1.50
直流伺服电动机 ……………………………………… 3.2.69
直流伺服驱动器……………………………………… 3.3.4
直线步进电动机 ……………………………………… 3.2.91
直线测速发电机 ……………………………………… 3.2.67
直线式差动变压器 …………………………………… 3.2.49
直线式感应同步器 …………………………………… 3.2.39

直线伺服电动机 …………………………… 3.2.84
直轴电感 ……………………………………… 5.6.13
仲裁试验的标准大气条件………………… 6.1.3
轴角编码器 …………………………………… 3.2.40
轴角/数字转换器…………………………… 3.3.10
轴伸径向圆跳动……………………………… 6.2.2
轴向间隙……………………………………… 6.2.3
驻波型超声波电动机……………………… 3.2.114
爪极转子 ……………………………………… 4.2.10
转矩变化的时间响应 ……………………… 5.1.54
转矩波动系数 ……………………………… 5.1.15
转矩常数……………………………………… 5.6.4
转矩——电流特性线性度 ………………… 5.6.22
转矩灵敏度 ………………………………… 5.6.16
转矩密度……………………………………… 3.1.8
转速波动系数 ……………………………… 5.1.14
转速范围……………………………………… 5.5.6
转速调整率 ………………………………… 5.1.17
转子转动惯量 ……………………………… 5.1.19
转子转角 …………………………………… 5.1.42
自定位转矩 ………………………………… 5.7.10
自锁转矩……………………………………… 5.1.2
自整步时间 ………………………………… 5.2.14
自整角差动发送机………………………… 3.2.8
自整角差动接收机 ………………………… 3.2.10
自整角发送机………………………………… 3.2.7
自整角机……………………………………… 3.2.1
自整角机/数字转换器……………………… 3.3.11
自整角机系统………………………………… 3.2.2
自整角接收机………………………………… 3.2.9
自整角(控制)变压器 ……………………… 3.2.11
自整角伺服力矩机………………………… 3.2.111
自制动时间 ………………………………… 5.6.24
自转 …………………………………………… 5.6.25
总值零位电压 ……………………………… 5.1.31
阻尼器………………………………………… 4.2.9
阻尼时间 …………………………………… 5.2.16
阻尼系数……………………………………… 5.6.7
阻尼型测速发电机 ………………………… 3.2.63
组合转子 …………………………………… 4.2.14
组装式………………………………………… 3.4.2
最大摆角……………………………………… 5.9.2
最大静态整步转矩………………………… 5.2.9
最大理论角加速度………………………… 5.6.8
最大连续电流(额定电流)………………… 5.1.9
最大连续转矩(额定转矩)………………… 5.1.8
最大空载转速 ……………………………… 5.6.34
最大输出电压………………………………… 5.2.3
最大输出电压差……………………………… 5.2.4
最大输出功率 ……………………………… 5.6.23
最大线性工作转速………………………… 5.5.7
最大转矩……………………………………… 5.9.1
最低空载转速 ……………………………… 5.6.10
最高运行频率………………………………… 5.7.6
最高允许工作转速 ………………………… 5.1.24

英 文 索 引

A

absolute encoder ······ 3.2.42
AC servo driver ······ 3.3.5
AC servo motor ······ 3.2.76
AC tachogenerator ······ 3.2.54
AC torque motor ······ 3.2.98
adjustable-speed device ······ 3.3.2
aligned position ······ 5.2.15
alternating current tachogenerato ······ 3.2.54
altitude of low temperature ······ 6.2.11
altitude of high temperature ······ 6.2.12
ambient high temperature ······ 6.2.9
ambient low temperature ······ 6.2.8
amplidyne ······ 3.2.109
amplitude[phase]control ······ 5.6.26
amplitude error ······ 5.4.9
angle of rotor ······ 5.1.42
angle-to-digital converter ······ 3.3.10
armature[field]control ······ 5.6.12
assembled rotor ······ 4.2.14
assembly type ······ 3.4.2
asymmetry of output voltage ······ 5.5.15
asynchronous tachogenerator ······ 3.2.61
axial end play ······ 6.2.3

B

back EMF constant ······ 5.6.3
band width ······ 5.1.56
bipolar drive ······ 5.7.1
brushless AC servo motor ······ 3.2.83
brushless resolver ······ 3.2.27
brushless synchro ······ 3.2.14
brushless DC tachogenerator ······ 3.2.53
brushless DC servo motor ······ 3.2.82
brushless DC servo motor driver ······ 3.3.6

C

calibration speed ······ 5.5.8
capacitance control ······ 5.6.27

capacitive encoder ························ 3.2.47
centrifugal governor ························ 4.2.15
characteristic factor ························ 5.6.40
claw pole rotor ························ 4.2.10
closed loop control ························ 5.1.51
closely controlled atmosphere conditions ························ 6.1.3
coarse speed ························ 3.4.4
cogging torque ························ 5.1.49
common magnetic path type ························ 3.4.1
compensating inductance ························ 5.4.8
compensating parameter ························ 5.4.6
compensating resistance ························ 5.4.7
compensating winding ························ 4.1.4
compensating winding impedance ························ 5.3.6
compensation point ························ 5.1.46
complex control ························ 5.6.27
composite rotor ························ 4.2.14
constant acceleration ························ 6.2.17
contact encoder ························ 3.2.44
continuous control power at stall ························ 5.6.36
continuous duty zone ························ 3.1.4
continuous stall current ························ 5.6.29
continuous stall torque ························ 5.6.30
continuous voltage at stall ························ 5.6.38
control synchro ························ 3.2.6
control synchro system ························ 3.2.4
control torque synchro ························ 3.2.13
control winding ························ 4.1.2
convolution AC torque motor ························ 3.2.99
cosine-output winding ························ 4.1.9
Coulomb friction torque ························ 5.1.3
coupling in control winding ························ 5.6.28
current form factor ························ 5.1.22

D

damper ························ 4.2.9
damping coefficient ························ 5.6.7
damping factor ························ 5.6.7
damping tachogenerator ························ 3.2.63
DC bus voltage ························ 5.1.50
DC servo driver ························ 3.3.4
DC servo motor ························ 3.2.69
DC tachogenerator ························ 3.2.51

DC torque motor ………… 3.2.97
DD ………… 3.1.9
deflection of zero position between coarse and fine speed ………… 5.1.44
detent torque ………… 5.7.10
difference of maximum output voltage ………… 5.2.4
difference ratio between CW and CCW speed ………… 5.1.16
digital-to-resolver converter ………… 3.3.15
digital-to-synchro converter ………… 3.3.14
direct current tachogenerator ………… 3.2.51
direct drive ………… 3.1.9
disc rotor stepping motor ………… 3.2.88
distributing manner ………… 5.7.28
doubly salient electro-magnetic motor ………… 3.2.95
doubly salient PM motor ………… 3.2.94
drag cup asynchronous tachogenerator ………… 3.2.62
drag cup rotor ………… 4.2.12
drag cup two-phase AC servo motor ………… 3.2.78
DRC ………… 3.3.15
driver ………… 3.3.1
driver efficiency ………… 5.1.13
DSC ………… 3.3.14
DSEM motor ………… 3.2.95
DSPM motor ………… 3.2.94
dual-speed induction phase shifter ………… 3.2.36
dual-speed resolver ………… 3.2.29
dual-speed synchro ………… 3.2.16
dynamic receiver error ………… 5.2.13
dynamic synchronizing torque ………… 5.2.10

E

effective electrical travel ………… 5.3.5
electrical error ………… 5.1.37
electrical error of null position ………… 5.1.38
electrical machine for automatic control system ………… 3.1.1
electrical resolver ………… 3.2.18
electrical time constant ………… 5.1.20
electrical zero position ………… 5.1.28
electromagnetic brake ………… 4.3.2
electromagnetic compatibility ………… 6.2.20
electromagnetic compatibility ………… 3.1.6
electromagnetic inductor synchronous generator ………… 3.2.59
electromechanical time constant ………… 5.6.5
electronically commutate DC servo motor ………… 3.2.82

EMC ………………………………………………………………………… 3.1.6
exciting friction torque ………………………………………………………… 5.1.6
explosion ………………………………………………………………………… 6.2.18
external rotor …………………………………………………………………… 4.2.3
external stator …………………………………………………………………… 4.2.1

F

feed-back compensating winding ………………………………………………… 4.1.5
field weakening …………………………………………………………………… 5.6.15
fine speed ………………………………………………………………………… 3.4.5
frequency sensitivity ……………………………………………………………… 5.1.47
frequency tachogenerator ………………………………………………………… 3.2.66
full-step …………………………………………………………………………… 5.7.22
fundamental[harmonic]component of null voltage ……………………………… 5.1.32
fundamental[harmonic]null voltage ……………………………………………… 5.1.32
fundamental rms null voltage …………………………………………………… 5.5.11

G

gearhead …………………………………………………………………………… 4.3.1
gear box …………………………………………………………………………… 4.3.1

H

half-step …………………………………………………………………………… 5.7.23
holding torque …………………………………………………………………… 5.7.11
hybrid encoder …………………………………………………………………… 3.2.43
hybrid stepping motor …………………………………………………………… 3.2.90
hybrid synchronous motor ……………………………………………………… 3.2.106
hysteresis synchronous motor …………………………………………………… 3.2.104
hysteresis friction torque ………………………………………………………… 5.1.5

I

IDC ………………………………………………………………………………… 3.3.12
ideal output characteristic ……………………………………………………… 5.5.2
ideal output voltage ……………………………………………………………… 5.5.14
ideal speed-torque characteristic ………………………………………………… 5.6.2
ideal stall characteristic ………………………………………………………… 5.6.18
incremental encoder ……………………………………………………………… 3.2.41
Inductance of the d-axes(direct axis) …………………………………………… 5.6.13
Inductance of the q-axes(quadrature axis) ……………………………………… 5.6.14
induction phase shifter …………………………………………………………… 3.2.32
induction potentiometer ………………………………………………………… 3.2.23
inductor synchronous generator ………………………………………………… 3.2.57
inductor synchronous tachogenerator …………………………………………… 3.2.60

inductosyn …… 3.2.37
inductosy-to-digital converter …… 3.3.12
in-phase component …… 5.1.26
in-phase null voltage …… 5.5.12
integrating tachogenerator …… 3.2.64
interaxis error …… 5.3.4
intermittent duty zone …… 3.1.5
internal rotor …… 4.2.4
internal stator …… 4.2.2
ironless[coreless]DC servo motor …… 3.2.72

L

Leblanc connection …… 4.4.2
limited angle torque motor …… 3.2.102
limit speed …… 5.1.24
linear inductosyn …… 3.2.39
linear resolver …… 3.2.21
linear servo motor …… 3.2.84
linear stepping motor …… 3.2.91
linear tachogenerator …… 3.2.67
linear variable differential transformer …… 3.2.49
linearity error …… 5.1.39
linearity error of oscillating characteristic …… 5.9.5
loose step …… 5.7.24
low speed synchronous motor …… 3.2.107
LVDT …… 3.2.49

M

magnetic encoder …… 3.2.46
magnetic force coupler …… 3.2.121
magnetically controlled shape memory alloy motor …… 3.2.117
maximum continuous current(rated current) …… 5.1.9
maximum continuous torque(rated torque) …… 5.1.8
maximum excursion angle …… 5.9.2
maximum no-load speed …… 5.6.34
maximum linear operation speed …… 5.5.7
maximum output voltage …… 5.2.3
maximum permission speed …… 5.1.24
maximum power output …… 5.6.23
maximum slew frequency …… 5.7.6
maximum static synchronizing torque …… 5.2.9
maximum theoretical acceleration …… 5.6.8
maximum torque …… 5.9.1

micro-step drive technique ………… 4.4.3
minimum no-load speed ………… 5.6.10
mini-stepping;micro-stepping ………… 5.7.24
misalignment angle ………… 5.1.43
moisture resistance ………… 6.2.22
moisture resistance ………… 6.2.22
motor constant ………… 5.6.31
mould growth test ………… 6.2.24
mounting boss concentricity ………… 6.2.5
mover ………… 4.2.5
moving coil DC servo motor ………… 3.2.73
multi-line synchro ………… 3.2.17
multipolar induction phase shifter ………… 3.2.35
multipolar resolver ………… 3.2.28
multipolar synchro ………… 3.2.15

N

no-load speed ………… 5.1.23
no-load starting voltage ………… 5.6.9
non-linearity of speed-torque characteristic ………… 5.6.21
non-linearity of stall characteristic ………… 5.6.19
null phase error ………… 5.1.41
null voltage ………… 5.1.30
number of beats ………… 5.7.27

O

open-circuit[short-circuit]input impedance ………… 5.1.35
open-circuit[short-circuit]output impedance ………… 5.1.36
optical encoder ………… 3.2.45
oscillating motor ………… 3.2.103
output characteristic ………… 5.5.1
output phase shift ………… 5.1.45
output(voltage) gradient ………… 5.1.33
output winding ………… 4.1.1
over load capability ………… 5.1.12
overshoot ………… 5.1.52

P

packing ………… 6.2.25
peak control power at stall ………… 5.6.35
peak current ………… 5.1.11
peak stall current ………… 5.6.32
peak stall torque ………… 5.6.33

peak torque 5.1.10
peak voltage at stall 5.6.37
permanent magnet 3.2.52
phase error 5.1.40
phase characteristic 5.5.4
phase reference vo1tage 5.1.25
phase shift 5.5.3
phase shifting circuit 5.4.4
phase shifting parameter 5.4.5
PM AC servo motor 3.2.83
(PM) brushless DC motor 3.2.80
(PM) brushless DC motor driver 3.3.7
PM brushless motor 3.2.79
PM brushless torque motor 3.2.101
PM inductor synchronous generator 3.2.58
PM low speed DC tachogenerator 3.2.52
PM stepping motor 3.2.87
PM synchronous tachogenerator 3.2.56
position of stable balance 5.7.26
positional error 5.7.20
power density 3.1.7
power rate 5.6.11
printed (armature) DC servo motor 3.2.74
printed circuit multi-pole electrical resolver 3.2.37
proportional resolver 3.2.20
proportional tachogenerator 3.2.65
pull-in characteristic 5.7.14
pull-in frequency 5.7.7
pull-in torque 5.7.12
pull-out characteristic 5.7.15
pull-out torque 5.7.13

Q

quadrature-axis output impedance 5.2.6
quadrature-axis voltage 5.3.1
quadrature-axis winding 4.1.6
quadrature component 5.1.27
quadratue-phase null voltage 5.5.13

R

radial play 6.2.4
rated operating point 5.8.3
rated power supplied condition 5.8.1

RDC ······ 3.3.13
reference atmosphere conditions ······ 6.1.4
reference electrical zero position ······ 5.1.29
reference phase ······ 5.5.5
reference voltage generator ······ 3.2.119
reference voltage generator set ······ 3.2.120
reference zero position in phase ······ 5.4.2
reluctance synchronous motor ······ 3.2.105
repeatability error of position ······ 5.9.4
residual voltage ······ 5.5.9
resolution ······ 5.7.29
resolver ······ 3.2.18
resolver differential transmitter ······ 3.2.25
resolver-to-digital converter ······ 3.3.13
resolver transformer ······ 3.2.26
resolver transmitter ······ 3.2.24
resonant frequency ······ 5.7.9
response following a torque variation ······ 5.1.54
response range ······ 5.7.4
response time following a step change of reference input ······ 5.1.53
ripple coefficient;ripple ratio ······ 5.5.18
roller AC torque motor ······ 3.2.100
rotary amplifier ······ 3.2.108
rotary inductosyn ······ 3.2.38
rotary solenoid & steeping switch ······ 3.2.122
rotary variable differential transformer ······ 3.2.48
rotor inertia ······ 5.1.19
running frequency ······ 5.7.8
running inertial-frequency characteristic ······ 5.7.17
running torque-frequency characteristic ······ 5.7.15
RVDT ······ 3.2.48

S

salt spray(corrosion) ······ 6.2.23
sand and dust ······ 6.2.19
scale ······ 4.2.7
Scott transformer ······ 4.3.3
Scott connection ······ 4.4.1
SDC ······ 3.3.11
self-aligning time ······ 5.2.14
self braking time ······ 5.6.24
self-lock torque ······ 5.1.2
sense ······ 3.1.2

sensing …… 3.1.2
sensor …… 3.1.2
separated type …… 3.4.3
servo driver …… 3.3.3
servo motor …… 3.2.68
servo motor tachogenerator …… 3.2.110
servtorq …… 3.2.111
set …… 3.4.6
settling time …… 5.1.55
shaft encoder …… 3.2.40
mounting boss perpendicularity …… 6.2.6
shaft run-out …… 6.2.2
shape memory alloy motor …… 3.2.115
shock of high impact …… 6.2.16
shock of specified pulse …… 6.2.15
sine-cosine function error …… 5.3.3
sine-cosine resolver …… 3.2.19
sine-output winding …… 4.1.8
sine winding …… 4.1.7
single-phase induction phase shifter …… 3.2.33
single-phasing …… 5.6.25
single step response …… 5.7.2
slew range …… 5.7.5
slide …… 4.2.8
slotless armature DC servo motor …… 3.2.71
slotless & brushless DC motor …… 3.2.81
slotless motor …… 3.2.70
SMA motor …… 3.2.115
solid rotor …… 4.2.13
special function resolver …… 3.2.22
speed range …… 5.5.6
speed ratio …… 5.1.18
speed regulation ratio …… 5.1.17
speed ripple coefficient …… 5.1.14
speed ripple coefficient at no-load …… 5.8.2
speed-sensitive output voltage …… 5.5.16
speed-sensitive transformation ratio …… 5.5.17
speed-torque characteristic …… 5.6.1
speed-voltage characteristic …… 5.6.20
spining …… 5.6.25
squirrel cage rotor …… 4.2.11
stabilized non-operating temperature …… 6.1.6
stabilized operating temperature …… 6.1.7
stable temperature …… 6.1.5

stall characteristic …… 5.6.17
stall torque …… 5.1.7
standard test atmosphere conditions …… 6.1.2
standing wave motor …… 3.2.114
starting character factor …… 5.6.39
starting frequency …… 5.7.7
starting inertial-frequency characteristic …… 5.7.16
starting torque-frequency characteristic …… 5.7.14
static electricity motor …… 3.2.118
static friction torque …… 5.1.1
static friction torque …… 5.1.1
static output characteristic …… 5.2.1
static receiver error …… 5.2.12
static stiffness …… 5.1.57
static synchronizing torque …… 5.2.8
static synchronizing torque characteristic …… 5.2.2
stay …… 4.2.6
steady state acceleration …… 6.2.17
steady state humidity …… 6.2.21
steady state humidity test …… 6.2.21
step angle …… 5.7.21
step angle error …… 5.7.19
step position …… 5.7.3
step motor …… 3.2.86
stepper motor …… 3.2.86
stepping motor …… 3.2.86
stepping motor driver …… 3.3.9
switched reluctance motor …… 3.2.93
switching reluctance motor …… 3.2.93
switched reluctance motor driver …… 3.3.8
synchro; selsyn …… 3.2.1
synchro system …… 3.2.2
synchro transmitter …… 3.2.7
synchro differential transmitter …… 3.2.8
synchro receiver …… 3.2.9
synchro differential receiver …… 3.2.10
synchro control transformer …… 3.2.11
synchronizing time …… 5.2.16
synchronizing torque …… 5.2.7
synchronizing winding …… 4.1.3
synchronous AC servo motor …… 3.2.83
synchronous tachogenerator …… 3.2.55
synchro-to-digital converter …… 3.3.11

T

tachogenerator …… 3.2.50

tachometer generator ········ 3.2.50
temperatur controlled shape memory alloy motor ········ 3.2.116
temperature sensitivity ········ 5.5.19
terminal or wire leads strength ········ 6.2.7
test conditions ········ 6.1.1
thermal resistance of electrical machine ········ 3.1.3
thermal shock ········ 6.2.10
thermal time constant ········ 5.1.21
torque angular displacement characteristic ········ 5.7.18
torque constant ········ 5.6.4
torque-current linearity ········ 5.6.22
torque density ········ 3.1.8
torque gradient ········ 5.2.11
torque motor ········ 3.2.96
torque receiver-transmitter ········ 3.2.12
torque ripple coefficient ········ 5.1.15
torque sensitivity ········ 5.6.16
torque synchro ········ 3.2.5
torque synchro system ········ 3.2.3
total null voltage ········ 5.1.31
total rms null voltage ········ 5.5.10
transducer for waveguide switch ········ 3.2.123
transformation ratio ········ 5.3.2
transolver ········ 3.2.31
travelling wave motor ········ 3.2.113
two-axis linear stepping motor ········ 3.2.92
two-phase AC servo motor ········ 3.2.77
two-phase induction phase shifter ········ 3.2.34

U

ultrasonic motor ········ 3.2.112
unsensitive interval ········ 5.5.20

V

variable reluctance resolver ········ 3.2.30
variable reluctance stepping motor ········ 3.2.89
variation of brush contact resistance ········ 5.1.34
vibration of high frequency ········ 6.2.14
vibration of low frequency ········ 6.2.13
viscous damping factor ········ 5.6.6
viscous friction torque ········ 5.1.4
visual ,form and installation dimension ········ 6.2.1
voice coil motor ········ 3.2.85
voltage gradient ········ 5.2.5
voltage sensitivity ········ 5.1.48

W

warm-up time ······ 5.5.21
warm-up winding ······ 4.1.10
wound disc-armature DC servo motor ······ 3.2.75

Z

zero position ······ 5.9.3
zero position in phase ······ 5.4.1
zero position of testing ······ 5.4.3
zero speed output voltage; null voltage (of tachogenerator) ······ 5.5.9

ICS 01.040.29
K 04

中华人民共和国国家标准

GB/T 2900.27—2008
代替 GB/T 2900.27—1995

电工术语　小功率电动机

Electrotechnical terminology—Small-power motor

2008-05-20 发布　　2009-01-01 实施

中华人民共和国国家质量监督检验检疫总局
中国国家标准化管理委员会　发布

前言

本部分为 GB/T 2900 的第 27 部分。

本部分在修订过程中参考了国内外的相关标准。

本部分代替 GB/T 2900.27—1995《电工术语　小功率电动机》。

本部分与 GB/T 2900.27—1995 相比，除条款略作调整外，还增加了一些新的术语。主要变化如下：

——在“规定用途和特殊用途小功率电动机”章中增加了“盘式制动电动机”、“电动自行车用电动机”等术语。

——在“限定性术语”章中增加了“密封式电动机”、“汽密式电动机”、“机座表面冷却电动机”、“自冷式电动机”等术语。

——为与 IEC 60050-411 的定义一致，将“限定性术语”章中“全封闭式电动机”改为“封闭式电动机”，同时，也将原“全封闭风冷式电动机”、“全封闭无通风式电动机”、“全封闭水冷式电动机”中的“全”字去掉。

——在“主要零部件与附件”章中增加了“内装式离心开关”、“外装式离心开关”、“卷板式换向器”、“平面换向器”等术语。

——在“运行与试验”章中增加了“测功机”术语。

本部分由全国电工术语标准化技术委员会(SAC/TC 232)提出并归口。

本部分起草单位：中国电器科学研究院(原广州电器科学研究院)、机械科学研究院、横店集团联宜电机有限公司、湖南工程学院。

本部分主要起草人：杨昭特、杨芙、马巧芬、胡俊达。

本部分所代替标准的历次版本发布情况为：

——GB/T 2900.27—1985；

——GB/T 2900.27—1995。

电工术语　小功率电动机

1　范围

本部分规定了小功率电动机的专用术语。

本部分适用于制定标准，编制技术文件，编写和翻译专业手册、教材及书刊，供从事电工和相关专业工作的生产、科研、应用、教学与出版等有关部门的人员使用。

本部分规定的术语与GB/T 2900.1—1992《电工术语　基本术语》、GB/T 2900.25—1994《电工术语　旋转电机》的有关部分内容相协调；本部分中未作规定的术语，需要时可在有关标准中给予规定。

2　规范性引用文件

下列文件中的条款通过GB/T 2900的本部分的引用而成为本部分的条款。凡是注日期的引用文件，其随后所有的修改单(不包括勘误的内容)或修订版均不适用于本部分，然而，鼓励根据本部分达成协议的各方研究是否可使用这些文件的最新版本。凡是不注日期的引用文件，其最新版本适用于本部分。

GB/T 2900.1—1992　电工术语　基本术语

GB/T 2900.25—1994　电工术语　旋转电机(neq IEC 60050-411:1984)

3　一般术语

3.1

小功率电动机　small-power motor

折算至1 500 r/min时，最大连续定额不超过1.1 kW的电动机。

3.2

小功率直流电动机　small-power direct current motor

具有与换向器相连接的电枢绕组，和以直流电源或永久磁铁励磁的磁极，依靠直流电源运行的小功率电动机。

3.3

小功率交流电动机　small-power alternating current motor

具有与交流系统连接的电枢绕组，依靠交流电源运行的小功率电动机。

3.4

小功率同步电动机　small-power synchronous motor

转子转速与供电电源频率之比为恒定值的小功率交流电动机。

3.5

小功率异步电动机　small-power asynchronous motor

有负载时的转子转速与供电电源频率之比不是恒定值的小功率交流电动机。

3.6

分马力电动机　fractional horsepower motor

折算至1 000 r/min时，最大连续定额不超过746 W的电动机。

注：用于文献翻译，一般不推荐使用。

4 小功率电动机

4.1

无铁心直流电动机 coreless direct current motor

转子中没有导磁铁心的直流电动机。

4.2

杯型电枢直流电动机 moving-coil direct current motor

电枢绕组呈杯状的无铁心直流电动机。

4.3

印制绕组直流电动机 printed direct current motor

其盘状电枢绕组是用导电金属箱以制作印刷电路板工艺或等效工艺制造的无铁心直流电动机。

4.4

线绕盘式直流电动机 wound-disc direct current motor

其盘状电枢绕组是用导线绕制而成的无铁心直流电动机。

4.5

无槽(电枢)直流电动机 slotless (armature) direct current motor

电枢绕组元件安放在无槽的转子铁心表面的直流电动机。

4.6

无直流励磁绕组同步电动机 non-direct current excitation winding synchronous motor

没有直流励磁绕组,即不是依靠直流励磁获得磁场的同步电动机的总称。如:永磁同步、磁滞同步及磁阻同步电动机等。

4.7

磁阻同步电动机 reluctance synchronous motor

转子无励磁,利用转子直轴和交轴磁阻不相等产生磁阻转矩而运行的同步电动机。通常转子还装有起动用笼形绕组。

4.8

磁滞同步电动机 hysteresis synchronous motor

转子无绕组,借助于定子绕组形成的旋转磁场与转子上的磁滞材料作用产生磁滞转矩而工作的同步电动机。

4.9

混合式同步电动机 hybrid synchronous motor

兼有永磁式、磁滞式或磁阻式任两种转子结构的同步电动机。

4.10

低速同步电动机 low-speed synchronous motor

利用定转子齿槽效应引起气隙磁导变化的电磁减速原理工作,转子平均转速是视在同步转速的若干分之一的同步电动机。

4.11

小功率永磁同步电动机 small-power permanent-magnet synchronous motor

其磁系统包含有一块或多块永久磁铁的小功率同步电动机。

4.12

小功率三相异步电动机 small-power three-phase asynchronous motor

依靠三相电源运行的小功率异步电动机。

4.13

小功率单相异步电动机 small-power single-phase asynchronous motor

依靠单相电源运行的小功率异步电动机。

4.14

分相电动机 split-phase motor

一种单相异步电动机，有辅助绕组线路与主绕组线路并联，辅助绕组在磁场位置上相对于主绕组是偏移的，采取措施使两绕组的电流有相位差。

4.15

电阻起动分相电动机 resistance-start split-phase motor

辅助绕组串联电阻器或本身具有必要的电阻值，使主绕组与辅助绕组的电流有相位差而起动的分相电动机。

注：当电动机达到适当转速时，辅助绕组即行断开。

4.16

电抗起动分相电动机 reactor-start split-phase motor

在主绕组串联电抗器，使主绕组与辅助绕组电流有相位差而起动的分相电动机。

注：当电动机达到适当转速时，辅助绕组即行断开，电抗器亦被短路或其他方法使之不起作用。

4.17

电容电动机 capacitor motor

辅助绕组串联有电容器，使主绕组与辅助绕组电流有相位差的分相电动机。

4.18

电容起动电动机 capacitor-start motor

只是在起动期间，辅助绕组和与之串联的电容器才接入电路的电容电动机。

4.19

电容运转电动机 permanent-split capacitor motor

电容起动和运转电动机 capacitor start and run motor

一种电容电动机，与辅助绕组串联的电容器在起动和运转时是相同的。

4.20

双值电容电动机 two-value capacitor motor

一种电容电动机，与辅助绕组串联电容器的电容值在起动和运转时是不相同的。

注：当电动机达到适当转速时，起动电容器即行断开，使之不起作用。

4.21

分相电容电动机 split-phase capacitor motor

一种电容电动机，其辅助绕组在起动和运转时都工作，但只有运转时才将电容器串接到辅助绕组电路中。

4.22

变极分相电动机 pole-changing split-phase motor

一种分相电动机，具有变极绕组，通过变换外端子连接方式，获得不同的名义转速。

4.23

罩极异步电动机 shaded-pole motor

极上具有短路辅助绕组的单相异步电动机。这些绕组在磁场位置上相对于主绕组偏移一个角度。所有的这些绕组都在初级铁心上，通常是在定子上。

4.24

小功率交流换向器电动机 small-power alternating current commutator motor

电枢绕组经换向器连接到交流电源的小功率交流电动机。

4.25

单相换向器电动机　single-phase commutator motor

依靠单相电源运行的交流换向器电动机。

4.26

单相串励电动机　single-phase series motor

励磁绕组与电枢绕组串联的单相换向器电动机。

4.27

小功率交直流两用电动机　small-power universal motor

既可用于直流电源,又可用于单相工频交流电源的小功率电动机。且在相同直流或交流电压(有效值)下,额定负载时有近似相同的转速。

4.28

推斥电动机　repulsion motor

一种单相电动机,定子上具有连接到电源的初级绕组,转子上具有连接到换向器的次级绕组。换向器上的电刷被短接,并可沿换向器圆周表面移动改变其位置,以改变其速度特性。

4.29

无刷直流电动机　brushless direct current motor

没有电刷和机械换向器,借助转子位置检测信号,控制各相绕组进行电子换向的电动机。

4.30

小功率开关磁阻电动机　small-power switched reluctance motor

定转子有个数相接近的凸极,定子凸极上有相绕组,检测转子位置信号控制电子功率开关使各相绕组顺序工作而运转的小功率电动机。

4.31

小功率力矩电动机　small-power torque motor

可直接驱动负载,允许在堵转至空载转速之间运行,以堵转状态下能连续(或短时)输出转矩为主要特征的小功率电动机。

4.32

小功率齿轮电动机　small-power gearmotor

有齿轮减速器的小功率电动机。

4.33

小功率直线电动机　small-power linear motor

其运动部分作直线运动的小功率电动机。

5　规定用途和特殊用途小功率电动机

5.1

离合器电动机　clutch motor

与离合器组成一体的电动机。

5.2

制动电动机　brake motor

与制动器组成一体的电动机。当电动机主电路断电后,能自行快速制动。

5.3

盘式制动电动机　disc-type brake motor

电动机的定子和转子为盘状结构,气隙磁场为轴向,转子与制动器组成一体的电动机。

5.4

密封制冷压缩机用电动机　motor for hermetic refrigeration compressors

装在密封的制冷压缩机内驱动压缩机的电动机。

5.5

空调器的冷凝器和蒸发器风扇用电动机　motor for air-conditioning condensers and evaporator fans

驱动空调器的冷凝器和蒸发器风扇的专用电动机。

5.6

家用洗衣机电动机　home-laundry motor；motor for household washing machine

驱动家用洗衣机、脱水机的专用电动机。

5.7

台扇电动机　motor for table fan

驱动台扇扇翼的专用电动机。

5.8

吊扇用电动机　motor for ceiling fan

驱动吊扇扇翼的专用电动机。

5.9

家用换气扇用电动机　motor for household ventilating fan

驱动家用换气扇扇翼的专用电动机。

5.10

家用缝纫机电动机　motor for household sewing machine

驱动家用缝纫机的专用电动机。

5.11

工业缝纫机电动机　motor for industrial sewing machine

驱动工业缝纫机的专用电动机。

5.12

冷却泵电动机　coolant pump motor

与冷却泵形成一体的专用电动机。

5.13

深井泵用潜水电动机　submersible motor for deep well pump

可潜入水下的驱动深井泵的专用电动机。

5.14

交流定时器电动机　AC timing motor

用作定时器、计时器专用的小型同步电动机，通常带有减速齿轮部分。

5.15

吸油烟机电动机　range hood motor

驱动吸油烟机的专用电动机。

5.16

超声波电动机　ultrasonic motor；USM

利用压电陶瓷的逆压电效应和超声振动，将弹性材料的微观形变转换成转子运动的电动机。

5.17

电动自行车用电动机　motor for electric-bicycle

驱动电动自行车的超声波电动机专用电动机。

6 限定性术语

6.1

圆柱式电动机 cylindrical motor

气隙磁场为幅向，转子呈圆柱状的电动机。

6.2

盘式电动机 disc type motor

气隙磁场为轴向，定、转子呈盘状的电动机。

6.3

外转子电动机 with external rotor motor

采用定子在内、转子在外结构的电动机。

6.4

电磁式电动机 wound-field motor

其励磁磁场是由励磁绕组中的电流产生的电动机。

6.5

永磁式电动机 permanent magnet motor

其磁系统包含有一块或多块永久磁铁的电动机。

6.6

单[转]向的电动机 unidirectional motor

只能在规定转向起动和运转的电动机。

6.7

可逆[转]的电动机 reversible motor

两转向都能起动和运转的电动机。

6.8

爪极式电动机 claw-pole type motor

电动机的定子(或转子)有由软磁材料制成爪状磁极的结构形式。

6.9

开启式电动机 open motor

一种具有通风孔的电动机，允许外面的冷空气通过电机内并带走发热部分的热量。

6.10

防滴式电动机 dripproof motor

一种开启式电动机，其通风孔的结构应使与垂线成0°～15°的任何角度内滴下的液体或固体颗粒触及或进入机壳时，不会影响电动机的正常运行。

6.11

防溅式电动机 splash-proof motor

一种开启式电动机，其通风孔的结构应使与垂线成不大于100°的任何角度内滴下的液体或固体颗粒触及或进入机壳内时，不影响电动机的正常运行。

6.12

封闭式电动机 closed motor

在冷却过程中，周围介质不进入电动机内的一种电动机。

6.13

密封式电动机 sealed motor

具有专门密封措施的电动机，在正常运行时，可使电动机内部冷却介质的外泄量或周围介质的渗入量极少。

6.14

汽密式电动机　gas or vapour-proof motor

在规定的条件下，指定的蒸汽或气体进入电动机内并不能影响电动机运行的一种电动机。

6.15

封闭风冷式电动机　closed fancooled motor

一种封闭式电动机，靠自冷风扇或外风机使电动机外表面冷却。

6.16

封闭无通风式电动机　closed nonventilated motor

一种封闭式电动机，其机壳外部无冷却装置。

6.17

封闭水冷式电动机　closed watercooled motor

一种封闭式电动机，用循环水冷却，水或水管直接与电动机部件接触。

6.18

防水式电动机　water-proof motor

一种封闭式电动机，其结构应能防止喷射水流进入电动机内。

6.19

防爆式电动机　explosion-proof motor

一种封闭式电动机，其机壳设计和制造应能承受在电动机内可能出现的特定气体或蒸气的爆炸，并能防止由于机壳内可能出现的特定气体或蒸气的火花、闪络或爆炸而引燃电动机周围的特定气体或蒸气。

6.20

无[防护]外壳的电动机　open-frame motor

没有外壳或没有完整外壳，不能防止人体触及或接近电机内带电部分及转动部件，不能防止固体异物进入的电动机。

6.21

机座表面冷却电动机　frame surface cooled motor

机座表面用周围介质冷却的封闭式电动机。

注：机座表面可带有散热筋。

6.22

自冷式电动机　self-cooled motor

冷却作用与电动机转速无关的电动机。

6.23

热保护的电动机　thermally protected motor

装有热保护器的电动机。

6.24

阻抗保护的电动机　impedance-protected motor

自身绕组阻抗足够高，在任何负载情况下，包括堵转，其输入电流都不会过大而引起过热危险的交流电动机。

6.25

抽头绕组的电动机　tapped-winding motor

其绕组有多个抽头，分别连接到外端子的电动机。

6.26

双电压电动机 dual-voltage motor

以改变绕组连接方法可工作于两种不同额定电压的电动机。

6.27

塑封电动机 encapsalated motor with plastics

其定子(或转子)以兼有绝缘与防护作用的工程塑料模压密封的电动机。

7 主要零部件与附件

7.1

主绕组 main winding

分相电动机中直接连接到电源作为运转用的绕组。

7.2

辅助绕组 auxiliary winding

分相电动机中作辅助起动或运转用的绕组。通常串联有移相元件接至电源。

7.3

正弦绕组 sinusoidal winding

每极下各槽的线圈匝数按一定规律分配,使极下气隙磁势分布接近正弦函数的同心式绕组。

7.4

罩极线圈 shading coil

在罩极电动机定子凸极极靴上的短路线圈。

7.5

起动开关 starting switch

与单相电动机辅助绕组串联的起动用器件,当电动机起动达到规定速度时,断开辅助绕组电路。

7.6

离心开关 centrifugal starting switch

一种起动开关,其旋转部分的离心器件在超过一定转速时将其定子上的触点分开。

7.7

内装式离心开关 enclosure-in centrifugal starting switch

安装于电机机座及端盖内的离心开关。

7.8

外装式离心开关 enclosure-out centrifugal starting switch

安装于电机机座及端盖外的离心开关。

7.9

起动继电器 motor-starting relay

单相电动机起动用的继电器。靠电机起动时电流或电压的变化,使继电器动作,断开电机的辅助绕组电路。

7.10

正温度系数热敏电阻(电机起动用) PTC thermistor (for motor starting)

串接于单相电动机辅助绕组电路的一种热敏电阻。电动机起动时,流过的起动电流热效应使其电阻明显增大,辅助绕组电流极小。

7.11

卷板式换向器 wrapped-plate type commutator

换向器的换向片是由铜排直接卷板成圆筒,再注塑、铣切而成的换向器。

7.12

平面换向器　flat commutator

电刷与换向器的导电接触面不是一个圆柱面，而是一个平面的换向器。

7.13

电动机热保护器　thermal protector for motor

安装在电动机内，防止电动机因过载或起动不正常，引起过热而损坏的保护器。

7.14

嵌入式热保护器　on-winding protector

直接安放在电机绕组内或端部表面的小型热保护器。

7.15

热断型热保护器　thermal cutoff

到达规定温度即熔断的一次性热保护器。

7.16

温度敏感型热保护器　thermal protector with temperature sensitive tripping

一种热保护器，它的脱扣动作与温度有关。

7.17

温度和电流敏感型热保护器　thermal protector with temperature and current sensitive tripping

一种热保护器，它的脱扣动作不但与温度有关，而且与流经热保护器的电流有关。

7.18

自动复位热保护器　automatic-reset thermal protector

一种热保护器，它动作断开后，待电动机冷却到一定程度，又能自动恢复接通。

7.19

手动复位热保护器　manual-reset thermal protector

一种热保护器，它一旦动作，总保持断开，直至用手动复位为止。

7.20

转子位置传感器　rotor position sensor

安装在无刷直流电机内，检测转子磁极与定子各绕组空间相对位置的传感器。它发出的信号用作控制电子开关实现各相绕组电子换向。

7.21

离心稳速器　centrifugal governor

与电动机同轴安装，其上的离心部件作用下在一定的转速附近将电动机主电路反复通断，使此转速维持稳定的器件。

7.22

速度控制器（小功率电动机用）　adjustable-speed controller (for small-power motor)

利用功率器件控制给小功率电动机的输入电压或电流等参数，实现转速调节的电子装置。

8　特性与参数

8.1

机械特性　speed-torque characteristics

电动机在规定条件下的电磁转矩与转速之间的关系。

8.2

线性化机械特性　linearizing speed-torque characteristics

交流力矩电动机通过空载转速点和堵转转矩点连成直线的机械特性。

8.3

机械特性非线性度　non-linearity of speed-torque characteristics

交流力矩电动机在一定输入条件下，实际机械特性与线性化机械特性间转速之差对空载转速之比的最大值。

8.4

磁阻转矩　reluctance torque

在旋转磁场作用下，由于交直轴磁阻不等而产生的电磁转短。

8.5

最低同步电压　minimum synchronizing voltage

在额定频率和规定负载转矩及规定的负载转动惯量条件下，同步电机从起动到牵入同步转速时的最低线端电压。

8.6

始动电压　breakaway voltage

在规定条件下，电动机从静止到开始连续旋转的最小线端电压。

8.7

断开转速　switch operating speed

单相电动机在起动加速过程中，起动开关断开辅助绕组电路时的转速。

8.8

切换转矩　switching torque

单相电动机起动加速过程中，对应于断开转速的最小输出转矩。

8.9

直流电动机的转速调整率　speed regulation of direct current motor

稳定空载转速与稳定额定负载转速之差，用额定负载转速的百分数表示。

9　运行与试验

9.1

串接电抗调速　speed regulation with series reactor

单相异步电动机通过在定子端串接电抗器以降低电动机端电压，从而改变电动机转速的工作方式。

9.2

测功机　dynamometer

能产生制动转矩且带有转矩、转速指示器的测量装置。

9.3

电容器端电压的测定　capacitor-voltage test

单相电容电动机在规定条件下工作时，对其工作电容器两端所承受的交流电压有效值的检查，以确认电容器是否工作在安全范围内。

9.4

离心开关断开转速的检查　switch operating speed of centrifugal switch test

对单相电动机在起动加速过程中，离心开关动作断开辅助绕组瞬间的转速的检查。

9.5

无线电干扰试验　radio interference test

判定电动机运行时对周围空间产生无线电干扰程度的试验。一般只对直流或交流换向器电动机做此试验。

9.6

磁稳定性试验 magnetic stability test

永磁电动机在规定条件下运行后,检查其磁性能稳定程度。

9.7

短时过转矩试验 short-time overtorque test

确定电动机在规定时间内承受规定过转矩倍数能力的试验。

9.8

起动过程最小转矩测定 pull-up torque test

为确定交流电动机在起动过程中最小转矩的试验。

9.9

偶然过电流试验 accidental over-current test

确定电动机在规定时间内承受规定过电流倍数能力的试验。

9.10

非正常工作试验 abnormal operation test

考核电动机在出现异常操作或误操作时是否仍保证安全的试验。

9.11

耐久性试验 endurance test

确定电动机长期运行可靠性的试验。

9.12

工作期限试验 operating time limit test

为确定电动机在规定条件下制造厂向用户保证的正常运行期限所进行的试验。

中 文 索 引

B

杯形电枢直流电动机…………………………… 4.2

变极分相电动机 ……………………………… 4.22

C

测功机………………………………………… 9.2

超声波电动机 ………………………………… 5.16

抽头绕组的电动机 …………………………… 6.25

串接电抗调速………………………………… 9.1

磁稳定性试验………………………………… 9.6

磁滞同步电动机……………………………… 4.8

磁阻同步电动机……………………………… 4.7

磁阻转矩……………………………………… 8.4

D

单[转]向的电动机…………………………… 6.6

单相串励电动机 ……………………………… 4.26

单相换向器电动机 …………………………… 4.25

低速同步电动机 ……………………………… 4.10

电磁式电动机………………………………… 6.4

电动机热保护器 ……………………………… 7.13

电动自行车用电动机 ………………………… 5.17

电抗起动分相电动机 ………………………… 4.16

电容电动机 …………………………………… 4.17

电容起动电动机 ……………………………… 4.18

电容起动和运转电动机 ……………………… 4.19

电容器端电压的测定………………………… 9.3

电容运转电动机 ……………………………… 4.19

电阻起动分相电动机 ………………………… 4.15

吊扇用电动机………………………………… 5.8

短时过转矩试验……………………………… 9.7

断开转速……………………………………… 8.7

F

防爆式电动机 ………………………………… 6.19

防滴式电动机 ………………………………… 6.10

防溅式电动机 ………………………………… 6.11

防水式电动机 ………………………………… 6.18

非正常工作试验 ……………………………… 9.10

分马力电动机………………………………… 3.6

分相电动机 …………………………………… 4.14

分相电容电动机 ……………………………… 4.21

封闭风冷式电动机 …………………………… 6.15

封闭式电动机 ………………………………… 6.12

封闭水冷式电动机 …………………………… 6.17

封闭无通风式电动机 ………………………… 6.16

辅助绕组……………………………………… 7.2

G

工业缝纫机电动机 …………………………… 5.11

工作期限试验 ………………………………… 9.12

H

混合式同步电动机…………………………… 4.9

J

机械特性……………………………………… 8.1

机械特性非线性度…………………………… 8.3

机座表面冷却电动机 ………………………… 6.21

家用缝纫机电动机 …………………………… 5.10

家用换气扇用电动机………………………… 5.9

家用洗衣机电动机…………………………… 5.6

交流定时器电动机 …………………………… 5.14

卷板式换向器 ………………………………… 7.11

K

开启式电动机………………………………… 6.9

可逆[转]的电动机…………………………… 6.7

空调器的冷凝器和蒸发器风扇用电动机…… 5.5

L

冷却泵电动机 ………………………………… 5.12

离合器电动机………………………………… 5.1

离心开关……………………………………… 7.6

离心开关断开转速的检查…………………… 9.4

离心稳速器 ………………………………… 7.21

M

密封式电动机 ……………………………… 6.13
密封制冷压缩机用电动机………………… 5.4

N

耐久性试验 ………………………………… 9.11
内装式离心开关…………………………… 7.7

O

偶然过电流试验…………………………… 9.9

P

盘式电动机………………………………… 6.2
盘式制动电动机…………………………… 5.3
平面换向器 ………………………………… 7.12

Q

起动过程最小转矩测定…………………… 9.8
起动继电器………………………………… 7.9
起动开关…………………………………… 7.5
汽密式电动机 ……………………………… 6.14
嵌入式热保护器 …………………………… 7.14
切换转矩…………………………………… 8.8

R

热保护的电动机 …………………………… 6.23
热断型热保护器 …………………………… 7.15

S

深井泵用潜水电动机 ……………………… 5.13
始动电压…………………………………… 8.6
手动复位热保护器 ………………………… 7.19
双电压电动机 ……………………………… 6.26
双值电容电动机 …………………………… 4.20
速度控制器(小功率电动机用) …………… 7.21
塑封电动机 ………………………………… 6.27

T

台扇电动机………………………………… 5.7
推斥电动机 ………………………………… 4.28

W

外转子电动机……………………………… 6.3
外装式离心开关…………………………… 7.8
温度和电流敏感型热保护器 ……………… 7.17
温度敏感型热保护器 ……………………… 7.16
无[防护]外壳的电动机 …………………… 6.20
无槽(电枢)直流电动机…………………… 4.5
无刷直流电动机 …………………………… 4.29
无铁心直流电动机………………………… 4.1
无线电干扰试验…………………………… 9.5
无直流励磁绕组同步电动机……………… 4.6

X

吸油烟机电动机 …………………………… 5.15
线绕盘式直流电动机……………………… 4.4
线性化机械特性…………………………… 8.2
小功率齿轮电动机 ………………………… 4.32
小功率单相异步电动机 …………………… 4.13
小功率电动机……………………………… 3.1
小功率交流电动机………………………… 3.3
小功率交流换向器电动机 ………………… 4.24
小功率交直流两用电动机 ………………… 4.27
小功率开关磁阻电动机 …………………… 4.30
小功率力矩电动机 ………………………… 4.31
小功率三相异步电动机 …………………… 4.12
小功率同步电动机………………………… 3.4
小功率异步电动机………………………… 3.5
小功率永磁同步电动机 …………………… 4.11
小功率直流电动机………………………… 3.2
小功率直线电动机 ………………………… 4.33

Y

印制绕组直流电动机……………………… 4.3
永磁式电动机……………………………… 6.5
圆柱式电动机……………………………… 6.1

Z

罩极线圈…………………………………… 7.4
罩极异步电动机 …………………………… 4.23

正温度系数热敏电阻(电机起动用) ……… 7.10
正弦绕组……………………………………… 7.3
直流电动机的转速调整率………………… 8.9
制动电动机…………………………………… 5.2
主绕组………………………………………… 7.1
爪极式电动机………………………………… 6.8
转子位置传感器 …………………………… 7.20
自动复位热保护器 ………………………… 7.18
自冷式电动机 ……………………………… 6.22
阻抗保护的电动机 ………………………… 6.24
最低同步电压………………………………… 8.5

英 文 索 引

A

AC timing motor …… 5.14
abnormal operation test …… 9.10
accidental over-current test …… 9.9
adjustable-speed controller (for small-power motor) …… 7.22
automatic-reset thermal protector …… 7.18
auxiliary winding …… 7.2

B

brake motor …… 5.2
breakaway voltage …… 8.6
brushless direct current motor …… 4.29

C

capacitor motor …… 4.17
capacitor-start motor …… 4.18
capacitor start and run motor …… 4.19
capacitor-voltage test …… 9.3
centrifugal governor …… 7.21
centrifugal starting switch …… 7.6
claw-pole type motor …… 6.8
closed motor …… 6.12
closed fancooled motor …… 6.15
closed nonventilated motor …… 6.16
closed water cooled motor …… 6.17
clutch motor …… 5.1
coolant pump motor …… 5.12
coreless direct current motor …… 4.1
cylindrical motor …… 6.1

D

disc-type brake motor …… 5.3
disc type motor …… 6.2
dripproof motor …… 6.10
dual-voltage motor …… 6.26
dynamometer …… 9.2

E

encapsalated motor with plasics ······ 6.27
enclosure-in centrifugal starting switch ······ 7.7
enclosure-out centrifugal starting switch ······ 7.8
endurance test ······ 9.11
explosion-proof motor ······ 6.19

F

flat commutator ······ 7.12
fractional horsepower motor ······ 3.6
frame surface cooled motor ······ 6.21

G

gas or vapour-proof motor ······ 6.14

H

home-laundry motor ······ 5.6
hybrid synchronous motor ······ 4.9
hysteresis synchronous motor ······ 4.8

I

impedance-protected motor ······ 6.24

L

linearizing speed-torque characteristics ······ 8.2
low-speed synchronous motor ······ 4.10

M

magnetic stability test ······ 9.6
main winding ······ 7.1
manual-reset thermal protector ······ 7.19
minimum synchronizing voltage ······ 8.5
motor for air-conditioning condensers and evaporator fans ······ 5.5
motor for ceiling fan ······ 5.8
motor for electric-bicycle ······ 5.17
motor for hermetic refrigration compressors ······ 5.4
motor for household sewing machine ······ 5.10
motor for household ventilating fan ······ 5.9
motor for household washing machine ······ 5.6
motor for industrial sewing machine ······ 5.11
motor for table fan ······ 5.7
motor-stating relay ······ 7.9
moving-coil direct current motor ······ 4.2

N

non-direct current excitation winding synchronous motor …… 4.6
non-linearity of speed-torque characteristics …… 8.3

O

on-winding protector …… 7.14
open motor …… 6.9
open-frame motor …… 6.20
operating time limit test …… 9.12

P

PTC thermistor (for motor starting) …… 7.10
permanent-magnet motor …… 6.5
permanent-split capacitor motor …… 4.19
pole-changing split-phase motor …… 4.22
printed direct current motor …… 4.3
pull-up torque test …… 9.8

R

radio interference test …… 9.5
range hood motor …… 5.15
reactor-start split-phase motor …… 4.16
reluctance synchronous motor …… 4.7
reluctance torque …… 8.4
repulsion motor …… 4.28
resistance-start split-phase motor …… 4.15
reversible motor …… 6.7
rotor position sensor …… 7.20

S

sealed motor …… 6.13
self-cooled motor …… 6.22
shaded-pole motor …… 4.23
shading coil …… 7.4
short-time overtorque test …… 9.7
single-phase commutator motor …… 4.25
single-phase series motor …… 4.26
sinusoidal winding …… 7.3
slotless (armature) direct current motor …… 4.5
small-power altermating current commutator motor …… 4.24
small-power alternating current motor …… 3.3
small-power asynchronous motor …… 3.5
small-power direct current motor …… 3.2

small-power gearmotor ······ 4.32
small-power linear motor ······ 4.33
small-power motor ······ 3.1
small-power permanent-magnet synchronous motor ······ 4.11
small-power single-phase asynchronous motor ······ 4.13
small-power switched reluctance motor ······ 4.30
small-power synchronous motor ······ 3.4
small-power three-phase asynchronous motor ······ 4.12
small-power torque motor ······ 4.31
small-power universal motor ······ 4.27
speed regulation of direct current motor ······ 8.9
speed regulation with series reactor ······ 9.1
speed-torque characteristics ······ 8.1
splash-proof motor ······ 6.11
split-phase capacitor motor ······ 4.21
split-phase motor ······ 4.14
starting switch ······ 7.5
submersible motor for deep well pump ······ 5.13
switch operating speed ······ 8.7
switch operating speed of centrifugal switch test ······ 9.4
switching torque ······ 8.8

T

tapped-winding motor ······ 6.25
thermal cutoff ······ 7.15
thermal protector for motor ······ 7.13
thermal protector with temperature and current sensitive tripping ······ 7.17
thermal protector with temperature sensetive tripping ······ 7.16
thermally protected motor ······ 6.23
two-value capacitor motor ······ 4.20

U

ultrasonic motor ······ 5.16
unidirectional motor ······ 6.6
USM ······ 5.16

W

water-proof motor ······ 6.18
with external rotor motor ······ 6.3
wound-disc direct current motor ······ 4.4
wound-field motor ······ 6.4
wrapped-plate type commutator ······ 7.11

ICS 97.030
Y 60

中华人民共和国国家标准

GB/T 2900.29—2008
代替 GB/T 2900.29—1984

电工术语 家用和类似用途电器

Electrotechnical terminology
Household and similar electrical appliance

2008-06-18 发布　　2009-05-01 实施

中华人民共和国国家质量监督检验检疫总局
中国国家标准化管理委员会　发布

前　言

本部分为 GB/T 2900 的第 29 部分。

本部分参照了国内外的相关标准。

本部分代替 GB/T 2900.29—1984《电工名词术语　日用电器》。

本部分与 GB/T 2900.29—1984 相比主要变化如下：

——增加"第 1 章　范围"。按照 GB/T 1.1—2002 的书写规范书写；

——增加"第 2 章　规范性引用文件"。列出引用标准文件；

——增加"第 3 章　一般术语"。此章是在原标准 4.1 部分的基础上修改并增加相关术语编辑而成；

——第 4 章　器具。在原标准对器具分类的基础上进行了必要的修改，将器具按用途分为 11 大类；

——第 5 章　产品名称。对 11 大类器具的产品分别定义；

——第 6 章　零部件。对通用零部件以及 11 大类器具的各种产品的专用零部件分别定义；

——第 7 章　性能参数。对 11 大类器具的各种产品的性能参数分别定义；

——删除"试验方法"一章。

本部分由全国电工术语标准化技术委员会(SAC/TC 232)提出。

本部分由全国电工术语标准化技术委员会和全国家用电器标准化技术委员会共同归口。

本部分起草单位：中国家用电器研究院、中国电器科学研究院、机械科学研究院中机生产力促进中心、上海出入境检验检疫局、中国质量认证中心、海信科龙电器股份有限公司、美的集团有限公司认证测试服务中心、宁波市产品质量监督检验所。

本部分主要起草人：李一、祁冰、鲁建国、张亚晨、吴蒙、黄文秀、杨芙、吴燎兰、闵静、迟九虹、黎斌、鲍俊。

本部分所代替标准的历次版本发布情况为：

——GB/T 2900.29—1984。

电工术语
家用和类似用途电器

1 范围

本部分规定了家用和类似用途电器的基本术语。

本部分适用于家用和类似用途电器相关标准的制修订以及其他相关技术文件的编制和技术交流活动。

2 规范性引用文件

下列文件中的条款通过本部分的引用而成为本部分的条款。凡是注日期的引用文件，其随后所有的修改单(不包括勘误的内容)或修订版均不适用于本部分，然而，鼓励根据本部分达成协议的各方研究是否可使用这些文件的最新版本。凡是不注日期的引用文件，其最新版本适用于本部分。

GB/T 2900.1 电工术语 基本术语

3 一般术语

3.1

额定电压 rated voltage

由制造商为器具规定的电压。

3.2

额定电压范围 rated voltage range

由制造商为器具规定的电压范围，用其上限值和下限值来表示。

3.3

工作电压 working voltage

器具以额定电压并在正常工作条件下运行时，考虑的那部分所承受的最高电压。

注1：考虑控制器和开关装置不同位置的影响。

注2：工作电压考虑了谐振电压。

注3：在确定工作电压时，可忽略瞬间电压的影响。

3.4

额定输入功率 rated power input

由制造商为器具规定的输入功率。

3.5

额定输入功率范围 rated power input range

由制造商为器具规定的输入功率范围，用其上限值和下限值来表示。

3.6

额定电流 rated current

由制造商为器具规定的电流。

注：如果没有为器具规定电流，则额定电流：

——对于电热器具，为由额定输入功率和额定电压计算出的电流值；

——对于电动器具和组合型器具，为器具以额定电压在正常工作条件下运行时测得的电流值。

3.7

额定频率　rated frequency

由制造商为器具规定的频率。

3.8

额定频率范围　rated frequency range

由制造商为器具规定的频率范围，用其上限值和下限值来表示。

3.9

正常工作　normal operation

当器具与电源连接时，其按正常使用进行工作的状态。

3.10

额定脉冲电压　rated impulse voltage

根据器具的额定电压和过电压类别而确定的电压，用来表明器具绝缘耐受瞬态过电压的规定承受能力。

3.11

危险性功能失效　dangerous malfunction

可能危害安全的意外运行。

3.12

X 型连接　type X attachment

能够容易更换电源软线的连接方法。

注：该电源软线可以是专门制备并仅能从制造商或其服务机构处得到的。专门制备的软线也可包含器具的一部分。

3.13

Y 型连接　type Y attachment

打算由制造商、它的服务机构或类似的具有资格的人员来更换电源软线的连接方法。

3.14

Z 型连接　type Z attachment

不打碎或不损坏器具就不能更换电源软线的连接方法。

3.15

基本绝缘　basic insulation

施加于带电部件对电击提供基本防护的绝缘。

3.16

附加绝缘　supplementary insulation

万一基本绝缘失效，为了对电击提供防护而施加的除基本绝缘以外的独立绝缘。

3.17

双重绝缘　double insulation

由基本绝缘和附加绝缘构成的绝缘系统。

3.18

加强绝缘　reinforced insulation

在规定的条件下，提供等效于双重绝缘的防电击等级而施加于带电部件上的单一绝缘。

注：这并不意味该绝缘是个同质体，它也可以由几层组成，但它不像附加绝缘或基本绝缘那样能逐一地被进行试验。

3.19

功能性绝缘　functional insulation

仅为器具的固有功能所需，而在不同电位的导电部件之间设置的绝缘。

3.20

保护阻抗　protective impedance

连接在带电部件和Ⅱ类结构的易触及导电部件之间的阻抗，在正常使用中及器具出现可能的故障状态时，它将电流限制在一个安全值。

3.21

Ⅱ类结构　class Ⅱ construction

器具中依赖于双重绝缘或加强绝缘来提供对电击的防护的某一部分。

3.22

Ⅲ类结构　class Ⅲ construction

器具的一部分，它依靠安全特低电压来提供对电击的防护，且其产生的电压不高于安全特低电压。

3.23

电气间隙　clearance

两个导电部件之间，或一个导电部件与器具的易触及表面之间的空间最短距离。

3.24

爬电距离　creepage distance

两个导电部件之间，或一个导电部件与器具的易触及表面之间沿绝缘材料表面测量的最短路径。

3.25

特低电压　extra-low voltage

器具内部的一个电源所供给的电压，当器具在额定电压下工作时，该电压在导线之间以及在导线与地之间均不超过 50 V。

3.26

安全特低电压　safety extra-low voltage

导线之间以及导线与地之间不超过 42 V 的电压，其空载电压不超过 50 V。

当安全特低电压从电网获得时，应通过一个安全隔离变压器或一个带分离绕组的转换器，此时安全隔离变压器和转换器的绝缘应符合双重绝缘或加强绝缘的要求。

注 1：这里规定的电压限值是假定该安全隔离变压器的输入电压为额定电压条件下的。

注 2：安全特低电压也可用 SELV 表示。

3.27

保护特低电压电路　protective extra-low voltage circuit

与其他电路以基本绝缘和保护屏蔽、双重绝缘或加强绝缘隔离的，以安全特低电压工作的接地电路。

注 1：保护屏蔽是通过一个接地隔板将电路与带电部件隔离。

注 2：保护特低电压电路也可用 PELV 电路表示。

3.28

电热器具　heating appliance

装有电热元件而不带有电动机的器具。

3.29

电动器具　motor-operated appliance

装有电动机而不带有电热元件的器具。

注：磁驱动器具认为是电动器具。

3.30

组合型器具　combined appliance

装有电动机和电热元件的器具。

3.31

不可拆卸部件　non-detachable part

只有借助于工具才能取下或打开的部件。

3.32

可拆卸部件　detachable part

不借助于工具就能取下的部件、按使用说明中的要求可以被取下的部件(即使需要用工具才能将其取下)的部件。

注1：为了安装必须取下的部件，即使使用说明中声明用户可取下它，也不认为该部件是可拆卸的。

注2：不借助于工具就能取下的元件，认为是可拆卸部件。

注3：能被打开的部件认为是可取下的部件。

3.33

易触及部件　accessible part

用IEC 61032的B型试验探棒能触到的部件或表面，如果该部件或表面是金属的，则应包括与其连接的所有导电性部件。

3.34

带电部件　live part

打算在正常使用时通电的导线或导电性部件，按惯例包括中性导线，但不包括PEN导线。

注：PEN导线是指将保护导线和中性导线两种功能结合在一起的保护接地中性线。

3.35

工具　tool

可以用来旋动螺钉或类似固定装置的螺丝刀、硬币或任何其他物件。

3.36

全极断开　all-pole disconnection

由一个单触发动作造成两根电源导线断开；或对于三相器具，由一个单触发动作造成三根电源导线断开。

注：对三相器具，中性导线不认为是电源导线。

3.37

断开位置　off position

是一个开关装置的稳定位置，在此位置时，由开关控制的电路与其电源是断开的。或者，对于电子断开，即电路不施加电能。

注：断开位置并不意味着全断开。

3.38

用户维护保养　user maintenance

通过使用说明中的声明或器具上的标识，打算由用户来完成的各种维护保养工作。

3.39

电子电路　electronic circuit

至少装有一个电子元件的电路。

3.40

保护电子电路　protective electronic circuit

防止非正常运行状态下出现危险的电子电路。

注：电路中的部分也可以起到功能作用。

3.41

B级软件　software class B

含有代码的软件，用于防止器具由于非软件故障而引起的危险。

3.42

C 级软件 software class C

含有代码的软件，用于防止没有使用其他保护装置时出现的危险。

4 器具

4.1 按用途分类

4.1.1

制冷空调器具 refrigerating and air conditioning appliance

利用制冷原理在箱体或容器内产生低温以保存或冷却物品和饮料的器具；或者利用制冷原理调节室内空气温湿度的器具。如冷藏箱、冷冻箱、冰淇淋机、空调器等。

4.1.2

清洁器具 cleaning appliance

用于清洁物品或改善室内环境的器具。如洗衣机、干衣机、洗碗机、吸尘器、空气净化器、加湿器等。

4.1.3

厨房器具 kitchen appliance

家庭厨房或类似家庭厨房所需要的，直接或间接的具备制备、加工、烹饪饮食等功能的器具。如电烤箱、微波炉、食品加工机、电磁炉、吸油烟机、热水器、电饭锅等。

4.1.4

通风器具 ventilation appliance

用于增强室内空气流动或强制室内外空气对流的器具。如电风扇、换气扇等。

4.1.5

取暖熨烫器具 warming and ironing appliance

利用电热元件把电能转变成热能，使人体直接或间接取得热量的器具；或者使底板发热，用来熨烫衣服、床单等各类织物，熨平洗涤后织物的褶皱，使织物平整的器具。如取暖电炉、电热毯、电熨斗、纺织物蒸汽机等。

4.1.6

个人护理器具 personal care appliance

用于个人清洁、护理身体及修饰仪表的器具，如电吹发器、电推剪、电动剃须刀、电动牙刷等。

4.1.7

商用饮食加工器具 commercial food processing appliance

对作为商品出售的食品进行批量加工处理的器具。如强制对流烤炉、水浴保温器等。

4.1.8

保健器具 health care appliance

用于保持人体健康的器具。如按摩器、涡流浴缸等。

4.1.9

娱乐器具 amusement appliance

用于丰富人们业余生活，给人们带来乐趣的器具。如投影仪、幻灯机、电玩具等。

4.1.10

花园园林工具 garden tool

用于清理花园及修整草坪的工具。如割草机、草坪松土机等。

4.1.11

其他器具 other appliance

用于其他用途的器具。如灭虫器、缝纫机、电钟等。

4.2 按防触电保护的方式分类

4.2.1

0 类器具 class 0 appliance

电击防护仅依赖于基本绝缘的器具。即它没有将导电性易触及部件(如有的话)连接到设施的固定布线中保护导体的措施,万一该基本绝缘失效,电机防护依赖于环境。

注:0 类器具或有一个可构成部分或整体基本绝缘的绝缘材料外壳,或有一个通过适当绝缘与带电部件隔开的金属外壳。如果装有绝缘材料外壳的器具有内部部件接地的措施,则认为是Ⅰ类器具,或是 0Ⅰ类器具。

4.2.2

0Ⅰ类器具 class 0Ⅰ appliance

至少整体具有基本绝缘并带有一个接地端子的器具,但其电源软线不带接地导线,插头也无接地插脚。

4.2.3

Ⅰ类器具 class Ⅰ appliance

其电击防护不仅依靠基本绝缘而且包括一个附加安全防护措施的器具。其防护措施是将易触及的导电部件连接到设施固定布线中的接地保护导体上,以使得万一基本绝缘失效,易触及的导电部件不会带电。

注:此防护措施包括电源线中的保护性导线。

4.2.4

Ⅱ类器具 class Ⅱ appliance

其电击防护不仅依靠基本绝缘,而且提供如双重绝缘或加强绝缘那样的附加安全防护措施的器具。该类器具没有保护接地或依赖安装条件的措施。

注 1:该类器具可以是下述类型之一:

——具有一个耐久的并且基本连续的绝缘材料外壳的器具,除铭牌、螺钉和铆钉等小零件外,其外壳能将所有的金属部件包围起来,该外壳提供了至少相当于加强绝缘的防护措施将这些小金属零件与器具的带电部件隔离。该类型器具被称为带绝缘外壳的Ⅱ类器具。

——具有一个基本连接的金属外壳,其内各处均使用双重绝缘或加强绝缘的器具,该类型器具被称为有金属外壳的Ⅱ类器具。

——由带绝缘外壳的Ⅱ类器具和有金属外壳的Ⅱ类器具组合而成的器具。

注 2:带绝缘外壳的Ⅱ类器具,其壳体可构成附加绝缘或加强绝缘的一部分或全部。

注 3:如果一个各处均具有双重绝缘或加强绝缘的器具又带有接地的防护措施,则此器具被认为是Ⅰ类或 0Ⅰ类器具。

4.2.5

Ⅲ类器具 class Ⅲ appliance

依靠安全特低电压的电源来提供对电机的防护,且其产生的电压不高于安全特低电压的器具。

4.3 按外壳防护分类

IPX0:无防护。

IPX1:防止垂直方向滴水。垂直方向滴水应无有害影响。

IPX2:防止当外壳在 15° 范围内倾斜时垂直方向滴水。当外壳的各垂直面在 15° 范围内倾斜时,垂直滴水应无有害影响。

IPX3:防淋水。各垂直面在 60° 范围内淋水,无有害影响。

IPX4:防溅水。向外壳各方向溅水无有害影响。

IPX5:防喷水。向外壳各方向喷水无有害影响。

IPX6:防强烈喷水。向外壳各方向强烈喷水无有害影响。

IPX7:防短时间浸水影响。浸入规定压力的水中经规定时间后外壳进水量不致达有害程度。

IPX8：防持续潜水影响。按生产厂和用户双方同意的条件（应比 IPX7 的条件更为严酷）持续潜水后外壳进水量不致达有害程度。

4.4 按使用方式分类

4.4.1

便携式器具 portable appliance

在工作时预计会发生移动的器具或质量少于 18 kg 的非固定式器具。

4.4.2

手持式器具 hand-held appliance

在正常使用期间打算用手握持的便携式器具。

4.4.3

驻立式器具 stationary appliance

固定式器具或非便携式器具。

4.4.4

固定式器具 fixed appliance

紧固在一个支架上或固定在一个特定位置进行使用的器具。

4.4.5

嵌装式器具 built-in appliance

打算安装在橱柜内、墙中预留的壁龛内或类似位置的固定式器具。

5 产品名称

5.1 制冷空调器具

5.1.1

压缩式制冷器具 compression-type refrigerating appliance

通过使液体制冷剂在热交换器（蒸发器）内低压蒸发，所生成的蒸汽经机械压缩成为高压蒸汽，随后在另一个热交换器（冷凝器）内冷却，恢复为液态制冷剂来实现制冷的器具。

5.1.2

吸收式制冷器具 absorption-type refrigerating appliance

通过使液态制冷剂在热交换器（蒸发器）内低压蒸发，所生成的蒸汽经吸收介质吸收，随后通过加热，在较高的蒸汽分压下制冷剂被排出，在另一个热交换器（冷凝器）内冷却恢复为液态制冷剂来实现制冷的器具。

5.1.3

扩散吸收式冰箱 diffusion-absorption type refrigerator

吸收式冰箱的一种。一般用氨作为制冷剂，水作为吸收剂，氢（或氦）作为扩散剂。其制冷过程是：使液氨在蒸发器内低分压下蒸发向氢（或氦）中扩散，生成的氨氢（或氨氦）混合气中的氨气在吸收器中被水吸收成为氨水，再进入发生器经加热氨水中释放出氨气。氨气经冷凝器冷却成为液氨，液氨再进入蒸发器蒸发，形成连续扩散吸收制冷循环。

5.1.4

嵌装式制冷器具 built-in refrigerating appliance

打算安装于柜体内、墙凹壁内或类似位置的制冷器具。

5.1.5

半导体冰箱 semi-conductor type refrigerator

利用半导体温差效应制冷的电冰箱。

5.1.6

单控式冷藏冷冻箱　single-controlled refrigerator-freezer

仅有一个控温手段供调节冷藏室和冷冻室的冷藏冷冻箱。

5.1.7

多控式冷藏冷冻箱　multi-controlled refrigerator-freezer

具有多个控温手段供分别单独调节各个冷藏室和冷冻室温度的冷藏冷冻箱。

5.1.8

冷藏箱　refrigerator

用于保存食品的制冷器具,其中至少有一个间室适合用来储藏新鲜的食物。

5.1.9

无霜冷藏箱　frost-free refrigerator

所有的间室都是用自动除霜系统进行自动除霜,并且至少有一个间室使用无霜系统制冷,且至少有一个冷冻食品储藏室的制冷器具。

注:采用无霜系统的单间室冷藏箱不能称为无霜冷藏箱。

5.1.10

冷藏冷冻箱　refrigerator-freezer

至少有一个间室为冷藏室,适合储藏新鲜食品,且至少有另一个间室为冷冻室,适合冷冻新鲜食品和在"三星"级储藏条件下储藏冷冻食品的制冷器具。

5.1.11

无霜冷藏冷冻箱　frost-free refrigerator-freezer

所有的间室均采用自动除霜并能自动排除化霜水,并且至少有一个间室使用无霜系统制冷的冷藏冷冻箱。

5.1.12

冷冻食品储藏箱　frozen-food storage cabinet

具有一个或多个适合储藏冷冻食品的间室的制冷器具。

5.1.13

无霜冷冻食品储藏箱　frost-free frozen-food storage cabinet

所有的间室均采用自动除霜并能自动排除化霜水,并且使用无霜系统制冷的冷冻食品储藏箱。

5.1.14

食品冷冻箱　food freezer

具有一个或多个间室,适合将食品从环境温度降至－18 ℃,而且适合在"三星"级储藏条件下储藏冷冻食品的制冷器具。

5.1.15

无霜食品冷冻箱　frost-free food freezer

所有的间室均采用自动除霜并能自动排除化霜水,并且至少有一个间室使用无霜系统制冷的食品冷冻箱。

5.1.16

制冰机　ice-maker

通过消耗电能的装置使水冻结成冰并具有储冰间室的器具。

5.1.17

内装式制冰机　incorporated ice-maker

专门设计装入冷冻食品储藏室中,并没有独立冻水装置的制冰机。

5.1.18

冰淇淋机　ice-cream appliance

用于制作冰淇淋的器具。

5.1.19

转换型冷冻冷藏箱(柜)　transferable refrigerator-freezer

在同一个间室中,利用可调节的温度控制装置,既可使箱内温度满足冷冻新鲜食品或储藏冷冻食品的要求,也可使箱内温度转换成满足储藏不需冻结食品的要求的制冷器具。

5.1.20

卧式冷藏冷冻箱(柜)　chest refrigerator-freezer

至少有一个间室为冷藏(微冻)室,适合储藏新鲜食品,且至少有另一个间室为冷冻室,适合冷冻新鲜食品或储藏冷冻食品的卧式制冷器具。

5.1.21

冷藏展示柜　refrigerating show case

适合用来储藏不需冻结的食品,至少有一个透明外表面可以从外面看到储藏食品,具有一个或多个间室的制冷器具。

5.1.22

冷冻展示柜　freezing show case

适合用来储藏冷冻食品,至少有一个透明外表面可以从外面看到储藏食品,具有一个或多个间室的制冷器具。

5.1.23

葡萄酒储藏柜　wine cooler

至少有一个或多个间室专门用来储藏葡萄酒的制冷器具。

5.1.24

压缩机制冷式饮水机　compression-type water dispenser

利用压缩制冷,通过热交换制备冷水的饮水机。

5.1.25

半导体制冷式饮水机　semi-conductor refrigeration-type water dispenser

利用半导体珀耳帖效应制冷,通过热交换制备冷水的饮水机。

5.1.26

热泵房间空气调节器　heat pump room air conditioner

通过转换制冷系统制冷剂运行流向,从室外低温空气吸热并向室内放热,使室内空气升温的制冷系统。

5.1.27

生活用热水热泵　sanitary hot water heat pump

用于向生活用水传递热量的热泵。

5.1.28

房间空气调节器　room air conditioner

一种向密闭空间、房间或区域直接提供经过处理的空气的设备。它主要包括制冷和除湿用的制冷系统以及空气循环和净化装置,还可包括加热和通风装置(它们可被组装在一个箱壳或被设计成一起使用的组件系统),以下简称空调器。

5.1.29

转速可控型房间空气调节器　variable speed room air conditioner

空调器运行时,根据热负荷的大小,其压缩机的转速在一定范围内发生 3 级以上或连续变化的空调器(简称变频空调器)。

5.1.30

容量可控型房间空气调节器　variable capacity room air conditioner

空调器运行时,根据热负荷的大小,压缩机的转速不变,其有效容积输气量(制冷剂质量流量)发生3级以上或无级变化的空调器(简称变容空调器)。

5.1.31

一拖多房间空气调节器　multi-split room air conditioner

一种向多个密闭空间、房间或区域直接提供经过处理的空气的设备。它主要是一台室外机与多于一台的室内机相连接,可以实现多室内机同时工作、部分室内机同时工作或单独室内机工作的组合体系统(简称"一拖多空调器")。

5.2　清洁器具

5.2.1

家用电动洗衣机　household electric washing machine

利用电能驱动,依靠机械作用洗涤衣物的器具。

5.2.2

波轮式洗衣机　impeller washing machine

被洗涤物浸没于洗涤水中,依靠波轮连续转动或定时正反向转动的方式进行洗涤的洗衣机。

5.2.3

滚筒式洗衣机　drum washing machine

被洗涤物放在滚筒内,部分浸于水中,依靠滚筒连续转动或定时正反向转动的方式进行洗涤的洗衣机。

5.2.4

搅拌式洗衣机　agitator washing machine

被洗涤物浸没于洗涤水中,依靠搅拌叶往复运动的方式进行洗涤的洗衣机。

5.2.5

脱水机　extractor

依靠机械作用除掉被洗涤物中水分的器具。

5.2.6

离心式脱水机　spin extractor

依靠离心力除掉被洗涤物中水分的器具。

5.2.7

普通型洗衣机　washing machine

洗涤、漂洗、脱水各功能的动作需用手工转换的洗衣机。

5.2.8

半自动型洗衣机　semi-automatic washing machine

在洗涤、漂洗、脱水各功能之间,其中任意两个功能转换不用手工操作而能自动进行的洗衣机。

5.2.9

全自动型洗衣机　automatic washing machine

同时具有洗涤、漂洗和脱水各功能,它们之间的转换不用手工操作而能自动进行的洗衣机。

5.2.10

双桶洗衣机　double container washing machine

洗涤桶和脱水桶能够同时工作的洗衣机。

5.2.11

单桶洗衣机　single container washing machine

洗涤和脱水在同一桶中进行的洗衣机。

5.2.12

干衣机　dryer

采用电热通风干燥衣物的器具。

5.2.13

滚筒式干衣机　tumble dryer

让纺织材料在旋转的滚筒中翻滚并吹过热风使纺织材料干燥的器具。

5.2.14

冷凝型滚筒式干衣机　condensation-type tumble dryer

干燥过程的空气是通过冷却除湿排出水分的一种滚筒式干衣机。

5.2.15

排气型滚筒干衣机　air vented tumble dryer

带有引入新鲜空气入口的滚筒干衣机，烘干织物后通过出口将潮湿空气排到房间或室外。

5.2.16

自动滚筒干衣机　automatic tumble dryer

当负载达到一定含水率时，开关自动断开的滚筒干衣机。

5.2.17

非自动滚筒干衣机　non-automatic tumble dryer

当负载达到一定含水率时，开关不自动断开，通常由定时器或手动控制的滚筒干衣机。

5.2.18

洗衣干衣机　washer & dryer

具有干衣功能的洗衣机。

5.2.19

吸水式清洁器具　water-suction cleaning appliance

用于吸除可能含有泡沫洗涤剂水溶液的器具。

5.2.20

真空吸尘器　vacuum cleaner

利用电动机拖动风叶组产生负压吸收空气中灰尘的器具，用于清洁地毯、设备、家具、地面等所积聚的尘埃。

5.2.21

湿式真空吸尘器　wet vacuum cleaner

能够吸水的真空吸尘器。

5.2.22

洗碗机　dish washer

用化学、机械、热和电能对盘子、玻璃器皿、刀叉和一起烹调的器具进行洗涤、漂洗的器具，在程序结束时，洗碗机可以进行或者不进行特殊干燥操作。

5.2.23

桑那浴加热器具　sauna heating appliance

是指由桑那加热器、控制器、保护装置和控制板组成的器具。

5.2.24

预制式桑那房　prefabricated sauna

是指由桑那房和桑那浴加热器具构成的一个总成。

5.2.25

多功能淋浴房 multifunctional shower cabinet

指预制的淋浴房,除淋浴功能外至少含有一个其他的功能,如蒸汽浴。

5.2.26

电子坐便器 electric toilet

以存储、干燥或者销毁方式处理人体排泄物的器具。

5.2.27

模制式坐便器 moldering toilet

采用干燥方式处理排泄物的器具。

5.2.28

包装式坐便器 package toilet

把排泄物包在袋中并存储在箱内的器具。

5.2.29

真空式坐便器 vacuum toilet

用负压方式将排泄物抽吸到存储箱中的器具。

5.2.30

冷冻式坐便器 freezing toilet

把排泄物冷冻并存储在箱内的器具。

5.2.31

泵 pump

用于运送液体的由机械、液压和电气部件组成的器具。

5.2.32

潜水泵 submersible pump

电气部件在正常工作期间完全或部分浸入在液体中的泵。

注:电机绕组可以是干的、浸在油里或浸在被泵吸入的液体里。

5.2.33

立式排水泵 vertical wet pit pump

电气部件与液压部件隔离且在正常使用期间不浸入液体中的泵。

注:控制器例如水位开关可以被浸入在液体中。

5.2.34

污水泵 sludge pump

打算用于运送水和细小固体颗粒混合物的泵。

注:污水泵可以是潜水泵或是立式排水泵。

5.2.35

循环泵 circulation pump

用于循环水的器具的机械、水力和电气部分的组合体。

注:水力和电气部件可以在同一外壳内,以便水流过电动机并作为冷却剂,或者可以将水力和电气部件分开。

5.2.36

地板抛光机 electric floor polisher

由电动机带动刷子对上蜡地板进行抛光的器具。有吸尘式地板抛光机(floor polisher with cleaner)和湿式地板抛光机(floor polisher with washing attachment)等。

5.2.37

地板打蜡机 floor waxing machine

供地板打蜡的器具。

5.2.38

擦玻璃窗机　glass rubbing machine

擦抹和清洁玻璃窗的器具。

5.2.39

刷鞋机　electric shoe-polisher

清除鞋上的灰尘和污物并上油打光的器具。

5.2.40

地毯清洗机　rug shampooer

用于清洁地毯的器具。

5.2.41

空气净化器　air cleaner

装在一个容器内，空气经过过滤系统；该系统可以包括一个电离装置。

5.2.42

静电式空气净化器　electrostatic air cleaner

利用静电原理，使气流中的微粒带电荷后，借助库仑力的作用将其捕集在集尘装置上。它由离子化集尘装置、送风机和电源的部件构成。

5.2.43

过滤式空气净化器　air filter

用多孔性过滤材料把悬浮在气流中的固体微粒或液体微粒截留而收集下来。

5.2.44

加湿器　humidifier

用来增加空气相对湿度的器具。

5.2.45

超声波式加湿器　ultrasonic humidifier

通过超声波将水雾化，并将水雾分散到空气中达到加湿目的的加湿器。

5.2.46

直接蒸发式加湿器　evaporative humidifier

使空气通过湿润的蒸发芯(器)，达到空气加湿目的的加湿器。

5.2.47

电热式加湿器　electrical heating humidifier

通过电加热方式使水汽化，产生蒸汽对空气进行加湿的加湿器。

包括下列两种型式加湿器：

a) 电加热式加湿器：通过电加热器使水汽化，产生蒸汽对空气进行加湿的加湿器。

b) 电极式加湿器：将电极对放入水中，在水中通过电流对水加热，水汽化产生蒸汽对空气进行加湿的加湿器。

5.2.48

光波式加湿器　lightwave humidifier

以特定波长的光波照射水面，水吸收光波能量后汽化蒸发对空气进行加湿的加湿器。

5.2.49

离心式加湿器　impeller humidifier

通过离心力将水甩成微粒，并吹散在空气中以达到加湿目的的加湿器。

5.2.50

复合式加湿器　hybrid humidifier

同时使用上述任意两种或两种以上原理实现加湿功能的加湿器。

5.3 厨房器具

5.3.1

电热水器 water heater

将电能转换为热能,并将热能传递给水,使水产生一定温度的器具。

5.3.2

快热式热水器 instantaneous water heater

是指当水流过器具时加热水的驻立式器具。

5.3.3

裸露电热元件式热水器 bare-element water heater

是指没有绝缘的电热元件浸没在水中的快热式热水器。

5.3.4

贮水式热水器 storage water heater

加热水并将水储存在容器中,装有控制水温装置的固定式器具。

注:容器可以是隔热的,也可以是不隔热的。

5.3.5

密闭式热水器 closed water heater

设计在供水系统压力下工作,水流量由出水系统中的一个或多个阀门控制的不与大气相通的储水式热水器。

注:工作压力可以是减压或增压装置的出口压力。

5.3.6

水槽供水式热水器 cistern-fed water heater

与大气相通并通过单独的水箱以重力供水,其水流由出水系统中的一个或多个阀门控制的储水式热水器。

注1:热水器的安装可能会使膨胀水返回到水箱中。

注2:在水槽供水式热水器中,压力取决于来自水箱的水量。

5.3.7

水箱式热水器 cistern-type water heater

由安装在器具内部的水箱以重力供水的储水式热水器。膨胀水能够流回到水槽。其水流量由出水系统中的一个或多个阀控制的储水式热水器。

注:在水箱式热水器中,水面总是处于大气压下。

5.3.8

出口敞开式热水器 open-outlet water heater

水流量仅由进水管中的一个阀门控制并且膨胀水或排出水通过出水口排出的储水式热水器。

注:在出口敞开式热水器中,静压总是为大气压力下。

5.3.9

热泵热水器 heat pump water heater

一种利用电机驱动的蒸汽压缩循环,将空气或水中的热量转移到被加热的水中来制取生活热水的设备。

5.3.10

电灶 cooking range

带有一个灶台和至少一个烤炉的器具。同时可以带有一个烤架或烤盘。

5.3.11

电炉 hot plate

通常具有一个或多个可以放置容器的带有加热功能的平面或类似支撑面的便携式电热器具。

按电热元件封闭程度分为：

开启式(hot plate with open heating element)；

半封闭式(hot plate with embeded heating element)；

封闭式(hot plate with tubular heating element)三种。

5.3.12

电烤箱　oven

带门的箱内装有电热元件，将放置在箱内架或烤盘上的食物加热烘烤的器具。

5.3.13

电烤炉　roaster

由带盖的加热容器组成，可将食物放进该容器的器具。

5.3.14

热解式自洁烤炉　pyrolytic self-cleaning oven

通过加热烤炉使其温度超过 350 ℃，从而将烤炉内的烹饪污物清除的一种烤炉。

5.3.15

蒸汽烤炉　steam oven

打算通过在大气压下器具内产生的蒸汽烹饪食物的烤炉。

5.3.16

旋转烤架　rotary grill

由一个辐射电热元件和一个可以将食物支起来放在其内部或其上并暴露在热辐射中的旋转部件组成的器具。

注：旋转烤架也称为烤肉铁叉。

5.3.17

接触烤架　contact grill

由一个或两个可与食物接触的发热表面或面上可放置食物的发热表面所组成的器具。

注：只有一个发热表面的接触烤架也称为炙盘。

5.3.18

干酪烤架　raclette grill

用来融化奶酪片或烹调放在位于加热元件下面的烤盘内食物的器具。

5.3.19

干酪器具　raclette appliance

用来融化大块奶酪表面的辐射烤架。

5.3.20

面包片烘烤器　toaster

拟用辐射热来烘烤面包片的器具。

5.3.21

旋转或连续电烤炉或烤面包炉　rotary or continuous griller or toaster

一种在烘烤时移动产品的器具。

5.3.22

华夫饼炉　waffle iron

用铰链将两块装有发热元件的模连接起来，用模可将调制成的面糊烘烤成华夫饼的器具。

5.3.23

单面电热铛　griddle

一种打算通过食品的一面与一个加热面直接接触来进行烘烤的器具。

5.3.24

双面电热铛　griddle grill

一种打算通过食品的两面与两个加热面直接同时接触来进行烘烤的器具。

5.3.25

电水壶　electric kettle(jar)

可将容器中的水加热至沸腾的电热器具。

5.3.26

无绳电水壶　cordless kettle

这种电水壶带有发热元件，并且只有将电水壶放在其配套的底座上时才能接通电源。

5.3.27

开水器　boiler

是指放水开关一打开就能连续供给开水的器具。

5.3.28

液体加热器　liquid heater

是指将液体加热到沸点以下或将液体保持在沸点以下的某一温度的器具；泄流开关一打开它就能供给该液体。

5.3.29

过流式液体加热器　overflow type liquid heater

是指能以与电气输入成正比的连续速率供给加热液体的一种器具。

5.3.30

贮存式开水器或贮存式液体加热器　storage boiler/liquid heater

是指泄流开关闭合时能贮存开水或贮存加热液体的器具。

5.3.31

电咖啡器　(electric)coffee maker

具备将容器中的咖啡煮沸、过滤等制备咖啡所需功能的电热器具。

5.3.32

蒸汽压力咖啡壶　espresso coffee maker

这种咖啡壶是用蒸汽压力或泵，使器具内加热的水从底部的咖啡中流过。

注：蒸汽压力咖啡壶可以有一个提供蒸汽或热水的出口。

5.3.33

喂食瓶加热器　feeding-bottle heater

这种器具可将喂食瓶中预制的婴儿食物加热到预定温度，热的传导可以用水来完成。

5.3.34

电饭锅　electric rice cooker

在常压或压力下工作且可自动控制容器内烹饪温度的至少具有蒸煮米饭功能的电热器具。

5.3.35

电压力锅　electric pressure cooker

额定工作压力在 4 kPa～140 kPa(相对压力)范围内的电热器具。

对于标称额定工作压力范围的，其额定工作压力的上限值不超过 140 kPa。

5.3.36

电蒸锅　steam cooker

这种器具靠在大气压力下产生的蒸汽来加热食物。

5.3.37

煮锅 boiling pan

将其内部装在容器中的液体加热到沸点作为烹饪过程一部分的一种器具。容器内压力能超过大气压力。容器可以固定或可倾斜。

5.3.38

常压煮锅 atmospheric boiling pan

容器内压力与周围大气压力没有明显差异的一种煮锅。

5.3.39

夹层煮锅 jacketed boiling pan

具有双壁容器的器具，在内壁与外壁之间装有一种由加热元件加热的传热介质。

5.3.40

两用煮锅 dual purpose boiling pan

装有两个容器的器具，内层的一个可以取下。使用这种器具可以带或不带内层容器。

5.3.41

非夹层煮锅 unjacketed boiling pan

借助传热夹层以外的其他方法来加热容器内容物的器具。

5.3.42

多用途电平锅 multi-purpose cooking pan

一种装有浅盘的器具，其底面均匀受热，主要用于烹饪或制作肉食、调味剂等。浅盘可固定或倾斜。

5.3.43

电煎锅 frying pan

用于煎制食物的、具有深度较浅、底部平整容器的电热器具。

5.3.44

电炸锅 deep frying pan

用于炸制食物的、具有深度较深、底部平整容器的电热器具。

5.3.45

深油炸锅 deep fat fryer

配备一个或多个容器的器具，将食物浸在容器中的炸油内烹制。容器可固定、拆下、升降、倾斜等。

5.3.46

微波炉 microwave oven

利用频率在300 MHz～30 GHz之间的一个或多个ISM频段的电磁能量来加热腔体内食物和饮料的器具。

5.3.47

组合型微波炉 combination microwave oven

微波功能与电热功能相结合的微波炉。

5.3.48

吸油烟机 range hood

安装在炉灶上部，由电动机驱动用于收集被污染空气的器具。

注：被污染的空气可以通过过滤器后回到房间内，或排放到室外。

5.3.49

外排式吸油烟机 exhaust type range hood

抽吸室内的油烟气体，经分离油雾后通过管道排向室外的吸油烟机。

5.3.50

循环式吸油烟机　cycle type range hood

抽吸室内的油烟气体，经过滤装置清除油雾和气味，并重新返回室内的吸油烟机。

5.3.51

食物混和器　food mixer

一种混和食物成分的器具。

5.3.52

食品加工器　food processor

一种通过在容器里切割刀片旋转的方式，精细地切碎成批的肉、干酪、蔬菜和其他食物的器具。

注：其他功能可通过旋转刀片、圆盘、叶片或在切割刀片的位置使用类似的方式获得。

5.3.53

绞肉机　mincer

一种通过一个输送螺杆、刀具和筛屏的活动，精细地切割肉和其他食物的器具。

5.3.54

切片机　slicing machine

可将肉、面包、蔬菜或奶酪等食物切成片的电动器具。

5.3.55

绞碎机　wringer

可将固体食物绞碎至粉末状、颗粒状或分割成较小体积的电动器具。

5.3.56

榨汁机　juice extractor

可将含汁食物切碎并将其汁和残渣分离的电动器具。

5.3.57

剥皮器　potato peeler

可将果蔬表皮去除的电动器具。

5.3.58

罐头开启器　electric tin opener

可将罐头或类似容器开启的电动器具。

5.3.59

咖啡粉碎器　coffee miller

采用切割、研磨等方式将咖啡豆粉碎成可使用的粉末的电动器具。

5.3.60

食物搅碎器　food blender

在家庭和类似场所使用的由电动机驱动容器内的刀片高速旋转以搅拌或搅碎食物的器具。

5.3.61

食具消毒柜　disinfecting tableware cabinet

有适当的容积和装备，用物理、化学或两者结合为手段来消毒食具的器具。它具有放置食具的一个或多个间室。

5.3.62

电热食具消毒柜　electric-heating disinfecting tableware cabinet

用电热元件加热食具，从而使食具消毒的食具消毒柜。

5.3.63

废弃食物处理器　food waste disposer

安装在洗涤槽的出口处，将废弃食物的颗粒减小，并用水流将其排放至排水系统的器具。

5.3.64

保温板 warming plate

加热表面上可放置食物或容器的器具。该器具打算用于将食物或容器保持在适于使用的温度。

注：保温板也可称为保温碟。

5.4 通风器具

5.4.1

电风扇 electric fan

由电动机带动风叶旋转推动空气产生气流，用以加速空气流动或交换的器具。

5.4.2

台扇 table fan

放置在工作台上使用，带有两片或以上数量扇叶，由电动机驱动扇叶旋转并通过自由空间进出风的风扇。

5.4.3

台地扇 floor fan

带有高度调节装置，放置在工作台或地面上使用，带有两片或以上数量扇叶，由电动机驱动扇叶旋转并通过自由空间进出风的风扇。

5.4.4

落地扇 pedestal fan

放置在地面上使用，带有两片或以上数量扇叶，由电动机驱动扇叶旋转并通过自由空间进出风的风扇。

5.4.5

壁扇 wall fan

安装底座固定在墙壁上，带有两片或以上数量扇叶，由电动机驱动扇叶旋转并通过自由空间进出风的风扇。

5.4.6

顶扇 top fan

安装底座固定在天花板上，带有两片或以上数量扇叶，由电容运转式电机驱动轴流式扇叶旋转，产生循环气流，扇头可围绕安装底座的轴线回转360°，向不同方位送风的电风扇。

5.4.7

吊扇 ceiling fan

安装底座固定在天花板上，带有两片或以上数量扇叶，由电动机驱动扇叶在水平面上旋转的风扇。

5.4.8

柱式扇 tower fan

由单相交流电容式电动机驱动叶轮旋转，产生切向气流送风的风扇，用微型同步电动机使内有叶轮的柱型送风机构在一定角度内摆动，向不同方向送风。

5.4.9

转叶扇 louver fan

带有两片或以上数量扇叶，由旋转的导风叶轮控制送风方向的电风扇。

5.4.10

装饰型吊扇 decorated ceiling fan

使用悬吊装置安装在天花板上使用，带有两片或以上数量扇叶，扇叶为螺旋桨式、不具有摇头机构而可带有灯具（或灯具盒）或其他器具功能，扇叶为非金属材料做装饰的电风扇。

5.4.11

换气扇 ventilating fan

从隔墙的一方到另一方，或从安装在其进风口、出风口一侧或两侧的导管内作交换空气用的电风扇。

5.4.12

隔墙型(A 型)**换气扇 partition type ventilating**(type A)**fan**

安装在隔墙孔洞里或孔上，隔墙的两侧都是自由空间，从隔墙的一方到另一方作交换空气用的换气扇。

5.4.13

自由进气型(B 型)**换气扇 free inlet ventilating**(type B)**fan**

由自由空间直接进气而在出风口装有导管的换气扇。

5.4.14

自由排气型(C 型)**换气扇 free outlet ventilating**(type C)**fan**

在进风口装有导管、直接向自由空间排气的换气扇。

5.4.15

全导管型(D 型)**换气扇 fully ducted ventilating**(type D)**fan**

进风口和出风口均装有导管的换气扇。

5.4.16

轴流式风扇 axial flow fan

排出气流的流动方向与轴线平行的风扇。

5.4.17

离心式风扇 centrifugal flow fan

排出气流的流动方向与轴线垂直的风扇。

5.4.18

横流式风扇 cross flow fan

进风和出风气流的流动方向均与轴线垂直的风扇。

5.4.19

喷流扇 jet fan

不另加任何导管而能产生喷气流的电风扇。它也可用在导管中增强空气流动或在确定的区域中加速热量的传递。

5.4.20

冷却喷流扇 air blast cooling fan

产生狭窄气流柱的喷流扇，在气流柱轴线 15 倍扇叶直径处最小气流速度为 150 m/min。

5.4.21

循环喷流扇 air circulating fan

带有两片或以上数量扇叶的螺旋桨喷流扇。产生的气流柱在六倍扇叶直径处最小气流速度为 250 m/min。

5.5 取暖熨烫器具

5.5.1

电热毯 blanket

一般指用于床上取暖的，基本上平坦而柔软的，构成卧具一部分的电热器具。

5.5.2

下铺电热毯 under blanket

设计用于铺在卧躺在床上者身下的电热毯。

5.5.3

耐皱型电热毯　ruck-resistant blanket

具有一定刚性结构以使柔性部件不容易起皱的下铺电热毯。

5.5.4

上盖电热毯　over blanket

设计用于盖在卧躺在床上者身上的电热毯。

5.5.5

预热电毯　preheating blanket

使用前加热而在使用时不加热的电热毯。

5.5.6

均热电毯　blanket with uniform heating area

加热面积上温度均匀分布的电热毯。

5.5.7

局部增热电毯　blanket with increased heating area

加热面积上，宽度方向温度均匀，长度下方(脚部)较上方(头部)温度稍高的电毯。

5.5.8

环境温度补偿电热毯　blanket with ambient temperature compensation

当环境温度改变时电热毯温度变化较环境温度变化为小，能起到补偿作用的电毯。

5.5.9

特低压电毯　extra-low voltage blanket

附有安全隔离变压器，额定电压不超过 42 V 的电热毯。

5.5.10

电热被　duvet

准备不用附加其他的床上用品就可以盖在躺在床上的人身上，而且其内部的发热元件能提供补充热量的一种被状的上盖型电热毯。

5.5.11

电热垫　pad

设计用于人体局部加热，且只在其一面测得的发热面积不超过 0.2 m^2 的一块柔性部件构成的器具。

5.5.12

电热褥垫　mattress

用来支撑卧具，设计为不能折叠的软垫型器具。

5.5.13

直接作用式房间加热器　direct-acting room heater

是一种在房间需要热时，可将电能转变成热能，并将热能立即输送到房间的器具。

5.5.14

板式加热器　panel heater

与房间循环空气接触的所有表面的温升，在正常使用中不超过 75 K 的器具。

注 1：板式加热器可充油。

注 2：板式加热器可以是柱形的。

5.5.15

对流式加热器　convector heater

正常使用时，至少有一个与房间循环空气接触的看不见部位的温升超过 75 K 的加热器，空气通过自然对流方式从一个或多个出气口排出。

注："看不见部位"是指加热器安装时，在加热器前方 2 m 和距地面 1.2 m 处看不见的部位。

5.5.16

风扇式加热器　fan heater

通过机内风扇能使空气加速循环的加热器。

5.5.17

叶片式加热器　fin type heater

电热元件装置在散热片内以增加散热面积，由三片以上散热片叠加组成的加热器。

5.5.18

辐射式加热器　radiant heater

在正常使用情况下，至少有一个可见表面的温升超过 75 K 的加热器。

注："可见表面"是指通过热辐射可穿透的固体材料可见的表面，石英玻璃可考虑作为热辐射可穿透材料，一般玻璃则不可以。

5.5.19

可见灼热的辐射式加热器　visibly glowing radiant heater

正常使用时，从加热器外部可见其内部电热元件、温度至少为 650 ℃的辐射式加热器。

5.5.20

高位安装的加热器　heater for mounting at high level

设计固定到离地高度至少 1.8 m 的加热器。

5.5.21

贮热式室内加热器　thermal storage room heater

把从电能获得的热能贮存到一个储热芯体里并可随时释放的加热器。

5.5.22

输出可控式加热器　controlled-output heater

热量输出可以通过一定手段(如风扇、百叶窗或风门片)来控制的贮热式室内加热器。

5.5.23

输出随机式加热器　free-output heater

通过自然对流和辐射释放热量和仅通过调节负荷来改变热量输出的贮热式室内加热器。

5.5.24

水床加热器　water-bed heater

包含一个安装在封闭外壳内的加热元件，并将在床垫下使用的器具。

注 1：水床加热器可能安装在床垫的外罩内。

注 2：该器具可能配备一个需要在安装时定位其感应元件的温控器。

5.5.25

暖脚器　foot warmer

使用者将脚插入其中取暖的器具。

5.5.26

热脚垫　heating mat

面积不超过 0.5 m^2，使用者将脚放在上面取暖的器具。

5.5.27

电暖鞋　electrically warmed shoe

装有电热元件取暖的鞋。

5.5.28

暖手器　hand warmer

把电能转化为热能,供使用者握持暖手的器具。

5.5.29

充液式散热器　liquid-filled radiator

通过电热元件将密封在散热片内腔的导热液体加热后,再由散热片将热量散发出去的加热器。

5.5.30

电熨斗　electric iron

有电加热的底板,用于熨烫织物的便携式器具。

注:在本部分中“电熨斗”也称为“熨斗”。

5.5.31

调温型熨斗　thermostatic iron

装有温控器的熨斗,其温控器的设定可用手动调节,以在整个范围内改变底板的温度,并将此温度保持在一定的限值内。

5.5.32

带非自复位热断路器的熨斗　electric iron with non-self-resetting thermal cut-out

装有非自复位热断路器的熨斗,例如,装有一种当熨斗温度超高时能将电热元件断开的熔断器。

5.5.33

干式熨斗　dry iron

在熨烫时既不需产生和提供蒸汽,也不对织物进行喷雾的熨斗。

5.5.34

蒸汽式熨斗　steam iron

在熨烫时能对织物产生和提供蒸汽的熨斗,这种熨斗可装有提供短促蒸汽喷发的装置。

5.5.35

短促喷发蒸汽式熨斗　shot-of-steam iron

装有在熨烫时能提供短促蒸汽喷发到织物上的装置的熨斗。

5.5.36

开口式蒸汽电熨斗　vented steam iron

水容器处于常压(大气压力)下,当水接触熨斗的底板时产生蒸汽的蒸汽电熨斗。

注:水容器可以被装在电熨斗中或通过软管连接到电熨斗上。

5.5.37

压力式蒸汽电熨斗　pressurized steam iron

蒸发器在压力超过 50 kPa 时产生蒸汽的蒸汽电熨斗。

注:蒸发器可以被装在电熨斗中或通过软管连接到电熨斗上。

5.5.38

快速式蒸汽电熨斗　instantaneous steam iron

在水容器处于常压(大气压力)下,从水容器抽取少量的水并当水接触到蒸发器/发生器的各壁时产生蒸汽的蒸汽电熨斗。

注:把水容器和蒸发器通过软管接到电熨斗上。

5.5.39

带电动泵的开口式蒸汽电熨斗　vented steam iron with motor pump

通过电泵把水从内部水容器抽至蒸汽室的开口式蒸汽电熨斗。

5.5.40

喷雾式熨斗　spray iron

装有在熨烫时能对织物进行喷雾的装置的熨斗。

5.5.41

无绳电熨斗　cordless iron

是指仅当放置在本机支座上才能与电源连接的电熨斗。

注：在熨烫时，无绳电熨斗也可以通过一个带电源线的可拆卸部件直接与电源连接。

5.5.42

带一个电源连接转换装置的无绳式熨斗　cordless iron having a mains supply attachment

附带可拆卸的电源连接转换装置，使其在熨烫时也可直接与电源连接的无绳式熨斗。

5.5.43

纺织物蒸汽机　fabric steamers

是指通过在衣服的外表和纺织物的表面上直接施加蒸汽以去除皱折的器具。

5.5.44

夹烫机　ironer

是指由一个带衬垫的表面支撑织物，且能使一个加热表面与织物接触的器具。

5.5.45

旋转式夹烫机　rotary ironer

是指织物在一个加热表面和一个带衬垫的滚筒之间穿过，而滚筒是由一个电动机带动旋转的夹烫机。

注：旋转式夹烫机可以有多于一个加热表面。

5.5.46

熨平板　ironing press

是指一种支撑织物的表面和加热表面都是平面的夹烫机。

注：熨平板可以有产生蒸汽或喷水的装置。

5.5.47

裤子熨平板　trouser press

是指一种带有一对平面，其中一个或两个平面能被加热且这对平面能在把裤子放置其间时相互闭合的器具。

5.6　个人护理器具

5.6.1

干发器　hair dryer

用于吹干头发的器具。由电动机驱动风叶送出气流，出口端装有电热元件，由开关控制可得冷风或热风。

5.6.2

手持式干发器　hand-held hairdryer

在正常稳定使用中用手握持的干发器。

5.6.3

头盔式干发器　helmet-type hairdryer

带有在正常使用中置于头部上方的刚性头罩的干发器。

注：头罩可由支架支撑或者可以带有连接装置将其固定到一个支撑物上。

5.6.4

电卷发器　curling iron

带有电热元件的卷发器。

5.6.5

电热蒸汽卷发器　mist curling winder

带有产生蒸汽装置的电卷发器。

5.6.6

可拆卸卷发夹用的加热器　heater for detachable curlers

用于给蓄热的卷发棒或卷发夹加热的器具。

5.6.7

电热梳　comb with electric heater

电加热的梳子。

5.6.8

电推发剪　electric hair clipper

推剪头发的器具。

5.6.9

毛发成型器具　hairstyling appliance

用于将毛发成型或卷曲的器具。

5.6.10

电动剃须刀　electric shaver

用于剃须的器具。

5.6.11

可洗剃须刀　washable shaver

剃须刀的手持部分可以在水龙头下进行清洗。

5.6.12

湿式剃须刀　wet shaver

剃须刀的手持部分可以在洗澡或淋浴中使用。

5.6.13

电网供电的剃须刀　mains shaver

可直接通过电网电源工作的剃须刀。

5.6.14

可再充电的剃须刀　rechargeable shaver

通过二次电池供电的剃须刀，二次电池是剃须刀的一部分。

5.6.15

电池供电的剃须刀　battery shaver

通过一次电池供电的剃须刀。

5.6.16

面部桑那器　face sauna

用于给面部蒸桑那的器具。

5.6.17

紫外线、红外线辐射皮肤器具　appliance for skin exposure to ultraviolet and infrared radiation

装有向皮肤辐射紫外线和红外线的发射器的器具，多用于使皮肤成为褐色。

5.6.18

电动牙刷　electric toothbrush

用于清洁牙齿的器具。

5.6.19

口腔清洁器 electric irrigator

用于冲洗口腔的器具。

5.6.20

干手器 hand drier

用于干燥手的器具。

5.7 商用饮食加工器具

5.7.1

强制对流烤炉 forced convection oven

一种打算用于在烹饪隔间内由通过机械方法循环流动的热空气来烹制食品的器具。烹饪隔间内的压力与大气压力没有显著差别。

5.7.2

水浴保温器 bain-marie

一种带有加热槽的器具，用于储存食用前放在容器内的热食品。容器用槽中的热空气、水蒸气或热水间接加热。

5.7.3

水槽式水浴保温器 open-well-type bain-marie

食品容器放在加热槽内热水中的一种器具。

5.7.4

湿热式水浴保温器 wet-heat-type bain-marie

利用器具内产生的蒸汽将配装的食品容器加热的一种器具，其加热槽内或蒸汽发生器内的气压与大气压力并无明显差异。

5.7.5

干热式水浴保温器 dry-heat-type bain-marie

用器具内产生的热空气将配装的食品容器加热的一种器具。

5.7.6

漂洗槽 rinsing sink

一种在器具内部加热的水漂洗陶器、刀叉餐具和炊具的器具。

5.8 保健器具

5.8.1

按摩器 massager

由电磁力作用产生机械振动、并通过其附件将能量传递到人体局部以起到按摩效果的器具。

5.8.2

涡流浴缸 whirlpool baths

具有空气或水产生的循环流动的浴缸。

5.9 娱乐器具

5.9.1

幻灯机 slide projector

静止投影幻灯片的幻灯机。

5.9.2

手动幻灯机 manually-operated slide projector

手动更换幻灯片的幻灯机。

5.9.3

半自动幻灯机　semi-automatic slide projector

自动更换幻灯片，每次工作由操作者控制的幻灯机。

5.9.4

全自动幻灯机　fully-automatic slide projector

自动更换幻灯片，每次工作由定时器，磁带记录器或者其他自动装置控制的幻灯机。

5.9.5

投影仪　projectors

用于投影幻灯片的器具。

5.9.6

上方投影仪　overhead projector

用于静止投影大幅透明正片的器具。

5.9.7

反射投影仪　opaque projector

用于静止投影非透明正片的器具。

5.9.8

两用投影仪　opaque-transparency projector

幻灯机和反射投影仪的组合器具。

5.9.9

显微投影仪　microscope projector

投影显微幻灯片的器具。

5.9.10

效果投影仪　effects projector

产生光学效果的器具。

注：通过循环投影胶片，或投影旋转圆盘或者其他方式产生光学效果。

5.9.11

观片器　still viewer

直接观察幻灯片或者胶片图像的器具。

5.9.12

胶片观察器　film viewer

用于观察电影胶片视窗的器具。

注：胶片观察器可具有录音或者放音装置。

5.9.13

电影放映机　motion picture projector

放映电影胶片的器具。

5.9.14

图片复制机　photo reproduction appliance

翻拍、复制图纸、透明胶片、印刷品及其他实物的器具。

5.9.15

图片放大机　photographic enlarger

放大图片的器具。

5.9.16

胶片投影仪　film-strip projector

连续或随机投射胶片或循环胶片内每一画面的器具。

5.9.17

手动胶片投影仪　manually-operated film-strip projector

用手动操作选择每一画面的胶片投影仪。

5.9.18

半自动胶片投影仪　semi-automatic film-strip projector

手动启动后，自动选择每一画面的胶片投影仪。

5.9.19

全自动胶片投影仪　fully-automatic film-strip projector

由定时器、磁带记录器或者其他自动装置启动，自动选择每一画面的胶片投影仪。

5.9.20

幻灯选片器　slide-sorting appliance

灯光自后部照明、手工选取幻灯片的器具。

5.9.21

电池玩具　battery toy

包含或使用一个或多个电池作为唯一电源的玩具。

注：电池可以放在电池盒里。

5.9.22

变压器玩具　transformer toy

通过一个玩具变压器和供电网络相连接，并以此作为唯一电源的玩具。

5.9.23

双电源玩具　dual-supply toy

能同时或交替作为电池玩具和变压器玩具使用的玩具。

5.10　花园园林工具

5.10.1

剪刀型草剪　scissors type grass shears

至少由2片刀条组成，其中至少有一片沿直线或曲线作往复运动的剪草机械。

5.10.2

草坪松砂机　lawn aerator

用以割开草坪表面的电动器具。此器具利用地面确定割切深度。

5.10.3

草坪松土机(草坪耙)　lawn scarifier(lawn rake)

铲挖装置垂直铲入草坪或地面，或者轻轻刮去表面，同时还梳理草坪的器具。此器具利用地面确定铲挖深度。

5.10.4

草坪修边机　lawn edger

适用于通常在垂直平面切割草坪和泥土的电动器具。

5.10.5

草坪边缘修边机　lawn edge trimmer

通常在垂直平面上修建草坪边缘的电动割草器具。

5.10.6

草坪修剪机　lawn trimmer

由操作者确定切割装置的工作平面和切割高度的电动割草器具，可能辅之以滚轮或导轨等。

5.10.7

草坪割草机(割草机)　lawnmower(mower)

其切割装置在近似平行于地面的平面内旋转，利用滚轮、气垫或导轨等对地的高度来确定其切割高度的，采用电动机作为动力源的割草器具。

5.10.8

滚筒式割草机　cylinder mower

具有一个或多个绕水平轴线旋转的，以固定式刀杆或刀具作剪切动作的切割装置的割草机。

5.10.9

连枷式割草机　flail mower

一种复合型割草机，它具有绕平行于切割平面的轴线自由回转的切割单元，并以冲击方式进行切割。

5.10.10

悬浮式割草机　hover mower

以气垫代替滚轮作为地面支承的割草机。

5.10.11

遮覆式割草机　mulching mower

在切割装置外罩上没有排料口的转盘式割草机。

5.10.12

转盘式割草机　rotary mower

其内装的切割装置作冲击切割、绕垂直于地面的轴旋转的割草机。

5.10.13

镰刀杆式割草机　sickle bar mower

使用动力源往复驱动刀片或刀片组形成静刀杆与动刀片间剪切动作的割草机。

5.10.14

步行控制的割草机　pedestrian controlled mower

通常由操作者在其后面步行控制的，需人力推动的或者自动推进的割草器具。

5.10.15

手持式园艺用吹屑机　hand held garden blower

用手握持，可能辅之以背带等，用于吹掉碎屑的器具。

5.10.16

手持式园艺用吹吸两用机　hand held garden blower/vacuum

用手握持，可能辅之以背带等，可以实现园艺吹屑或园艺吸屑作业中的将碎屑收集进集屑器的器具。

注：在真空吸屑状态，器具还可以有切碎物料的装置。

5.10.17

手持式园艺用吸屑机　hand held garden vacuum

用手握持，可能辅之以背带等，将碎屑收集进集屑器的器具。

注：器具还可以有切碎物料的装置。

5.11　其他器具

5.11.1

焊接烙铁　soldering iron

具有一个加热的焊接焊嘴的器具。

5.11.2

脱焊烙铁　desoldering iron

用于熔化并除去焊料的器具。

5.11.3

烙印工具　branding tool

用一个被加热的金属印模在木头、皮革及其他材料上烫烙标记的器具。

5.11.4

烙笔　burning-in pen

用一个被加热的尖嘴在木头、皮革及其他材料上划痕的器具。

5.11.5

导管焊接工具　conduit-soldering tool

利用焊料连接金属导管的器具。

5.11.6

除角工具　dehorning tool

用于烧除角芽的器具。

5.11.7

脱焊工具　desoldering tool

用于熔化并除去焊料的器具。

5.11.8

点火机　firelighter

用于点燃炭或木头等固体燃料的器具。

5.11.9

接触点火机　contact firelighter

装有一个直接与燃料接触的加热元件的点火机。

5.11.10

热风点火机　hot-air firelighter

装有一个风扇和加热元件且向燃料吹热风的点火机。

5.11.11

热风枪　heat gun

产生热空气喷流的器具。

注：热风枪可用于熔化材料或软化涂漆或塑料。

5.11.12

家用薄膜熔接器具　household film-welding appliance

仅作家用，将热塑性塑料薄膜夹持在电加热部件之间，对其进行熔接或切割的器具。

5.11.13

涂漆剥除器　paint stripper

利用热空气软化涂漆的器具。

注：涂漆剥除器可以装有一个刮除器。

5.11.14

焊枪　soldering gun

装有变压器且焊嘴是二次回路的一部分的器具。

5.11.15

热塑导管焊接工具　thermoplastic conduit-welding tool

通过部分熔化一个分立附件上的热塑材料来焊接导管的器具。

5.11.16

挤奶机 milking machine

用于挤奶的完整机械装置,通常由真空和脉动系统、一个或多个组件及其他部件组成。

5.11.17

挤奶机组 milking unit

多个挤奶机组成的整体,挤奶机在整套装备中重复设置,以便同时给多个动物挤奶。

5.11.18

动物用剪毛器 animal shearer

剪切动物(如羊)毛的商用器具。

5.11.19

动物用电推剪 animal clipper

在营业场所修剪动物(如狗)毛发的商用器具。

5.11.20

动物用取暖板 heating plate for animals

主要指预定固定在动物棚舍中、小鸡饲养装置上或铺设在地板上的电加热器。

5.11.21

小鸡取暖器 electrical sitting-hen

指放置在地板上,有台脚或躲藏孔道使小鸡能躲藏在其下面,小鸡可通过顶部加热板取暖的器具。

5.11.22

小鸡饲养装置 chicken breeding units

在层叠式笼具平面上饲养小鸡的器具。

注:通常在小鸡的上方装有加热板。

5.11.23

孵蛋器 incubator

设计用于孵蛋的器具。

注:孵蛋器通常装有使空气变暖和水汽蒸发的电热元件、使空气循环的换气扇和使架上的蛋翻动的电动机。

5.11.24

增氧器 aerator

通过将空气泵入水中来增加水中氧气含量的器具。

5.11.25

淤泥清除装置 slude-suction appliance

用于清除水族箱和池塘内的沉积物的手持式器具。

5.11.26

电池充电器 battery charger

打算给干电池充电的器具。

5.11.27

电钟 electric clocks

利用电机驱动的时钟。

5.11.28

缝纫机 sewing machines

用于缝合织物的器具。

5.11.29

包缝机 overlock machine

具有一根以上的机针,可以缝料、修边的缝纫机。

5.11.30

灭虫器 insect killer

在两个或多个格栅之间施加电压,使昆虫触电致死的器具。

5.11.31

挥发器 vaporizer

对室内空气产生影响的,带有挥发介质的电加热器具。

5.11.32

售卖机 dispensing appliance

设计用于交付或获得食品、饮料或其他消费品的器具。

注1:器具也可以制备产品。

注2:售卖工作可以是手动的或使用硬币或信用卡驱动的。

5.11.33

自动售卖机 vending machine

由硬币、信用卡或其他支付方式驱动的售卖机。

6 零部件

6.1 通用零部件

6.1.1

器具开关 switch for appliance

作为器具的一部分而装在器具上的开关。

6.1.2

电源开关 mains switch

安装在器具上用来接通或分断供电线路的开关。

6.1.3

旋转开关 rotary switch

通过对其旋钮的转动,使触头动作,以达到通断或换接电路的开关。

6.1.4

琴键开关 key board switch

通过对琴键的按动,使触头动作,以达到通断或换接电路的开关。

6.1.5

微隙开关 micro-gap switch

触头开距小于 3 mm 的开关。

6.1.6

联锁装置 interlock

一种保证按一定顺序操作,以防止误动作的安全保护装置。如甩干机的门盖、微波炉的门、工业插头插座上都有这种保护装置。

6.1.7

定时器 timer

控制器具运转的时间开关,到预定时间时才能自动接通或断开电路,一般有发条驱动和电动机驱动两种结构。

6.1.8

温控器 thermostat

动作温度可固定或可调的温度敏感装置,在正常工作期间,其通过自动接通或断开电路来保持被控部件的温度在某些限值之间。

6.1.9

限温器　temperature limiter

动作温度可固定或可调的温度敏感装置,在正常工作期间,当被控部件的温度达到预先设定值时,其以断开或接通电路的方式来工作。

注:在器具的正常工作循环期间,它不得造成反向工作,它可要求也可不要求其具有手动复位的功能。

6.1.10

热断路器　thermal cut-out

在非正常工作期间,通过自动切断电路或减少电流来限制被控件温度的装置,其结构使用户不能改变其整定值。

6.1.11

自复位热断路器　self-resetting thermal cut-out

器具的有关部件充分冷却后,能自动恢复电流的热断路器。

6.1.12

非自复位热断路器　non-self-resetting thermal cut-out

要求手动复位或更换部件来恢复电流的热断路器。

注:手动操作包括切断器具与电源的连接。

6.1.13

保护装置　protective device

在非正常工作条件下工作的装置,它的动作能防止出现一种危险状况。

6.1.14

热熔体　thermal link

只能一次性工作,事后要求部分或全部更换的热断路器。

6.1.15

电热元件　electric heating element

把电能变成热能的发热元件。按封闭形式分为开启式(electric heating element open type)、半封闭式(embedded electric heating element)和封闭式(tubular electric heating element)三种。

6.1.16

可见灼热的电热元件　visibly glowing heating element

从器具外部可以部分或全部看见的电热元件,当器具在正常工作条件下,以额定输入功率工作直至稳定状态建立时,该电热元件的温度不低于 650 ℃。

6.1.17

PTC 电热元件　PTC heating element

主要是由正温度系数的热敏电阻构成的用于加热的元件,当温度在特定的范围内升高时,其阻值迅速地非线性增长。

6.1.18

电子元件　electronic component

主要是通过电子在真空、气体或半导体中运动来完成传导的部件。

注:氖光指示灯不被认为是电子元件。

6.1.19

端子　terminal

指连接外导线的可重复使用的导电部件。

6.1.20

螺纹型端子　screw-type terminal

可直接或借助任何类型的螺钉或螺母进行接拆导线的端子。

6.1.21

柱型端子　pillar terminal

将导线插入孔或槽中并夹紧在螺钉端部之下的螺纹型端子。夹紧力可直接由螺钉的端部或通过受到螺钉端部压力的中间夹紧件来施加。

6.1.22

螺钉端子　screw terminal

将导线夹紧在螺钉头下的螺纹型端子。其夹紧力可直接通过螺钉头或通过如垫圈、夹紧板或防松部件等中间部件来施加。

6.1.23

双螺栓型端子　stud terminal

将导线夹紧在螺母下的螺纹型端子。夹紧力可直接由适当形状的螺母或通过如垫圈、夹紧板或防松部件等中间部件来施加。

6.1.24

鞍型端子　saddle terminal

指由两个或多个螺钉或螺母将导线夹紧在鞍型片之下的螺纹夹紧型端子。

6.1.25

焊片端子　lug terminal

它用螺钉或螺母夹持电线(或电缆)焊片或焊杆的螺钉或螺栓端子。

6.1.26

罩式端子　mantle terminal

指通过螺母将导线夹紧在螺栓槽底部的螺纹夹紧型端子。在这种端子中,通过螺母下面的、形状经过适当加工的垫圈或中心销(如螺母是帽式螺母)或通过能将螺母的压力传递到槽内导线上的等效部件将导线夹在螺栓槽底。

6.1.27

无螺纹端子　screwless terminal

指用于连接或断开一根硬(单心或绞合)导线或软导线,或互连两根或多根可拆卸的导线的连接器件,而这种连接是在相关导线只剥去绝缘保护再作其他任何专门加工的情况下,直接或间接地通过弹簧、楔块、偏心轮或锥轮等来进行的。

6.1.28

压线装置　cord-grip

在器具电源线引出处设置的一种压紧装置,用以防止电源线被拉出。

6.1.29

电源软线　supply cord

固定到器具上,用于供电的软线。

6.1.30

互连软线　interconnection cord

不用作电源连接而作为完整器具的一部分提供的外部软线。

注:互连软线的示例为:遥控用手持开关装置、器具的两个部分间外部互连和将附件连接到器具或连接到单独信号电路的软线。

6.1.31

可拆卸软线　detachable cord

打算通过一个适合的器具耦合器与器具连接的用于供电或互连的软线。

6.1.32

电源引线　supply leads

用于将器具连到固定布线并被容纳在一个间室内的一组电线，该间室可以在器具内或附着在器具上。

6.1.33

指示灯　indicating lamp

用白炽灯氖灯等来指示器具工作状态的信号灯。

6.1.34

安全隔离变压器　safety isolating transformer

向一个器具或电路提供安全特低电压，而且至少使用与双重绝缘或加强绝缘等效的绝缘材料将其输入绕组与输出绕组进行电气隔离的变压器。

6.1.35

无线电干扰抑制器　radio and television interference suppressor

用以抑制器具对无线电和电视产生的干扰的器件。

6.1.36

压力释放装置　pressure-relief device

在非正常工作条件下，限制压力的控制装置。

6.1.37

搁架　shelf

可以放置食品的水平表面(搁架、隔板等)。

注：它由单一部件或多个并排安装的部件组成，可以固定或移动。

6.2　专用零部件

6.2.1　制冷空调器具用零部件

6.2.1.1

制冷系统　refrigerating system

由制冷压缩机、蒸发器、冷凝器、节流装置及其他附件组成用管路连接起来的制冷回路。

6.2.1.2

加热系统　heating system

带有相关部件如：定时器、开关、温控器和其他控制器组成的加热部分。

6.2.1.3

无霜系统　frost-free system

系统自动工作以防止形成持久性霜层，采用强制空气循环制冷，通过自动除霜系统来对一个或多个蒸发器除霜，化霜水自动排除。

6.2.1.4

冷藏室　fresh-food storage compartment

用于储藏不需冻结食品的间室，该室也可分为一些小间室。

6.2.1.5

冷却室　cellar compartment

用于储藏某些特殊食品或饮料的间室，其温度比冷藏室高。

6.2.1.6

冰温室　chill compartment

专用于存放非常易于变质的食品，而且容积至少能够容纳两个"M"包。

6.2.1.7

制冰室　ice-making compartment

专用于冻结和储藏冰块的低温间室。

6.2.1.8

冷冻食品储藏室　frozen-food storage compartment

专用于储藏冷冻食品的低温间室。

6.2.1.9

变温室　variable temperature compartment

在器具具有冷藏室和冷冻室的前提下，为本部分中6.2.1.4～6.2.1.8所定义的间室之外的一个独立间室。温度可以独立控制，在现有冷藏室、冰温室和一、二、三星级冷冻食品储藏室所包含的温度区间转换，变换范围应是两个或两个以上温度区间。

6.2.1.10

制冷剂　refrigerant

在制冷系统中通过相变传递热量的流体，其在低温低压时吸收热量，在高温高压时放出热量。

6.2.1.11

可燃制冷剂　flammable refrigerant

根据ISO 5149的规定，可燃等级分类为2组或3组的制冷剂。

注：对于具有一种以上可燃性分类的混合制冷剂，在本定义中选其最不利的分类。

6.2.1.12

混合制冷剂　mix refrigerant

有两种以上单质制冷剂按一定比例混合，形成一种具有新的热力特性的制冷剂，它在制冷系统通过相变传递热量，在低温低压下蒸发时吸收热量，在高温高压下冷凝时放出热量。

6.2.1.13

冷凝器　condenser

一种热交换器，在此热交换器内，经压缩后的气态制冷剂把热量排到外部的介质中而被液化。

6.2.1.14

蒸发器　evaporator

一种热交换器，在此热交换器内，经减压后的液态制冷剂从周围介质中吸收热量而被气化，并使周围介质被冷却。

6.2.1.15

温度控制装置　temperature control device

按照蒸发器或间室的温度自动调节制冷系统运行的一种装置。

6.2.1.16

复叠制冷系统　cascade cooling system

通常由两个或两个以上的制冷系统组成，分别称为高温级和低温级部分。高温级使用中温制冷剂，低温级使用低温制冷剂，每一部分都是一个完整的制冷系统，用一个冷凝蒸发器将两部分联系起来，它既是高温级的蒸发器，又是低温级的冷凝器。低温制冷剂在低温级系统的蒸发器内吸取被冷却对象的热量，并通过冷凝蒸发器将此热量传给高温级系统的制冷剂，然后再由高温级系统的制冷剂将热量在高温级的冷凝器内传给冷却介质。

6.2.1.17

除湿机　dehumidifier

从周围环境中除去水分的带外壳的组件。它包括一个电动制冷系统和空气循环装置。它同样也包括一个排水装置用以收集、储存和/或处理冷凝水。

6.2.1.18

热交换器　heat exchanger

用以在两部分物理性隔开的流体间传递热量的装置。

6.2.1.19

室内热交换器　indoor heat exchanger

将热量传递到建筑物的室内部分或室内热水源(例如,生活用水)或带走此处的热量的热交换器。

6.2.1.20

室外热交换器　outdoor heat exchanger

从热源处(例如地下水、室外空气、废气、水或盐水)带走或释放热量的热交换器。

6.2.1.21

辅助加热器　supplementary

作为器具的一部分而提供的电加热器。它通过与制冷回路一起运行或代替制冷回路运行来补充或代替器具制冷回路的输出。

6.2.1.22

限压装置　pressure-limiting device

通过停止加压元件的工作来对预定压力自动响应的机构。

6.2.1.23

(制冷系统)毛细管　capillary tube(of refrigerating system)

由多个直径很小的管子构成的节流装置,其制冷流量不能调节。

6.2.1.24

过滤器　filter

用于除去制冷系统中流体内的固体微粒的装置。

6.2.1.25

导风板　air deflection vane

改变空调器出风口气流方向的导板。

6.2.1.26

磁性密封垫　magnetic gasket

在软性塑料中嵌入永磁条利用其吸力而使冰箱门密封的封垫。

6.2.1.27

抗冷凝装置　anti-condensation device

在门的周边设置一条热管(利用电加热或压缩机余热)以避免水分在冰箱门周围凝结的装置。

6.2.1.28

(氨气)发生器　(ammonia) generator

吸收式制冷系统中产生氨气的容器。

6.2.1.29

制冷剂储液罐　refrigerant tank

吸收式制冷系统中储存致冷剂(如氨水)的容器。

6.2.1.30

(氨气)吸收器　(ammonia) absorber

在吸收制冷系统中用水吸收氨的导管系统,其中,水往下流,而气往上升,氨气在相对运动中被水吸收。

6.2.1.31

照明灯　interior lamp

电冰箱内照明用的电灯。

6.2.1.32

门开关　door switch

利用电冰箱门的开闭来控制箱内照明灯的开关。

6.2.1.33

风机盘管/空气处理组件　fan coil/air handling unit

提供空气强制循环、加热、冷却、除湿和过滤功能中的一种或多种功能，但不包括冷却或加热源的工厂生产的组件。

该装置通常设计用于同一房间内空气的自由吸入和排出，但也可以与管道一起工作。该装置可以设计成贴附使用或在待处理空间内，与外壳一起使用。

6.2.1.34

制热用电热装置　electrical heating devices used for heating

只用电热方法进行制热的电热装置及用温度开关等(因室内、室外温度等因素而动作的开关)转换用热泵和电热装置进行制热的电热装置(包括后安装的电热装置)。

6.2.1.35

制热用辅助电热装置　additional electrical heating devices used for heating

与热泵一起使用进行制热的电热装置(包括后安装的电热装置)。

6.2.1.36

电动机-压缩机　motor-compressor

一个由压缩机的机械结构和电动机组成的，压缩机和电动机封闭在同一个密封的壳体内，且没有外轴封，电动机运行在有润滑或没有润滑的制冷剂气体中。壳体可以用熔焊或铜焊来永久性密封(全封闭型电动机-压缩机)，也可以用填料接头来密封(半封闭型电动机-压缩机)。也可以包括一个接线盒、一个接线盒盖和其他器具组件或一个电子控制系统。

6.2.1.37

壳体　housing

电动机-压缩机的密闭壳体，装有压缩机机械装置和电动机，并且承受制冷剂压力。

6.2.1.38

电动机热保护器　thermal motor-protector

为防止电动机-压缩机由于过载和不能正常启动而引起过热，嵌入或装在电动机-压缩机上的自动控制装置，由电动机-压缩机的电流控制并对下面单个或全部参数敏感：

——电动机-压缩机的温度；

——电动机-压缩机的电流。

注：当温度下降到复位温度时可以复位(手动或自动)。

6.2.1.39

旋转式压缩机　rotary compressor

靠气缸中滚柱的回转和阀片的上下运动而将致冷剂压缩的机器。

6.2.1.40

全封闭式压缩机　all-hermetic compressor

压缩机和电动机装在同一封闭的容器内的压缩机。

6.2.1.41

变速压缩机　variable speed compressor

变频压缩机　variable frequency compressor

通过使用变速(变频)控制装置使转速改变的压缩机。

6.2.1.42

变容量压缩机　variable capacity compressor

通过机械和(或)电气方法使排气容量改变的压缩机。

6.2.1.43

启动继电器　starting relay

与电动机-压缩机线路为一体的或组合的电气控制启动装置,用来控制单相电动机-压缩机的启动。

6.2.1.44

压力继电器　pressure relay

制冷系统中,当压力超过规定值时,接通或分断电动机控制电路的继电器。

6.2.1.45

湿度继电器　humidity relay

在除湿器中,根据湿度变化来接通、分断控制电路,以调节湿度的继电器。

6.2.2　清洁器具用零部件

6.2.2.1

搅拌器　agitator

搅拌式洗衣机在洗涤过程中用于搅拌被洗衣物进行往复回转的叶片。

6.2.2.2

洗涤桶　washing tube

洗衣机内用于盛放洗涤液和被洗衣物的容器。

6.2.2.3

滚筒　rotary drum

滚筒式洗衣机在洗涤过程中用于翻滚被洗衣物的圆筒。

6.2.2.4

波轮　impeller

波轮洗衣机中在洗涤过程中用于搅动被洗衣物的转盘,安装在洗涤桶的底部或侧面。

6.2.2.5

绞干器　wringer

洗衣机上用于对洗涤过的衣物进行绞干的装置,通常有两个辊子组成,有手动和电动两种。

6.2.2.6

挤水器　rolling extractor

依靠转辊之间的压力除掉被洗涤物中水分的装置。

6.2.2.7

脱水装置　device of extractor

与洗衣机组合在一起,靠离心力或压力进行脱水的装置。

6.2.2.8

脱水桶　spin dryer tube

在洗衣机内由电动机带动、依靠离心力作用、除去被洗衣物中水份的桶,桶壁有很多小孔,作为排水用。

6.2.2.9

洗涤剂加料器　detergent dispenser

洗衣机或洗碗机中自动加洗涤剂的装置。

6.2.2.10

程序控制器　program controller

能按照预定顺序,转换控制电路,使洗衣机自动完成洗衣各程序的控制部件。

6.2.2.11

水位开关 switch of water level

控制预定水位的开关。

6.2.2.12

进水电磁阀 inlet electromagnetic valve

以电磁元件控制进水的阀门。

6.2.2.13

排水阀 drain valve

控制排水的阀门。

6.2.2.14

联动开关 linkage switch

通过间接动作驱动触点通、断的装置。

6.2.2.15

调速离合装置 speed clutch device

用于家用电动洗衣机洗涤波轮和脱水桶传动机构转换和调速装置。

6.2.2.16

洗涤电动机 washing motor

用于家用电动洗衣机洗涤运转的驱动电机。

6.2.2.17

脱水电动机 dehydration motor

用于家用电动洗衣机脱水运转的驱动电机。

6.2.2.18

牵引装置 traction device

家用电动洗衣机排水阀门的动力装置。

6.2.2.19

增压装置 booster setting

当该装置工作时,可以控制产生一个暂时的较高输入功率。而当该装置不工作时,输入功率可以自动地降低到规定值。

6.2.2.20

灰尘指示器 dust indicator

吸尘器上显示集尘器中灰尘量的装置。

6.2.2.21

集尘器 dust storage chamber

吸尘器中储放灰尘的部件,可以是一个筒,也可以是一个袋。

6.2.2.22

吸尘软管 dust pick-up hose

连结于吸尘器吸入口和硬管(加长管)之间的软管,灰尘通过吸嘴吸入,经硬管和吸尘软管进入吸尘器中的集尘器。

6.2.2.23

加长管 extension tube

连结于吸嘴和吸尘软管之间的硬质管,以增加吸嘴的工作深度或弯曲于某一方向,并兼有手柄作用。

6.2.2.24

按钮卷线器　push-button cord rewinder

用按钮控制的卷线器，当揿住按钮时自行将电源线收卷起来。

6.2.2.25

(吸尘器)吸嘴　(cleaner)nozzle

吸尘器的工作头，物体表面的灰尘经气流吸引，通过工作头，加长管和吸尘软管进入吸尘器内。按使用场合可分为地毯、地板和狭隙等形式的吸嘴。

6.2.2.26

动力吸嘴　power nozzle

带有动力搅动装置帮助尘埃移动的清洁头。

注：动力搅动装置由一个组装在内部的电机驱动(电动嘴)，一个组装在内部的电机驱动(电动嘴)，一个组装在内部的气旋动力驱动(气旋嘴)或由内部摩擦/齿轮驱动清洁头进行表面清洁(机械吸嘴)。

6.2.2.27

遥控开关　remote power switch

装在软管和加长管之间的电源开关，专为操作方便而设置。

6.2.2.28

狭口吸尘头　crevice tool

用于各种孔隙处吸尘的吸尘器附件。

6.2.2.29

滚刷　round brush

地毯吸尘器工作时，在地毯上滚动而刷起灰尘的刷子。

6.2.2.30

地板(地毯)刷钮　floor(carpet)selector

位于吸嘴上，用以升降毛刷的装置。

6.2.2.31

消声装置　noise eliminator

用以降低吸尘器工作时噪声的装置。

6.2.2.32

地板刷　floor cleaner brush

地板抛光机的工作头，通过它对地板进行抛光，按其形状和工作特点分盘刷和滚刷两种。

6.2.2.33

动力清洁头　motorized cleaning head

安装在器具软管或软金属管末段包含一个由真空吸尘器供电的电机的附件。

6.2.2.34

清洁头　cleaning head

真空吸尘器用于清洁表面的部分。

注：清洁头可以是平口吸嘴或连接管上的刷子，动力吸嘴，或清洁室的一部分。

6.2.2.35

自动清洁头　self-propelled cleaning head

带有推进机构的清洁头。

6.2.2.36

立式清洁头　upright cleaner

清洁头与真空吸尘器部分结为一体或永久与清洁室连接，清洁头通常带有扰动装置帮助去除地板上尘埃并完全吸到清洁室中，吸尘器依靠安装的手柄在地板上移动。

6.2.2.37

吸尘器电机 cleaner motor

使家用电动吸尘器产生负压的驱动电机。

6.2.2.38

自动分配器 automatic dispenser

在洗碗机整个周期预定时间内，能够一次或多次地自动完成洗涤剂、漂洗剂等喷洒或分配的自动驱动装置。

6.2.2.39

手动分配器 non-automatic dispenser

通常固定在洗碗机的门、盖或碗架上的杯或盘子，用于存放预先称量好的洗涤剂、漂洗剂等，在洗涤循环预定的时间一次或者多次洒入到洗碗机中。

6.2.2.40

搁物架 rack

洗碗机中用于夹持碟子、刀叉或者玻璃器皿的架子。

6.2.2.41

冲洗组件 shower unit

指装在器具内用于清洁人体的喷水装置。

注：冲洗组件可提供烘干人体的热空气。

6.2.2.42

主机 main unit

主要电器部件的安放部分。

6.2.2.43

水箱 water tank

用来储存水的容器。

6.2.2.44

开放式水箱 openable water tank

注水口不能密闭的水箱。

6.2.2.45

水槽 trough

用于盛装直接加湿用水的部分。

6.2.2.46

软水器 water softener

一种能有效除去水中的钙、镁离子，从而降低水质硬度的装置。

6.2.3 厨房器具用零部件

6.2.3.1

三明治烘烤附件 sandwich toasting attachment

和面包片烘烤器一起使用来烘烤三明治的附件。

6.2.3.2

压力调节器 pressure regulator

在正常使用期间，将压力保持在一个特定值的控制装置。

6.2.3.3

门联锁装置 door interlock

如果炉门不关闭，则使磁控管不能工作的装置或系统。

6.2.3.4

门监控联锁装置　monitored door interlock

带有一个监控装置的门联锁系统。

6.2.3.5

温度传感探头　temperature sensing probe

一种插入到食物中用来测量食物温度的装置，它是微波炉控制器装置中的一个部件。

6.2.3.6

灶单元（蒸煮盘，平板件）　hob element（boiling plate，surface element）

顶面上可安放一个或多个容器的加热部件，也称灶头。

注：灶单元可以由玻璃陶瓷或类似材料表面正下方的感应或非感应加热元组成。

6.2.3.7

电磁灶头　induction hob element

通过涡流电流加热金属容器的灶头。

注：通过一个线圈的电磁场在容器的底部感应产生涡流电流。

6.2.3.8

灶台　hob

带有一个灶台表面和一个或更多的灶头，灶头可以被嵌入，或可能是电灶的一部分。

6.2.3.9

灶面（烹饪顶面）　hob surface（cooking top）

器具的水平部件，其上附装灶单元。

6.2.3.10

触摸控制器　touch control

通过手指的接触或接近而起动，而接触表面几乎不移动或根本没有移动的控制器。

6.2.3.11

盘探测器　pan detector

一个灶头带有的装置，它能防止灶头工作，除非有容器放置在烹饪区域上。

6.2.3.12

面包架　bread carriage

支承面包并在烘烤过程结束时释放面包的面包片烘烤器部件。

6.2.3.13

烘烤室　toasting chamber

用于装载面包片的空间。

6.2.3.14

感应加热源　induction heating source

依靠放在灶单元上一个容器中的感应涡流工作的加热源。

6.2.3.15

螺旋送料器　screw feeder

利用螺旋轴向输送原理输送物料的装置。

6.2.3.16

食物推柄　food pusher

代替人手功能完成向器具输送食物的物件。

6.2.4　通风器具用零部件

6.2.4.1

网罩　guard

防止人身（或其他物体）触及风叶的保护装置。

6.2.4.2

摇头机构　oscillating mechanism

使扇头自动地连续地摆动的装置。

6.2.4.3

摇头控制装置　oscillating controller

控制电风扇摇头机构的释放、啮合、调节摇头角度、摇头速度的装置。

6.2.4.4

调速器　speed regulator

调节电风扇转速的装置。

6.2.4.5

导风叶轮　impeller for air lead

转叶扇扇叶前部设置的一种格栅结构并由其旋转或调定在某一位置上从而控制送风方向的装置。

6.2.4.6

悬吊装置　suspension system

用于把吊扇的扇头直接或间接地固定在室内天花板上的装置。它由吊攀、吊管、上护罩和下护罩等组成。

6.2.4.7

排气扇百叶窗　ventilator shutter

在排气风扇停止运转时，防止室外空气、雨霜等通过风扇孔进入室内的装置，按结构形式可分为自动、连动和固定三种。

6.2.5　**取暖熨烫器具用零部件**

6.2.5.1

柔性部件　flexible part

将发热元件、控温器和所有载流部件包于其中的，构成器具永久外套的所有各层材料。

注：此柔性部件也可以是可拆卸的外罩。

6.2.5.2

发热元件　heating element

发热导线，连同绕导线的芯子及构成整体的任何其他导线和绝缘物。

6.2.5.3

结合外套　bonded enclosure

通过粘接或熔接等方法，将相反各面结合在一起的柔性部件的一个外套。

注：此结合外套可以包括几层结合材料。

6.2.5.4

控制装置　control unit

器具柔性部件外部的一个装置，用其可以改变或调节器具的平均输入功率。

注1：控制装置可以装在电源软线上或互连软线的端部。

注2：软线开关如果不带有其他控制功能的元件，不被认为是控制装置。

6.2.5.5

防火保护罩　fireguard

可见发光的辐射式加热器的部分外壳。通常通过它可以看到发热元件并且设计用以防止直接接触发热元件。

6.2.5.6

环境温度控温器　ambient temperature thermostat

对环境温度敏感、由使用者调节的、至少敏感部件是装在加热器内的控温器。

6.2.5.7

程序装置　programmer

由使用者按预定程序调节室温的、装在机内的控制装置。

6.2.5.8

降温装置　set-back device

不需要改变环境温度控制器的调节就可保持室温低于预定温度的装置。

6.2.5.9

防冻结装置　frost protection means

可保持室温在(7±3)℃的装置。

注：此装置可以是环境温度控制器的特定调整。

6.2.5.10

电熨斗水箱　water tank for electric iron

调温蒸汽和喷雾电熨斗中盛水的容器。

6.2.5.11

电熨斗底板　sole plate of electric iron

熨烫时在织物上加热熨压的电熨斗加热部分。

6.2.5.12

电熨斗压板　pressing plate of electric iron

开启式电熨斗中,压紧电热元件的金属板。

6.2.5.13

滴水阀　drip valve

把水箱的水滴到蒸发室中去的阀。

6.2.5.14

(电熨斗)搁架　heel-rest(of electric iron)

电熨斗在热态时避免灼伤其他搁置面而备有的支架。

6.2.5.15

自身清洁系统　self cleaning system

在喷雾电熨斗内部用蒸汽和水喷洗沉渣、纤维等的装置。

6.2.5.16

按压喷水系统　press-button sprinkling system

在喷雾电熨斗中利用按钮操纵喷水的附件。

6.2.5.17

熨平靴　ironing shoe

熨平机的部件,安装在滚筒上方,内有电热元件,可上下运动以向滚筒上的被熨物施加压力。

6.2.5.18

熨平滚筒　ironing roller

熨平机的圆筒形部件,表面包有软垫,转动时带动衣物前进,并承受熨平靴的压力。

6.2.5.19

支座　stand

是指电熨斗的后盖或随电熨斗交付时提供的独立部件,供电熨斗不熨烫时放置使用。

注：分离式水箱或蒸发器可以作支座用。

6.2.6 个人护理器具用零件

6.2.6.1

(吹发器)进风口阀门　inlet valve(of hair dryer)

在吹发器的进风口处设置的改变进风口大小的装置。

6.2.6.2

吹发帽罩 helmet for hair drier

帽式吹发器中用以戴在头上吹发的帽罩。

6.2.6.3

卷发组件 curling set

能被加热用于将毛发成型的一组辊子。

6.2.6.4

风嘴 concentrator

用于将气流直指某个方向的附件。

6.2.6.5

扩散风嘴 diffuser

用于使气流分布更宽的附件。

6.2.6.6

可动刀片 cutting blade

电剪发刀和电剃须刀中,用电动机或电磁铁带动的刀片。

6.2.6.7

(剃须刀)**切割刀头** (shaver)**cutting head**

振动型刀片的组装体。

6.2.6.8

振动型可动刀片 vibration type cutting blade

通常装在切割头上利用往复振动的方式切割胡须、头发的刀片。

6.2.6.9

三叉型可动刀片 3-way sharp cutting blade

在旋转式电刮胡刀中与静刀片垂直安装的三叉形动刀片。

6.2.6.10

固定刀片 fixed blade

在电剪发刀和电剃须刀中处于静止的刀片。

6.2.6.11

内装鬓角修剪器刀 built-in sideburns trimmer

在电剃须刀上专用来修整鬓角的附件。

6.2.7 商用饮食加工器具用零部件

6.2.7.1

蒸汽发生器 steam generator

明确用于产生全部供烹饪隔间使用的蒸汽的器具部件。

注:蒸汽发生器可以组合在烹饪隔间内,可以远离烹饪隔间组合在同一个箱体内,或作为一个独立的单元,为一个或多个烹饪隔间提供蒸汽。

6.2.7.2

烹饪隔间 cooking compartment

器具内进行烹饪或食品热加工的部分。

6.2.7.3

防护板 guard plate

类似于切片厚度调节板的金属板,装配在自动送料方式的机器上。

6.2.7.4

产品托架　product holder

待切片产品托架，可装有推料器或进料滑板和/或夹紧机构。

6.2.7.5

滑动送料台　sliding feed table

支承产品托架，并使之能前、后移动的装置。

6.2.7.6

进料滑板　feed carriage

在上面安放产品，并在产品托架上滑动，以便将产品向刀片方向移动的装置。

6.2.7.7

尾料装置　last slice device

将产品的最后部分送入切割刀片的一种金属件。

注：此金属件可装在推料器、夹紧装置或进料滑板上。

6.2.8　保健器具用零部件

6.2.8.1

按摩器软垫　cushion attachment for massager

按摩器的一种附件，以增加按摩时的舒适感。

6.2.8.2

面部按摩附件　facial attachment

专用于面部按摩的部件。

6.2.9　娱乐器具用零部件

6.2.9.1

电池盒　battery box

可从玩具中拆出的容纳电池的单独的室。

6.2.9.2

可更换电池　replaceable battery

不破坏玩具就能更换的电池。

6.2.9.3

玩具变压器　transformer for toys

专门设计供玩具在不超过 24 V 的安全特低电压下运行的安全隔离变压器。

注：变压器可以分别或同时输出交流电、直流电。

6.2.9.4

组装型玩具　constructional set

预期组装成各种玩具的一组电气、电子或机械部件。

6.2.9.5

实验型玩具　experimental set

预定由儿童组装成各种组合来验证物理现象或其他功能的一组电气、电子或机械部件。

注：该组合不是预期用来形成一个实际使用的玩具或产品。

6.2.10　花园园林工具用零部件

6.2.10.1

切割器件　cutting means

指用来提供切割作业的机械装置，其包含一个或多个绕垂直于切割面的轴线旋转、依靠冲击进行切割的切割元件。

6.2.10.2

切割装置外罩(外壳)　cutting means enclosure(housing)

用于对切割装置周围提供防护的零件或部件。

6.2.10.3

切割元件　cutting element

单根非金属纤维绳或单个回转非金属刀具。

6.2.10.4

(割草机)**切割头**　(mower)**cutting head**

切割元件的支撑体。

6.2.10.5

集废器　catcher

起到收集青草、茅草、苔藓和其他碎屑作用的一个零件或零件组合。

6.2.10.6

集草器　grass catcher

用于收集草料或碎屑的零件或零件的组合。

6.2.10.7

集屑器　debris collector

用以收集碎屑的零件或组件。

6.2.10.8

牵引机构　traction drive

用以将动力由动力源传递到地面驱动装置的机构(系统)。

6.2.10.9

制动系统　brake system

一个或多个制动器和相关的操作装置与控制器的组合。

6.2.10.10

排料槽　discharge chute

切割装置外罩上排料口的外伸部分,通常用以控制从切割装置排出的物料。

6.2.10.11

排料口　discharge opening

切割装置外罩上可用于排出草料的缺口或开口。

6.2.10.12

手柄　handle

任何在正常使用中可能要用手握持,以操纵器具的部件。

6.2.10.13

割草附件　mowing attachment

设计成容易从器具上被拆卸的切割装置,通常是为了使器具用作其他目的。

6.2.10.14

控制器　control

控制器具运行或任何特殊操作功能的装置或机构。

6.2.10.15

操作者控制器　operator control

任何需要操作者操动实现规定功能的控制器。

6.2.10.16

操作者在场控制器　operator presence control

操作者的操动力卸除后，会自动将驱动装置的电源切断的控制器。

6.2.10.17

停放制动器　parking brake

一种装在器具内的器件。该器件工作后，在操作者不在场的情况下，能防止器具从静止位置上移动，并且保持功能。

6.2.10.18

行进制动器　service brake

用来将机器的地面行进速度减速和停止的主要装置。

6.2.10.19

电动机　power source

为直线运动或旋转运动提供机械能电动机。

6.2.11　其他器具用零部件

6.2.11.1

烙铁头　soldering-iron head

电烙铁的工作头为电烙铁的主要零件之一，一般用紫铜或铜合金制成。

6.2.11.2

直流配电板　d.c. distribution board

具有给插座或端子分配直流电的电路的面板。

6.2.11.3

脉动系统　pulsation system

利用气动或电动使挤奶机组的各容器内产生周期性压力变化的系统。

6.2.11.4

放奶泵　releaser milk pump

将奶液从真空系统中抽出来的装置。

6.2.11.5

驱动装置　drive

控制车库门运动的电动机和其他元件。

注：元件的实例为齿轮、控制器、制动器和内置防夹保护系统。

6.2.11.6

内置防夹保护系统　inherent entrapment protection system

装在驱动装置内部用于提供防夹保护的系统。

6.2.11.7

非内置防夹保护装置　non-inherent entrapment protection devices

与门配套安装、动作时提供防夹保护的装置。它不是驱动装置的一部分。

注：例如压力敏感边和主动式光电保护装置。

7　性能参数

7.1　制冷器具

7.1.1

毛容积　gross volume

门或盖关闭且不带内部附件时，制冷器具内壁或有外门的间室的内壁所包围的容积。

7.1.2

总毛容积 total gross volume

制冷器具各冷藏室、冷却室、冰温室、变温室、冷冻室(包括其内的“二星”级部分)等的毛容积的总和(包括有或没有独立门的间室)。

7.1.3

有效容积 storage volume

从任一间室的毛容积中减去各部件所占的容积和那些认定不能用于储藏食品的空间后所余的容积。

注：部件指按产品使用说明的要求，不使用工具就可拆下，且不破坏拆下的部件，并随后能够完整复原，不影响进一步使用。部件拆下后不影响器具符合相应的安全标准和性能标准。上述部件所占容积可计入有效容积。

7.1.4

总有效容积 total storage volume

制冷器具各冷藏室、冷却室、冰温室、制冰室、变温室、低温室、冷冻室(包括其内的“二星”级部分)等的有效容积的总和。

7.1.5

额定有效容积 rated storage volume

制造厂标出的有效容积。

7.1.6

总额定有效容积 total rated storage volume

制造厂标出的总有效容积。

7.1.7

搁架有效面积 storage shelf area

有效容积内的储藏表面的水平投影之和，包括门架和各间室的底部。

7.1.8

耗电量 energy consumption

本部分涉及的制冷器具在超过 24 h 的运行周期内所计算出的电能消耗。

7.1.9

食品储藏温度 fresh-food storage temperature

t_{ma}

冷藏室的平均温度。

7.1.10

冷冻食品储藏温度 frozen-food storage temperature

t^{*}，t^{**}，t^{***}

试验期间箱内“M”包的最高温度。

注：上标代表符合一星、二星、三星温度时的温度符号。

7.1.11

冷却室储藏温度 cellar compartment storage temperature

t_{cma}

冷却室的平均温度。

7.1.12

冰温室储藏温度 chill compartment storage temperature

t_{cc}

冰温室的瞬时储藏温度。

7.1.13

冷冻能力　freezing capacity

当按规定进行试验时，在24 h内可被冷冻到－18 ℃的食品（试验包）数量，以kg计。

7.1.14

额定冷冻能力　rated freezing capacity

由制造厂标出的冷冻能力。

7.1.15

制冰能力　ice-making capacity

在规定的试验条件下，制冷器具自带的制冰盒中的水冻结成冰的时间。

7.1.16

运行周期　operating cycle

——对于无霜系统，运行周期是指从一个化霜周期化霜动作开始到下一化霜周期化霜动作开始的时间间隔。

——对于连续运行的系统，其稳定运行条件下，24 h为一个运行周期。

——对于其他类型的制冷器具，运行周期是指在稳定运行状态下制冷系统或系统的一部分相邻两次停机之间的时间间隔。

7.1.17

自动化霜周期　automatic defrosting cycle

从蒸发器化霜装置接通瞬间到恢复制冷过程瞬间之间的时间间隔。

7.1.18

负载温度回升时间　temperature rise time

制冷系统运行中断后，冷冻室内的食品温度从－18 ℃升高到－9 ℃所需的时间。

7.1.19

降温速度　cooling speed

在规定的试验条件下，环境温度为25 ℃，低温箱在空载的情况下连续运行，使各间室的瞬时温度达到规定值所需的时间。

7.1.20

控制周期　control cycles

一个受温控器控制的制冷系统，在稳定运行状态，相邻的两次开机或停机之间的时间间隔，即为一个控制周期。

7.1.21

特性点温度　test point temperature

箱内特性点温度是指低温箱使用的特征温度，其值是低温箱箱内有代表测点的温度。

7.1.22

制冷量　total cooling capacity

制冷能力

空调器在额定工况和规定条件下进行制冷运行时，单位时间内从密闭空间、房间或区域内除去的热量总和，单位：W。

7.1.23

制冷消耗功率　total cooling power input

空调器在额定工况和规定条件下进行制冷运行时，所输入的总功率，单位：W。

7.1.24

制热量　heating capacity

制热能力

空调器在额定工况和规定条件下进行制热运行时，单位时间内送入密闭空间、房间或区域内的热量总和，单位：W。

注：只有热泵制热功能时，其制热量（制热能力）称为热泵制热量（热泵制热能力）。

7.1.25

制热消耗功率　heating power input

空调器在额定工况和规定条件下进行制热运行时，所输入的总功率，单位：W。

注：只有热泵制热功能时，其制热消耗功率称为热泵制热消耗功率。

7.1.26

能效比　energy efficiency ratio；EER

在额定工况和规定条件下，空调器进行制冷运行时，制冷量与有效输入功率之比，其值用 W/W 表示。

7.1.27

性能系数　coefficient of performance；COP

——在额定工况（高温）和规定条件下，空调器进行热泵制热运行时，制热量与有效输入功率（effective）之比，其值用 W/W 表示。

——压缩机接入制冷系统运行时，制冷量与制冷所消耗功率之比，其值用 W/W 表示。

7.1.28

循环风量（房间送风量）　indoor discharge air-flow

空调器用于室内、室外空气进行交换的通风门和排风门（如果有）完全关闭、并在额定制冷运行条件下，单位时间内向密闭空间、房间或区域送入的风量，单位：m^3/s（或 m^3/h）。

7.2　清洁器具

7.2.1

（洗衣机）额定洗涤容量　(washing machine)rated washing capacity

一次可洗干燥状态标准洗涤物的最大质量，以千克（kg）为单位。

7.2.2

额定脱水容量　rated spinning capacity

一次可脱水干燥状态标准洗涤物的最大质量，以千克（kg）为单位。

7.2.3

额定洗涤（或漂洗）用水量　rated water consumption of washing (or rinsing) state

按洗衣机的使用说明中标称，一次洗涤（或漂洗）额定容量的洗涤物所规定水量的概约数，以升（L）为单位。

7.2.4

额定用水量　rated consumption of water

半自动和全自动洗衣机使用说明中标称，进行一次常用（标准）洗涤程序所规定用水量的概约数，以升（L）为单位。

7.2.5

洗净比　rate of washing ability

被测样机洗净率与参比洗衣机洗净率之比。

7.2.6

磨损率　rate of abrasion

负载失去的质量与额定负载质量之比。

7.2.7

（干衣机）周期　(dryer)cycle

通过程序选择确定完整的干燥过程，包括一系列不同的运行（加热、冷却等）。

7.2.8

（干衣机）额定容量　(dryer)rated capacity

制造商标定的能按特定程序干燥特定织物的质量，以 kg 为单位。

7.2.9

(吸尘器)真空度　vacuum degree(of vacuum cleaner)

吸尘器吸尘口封闭时,在吸尘口处于负压状态下的压力值。

7.2.10

容尘量　dust containing capacity

当气流速度降低至起始值的40%时,吸尘器中集尘器中的灰尘量。

7.2.11

尘埃去除能力　dust removal ability

百分比率,在一个清洁循环时间内去除的尘埃量与试验面积上的尘埃量之比。

7.2.12

线屑去除能力　thread removal ability

百分比率,在一个清洁循环时间内去除分布在试验地毯上线屑的数量。

7.2.13

纤维去除能力　fibre removal ability

在以秒为单位的时间内,要求从试验表面上去除的纤维数量。

7.2.14

(洗碗机)额定洗涤容量　(dish washer)rated dishwasher capacity

使用说明中制造商规定要求放置洗涤和干燥餐具总数。

7.2.15

程序时间　programme time

程序时间的测量从程序开始(包括任何使用者编制的延迟程序)到程序指示器指示结束。如果程序指示器没有结束指示,则程序时间等于周期时间。

7.2.16

周期时间　cycle time

周期时间的测量从程序开始(包括任何使用者编制的延迟程序)到所有活动终止(如周期结束)。

7.2.17

洁净空气量　clean air delivery rate

空气净化器净化空气的能力,即空气污染物的总衰减常数和自然衰减常数之差与试验室容积的乘积,用 m^3/min 或 m^3/h 表示。

7.2.18

自然衰减　natural decay

在试验时,由于沉降、附聚和表面沉积等自然现象,导致空气中的污染物浓度的降低。

7.2.19

总衰减　total decay

在试验时,试验室内空气中的颗粒物或气体污染物的自然衰减和被运行中的空气净化器去除的总浓度的降低。

7.2.20

额定风量　nominal airflow rate

空气净化器在额定频率和额定电压条件下运行的处理风量,用 m^3/min 或 m^3/h 表示。

7.2.21

净化效率　cleaning efficiency

空气净化器去除某一种空气污染物的洁净空气量与空气净化器的额定风量的比值,定为空气净化器去除该污染物的净化效率,用%来表示。

7.2.22

净化寿命　cleaning life span

当空气净化器运行到去除某一种空气污染物的洁净空气量降低至初始值的50%时所使用的时间，定为空气净化器去除该污染物的净化寿命，用h或d表示。

7.2.23

额定加湿量　rated output of humidity

在额定工作条件下，加湿器在最大加湿状态，1 h雾（汽）化水的能力。用字母Q表示，以毫升每小时（mL/h）为单位。

7.2.24

水箱容量　water tank capacity

水箱加到规定刻度（无刻度水箱加满）时所容纳的水量，以升（L）为单位。

7.2.25

加湿效率　efficiency of humidify

加湿器单位功耗所产生的加湿量。用字母η表示，以毫升每小时瓦（mL/h/W）为单位。

7.2.26

蒸发芯（器）使用寿命　evaporating wick lifetime

当加湿量降低至初始加湿量50%时，蒸发芯（器）的使用时间。以小时（h）为单位。

7.3　厨房器具

7.3.1

24 h固有能耗　standing loss per 24 h

将热水器充满水通电工作，在达到稳定状态后，在每24 h内不排水的能量损耗。

7.3.2

热水输出率　hot-water output rate

储水式电热水器在工作时，额定条件下的实际热水输出量同额定容量的比率。

7.3.3

额定蒸煮压力　rated cooking presure

制造厂对具有压力容器的器具规定的工作压力。

7.3.4

额定水压　rated water pressure

对于快热式电热水器，制造厂规定保证其正常工作的供水压力。

7.3.5

（吸油烟机）风量　(range hood)airflow

对于吸油烟机和电风扇等类似器具，在静压为零时单位时间的排风量。

7.3.6

风压（规定风量时的静压）　pressure(stipulate airflow of static pressure)

吸油烟机风量为7 m^3/min时的静压值。

7.3.7

全压效率　full pressure efficiency

吸油烟机的规定风量（7 m^3/min）和规定风量时空气标准状态下的全压值的乘积，与规定风量时主电机输入功率之比。

7.3.8

吸油烟机的气味降低度（净化效率）　odour decrease rate(purifying efficiency)

在规定的试验条件下，试验室最大气味浓度与吸油烟机工作条件下的最大气味浓度之差与试验室最大气味浓度之比。

7.3.9

油脂分离度 grease separation rate

吸油烟机分离油脂量与油烟气体中所含油脂量之比。

7.3.10

焦黄控制范围 browning control range

在标尺上的某种设定,可以用数字、符号或颜色深浅标出。

7.3.11

焦黄的均匀度 evenness of browning

在每个单独的情况下,视检测定的焦黄程度被烘烤面包片一个面的面积平均所得。

7.3.12

烘烤等级 toasting degree

烘烤过程结束时面包片达到的平均焦黄程度。

7.3.13

烘烤范围 toasting range

烘烤等级从最低焦黄程度到最高焦黄程度的范围。

7.3.14

搅碎效率 blending efficient

在单位时间内,搅碎器消耗单位输入功率所搅碎的食物量。

7.3.15

额定质量 nominal weight

搅碎器一次搅碎固体或浸液食物的质量。以克(g)为单位。

7.3.16

臭氧泄漏量 amount of ozone leak

在一个温度为23 ℃±2 ℃,相对湿度50%±10%的密闭房间内,房间的尺寸为:2.5 m×3.5 m×3.0 m(宽×长×高),食具消毒柜在额定电压下满载或空载工作,一个工作周期内和工作结束10 min内,离食具消毒柜外表20 cm处的最高臭氧浓度。

7.3.17

消毒时间 time of disinfecting

非紫外线消毒柜内中心点温度或臭氧浓度达到规定的消毒温度或浓度值时开始计时,直至控温装置切断电源时停止工作,柜内消毒温度或臭氧浓度下降到规定值以下时终止计时,这段时间为消毒时间。

紫外线消毒柜从紫外线管开始工作至紫外线管停止工作且臭氧浓度下降到规定值以下时终止计时,这段时间为消毒时间。

7.3.18

消毒等级 class of disinfecting

不同消毒等级表示消毒柜的消毒效果不同。

7.4 通风器具

7.4.1

(电风扇)风量 (fan)air delivery

在规定条件下,通过风扇风叶每分钟输送空气的流量,以 m^3/min 为单位。

7.4.2

风速 air velocity

空气流动的速度,以 m^3/min 为单位。

7.4.3

总风量　total delivery

各被测试圆环面积中的风速平均值乘以该圆环面积而得风量值的总和。

7.4.4

标称风量　nominal air delivery

在换气扇静压为零时，单位时间内叶轮输送的空气体积量，单位为 m^3/min。

7.4.5

换气扇压力　ventilating fan pressure

在换气扇的进风口和出风口两端所造成的空气压力差。

7.4.6

标称压力　nominal pressure

在换气扇风量为零时对应的换气扇压力，单位为 Pa。

7.4.7

摇头角度　angle of oscillation

电风扇在自动摇头过程中，扇头从一个极端到另一个极端所摆动的角度。

7.4.8

送风圆锥角度　taper angle of air way

以扇叶中心为顶点，母线上的平均风速不低于规定值的最大气流锥体的锥角。

7.4.9

使用值　service value

电风扇在额定电压、额定频率下全速运转时，其总风量除以输入功率所得之值。以 $m^3/minW$ 为单位。

7.4.10

调速比　speed ratio

电风扇在额定条件下运转时，调速器处于最低或最高档位置时，相应的风叶转速之比。

7.5　取暖熨烫器具

7.5.1

发热面积　heated area

在发热元件的周边线范围之内的柔性部件的面积，它也包括了周边线外面的边缘带。此边缘带的宽度等于发热元件相邻的两条平行走线间平均距离的 0.5 倍。

注 1：如果回线部分与相邻的发热导线间的距离不超过发热元件相邻的两条平行走线间的平均距离，则此发热面积包括发热元件的回线部分。

注 2：如果一条电热毯或电热褥垫具有两块分开的发热面，而且此两个发热元件之间的距离在任何地方不超过发热元件两条相邻的平行走线间平均距离的 1.5 倍，则此两个面积之间的部位也作为发热面的一部分。

7.5.2

额定贮热时间　rated charging period

由制造厂给加热器设置的最长不间断贮热时间。

7.5.3

额定负荷　rated charge

由制造厂给加热器设置的对应一个额定贮热时间所需的能耗。

7.5.4

能量比　energy ratio

一个特定工作周期间能量消耗与额定输入功率和时间的乘积之比。

7.5.5

平均室内温度　average room temperature

在环境温度控制器一个调整点上最高和最低室温的算术平均值。

7.5.6

温差　amplitude

在环境温度控制器一个调整点上最高和最低室温之差。

7.5.7

漂移　drift

在环境温度控制器一个调整点上,在能量比差值中获得的平均室温之间的差值。

7.6　花园园林工具

7.6.1

剪切宽度　width of cut

剪切机构从刀条或剪刀片的第一个齿的内刃口测量到最末一个齿的内刃口的有效剪切宽度。

7.6.2

切割宽度　cutting width

与行进方向成直角,横跨切割装置量得的,并由切割装置尺寸或切割装置顶圆直径计算所得的切割宽度。

7.6.3

最高电动机运行速度　maximum operating motor speed

按制造商规定和/或使用说明调节,挂上切割装置,电动机达到的最高转速。

7.6.4

制动时间　stopping time

从操动件释放到器具或其组件停止之间所经历的时间。

7.7　其他器具

7.7.1

额定直流输出电压　rated d. c. output voltage

由制造厂给电池充电器规定的直流输出电压。

7.7.2

额定直流输出电流　rated d. c. output current

由制造厂给电池充电器规定的直流输出电流。

7.7.3

额定真空度　rated vacuum

制造商给真空泵或脉动系统规定的真空度。

7.7.4

有效辐射度　effective irradiance

按照规定的作用曲线进行加权的电磁辐射的辐射度。

中 文 索 引

A

(氨气)发生器 ………………………… 6.2.1.28
(氨气)吸收器 ………………………… 6.2.1.30
安全隔离变压器 ……………………… 6.1.34
安全特低电压 ………………………… 3.26
鞍型端子 ……………………………… 6.1.24
按摩器…………………………………… 5.8.1
按摩器软垫……………………………… 6.2.8.1
按钮卷线器 …………………………… 6.2.2.24
按压喷水系统 ………………………… 6.2.5.16

B

板式加热器 …………………………… 5.5.14
半导体冰箱……………………………… 5.1.5
半导体制冷式饮水机 ………………… 5.1.25
半自动幻灯机…………………………… 5.9.3
半自动胶片投影仪 …………………… 5.9.18
半自动型洗衣机………………………… 5.2.8
包缝机…………………………………… 5.11.29
包装式坐便器 ………………………… 5.2.28
保护电子电路 ………………………… 3.40
保护特低电压电路 …………………… 3.27
保护装置 ……………………………… 6.1.13
保护阻抗 ……………………………… 3.20
保健器具………………………………… 4.1.8
保温板 ………………………………… 5.3.64
泵 ……………………………………… 5.2.31
壁扇……………………………………… 5.4.5
便携式器具……………………………… 4.4.1
变频压缩机 …………………………… 6.2.1.41
变容量压缩机 ………………………… 6.2.1.42
变速压缩机 …………………………… 6.2.1.41
变温室…………………………………… 6.2.1.9
变压器玩具 …………………………… 5.9.22
标称风量………………………………… 7.4.4
标称压力………………………………… 7.4.6
冰淇淋机 ……………………………… 5.1.18
冰温室…………………………………… 6.2.1.6
冰温室储藏温度 ……………………… 7.1.12
波轮……………………………………… 6.2.2.4
波轮式洗衣机…………………………… 5.2.2
剥皮器 ………………………………… 5.3.57
不可拆卸部件 ………………………… 3.31
步行控制的割草机……………………… 5.10.14

C

擦玻璃窗机 …………………………… 5.2.38
操作者控制器…………………………… 6.2.10.15
操作者在场控制器……………………… 6.2.10.16
草坪边缘修边机 ……………………… 5.10.5
草坪割草机(割草机) ………………… 5.10.7
草坪松砂机 …………………………… 5.10.2
草坪松土机(草坪耙) ………………… 5.10.3
草坪修边机 …………………………… 5.10.4
草坪修剪机 …………………………… 5.10.6
产品托架………………………………… 6.2.7.4
常压煮锅 ……………………………… 5.3.38
超声波式加湿器 ……………………… 5.2.45
尘埃去除能力 ………………………… 7.2.11
程序控制器 …………………………… 6.2.2.10
程序时间 ……………………………… 7.2.15
程序装置………………………………… 6.2.5.7
充液式散热器 ………………………… 5.5.29
冲洗组件 ……………………………… 6.2.2.41
臭氧泄漏量 …………………………… 7.3.16
出口敞开式热水器……………………… 5.3.8
除角工具 ……………………………… 5.11.6
除湿机 ………………………………… 6.2.1.17
厨房器具………………………………… 4.1.3
触摸控制器 …………………………… 6.2.3.10
吹发帽罩………………………………… 6.2.6.2
(吹发器)进风口阀门…………………… 6.2.6.1
磁性密封垫 …………………………… 6.2.1.26

D

带电部件 ……………………………… 3.34
带电动泵的开口式蒸汽电熨斗 ……… 5.5.39
带非自复位热断路器的熨斗 ………… 5.5.32
带一个电源连接转换装置的无绳式熨斗 … 5.5.42

单控式冷藏冷冻箱…………………… 5.1.6
单面电热铛 …………………………… 5.3.23
单桶洗衣机 …………………………… 5.2.11
导风板 ……………………………… 6.2.1.25
导风叶轮……………………………… 6.2.4.5
导管焊接工具 ………………………… 5.11.5
滴水阀 ……………………………… 6.2.5.13
地板(地毯)刷钮 …………………… 6.2.2.30
地板打蜡机 …………………………… 5.2.37
地板抛光机 …………………………… 5.2.36
地板刷 ……………………………… 6.2.2.32
地毯清洗机 …………………………… 5.2.40
点火机 ……………………………… 5.11.8
电池充电器…………………………… 5.11.26
电池供电的剃须刀 …………………… 5.6.15
电池盒………………………………… 6.2.9.1
电池玩具 …………………………… 5.9.21
电磁灶头……………………………… 6.2.3.7
电动机……………………………… 6.2.10.19
电动机热保护器 …………………… 6.2.1.38
电动机-压缩机 ……………………… 6.2.1.36
电动器具 …………………………………… 3.29
电动剃须刀 …………………………… 5.6.10
电动牙刷 …………………………… 5.6.18
电饭锅 ……………………………… 5.3.34
电风扇………………………………… 5.4.1
(电风扇)风量………………………… 7.4.1
电煎锅 ……………………………… 5.3.43
电卷发器……………………………… 5.6.4
电咖啡器 …………………………… 5.3.31
电烤炉 ……………………………… 5.3.13
电烤箱………………………………… 5.3.12
电炉 ………………………………… 5.3.11
电暖鞋 ……………………………… 5.5.27
电气间隙 …………………………………… 3.23
电热被 ……………………………… 5.5.10
电热垫 ……………………………… 5.5.11
电热器具 …………………………………… 3.28
电热褥垫 …………………………… 5.5.12
电热食具消毒柜 …………………… 5.3.62
电热式加湿器 ……………………… 5.2.47
电热梳………………………………… 5.6.7
电热水器……………………………… 5.3.1
电热毯………………………………… 5.5.1
电热元件 …………………………… 6.1.15
电热蒸汽卷发器……………………… 5.6.5
电水壶 ……………………………… 5.3.25
电推发剪……………………………… 5.6.8
电网供电的剃须刀 ………………… 5.6.13
电压力锅 …………………………… 5.3.35
电影放映机 ………………………… 5.9.13
电源开关……………………………… 6.1.2
电源软线 …………………………… 6.1.29
电源引线 …………………………… 6.1.32
电熨斗 ……………………………… 5.5.30
电熨斗底板 ………………………… 6.2.5.11
(电熨斗)搁架 ……………………… 6.2.5.14
电熨斗水箱 ………………………… 6.2.5.10
电熨斗压板 ………………………… 6.2.5.12
电灶 ………………………………… 5.3.10
电炸锅 ……………………………… 5.3.44
电蒸锅 ……………………………… 5.3.36
电钟………………………………… 5.11.27
电子电路 …………………………………… 3.39
电子元件 …………………………… 6.1.18
电子坐便器 ………………………… 5.2.26
吊扇…………………………………… 5.4.7
调速比 ……………………………… 7.4.10
调速离合装置 ……………………… 6.2.2.15
调速器……………………………… 6.2.4.4
调温型熨斗 ………………………… 5.5.31
顶扇…………………………………… 5.4.6
定时器………………………………… 6.1.7
动力清洁头 ………………………… 6.2.2.33
动力吸嘴 …………………………… 6.2.2.26
动物用电推剪………………………… 5.11.19
动物用剪毛器………………………… 5.11.18
动物用取暖板………………………… 5.11.20
端子 ………………………………… 6.1.19
短促喷发蒸汽式熨斗 ……………… 5.5.35
断开位置 …………………………………… 3.37
对流式加热器 ……………………… 5.5.15
多功能淋浴房 ……………………… 5.2.25
多控式冷藏冷冻箱…………………… 5.1.7
多用途电平锅 ……………………… 5.3.42

E

额定电流……………………………………… 3.6
额定电压……………………………………… 3.1
额定电压范围………………………………… 3.2
额定风量 …………………………………… 7.2.20
额定负荷……………………………………… 7.5.3
额定加湿量 ………………………………… 7.2.23
额定冷冻能力 ……………………………… 7.1.14
额定脉冲电压 ……………………………… 3.10
额定频率……………………………………… 3.7
额定频率范围………………………………… 3.8
额定输入功率………………………………… 3.4
额定输入功率范围…………………………… 3.5
额定水压……………………………………… 7.3.4
额定脱水容量………………………………… 7.2.2
额定洗涤(或漂洗)用水量…………………… 7.2.3
额定用水量…………………………………… 7.2.4
额定有效容积………………………………… 7.1.5
额定真空度…………………………………… 7.7.3
额定蒸煮压力………………………………… 7.3.3
额定直流输出电流…………………………… 7.7.2
额定直流输出电压…………………………… 7.7.1
额定质量 …………………………………… 7.3.15
额定贮热时间………………………………… 7.5.2

F

发热面积……………………………………… 7.5.1
发热元件……………………………………… 6.2.5.2
反射投影仪…………………………………… 5.9.7
防冻结装置…………………………………… 6.2.5.9
防护板………………………………………… 6.2.7.3
防火保护罩…………………………………… 6.2.5.5
房间空气调节器 …………………………… 5.1.28
纺织物蒸汽机 ……………………………… 5.5.43
放奶泵 ……………………………………… 6.2.11.4
非夹层煮锅 ………………………………… 5.3.41
非内置防夹保护装置 ……………………… 6.2.11.7
非自动滚筒干衣机 ………………………… 5.2.17
非自复位热断路器 ………………………… 6.1.12
废弃食物处理器 …………………………… 5.3.63
风机盘管/空气处理组件…………………… 6.2.1.33
风扇式加热器 ……………………………… 5.5.16
风速…………………………………………… 7.4.2
风压(规定风量时的静压)…………………… 7.3.6
风嘴…………………………………………… 6.2.6.4
缝纫机………………………………………… 5.11.28
孵蛋器………………………………………… 5.11.23
辐射式加热器 ……………………………… 5.5.18
辅助加热器 ………………………………… 6.2.1.21
负载温度回升时间 ………………………… 7.1.18
附加绝缘 …………………………………… 3.16
复叠制冷系统 ……………………………… 6.2.1.16
复合式加湿器 ……………………………… 5.2.50

G

干发器………………………………………… 5.6.1
干酪烤架 …………………………………… 5.3.18
干酪器具 …………………………………… 5.3.19
干热式水浴保温器…………………………… 5.7.5
干式熨斗 …………………………………… 5.5.33
干手器 ……………………………………… 5.6.20
干衣机 ……………………………………… 5.2.12
(干衣机)额定容量…………………………… 7.2.8
(干衣机)周期………………………………… 7.2.7
感应加热源 ………………………………… 6.2.3.14
高位安装的加热器 ………………………… 5.5.20
割草附件 …………………………………… 6.2.10.13
(割草机)切割头 …………………………… 6.2.10.4
搁架 ………………………………………… 6.1.37
搁架有效面积………………………………… 7.1.7
搁物架 ……………………………………… 6.2.2.40
隔墙型(A型)换气扇 ……………………… 5.4.12
个人护理器具………………………………… 4.1.6
工具 ………………………………………… 3.35
工作电压……………………………………… 3.3
功能性绝缘 ………………………………… 3.19
固定刀片 …………………………………… 6.2.6.10
固定式器具…………………………………… 4.4.4
观片器 ……………………………………… 5.9.11
罐头开启器 ………………………………… 5.3.58
光波式加湿器 ……………………………… 5.2.48
滚刷 ………………………………………… 6.2.2.29
滚筒…………………………………………… 6.2.2.3
滚筒式干衣机 ……………………………… 5.2.13
滚筒式割草机 ……………………………… 5.10.8

滚筒式洗衣机……………………………… 5.2.3
过流式液体加热器 …………………………… 5.3.29
过滤器 ……………………………………… 6.2.1.24
过滤式空气净化器 …………………………… 5.2.43

H

焊接烙铁 …………………………………… 5.11.1
焊片端子 …………………………………… 6.1.25
焊枪………………………………………… 5.11.14
耗电量……………………………………… 7.1.8
横流式风扇 ………………………………… 5.4.18
烘烤等级 …………………………………… 7.3.12
烘烤范围 …………………………………… 7.3.13
烘烤室 ……………………………………… 6.2.3.13
互连软线 …………………………………… 6.1.30
花园园林工具 ……………………………… 4.1.10
华夫饼炉 …………………………………… 5.3.22
滑动送料台 ………………………………… 6.2.7.5
环境温度补偿电热毯………………………… 5.5.8
环境温度控温器……………………………… 6.2.5.6
幻灯机……………………………………… 5.9.1
幻灯选片器 ………………………………… 5.9.20
换气扇 ……………………………………… 5.4.11
换气扇压力………………………………… 7.4.5
灰尘指示器 ………………………………… 6.2.2.20
挥发器……………………………………… 5.11.31
混合制冷剂 ………………………………… 6.2.1.12

J

基本绝缘 …………………………………… 3.15
集草器 ……………………………………… 6.2.10.6
集尘器 ……………………………………… 6.2.2.21
集废器 ……………………………………… 6.2.10.5
集屑器 ……………………………………… 6.2.10.7
挤奶机……………………………………… 5.11.16
挤奶机组…………………………………… 5.11.17
挤水器……………………………………… 6.2.2.6
加长管 ……………………………………… 6.2.2.23
加强绝缘 …………………………………… 3.18
加热系统…………………………………… 6.2.1.2
加湿器 ……………………………………… 5.2.44
加湿效率 …………………………………… 7.2.25
夹层煮锅 …………………………………… 5.3.39
夹烫机 ……………………………………… 5.5.44
家用薄膜熔接器具…………………………… 5.11.12
家用电动洗衣机……………………………… 5.2.1
剪刀型草剪 ………………………………… 5.10.1
剪切宽度…………………………………… 7.6.1
降温速度 …………………………………… 7.1.19
降温装置…………………………………… 6.2.5.8
胶片观察器 ………………………………… 5.9.12
胶片投影仪 ………………………………… 5.9.16
焦黄的均匀度 ……………………………… 7.3.11
焦黄控制范围 ……………………………… 7.3.10
绞干器……………………………………… 6.2.2.5
绞肉机 ……………………………………… 5.3.53
绞碎机 ……………………………………… 5.3.55
搅拌器……………………………………… 6.2.2.1
搅拌式洗衣机……………………………… 5.2.4
搅碎效率 …………………………………… 7.3.14
接触点火机 ………………………………… 5.11.9
接触烤架 …………………………………… 5.3.17
洁净空气量 ………………………………… 7.2.17
结合外套…………………………………… 6.2.5.3
进料滑板…………………………………… 6.2.7.6
进水电磁阀 ………………………………… 6.2.2.12
净化寿命 …………………………………… 7.2.22
净化效率 …………………………………… 7.2.21
静电式空气净化器 ………………………… 5.2.42
局部增热电毯……………………………… 5.5.7
卷发组件…………………………………… 6.2.6.3
均热电毯…………………………………… 5.5.6

K

咖啡粉碎器 ………………………………… 5.3.59
开放式水箱 ………………………………… 6.2.2.44
开口式蒸汽电熨斗 ………………………… 5.5.36
开水器 ……………………………………… 5.3.27
抗冷凝装置 ………………………………… 6.2.1.27
壳体 ………………………………………… 6.2.1.37
可拆卸部件 ………………………………… 3.32
可拆卸卷发夹用的加热器…………………… 5.6.6
可拆卸软线 ………………………………… 6.1.31
可动刀片…………………………………… 6.2.6.6
可更换电池………………………………… 6.2.9.2
可见灼热的电热元件………………………… 6.1.16

可见灼热的辐射式加热器 …………………… 5.5.19
可燃制冷剂 …………………………………… 6.2.1.11
可洗剃须刀 …………………………………… 5.6.11
可再充电的剃须刀 …………………………… 5.6.14
空气净化器 …………………………………… 5.2.41
控制器………………………………………… 6.2.10.14
控制周期 ……………………………………… 7.1.20
控制装置……………………………………… 6.2.5.4
口腔清洁器 …………………………………… 5.6.19
裤子熨平板 …………………………………… 5.5.47
快热式热水器………………………………… 5.3.2
快速式蒸汽电熨斗 …………………………… 5.5.38
扩散风嘴……………………………………… 6.2.6.5
扩散吸收式冰箱……………………………… 5.1.3

L

烙笔 …………………………………………… 5.11.4
烙铁头 ………………………………………… 6.2.11.1
烙印工具 ……………………………………… 5.11.3
冷藏冷冻箱 …………………………………… 5.1.10
冷藏室………………………………………… 6.2.1.4
冷藏箱………………………………………… 5.1.8
冷藏展示柜 …………………………………… 5.1.21
冷冻能力 ……………………………………… 7.1.13
冷冻食品储藏室……………………………… 6.2.1.8
冷冻食品储藏温度 …………………………… 7.1.10
冷冻食品储藏箱 ……………………………… 5.1.12
冷冻式坐便器 ………………………………… 5.2.30
冷冻展示柜 …………………………………… 5.1.22
冷凝器 ………………………………………… 6.2.1.13
冷凝型滚筒式干衣机 ………………………… 5.2.14
冷却喷流扇 …………………………………… 5.4.20
冷却室………………………………………… 6.2.1.5
冷却室储藏温度 ……………………………… 7.1.11
离心式风扇 …………………………………… 5.4.17
离心式加湿器 ………………………………… 5.2.49
离心式脱水机………………………………… 5.2.6
立式排水泵 …………………………………… 5.2.33
立式清洁头 …………………………………… 6.2.2.36
连枷式割草机 ………………………………… 5.10.9
联动开关 ……………………………………… 6.2.2.14
联锁装置……………………………………… 6.1.6
镰刀杆式割草机……………………………… 5.10.13
两用投影仪…………………………………… 5.9.8
两用煮锅 ……………………………………… 5.3.40
螺钉端子 ……………………………………… 6.1.22
螺纹型端子 …………………………………… 6.1.20
螺旋送料器 …………………………………… 6.2.3.15
裸露电热元件式热水器……………………… 5.3.3
落地扇………………………………………… 5.4.4

M

脉动系统 ……………………………………… 6.2.11.3
毛发成型器具………………………………… 5.6.9
毛容积………………………………………… 7.1.1
门监控联锁装置……………………………… 6.2.3.4
门开关 ………………………………………… 6.2.1.32
门联锁装置…………………………………… 6.2.3.3
密闭式热水器………………………………… 5.3.5
面包架 ………………………………………… 6.2.3.12
面包片烘烤器 ………………………………… 5.3.20
面部按摩附件………………………………… 6.2.8.2
面部桑那器 …………………………………… 5.6.16
灭虫器………………………………………… 5.11.30
模制式坐便器 ………………………………… 5.2.27
磨损率………………………………………… 7.2.6

N

内置防夹保护系统 …………………………… 6.2.11.6
内装鬓角修剪器刀 …………………………… 6.2.6.11
内装式制冰机 ………………………………… 5.1.17
耐皱型电热毯………………………………… 5.5.3
能量比………………………………………… 7.5.4
能效比 ………………………………………… 7.1.26
暖脚器 ………………………………………… 5.5.25
暖手器 ………………………………………… 5.5.28

P

爬电距离 ……………………………………… 3.24
排料槽………………………………………… 6.2.10.10
排料口………………………………………… 6.2.10.11
排气扇百叶窗………………………………… 6.2.4.7
排气型滚筒干衣机 …………………………… 5.2.15
排水阀 ………………………………………… 6.2.2.13
盘探测器 ……………………………………… 6.2.3.11
喷流扇 ………………………………………… 5.4.19

喷雾式熨斗 ………………………………… 5.5.40
烹饪隔间………………………………… 6.2.7.2
漂洗槽…………………………………… 5.7.6
漂移……………………………………… 7.5.7
平均室内温度…………………………… 7.5.5
葡萄酒储藏柜 ………………………… 5.1.23
普通型洗衣机…………………………… 5.2.7

Q

其他器具 ……………………………… 4.1.11
启动继电器 …………………………… 6.2.1.43
器具开关………………………………… 6.1.1
牵引机构 ……………………………… 6.2.10.8
牵引装置 ……………………………… 6.2.2.18
潜水泵 ………………………………… 5.2.32
嵌装式器具……………………………… 4.4.5
嵌装式制冷器具………………………… 5.1.4
强制对流烤炉…………………………… 5.7.1
切割宽度………………………………… 7.6.2
切割器件 ……………………………… 6.2.10.1
切割元件 ……………………………… 6.2.10.3
切割装置外罩(外壳) ………………… 6.2.10.2
切片机 ………………………………… 5.3.54
琴键开关………………………………… 6.1.4
清洁器具………………………………… 4.1.2
清洁头 ………………………………… 6.2.2.34
驱动装置 ……………………………… 6.2.11.5
取暖熨烫器具…………………………… 4.1.5
全导管型(D型)换气扇 ……………… 5.4.15
全封闭式压缩机 ……………………… 6.2.1.40
全极断开 ……………………………… 3.36
全压效率………………………………… 7.3.7
全自动幻灯机…………………………… 5.9.4
全自动胶片投影仪 …………………… 5.9.19
全自动型洗衣机………………………… 5.2.9

R

热泵房间空气调节器 ………………… 5.1.26
热泵热水器……………………………… 5.3.9
热断路器 ……………………………… 6.1.10
热风点火机……………………………… 5.11.10
热风枪…………………………………… 5.11.11
热交换器 ……………………………… 6.2.1.18
热脚垫 ………………………………… 5.5.26
热解式自洁烤炉 ……………………… 5.3.14
热熔体 ………………………………… 6.1.14
热水输出率……………………………… 7.3.2
热塑导管焊接工具……………………… 5.11.15
容尘量 ………………………………… 7.2.10
容量可控型房间空气调节器 ………… 5.1.30
柔性部件………………………………… 6.2.5.1
软水器 ………………………………… 6.2.2.46

S

三叉型可动刀片………………………… 6.2.6.9
三明治烘烤附件………………………… 6.2.3.1
桑那浴加热器具 ……………………… 5.2.23
商用饮食加工器具……………………… 4.1.7
上方投影仪……………………………… 5.9.6
上盖电热毯……………………………… 5.5.4
深油炸锅 ……………………………… 5.3.45
生活用热水热泵 ……………………… 5.1.27
湿度继电器 …………………………… 6.2.1.45
湿热式水浴保温器……………………… 5.7.4
湿式剃须刀 …………………………… 5.6.12
湿式真空吸尘器 ……………………… 5.2.21
实验型玩具……………………………… 6.2.9.5
食具消毒柜 …………………………… 5.3.61
食品储藏温度…………………………… 7.1.9
食品加工器 …………………………… 5.3.52
食品冷冻箱 …………………………… 5.1.14
食物混和器 …………………………… 5.3.51
食物搅碎器 …………………………… 5.3.60
食物推柄 ……………………………… 6.2.3.16
使用值…………………………………… 7.4.9
室内热交换器 ………………………… 6.2.1.19
室外热交换器 ………………………… 6.2.1.20
手柄……………………………………… 6.2.10.12
手持式干发器…………………………… 5.6.2
手持式器具……………………………… 4.4.2
手持式园艺用吹吸两用机……………… 5.10.16
手持式园艺用吹屑机…………………… 5.10.15
手持式园艺用吸屑机…………………… 5.10.17
手动分配器 …………………………… 6.2.2.39
手动幻灯机……………………………… 5.9.2
手动胶片投影仪 ……………………… 5.9.17

售卖机 …… 5.11.32
输出可控式加热器 …… 5.5.22
输出随机式加热器 …… 5.5.23
刷鞋机 …… 5.2.39
双电源玩具 …… 5.9.23
双螺栓型端子 …… 6.1.23
双面电热铛 …… 5.3.24
双桶洗衣机 …… 5.2.10
双重绝缘 …… 3.17
水槽 …… 6.2.2.45
水槽供水式热水器 …… 5.3.6
水槽式水浴保温器 …… 5.7.3
水床加热器 …… 5.5.24
水位开关 …… 6.2.2.11
水箱 …… 6.2.2.43
水箱容量 …… 7.2.24
水箱式热水器 …… 5.3.7
水浴保温器 …… 5.7.2
送风圆锥角度 …… 7.4.8

T

台地扇 …… 5.4.3
台扇 …… 5.4.2
特低电压 …… 3.25
特低压电毯 …… 5.5.9
特性点温度 …… 7.1.21
(剃须刀)切割刀头 …… 6.2.6.7
停放制动器 …… 6.2.10.17
通风器具 …… 4.1.4
头盔式干发器 …… 5.6.3
投影仪 …… 5.9.5
图片放大机 …… 5.9.15
图片复制机 …… 5.9.14
涂漆剥除器 …… 5.11.13
脱焊工具 …… 5.11.7
脱焊烙铁 …… 5.11.2
脱水电动机 …… 6.2.2.17
脱水机 …… 5.2.5
脱水桶 …… 6.2.2.8
脱水装置 …… 6.2.2.7

W

外排式吸油烟机 …… 5.3.49
玩具变压器 …… 6.2.9.3
网罩 …… 6.2.4.1
危险性功能失效 …… 3.11
微波炉 …… 5.3.46
微隙开关 …… 6.1.5
尾料装置 …… 6.2.7.7
喂食瓶加热器 …… 5.3.33
温差 …… 7.5.6
温度传感探头 …… 6.2.3.5
温度控制装置 …… 6.2.1.15
温控器 …… 6.1.8
涡流浴缸 …… 5.8.2
卧式冷藏冷冻箱(柜) …… 5.1.20
污水泵 …… 5.2.34
无螺纹端子 …… 6.1.27
无绳电水壶 …… 5.3.26
无绳电熨斗 …… 5.5.41
无霜冷藏冷冻箱 …… 5.1.11
无霜冷藏箱 …… 5.1.9
无霜冷冻食品储藏箱 …… 5.1.13
无霜食品冷冻箱 …… 5.1.15
无霜系统 …… 6.2.1.3
无线电干扰抑制器 …… 6.1.35

X

吸尘器电机 …… 6.2.2.37
(吸尘器)吸嘴 …… 6.2.2.25
(吸尘器)真空度 …… 7.2.9
吸尘软管 …… 6.2.2.22
吸收式制冷器具 …… 5.1.2
吸水式清洁器具 …… 5.2.19
吸油烟机 …… 5.3.48
吸油烟机的气味降低度(净化效率) …… 7.3.8
(吸油烟机)风量 …… 7.3.5
洗涤电动机 …… 6.2.2.16
洗涤剂加料器 …… 6.2.2.9
洗涤桶 …… 6.2.2.2
洗净比 …… 7.2.5
洗碗机 …… 5.2.22
(洗碗机)额定洗涤容量 …… 7.2.14
洗衣干衣机 …… 5.2.18
(洗衣机)额定洗涤容量 …… 7.2.1
狭口吸尘头 …… 6.2.2.28

下铺电热毯…………………………………… 5.5.2
纤维去除能力 ……………………………… 7.2.13
显微投影仪…………………………………… 5.9.9
线屑去除能力 ……………………………… 7.2.12
限温器………………………………………… 6.1.9
限压装置 ………………………………… 6.2.1.22
消毒等级 ………………………………… 7.3.18
消毒时间 ………………………………… 7.3.17
消声装置 ………………………………… 6.2.2.31
小鸡取暖器……………………………… 5.11.21
小鸡饲养装置…………………………… 5.11.22
效果投影仪 ……………………………… 5.9.10
行进制动器……………………………… 6.2.10.18
性能系数 ………………………………… 7.1.27
悬吊装置………………………………… 6.2.4.6
悬浮式割草机…………………………… 5.10.10
旋转或连续电烤炉或烤面包炉 ………… 5.3.21
旋转开关……………………………………… 6.1.3
旋转烤架 ………………………………… 5.3.16
旋转式夹烫机 …………………………… 5.5.45
旋转式压缩机 …………………………… 6.2.1.39
循环泵 …………………………………… 5.2.35
循环风量(房间送风量) ………………… 7.1.28
循环喷流扇 ……………………………… 5.4.21
循环式吸油烟机 ………………………… 5.3.50

Y

压力调节器……………………………… 6.2.3.2
压力继电器 ……………………………… 6.2.1.44
压力式蒸汽电熨斗 ……………………… 5.5.37
压力释放装置 …………………………… 6.1.36
压缩机制冷式饮水机 …………………… 5.1.24
压缩式制冷器具…………………………… 5.1.1
压线装置 ………………………………… 6.1.28
摇头机构………………………………… 6.2.4.2
摇头角度…………………………………… 7.4.7
摇头控制装置…………………………… 6.2.4.3
遥控开关 ………………………………… 6.2.2.27
叶片式加热器 …………………………… 5.5.17
液体加热器 ……………………………… 5.3.28
一拖多房间空气调节器 ………………… 5.1.31
易触及部件 ……………………………… 3.33
用户维护保养 …………………………… 3.38
油脂分离度…………………………………… 7.3.9
有效辐射度…………………………………… 7.7.4
有效容积……………………………………… 7.1.3
淤泥清除装置……………………………… 5.11.25
娱乐器具……………………………………… 4.1.9
预热电毯……………………………………… 5.5.5
预制式桑那房 ……………………………… 5.2.24
运行周期 …………………………………… 7.1.16
熨平板 ……………………………………… 5.5.46
熨平滚筒 ………………………………… 6.2.5.18
熨平靴 …………………………………… 6.2.5.17

Z

灶单元(蒸煮盘,平板件) ………………… 6.2.3.6
灶面(烹饪顶面)…………………………… 6.2.3.9
灶台………………………………………… 6.2.3.8
增压装置 ………………………………… 6.2.2.19
增氧器……………………………………… 5.11.24
榨汁机 ……………………………………… 5.3.56
照明灯 …………………………………… 6.2.1.31
罩式端子 …………………………………… 6.1.26
遮覆式割草机……………………………… 5.10.11
真空式坐便器 ……………………………… 5.2.29
真空吸尘器 ………………………………… 5.2.20
振动型可动刀片………………………… 6.2.6.8
蒸发器 …………………………………… 6.2.1.14
蒸发芯(器)使用寿命 ……………………… 7.2.26
蒸汽发生器……………………………… 6.2.7.1
蒸汽烤炉 …………………………………… 5.3.15
蒸汽式熨斗 ………………………………… 5.5.34
蒸汽压力咖啡壶…………………………… 5.3.32
正常工作……………………………………… 3.9
支座 ……………………………………… 6.2.5.19
直接蒸发式加湿器 ………………………… 5.2.46
直接作用式房间加热器 …………………… 5.5.13
直流配电板 ……………………………… 6.2.11.2
指示灯 ……………………………………… 6.1.33
制冰机 ……………………………………… 5.1.16
制冰能力 …………………………………… 7.1.15
制冰室…………………………………… 6.2.1.7
制动时间……………………………………… 7.6.4
制动系统 ………………………………… 6.2.10.9
制冷剂 …………………………………… 6.2.1.10

制冷剂储液罐 ………………………… 6.2.1.29
制冷空调器具………………………… 4.1.1
制冷量 ………………………………… 7.1.22
制冷能力 ……………………………… 7.1.22
制冷系统……………………………… 6.2.1.1
(制冷系统)毛细管 ………………… 6.2.1.23
制冷消耗功率 ………………………… 7.1.23
制热量 ………………………………… 7.1.24
制热能力 ……………………………… 7.1.24
制热消耗功率 ………………………… 7.1.25
制热用电热装置 ……………………… 6.2.1.34
制热用辅助电热装置 ………………… 6.2.1.35
周期时间 ……………………………… 7.2.16
轴流式风扇 …………………………… 5.4.16
主机 …………………………………… 6.2.2.42
煮锅 …………………………………… 5.3.37
贮存式开水器或贮存式液体加热器 …… 5.3.30
贮热式室内加热器 …………………… 5.5.21
贮水式热水器………………………… 5.3.4
驻立式器具…………………………… 4.4.3
柱式扇………………………………… 5.4.8
柱型端子 ……………………………… 6.1.21
转换型冷冻冷藏箱(柜) ……………… 5.1.19
转盘式割草机………………………… 5.10.12
转速可控型房间空气调节器 ………… 5.1.29
转叶扇………………………………… 5.4.9
装饰型吊扇 …………………………… 5.4.10
紫外线、红外线辐射皮肤器具………… 5.6.17
自动分配器 …………………………… 6.2.2.38
自动滚筒干衣机 ……………………… 5.2.16
自动化霜周期 ………………………… 7.1.17
自动清洁头 …………………………… 6.2.2.35
自动售卖机…………………………… 5.11.33
自复位热断路器 ……………………… 6.1.11
自然衰减 ……………………………… 7.2.18
自身清洁系统 ………………………… 6.2.5.15
自由进气型(B 型)换气扇 …………… 5.4.13
自由排气型(C 型)换气扇 …………… 5.4.14
总额定有效容积……………………… 7.1.6
总风量………………………………… 7.4.3
总毛容积……………………………… 7.1.2
总衰减 ………………………………… 7.2.19
总有效容积…………………………… 7.1.4
组合型器具 …………………………… 3.30
组合型微波炉 ………………………… 5.3.47
组装型玩具…………………………… 6.2.9.4
最高电动机运行速度………………… 7.6.3

B 级软件 ……………………………… 3.41
C 级软件 ……………………………… 3.42
PTC 电热元件 ………………………… 6.1.17
X 型连接 ……………………………… 3.12
Y 型连接 ……………………………… 3.13
Z 型连接 ……………………………… 3.14
0 Ⅰ 类器具 …………………………… 4.2.2
0 类器具 ……………………………… 4.2.1
24 h 固有能耗 ………………………… 7.3.1
Ⅰ类器具……………………………… 4.2.3
Ⅱ类结构 ……………………………… 3.21
Ⅱ类器具……………………………… 4.2.4
Ⅲ类结构 ……………………………… 3.22
Ⅲ类器具……………………………… 4.2.5

英 文 索 引

A

absorption-type refrigerating appliance …… 5.1.2
accessible part …… 3.33
additional electrical heating devices used for heating …… 6.2.1.35
aerator …… 5.11.24
agitator …… 6.2.2.1
agitator washing machine …… 5.2.4
air blast cooling fan …… 5.4.20
air circulating fan …… 5.4.21
air cleaner …… 5.2.41
air deflection vane …… 6.2.1.25
air filter …… 5.2.43
air velocity …… 7.4.2
air vented tumble dryer …… 5.2.15
all-hermetic compressor …… 6.2.1.40
all-pole disconnection …… 3.36
ambient temperature thermostat …… 6.2.5.6
(ammonia) absorber …… 6.2.1.30
(ammonia) generator …… 6.2.1.28
amount of ozone leak …… 7.3.16
amplitude …… 7.5.6
amusement appliance …… 4.1.9
angle of oscillation …… 7.4.7
animal clipper …… 5.11.19
animal shearer …… 5.11.18
anti-condensation device …… 6.2.1.27
appliance for skin exposure to ultraviolet and infrared radiation …… 5.6.17
atmospheric boiling pan …… 5.3.38
automatic defrosting cycle …… 7.1.17
automatic dispenser …… 6.2.2.38
automatic tumble dryer …… 5.2.16
automatic washing machine …… 5.2.9
average room temperature …… 7.5.5
axial flow fan …… 5.4.16

B

bain-marie …… 5.7.2
bare-element water heater …… 5.3.3
basic insulation …… 3.15

battery box ………… 6.2.9.1
battery charger ………… 5.11.26
battery shaver ………… 5.6.15
battery toy ………… 5.9.21
blanket ………… 5.5.1
blanket with ambient temperature compensation ………… 5.5.8
blanket with increased heating area ………… 5.5.7
blanket with uniform heating area ………… 5.5.6
blending efficient ………… 7.3.14
boiler ………… 5.3.27
boiling pan ………… 5.3.37
bonded enclosure ………… 6.2.5.3
booster setting ………… 6.2.2.19
brake system ………… 6.2.10.9
branding tool ………… 5.11.3
bread carriage ………… 6.2.3.12
browning control range ………… 7.3.10
built-in appliance ………… 4.4.5
built-in refrigerating appliance ………… 5.1.4
built-in sideburns trimmer ………… 6.2.6.11
burning-in pen ………… 5.11.4

C

capillary tube(of refrigerating system) ………… 6.2.1.23
cascade cooling system ………… 6.2.1.16
catcher ………… 6.2.10.5
ceiling fan ………… 5.4.7
cellar compartment ………… 6.2.1.5
cellar compartment storage temperature ………… 7.1.11
centrifugal flow fan ………… 5.4.17
chest refrigerator-freezer ………… 5.1.20
chicken breeding units ………… 5.11.22
chill compartment ………… 6.2.1.6
chill compartment storage temperature ………… 7.1.12
circulation pump ………… 5.2.35
cistern-fed water heater ………… 5.3.6
cistern-type water heater ………… 5.3.7
class 0 appliance ………… 4.2.1
class 0I appliance ………… 4.2.2
class I appliance ………… 4.2.3
class II appliance ………… 4.2.4
class II construction ………… 3.21
class III appliance ………… 4.2.5

class III construction …… 3.22
class of disinfecting …… 7.3.18
clean air delivery rate …… 7.2.17
cleaner motor …… 6.2.2.37
(cleaner)nozzle …… 6.2.2.25
cleaning appliance …… 4.1.2
cleaning efficiency …… 7.2.21
cleaning head …… 6.2.2.34
cleaning life span …… 7.2.22
clearance …… 3.23
closed water heater …… 5.3.5
coefficient of performance …… 7.1.27
coffee miller …… 5.3.59
comb with electric heater …… 5.6.7
combination microwave oven …… 5.3.47
combined appliance …… 3.30
commercial food processing appliance …… 4.1.7
compression-type refrigerating appliance …… 5.1.1
compression-type water dispenser …… 5.1.24
concentrator …… 6.2.6.4
condensation-type tumble dryer …… 5.2.14
condenser …… 6.2.1.13
conduit-soldering tool …… 5.11.5
constructional set …… 6.2.9.4
contact firelighter …… 5.11.9
contact grill …… 5.3.17
control …… 6.2.10.14
control cycles …… 7.1.20
control unit …… 6.2.5.4
controlled-output heater …… 5.5.22
convector heater …… 5.5.15
cooking compartment …… 6.2.7.2
cooking range …… 5.3.10
cooling speed …… 7.1.19
COP …… 7.1.27
cord-grip …… 6.1.28
cordless iron …… 5.5.41
cordless iron having a mains supply attachment …… 5.5.42
cordless kettle …… 5.3.26
creepage distance …… 3.24
crevice tool …… 6.2.2.28
cross flow fan …… 5.4.18
curling iron …… 5.6.4

curling set …… 6.2.6.3
cushion attachment for massager …… 6.2.8.1
cutting blade …… 6.2.6.6
cutting element …… 6.2.10.3
cutting means …… 6.2.10.1
cutting means enclosure(housing) …… 6.2.10.2
cutting width …… 7.6.2
cycle time …… 7.2.16
cycle type range hood …… 5.3.50
cylinder mower …… 5.10.8

D

d.c. distribution board …… 6.2.11.2
dangerous malfunction …… 3.11
debris collector …… 6.2.10.7
decorated ceiling fan …… 5.4.10
deep fat fryer …… 5.3.45
deep frying pan …… 5.3.44
dehorning tool …… 5.11.6
dehumidifier …… 6.2.1.17
dehydration motor …… 6.2.2.17
desoldering iron …… 5.11.2
desoldering tool …… 5.11.7
detachable cord …… 6.1.31
detachable part …… 3.32
detergent dispenser …… 6.2.2.9
device of extractor …… 6.2.2.7
diffuser …… 6.2.6.5
diffusion-absorption type refrigerator …… 5.1.3
direct-acting room heater …… 5.5.13
discharge chute …… 6.2.10.10
discharge opening …… 6.2.10.11
dish washer …… 5.2.22
(dish washer)rated dishwasher capacity …… 7.2.14
disinfecting tableware cabinet …… 5.3.61
dispensing appliance …… 5.11.32
door interlock …… 6.2.3.3
door switch …… 6.2.1.32
double container washing machine …… 5.2.10
double insulation …… 3.17
drain valve …… 6.2.2.13
drift …… 7.5.7
drip valve …… 6.2.5.13

drive ······ 6.2.11.5
drum washing machine ······ 5.2.3
dry iron ······ 5.5.33
dryer ······ 5.2.12
(dryer)cycle ······ 7.2.7
(dryer)rated capacity ······ 7.2.8
dry-heat-type bain-marie ······ 5.7.5
dual purpose boiling pan ······ 5.3.40
dual-supply toy ······ 5.9.23
dust containing capacity ······ 7.2.10
dust indicator ······ 6.2.2.20
dust pick-up hose ······ 6.2.2.22
dust removal ability ······ 7.2.11
dust storage chamber ······ 6.2.2.21
duvet ······ 5.5.10

E

EER ······ 7.1.26
effective irradiance ······ 7.7.4
effects projector ······ 5.9.10
efficiency of humidify ······ 7.2.25
electric clocks ······ 5.11.27
(electric)coffee maker ······ 5.3.31
electric fan ······ 5.4.1
electric floor polisher ······ 5.2.36
electric hair clipper ······ 5.6.8
electric heating element ······ 6.1.15
electric iron ······ 5.5.30
electric iron with non-self-resetting thermal cut-out ······ 5.5.32
electric irrigator ······ 5.6.19
electric kettle(jar) ······ 5.3.25
electric pressure cooker ······ 5.3.35
electric rice cooker ······ 5.3.34
electric shaver ······ 5.6.10
electric shoe-polisher ······ 5.2.39
electric tin opener ······ 5.3.58
electric toilet ······ 5.2.26
electric toothbrush ······ 5.6.18
electrical heating devices used for heating ······ 6.2.1.34
electrical heating humidifier ······ 5.2.47
electrical sitting-hen ······ 5.11.21
electrically warmed shoe ······ 5.5.27
electric-heating disinfecting tableware cabinet ······ 5.3.62

electronic circuit …… 3. 39
electronic component …… 6. 1. 18
electrostatic air cleaner …… 5. 2. 42
energy consumption …… 7. 1. 8
energy efficiency ratio …… 7. 1. 26
energy ratio …… 7. 5. 4
espresso coffee maker …… 5. 3. 32
evaporating wick lifetime …… 7. 2. 26
evaporative humidifier …… 5. 2. 46
evaporator …… 6. 2. 1. 14
evenness of browning …… 7. 3. 11
exhaust type range hood …… 5. 3. 49
experimental set …… 6. 2. 9. 5
extension tube …… 6. 2. 2. 23
extractor …… 5. 2. 5
extra-low voltage …… 3. 25
extra-low voltage blanket …… 5. 5. 9

F

fabric steamers …… 5. 5. 43
face sauna …… 5. 6. 16
facial attachment …… 6. 2. 8. 2
(fan)air delivery …… 7. 4. 1
fan coil/air handling unit …… 6. 2. 1. 33
fan heater …… 5. 5. 16
feed carriage …… 6. 2. 7. 6
feeding-bottle heater …… 5. 3. 33
fibre removal ability …… 7. 2. 13
film viewer …… 5. 9. 12
film-strip projector …… 5. 9. 16
filter …… 6. 2. 1. 24
fin type heater …… 5. 5. 17
fireguard …… 6. 2. 5. 5
firelighter …… 5. 11. 8
fixed appliance …… 4. 4. 4
fixed blade …… 6. 2. 6. 10
flail mower …… 5. 10. 9
flammable refrigerant …… 6. 2. 1. 11
flexible part …… 6. 2. 5. 1
floor cleaner brush …… 6. 2. 2. 32
floor fan …… 5. 4. 3
floor waxing machine …… 5. 2. 37
floor(carpet)selector …… 6. 2. 2. 30

food blender ········ 5.3.60
food freezer ········ 5.1.14
food mixer ········ 5.3.51
food processor ········ 5.3.52
food pusher ········ 6.2.3.16
food waste disposer ········ 5.3.63
foot warmer ········ 5.5.25
forced convection oven ········ 5.7.1
free inlet ventilating(type B)**fan** ········ 5.4.13
free outlet ventilating(type C)**fan** ········ 5.4.14
free-output heater ········ 5.5.23
freezing capacity ········ 7.1.13
freezing show case ········ 5.1.22
freezing toilet ········ 5.2.30
fresh-food storage compartment ········ 6.2.1.4
fresh-food storage temperature ········ 7.1.9
frost protection means ········ 6.2.5.9
frost-free food freezer ········ 5.1.15
frost-free frozen-food storage cabinet ········ 5.1.13
frost-free refrigerator ········ 5.1.9
frost-free refrigerator-freezer ········ 5.1.11
frost-free system ········ 6.2.1.3
frozen-food storage cabinet ········ 5.1.12
frozen-food storage compartment ········ 6.2.1.8
frozen-food storage temperature ········ 7.1.10
frying pan ········ 5.3.43
full pressure efficiency ········ 7.3.7
fully ducted ventilating(type D)**fan** ········ 5.4.15
fully-automatic film-strip projector ········ 5.9.19
fully-automatic slide projector ········ 5.9.4
functional insulation ········ 3.19

G

garden tool ········ 4.1.10
glass rubbing machine ········ 5.2.38
grass catcher ········ 6.2.10.6
grease separation rate ········ 7.3.9
griddle ········ 5.3.23
griddle grill ········ 5.3.24
gross volume ········ 7.1.1
guard ········ 6.2.4.1
guard plate ········ 6.2.7.3

H

hair dryer ······ 5.6.1
hairstyling appliance ······ 5.6.9
hand drier ······ 5.6.20
hand held garden blower ······ 5.10.15
hand held garden blower/vacuum ······ 5.10.16
hand held garden vacuum ······ 5.10.17
hand warmer ······ 5.5.28
hand-held appliance ······ 4.4.2
hand-held hairdryer ······ 5.6.2
handle ······ 6.2.10.12
health care appliance ······ 4.1.8
heat exchanger ······ 6.2.1.18
heat gun ······ 5.11.11
heat pump room air conditioner ······ 5.1.26
heat pump water heater ······ 5.3.9
heated area ······ 7.5.1
heater for detachable curlers ······ 5.6.6
heater for mounting at high level ······ 5.5.20
heating appliance ······ 3.28
heating capacity ······ 7.1.24
heating element ······ 6.2.5.2
heating mat ······ 5.5.26
heating plate for animals ······ 5.11.20
heating power input ······ 7.1.25
heating system ······ 6.2.1.2
heel-rest(of electric iron) ······ 6.2.5.14
helmet for hair drier ······ 6.2.6.2
helmet-type hairdryer ······ 5.6.3
hob ······ 6.2.3.8
hob element(boiling plate, surface element) ······ 6.2.3.6
hob surface(cooking top) ······ 6.2.3.9
hot plate ······ 5.3.11
hot-air firelighter ······ 5.11.10
hot-water output rate ······ 7.3.2
household electric washing machine ······ 5.2.1
household film-welding appliance ······ 5.11.12
housing ······ 6.2.1.37
hover mower ······ 5.10.10
humidifier ······ 5.2.44
humidity relay ······ 6.2.1.45
hybrid humidifier ······ 5.2.50

I

ice-cream appliance ········· 5. 1. 18
ice-maker ········· 5. 1. 16
ice-making capacity ········· 7. 1. 15
ice-making compartment ········· 6. 2. 1. 7
impeller ········· 6. 2. 2. 4
impeller for air lead ········· 6. 2. 4. 5
impeller humidifier ········· 5. 2. 49
impeller washing machine ········· 5. 2. 2
incorporated ice-maker ········· 5. 1. 17
incubator ········· 5. 11. 23
indicating lamp ········· 6. 1. 33
indoor discharge air-flow ········· 7. 1. 28
indoor heat exchanger ········· 6. 2. 1. 19
induction heating source ········· 6. 2. 3. 14
induction hob element ········· 6. 2. 3. 7
inherent entrapment protection system ········· 6. 2. 11. 6
inlet electromagnetic valve ········· 6. 2. 2. 12
inlet valve(of hair dryer) ········· 6. 2. 6. 1
insect killer ········· 5. 11. 30
instantaneous steam iron ········· 5. 5. 38
instantaneous water heater ········· 5. 3. 2
interconnection cord ········· 6. 1. 30
interior lamp ········· 6. 2. 1. 31
interlock ········· 6. 1. 6
ironer ········· 5. 5. 44
ironing press ········· 5. 5. 46
ironing roller ········· 6. 2. 5. 18
ironing shoe ········· 6. 2. 5. 17

J

jacketed boiling pan ········· 5. 3. 39
jet fan ········· 5. 4. 19
juice extractor ········· 5. 3. 56

K

key board switch ········· 6. 1. 4
kitchen appliance ········· 4. 1. 3

L

last slice device ········· 6. 2. 7. 7
lawn aerator ········· 5. 10. 2

lawn edge trimmer …… 5.10.5
lawn edger …… 5.10.4
lawn scarifier(lawn rake) …… 5.10.3
lawn trimmer …… 5.10.6
lawnmower(mower) …… 5.10.7
lightwave humidifier …… 5.2.48
linkage switch …… 6.2.2.14
liquid heater …… 5.3.28
liquid-filled radiator …… 5.5.29
live part …… 3.34
louver fan …… 5.4.9
lug terminal …… 6.1.25

M

magnetic gasket …… 6.2.1.26
main unit …… 6.2.2.42
mains shaver …… 5.6.13
mains switch …… 6.1.2
mantle terminal …… 6.1.26
manually-operated film-strip projector …… 5.9.17
manually-operated slide projector …… 5.9.2
massager …… 5.8.1
mattress …… 5.5.12
maximum operating motor speed …… 7.6.3
micro-gap switch …… 6.1.5
microscope projector …… 5.9.9
microwave oven …… 5.3.46
milking machine …… 5.11.16
milking unit …… 5.11.17
mincer …… 5.3.53
mist curling winder …… 5.6.5
mix refrigerant …… 6.2.1.12
moldering toilet …… 5.2.27
monitored door interlock …… 6.2.3.4
motion picture projector …… 5.9.13
motor-compressor …… 6.2.1.36
motorized cleaning head …… 6.2.2.33
motor-operated appliance …… 3.29
(mower)cutting head …… 6.2.10.4
mowing attachment …… 6.2.10.13
mulching mower …… 5.10.11
multi-controlled refrigerator-freezer …… 5.1.7
multifunctional shower cabinet …… 5.2.25

multi-purpose cooking pan ………… 5.3.42
multi-split room air conditioner ………… 5.1.31

N

natural decay ………… 7.2.19
noise eliminator ………… 6.2.2.31
nominal air delivery ………… 7.4.4
nominal airflow rate ………… 7.2.20
nominal pressure ………… 7.4.6
nominal weight ………… 7.3.15
non-automatic dispenser ………… 6.2.2.39
non-automatic tumble dryer ………… 5.2.17
non-detachable part ………… 3.31
non-inherent entrapment protection devices ………… 6.2.11.7
non-self-resetting thermal cut-out ………… 6.1.12
normal operation ………… 3.9

O

odour decrease rate(purifying efficiency) ………… 7.3.8
off position ………… 3.37
opaque projector ………… 5.9.7
opaque-transparency projector ………… 5.9.8
openable water tank ………… 6.2.2.44
open-outlet water heater ………… 5.3.8
open-well-type bain-marie ………… 5.7.3
operating cycle ………… 7.1.16
operator control ………… 6.2.10.15
operator presence control ………… 6.2.10.16
oscillating controller ………… 6.2.4.3
oscillating mechanism ………… 6.2.4.2
other appliance ………… 4.1.11
outdoor heat exchanger ………… 6.2.1.20
oven ………… 5.3.12
over blanket ………… 5.5.4
overflow type liquid heater ………… 5.3.29
overhead projector ………… 5.9.6
overlock machine ………… 5.11.29

P

package toilet ………… 5.2.28
pad ………… 5.5.11
paint stripper ………… 5.11.13
pan detector ………… 6.2.3.11

panel heater ………… 5.5.14
parking brake ………… 6.2.10.17
partition type ventilating(type A)**fan** ………… 5.4.12
pedestal fan ………… 5.4.4
pedestrian controlled mower ………… 5.10.14
personal care appliance ………… 4.1.6
photo reproduction appliance ………… 5.9.14
photographic enlarger ………… 5.9.15
pillar terminal ………… 6.1.21
portable appliance ………… 4.4.1
potato peeler ………… 5.3.57
power nozzle ………… 6.2.2.26
power source ………… 6.2.10.19
prefabricated sauna ………… 5.2.24
preheating blanket ………… 5.5.5
press-button sprinkling system ………… 6.2.5.16
pressing plate of electric iron ………… 6.2.5.12
pressure regulator ………… 6.2.3.2
pressure relay ………… 6.2.1.44
pressure(stipulate airflow of static pressure) ………… 7.3.6
pressure-limiting device ………… 6.2.1.22
pressure-relief device ………… 6.1.36
pressurized steam iron ………… 5.5.37
product holder ………… 6.2.7.4
program controller ………… 6.2.2.10
programme time ………… 7.2.15
programmer ………… 6.2.5.7
projectors ………… 5.9.5
protective device ………… 6.1.13
protective electronic circuit ………… 3.40
protective extra-low voltage circuit ………… 3.27
protective impedance ………… 3.20
PTC heating element ………… 6.1.17
pulsation system ………… 6.2.11.3
pump ………… 5.2.31
push-button cord rewinder ………… 6.2.2.24
pyrolytic self-cleaning oven ………… 5.3.14

R

rack ………… 6.2.2.40
raclette appliance ………… 5.3.19
raclette grill ………… 5.3.18
radiant heater ………… 5.5.18

radio and television interference suppressor ········ 6.1.35
range hood ········ 5.3.48
(range hood) airflow ········ 7.3.5
rate of abrasion ········ 7.2.6
rate of washing ability ········ 7.2.5
rated charge ········ 7.5.3
rated charging period ········ 7.5.2
rated consumption of water ········ 7.2.4
rated cooking presure ········ 7.3.3
rated current ········ 3.6
rated d.c. output current ········ 7.7.2
rated d.c. output voltage ········ 7.7.1
rated freezing capacity ········ 7.1.14
rated frequency ········ 3.7
rated frequency range ········ 3.8
rated impulse voltage ········ 3.10
rated output of humidity ········ 7.2.23
rated power input ········ 3.4
rated power input range ········ 3.5
rated spinning capacity ········ 7.2.2
rated storage volume ········ 7.1.5
rated vacuum ········ 7.7.3
rated voltage ········ 3.1
rated voltage range ········ 3.2
rated water consumption of washing (or rinsing) state ········ 7.2.3
rated water pressure ········ 7.3.4
rechargeable shaver ········ 5.6.14
refrigerant ········ 6.2.1.10
refrigerant tank ········ 6.2.1.29
refrigerating and air conditioning appliance ········ 4.1.1
refrigerating show case ········ 5.1.21
refrigerating system ········ 6.2.1.1
refrigerator ········ 5.1.8
refrigerator-freezer ········ 5.1.10
reinforced insulation ········ 3.18
releaser milk pump ········ 6.2.11.4
remote power switch ········ 6.2.2.27
replaceable battery ········ 6.2.9.2
rinsing sink ········ 5.7.6
roaster ········ 5.3.13
rolling extractor ········ 6.2.2.6
room air conditioner ········ 5.1.28
rotary compressor ········ 6.2.1.39

rotary drum ······ 6.2.2.3
rotary grill ······ 5.3.16
rotary ironer ······ 5.5.45
rotary mower ······ 5.10.12
rotary or continuous griller or toaster ······ 5.3.21
rotary switch ······ 6.1.3
round brush ······ 6.2.2.29
ruck-resistant blanket ······ 5.5.3
rug shampooer ······ 5.2.40

S

saddle terminal ······ 6.1.24
safety extra-low voltage ······ 3.26
safety isolating transformer ······ 6.1.34
sandwich toasting attachment ······ 6.2.3.1
sanitary hot water heat pump ······ 5.1.27
sauna heating appliance ······ 5.2.23
scissors type grass shears ······ 5.10.1
screw feeder ······ 6.2.3.15
screw terminal ······ 6.1.22
screwless terminal ······ 6.1.27
screw-type terminal ······ 6.1.20
self cleaning system ······ 6.2.5.15
self-propelled cleaning head ······ 6.2.2.35
self-resetting thermal cut-out ······ 6.1.11
semi-automatic film-strip projector ······ 5.9.18
semi-automatic slide projector ······ 5.9.3
semi-automatic washing machine ······ 5.2.8
semi-conductor refrigeration-type water dispenser ······ 5.1.25
semi-conductor type refrigerator ······ 5.1.5
service brake ······ 6.2.10.18
service value ······ 7.4.9
set-back device ······ 6.2.5.8
sewing machines ······ 5.11.28
(shaver)cutting head ······ 6.2.6.7
shelf ······ 6.1.37
shot-of-steam iron ······ 5.5.35
shower unit ······ 6.2.2.41
sickle bar mower ······ 5.10.13
single container washing machine ······ 5.2.11
single-controlled refrigerator-freezer ······ 5.1.6
slicing machine ······ 5.3.54
slide projector ······ 5.9.1

slide-sorting appliance 5.9.20
sliding feed table 6.2.7.5
slude-suction appliance 5.11.25
sludge pump 5.2.34
software class B 3.41
software class C 3.42
soldering gun 5.11.14
soldering iron 5.11.1
soldering-iron head 6.2.11.1
sole plate of electric iron 6.2.5.11
speed clutch device 6.2.2.15
speed ratio 7.4.10
speed regulator 6.2.4.4
spin dryer tube 6.2.2.8
spin extractor 5.2.6
spray iron 5.5.40
stand 6.2.5.19
standing loss per 24 h 7.3.1
starting relay 6.2.1.43
stationary appliance 4.4.3
steam cooker 5.3.36
steam generator 6.2.7.1
steam iron 5.5.34
steam oven 5.3.15
still viewer 5.9.11
stopping time 7.6.4
storage boiler/liquid heater 5.3.30
storage shelf area 7.1.7
storage volume 7.1.3
storage water heater 5.3.4
stud terminal 6.1.23
submersible pump 5.2.32
supplementary 6.2.1.21
supplementary insulation 3.16
supply cord 6.1.29
supply leads 6.1.32
suspension system 6.2.4.6
switch for appliance 6.1.1
switch of water level 6.2.2.11

T

table fan 5.4.2
taper angle of air way 7.4.8

temperature control device …… 6.2.1.15
temperature limiter …… 6.1.9
temperature rise time …… 7.1.18
temperature sensing probe …… 6.2.3.5
terminal …… 6.1.19
test point temperature …… 7.1.21
thermal cut-out …… 6.1.10
thermal link …… 6.1.14
thermal motor-protector …… 6.2.1.38
thermal storage room heater …… 5.5.21
thermoplastic conduit-welding tool …… 5.11.15
thermostat …… 6.1.8
thermostatic iron …… 5.5.31
thread removal ability …… 7.2.12
time of disinfecting …… 7.3.17
timer …… 6.1.7
toaster …… 5.3.20
toasting chamber …… 6.2.3.13
toasting degree …… 7.3.12
toasting range …… 7.3.13
tool …… 3.35
top fan …… 5.4.6
total cooling capacity …… 7.1.22
total cooling power input …… 7.1.23
total decay …… 7.2.19
total delivery …… 7.4.3
total gross volume …… 7.1.2
total rated storage volume …… 7.1.6
total storage volume …… 7.1.4
touch control …… 6.2.3.10
tower fan …… 5.4.8
traction device …… 6.2.2.18
traction drive …… 6.2.10.8
transferable refrigerator-freezer …… 5.1.19
transformer for toys …… 6.2.9.3
transformer toy …… 5.9.22
trough …… 6.2.2.45
trouser press …… 5.5.47
tumble dryer …… 5.2.13
type X attachment …… 3.12
type Y attachment …… 3.13
type Z attachment …… 3.14

U

ultrasonic humidifier …… 5.2.45
under blanket …… 5.5.2
unjacketed boiling pan …… 5.3.41
upright cleaner …… 6.2.2.36
user maintenance …… 3.38

V

vacuum cleaner …… 5.2.20
vacuum degree(of vacuum cleaner) …… 7.2.9
vacuum toilet …… 5.2.29
vaporizer …… 5.11.31
variable capacity compressor …… 6.2.1.42
variable capacity room air conditioner …… 5.1.30
variable frequency compressor …… 6.2.1.41
variable speed compressor …… 6.2.1.41
variable speed room air conditioner …… 5.1.29
variable temperature compartment …… 6.2.1.9
vending machine …… 5.11.33
vented steam iron …… 5.5.36
vented steam iron with motor pump …… 5.5.39
ventilating fan …… 5.4.11
ventilating fan pressure …… 7.4.5
ventilation appliance …… 4.1.4
ventilator shutter …… 6.2.4.7
vertical wet pit pump …… 5.2.33
vibration type cutting blade …… 6.2.6.8
visibly glowing heating element …… 6.1.16
visibly glowing radiant heater …… 5.5.19

W

waffle iron …… 5.3.22
wall fan …… 5.4.5
warming and ironing appliance …… 4.1.5
warming plate …… 5.3.64
washable shaver …… 5.6.11
washer & dryer …… 5.2.18
washing machine …… 5.2.7
(washing machine)rated washing capacity …… 7.2.1
washing motor …… 6.2.2.16
washing tube …… 6.2.2.2
water heater …… 5.3.1

water softener ······ 6.2.2.46
water tank ······ 6.2.2.43
water tank capacity ······ 7.2.24
water tank for electric iron ······ 6.2.5.10
water-bed heater ······ 5.5.24
water-suction cleaning appliance ······ 5.2.19
wet shaver ······ 5.6.12
wet vacuum cleaner ······ 5.2.21
wet-heat-type bain-marie ······ 5.7.4
whirlpool baths ······ 5.8.2
width of cut ······ 7.6.1
wine cooler ······ 5.1.23
working voltage ······ 3.3
wringer ······ 6.2.2.5

3-way sharp cutting blade ······ 6.2.6.9

ICS 01.040.29;29.020;29.260.20
K 04

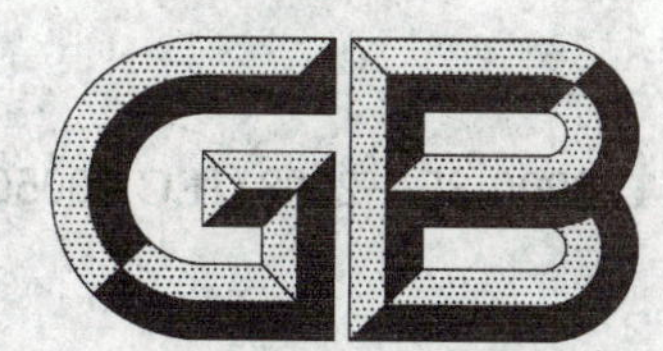

中华人民共和国国家标准

GB/T 2900.35—2008/IEC 60050-426:2008
代替 GB/T 2900.35—1998

电工术语 爆炸性环境用设备

Electrotechnical terminology　Equipment for explosive atmospheres

(IEC 60050-426:2008,IDT)

2008-06-18 发布　　2009-05-01 实施

中华人民共和国国家质量监督检验检疫总局
中国国家标准化管理委员会　发布

前　言

本部分为 GB/T 2900 的第 35 部分。

本部分等同采用 IEC 60050-426:2008《国际电工词汇　第 426 部分　爆炸性环境用设备》。

本部分中术语条目编号与 IEC 60050-426:2008 保持一致。

本部分代替 GB/T 2900.35—1998《电工术语　爆炸性环境用电气设备》。

本部分与 GB/T 2900.35—1998 相比主要变化如下：

——标准名称改为“电工术语　爆炸性环境用设备”；

——增加术语 229 条；

——删除了“ia”等级电气设备、“ib”等级电气设备、护圈、安全栅等 4 个术语。

本部分由全国电工术语标准化技术委员会(SAC/TC 232)提出。

本部分由全国电工术语标准化技术委员会和全国防爆电气设备标准化技术委员会共同归口。

本部分起草单位：南阳防爆电气研究所、国家防爆电气产品质量监督检验中心、机械科学研究院中机生产力促进中心。

本部分主要起草人：张刚、李书朝、杨芙、王文召、项云林、邓永林、郑琦。

本部分所代替标准的历次版本发布情况为：

——GB/T 2900.35—1983；

——GB/T 2900.35—1998。

电工术语
爆炸性环境用设备

1 范围

本部分规定了专用于爆炸性环境设备的术语。

本部分适用于与爆炸性环境用设备相关的技术领域。

2 规范性引用文件

下列文件中的条款通过本部分的引用而成为本部分的条款。凡是注日期的引用文件,其随后所有的修改单(不包括勘误的内容)或修订版均不适用于本部分,然而,鼓励根据本部分达成协议的各方研究是否可使用这些文件的最新版本。凡是不注日期的引用文件,其最新版本适用于本部分。

GB 2536—1990 变压器油(neq IEC 60296)

GB 3836.4—2000 爆炸性气体环境用电气设备 第4部分:本质安全型"i"(eqv IEC 60079-11:1999)

GB 3836.6—2004 爆炸性气体环境用电气设备 第6部分:油浸型"o"(IEC 60079-6:1995,IDT)

GB 3836.8—2003 爆炸性气体环境用电气设备 第8部分:"n"型电气设备(IEC 60079-15:2005,MOD)

GB 3836.9—2006 爆炸性气体环境用电气设备 第9部分:浇封型"m"(IEC 60079-18:2004,IDT)

GB 3836.11—1991 爆炸性环境用防爆电器设备 最大试验安全间隙测定方法(IEC 60079-1-1:2002,IDT)

GB 3836.16—2006 爆炸性气体环境用电气设备 第16部分:电气装置的检查与维护(煤矿除外)(IEC 60079-17:2002,IDT)

GB 4208—2008 外壳防护等级(IP代码)(eqv IEC 60529:2001)

IEC 60079-25:2003 爆炸性气体环境用电气设备 第25部分:本质安全系统

IEC 62013-2:2005 煤矿瓦斯敏感帽灯 第2部分:性能和其他安全事项

3 术语和定义

3.1 一般术语

426-01-01

爆炸性环境用电气设备 electrical apparatus for explosive atmospheres

在规定条件下不会引起周围爆炸性环境点燃的电气设备。

426-01-02

防爆型式 type of protection

为防止点燃周围爆炸性环境而对电气设备采取各种专门措施的型式。

426-01-03

设备类别 apparatus grouping

与电气设备拟用于的爆炸性气体环境有关的分类方法。

注:GB 3836 将设备划分为两类:

Ⅰ类:煤矿瓦斯气体环境用电气设备;

Ⅱ类:除煤矿瓦斯气体环境之外的所有其他爆炸性气体环境用电气设备,这类设备又划分为几个级别。

426-01-04

最高表面温度　maximum surface temperature

电气设备在最不利运行条件下(但在规定的容差范围内)工作时,能引起周围爆炸性环境点燃的电气设备任何部件或电气设备的任何表面所达到的最高温度。

注:最不利运行条件包括在有关防爆型式的专门标准中所认可的过载和故障状态。

426-01-05

温度组别　temperature class

基于电气设备最高表面温度的分类方法,与电气设备拟用于的具体爆炸性环境有关。

426-01-06

爆炸性环境　explosive atmosphere

在大气条件下,气体、蒸气、粉尘、纤维或飞絮状的可燃性物质与空气形成的混合物,被点燃后,能够保持燃烧自行传播的环境。

426-01-07

爆炸性气体环境　explosive gas atmosphere

在大气条件下,气体或蒸气的可燃性物质与空气形成的混合物,被点燃后,能够保持燃烧自行传播的环境。

426-01-08

爆炸性粉尘环境　explosive dust atmosphere

在大气条件下,粉尘、纤维或飞扬状的可燃性物质与空气形成的混合物,被点燃后,能够保持燃烧自行传播的环境。

3.2　物理现象和化学现象

426-02-01

爆炸性气体环境的点燃温度　ignition temperature of an explosive gas atmosphere

可燃性物质以气体或蒸气形态与空气形成的混合物,在规定条件下被热表面点燃的最低温度。

注:GB 3836.11 给出了规定的条件。

426-02-05

试验用爆炸性混合物　explosive test mixture

规定的用于爆炸性气体环境用电气设备试验的爆炸性混合物。

426-02-06

最易点燃混合物　most easily ignitable mixture;most easily ignitable concentration

在规定条件下,只需最小电能即可点燃的混合物。

426-02-07

最强爆炸混合物　most explosive mixture

在规定条件下,点燃后产生最高爆炸压力的混合物。

426-02-08

最易传爆混合物　most incendive mixture

在规定条件下,其火焰通过接合面最易点燃接合面以外的爆炸性混合物的混合物。

426-02-09

爆炸下限　Lower Explosive Limit

LEL(缩写词)　**LEL**(abbreviation)

空气中的可燃性气体或蒸气的浓度,低于该浓度就不能形成爆炸性气体环境。

426-02-10

爆炸上限　Upper Explosive Limit

UEL(缩写词)　**UEL** (abbreviation)

空气中的可燃性气体或蒸气的浓度,高于该浓度就不能形成爆炸性气体环境。

426-02-11

最大试验安全间隙　Maximum Experimental Safe Gap

MESG(缩写词)　**MESG** (abbreviation)

在 GB 3836.11 中规定的条件下进行 10 次试验,均能够阻止爆炸通过 25 mm 长接合面传播的最大间隙。

426-02-12

最小点燃电流　Minimum Igniting Current

MIC(缩写词)　**MIC** (abbreviation)

在规定的火花试验装置中和规定的条件下,能点燃最易点燃混合物的最小电流。

注:GB 3836.4 规定了标准火花试验装置。

426-02-13

爆炸(爆炸性环境的)　**explosion** (of an explosive atmosphere)

因氧化反应或其他放热反应而引起的压力和温度骤升的现象。

426-02-14

闪点　flash point

在一定标准条件下,使液体释放出一定量的蒸气而形成能被点燃的蒸气与空气混合物的液体的最低温度。

426-02-15

压力重叠　pressure piling

外壳内一空腔或间隔内的爆炸性气体混合物被点燃后,引起与之相通的其他空腔或间隔内的爆炸性气体混合物被预压后而被点燃时所呈现的状态。

426-02-16

最低点燃电压　minimum igniting voltage

在规定火花试验装置中引起试验用爆炸性混合物点燃的电容电路的最低电压。

426-02-17

粉尘　dust

包括可燃性粉尘和可燃性飞絮的通用术语。

426-02-18

可燃性粉尘　combustible dust

公称尺寸等于或小于 500 μm 的固体微小颗粒,在大气中依靠自身重量可沉淀下来,但也可悬浮在空气中与空气混合后,在大气压力和常温度下与空气形成可能燃烧或闷燃的爆炸性混合物。

注 1:包括 ISO 4225 中定义的粉尘和颗粒。

注 2:术语固体颗粒是用来说明固态和非气态或非液态中的颗粒,但不排除空心颗粒。

426-02-19

导电性粉尘　conductive dust

电阻系数等于或小于 10^3 Ω.m 的可燃性粉尘。

注:IEC 61241-2-2 中包含有确定粉尘电阻系数的试验方法。

426-02-20

粉尘层的最低点燃温度　minimum ignition temperature of a dust layer

规定厚度的粉尘层在热表面上发生点燃的热表面的最低温度。

426-02-21

粉尘云的最低点燃温度　minimum ignition temperature of a dust cloud

炉内空气中所含粉尘云点燃时炉子内壁的最低温度。

426-02-22

异态混合物　hybrid mixture

与空气混合的不同物理状态的可燃性物质的混合物。

注：例如甲烷、煤尘和空气的混合是杂混物。

426-02-23

自燃物质　pyrophoric substance

暴露于空气(例如磷)或水(例如钾或者钠)中自然着火的物质。

426-02-24

瓦斯　firedamp

煤矿中自然产生的可燃性气体混合物。

注：瓦斯的主要成分是甲烷，但通常还包括一些少量的其他气体，如氮，二氧化碳和氢，有时还有乙烷和一氧化碳。在煤矿中，术语瓦斯和甲烷常作为同义词使用。

426-02-25

可燃飞絮　flyings，combustible

可悬浮在空气中公称尺寸大于500 μm的，并且在大气中依其自身重量可沉淀下来的固体颗粒，包括纤维和飞絮。

注：例如，人造纤维、棉花纤维(包括棉绒和棉纱头)、剑麻纤维、黄麻纤维、亚麻纤维、椰壳纤维、焦油麻絮、包装用的废木棉。

3.3　场所和区域

426-03-01

危险区域　hazardous area

爆炸性环境大量出现或预期可能大量出现，以致要求对电气设备的结构、安装和使用采取专门措施的区域。

注1：GB 3836.14 规定了含有爆炸性气体环境的危险区域的划分。(见426-03-03，426-03-04和426-03-05)。

注2：GB 12476.3 规定了含有可燃性粉尘环境的危险区域的划分。(见426-03-23，426-03-24和426-03-25)。

426-03-02

非危险区域　non-hazardous area

爆炸性环境预期不会大量出现，以致不要求对电气设备的结构、安装和使用采取专门措施的区域。

426-03-03

0区　zone 0

连续或长期存在，或频繁出现爆炸性气体环境的区域。

426-03-04

1区　zone 1

正常运行时可能偶尔产生爆炸性气体环境的区域。

426-03-05

2 区　**zone 2**

正常运行时不大可能产生爆炸性气体环境，如果产生，也只是持续很短时间的区域。

注 1：在此定义中，“持续”的意思是可燃性环境存在的总时间。通常包含释放的总持续时间，加上释放停止后可燃性环境扩散的时间。

注 2：出现的频率和持续时间的指标可从相关的具体行业或使用代码中获取。

426-03-06

释放源　source of release

可向大气释放可燃性气体、蒸气或液体而形成爆炸性气体环境的地点或部位。

注：GB 3836.14 规定了释放源的划分。

426-03-07

自然通风　natural ventilation

由于风和/或温度梯度的作用形成空气流动而用新鲜空气置换的现象。

426-03-08

整体人工通风　general artificial ventilation

对整体区域用人工通风的方法形成空气流动而用新鲜空气置换的现象，例如风机等。

426-03-09

局部人工通风　local artificial ventilation

对特定的释放源或局部区域用人工通风的方法形成空气流动而用新鲜空气置换的现象。

426-03-10

连续级释放　continuous grade of release

连续的、预计频繁的或长期的释放。

426-03-11

1 级释放　primary grade of release

在正常运行时，预计可能周期性或偶尔的释放。

426-03-12

2 级释放　secondary grade of release

在正常运行时，预计不可能释放，如果释放也仅是偶尔和短期的释放。

426-03-13

释放率　release rate

单位时间内从释放源中散发出可燃性气体或蒸气的量。

426-03-14

通风　ventilation

由于风力、温度梯度或人工方式（如风机或排气扇）作用造成的空气流通和用新鲜空气与原来空气置换的过程。

426-03-15

相对密度（气体或蒸气的）　**relative density** (of a gas or a vapour)

在同样压力和温度下气体或蒸气的密度相对于空气的密度的比。

注：空气的相对密度等于 1。

426-03-16

可燃性物质（1）　**flammable material**

本身具有可燃性，或能够产生可燃性气体或蒸气的物质。

426-03-17

可燃性液体　flammable liquid

在任何可预见的运行条件下,能够产生可燃性蒸气的液体。

426-03-18

可燃性气体或蒸气　flammable gas or vapour

以一定比例与空气混合后,将会形成爆炸性气体环境的气体或蒸气。

426-03-19

沸点　boiling point

在环境压力为101.3 kPa时液体沸腾的温度。

注:对于液体混合物应使用的初始沸点是指,根据标准实验室蒸馏方法而不发生分馏情况下测定的,所存在该类液体沸点的最低值。

426-03-20

蒸气压　vapour pressure

当蒸气与同种物质的固态或液态或固液二态处于平衡时该蒸气所产生的压力。

注:该物理量为该物质以及该物质温度的函数。

426-03-21

区域范围　extent of zone

从释放源到气体与空气混合物被空气稀释至低于爆炸下限点的各方向的距离。

426-03-22

液化可燃性气体　liquefied flammable gas

作为液态储存或处理、在环境温度和大气压下是可燃性气体的可燃性物质。

426-03-23

20区　zone 20

空气中可燃性粉尘云长期连续出现或经常出现形成爆炸性环境的区域。

426-03-24

21区　zone 21

正常运行时,空气中可能偶尔产生的可燃性粉尘云形成爆炸性环境的区域。

426-03-25

22区　zone 22

正常运行时,空气中的可燃性粉尘云不可能产生,如果产生,仅是短时间存在形成爆炸性环境的区域。

426-03-26

粉尘集尘装置　dust containment

用于处理、加工、输送或储存物料,能防止粉尘泄露到周围环境的工艺设备。

426-03-27

粉尘释放源　source of dust release

可能向空气中释放可燃性粉尘的地点或部位。

注1:粉尘释放源可能来自粉尘集尘装置或粉尘层。

注2:粉尘释放源可依据严重程度的递减顺序分为下列等级:

粉尘云连续形成:粉尘云可能连续存在或预计连续长期或短期经常出现的场所;

1级释放:在正常运行时,预计可能偶尔释放可燃性粉尘的释放源;

2级释放:在正常运行时,预计不可能释放可燃性粉尘,如果释放,也仅是偶尔并且是短期释放的释放源。

3.4 电气设备结构(通用)

426-04-01

外壳(爆炸性环境用设备的) **enclosure** (of equipment for explosive atmospheres)

包容电气设备带电部件的整个壳壁,包括门、盖、电缆引入装置、操纵杆、芯轴和转轴等。

426-04-02

外壳防护等级 degree of protection of enclosure

(IP)(缩写词) **IP** (abbreviation)

按 GB 4208 的规定,在等级分类的数字前加 IP 符号,作为电气设备外壳的防护等级,以防止人体触及或接近外壳内部的带电部件和运动部件(光滑的旋转轴和类似部件除外)。数字表示:

——防止外界固体异物进入电气设备内部的防护,和

——防止水进入电气设备内部引起有害影响的防护。

426-04-03

呼吸装置 breather

允许外壳内的气体与外壳周围的气体进行交换并可保持防爆型式完整的装置。

426-04-04

排液装置 drain;draining device

允许液体从外壳内排出并可保持防爆型式完整的装置。

426-04-05

特殊紧固件 special fastener

防止未经许可人员操作造成爆炸性环境用电气设备防爆型式失效的紧固部件。

426-04-07

直接引入(电气设备的) **direct entry** (into electrical apparatus)

采用主体外壳内或与主体外壳互通的端子空腔内的连接装置,将电气设备与外电路连接的方式。

426-04-08

间接引入(电气设备的) **indirect entry** (into electrical apparatus)

通过主体外壳外面的接线盒或插头和插座将电气设备与外电路连接的方式。

426-04-09

环境温度 ambient temperature

紧邻设备或元件的空气或其他介质的温度。

426-04-10

正常运行 normal operation

设备在电气上和机械上符合设计规范,并在制造厂规定的限制范围内的运行。

426-04-11

工作周期 duty cycle

因循环时间过短在第一个循环中不能达到热平衡而使负载发生的重复性变化[411-51-07]。

426-04-12

电气间隙 clearance

两导电部件之间在空气中的最短距离。

注:该距离仅适用于暴露于环境中的元件,不适用于绝缘部件或用浇封复合物浇封的部件。

426-04-13

通过浇封复合物的距离 distance through casting compound

通过两个导电部件之间浇封复合物的最短距离。

426-04-14

通过固体绝缘的距离　distance through solid insulation

通过两个导电部件之间固体绝缘的最短距离。

426-04-15

爬电距离　creepage distance

两导电部件之间沿绝缘材料表面的最短距离。

426-04-16

涂层下距离　distance under coating

沿绝缘涂层覆盖的绝缘介质表面的导电部件之间最短距离。

426-04-17

绝缘套管　bushing

用于将一根或多根导体穿过外壳壁的绝缘部件。

426-04-18

电缆引入装置　cable gland

允许将一根或多根电缆和/或光缆引入电气设备内部而保持其防爆型式的一种装置。

426-04-19

夹紧件(电缆引入装置的)　**clamping device** (of a cable gland)

引入装置中用于防止电缆拔脱或扭转而影响连接件的部件。

426-04-20

压紧件(电缆引入装置的)　**compression element**(of a cable gland)

电缆引入装置的用于对密封圈施加压力以保证其有效功能的部件。

426-04-21

密封圈(电缆引入装置的)　**sealing ring** (of a cable gland)

电缆引入装置或导管引入装置带有的,保证引入装置与电缆或导管之间的密封所使用的环状物。

426-04-22

Ex 电缆引入装置　Ex cable gland

与设备外壳分开试验,可作为一种设备单独取证,并可以安装于设备外壳上的电缆引入装置。

426-04-23

证书　certificate

用于确定产品、程序、体系、人员、或组织符合规定要求的文件。

注:按照 ISO/IEC 17000 的规定,证书可以是供方的符合性声明或买方符合性认可或认证(作为第三方行为的结果)。

426-04-24

导管引入　conduit entry

为保持相应的防爆型式,将导管引入电气设备的方式。

426-04-25

连接件　connection facilities

用于与外电路导线进行电气连接的端子、螺钉或其他零部件。

426-04-26

连续运行温度　Continuous Operating Temperature

COT(缩写词)　**COT**(abbreviation)

在预定的使用条件下确保设备或部件预计使用寿命的材料的稳定性和完整性的最高温度。

426-04-27

Ex 元件　Ex component

不能单独使用并附加符号“U”，当与电气设备或系统一起使用时，需附加认证的爆炸性气体环境用电气设备的部件或组件(Ex 电缆引入装置除外)。

426-04-28

额定值　rated value

通常由制造商给定的用以规定设备、装置或元件工作条件的一组数值。

426-04-29

定额　rating

额定值和运行条件的集合。

426-04-30

额定运行温度　service temperature

设备在额定运行时所达到的温度。

注：每一种设备在不同的部件内可以达到不同的额定运行温度。

426-04-31

符号“U”　symbol “U”

用于表示 Ex 元件的符号。

426-04-32

符号“X”　symbol “X”

用于表示安全使用特殊条件的符号。

426-04-33

接线空腔　terminal compartment

与主外壳连通或不与主外壳连通的，包含连接件的独立空腔，或主外壳的一部分。

426-04-34

尘密外壳　dust-tight enclosure

能够阻止所有可见粉尘颗粒进入的外壳。

426-04-35

防尘外壳　dust-protected enclosure

不能完全阻止粉尘进入，但其进入量不会阻碍设备安全运行的外壳。

426-04-36

帽灯　caplight

由灯头、电缆和可充电的蓄电池或电池组连接成一体组合的设备。

426-04-37

可用工作时间(帽灯的)　**useful working period** (of caplights)

按照制造商对帽灯主光源可连续使用规定的耗电量，符合 IEC 62013-2 最小发光强度要求的时间，用小时表示。

3.5　电气设备的试验

426-05-01

型式试验　type test

对一台或多台有代表性的产品进行的符合性试验[151-16-16]。

426-05-02

常规试验　routine test

对每台产品在制造期间或制造完工后进行的符合性试验[151-16-17]。

3.6 隔爆外壳“d”

426-06-01

隔爆外壳“d” flameproof enclosure "d"

隔爆型“d”

一种防爆型式，将能够点燃爆炸性气体环境的所有部件包容到外壳内，外壳能够承受内部爆炸性混合物爆炸产生的压力，并能够阻止爆炸传播到外壳的周围爆炸性气体环境。

426-06-02

接合面 flameproof joint

隔爆外壳两部件相对应的表面或外壳连接处配合在一起，并能够阻止内部爆炸传播到外壳周围爆炸性气体环境的部位。

426-06-03

间隙(隔爆接合面的) **gap** (of a flameproof joint)

电气设备外壳组装完成后，隔爆接合面相对应表面之间的距离。

注：对于圆筒形的表面，形成圆筒形接合面，间隙是孔的直径和圆筒形部件的直径差。

426-06-04

最大许可间隙 maximum permitted gap

根据电气设备的类别、隔爆外壳的容积和隔爆接合面的长度而定义的间隙的最大值。

426-06-05

符号:L

隔爆接合面宽度 width of flameproof joint

从隔爆外壳内部通过接合面到隔爆外壳外部的最短通路。

注：该定义不适用于螺纹接合面。

426-06-06

隔爆绝缘套管 flameproof bushing

供一根或多根导体穿过隔爆外壳的内隔板或壳壁而不影响外壳或空腔隔爆性能的绝缘件。

426-06-07

符号：l

距离 distance

当接合面的宽度 L 被用于组装隔爆外壳部件的紧固螺钉孔分隔时，隔爆接合面的最短通路(l)。

426-06-08

容积(隔爆外壳的) **volume** (of flameproof enclosure)

外壳内部的总容积。

注1：如果在使用中外壳内容物是重要部分，其容积是指净容积。

注2：对于灯具，不带光源测定容积。

426-06-09

转轴 shaft

用于传递旋转运动的圆形截面零件。

426-06-10

操纵杆 operating rod

用于传递旋转、直线或二者合成控制运动部件的零件。

426-06-11

快开式门或盖　quick-acting door or cover

带有能够通过简单操作，可以打开或关合的装置的门或盖，例如手柄的运动或轮子转动。

注：装置的设置使操作分两个步骤：

锁住或解锁；

打开或关合。

426-06-12

用螺纹紧固件固定的门或盖　door or cover fixed by threaded fasteners

打开或关合需要操作一个或多个螺纹紧固件（螺钉、双头螺栓、螺栓或螺母）的门或盖。

426-06-13

螺纹式门或盖　threaded door or cover

利用螺纹隔爆接合面装配到隔爆外壳上的门或盖。

426-06-14

Ex 封堵件　Ex blanking element

与设备外壳分开进行试验，具有产品证书，并且装配在设备外壳上不需要附加条件的螺纹式封堵件。

注1：这并不妨碍封堵件按照 GB 3836.1 取得部件证书。

注2：非螺纹式封堵件不是设备。

426-06-15

Ex 螺纹式管接头　Ex thread adapter

与设备外壳分开进行试验，具有产品证书，装配在设备外壳上不需要附加条件的螺纹式管接头。

注：这并不妨碍螺纹管接头按照 GB 3836.1 取得部件证书。

3.7　充砂型“q”

426-07-01

充砂型“q”　powder filling "q"; sand filling "q"

一种防爆型式，将能点燃爆炸性气体环境的导电部件固定并且完全埋入填充材料中，以防止点燃外部爆炸性环境。

注：该防爆型式不能阻止爆炸性气体进入设备和元件而被电路点燃，但是，由于填充材料中空隙小，火焰通过填充材料间的空隙时被熄灭，防止外部爆炸。

426-07-02

填充（砂粒）材料　filling material (powder)

石英或玻璃颗粒。

426-07-03

通过填充材料的电气间隙　distance through filling material

两导电部件间通过填充材料的最短距离。

3.8　增安型“e”

426-08-01

增安型“e”　increased safety "e"

一种防爆型式，是指对电气设备采取一些附加措施，以提高其安全程度，防止在正常运行或规定的异常条件下产生危险温度、电弧和火花的可能性。

426-08-02

极限温度（增安型电气设备的）　**limiting temperature** (of increased safety electrical apparatus)

电气设备或其部件的最高允许温度，等于按下列条件确定的两个温度中的较低温度：

a) 爆炸性气体环境点燃的危险。

b) 所用材料的热稳定性。

426-08-03

t_E 时间 time t_E

t_E

交流转子或定子绕组在最高环境温度下达到额定运行温度后，从开始通过启动电流 I_A 时起直至温度上升到极限温度所需的时间。

426-08-04

初始启动电流 initial starting current

I_A

交流电动机在静止状态或交流电磁铁衔铁处于最大空气间隙位置状态，从供电线路输入额定电压和额定频率时输入的最大电流有效值。

注：忽略瞬态现象。

426-08-05

正常运行(电动机的) **normal service** (of a motor)

在铭牌上规定的额定条件(或一组额定值)下，包括启动状态的连续工作状态。

426-08-06

额定动态电流 rated dynamic current

I_{dyn}

电气设备所能承受其电动力作用而不损坏的电流峰值。

426-08-07

额定短时发热电流 rated short-time thermal current

I_{th}

在最高环境温度下，1 s 内使导体从额定运行时的稳定温度上升至极限温度的电流有效值。

426-08-08

电阻加热元件 resistance-heating device

电阻式加热器的一部分，包括一个或多个加热电阻，通常由金属导体或其他导电材料制成，并且有适当的绝缘和护套保护。

426-08-09

电阻加热器 resistance-heating unit

由一个或多个电阻加热元件及必要的温度保护装置构成的加热器来保证不超过极限温度的设备。

注：如果温度保护装置安装在爆炸危险场所之外，就没必要规定用来保证不超过极限温度的温度保护装置须采用"e"型或其他防爆型式。

426-08-10

工件 workpiece

电阻加热组件或加热器作用的对象。

426-08-11

自限特性 self-limiting property

电阻加热器的一种特性，即额定电压下，电阻加热元件的热输出功率随温度的升高而下降，使其热输出功率降低至元件温度达到周围温度不再上升。

注：元件表面温度实际上是周围的环境温度。

426-08-12

稳态设计(1)　stabilized design

使电阻加热元件或加热器,通过设计和使用,即使在最不利条件下,不需用限温保护系统,其温度也稳定在极限温度以下的一种设计理念。

426-08-13

启动电流比　starting current ratio

$\boldsymbol{I_A/I_N}$

初始启动电流 I_A 与额定电流 I_N 之比。

426-08-14

伴热(1)　trace heating

在外部使用伴热电缆、伴热垫、伴热板和相关元件,可提高或保持管道、罐及相关设备内介质温度的过程。

3.9　正压型“p”

426-09-01

正压型“p”　pressurization

一种防爆型式,通过保持外壳内部或房间内保护气体的压力高于外部大气压力,以阻止外部爆炸性气体进入的型式。

426-09-02

正压外壳　pressurized enclosure

保持内部保护气体的压力高于外部环境压力的外壳。

426-09-03

换气　purging

在正压外壳中,大量的保护气体通过外壳和管道,使爆炸性气体混合物的浓度降低到安全水平的工作过程。

426-09-04

保护气体　protective gas

用于换气、保持过压或稀释(如有要求)的空气或惰性气体。

426-09-05

报警器　alarm

产生可视或声音信号,以引起注意的设备部件。

426-09-06

内置系统　containment system

设备内含有可燃性物质并可能形成内释放源的部件。

426-09-07

稀释　dilution

正压外壳换气之后,以规定的速率使其中的可燃性物质的浓度在任何潜在点燃源附近保持在爆炸极限之外(也就是说,在稀释区域之外)的保护气体的连续供给。

注:用惰性气体稀释氧气可能造成可燃性气体或蒸气浓度高于爆炸上限(UEL)。

426-09-08

稀释区域　dilution area

在内释放源附近,可燃性物质浓度未被稀释到安全浓度范围的区域。

426-09-09

外壳容积(正压外壳的)　**enclosure volume** (of a pressurized enclosure)

没有内装设备的空外壳的容积。对于旋转电机,外壳容积等于净容积加上转子占用的容积。

426-09-10

可燃性物质(2)　flammable substance

能够被点燃的气体、蒸气、液体或其混合物。

426-09-11

气密装置　hermetically sealed device

制成外部大气不能通向内部,并且用熔接的方法进行密封的装置,例如:铜焊、钎焊或玻璃对金属熔接。

426-09-12

有点燃能力的电气设备　Ignition-Capable Apparatus

ICA(缩写词)　**ICA** (abbreviation)

在正常运行件下,能对特定的爆炸性气体环境形成点燃源的设备。

426-09-13

指示器　indicator

显示流量或压力是否适当,并且定期监测以满足使用要求的设备器件。

426-09-14

内释放源　internal source of release

外壳内某点或部位,从这些地方可燃性物质能够以可燃性气体或蒸气或液体的形式释放到正压外壳内,并能与周围的空气形成爆炸性气体环境。

426-09-15

泄漏补偿　leakage compensation

供给的保护气体流量足以补偿正压外壳及其管道中的任何泄漏。

426-09-16

过压　overpressure

正压外壳内高于环境压力的压力。

426-09-17

正压保护系统　pressurization system

用于增压和监测正压外壳的元件组合。

426-09-18

保护气体供给装置　protective gas supply

供给正压保护气体的压缩机、鼓风机或压缩气体容器。

注 1:包括进气(抽气)管或管道,压力调节器,排气管、管道和供气阀。

注 2:不包括正压系统部件。

426-09-19

静态正压保护　static pressurization

不添加保护气体而保持危险场所中正压外壳内过压值的保护方法。

426-09-20

px 型正压　type px pressurizing

将正压外壳内的危险分类从 1 区降至非危险或从 1 类(煤矿井下危险区域)降至非危险的正压保护型式。

426-09-21

py 型正压　type py pressurizing

将正压外壳内的危险分类从 1 区降至 2 区的正压保护型式。

426-09-22

pz 型正压　type pz pressurizing

将正压外壳内的危险分类从 2 区降至非危险的正压保护型式。

3.10　油浸型“o”

426-10-01

油浸型“o”　oil immersion "o"

一种防爆型式，它是将电气设备或电气设备部件浸在保护液中，使设备不能够点燃液面上或外壳外面的爆炸性气体。

426-10-02

保护液　protective liquid

符合 GB 2536 规定的矿物油或满足 GB 3836.6 要求的其他液体。

426-10-03

密封设备　sealed apparatus

设计和制造成在正常运行条件下，能防止外部爆炸性气体混合物在内部液体膨胀和收缩时进入的设备，例如，借助膨胀容器。

426-10-04

非密封设备　non-sealed apparatus

设计和制造成在正常运行条件下，允许外部爆炸性气体混合物在内部液体膨胀和收缩时进入的设备。

426-10-05

最高允许保护液位　maximum permissible protective liquid level

正常运行条件下，考虑制造商对产品设计的最高环境温度下满负载条件规定的最不利充液条件的膨胀影响时，保护液可以达到的最高液位。

426-10-06

最低允许保护液位　minimum permissible protective liquid level

正常运行条件下，考虑到在最低环境温度下断电的最不利充液条件的收缩影响时，保护液可以达到的最低液位。

3.11　本质安全和本质安全的关联电气设备“i”

426-11-01

本质安全电路　intrinsically-safe circuit

在 GB 3836.4 规定的，包括正常工作和规定的故障条件下，产生的任何电火花或任何热效应均不能点燃规定的爆炸性气体环境的电路。

426-11-02

本质安全电气设备　intrinsically-safe electrical apparatus

内部的所有电路都是本质安全电路的电气设备。

426-11-03

关联电气设备　associated electrical apparatus

装有本质安全电路和非本质安全电路，且结构使非本质安全电路不能对本质安全电路产生不利影响的电气设备。

注：关联设备可以是下列两者中的任何一个：

a) 使用在相适应的爆炸性气体环境中并且有 GB 3836.1 规定的另一个防爆型式的电气设备。

b) 非防爆电气设备，不能在爆炸性气体环境中使用的电气设备，例如记录仪，它本身不在爆炸性气体环境中，但它与处在爆炸性气体环境中的热电偶连接，这时只有记录仪的输入电路是本质安全的。

426-11-08

本质安全电气系统　intrinsically safe electrical system

在描述系统的文件中规定的，拟用于爆炸性环境的电路或部分电路是本质安全电路的电气设备互连部分的组合。

426-11-09

简单设备　simple apparatus

符合明确规定所用的本质安全电路电气参数的电气元件或结构简单的元件组合。

426-11-10

二极管安全栅　diode safety barrier

由熔断器、电阻或其组合保护的并联二极管或二极管电路(包括齐纳二极管)组成的组件，制成独立设备，而不是作为较大设备的部件。

426-11-11

火花试验装置(本质安全电路的)　**spark test apparatus** (for intrinsically-safe circuits)

用来检验电路产生的电火花不能点燃规定的爆炸性气体环境的装置。

426-11-12

故障　fault

与电路的本质安全性能有关且在 GB 3836.4 中未被定义为可靠元件、间距、绝缘、元件之间的连接的故障。

426-11-13

计数故障　countable fault

符合 GB 3836.4 结构要求的电气设备的零部件上发生的故障。

426-11-14

非计数故障　non-countable fault

不符合 GB 3836.4 结构要求的电气设备的零部件上发生的故障。

426-11-15

最大外部电容　maximum external capacitance

$\boldsymbol{C}_{\mathrm{o}}$

可连接到电气设备连接装置上，而不会使防爆型式失效的最大电容。

426-11-16

最大外部电感　maximum external inductance

$\boldsymbol{L}_{\mathrm{o}}$

可以连接到电气设备连接装置上，而不会使防爆型式失效的最大电感。

426-11-17

最大输入电流　maximum input current

$\boldsymbol{I}_{\mathrm{i}}$

可施加到电气设备连接装置上，而不会使防爆型式失效的最大电流(交流峰值或直流)。

426-11-18

最大输入功率　maximum input power

$\boldsymbol{P}_{\mathrm{i}}$

可施加到电气设备连接装置上，而不会使防爆型式失效的最大功率。

426-11-19

最高输入电压　maximum input voltage

$\boldsymbol{U}_{\mathrm{i}}$

可施加到电气设备连接装置上，而不会使防爆型式失效的最高电压(交流峰值或直流)。

426-11-20

最大内部电容　maximum internal capacitance

C_i

电气设备连接装置被认为出现的电气设备最大等效内部电容。

426-11-21

最大内部电感　maximum internal inductance

L_i

通过电气设备连接装置被认为出现的电气设备最大等效内部电感。

426-11-22

最大输出电流　maximum output current

I_o

可从电气设备连接装置上获得的电气设备的最大电流(交流峰值或直流)。

426-11-23

最大输出功率　maximum output power

P_o

可从电气设备获得的最大功率。

426-11-24

最高输出电压　maximum output voltage

U_o

施加电压达到最高电压以前的任意值时,可能出现在设备连接装置上的最高输出电压(交流峰值或直流)。

426-11-25

最高交流有效值电压或直流电压　maximum r. m. s. a. c or d. c. voltage

U_m

施加到关联电气设备的非能量受限连接装置上而不会使防爆型式失效的最高电压。

426-11-26

外部电感与电阻的最大比值　maximum external inductance to resistance ratio

L_o/R_o

可以连接到电气设备连接装置上,而不会使防爆型式失效的外电路的电感(L_o)与电阻(R_o)之比的最大值。

426-11-27

内部电感与电阻的最大比值　maximum internal inductance to resistance ratio

L_i/R_i

在电气设备外部连接装置上被认为出现的内部电感(L_i)与电阻(R_i)之比的最大值。

426-11-28

可靠元件　infallible component

符合 GB 3836.4 规定的被认为不易出现某种故障状态的元件或元件的组合。

注:在使用或贮存中上述故障状态出现的概率很低,因此该故障状态可不予考虑。

426-11-29

可靠组件　infallible assembly of components

符合 GB 3836.4 规定的被认为不易出现某种故障状态的电气元件的组合。

注:在使用或贮存中上述故障状态出现的概率很低,因此该故障状态可不予考虑。

426-11-30

可靠隔离 infallible separation

被认为不易发生短路的导电部件之间在电气上的隔离。

注：在使用或贮存中上述故障状态出现的概率很低，因此该故障状态不予考虑。

426-11-31

可靠隔离或可靠绝缘 infallible separation or insulation

被认为不易发生短路的导电部件之间在电气上的绝缘。

注：在使用或贮存中上述故障状态出现的概率很低，因此该故障状态不予考虑。

426-11-32

内部布线 internal wiring

在电气设备内部由其制造商完成的布线和电气连接。

426-11-33

获证本质安全电气系统 certified intrinsically safe electrical system

已颁发证书证明电气系统符合 IEC 60079-25 规定的本质安全电气系统。

426-11-34

未获证本质安全电气系统 uncertified intrinsically safe electrical system

对已获证的本质安全电气设备、已获证的关联设备、简单设备的了解和对互连导线电气参数和物理参数的了解，能够明确地推断保持本质安全性能的本质安全电气系统。

426-11-35

描述系统文件 descriptive system document

规定构成系统的电气设备、电气设备电气参数及其互连导线电气参数的文件。

426-11-36

系统设计员 system designer

具备完成任务所必须的能力，经授权代表其雇主承担义务，负责描述系统文件的人员。

426-11-37

最大电缆电容 maximum cable capacitance

C_c

可以连接到本质安全型电路上，而不会使本质安全性失效的互连电缆的最大电容。

426-11-38

最大电缆电感 maximum cable inductance

L_c

可以连接到本质安全型电路上，而不会使本质安全性失效的互连电缆的最大电感。

426-11-39

电缆电感与电阻的最大比值 maximum cable inductance to resistance ratio

L_c/R_c

可以连接到本质安全型电路上，而不会使本质安全性失效的互连电缆的电感(L_c)与电阻(R_c)之比的最大值。

426-11-40

线性电源 linear power supply

用电阻器确定有效输出电流的电源，其输出电流上升时输出电压线性下降。

426-11-41

非线性电源　non-linear power supply

输出电压和输出电流具有非线性关系的电源。

426-11-42

本质安全型"i"　intrinsic safety"i"

一种防爆型式,该防爆型式主要是将暴露于爆炸性气体环境中设备内部和互连导线内的电气能量限制到低于可能由火花或热效应引起点燃的程度。

3.12　浇封型"m"

426-12-01

浇封型"m"　encapsulation "m"

一种防爆型式,该防爆型式是将可能产生点燃爆炸性混合物的火花或发热的部件封入复合物中,使他们在运行或安装条件下不能点燃爆炸性环境。

426-12-02

复合物　compound

固化后的热固性物质、热塑性物质、环氧树脂或弹性物质,有或无填充剂和/或添加剂。

426-12-03

复合物的温度范围　temperature range of the compound

无论是运行或储存,复合物的性能均能符合 GB 3836.9 要求的温度范围。

426-12-04

复合物的连续运行温度　Continuous Operating Temperature of the compound

COT(缩写词)　COT (abbreviation)

根据复合物制造商的资料,在设备预期寿命周期内运行时,复合物性能满足 GB 3836.9 要求的温度。

426-12-05

浇封　encapsulation

采用适合的方法将电气装置用复合物封闭起来的工艺过程。

426-12-06

自由表面　ree surface

暴露于爆炸性环境的复合物表面。

426-12-07

孔隙　void

浇封过程中无意产生的空间。

426-12-08

净空间　free space

在元件周围或元件内部有意设计的空间。

426-12-09

开关触头　switching contact

用来接通和断开电路的机械触头。

426-12-10

胶粘　adhesion

具有防潮和气密作用的复合物与壁表面之间的永久粘合。

3.13 “n”型电气设备

426-13-01

防爆型式“n” type of protection "n"

“n” 型电气设备

一种防爆型式，该防爆型式的电气设备，在正常运行时和本部分规定的一些异常条件下，不能点燃周围爆炸性气体环境。

注 1：另外，GB 3836.8 的要求是保证引起点燃的故障不太可能发生。

注 2：规定的异常条件的示例是具有灯泡故障的灯具。

426-13-02

无火花装置“nA” non-sparking device "nA"

结构上使正常使用条件下产生能引起点燃的电弧、火花的危险减少至最小的装置。

注：正常运行不考虑带电电路中元件的拔出或插入。

426-13-03

浇封装置“nC” encapsulated device "nC"

可含有孔隙或不含有孔隙，被设计成全部被埋入浇封复合物中，使其密封起来阻止外部大气进入的装置。

注：浇封装置被视为密封装置的特殊形式，它不等于按照 GB 3836.9 设计的浇封型电气设备的保护。

426-13-04

封闭式断路装置“nC” enclosed-break device "nC"

装有通、断电触头，在进入其内部的可燃性气体或蒸气爆炸时不会损坏，并且也不会将内部爆炸传播到外部可燃性气体或蒸气的装置。

426-13-05

气密装置“nC” hermetically-sealed device "nC"

其结构使外部大气不能进入其内部，并且其密封是通过熔接来实现的装置，例如钎焊、铜焊、熔焊或玻璃与金属的熔接。

426-13-06

非点燃元件“nC” non-incendive component "nC"

接通或断开具有规定的点燃能力的电路的触头，但是接触机构的结构使其不能够点燃规定的爆炸性气体环境的元件。

注：非点燃元件的外壳不用于阻止爆炸性气体环境或承受爆炸。

426-13-07

密封装置“nC” sealed device "nC"

设计成在正常运行期间不能打开，并且有效地密封阻止外部的大气进入的装置。

426-13-08

限能设备“nL” energy-limited apparatus "nL"

电路和元件的设计符合能量限制原理的电气设备。

426-13-09

关联限能设备“[nL]”或“[Ex nL]” associated energy-limited apparatus "[nL]"or"[Ex nL]"

包含有限能和非限能电路，并且结构使非限能电路不能对限能电路产生不利影响的电气设备。

注：关联能量受限设备可以是：

a) 电气设备具有 GB 3836.8 规定的某一个防爆型式，使用在相应的爆炸性气体环境中[nL]；

b) 电气设备具有 GB 3836.1 中列出的其他防爆型式，使用在相应的爆炸性气体环境中[nL]；

c) 非防爆的电气设备，所以不能使用在爆炸性气体环境中，例如记录器，它本身不位于爆炸性气体环境中，但它与位于爆炸性气体环境中的热电偶连接，此时只有记录器的输入电路是限能的[Ex nL]。

426-13-10

自保护限能设备“nA nL” self protected energy-limited apparatus "nA nL"

包含有限能的火花触点、向这些触点提供限能电源的电路(包括限能元件和限能装置)以及向该电路供电的非限能电源的设备。

426-13-11

限制呼吸外壳“nR” restricted-breathing enclosure "nR"

设计成能限制气体、蒸气和薄雾进入的外壳。

426-13-12

电缆密封盒 cable sealing box

专门用于电缆与设备连接处密封电缆绝缘(例如,油绝缘电缆)的辅助外壳。

注:该外壳也可以提供单独的电缆末端与电缆连接。

426-13-13

密封装置 sealing device

通过密封部件阻止气体或液体在设备和导管之间流动的装置。

426-13-14

能量限制 energy limitation

在 GB 3836.8 所述的试验条件下,使电路产生的火花或任何热效应不能点燃规定的可燃性气体或蒸气的概念。

3.14 检查与维护

426-14-01

维护(1) maintenance

将产品保持在或恢复到符合有关技术条件要求的状态,并实现其要求功能的综合性活动。

426-14-02

检查 inspection

为了获取设备运行安全可靠的结论而采取的不拆卸或局部拆卸设备,并辅以一些测试措施而进行的仔细检查活动。

426-14-03

目视检查 visual inspection

用肉眼而不用检测设备或工具来识别明显缺损的检查,如螺栓丢失等。

426-14-04

一般检查 close inspection

包括目视检查涉及的那些内容以及只有通过辅助的检测设备,如活梯(必要的地方)和工具才能识别那些缺损的检查,如螺栓松动。

注:一般检查一般不要求打开外壳或设备断电。

426-14-05

详细检查 detailed inspection

包括一般检查涉及的那些内容以及只有通过打开外壳,和/或使用工具和检测设备才能识别那些缺损的检查,如螺栓松动。

426-14-06

初始检查 initial inspection

对所有电气设备、系统和装置在投入运行前进行的检查。

426-14-07

定期检查 periodic inspection

对所有电气设备、系统和装置进行的例行检查。

426-14-08

抽样检查　sample inspection

从一批电气设备、系统和装置中抽取部分进行的检查。

426-14-09

连续监督　continuous supervision

通过专业技术人员对电气装置进行经常保养、检查、检修、管理和维修，以便保持装置的防爆性能处于良好状态。

426-14-10

专业人员　skilled personnel

符合 GB 3836.16—2006 中 4.2 规定条件的有资质的人员。

426-14-11

具有行政职能的技术人员　technical person with executive function

执行技术管理的专业技术人员，有足够防爆领域方面知识、熟悉本地条件、熟悉安装，并且对危险场所用电气设备检查体系负有全部责任和管理职能的技术人员。

3.15　修理和大修

426-15-01

可使用状态　serviceable condition

满足获证要求，允许更换或修复所用零件而不会损害使用这类零件的电气设备的电气性能和防爆性能的一种状态。

426-15-02

修理　repair

使发生故障的电气设备恢复到完全可使用状态并符合有关标准要求的活动。

注："有关标准"意思是按照设备原来设计依据的标准。

426-15-03

维护(2)　maintenance

维持安装的电气设备处于完全可使用状态的常规活动。

426-15-04

零件　component part

一种不可分的元件。

注：这样的元件装配起来可以构成一台设备。

426-15-05

修复　reclamation

根据有关标准使零部件恢复到完全可使用状态的修理方法，例如通过对待修零部件去除损坏的部分或增加材料。

注："有关标准"意思是单个部件最初制造时所依据的标准。

426-15-06

改造　modification

对影响电气设备的材料、安装、结构或功能的变动。

426-15-07

制造商　manufacturer

电气设备的制造单位(也可以是供货单位、进口单位或代理商)。通常在设备的合格证中(适当的位置)登记有它的名称。

426-15-08

用户 user

设备的使用单位。

426-15-09

修理单位 repairer

可以是制造商、用户或第三方(修理部门)的设备修理的承担者。

426-15-10

认证 certification

由第三方颁发合格证书的鉴定活动。

426-15-11

证书编号 certificate references

证书编号可指单独设计或者类似设计的一类设备的证书号。

注：符号"X"被加到证书编号后显示特殊使用条件,并且在安装、修理、检修、修复、或者修改这类设备之前必须考虑合格证文件。

426-15-12

复制绕组 copy winding

用一个绕组全部地或局部地替换另一个绕组的过程,其特性和性能至少相当于原有的绕组。

3.16 (粉尘)外壳保护型"tD"

426-16-01

防粉尘点燃型"tD" dust ignition protection type "tD"

所有的电气设备由外壳保护以避免粉尘层或粉尘云被点燃的防爆型式。

3.17 正压型(粉尘)"pD"

426-17-01

防爆型式"pD" type of protection "pD"

向外壳内施加保护气体保持外壳内部压力高于周围的大气压力以避免在外壳内部形成爆炸性粉尘环境的一种防爆型式。

426-17-02

正压(粉尘) **pressurization** (dust)

用保持外壳内部保护气体的压力高于外部大气压力,以阻止外部可形成爆炸的粉尘环境进入外壳内的方法。

3.18 浇封型(粉尘)"mD"

426-18-01

浇封型"mD" encapsulation "mD"

一种防爆型式。这种型式是将可能产生点燃爆炸性环境的火花或过热的部件封入复合物中,使它们在运行或安装条件下避免点燃粉尘层或者粉尘云。

3.19 本质安全型(粉尘)"iD"

426-19-01

本质安全型"iD" intrinsic safety "iD"

一种防爆型式,可限制暴露于潜在爆炸性环境的设备内部和互连导线内的电能到低于可能产生点燃爆炸性环境的火花或热效应的水平。

3.20 伴热

426-20-01

环境温度(伴热的) **ambient temperature** (trace heating)

被考虑对象的周围温度。

注：当伴热器被保温材料包裹时,环境温度指保温材料外部的温度。

426-20-02

分支回路　branch circuit

保护电路的过载电流装置和伴热器或单元之间的布线分支。

426-20-03

冷端引线　cold lead

用于将伴热器与分支回路连接的绝缘单根或多根导线，该导线不产生明显的热量。

426-20-04

终端　end termination

位于伴热器供电端相对的端、可能产生热量的端子。

426-20-05

电源端　power termination

向伴热器供电的端子。

426-20-06

三通　tee

伴热器的电气连接件，使其适合串联或并联连接或分支。

426-20-07

盲管　dead leg

同正常流动的管线隔开的一段工艺管段，可为弥补热损失提供帮助。

426-20-08

设计负载　design loading

在最不利条件下，考虑了电压和电阻的偏差和适当的安全系数之后，符合设计要求的最小功率。

426-20-09

工厂装配　factory-fabricated

装配为单元或整套的伴热电缆、伴热带或装置，其中包括必需的接头和连接件。

426-20-10

现场组装　field-assembled

在工作现场将提供的散装形式伴热器与连接件装配成单元。

426-20-11

热损失　heat loss

从管道、容器或设备散逸到周围环境中的热量。

426-20-12

散热件　heat sink

从工件上传导并耗散热量的部件。

注：典型的散热件为管托、管线支架或大件物品如阀门执行机构或泵体。

426-20-13

传热材料　heat-transfer aids

可增加从伴热源向工件传热效率的导热物质，如金属箔带或导热胶泥等。

426-20-14

伴热垫　heating pad

带有并联或串联元件，具有足够的挠性，能适应被伴热表面形状的伴热器。

426-20-15

伴热板　heating panel

带有并联或串联元件的非挠性，适合被伴热表面的一般形状的伴热器。

426-20-16

上限温度　high-limit temperature

包括管道、流体和伴热系统在内的整个系统的最高容许温度。

426-20-17

最高环境温度　maximum ambient temperature

伴热器能正常工作且宜根据规定的要求正常运行的最高环境温度。

426-20-18

最高承受温度　maximum withstand temperature

对伴热器及其元器件的热稳定性不会产生不利影响的最高操作温度或暴露温度。

426-20-19

金属护套　metallic covering

用来向伴热器，和/或电气接地电路提供物理保护的金属外套或金属编织层。

426-20-20

最低环境温度　minimum ambient temperature

伴热器能正常工作且根据规定的要求正常运行的最低环境温度（热损失的计算也以此温度为基础）。

426-20-21

工作电压　operating voltage

工作状态下施加到伴热器的实际电压。

426-20-22

外护套　overjacket

加装在金属护套、编织网或铠装外部以避免出现腐蚀的连续绝缘材料层。

426-20-23

功率密度　power density

功率输出密度，对于伴热电缆或电缆单位为瓦特/米；对于伴热垫或板单位为瓦特/平方米。

426-20-24

额定输出功率　rated output

在额定电压、温度和长度条件下的总功率或伴热电缆、伴热器每单元长度或单位面积上的功率，用 W/m 或 W/m^2 表示。

426-20-25

额定电压　rated voltage

伴热器工作和工作性能所涉及的电压。

426-20-26

串联伴热器（组）　**series trace heater**(s)

伴热元件在电气上与单个电流回路串联连接，在规定温度条件下一定长度伴热器上电阻为一特定值。

426-20-27

护套（伴热器的）　**sheath** (of a trace heater)

统一且连续的金属或非金属外套，包裹在伴热器或电缆的外面，保护其避免受周围环境的影响（腐蚀、潮湿等）。

426-20-28

护套温度　sheath temperature

最外层连续的、或许暴露在周围环境中的外套温度。

426-20-29

稳态设计(2)　stabilized design

通过设计和使用状态的规定,使伴热器的温度在最不利条件下稳定在极限温度以下,不需要保护系统来限制温度的结构方案。

426-20-30

启动电流　start-up current

给伴热器供电时的瞬间电流。

426-20-31

系统文件(伴热系统的)　**system documentation** (of a trace heating system)

供货商提供的、能满足对伴热系统的理解、安装和安全使用的信息。

426-20-32

温度报警器　temperature alarm device

当传感器的温度超出规定的温度范围时能发出报警声音的装置。

426-20-33

温度控制装置　temperature control device

将温度控制在限定范围内的装置。

426-20-34

温控器　temperature controller

将感应温度和控制加热器功率的器件合并在一起的装置或装置的组合。

426-20-35

限温装置　temperature limiting device

关掉伴热器电源以防止极限温度超过最大的允许表面温度的装置,例如在故障情况下。

426-20-36

保温层(伴热系统的)　**thermal insulation** (of a trace heating system)

具有空气泡或气泡、空隙或热反射表面,正确使用时可减少传热的材料。

426-20-37

伴热器　trace heater

以电阻发热为原理产生热量,通常包括适当的绝缘和保护的一根和/或多根金属导线或其他导电材料的装置。

426-20-38

伴热器单元　trace heater unit

符合制造商使用说明书的要求,适当连接的串联、并联型式伴热电缆、伴热垫或伴热板。

426-20-39

伴热(2)　trace heating

在外部使用的伴热电缆、伴热垫、伴热板和相关元件,可提高或保持管道、罐及相关设备内的介质的过程。

426-20-40

气候防护层　weather barrier

用来保护保温材料不受水或其他液体浸入,冰雪、风或机械误伤造成物理损害,以及防止因太阳辐射或环境污染而退化加装在保温材料外表面的材料。

426-20-41

工件(伴热器的)　**workpiece** (trace heater)

伴热器作用的对象。

中 文 索 引

B

伴热(1) …… 426-08-14
伴热(2) …… 426-20-39
伴热板 …… 426-20-15
伴热垫 …… 426-20-14
伴热器 …… 426-20-37
伴热器单元 …… 426-20-38
保护气体 …… 426-09-04
保护气体供给装置 …… 426-09-18
保护液 …… 426-10-02
保温层(伴热系统的) …… 426-20-36
报警器 …… 426-09-05
爆炸(爆炸性环境的) …… 426-02-13
爆炸上限 …… 426-02-10
爆炸下限 …… 426-02-09
爆炸性粉尘环境 …… 426-01-08
爆炸性环境 …… 426-01-06
爆炸性环境用电气设备 …… 426-01-01
爆炸性气体环境 …… 426-01-07
爆炸性气体环境的点燃温度 …… 426-02-01
本质安全电路 …… 426-11-01
本质安全电气设备 …… 426-11-02
本质安全电气系统 …… 426-11-08
本质安全型"i" …… 426-11-42
本质安全型"iD" …… 426-19-01

C

操纵杆 …… 426-06-10
常规试验 …… 426-05-02
尘密外壳 …… 426-04-34
充砂型"q" …… 426-07-01
抽样检查 …… 426-14-08
初始检查 …… 426-14-06
初始启动电流 …… 426-08-04
传热材料 …… 426-20-13
串联伴热器(组) …… 426-20-26

D

导电性粉尘 …… 426-02-19
导管引入 …… 426-04-24
电缆电感与电阻的最大比值 …… 426-11-39
电缆密封盒 …… 426-13-12
电缆引入装置 …… 426-04-18
电气间隙 …… 426-04-12
电源端 …… 426-20-05
电阻加热器 …… 426-08-09
电阻加热元件 …… 426-08-08
定额 …… 426-04-29
定期检查 …… 426-14-07

E

额定电压 …… 426-20-25
额定动态电流 …… 426-08-06
额定短时发热电流 …… 426-08-07
额定输出功率 …… 426-20-24
额定运行温度 …… 426-04-30
额定值 …… 426-04-28
二极管安全栅 …… 426-11-10

F

防爆型式 …… 426-01-02
防爆型式"n" …… 426-13-01
防爆型式"pD" …… 426-17-01
防尘外壳 …… 426-04-35
防粉尘点燃型"tD" …… 426-16-01
非点燃元件"nC" …… 426-13-06
非计数故障 …… 426-11-14
非密封设备 …… 426-10-04
非危险区域 …… 426-03-02
非线性电源 …… 426-11-41
沸点 …… 426-03-19
分支回路 …… 426-20-02
粉尘 …… 426-02-17
粉尘层的最低点燃温度 …… 426-02-20
粉尘集尘装置 …… 426-03-26
粉尘释放源 …… 426-03-27
粉尘云的最低点燃温度 …… 426-02-21
封闭式断路装置"nC" …… 426-13-04
符号"U" …… 426-04-31

符号“X” …………………………… 426-04-32
复合物 …………………………… 426-12-02
复合物的连续运行温度 …………… 426-12-04
复合物的温度范围 ……………… 426-12-03
复制绕组 ………………………… 426-15-12

G

改造 ……………………………… 426-15-06
隔爆接合面宽度 ………………… 426-06-05
隔爆绝缘套管 …………………… 426-06-06
隔爆外壳“d” …………………… 426-06-01
隔爆型“d” ……………………… 426-06-01
工厂装配 ………………………… 426-20-09
工件 ……………………………… 426-08-10
工件(伴热器的) ………………… 426-20-41
工作电压 ………………………… 426-20-21
工作周期 ………………………… 426-04-11
功率密度 ………………………… 426-20-23
故障 ……………………………… 426-11-12
关联电气设备 …………………… 426-11-03
关联限能设备“[nL]”或“[Ex nL]” …………
…………………………………… 426-13-09
过压 ……………………………… 426-09-16

H

呼吸装置 ………………………… 426-04-03
护套(伴热器的) ………………… 426-20-27
护套温度 ………………………… 426-20-28
环境温度 ………………………… 426-04-09
环境温度(伴热的) ……………… 426-20-01
换气 ……………………………… 426-09-03
火花试验装置(本质安全电路的) …… 426-11-11
获证本质安全电气系统 ………… 426-11-33

J

极限温度(增安型电气设备的) ……… 426-08-02
计数故障 ………………………… 426-11-13
夹紧件(电缆引入装置的) ………… 426-04-19
间接引入(电气设备的) …………… 426-04-08
间隙(隔爆接合面的) ……………… 426-06-03
检查 ……………………………… 426-14-02
简单设备 ………………………… 426-11-09
浇封 ……………………………… 426-12-05
浇封型“m” ……………………… 426-12-01
浇封型“mD” …………………… 426-18-01
浇封装置“nC” ………………… 426-13-03
胶粘 ……………………………… 426-12-10
接合面 …………………………… 426-06-02
接线空腔 ………………………… 426-04-33
金属护套 ………………………… 426-20-19
净空间 …………………………… 426-12-08
静态正压保护 …………………… 426-09-19
局部人工通风 …………………… 426-03-09
具有行政职能的技术人员 ……… 426-14-11
距离 ……………………………… 426-06-07
绝缘套管 ………………………… 426-04-17

K

开关触头 ………………………… 426-12-09
可靠隔离 ………………………… 426-11-30
可靠隔离或可靠绝缘 …………… 426-11-31
可靠元件 ………………………… 426-11-28
可靠组件 ………………………… 426-11-29
可燃飞絮 ………………………… 426-02-25
可燃性粉尘 ……………………… 426-02-18
可燃性气体或蒸气 ……………… 426-03-18
可燃性物质(1) ………………… 426-03-16
可燃性物质(2) ………………… 426-09-10
可燃性液体 ……………………… 426-03-17
可使用状态 ……………………… 426-15-01
可用工作时间(帽灯的) ………… 426-04-37
孔隙 ……………………………… 426-12-07
快开式门或盖 …………………… 426-06-11

L

冷端引线 ………………………… 426-20-03
连接件 …………………………… 426-04-25
连续级释放 ……………………… 426-03-10
连续监督 ………………………… 426-14-09
连续运行温度 …………………… 426-04-26
零件 ……………………………… 426-15-04
螺纹式门或盖 …………………… 426-06-13

M

盲管 ……………………………… 426-20-07
帽灯 ……………………………… 426-04-36

密封圈(电缆引入装置的) …………… 426-04-21
密封设备 ………………………………… 426-10-03
密封装置 ………………………………… 426-13-13
密封装置“nC” …………………………… 426-13-07
描述系统文件 …………………………… 426-11-35
目视检查 ………………………………… 426-14-03

N

内部布线 ………………………………… 426-11-32
内部电感与电阻的最大比值 ………… 426-11-27
内释放源 ………………………………… 426-09-14
内置系统 ………………………………… 426-09-06
能量限制 ………………………………… 426-13-14

P

爬电距离 ………………………………… 426-04-15
排液装置 ………………………………… 426-04-04

Q

启动电流 ………………………………… 426-20-30
启动电流比 ……………………………… 426-08-13
气候防护层 ……………………………… 426-20-40
气密装置 ………………………………… 426-09-11
气密装置“nC” …………………………… 426-13-05
区域范围 ………………………………… 426-03-21

R

热损失 …………………………………… 426-20-11
认证 ……………………………………… 426-15-10
容积(隔爆外壳的) ……………………… 426-06-08

S

三通 ……………………………………… 426-20-06
散热件 …………………………………… 426-20-12
闪点 ……………………………………… 426-02-14
上限温度 ………………………………… 426-20-16
设备类别 ………………………………… 426-01-03
设计负载 ………………………………… 426-20-08
试验用爆炸性混合物 ………………… 426-02-05
释放率 …………………………………… 426-03-13
释放源 …………………………………… 426-03-06

T

特殊紧固件 ……………………………… 426-04-05
填充(砂粒)材料 ………………………… 426-07-02
通风 ……………………………………… 426-03-14
通过固体绝缘的距离 ………………… 426-04-14
通过浇封复合物的距离 ……………… 426-04-13
通过填充材料的电气间隙 …………… 426-07-03
涂层下距离 ……………………………… 426-04-16

W

瓦斯 ……………………………………… 426-02-24
外部电感与电阻的最大比值 ………… 426-11-26
外护套 …………………………………… 426-20-22
外壳(爆炸性环境用设备的) ………… 426-04-01
外壳防护等级 …………………………… 426-04-02
外壳容积(正压外壳的) ……………… 426-09-09
危险区域 ………………………………… 426-03-01
维护(1) ………………………………… 426-14-01
维护(2) ………………………………… 426-15-03
未获证本质安全电气系统 …………… 426-11-34
温度报警器 ……………………………… 426-20-32
温度控制装置 …………………………… 426-20-33
温度组别 ………………………………… 426-01-05
温控器 …………………………………… 426-20-34
稳态设计(1) …………………………… 426-08-12
稳态设计(2) …………………………… 426-20-29
无火花装置“nA” ……………………… 426-13-02

X

稀释 ……………………………………… 426-09-07
稀释区域 ………………………………… 426-09-08
系统设计员 ……………………………… 426-11-36
系统文件(伴热系统的) ……………… 426-20-31
现场组装 ………………………………… 426-20-10
线性电源 ………………………………… 426-11-40
限能设备“nL” ………………………… 426-13-08
限温装置 ………………………………… 426-20-35
限制呼吸外壳“nR” …………………… 426-13-11
相对密度(气体或蒸气的) …………… 426-03-15
详细检查 ………………………………… 426-14-05
泄漏补偿 ………………………………… 426-09-15
型式试验 ………………………………… 426-05-01
修复 ……………………………………… 426-15-05
修理 ……………………………………… 426-15-02
修理单位 ………………………………… 426-15-09

Y

压紧件(电缆引入装置的) …… 426-04-20
压力重叠 …… 426-02-15
液化可燃性气体 …… 426-03-22
一般检查 …… 426-14-04
异态混合物 …… 426-02-22
用户 …… 426-15-08
用螺纹紧固件固定的门或盖 …… 426-06-12
油浸型“o” …… 426-10-01
有点燃能力的电气设备 …… 426-09-12

Z

增安型“e” …… 426-08-01
蒸气压 …… 426-03-20
整体人工通风 …… 426-03-08
正常运行 …… 426-04-10
正常运行(电动机的) …… 426-08-05
正压(粉尘) …… 426-17-02
正压保护系统 …… 426-09-17
正压外壳 …… 426-09-02
正压型“p” …… 426-09-01
证书 …… 426-04-23
证书编号 …… 426-15-11
直接引入(电气设备的) …… 426-04-07
指示器 …… 426-09-13
制造商 …… 426-15-07
终端 …… 426-20-04
专业人员 …… 426-14-10
转轴 …… 426-06-09
自保护限能设备“nA nL” …… 426-13-10
自然通风 …… 426-03-07
自燃物质 …… 426-02-23
自限特性 …… 426-08-11
自由表面 …… 426-12-06
最大电缆电感 …… 426-11-38
最大电缆电容 …… 426-11-37
最大内部电感 …… 426-11-21
最大内部电容 …… 426-11-20
最大试验安全间隙 …… 426-02-11
最大输出电流 …… 426-11-22
最大输出功率 …… 426-11-23
最大输入电流 …… 426-11-17
最大输入功率 …… 426-11-18
最大外部电感 …… 426-11-16
最大外部电容 …… 426-11-15
最大许可间隙 …… 426-06-04
最低点燃电压 …… 426-02-16
最低环境温度 …… 426-20-20
最低允许保护液位 …… 426-10-06
最高表面温度 …… 426-01-04
最高耐受温度 …… 426-20-18
最高环境温度 …… 426-20-17
最高交流有效值电压或直流电压 …… 426-11-25
最高输出电压 …… 426-11-24
最高输入电压 …… 426-11-19
最高允许保护液位 …… 426-10-05
最强爆炸混合物 …… 426-02-07
最小点燃电流 …… 426-02-12
最易传爆混合物 …… 426-02-08
最易点燃混合物 …… 426-02-06

COT(1)(缩写词) …… 426-04-26
COT(2)(缩写词) …… 426-12-04
Ex 封堵件 …… 426-06-14
Ex 螺纹式管接头 …… 426-06-15
Ex 电缆引入装置 …… 426-04-22
Ex 元件 …… 426-04-27
IP(缩写词) …… 426-04-02
ICA(缩写词) …… 426-09-12
LEL(缩写词) …… 426-02-09
MESG(缩写词) …… 426-02-11
MIC(缩写词) …… 426-02-12
“n”型电气设备 …… 426-13-01
px 型正压 …… 426-09-20
py 型正压 …… 426-09-21
pz 型正压 …… 426-09-22
t_E 时间 …… 426-08-03
UEL(缩写词) …… 426-02-10
0 区 …… 426-03-03

1 级释放 ………………………………… 426-03-11
1 区 ………………………………… 426-03-04
2 级释放 ………………………………… 426-03-12
20 区 ………………………………… 426-03-23
21 区 ………………………………… 426-03-24
22 区 ………………………………… 426-03-25
2 区 ………………………………… 426-03-05

英 文 索 引

A

adhesion ······ 426-12-10
alarm ······ 426-09-05
ambient temperature ······ 426-04-09
ambient temperature(trace heating) ······ 426-20-01
apparatus grouping ······ 426-01-03
associated electrical apparatus ······ 426-11-03
associated energy-limited apparatus
"[nL]" or"[Ex nL]" ······ 426-13-09

B

boiling point ······ 426-03-19
branch circuit ······ 426-20-02
breather ······ 426-04-03
bushing ······ 426-04-17

C

cable gland ······ 426-04-18
cable sealing box ······ 426-13-12
caplight ······ 426-04-36
certificate ······ 426-04-23
certificate references ······ 426-15-11
certification ······ 426-15-10
certified intrinsically safe electrical system ······ 426-11-33
clamping device (of a cable gland) ······ 426-04-19
clearance ······ 426-04-12
close inspection ······ 426-14-04
cold lead ······ 426-20-03
combustible ······ 426-02-25
combustible dust ······ 426-02-18
component part ······ 426-15-04
compound ······ 426-12-02
compression element (of a cable gland) ······ 426-04-20
conductive dust ······ 426-02-19
conduit entry ······ 426-04-24
connection facilities ······ 426-04-25
containment system ······ 426-09-06
continuous grade of release ······ 426-03-10
Continuous Operating Temperature ······ 426-04-26

Continuous Operating Temperature
of the compound ······ 426-12-04
continuous supervision ······ 426-14-09
copy winding ······ 426-15-12
COT (abbreviation)(1) ······ 426-04-26
COT (abbreviation)(2) ······ 426-12-04
countable fault ······ 426-11-13
creepage distance ······ 426-04-15

D

dead leg ······ 426-20-07
degree of protection of enclosure ······ 426-04-02
descriptive system document ······ 426-11-35
design loading ······ 426-20-08
detailed inspection ······ 426-14-05
dilution ······ 426-09-07
dilution area ······ 426-09-08
diode safety barrier ······ 426-11-10
direct entry (into electrical apparatus) ······ 426-04-07
distance ······ 426-06-07
distance through casting compound ······ 426-04-13
distance through filling material ······ 426-07-03
distance through solid insulation ······ 426-04-14
distance under coating ······ 426-04-16
door or cover fixed by threaded fasteners ······ 426-06-12
drain ······ 426-04-04
draining device ······ 426-04-04
dust ······ 426-02-17
dust containment ······ 426-03-26
dust ignition protection type "tD" ······ 426-16-01
dust-protected enclosure ······ 426-04-35
dust-tight enclosure ······ 426-04-34
duty cycle ······ 426-04-11

E

electrical apparatus for explosive atmospheres ······ 426-01-01
encapsulated device "nC" ······ 426-13-03
encapsulation ······ 426-12-05
encapsulation "mD" ······ 426-18-01
encapsulation "m" ······ 426-12-01
enclosed-break device "nC" ······ 426-13-04
enclosure (of equipment for explosive atmospheres) ······ 426-04-01
enclosure volume (of apressurized enclosure) ······ 426-09-09

end termination ······ 426-20-04
energy limitation ······ 426-13-14
energy-limited apparatus "nL" ······ 426-13-08
Ex blanking element ······ 426-06-14
Ex cable gland ······ 426-04-22
Ex component ······ 426-04-27
Ex thread adapter ······ 426-06-15
explosion (of an explosive atmosphere) ······ 426-02-13
explosive atmosphere ······ 426-01-06
explosive dust atmosphere ······ 426-01-08
explosive gas atmosphere ······ 426-01-07
explosive test mixture ······ 426-02-05
extent of zone ······ 426-03-21

F

factory-fabricated ······ 426-20-09
fault ······ 426-11-12
field-assembled ······ 426-20-10
filling material (powder) ······ 426-07-02
firedamp ······ 426-02-24
flameproof bushing ······ 426-06-06
flameproof enclosure "d" ······ 426-06-01
flameproof joint ······ 426-06-02
flammable gas or vapour ······ 426-03-18
flammable liquid ······ 426-03-17
flammable material ······ 426-03-16
flammable substance ······ 426-09-10
flash point ······ 426-02-14
flyings ······ 426-02-25
free space ······ 426-12-08
free surface ······ 426-12-06

G

gap (of a flameproof joint) ······ 426-06-03
general artificial ventilation ······ 426-03-08

H

hazardous area ······ 426-03-01
heat loss ······ 426-20-11
heat sink ······ 426-20-12
heating pad ······ 426-20-14
heating panel ······ 426-20-15
heat-transfer aids ······ 426-20-13

hermetically sealed device 426-09-11
hermetically-sealed device "nC" 426-13-05
high-limit temperature 426-20-16
hybrid mixture 426-02-22

I

ICA (abbreviation) 426-09-12
ignition temperature of an explosive gas atmosphere 426-02-01
Ignition-Capable Apparatus 426-09-12
increased safety "e" 426-08-01
indicator 426-09-13
indirect entry (into electrical apparatus) 426-04-08
infallible assembly of components 426-11-29
infallible component 426-11-28
infallible separation 426-11-30
infallible separation or insulation 426-11-31
initial inspection 426-14-06
initial starting current 426-08-04
inspection 426-14-02
internal source of release 426-09-14
internal wiring 426-11-32
intrinsic safety "i" 426-11-42
intrinsic safety "iD" 426-19-01
intrinsically safe electrical system 426-11-08
intrinsically-safe circuit 426-11-01
intrinsically-safe electrical apparatus 426-11-02
IP (abbreviation) 426-04-02

L

leakage compensation 426-09-15
LEL (abbreviation) 426-02-09
limiting temperature (of increased safety electrical apparatus) 426-08-02
linear power supply 426-11-40
liquefied flammable gas 426-03-22
local artificial ventilation 426-03-09
Lower Explosive Limit 426-02-09

M

maintenance (1) 426-14-01
maintenance (2) 426-15-03
manufacturer 426-15-07
maximum ambient temperature 426-20-17

maximum cable capacitance ········· 426-11-37
maximum cable inductance ········· 426-11-38
maximum cable inductance to resistance ratio ········· 426-11-39
Maximum Experimental Safe Gap ········· 426-02-11
maximum external capacitance ········· 426-11-15
maximum external inductance ········· 426-11-16
maximum external inductance to resistance ratio ········· 426-11-26
maximum input current ········· 426-11-17
maximum input power ········· 426-11-18
maximum input voltage ········· 426-11-19
maximum internal capacitance ········· 426-11-20
maximum internal inductance ········· 426-11-21
maximum internal inductance to resistance ratio ········· 426-11-27
maximum output current ········· 426-11-22
maximum output power ········· 426-11-23
maximum output voltage ········· 426-11-24
maximum permissible protective liquid level ········· 426-10-05
maximum permitted gap ········· 426-06-04
maximum r. m. s. a. c. or d. c. voltage ········· 426-11-25
maximum surface temperature ········· 426-01-04
maximum withstand temperature ········· 426-20-18
MESG (abbreviation) ········· 426-02-11
metallic covering ········· 426-20-19
MIC (abbreviation) ········· 426-02-12
minimum ambient temperature ········· 426-20-20
Minimum Igniting Current ········· 426-02-12
minimum igniting voltage ········· 426-02-16
minimum ignition temperature of a dust cloud ········· 426-02-21
minimum ignition temperature of a dust layer ········· 426-02-20
minimum permissible protective iquid level ········· 426-10-06
mode de protection ········· 426-01-02
modification ········· 426-15-06
most easily ignitable concentration ········· 426-02-06
most easily ignitable mixture ········· 426-02-06
most explosive mixture ········· 426-02-07
most incendive mixture ········· 426-02-08

N

natural ventilation ········· 426-03-07
non-countable fault ········· 426-11-14
non-hazardous area ········· 426-03-02
non-incendive component "nC" ········· 426-13-06
non-linear power supply ········· 426-11-41

non-sealed apparatus ······ 426-10-04
non-sparking device "nA" ······ 426-13-02
normal operation ······ 426-04-10
normal service (of a motor) ······ 426-08-05

O

oil immersion "o" ······ 426-10-01
operating rod ······ 426-06-10
operating voltage ······ 426-20-21
overjacket ······ 426-20-22
overpressure ······ 426-09-16

P

periodic inspection ······ 426-14-07
powder filling "q" ······ 426-07-01
power density ······ 426-20-23
power termination ······ 426-20-05
pressure piling ······ 426-02-15
pressurization ······ 426-09-01
pressurization (dust) ······ 426-17-02
pressurization system ······ 426-09-17
pressurized enclosure ······ 426-09-02
primary grade of release ······ 426-03-11
protective gas ······ 426-09-04
protective gas supply ······ 426-09-18
protective liquid ······ 426-10-02
purging ······ 426-09-03
pyrophoric substance ······ 426-02-23

Q

quick-acting door or cover ······ 426-06-11

R

rated dynamic current ······ 426-08-06
rated output ······ 426-20-24
rated short-time thermal current ······ 426-08-07
rated value ······ 426-04-28
rated voltage ······ 426-20-25
rating ······ 426-04-29
reclamation ······ 426-15-05
relative density (of a gas or a vapour) ······ 426-03-15
release rate ······ 426-03-13
repair ······ 426-15-02

repairer ································ 426-15-09
resistance-heating device ································ 426-08-08
resistance-heating unit ································ 426-08-09
restricted-breathing enclosure "nR" ································ 426-13-11
routine test ································ 426-05-02

S

sample inspection ································ 426-14-08
sand filling "q" ································ 426-07-01
sealed apparatus ································ 426-10-03
sealed device "nC" ································ 426-13-07
sealing device ································ 426-13-13
sealing ring (of a cable gland) ································ 426-04-21
secondary grade of release ································ 426-03-12
self protected energy-limited apparatus "nA nL" ································ 426-13-10
self-limiting property ································ 426-08-11
series trace heater(s) ································ 426-20-26
service temperature ································ 426-04-30
serviceable condition ································ 426-15-01
shaft ································ 426-06-09
sheath (of a trace heater) ································ 426-20-27
sheath temperature ································ 426-20-28
simple apparatus ································ 426-11-09
skilled personnel ································ 426-14-10
source of dust release ································ 426-03-27
source of release ································ 426-03-06
spark test apparatus (for intrinsically-safe circuits) ································ 426-11-11
special fastener ································ 426-04-05
stabilized design (1) ································ 426-08-12
stabilized design (2) ································ 426-20-29
starting current ratio ································ 426-08-13
start-up current ································ 426-20-30
static pressurization ································ 426-09-19
switching contact ································ 426-12-09
symbol "U" ································ 426-04-31
symbol "X" ································ 426-04-32
system designer ································ 426-11-36
system documentation (of a trace heating system) ································ 426-20-31

T

technical person with executive function ································ 426-14-11
tee ································ 426-20-06
temperature alarm device ································ 426-20-32

temperature class ········ 426-01-05
temperature control device ········ 426-20-33
temperature controller ········ 426-20-34
temperature limiting device ········ 426-20-35
temperature range of the compound ········ 426-12-03
terminal compartment ········ 426-04-33
thermal insulation (of a trace heating system) ········ 426-20-36
threaded door or cover ········ 426-06-13
time t_E ········ 426-08-03
trace heater ········ 426-20-37
trace heater unit ········ 426-20-38
trace heating (1) ········ 426-08-14
trace heating (2) ········ 426-20-39
type of protection "n" ········ 426-13-01
type of protection "pD" ········ 426-17-01
type px pressurizing ········ 426-09-20
type py pressurizing ········ 426-09-21
type pz pressurizing ········ 426-09-22
type test ········ 426-05-01

U

UEL (abbreviation) ········ 426-02-10
uncertified intrinsically safe electrical system ········ 426-11-34
Upper Explosive Limit ········ 426-02-10
useful working period (of caplights) ········ 426-04-37
user ········ 426-15-08

V

vapour pressure ········ 426-03-20
ventilation ········ 426-03-14
visual inspection ········ 426-14-03
void ········ 426-12-07
volume (of flameproof enclosure) ········ 426-06-08

W

weather barrier ········ 426-20-40
width of flameproof joint ········ 426-06-05
workpiece ········ 426-08-10
workpiece (trace heater) ········ 426-20-41

Z

zone 0 ········ 426-03-03
zone 1 ········ 426-03-04

zone 2 ·· 426-03-05
zone 20 ·· 426-03-23
zone 21 ·· 426-03-24
zone 22 ·· 426-03-25

ICS 01.040.29;29.220.10;29.220.20
K 04

中华人民共和国国家标准

GB/T 2900.41—2008/IEC 60050(482):2003
代替 GB/T 2900.11—1988 和 GB/T 2900.62—2003

电工术语 原电池和蓄电池

Electrotechnical terminology
Primary and secondary cells and batteries

(IEC 60050(482):2003, International Electrotechnical Vocabulary Part 482:Primary and secondary cells and batteries, IDT)

2008-06-18 发布　　2009-05-01 实施

中华人民共和国国家质量监督检验检疫总局
中国国家标准化管理委员会　发布

前　言

本部分为GB/T 2900的第41部分。

本部分等同采用国际电工委员会IEC 60050(482):2003《国际电工词汇　第482部分　原电池和蓄电池》。

本部分中术语条目编号与IEC 60050(482):2003保持一致。

本部分代替GB/T 2900.11—1988《蓄电池名词术语》和GB/T 2900.62—2003《电工术语　原电池》。

本部分与GB/T 2900.11—1988和GB/T 2900.62—2003相比,标准结构变化较大,删除了一些术语,增加了一些新的术语。

本部分由全国电工术语标准化技术委员会(SAC/TC 232)提出并归口。

本部分起草单位:机械科学研究总院中机生产力促进中心、轻工业化学电源研究所、沈阳蓄电池研究所、中国电子科技集团公司第十八研究所、上海复旦大学。

本部分主要起草人：杨芙、林佩云、陈玉松、沈景平、刘浩杰、李诚芳、王琰。

本部分所代替标准的历次版本发布情况:GB/T 2900.11—1988和GB/T 2900.62—2003。

电工术语
原电池和蓄电池

1 范围

本部分规定了用于原电池和蓄电池领域的一般术语。

2 规范性引用文件

下列文件中的条款通过本部分的引用而成为本部分的条款。凡是注日期的引用文件，其随后所有的修改单(不包括勘误的内容)或修订版均不适用于本部分，然而，鼓励根据本部分达成协议的各方研究是否可使用这些文件的最新版本。凡是不注日期的引用文件，其最新版本适用于本部分。

IEC 60027-1:1992 电气技术用字母符号 第1部分 一般符号及第一次修改单:1997

IEC 60027-2:2000 电气技术的字母符号 第2部分 电信和电子学

IEC 60050-151:2001 国际电工词汇 电的和磁的器件

3 术语和定义

3.1 基本概念

482-01-01

[单体]电池 cell

直接把化学能转变为电能的一种电源，是由电极、电解质、容器、极端、通常还有隔离层组成的基本功能单元。

注：见原电池和蓄电池。

482-01-02

原电池 primary cell

按不可以充电设计的电池。

482-01-03

蓄电池 secondary cell

按可以再充电设计的电池。

注：通过可逆的化学反应实现再充电。

482-01-04

电池 battery

电池组

装配有使用所必需的装置(如外壳、端子、标志及保护装置)的一个或多个单体电池。

482-01-05

燃料电池 fuel cell

通过一个电化学过程，将连续供应的反应物的化学能转变为电能的电池。

482-01-06

锂电池 lithium cell

含非水电解质，负极为锂或含锂的电池。

注：锂电池可以是原电池或蓄电池，取决于设计所选择的特征。

482-01-07

熔融盐电池　molten salt cell

其电解质含一种或多种无水熔融盐的电池。

注:熔融盐可以是固态的(未激活的)、须通过加热而激活。

482-01-08

碱性电池　alkaline cell

含碱性电解质的电池。

482-01-09

固体电解质电池　solid electrolyte cell

以离子导电的固体作电解质的电池。

注:例如该电解质可以是碘化银或聚合物盐。

482-01-10

非水电解质电池　non aqueous cell

其液体电解质中既不含水也无其他活性质子(H＋)来源的电池。

482-01-11

指示电池　pilot cell

在电池组中所选择的用来评估或表征电池组参数平均状态的电池。

482-01-12

OEM 电池　OEM battery

原始设备配套电池

提供给原始设备制造商(OEM)仅用于新设备的电池。

482-01-13

替换电池　replacement battery

用来取代原有电池,具有和原有电池相同或类似的工作及性能特征的电池。

482-01-14

储备电池　reserve cell

以干态贮存的电池,其所需的电解质与电池分开,在电池使用前立即通过注入或其他方式将电解质导入以激活电池。

482-01-15

应急电池　emergency battery

当电路的正常供电中断时向该电路提供电能的电池。

注:应急电池也称为备用电池。

482-01-16

缓冲电池　buffer battery; back-up battery

连接在直流电源上的,用以减缓该电源功率波动的电池。

482-01-17

电压标准电池　standard voltage cell

在特定温度下具有特定的、不变的开路电压,可作为参比电压的一种电池。

482-01-18

韦斯顿电压标准电池　Weston standard voltage cell

正极为纯汞和固体硫酸亚汞,负极为镉汞齐和固体硫酸镉,电解质为饱和硫酸镉溶液的电压标准电池。

482-01-19

激活 activation

使电池中的电化学活性成分具有产生电能之功能的最后步骤。

注：激活可包括通过引燃火工品或其他方式导入电解质、液体或气体活性物质等方式。

482-01-20

未激活的 inactivated

电池中的电化学活性成分尚未具有产生电能之功能时的状态。

3.2 部件、组件、附件和形状

482-02-01

全密封电池 hermetically sealed cell

无压力释放装置的永久气密性的密封电池。

482-02-02

极板 plate

由集流体和活性物质构成的电池的电极。

注：极板的集流体可以有金属条、栅、网、棒、丝或烧结的多孔金属等形式。

482-02-03

涂膏式极板 pasted plate

导电集流体上涂覆有膏状活性物质的极板。

482-02-04

极群 plate group

电连接在一起的一组相同极性的极板。

482-02-05

负极板 negative plate

通常指含有在放电时发生氧化反应活性物质的电池组件。

482-02-06

正极板 positive plate

通常指含有在放电时发生还原反应活性物质的电池组件。

482-02-07

管式极板 tubular plate

由中央带有集流芯子的多孔管状有孔金属或织物的套管组件构成的正极板;管内装有活性物质。

482-02-08

极群组 plate pack

带间隔插入的隔板、端子或连接条的正负极群的最终组件。

482-02-09

极板对 plate pair

由一片正极板、一片负极板以及其间的隔板(如果有的话)构成的组合。

482-02-10

隔离物 spacer

由绝缘材料制成,用以使相反极性的极板之间或极群与电池槽之间保持间距的电池组件。

482-02-11

隔板 (plate)separator

隔离层

隔膜

由可渗透离子的材料制成的,可防止电池内极性相反的极板之间接触的电池组件。

482-02-12

阀 valve

允许气体仅朝一个方向流动的电池组件。

注：阀具有特有的排气(即开启)压力和关闭压力。

482-02-13

电池外壳 cell can

电池的容器，通常由金属制成，一般是(但不全是)圆柱形的。

注：圆柱形锌-碳电池的锌筒是电池的外壳。

482-02-14

电池槽 case

外壳

由不渗漏电解质材料制成的用于容纳极群和电解质的容器。

482-02-15

电池盖 cell lid

用于封盖电池槽的零件，通常带有注液补液孔、逸气孔和端子引出孔。

注：它也可以作为小盖封闭整体槽的各个单格。

482-02-16

电池封口剂 lid sealing compound

用于密封电池盖与电池槽或端子的材料。

482-02-17

整体电池 monobloc battery

具有多个隔开的，但电连接的单格的蓄电池，每个单格可容纳电极、电解质、极柱或内连接件和可能存在的隔板。

注：整体电池中的单体电池可以串联或并联。

482-02-18

整体槽 monobloc container

内部具有多个隔开的单格的外壳。

482-02-19

边界绝缘体 edge insulator

用来保证极板边缘与邻近极板以及与容器侧壁之间绝缘的部件。

482-02-20

外套 jacket

电池的局部或完整的外部覆盖层。

注：可用金属(与电池的极端相绝缘)、塑料、纸或其他合适的材料制成。

482-02-21

[单体电池]电极 (cell)electrode

与单体电池的一个极端电连接并与该电池的电解质形成电接触，并在其上发生电极反应的电极。

注1：“电极”见 IEC 60050 151-13-01。

注2：活性物质可以是电极的组成部分。

482-02-22

端子 terminal

极端

器件、电路或电网的导电部件，用以使器件、电路或电网与一种或多种导体相连接。

482-02-23

端子保护套　terminal protector; terminal cover

极端保护套

用以避免与电池极端电接触的绝缘层。

482-02-24

负极端子　negative terminal

负极极端

便于外电路连接电池负极的导电部件。

482-02-25

正极端子　positive terminal

正极极端

便于外电路连接电池正极的导电部件。

482-02-26

电极的活性表面　active surface of an electrode

电解质与电极之间发生电极反应的界面。

482-02-27

阳极　anode

通常指发生氧化反应的电极。

注：阳极是放电时的负极、充电时的正极。

482-02-28

阴极　cathode

通常指发生还原反应的电极。

注：阴极是放电时的正极、充电时的负极。

482-02-29

电解质　electrolyte

含有可移动离子具有离子导电性的液体或固体物质。

注：电解质可以是液体、固体或凝胶体。

482-02-30

电解质爬渗　electrolyte creep

电解质膜在电池外表面的逐渐地缓慢地扩展。

注：爬渗有时表现为出现可见的固态沉积物或湿痕。

482-02-31

电解质保持能力　electrolyte containment

在规定的力学和环境条件下，电池保持电解质的能力。

482-02-32

泄漏　leakage

电解质、气体或其他物质从电池中意外逸出。

482-02-33

活性物质　active material

在电池放电时发生化学反应以产生电能的物质。

注：蓄电池中的活性物质在充电时能恢复到其初始的状态。

482-02-34

活性物质混合物 active material mix

能发生化学反应以产生电能的活性物质与其他组分和添加剂的混合物。

482-02-35

电池组合箱 battery tray

用于容纳多个单体电池或电池组的带底盘和侧壁的容器。

482-02-36

输出电缆 output cable

用于蓄电池端子与负载和/或充电器电连接的电缆。

482-02-37

连接件 connector

用于电路中各组件间承载电流的导体。

注：例如，两只单体电池之间或电池端子与电池组端子之间或电池组端子与外电路以及辅助装置之间电连接的连接件。

482-02-38

矩形(的) prismatic

用于描述各面成直角的平行六面体形状电池的形容词。

482-02-39

圆柱形电池 cylindrical cell

总高度等于或大于直径的圆柱形状的电池。

482-02-40

扣式电池 button cell

硬币式电池 coin cell

总高度小于直径的圆柱形电池，形似硬币或钮扣。

注：实际上，术语“硬币式”专用于非水锂电池。

3.3 特性及运行

482-03-01

电化学反应 electrochemical reaction

伴有电子进出活性物质的转移、涉及化学组分氧化或还原的化学反应。

注：电极反应也涉及其他化学反应包括电池电极上的子反应。

482-03-02

电极极化 electrode polarization

有电流流过时的电极电位与无电流流过时的电极电位的差异。

482-03-03

反极 polarity reversal; cell reversal

电池电极的极性反向。通常是由串联电池中的一个低容量的电池过放电而造成。

482-03-04

结晶极化 crystallization polarization

由晶体成核作用和生长现象引起的电极极化。

482-03-05

活化极化 activation polarization

由电极反应中电荷传递步骤所引起的电极极化。

482-03-06

阳极极化　anodic polarization

伴随电化学氧化反应的电极极化。

482-03-07

阴极极化　cathodic polarization

伴随电化学还原反应的电极极化。

482-03-08

浓差极化　concentration polarization；mass transfer polarization

由电极中反应物和产物的浓度梯度而引起的电极极化。

482-03-09

欧姆极化　ohmic polarization

电流通过电极或电解质中的欧姆电阻时引起的电极极化。

482-03-10

反应极化　reaction polarization

由阻碍电极反应的化学反应引起的电极极化。

482-03-11

阳极反应　anodic reaction

涉及电化学氧化的电极反应。

482-03-12

阴极反应　cathodic reaction

涉及电化学还原的电极反应。

482-03-13

副反应　side reaction；secondary reaction；parasitic reation

电池中附加的多余的反应，会导致充电效率降低以及容量、寿命损失或性能下降。

482-03-14

容量(电池的)　capacity(for cells or batteries)

在规定的放电条件下电池输出的电荷。

注：电荷(或电量)的国际单位是库仑(1 C=1 As)，但实际上电池容量通常用安时(Ah)来表示。

482-03-15

额定容量　rated capacity

在规定条件下测得的并由制造商宣称的电池的容量值。

482-03-16

剩余容量　residual capacity

在规定的试验条件下放电、使用或贮存后电池中余留的容量。

482-03-17

体积(比)容量　volumetric capacity

电池的容量与其体积之比。

注：体积比容量通常用安时每立方分米(Ah/dm³)表示。

482-03-18

(容量)温度系数　temperature coefficient(of the capacity)

电池的容量变化与相应的温度变化之比。

482-03-19

质量(比)容量 gravimetric capacity

电池的容量与其质量之比。

注：质量比容量通常用安时每千克(Ah/kg)表示。

482-03-20

面积(比)容量 areic capacity

电池的容量与其平面面积之比。

注：面积比容量通常用安时每平方米(Ah/m^2)表示。

482-03-21

电池能量 battery energy

在规定的条件下电池输出的电能。

注：能量的国际单位是焦耳(1 J=1 Ws)，但实际上电池能量通常用瓦时(Wh)(1 Wh=3 600 J)来表示。

482-03-22

(电池)体积(比)能量 volumic energy(related to battery)

电池的能量与其体积之比。

注：体积比能量通常用瓦时每升(Wh/L)来表示。

482-03-23

(电池)放电 discharge(of a battery)

在规定的条件下电池向外电路输出所产生的电能的过程。

482-03-24

放电电流 discharge current

电池在放电时输出的电流。

482-03-25

放电率 discharge rate

电池放电的电流。

注：额定容量除以相应的放电时间得出的电流即放电率。

482-03-26

短路电流(电池的) **short-circuit current**(related to cells or batteries)

电池向一个零电阻或将电池电压降低至接近零伏的外电路输出的最大电流。

注：零电阻是一个假想的条件，实际上，短路电流是在一个与电池内阻相比其电阻非常低的电路中流过的最大电流。

482-03-27

自放电 self discharge

电池的能量未通过放电进入外电路而是以其他方式损失的现象。

注：可参见荷电保持能力(482-03-35)。

482-03-28

放电电压(电池的) **discharge voltage**(related to cells or batteries)

闭路电压 closed circuit voltage

负载电压(拒用) on load voltage (deprecated)

电池在放电时两个端子间的电压。

482-03-29

初始放电电压 initial discharge voltage

初始闭路电压 initial closed circuit voltage

初始负载电压(拒用) initial on load voltage(deprecated)

电池开始放电而暂态现象刚刚消失时的电压。

482-03-30

终止电压　end-of-discharge voltage；final voltage；cut-off voltage；end-point voltage

规定的放电终止时的电压。

482-03-31

标称电压　nominal voltage

用以标志或识别一种电池或一个电化学体系的适当的电压近似值。

482-03-32

开路电压(电池的)　**open-circuit voltage**(related to cells or batteries)

放电电流为零时电池的电压。

482-03-33

开路电压温度系数　temperature coefficient of the open-circuit voltage

电池开路电压变化与相应的温度变化之比。

482-03-34

比特性(电池的)　**specific characteristic**(relate to cells or batteries)

电池给出的电量与其质量、体积或平面面积之比。

注：比特性可用安时每立方分米(Ah/dm³)、瓦时每千克(Wh/kg)等表示。

482-03-35

荷电保持能力　charge retention

容量保持能力　capacity retention

电池在规定条件的开路状态下保持容量的能力。

注：亦可见“自放电”。

482-03-36

表观内阻　internal apparent resistance

规定条件下的电池的电压变化与相应的放电电流变化之比。

注：表观内阻用欧姆表示。

482-03-37

剩余活性物质　residual active mass

电池放电至规定的终止电压后电池中余留的荷电活性物质。

482-03-38

使用质量　service mass

电池在使用条件下的总质量。

482-03-39

并联　parallel connection

将所有单体电池或电池的正极端子和负极端子各自连接在一起的连接方法。

482-03-40

并串联　parallel series connection

将并联的单体电池或电池再串联的连接方法。

482-03-41

串联　series connection

将单体电池或电池的正极端子依次与下一只单体电池或电池的负极端子相连接的方法。

482-03-42

串并联　series parallel connection

将串联的电池或单体电池再并联的连接方法。

482-03-43

标称值 nominal value

用以标志和识别一个部件、器件、设备或体系的量值。

注：标称值一般是大约值。

482-03-44

电池耐久性 battery endurance

电池在给定的模拟工作的试验条件下用数值表明的性能。

482-03-45

贮存试验 storage test

检测电池在规定的条件下贮存后的容量损失、开路电压、短路电流或其他参数的试验。

482-03-46

使用寿命 service life

放电时间

电池有效工作的总时间。

注1：原电池的使用寿命是指在规定条件下的总的放电时间或容量。

注2：蓄电池的使用寿命可用时间、充放电循环次数或安时(Ah)容量来表示。

482-03-47

贮存寿命 storage life；shelf life

规定条件下电池的贮存时间。在该贮存期结束时，电池仍具有规定的性能。

482-03-48

连续工作试验 continuous service test

不间断放电的试验。

3.4 常用原电池术语

482-04-01

金属-空气电池 air metal battery

以大气中的氧气为正极活性物质，以金属为负极活性物质，含碱性或盐类电解质的原电池。

482-04-02

碱性锌-空气电池 alkaline zinc air battery

含碱性电解质和锌负极的金属-空气电池。

482-04-03

碱性锌-二氧化锰电池 alkaline zinc manganese dioxide battery

含碱性电解质，正极为二氧化锰，负极为锌的原电池。

482-04-04

锌-氧化银电池 zinc silver oxide battery

含碱性电解质，正极为银的氧化物，负极为锌的原电池。

482-04-05

中性锌-空气电池 neutral electrolyte zinc air battery

含盐类电解质，负极为锌的金属-空气电池。

482-04-06

氯化锌电池 zinc chloride battery

含以氯化锌为主的盐类电解质，正极为二氧化锰，负极为锌的原电池。

482-04-07

锌-碳电池 zinc carbon battery

诸如勒克朗谢电池或氯化锌电池之类的原电池。

482-04-08

勒克朗谢电池　Leclanché battery

含以氯化铵和氯化锌为主的盐类电解质,正极为二氧化锰,负极为锌的原电池。

482-04-09

锂-氟化碳聚合物电池　lithium carbon monofluoride battery

含非水电解质,正极为一氟化碳,负极为锂的原电池。

482-04-10

锂-二氧化锰电池　lithium manganese dioxide battery

含非水电解质,正极为二氧化锰,负极为锂的原电池。

482-04-11

锂-氧化铜电池　lithium copper oxide battery

含非水电解质,正极为氧化铜,负极为锂的原电池。

482-04-12

锂-二硫化铁电池　lithium iron disulphide battery

含非水电解质,正极为二硫化铁,负极为锂的原电池。

482-04-13

锂-亚硫酰氯电池　lithium thionyl chloride battery

含非水无机电解质,正极为亚硫酰氯,负极为锂的原电池。

482-04-14

干电池　dry cell

含不流动电解质的原电池。

482-04-15

纸板电池　paper-lined cell

用浸透电解质的纸板作隔离层的原电池。

482-04-16

浆糊电池　paste-lined cell

用被电解质浸湿的淀粉凝胶作隔离层的原电池。

482-04-17

圆柱形(原)电池　round cell

具有圆柱形状的、其总高度等于或大于直径的原电池。

3.5 常用蓄电池术语

482-05-01

铅酸蓄电池　lead dioxide lead battery; lead acid battery

含以稀硫酸为主的电解质、二氧化铅正极和铅负极的蓄电池。

注:铅酸蓄电池通常叫作蓄电池(拒用)。

482-05-02

镉镍蓄电池　nickel oxide cadmium battery; nickel cadmium battery

含碱性电解质,正极含氧化镍,负极为镉的蓄电池。

482-05-03

铁镍蓄电池　nickel oxide iron battery; nickel iron battery

含碱性电解质,正极含氧化镍,负极为铁的蓄电池。

482-05-04

锌镍蓄电池　nickel oxide zinc battery; nickel zinc battery

含碱性电解质,正极含氧化镍,负极为锌的蓄电池。

482-05-05

镉银蓄电池　silver oxide cadmium battery

含碱性电解质,正极为氧化银,负极为镉的蓄电池。

482-05-06

锌银蓄电池　silver zinc battery

含碱性电解质,正极含银,负极为锌的蓄电池。

482-05-07

锂离子蓄电池　lithium ion battery

含有机溶剂电解质,利用储锂的层间化合物作正极和负极的蓄电池。

注:锂离子电池不含金属锂。

482-05-08

金属氢化物镍蓄电池　nickel-metal hydride battery

含氢氧化钾水溶液电解质,正极为氢氧化镍,负极为金属氢化物的蓄电池。

482-05-09

电池底垫　battery base

通常由绝缘材料构成的基垫,用于固定型蓄电池或整体槽电池。

482-05-10

电池组合框　battery crate

用于容纳多只电池的带条板壁的容器。

482-05-11

阻燃孔　flame arrestor vent;flame arrester vent

为防止火焰前沿进入蓄电池中或者从蓄电池中蔓延出来而特殊设计的孔。

注:火焰可能因火花或外部明火点燃可燃的电解气体而产生。

482-05-12

安全孔　safety vent

为能释放蓄电池中的气体以避免过大的内压破坏电池槽而特殊设计的排气孔。

482-05-13

电池保护板　cell baffle

为减少由于气体夹带和/或电解质的流动产生的电解质喷溅导致的电解质量损失而使用的内部组件。

注:电池保护板还有防止由注液孔进入的物体损坏极群组的功能。

482-05-14

排气式电池　vented cell

电池盖上具有通道,允许电解和蒸发产物自由地从电池逸出到大气中的蓄电池。

482-05-15

阀控式铅酸蓄电池　valve regulated lead acid battery

VRLA(缩写词)　**VRLA**(abbreviation)

带有阀的密封蓄电池,在电池内压超出预定值时允许气体逸出。

注:这种电池或电池组在正常情况下不能添加电解质。

482-05-16

不漏液电池　non-spillable cell

任意取向放置,电解质都不能从其中泄漏的电池。

注:一些排气式电池也可设计成在制造商规定的限度内运行时不漏液。

482-05-17

密封电池　sealed cell

保持密封，并且在制造商规定的限度内运行时既不释放气体也不泄漏液体的电池。

注：密封电池可以安装安全装置以免产生高内压的危险，并设计成在其寿命期间以原始的密封状态运行。

482-05-18

鞍子　mudribs

槽底部的支架，用以支持极群组，并由此形成容纳从极板上脱落的活性物质沉积的空间而不致引起极板之间短路。

注：仅在铅酸蓄电池中具有鞍子。

482-05-19

富尔极板　Faure plate

用于铅酸蓄电池的板栅带极耳的涂膏式平面极板。

482-05-20

形成式极板　Plante plate

普朗泰极板

用于铅酸蓄电池的，具有很大有效表面积的纯铅极板。

注：活性物质是由铅经电化学氧化形成的薄层。

482-05-21

袋式极板　pocket plate

由多孔钢袋组件构成的镉镍或铁镍电池极板，钢袋上可以镀镍，内含活性物质。

482-05-22

烧结式极板　sintered plate

碱性蓄电池极板，其骨架由金属粉末烧结制成，并将活性物质引入其中。

482-05-23

排气帽　vent cap

安装在电池注液孔内的组件，它可允许电解气体从电池中排出。

482-05-24

电池组架　battery rack

固定型电池中为安装电池或整体槽而设置的一层或多层的支架或栅栏。

482-05-25

免维护电池　maintenance-free battery

在满足规定的运行条件下，使用寿命期间不需提供维护的蓄电池。

482-05-26

起动能力　starting capability

电池在规定条件下给发动机的起动电机供电的能力。

482-05-27

电池充电　charging of a battery

外电路给蓄电池提供电能，使电池内发生化学变化，从而将电能转化为化学能而储存起来的操作。

482-05-28

循环(电池的)　**cycling**(of a cell or battery)

对蓄电池以相同的顺序有规律地反复进行的成组操作。

注：对于蓄电池，这些操作由在规定条件下放电继之以充电或充电继之以放电组成。这个顺序可包括间歇时间。

482-05-29

湿式荷电蓄电池　drained charged battery

单体电池的极板或隔板含有少量电解质的荷电态的蓄电池。

482-05-30

干式荷电蓄电池　dry charged battery

各个电池不含电解质，极板为干态且处于荷电状态的蓄电池。这是某些类型蓄电池的交货状态。

482-05-31

不带液非荷电蓄电池　discharged empty(cell or battery)；discharged unfilled(cell or battery)

不含电解质或将电解质抽出并密封电池以阻止氧气进入的非荷电的蓄电池。

482-05-32

带液荷电蓄电池　filled charged battery

各个电池含电解质、电池极板处于荷电状态的蓄电池。这是某些类型的蓄电池的交货状态。

482-05-33

带液非荷电蓄电池　filled discharged battery

各个电池含电解质、电池极板处于非荷电状态的蓄电池。这是某些类型蓄电池的交货状态。

482-05-34

未化成干态蓄电池　unformed dry cell

还没有注入电解质，活性物质还没有经受所谓“化成”过程的某些类型的蓄电池。

482-05-35

浮充态蓄电池　battery on float(charge)；floating battery(deprecated)

其端子永久地连接到足以维持电池接近完全充电的恒压电源上的蓄电池，用于在正常供电临时中断时给电路供电。

482-05-36

充电接受能力　charge acceptance

蓄电池在规定条件下提高荷电状态的能力。

482-05-37

快速充电　boost charge

在短时间内使用以比正常值大的电流或电压(对于特殊的设计)加速充电。

482-05-38

恒(电)流充电　constant current charge

不考虑电池的电压或温度，充电期间电流保持恒定值的充电。

482-05-39

充电效率　charge efficiency

输出的电量与前次充电期间输入电量之比。

482-05-40

均衡充电　equalization charge

为了保证电池组中的各单只电池荷电状态相同而延续的充电。

482-05-41

充电因数　charge factor

放电量必须乘以的一个因数，以确定使电池组恢复到其原来的荷电状态所要求的充电量。

注：充电因数是充电效率的倒数。

482-05-42

完全充电　full charge

充电的一种状态，即在选定条件下充电时所有可利用的活性物质不会显著增加容量的状态。

482-05-43

初充电 initial charge

新的蓄电池在其使用寿命开始时的第一次充电。

482-05-44

过充电 overcharge

完全充电的蓄电池或电池组的继续充电。

注：超过制造商规定的某一极限的充电行为亦为过充电。

482-05-45

充电率（蓄电池和蓄电池组的） **charge rate**(relating to secondary cells and batteries)

给电池充电的电流。

注：这个电流用参考电流 I_t 表示，$I_t(\mathrm{A})=C_n(\mathrm{Ah})/n(\mathrm{h})$。其中，$C_n$ 是制造商宣称的额定容量，n是与所宣称的额定容量对应的以小时计的时基。

482-05-46

终止充电率 finishing charge rate

电池即将结束充电时的电流。

482-05-47

涓流充电 trickle charge

使电池组保持连续、长时间、调控下的小电流充电状态的充电方法。

注1：涓流充电用以补偿自放电效应，使电池保持在近似完全充电的状态。

注2：涓流充电不适用于某些蓄电池，如锂电池。

482-05-48

两阶段充电 two step charge

采用由反馈控制促使充电率从高向低转变的两级充电率恢复蓄电池能量。

482-05-49

恒(电)压充电 constant voltage charge

不考虑充电电流和温度，充电时使电压维持恒定值的充电。

482-05-50

改型恒(电)压充电 modified constant voltage charge

将电流限制到预定值的恒电压充电。

482-05-51

电池析气 gassing of a cell

由于电池电解质中水的电解而产生的气体的析出。

482-05-52

液位指示器 electrolyte level indicator

用于辅助测量电池中电解质液面高度所用的器件。

482-05-53

能量效率 energy efficiency

蓄电池放电时输出的能量与此前充电时输入的能量之比。

482-05-54

热失控 thermal runaway

充电时出现的一种临界状态，由蓄电池组热量产生的速率超过其散热能力导致温度连续升高引起，进而使电池组破坏。

恒电压充电时出现的一种不稳定情况，由蓄电池组热量产生的速率超过其散热能力导致温度连续升高引起，进而促使充电电流增大致使电池组破坏。

注：在锂电池中，热失控可能引起锂熔化。

482-05-55

充电终止电压　end-of-charge voltage

以规定的恒电流充电，在充电步骤结束时达到的电压。

注：充电终止电压可以用来确定充电过程的终止。

中 文 索 引

A

安全孔 …… 482-05-12
鞍子 …… 482-05-18

B

比特性(电池的) …… 482-03-34
闭路电压 …… 482-03-28
边界绝缘体 …… 482-02-19
标称电压 …… 482-03-31
标称值 …… 482-03-43
表观内阻 …… 482-03-36
并串联 …… 482-03-40
并联 …… 482-03-39
不带液非荷电蓄电池 …… 482-05-31
不漏液电池 …… 482-05-16

C

充电接受能力 …… 482-05-36
充电率(蓄电池和蓄电池组的) …… 482-05-45
充电效率 …… 482-05-39
充电因数 …… 482-05-41
充电终止电压 …… 482-05-55
初充电 …… 482-05-43
初始闭路电压 …… 482-03-29
初始放电电压 …… 482-03-29
初始负载电压(拒用) …… 482-03-29
储备电池 …… 482-01-14
串并联 …… 482-03-42
串联 …… 482-03-41

D

带液非荷电蓄电池 …… 482-05-33
带液荷电蓄电池 …… 482-05-32
袋式极板 …… 482-05-21
[单体]电池 …… 482-01-01
[单体电池]电极 …… 482-02-21
(电池)放电 …… 482-03-23
(电池)体积(比)能量 …… 482-03-22
电池 …… 482-01-04
电池保护板 …… 482-05-13
电池槽 …… 482-02-14
电池充电 …… 482-05-27
电池底垫 …… 482-05-09
电池封口剂 …… 482-02-16
电池盖 …… 482-02-15
电池耐久性 …… 482-03-44
电池能量 …… 482-03-21
电池外壳 …… 482-02-13
电池析气 …… 482-05-51
电池组 …… 482-01-04
电池组合框 …… 482-05-10
电池组合箱 …… 482-02-35
电池组架 …… 482-05-24
电化学反应 …… 482-03-01
电极的活性表面 …… 482-02-26
电极极化 …… 482-03-02
电解质 …… 482-02-29
电解质保持能力 …… 482-02-31
电解质爬渗 …… 482-02-30
电压标准电池 …… 482-01-17
端子 …… 482-02-22
端子保护套 …… 482-02-23
短路电流(电池的) …… 482-03-26

E

额定容量 …… 482-03-15

F

阀 …… 482-02-12
阀控式铅酸蓄电池 …… 482-05-15
反极 …… 482-03-03
反应极化 …… 482-03-10
放电电流 …… 482-03-24
放电电压(电池的) …… 482-03-28
放电率 …… 482-03-25
放电时间 …… 482-03-46
非水电解质电池 …… 482-01-10
浮充态蓄电池 …… 482-05-35
负极板 …… 482-02-05

负极端子 …………………………………… 482-02-24
负极极端 …………………………………… 482-02-24
副反应 ……………………………………… 482-03-13
富尔极板 …………………………………… 482-05-19
负载电压(拒用) …………………………… 482-03-28

G

改型恒(电)压充电 ………………………… 482-05-50
干电池 ……………………………………… 482-04-14
干式荷电蓄电池 …………………………… 482-05-30
隔板 ………………………………………… 482-02-11
隔离层 ……………………………………… 482-02-11
隔离物 ……………………………………… 482-02-10
隔膜 ………………………………………… 482-02-11
镉镍蓄电池 ………………………………… 482-05-02
镉银蓄电池 ………………………………… 482-05-05
固体电解质电池 …………………………… 482-01-09
管式极板 …………………………………… 482-02-07
过充电 ……………………………………… 482-05-44

H

荷电保持能力 ……………………………… 482-03-35
恒(电)流充电 ……………………………… 482-05-38
恒(电)压充电 ……………………………… 482-05-49
缓冲电池 …………………………………… 482-01-16
活化极化 …………………………………… 482-03-05
活性物质 …………………………………… 482-02-33
活性物质混合物 …………………………… 482-02-34

J

激活 ………………………………………… 482-01-19
极板 ………………………………………… 482-02-02
极板对 ……………………………………… 482-02-09
极端 ………………………………………… 482-02-22
极群 ………………………………………… 482-02-04
极群组 ……………………………………… 482-02-08
碱性电池 …………………………………… 482-01-08
碱性锌-二氧化锰电池 ……………………… 482-04-03
碱性锌-空气电池 …………………………… 482-04-02
浆糊电池 …………………………………… 482-04-16
结晶极化 …………………………………… 482-03-04
金属-空气电池 ……………………………… 482-04-01
金属氢化物镍蓄电池 ……………………… 482-05-08
矩形(的) …………………………………… 482-02-38
涓流充电 …………………………………… 482-05-47
均衡充电 …………………………………… 482-05-40

K

开路电压(电池的) ………………………… 482-03-32
开路电压温度系数 ………………………… 482-03-33
扣式电池 …………………………………… 482-02-40
快速充电 …………………………………… 482-05-37

L

勒克朗谢电池 ……………………………… 482-04-08
锂电池 ……………………………………… 482-01-06
锂-二硫化铁电池 …………………………… 482-04-12
锂-二氧化锰电池 …………………………… 482-04-10
锂离子蓄电池 ……………………………… 482-05-07
锂-亚硫酰氯电池 …………………………… 482-04-13
锂-氧化铜电池 ……………………………… 482-04-11
锂-一氟化碳聚合物电池 …………………… 482-04-09
连接件 ……………………………………… 482-02-37
连续工作试验 ……………………………… 482-03-48
两阶段充电 ………………………………… 482-05-48
氯化锌电池 ………………………………… 482-04-06

M

密封电池 …………………………………… 482-05-17
免维护电池 ………………………………… 482-05-25
面积(比)容量 ……………………………… 482-03-20

N

能量效率 …………………………………… 482-05-53
浓差极化 …………………………………… 482-03-08

O

欧姆极化 …………………………………… 482-03-09

P

排气帽 ……………………………………… 482-05-23
排气式电池 ………………………………… 482-05-14
普朗泰极板 ………………………………… 482-05-20

Q

起动能力 …………………………………… 482-05-26

铅酸蓄电池 ······ 482-05-01
全密封电池 ······ 482-02-01

R

燃料电池 ······ 482-01-05
热失控 ······ 482-05-54
容量(电池的) ······ 482-03-14
(容量)温度系数 ······ 482-03-18
容量保持能力 ······ 482-03-35
熔融盐电池 ······ 482-01-07

S

烧结式极板 ······ 482-05-22
剩余活性物质 ······ 482-03-37
剩余容量 ······ 482-03-16
湿式荷电蓄电池 ······ 482-05-29
使用寿命 ······ 482-03-46
使用质量 ······ 482-03-38
输出电缆 ······ 482-02-36

T

体积(比)容量 ······ 482-03-17
替换电池 ······ 482-01-13
铁镍蓄电池 ······ 482-05-03
涂膏式极板 ······ 482-02-03

W

外壳 ······ 482-02-14
外套 ······ 482-02-20
完全充电 ······ 482-05-42
韦斯顿电压标准电池 ······ 482-01-18
未化成干态蓄电池 ······ 482-05-34
未激活的 ······ 482-01-20

X

泄漏 ······ 482-02-32
锌镍蓄电池 ······ 482-05-04
锌-碳电池 ······ 482-04-07
锌-氧化银电池 ······ 482-04-04
锌银蓄电池 ······ 482-05-06
形成式极板 ······ 482-05-20
蓄电池 ······ 482-01-03
循环(电池的) ······ 482-05-28

Y

阳极 ······ 482-02-27
阳极反应 ······ 482-03-11
阳极极化 ······ 482-03-06
液位指示器 ······ 482-05-52
阴极 ······ 482-02-28
阴极反应 ······ 482-03-12
阴极极化 ······ 482-03-07
硬币式电池 ······ 482-02-40
应急电池 ······ 482-01-15
原电池 ······ 482-01-02
原始设备配套电池 ······ 482-01-12
圆柱形(原)电池 ······ 482-04-17
圆柱形电池 ······ 482-02-39

Z

整体槽 ······ 482-02-18
整体电池 ······ 482-02-17
正极板 ······ 482-02-06
正极端子 ······ 482-02-25
正极极端 ······ 482-02-25
纸板电池 ······ 482-04-15
指示电池 ······ 482-01-11
质量(比)容量 ······ 482-03-19
中性锌-空气电池 ······ 482-04-05
终止充电率 ······ 482-05-46
终止电压 ······ 482-03-30
贮存试验 ······ 482-03-45
贮存寿命 ······ 482-03-47
自放电 ······ 482-03-27
阻燃孔 ······ 482-05-11

OEM 电池 ······ 482-01-12
VRLA(缩写词) ······ 482-05-15

英 文 索 引

A

acceptance
charge acceptance …… 482-05-36
acid
lead acid battery …… 482-05-01
valve regulated lead acid battery …… 482-05-15
activation
activation …… 482-01-19
activation polarization …… 482-03-05
active
active material …… 482-02-33
active material mix …… 482-02-34
active surface of an electrode …… 482-02-26
residual active mass …… 482-03-37
areic
areic capacity …… 482-03-20
air
air metal battery …… 482-04-01
alkaline zinc air battery …… 482-04-02
neutral electrolyte zinc air battery …… 482-04-05
alkaline
alkaline cell …… 482-01-08
alkaline zinc air battery …… 482-04-02
alkaline zinc manganese
dioxide battery …… 482-04-03
anode
anode …… 482-02-27
anodic
anodic polarization …… 482-03-06
anodic reaction …… 482-03-11
apparent
internal apparent resistance …… 482-03-36
aqueous
non aqueous cell …… 482-01-10
arrester
flame arrester vent …… 482-05-11
arrestor
flame arrestor vent …… 482-05-11

B

back-up
back-up battery ······ 482-01-16
baffle
cell baffle ······ 482-05-13
base
battery base ······ 482-05-09
battery (ies)
air metal battery ······ 482-04-01
alkaline zinc air battery ······ 482-04-02
alkaline zinc manganese
dioxide battery ······ 482-04-03
back-up battery ······ 482-01-16
battery ······ 482-01-04
battery base ······ 482-05-09
battery crate ······ 482-05-10
discharge (of a battery) ······ 482-03-23
battery endurance ······ 482-03-44
battery energy ······ 482-03-21
battery on float (charge) ······ 482-05-35
battery rack ······ 482-05-24
battery tray ······ 482-02-35
buffer battery ······ 482-01-16
capacity (for cells or batteries) ······ 482-03-14
charge rate (relating to secondary cells and batteries) ······ 482-05-45
charging of a battery ······ 482-05-27
cycling (of a cell or battery) ······ 482-05-28
discharge voltage (related to cells or batteries) ······ 482-03-28
discharged empty (cell or battery) ······ 482-05-31
discharged unfilled (cell or battery) ······ 482-05-31
drained charged battery ······ 482-05-29
dry charged battery ······ 482-05-30
emergency battery ······ 482-01-15
filled charged battery ······ 482-05-32
filled discharged battery ······ 482-05-33
floating battery (deprecated) ······ 482-05-35
lead acid battery ······ 482-05-01
lead dioxide lead battery ······ 482-05-01
Leclanché battery ······ 482-04-08
lithium carbon monofluoride battery ······ 482-04-09
lithium copper oxide battery ······ 482-04-11
lithium ion battery ······ 482-05-07

lithium iron disulphide battery ········· 482-04-12
lithium manganese dioxide battery ········· 482-04-10
lithium thionyl chloride battery ········· 482-04-13
maintenance-free battery ········· 482-05-25
monobloc battery ········· 482-02-17
neutral electrolyte zinc air battery ········· 482-04-05
nickel-metal hydride battery ········· 482-05-08
nickel cadmium battery ········· 482-05-02
nickel iron battery ········· 482-05-03
nickel oxide cadmium battery ········· 482-05-02
nickel oxide iron battery ········· 482-05-03
nickel oxide zinc battery ········· 482-05-04
nickel zinc battery ········· 482-05-04
OEM battery ········· 482-01-12
open-circuit voltage (related to cells or batteries) ········· 482-03-32
replacement battery ········· 482-01-13
short-circuit current (related to cells or batteries) ········· 482-03-26
silver oxide cadmium battery ········· 482-05-05
silver zinc battery ········· 482-05-06
specific characteristic(related to cells or batteries) ········· 482-03-34
valve regulated lead acid battery ········· 482-05-15
volumic energy (related to battery) ········· 482-03-22
zinc carbon battery ········· 482-04-07
zinc silver oxide battery ········· 482-04-04
boost
boost charge ········· 482-05-37
buffer
buffer battery ········· 482-01-16
button
button cell ········· 482-02-40

C

cable
output cable ········· 482-02-36
cadmium
nickel cadmium battery ········· 482-05-02
nickel oxide cadmium battery ········· 482-05-02
silver oxide cadmium battery ········· 482-05-05
can
cell can ········· 482-02-13
capability
starting capability ········· 482-05-26
capacity

areic capacity …… 482-03-20
capacity (for cells or batteries) …… 482-03-14
capacity retention …… 482-03-35
gravimetric capacity …… 482-03-19
rated capacity …… 482-03-15
residual capacity …… 482-03-16
temperature coefficient (of the capacity) …… 482-03-18
volumetric capacity …… 482-03-17
carbon
lithium carbon monofluoride battery …… 482-04-09
zinc carbon battery …… 482-04-07
case
case …… 482-02-14
cathode
cathode …… 482-02-28
cathodic
cathodic polarization …… 482-03-07
cathodic reaction …… 482-03-12
cell
alkaline cell …… 482-01-08
button cell …… 482-02-40
capacity (for cells or batteries) …… 482-03-14
cell …… 482-01-01
cell baffle …… 482-05-13
cell can …… 482-02-13
(cell) electrode …… 482-02-21
cell lid …… 482-02-15
cell reversal …… 482-03-03
charge rate (relating to secondary cells and batteries) …… 482-05-45
coin cell …… 482-02-40
cycling (of a cell or battery) …… 482-05-28
cylindrical cell …… 482-02-39
discharge voltage (related to cells or batteries) …… 482-03-28
discharged empty (cell) or battery …… 482-05-31
discharged unfilled (cell or battery) …… 482-05-31
fuel cell …… 482-01-05
gassing of a cell …… 482-05-51
hermetically sealed cell …… 482-02-01
lithium cell …… 482-01-06
molten salt cell …… 482-01-07
non-spillable cell …… 482-05-16
non aqueous cell …… 482-01-10
open-circuit voltage (related to cells or batteries) …… 482-03-32

paper-lined cell ········ 482-04-15
paste-lined cell ········ 482-04-16
pilot cell ········ 482-01-11
primary cell ········ 482-01-02
reserve cell ········ 482-01-14
round cell ········ 482-04-17
sealed cell ········ 482-05-17
secondary cell ········ 482-01-03
short-circuit current (related to cells or batteries) ········ 482-03-26
solid electrolyte cell ········ 482-01-09
specific characteristic (related to cells or batteries) ········ 482-03-34
standard voltage cell ········ 482-01-17
unformed dry cell ········ 482-05-34
vented cell ········ 482-05-14
Weston standard voltage cell ········ 482-01-18
characteristic
specific characteristic (related to cells or batteries) ········ 482-03-34
charge
battery on float (charge) ········ 482-05-35
boost charge ········ 482-05-37
charge acceptance ········ 482-05-36
charge efficiency ········ 482-05-39
charge factor ········ 482-05-41
charge rate (relating to secondary cells and batteries) ········ 482-05-45
charge retention ········ 482-03-35
constant current charge ········ 482-05-38
constant voltage charge ········ 482-05-49
end-of-charge voltage ········ 482-05-55
equalization charge ········ 482-05-40
finishing charge rate ········ 482-05-46
full charge ········ 482-05-42
initial charge ········ 482-05-43
modified constant voltage charge ········ 482-05-50
two step charge ········ 482-05-48
trickle charge ········ 482-05-47
charged
drained charged battery ········ 482-05-29
dry charged battery ········ 482-05-30
filled charged battery ········ 482-05-32
charging
charging of a battery ········ 482-05-27
zinc chloride battery ········ 482-04-06
chloride

lithium thionyl chloride battery ………… 482-04-13
zinc chloride battery ………… 482-04-06
circuit
closed circuit voltage ………… 482-03-28
initial closed circuit voltage ………… 482-03-29
closed
closed circuit voltage ………… 482-03-28
initial closed circuit voltage ………… 482-03-29
coefficient
temperature coefficient (of the capacity) ………… 482-03-18
temperature coefficient of
the open-circuit voltage ………… 482-03-33
coin
coin cell ………… 482-02-40
compound
lid sealing compound ………… 482-02-16
concentration
concentration polarization ………… 482-03-08
connection
parallel connection ………… 482-03-39
parallel series connection ………… 482-03-40
series connection ………… 482-03-41
series parallel connection ………… 482-03-42
connector
connector ………… 482-02-37
constant
constant current charge ………… 482-05-38
constant voltage charge ………… 482-05-49
modified constant voltage charge ………… 482-05-50
container
monobloc container ………… 482-02-18
containment
electrolyte containment ………… 482-02-31
continuous
continuous service test ………… 482-03-48
copper
lithium copper oxide battery ………… 482-04-11
cover
terminal cover ………… 482-02-23
crate
battery crate ………… 482-05-10
creep
electrolyte creep ………… 482-02-30

crystallization
crystallization polarization ······ 482-03-04
current
constant current charge ······ 482-05-38
discharge current ······ 482-03-24
short-circuit current (related to cells or batteries) ······ 482-03-26
cut-off
cut-off voltage ······ 482-03-30
cycling
cycling (of a cell or battery) ······ 482-05-28
cylindrical
cylindrical cell ······ 482-02-39

D

dioxide
alkaline zinc manganese
dioxide battery ······ 482-04-03
lead dioxide lead battery ······ 482-05-01
lithium manganese dioxide battery ······ 482-04-10
discharge
discharge (of a battery) ······ 482-03-23
discharge current ······ 482-03-24
discharge rate ······ 482-03-25
discharge voltage (related to cells or batteries) ······ 482-03-28
end-of-discharge voltage ······ 482-03-30
end-point voltage ······ 482-03-30
initial discharge voltage ······ 482-03-29
self discharge ······ 482-03-27
discharged
discharged empty (cell) or battery ······ 482-05-31
discharged unfilled (cell) or battery ······ 482-05-31
filled discharged battery ······ 482-05-33
disulphide
lithium iron disulphide battery ······ 482-04-12
drained
drained charged battery ······ 482-05-29
dry-cell
dry-cell ······ 482-04-14
dry
dry charged battery ······ 482-05-30
unformed dry cell ······ 482-05-34

E

edge

edge insulator ········ 482-02-19
efficiency
charge efficiency ········ 482-05-39
energy efficiency ········ 482-05-53
electrochemical
electrochemical reaction ········ 482-03-01
electrode
active surface of an electrode ········ 482-02-26
(cell) electrode ········ 482-02-21
electrode polarization ········ 482-03-02
electrolyte
electrolyte ········ 482-02-29
electrolyte containment ········ 482-02-31
electrolyte creep ········ 482-02-30
electrolyte level indicator ········ 482-05-52
neutral electrolyte zinc air battery ········ 482-04-05
solid electrolyte cell ········ 482-01-09
emergency
emergency battery ········ 482-01-15
empty
discharged empty (cell) or battery ········ 482-05-31
end-end-of-discharge voltage ········ 482-03-30
end-of-charge voltage ········ 482-05-55
endurance
battery endurance ········ 482-03-44
energy
battery energy ········ 482-03-21
energy efficiency ········ 482-05-53
volumic energy (related to battery) ········ 482-03-22
equalization
equalization charge ········ 482-05-40

F

factor
charge factor ········ 482-05-41
Faure
Faure plate ········ 482-05-19
filled
filled charged battery ········ 482-05-32
filled discharged battery ········ 482-05-33
final
final voltage ········ 482-03-30
finishing

finishing charge rate ······ 482-05-46
flame
flame arrester vent ······ 482-05-11
flame arrestor vent ······ 482-05-11
float
battery on float (charge) ······ 482-05-35
floating
floating battery (deprecated) ······ 482-05-35
free
maintenance-free battery ······ 482-05-25
fuel
fuel cell ······ 482-01-05
full
full charge ······ 482-05-42

G

gassing
gassing of a cell ······ 482-05-51
gravimetric
gravimetric capacity ······ 482-03-19
group
plate group ······ 482-02-04

H

hermetically
hermetically sealed cell ······ 482-02-01
hydride
nickel-metal hydride battery ······ 482-05-08

I

inactivated
inactivated ······ 482-01-20
indicator
electrolyte level indicator ······ 482-05-52
initial
initial charge ······ 482-05-43
initial closed circuit voltage ······ 482-03-29
insulator
edge insulator ······ 482-02-19
internal
internal apparent resistance ······ 482-03-36
ion
lithium ion battery ······ 482-05-07

iron
lithium iron disulphide battery 482-04-12
nickel iron battery 482-05-03
nickel oxide iron battery 482-05-03

J

jacket
jacket 482-02-20

L

lead
lead acid battery 482-05-01
lead dioxide lead battery 482-05-01
valve regulated lead acid battery 482-05-15
leakage
leakage 482-02-32
Leclanché
Leclanché battery 482-04-08
level
electrolyte level indicator 482-05-52
lid
cell lid 482-02-15
lid sealing compound 482-02-16
life
service life 482-03-46
shelf life 482-03-47
storage life 482-03-47
lithium
lithium carbon monofluoride battery 482-04-09
lithium cell 482-01-06
lithium copper oxide battery 482-04-11
lithium ion battery 482-05-07
lithium iron disulphide battery 482-04-12
lithium manganese dioxide battery 482-04-10
lithium thionyl chloride battery 482-04-13
load
on load voltage (deprecated) 482-03-28

M

maintenance
maintenance-free battery 482-05-25
manganese
alkaline zinc manganese

dioxide battery ········ 482-04-03
lithium manganese dioxide battery ········ 482-04-10
mass
mass transfer polarization ········ 482-03-08
residual active mass ········ 482-03-37
service mass ········ 482-03-38
material
active material ········ 482-02-33
active material mix ········ 482-02-34
metal
air metal battery ········ 482-04-01
mix
active material mix ········ 482-02-34
modified
modified constant voltage charge ········ 482-05-50
molten
molten salt cell ········ 482-01-07
monobloc
monobloc battery ········ 482-02-17
monobloc container ········ 482-02-18
monofluoride
lithium carbon monofluoride battery ········ 482-04-09
mudribs
mudribs ········ 482-05-18

N

negative
negative plate ········ 482-02-05
negative terminal ········ 482-02-24
neutral
neutral electrolyte zinc air battery ········ 482-04-05
nickel-metal
nickel-metal hydride battery ········ 482-05-08
nickel
nickel cadmium battery ········ 482-05-02
nickel iron battery ········ 482-05-03
nickel oxide cadmium battery ········ 482-05-02
nickel oxide iron battery ········ 482-05-03
nickel oxide zinc battery ········ 482-05-04
nickel zinc battery ········ 482-05-04
nominal
nominal value ········ 482-03-43
nominal voltage ········ 482-03-31

non-spillable
non-spillable cell ········ 482-05-16
non
non aqueous cell ········ 482-01-10

O

OEM
OEM battery ········ 482-01-12
ohmic
ohmic polarization ········ 482-03-09
open-circuit
temperature coefficient of
the open-circuit voltage ········ 482-03-33
open-circuit voltage (related to cells or batteries) ········ 482-03-32
output
output cable ········ 482-02-36
overcharge
overcharge ········ 482-05-44
oxide
lithium copper oxide battery ········ 482-04-11
nickel oxide cadmium battery ········ 482-05-02
nickel oxide iron battery ········ 482-05-03
nickel oxide zinc battery ········ 482-05-04
silver oxide cadmium battery ········ 482-05-05
zinc silver oxide battery ········ 482-04-04

P

pack
plate pack ········ 482-02-08
pair
plate pair ········ 482-02-09
paper-lined
paper-lined cell ········ 482-04-15
parallel
parallel connection ········ 482-03-39
parallel series connection ········ 482-03-40
series parallel connection ········ 482-03-42
parasitic
parasitic reaction ········ 482-03-13
paste-lined
paste-lined cell ········ 482-04-16
pasted
pasted plate ········ 482-02-03

pilot
pilot cell ······ 482-01-11
Planté
Planté plate ······ 482-05-20
plate
Faure plate ······ 482-05-19
negative plate ······ 482-02-05
pasted plate ······ 482-02-03
Planté plate ······ 482-05-20
plate ······ 482-02-02
plate group ······ 482-02-04
plate pack ······ 482-02-08
plate pair ······ 482-02-09
(plate) separator ······ 482-02-11
pocket plate ······ 482-05-21
positive plate ······ 482-02-06
sintered plate ······ 482-05-22
tubular plate ······ 482-02-07
pocket
pocket plate ······ 482-05-21
polarity
polarity reversal ······ 482-03-03
polarization
activation polarization ······ 482-03-05
anodic polarization ······ 482-03-06
cathodic polarization ······ 482-03-07
concentration polarization ······ 482-03-08
crystallization polarization ······ 482-03-04
electrode polarization ······ 482-03-02
mass transfer polarization ······ 482-03-08
ohmic polarization ······ 482-03-09
reaction polarization ······ 482-03-10
positive
positive plate ······ 482-02-06
positive terminal ······ 482-02-25
primary
primary cell ······ 482-01-02
prismatic
prismatic ······ 482-02-38
protector
terminal protector ······ 482-02-23

R

rack
battery rack 482-05-24
rate
charge rate（**relating to secondary cells and batteries**） 482-05-45
discharge rate 482-03-25
finishing charge rate 482-05-46
rated
rated capacity 482-03-15
reaction
anodic reaction 482-03-11
cathodic reaction 482-03-12
482-03-13
reaction polarization 482-03-10
regulated
valve regulated lead acid battery 482-05-15
relating
charge rate（relating to secondary cells and batteries） 482-05-45
replacement
replacement battery 482-01-13
reserve
reserve cell 482-01-14
residual
residual active mass 482-03-37
residual capacity 482-03-16
resistance
internal apparent resistance 482-03-36
retention
capacity retention 482-03-35
charge retention 482-03-35
reversal
cell reversal 482-03-03
polarity reversal 482-03-03
round
round cell 482-04-17
runaway
thermal runaway 482-05-54

S

safety
safety vent 482-05-12
salt

molten salt cell …… 482-01-07
sealed
hermetically sealed cell …… 482-02-01
sealed cell …… 482-05-17
sealing
lid sealing compound …… 482-02-16
secondary
charge rate (relating to secondary cells and batteries) …… 482-05-45
secondary cell …… 482-01-03
secondary reaction …… 482-03-13
self
self discharge …… 482-03-27
separator
(plate) separator …… 482-02-11
series
parallel series connection …… 482-03-40
series connection …… 482-03-41
series parallel connection …… 482-03-42
service
continuous service test …… 482-03-48
service life …… 482-03-46
service mass …… 482-03-38
shelf
shelf life …… 482-03-47
short-circuit
short-circuit current (related to cells or batteries) …… 482-03-26
side
side reaction …… 482-03-13
silver
silver oxide cadmium battery …… 482-05-05
silver zinc battery …… 482-05-06
zinc silver oxide battery …… 482-04-04
sintered
sintered plate …… 482-05-22
solid
solid electrolyte cell …… 482-01-09
spacer
spacer …… 482-02-10
specific
specific characteristic (related to cells or batteries) …… 482-03-34
standard
standard voltage cell …… 482-01-17
Weston standard voltage cell …… 482-01-18

starting
starting capability ························ 482-05-26
step
two step charge ························ 482-05-48
storage
storage life ························ 482-03-47
storage test ························ 482-03-45
surface
active surface of an electrode ························ 482-02-26

T

temperature
temperature coefficient (of the capacity) ························ 482-03-18
temperature coefficient of
the open-circuit voltage ························ 482-03-33
terminal
negative terminal ························ 482-02-24
positive terminal ························ 482-02-25
terminal ························ 482-02-22
terminal cover ························ 482-02-23
terminal protector ························ 482-02-23
test
continuous service test ························ 482-03-48
storage test ························ 482-03-45
thermal
thermal runaway ························ 482-05-54
thionyl
lithium thionyl chloride battery ························ 482-04-13
transfer
mass transfer polarization ························ 482-03-08
tray
battery tray ························ 482-02-35
trickle
trickle charge ························ 482-05-47
tubular
tubular plate ························ 482-02-07

U

unfilled
discharged unfilled (cell or battery) ························ 482-05-31
unformed
unformed dry cell ························ 482-05-34
secondary reaction ························ 482-03-13

side reaction ········ 482-03-13

V

value
nominal value ········ 482-03-43
valve
valve ········ 482-02-12
valve regulated lead acid battery ········ 482-05-15
vent
flame arrester vent ········ 482-05-11
flame arrestor vent ········ 482-05-11
safety vent ········ 482-05-12
vent cap ········ 482-05-23
vented
vented cell ········ 482-05-14
voltage
closed circuit voltage ········ 482-03-28
constant voltage charge ········ 482-05-49
cut-off voltage ········ 482-03-30
discharge voltage (related to cells or batteries) ········ 482-03-28
end-of-charge voltage ········ 482-05-55
end-of-discharge voltage ········ 482-03-30
end-of-discharge voltage ········ 482-03-30
end-point voltage ········ 482-03-30
final voltage ········ 482-03-30
initial closed circuit voltage ········ 482-03-29
initial discharge voltage ········ 482-03-29
initial on load voltage (deprecated) ········ 482-03-29
modified constant voltage charge ········ 482-05-50
nominal voltage ········ 482-03-31
open-circuit voltage (related to cells or batteries) ········ 482-03-32
standard voltage cell ········ 482-01-17
temperature coefficient of the open-circuit voltage ········ 482-03-33
Weston standard voltage cell ········ 482-01-18
volumetric
volumetric capacity ········ 482-03-17
volumic
volumic energy (related to battery) ········ 482-03-22
VRLA
VRLA (abbreviation) ········ 482-05-15

W

Weston
Weston standard voltage cell ········ 482-01-18

Z

zinc
alkaline zinc air battery ·· 482-04-02
alkaline zinc manganese
dioxide battery ·· 482-04-03
neutral electrolyte zinc air battery ·· 482-04-05
nickel oxide zinc battery ·· 482-05-04
nickel zinc battery ·· 482-05-04
silver zinc battery ·· 482-05-06
zinc carbon battery ·· 482-04-07
zinc chloride battery ·· 482-04-06
zinc silver oxide battery ·· 482-04-04

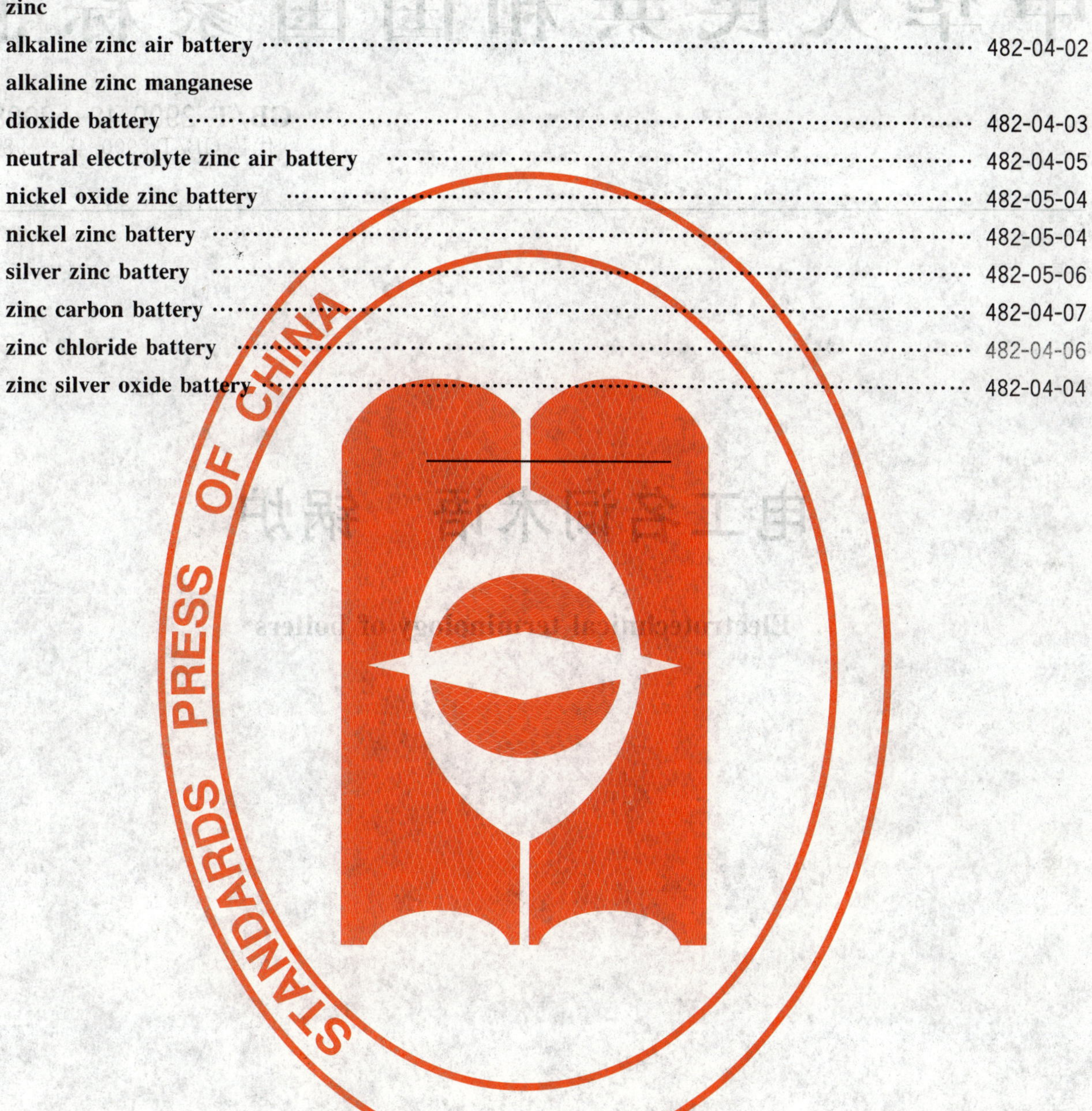

ICS 27.060.30;01.040.23
J 98

中华人民共和国国家标准

GB/T 2900.48—2008
代替 GB/T 2900.48—1983

电工名词术语　锅炉

Electrotechnical terminology of boilers

2008-01-31 发布　　2008-07-01 实施

中华人民共和国国家质量监督检验检疫总局
中国国家标准化管理委员会　发布

前　　言

GB/T 2900《电工名词术语》分以下部分：

——GB/T 2900.1　电工术语　基本术语
——GB/T 2900.4　电工术语　电工合金
——GB/T 2900.5　电工术语　绝缘固体、液体和气体
——GB/T 2900.7　电工术语　电炭
——GB/T 2900.8　电工术语　绝缘子
——GB/T 2900.9　电工术语　火花塞
——GB/T 2900.10　电工术语　电缆
——GB/T 2900.11　蓄电池名词术语
——GB/T 2900.12　电工名词术语　避雷器
——GB/T 2900.15　电工术语　变压器、互感器、调压器和电抗器
——GB/T 2900.16　电工术语　电力电容器
——GB/T 2900.17　电工术语　电气继电器
——GB/T 2900.18　电工术语　低压电器
——GB/T 2900.19　电工术语　高电压试验技术和绝缘配合
——GB/T 2900.20　电工术语　高压开关设备
——GB/T 2900.22　电工名词术语　电焊机
——GB/T 2900.23　电工术语　工业电热设备
——GB/T 2900.25　电工术语　旋转电机
——GB/T 2900.26　电工术语　控制电机
——GB/T 2900.27　电工术语　小功率电动机
——GB/T 2900.28　电工术语　电动工具
——GB/T 2900.29　电工名词术语　日用电器
——GB/T 2900.32　电工术语　电力半导体器件
——GB/T 2900.33　电工术语　电力电子技术
——GB/T 2900.35　电工术语　爆炸性环境用电气设备
——GB/T 2900.36　电工术语　电力牵引
——GB/T 2900.37　电工名词术语　电瓷专用设备
——GB/T 2900.39　电工术语　电机、变压器专用设备
——GB/T 2900.40　电工名词术语　电线电缆专用设备
——GB/T 2900.45　电工术语　水电站水力机械设备
——GB/T 2900.46　电工名词术语　汽轮机及其附属装置
——GB/T 2900.48　电工名词术语　锅炉
——GB/T 2900.49　电工术语　电力系统保护
——GB/T 2900.50　电工术语　发电、输电及配电　通用术语
——GB/T 2900.51　电工术语　架空线路
——GB/T 2900.52　电工术语　发电、输电及配电　发电
——GB/T 2900.53　电工术语　风力发电机组

——GB/T 2900.54　电工术语　无线电通信:发射机、接收机、网络和运行

——GB/T 2900.55　电工术语　带电作业

——GB/T 2900.56　电工术语　自动控制

——GB/T 2900.57　电工术语　发电、输电及配电　运行

——GB/T 2900.58　电工术语　发电、输电及配电　电力系统规划和管理

——GB/T 2900.59　电工术语　发电、输电及配电　变电站

——GB/T 2900.60　电工术语　电磁学

——GB/T 2900.61　电工术语　物理和化学

——GB/T 2900.62　电工术语　原电池

——GB/T 2900.63　电工术语　基础继电器

——GB/T 2900.64　电工术语　有或无时间继电器

——GB/T 2900.65　电工术语　照明

——GB/T 2900.66　电工术语　半导体器件和集成电路

——GB/T 2900.67　电工术语　非广播用摄像机

——GB/T 2900.68　电工术语　电信网、电信业务和运行

——GB/T 2900.69　电工术语　综合业务数字网(ISDN)第1部分:总则

本部分为GB/T 2900的第48部分。本部分代替GB/T 2900.48—1983《电工名词术语　固定式锅炉》。

本部分与GB/T 2900.48—1983相比主要变化如下:

——增加循环流化床锅炉等名词术语284条;

——修改名词术语230条;

——保留原有名词术语81条;

——删除原有名词术语33条。

本部分由全国锅炉压力容器标准化技术委员会(SAC/TC 262)提出并归口。

本部分由全国锅炉压力容器标准化技术委员会锅炉分技术委员会(SC 1)组织修订。

本部分起草单位:西安热工研究院、西安交通大学、上海发电设备成套设计研究院、北京巴威公司。

本部分主要起草人:许传凯、贾鸿祥、郑国耀、张瑞、骆声、高汉襄、袁颖。

本部分所替代标准的历次版本发布情况为:

——GB/T 2900.48—1983。

引　言

GB/T 2900.48—1983 自实施之日起，至今已有 20 余年之久，在此期间，锅炉无论在设计制造还是在运行维护等方面都有了很大的发展。特别是电站锅炉的发展尤为迅速，例如以前国内尚未有的“W”型火焰锅炉、循环流化床锅炉、超临界/超超临界锅炉等，都已有很大的发展。同时，随着大量国外先进的锅炉及其技术的引进，不少新的名词术语得到了广泛的应用，很多原有的名词术语已不能适用，或者被淘汰，或者应赋以新的释义，予以修订。

电工名词术语　锅炉

1　范围

GB/T 2900 的本部分规定了锅炉的专用名词术语。

本部分适用于有关锅炉专业的技术文件及科技出版物。

2　规范性引用文件

下列文件中的条款通过 GB/T 2900 的本部分的引用而成为本部分的条款。凡是注日期的引用文件，其随后所有的修改单(不包括勘误的内容)或修订版均不适用于本部分，然而，鼓励根据本部分达成协议的各方研究是否可使用这些文件的最新版本。凡是不注日期的引用文件，其最新版本适用于本部分。

GB 2900.1　电工术语　基本术语

3　一般术语和设备名称

3.1　类型

3.1.1

锅炉　boiler

利用燃料燃烧释放的热能或其他热能加热水或其他工质，以生产规定参数(温度，压力)和品质的蒸汽、热水或其他工质的设备。

3.1.2

蒸汽锅炉　steam boiler，steam generator

用以产生蒸汽(水蒸气)的锅炉。又称蒸汽发生装置。

3.1.3

锅炉机组　boiler unit

锅炉本体及其必要的辅助机械、附属设备、监控装置和它们的连接管路系统的总称。

3.1.4

固定式锅炉　stationary boiler

安装于固定基础上不可移动的锅炉。

3.1.5

电站锅炉　utility boiler，power station boiler，power plant boiler

生产的蒸汽(水蒸气)主要用于发电的锅炉。

3.1.6

工业锅炉　industrial boiler

生产的蒸汽或热水主要用于工业生产和/或民用的锅炉。

3.1.7

热水锅炉　hot water boiler

用以产生热水的锅炉。

注：出水温度 120℃及以上的热水锅炉称为高温热水锅炉(high-temperature water boiler)。

3.1.8

有机热载体锅炉　organic fluid boiler

以有机质液体作为热载体工质的锅炉。

3.1.9

室内锅炉　indoor boiler

布置在室内的锅炉。

3.1.10

露天锅炉　outdoor boiler

布置在露天的锅炉。

3.1.11

半露天锅炉　semi-outdoor boiler

置于露天,但在炉顶上部设有轻型围护结构(包括锅筒锅炉的锅筒小室)或在炉前和运行操作层设有防雨设施,及在运行操作层以下设有围护结构的锅炉。

3.1.12

整装锅炉　package boiler

按照运输条件所允许的范围,在制造厂完成总装整台发运的锅炉。

注:根据情况的不同,整台发运的锅炉可以是锅炉本体,也可以是除锅炉本体外还包括通风设备和自动控制设备等。

3.1.13

组装锅炉　shop-assembled boiler

在制造厂内将整台锅炉分成几个装配齐全的大件,运到工地后可将诸大件方便地组合而成的锅炉。

3.1.14

超临界压力锅炉　supercritical pressure boiler

出口蒸汽压力超过临界压力的锅炉。

注:水蒸气的临界压力为 22.1 MPa。

3.1.15

亚临界压力锅炉　sub-critical pressure boiler

出口蒸汽压力低于但接近于临界压力,一般为 15.7 MPa～19.6 MPa 的锅炉。

注:按我国电站锅炉现行的蒸汽参数系列,亚临界压力锅炉出口蒸汽压力规定为 16.7MPa。

3.1.16

超高压锅炉　super-high pressure boiler

蒸汽出口压力一般为 11.8 MPa～14.7 MPa 的锅炉。

注:按我国电站锅炉现行的蒸汽参数系列,超高压锅炉出口主蒸汽压力规定为 13.7 MPa。

3.1.17

高压锅炉　high pressure boiler

出口蒸汽压力一般为 7.84 MPa～10.8 MPa 的锅炉。

注:按我国电站锅炉现行的蒸汽参数系列,高压锅炉出口蒸汽压力规定为 9.81 MPa。

3.1.18

中压锅炉　medium pressure boiler

出口蒸汽压力一般为 2.45 MPa～4.90 MPa 的锅炉。

注:按我国电站锅炉现行的蒸汽参数系列,中压锅炉出口蒸汽压力规定为 3.83 MPa。

3.1.19

低压锅炉　low pressure boiler

出口蒸汽压力一般不大于 2.45 MPa 的锅炉。

3.1.20

锅筒锅炉　drum boiler

带有锅筒并用以构成水循环回路的水管锅炉,常称汽包锅炉。

3.1.21

水管锅炉　water tube boiler

烟气在受热面管子外部流动，工质在管子内部流动的锅炉。

3.1.22

横锅筒锅炉　cross drum boiler

锅筒纵向轴线与锅炉前后轴线垂直的锅炉。

3.1.23

纵锅筒锅炉　longitudinal drum boiler

锅筒纵向轴线与锅炉前后轴线平行的锅炉。

3.1.24

锅壳锅炉　shell boiler

蒸发受热面主要布置在锅壳内，燃烧的火焰在管内而汽水在管外流动的锅炉，包括卧式锅壳锅炉、立式锅壳锅炉和固定式机车锅炉。

3.1.25

箱型锅炉　box-type boiler

下部为炉膛，上部分隔成两个串联对流烟道的箱型结构锅炉，一般用于燃油或燃气锅炉，见图 1。

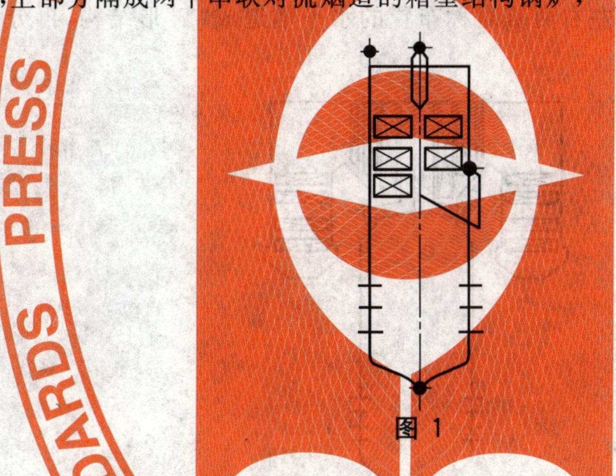

图 1

3.1.26

塔式锅炉　tower boiler

下部为炉膛，上部为对流烟道的塔型结构锅炉，见图 2。

注：大容量(通常指 300 MW 以上)锅炉很少有采用全塔型，而只采用半塔型，即将空气预热器及送引风机布置在 0 m 地面。

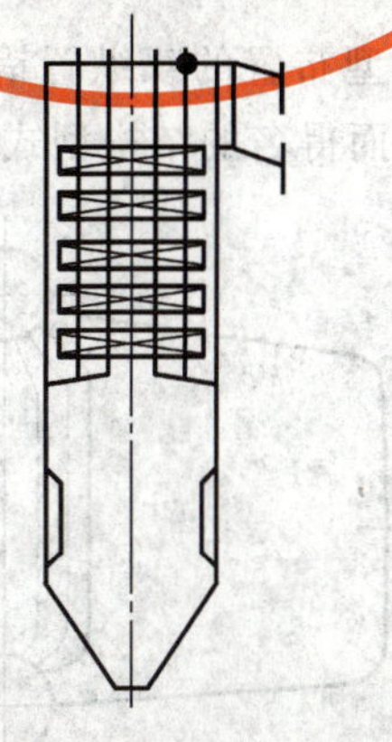

图 2

3.1.27

"Π"型锅炉 "Π"type boiler, two-pass boiler

由垂直柱体上行炉膛及其出口水平烟道和下行对流烟道三部分组成"Π"形结构的锅炉，见图 3。

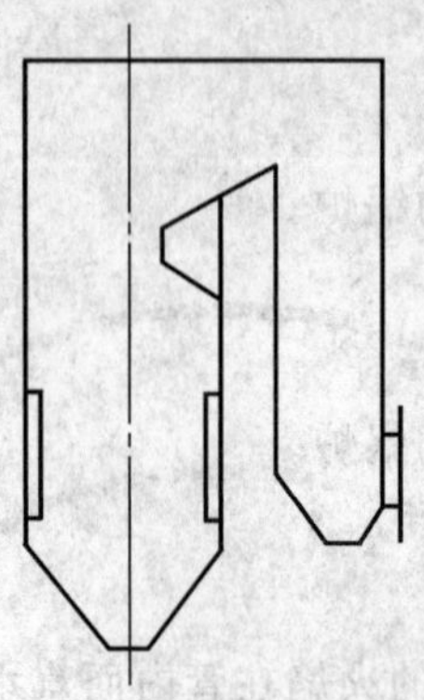

图 3

3.1.28

"T"型锅炉 "T"type boiler

由垂直柱体上行炉膛及其出口左右两侧对称布置的水平烟道成"T"形结构，再分别和下行对流烟道组成的锅炉，见图 4。

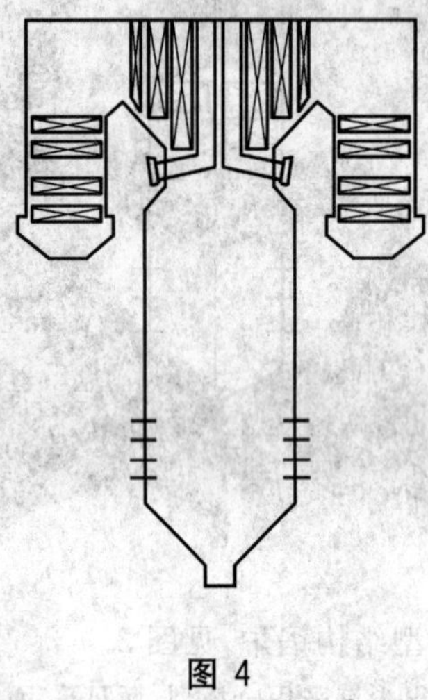

图 4

3.1.29

"D"型锅炉 "D"type boiler

半部为炉膛，半部为对流烟道成"D"型布置的双纵置锅筒锅炉，其双锅筒和下降管、上升管管系的布置的侧视，近似于英文大写字母"D"形而得名的结构型式锅炉。见图 5。

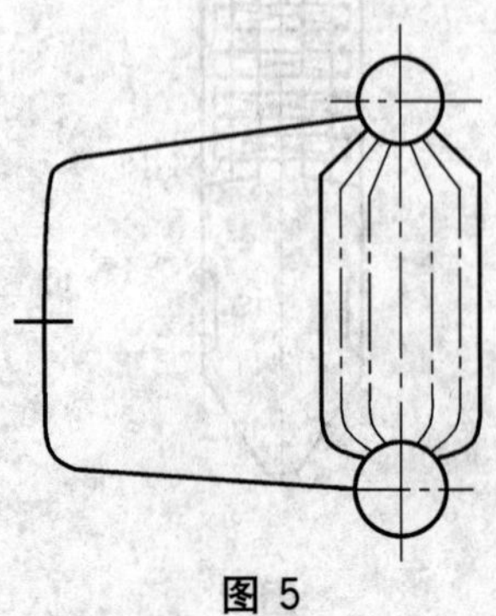

图 5

3.1.30

自然循环锅炉　natural circulation boiler

依靠下降管中的水和炉内上升管中汽水混合物之间的密度差和重位高度产生的压差而推动水循环的锅筒锅炉。

3.1.31

控制循环锅炉　controlled circulation (CC) boiler

强制循环锅炉　forced circulation boiler

主要依靠下降管和上升管之间装设炉水循环泵的压头推动水循环的锅筒锅炉，又称辅助循环锅炉(assisted circulation boiler)。

3.1.32

直流锅炉　once-through boiler, mono-tube boiler

受给水泵压头的作用，工质按顺序一次通过加热段、蒸发段和过热段等各级受热面而产生额定参数蒸汽的锅炉。

3.1.33

复合循环锅炉　combined circulation boiler

在低负荷时，依靠炉水循环泵使蒸发受热面出口的部分或全部水，经过再循环管路回到炉膛水冷壁受热面中进行再循环，而在一定高负荷下自动切换成直流方式运行的锅炉。按再循环负荷的大小，可分为全负荷复合循环锅炉(又称低循环倍率锅炉 low circulation-ratio boiler)和部分负荷复合循环锅炉。

3.1.34

化石燃料锅炉　fossil fuel fired boiler

燃用化石燃料(矿物燃料)即煤、油页岩、石油及天然气等的锅炉。

3.1.35

固体燃料锅炉　solid-fuel fired boiler

燃用固体燃料(煤、油页岩、生物质燃料和可燃固体废弃物等)的锅炉。

3.1.36

液体燃料锅炉　liquid-fuel fired boiler

燃用液体燃料(石油、燃料油、工业废液等)的锅炉。

3.1.37

气体燃料锅炉　gas fuel fired boiler

燃用气体燃料(天然气、高炉煤气和焦炉煤气等)的锅炉。又称燃气锅炉(gas-fired boiler)。

3.1.38

燃煤锅炉　coal fired boiler

以煤为燃料的锅炉。

3.1.39

煤粉锅炉　pulverized-coal fired boiler

燃煤磨制成的煤粉，通过燃烧器送入炉膛后，在悬浮状态下进行燃烧的锅炉。

3.1.40

燃油锅炉　oil-fired boiler

以油为燃料的锅炉。

3.1.41

混烧锅炉　mixed fuel fired boiler, multi-fuel fired boiler

同时使用两种或两种以上不同燃料的锅炉。

注：主要有油煤混烧、油气混烧、气煤混烧和油页岩烟煤混烧等。

3.1.42

水煤浆锅炉　coal water slurry boiler

以水煤浆为燃料的锅炉。

3.1.43

余热锅炉　heat recovery boiler, heat recovery steam generator (HRSG)

利用各种工业过程中的废气、废料或废液中含有的显热或(和)其可燃物质燃烧后产生热量的锅炉。

3.1.44

垃圾锅炉　urban refuse incineration boiler, garbage fired boiler, refuse boiler

利用焚烧生活垃圾和工业垃圾而产生热量的锅炉。

3.1.45

黑液锅炉　black liquor recovery boiler

以造纸废液(黑液)为燃料的余热锅炉。

3.1.46

原子能锅炉　nuclear energy steam generator

利用核燃料在反应堆内的裂变(或聚变)所释放热能作为热源的蒸汽发生装置。

3.1.47

固态排渣锅炉　boiler with dry-ash furnace, boiler with dry-bottom furnace

燃料燃烧后产生的炉渣呈固态从炉膛排出的锅炉。

3.1.48

液态排渣锅炉　boiler with slag-tap furnace, boiler with wet-bottom furnace

燃料燃烧后产生的炉渣在熔渣室的高温下熔化成液态从炉膛排出的锅炉。

3.1.49

负压锅炉　induced draft boiler, suction boiler

用引风机压头和系统所产生的自生通风压头(主要是烟囱)克服烟道和风道阻力,因而使风道、炉膛及烟道均处于负压状态下运行的锅炉。

3.1.50

平衡通风锅炉　balanced-draft boiler

用送风机和引风机压头和系统所产生的自生通风压头克服风道和烟道阻力,使炉膛顶部保持微负压运行的锅炉。

3.1.51

增压锅炉　supercharged boiler

在某些燃气-蒸汽联合循环中,同时作为燃气轮机燃烧室以产生高压烟气的锅炉。烟气压力一般大于0.3 MPa(3 ata——绝对压力)。

3.1.52

微正压锅炉　pressurized boiler

只配置送风机而不配置引风机,因而炉膛中烟气压力高于大气环境压力的锅炉。一般用于燃油和燃气的锅炉,炉膛设计压力一般在5 kPa以下。

3.1.53

切向燃烧锅炉　tangential fired boiler, corner fired boiler

采用切向燃烧方式(见4.1.9切向燃烧)的锅炉。

3.1.54

墙式燃烧锅炉　wall-fired boiler

采用墙式燃烧方式(见4.1.10墙式燃烧,4.1.11对冲燃烧)的锅炉。

3.1.55

“U”型火焰锅炉　U-flame boiler, down-fired boiler

采用拱式燃烧构成“U”形火炬(见 4.1.12 拱式燃烧)的锅炉。

3.1.56

“W”型火焰锅炉　W-flame boiler, down-fired boiler

采用双拱燃烧构成“W”形火炬(见 4.1.12 拱式燃烧)的锅炉。

3.1.57

立式旋风炉　vertical cyclone furnace

采用旋风燃烧(见 4.1.13 旋风燃烧)且水冷旋风筒呈竖直布置的锅炉。

3.1.58

卧式旋风炉　horizontal cyclone furnace

采用旋风燃烧(见 4.1.13 旋风燃烧)且水冷旋风筒呈水平或倾斜布置的锅炉。

3.1.59

鼓泡流化床锅炉　bubbling fluidized bed boiler (BFBB)

采用鼓泡流化床燃烧方式(见 4.1.15 鼓泡流化床燃烧)的锅炉,简称鼓泡床锅炉。

3.1.60

循环流化床锅炉　circulating fluidized bed boiler (CFBB)

采用循环流化床燃烧方式(见 4.1.16 循环流化床燃烧)的锅炉,简称循环床锅炉。

3.1.61

常压流化床锅炉　atmospheric (pressure) fluidized bed boiler (AFBB)

采用炉内烟气为常压(近于大气压力)的流化床燃烧技术的锅炉。可分为两类:常压鼓泡流化床锅炉(ABFBB)和常压循环流化床锅炉(ACFBB)。

3.1.62

增压流化床锅炉　pressurized fluidized bed boiler (PFBB)

采用炉内烟气为增压(指几个或十几个大气压力)的流化床燃烧技术的锅炉。可分为两类:增压鼓泡床锅炉(PBFBB)和增压循环流化床锅炉(PCFBB)。

3.1.63

层燃锅炉　grate fired boiler, stoker fired boiler

采用层式燃烧技术(见 4.1.8 层状燃烧)的锅炉,又称火床炉。有固定火床炉和移动火床炉两类。

3.1.64

基本负荷锅炉　base load boiler

长期运行在经济负荷和满负荷范围内,年运行时间在 6 000 h～8 000 h,年利用率达 90%以上,与承担电网中基本负荷机组相配套的锅炉。

3.1.65

中间负荷锅炉　variable load boiler

承担电网中中间负荷机组的锅炉。年运行时间为 2 000 h～4 000 h,年利用率在 40%～50%。中间负荷锅炉按其运行方式不同分为两班制运行,夜间低负荷运行和周末停运等方式。

3.1.66

尖峰负荷锅炉　peak load boiler

承担电网中尖峰负荷机组的锅炉。年运行时间为 500 h～2 000 h。

3.2　参数

3.2.1

锅炉容量　boiler capacity

蒸汽锅炉在给定的输入、输出工质条件下,单位时间内所产生的蒸汽量。也称锅炉出力、锅炉负荷、锅炉蒸发量。

注：锅炉容量也可用输出或输入热功率表示。

3.2.2

锅炉额定负荷　boiler rated load（BRL）

蒸汽锅炉在额定蒸汽参数、额定给水温度、使用设计燃料时设计所规定的蒸发量，又称锅炉额定蒸发量(boiler rated capacity)。

注：有时锅炉额定负荷也用热功率表示。

3.2.3

锅炉最大连续蒸发量　boiler maximum continuous rating（BMCR）

锅炉在额定蒸汽参数、额定给水温度，并使用设计燃料能安全连续产生的最大蒸发量。又称锅炉最大连续出力。

3.2.4

经济连续蒸发量　economical continuous rating（ECR）

锅炉在额定蒸汽参数、额定给水温度，并使用设计燃料能安全连续运行，且锅炉效率最高的蒸发量。又称锅炉经济连续出力。

3.2.5

额定供热量　rated heat capacity

热水锅炉在额定回水温度、额定回水压力、额定循环水量和使用设计燃料长期连续运行时应予保证的供热量。

3.2.6

额定蒸汽参数　rated steam condition

额定蒸汽压力和额定蒸汽温度(包括再热器进、出口蒸汽参数)合称为额定蒸汽参数。

3.2.7

额定蒸汽压力　rated steam pressure

蒸汽锅炉在规定的给水压力和负荷范围内长期连续运行时应予保证的出口蒸汽压力。

3.2.8

额定蒸汽温度　rated steam temperature

蒸汽锅炉在规定的负荷范围、额定蒸汽压力和额定给水温度下长期连续运行应予保证的出口蒸汽温度。

3.2.9

给水温度　feed water temperature

蒸汽锅炉给水进口处水的温度。

注：额定给水温度为在规定负荷范围内应予保证的给水温度。

3.2.10

热水温度　hot water temperature

热水锅炉在额定回水温度、额定回水压力和额定循环水量长期连续运行时应予保证的出口热水温度。

3.2.11

回水温度　return water temperature

供热系统中循环水在锅炉进口处的温度。

3.3　一般术语

3.3.1

工质　working substance，working fluid

赖以实现热能与机械能相互转换的媒介物质。

3.3.2

介质　medium,agent

存在于某一空间、某一物体周围或物体之间的物质。

3.3.3

水蒸气　steam

由水气化或冰升华而成的气态物质。又称蒸汽(steam vapor)。

3.3.4

给水　feed water

符合一定质量要求而被输入锅炉的水。

3.3.5

锅水;炉水　boiler water

存在于锅炉受热系统中的水。

3.3.6

补给水　make-up water

热力系统中,因各种汽水损失或因无生产回水而从系统外部补充符合质量要求的给水。

3.3.7

凝结水　condensate water

蒸汽冷凝而成的水。

3.3.8

锅内过程　inter-boiler process

锅炉汽水系统内工质的流动、传热、蒸汽净化等过程的统称。

3.3.9

循环回路　circulation circuit

自然循环锅炉、控制循环锅炉和低循环倍率锅炉中,由下降管、上升管、锅筒(对低循环倍率锅炉为汽水分离器)和集箱(或下锅筒)所组成的工质循环流动的蒸发系统。

3.3.10

循环倍率　circulation ratio,recirculation ration

在汽水循环回路中,指进入上升管的循环水量与上升管出口蒸汽量之比;

在循环流化床锅炉中,指由物料分离器分离下来且返送回炉内的物料量与入炉燃料量之比。

3.3.11

汽水(液)两相流　steam-water two-phase flow

蒸汽和水两相共存状态下的流动。

3.3.12

气固两相流　gas-solid two-phase flow

气体中夹带有固体颗粒物料状态下的流动。

3.3.13

沸腾传热恶化　boiling crisis

蒸发管内壁面与蒸汽持续接触,得不到水的冷却,管壁向工质的放热系数大幅度下降,使壁温急剧上升的现象。锅炉可能遇到的传热恶化现象主要是膜态沸腾和蒸干。

3.3.14

核态沸腾　nucleate boiling

在临界压力以下,蒸发管内壁上保持一层流动的水膜,管子中间为汽泡状或夹带水滴的汽雾状态的传热模式。

3.3.15

偏离核态沸腾　departure from nucleate boiling (DNB)

蒸发管内由核态沸腾转变为膜态沸腾的传热恶化现象，又称第一类传热恶化。

3.3.16

膜态沸腾　film boiling

在临界压力以下，蒸发管内壁热负荷升高时，汽水两相流中含汽率增大，附壁水膜逐渐减薄，当水膜被撕破且汽流核心夹带的散状水滴几乎又回落不到管壁时，管壁便被一层连续的过热蒸汽膜覆盖，导致管壁对工质放热系数急剧下降，壁温急剧上升的管内传热恶化现象。

注：在超临界压力的最大比热容区附近，在紧靠管壁的工质密度可能比流动中心处的密度小得多，当热负荷高，且管内工质流速较低时，在紧贴壁面处会发生传热恶化，与亚临界压力下出现的膜态沸腾导致壁温急剧升高的情况相类似，故称为类膜态沸腾。

3.3.17

蒸干　dry out (DO)

当蒸发管内含汽率较高并达到一定数值时，管内流动结构呈贴壁为环状水膜的汽柱状，这种局部地区的水膜被完全汽化而产生的传热恶化现象，又称第二类传热恶化。

3.3.18

蒸汽净化　steam purification

减少锅筒出口饱和蒸汽中所携带水滴和盐类的含量，使蒸汽品质达到有关规定的要求。

3.3.19

炉前燃料　as-fired fuel

锅炉运行时实际送入炉内的燃料，也称入炉燃料。

3.3.20

设计煤种　design coal

锅炉设计中所规定的煤种。

3.3.21

校核煤种　checked coal

锅炉设计中用于校核计算的煤种。

3.3.22

煤可磨性指数　coal grindability index

表征煤被研磨成煤粉的难易程度的指数。通常用质量相等的标准煤样和试验煤样由相同的初始粒度磨制成细度相同的煤粉时所消耗能量的比值来表示。

注：目前广泛采用的方法有哈德格罗夫(Hardgrove)法与全俄热工研究院(BTИ)法。

3.3.23

煤磨损指数　coal abrasiveness index

表征煤在破碎和制粉过程中对金属研磨部件磨蚀强烈程度的指数。

3.3.24

炉内过程　inter-furnace process

锅炉炉内燃烧介质的流动、燃烧、传质与传热等过程的统称。

3.3.25

燃烧系统　combustion system

组织燃料和空气在锅炉炉膛内燃烧，并将生成的燃烧产物排出所需的设备和相应的燃料(煤、煤粉、油、气等)、风、烟管道的组合。燃烧系统通常包括燃料制备系统、燃烧器、空气系统及烟气系统等。

3.3.26

燃烧设备　combustion equipment

组织燃料燃烧所必须的设备，通常包括燃料制备、输送、燃烧器、炉膛、点火装置以及相关的设备。

3.3.27

风烟系统　air and flue gas system

锅炉燃烧系统中将空气加压、加热后送往燃料制备设备和燃烧器的空气流程通道，将燃烧产物从炉膛及烟道中抽出的烟气通道，直接或经净化后排至烟囱（或部分返回燃烧系统）的烟气流程通道和相关设备所组成的系统。

3.3.28

煤粉制备系统　coal pulverizing system

根据锅炉燃烧的要求，将入炉煤碾磨成合格细度的煤粉并以气力输送方式按一定风煤比将其送进燃烧器所需的设备和有关管道所组成的系统。

3.3.29

中间贮仓热风送粉系统　bin storage (indirect) pulverizing system with hot air used as primary air

从磨煤机经粗粉分离器引出的携带合格细度煤粉的气粉两相流体，通过细粉分离器将绝大部分煤粉分离出来送入煤粉贮仓，再从贮仓经给粉机进入一次风管，并用热风作为一次风将煤粉输送给燃烧器的制粉系统。其分离出煤粉后的乏气经乏气喷口单独进入炉膛。这种制粉系统多用于燃烧低挥发分贫煤和无烟煤。

3.3.30

中间贮仓乏气送粉系统　bin storage (indirect) pulverizing system with exhuast air used as primary air

从磨煤机经粗粉分离器引出的携带合格细度煤粉的气粉两相流体，通过细粉分离器将绝大部分煤粉分离出来送入煤粉贮仓，再从贮仓经给粉机进入一次风管，并用分离出煤粉后的乏气作为一次风将煤粉输送给燃烧器的制粉系统。

3.3.31

开式制粉系统　open pulverizing system

制粉系统中分离出煤粉后的乏气不排入炉膛，而是经过净化后排放到大气或引风机前的烟道内的制粉系统。主要用于磨制高水分褐煤，个别用于磨制难燃的低挥发分煤。

3.3.32

直吹式制粉系统　direct fired pulverizing system

从磨煤机经粗粉分离器引出的携带合格细度煤粉的气粉两相流体，直接经由燃烧器吹入炉膛的制粉系统。

3.3.33

半直吹式制粉系统　semi-direct fired pulverizing system

从磨煤机经粗粉分离器引出的携带合格细度煤粉的气粉两相流体，通过细粉分离器将绝大部分煤粉分离出来（无煤粉仓），再用热风将煤粉输送给燃烧器并吹入炉膛的制粉系统。其分离出煤粉后的乏气经乏气喷口单独吹入炉膛。

3.3.34

煤粉细度　pulverized-coal fineness

煤粉中一定粒级范围内的颗粒所占的质量分数。通常按规定方法用标准筛进行筛分。

注：煤粉细度可用留在筛子上的剩余煤粉量与总煤粉量的百分比表示（例如：$R_{90}=20\%$，筛孔尺寸为 90 μm），也可用通过筛子的煤粉量与总煤粉量的百分比表示（例如：$D_{90}=80\%$，筛孔尺寸为 90 μm）。

3.3.35

煤粉均匀性指数　pulverized-coal uniformity index

表示煤粉中不同粒度颗粒分布均匀程度的指数。

注：实际煤粉样品的均匀性指数 n 值，应使用不同孔径的 3～4 个筛子进行筛分，可用其中两个细度（R_{x_1} 和 R_{x_2}）按下式计算求得：

$$n=\frac{\lg\ln\frac{100}{R_{x_1}}-\lg\ln\frac{100}{R_{x_2}}}{\lg\frac{x_1}{x_2}}$$

3.3.36

石子煤　pulverizer rejects, pyrites

中速磨煤机在运行过程中从下部排出的没有被磨碎的黄铁矿及被夹带的矸石和煤粒，统称石子煤。

3.3.37

煤矸石　shale, coal gangue

采掘过程中从煤层顶部和底部或夹层中混入煤中有一定发热量的岩石。

3.3.38

烟气露点，酸露点　flue gas acid dew point

烟气中硫酸蒸气开始凝结时的温度。

3.3.39

烟气再循环　gas recirculation

从省煤器后或其他烟道中抽取一部分低温烟气送入炉膛，以改变辐射与对流受热面吸热量分配比率或降低炉膛出口烟温，用于汽温调节或防止结渣；或使火焰温度降低以减少热力型 NO_x 的生成。

3.3.40

热风再循环　hot air recirculation

将部分热空气返回送风机入口或出口，与冷空气混合后再流经空气预热器，以提高空气预热器低温段换热元件壁温，是防止低温腐蚀的一种措施。

3.3.41

飞灰再循环　ash recirculation

将对流烟道底部灰斗中的沉降灰粒以及除尘器分离下来的飞灰再喷入炉膛燃烧的过程，是降低飞灰可燃物的一种措施。实现这一过程的装置称为飞灰复燃装置（flyash reinjection equipment）。

3.3.42

沉降灰　saltation ash, settled ash

沉降于锅炉尾部烟道及灰斗的飞灰。

3.3.43

飞灰　fly ash

燃料在锅炉炉膛内燃烧产生的灰渣中随烟气一起从炉膛上部烟窗逸出的灰粒。

3.3.44

炉底渣　bottom ash

燃料在锅炉炉膛中燃烧产生的灰渣中从炉底排渣口排出的炉渣。

3.3.45

氧化性气氛　oxidizing atmosphere

含氧量很高的气体（或烟气）介质。

3.3.46

还原性气氛　reducing atmosphere

含氧量很低，且显著含有还原性气体（CH_4，CO，H_2 等）使某些已形成的氧化物还原成原物质的气体(或烟气)介质。

3.3.47

燃料型 NO_x　fuel NO_x

燃料中含氮有机化合物经热裂解产生 N、CN、HCN、NH_i 等中间产物基团,然后氧化而生成的氮氧化物 NO_x。

3.3.48

热力型 NO_x　thermal NO_x

燃烧用空气中的 N_2 在高温下氧化而生成的氮氧化物 NO_x。

3.3.49

瞬态型 NO_x,快速 NO_x　prompt NO_x

燃烧过程中,空气中的氮和碳氢燃料先在高温下反应生成中间产物 N、HCN、CN 等,然后快速和氧反应生成的 NO_x。

3.3.50

烟气净化　flue gas cleaning

为使锅炉排出的烟气达到环境保护法规的要求而进行烟气除尘、脱硫和脱 NO_x 等工艺过程的总称。

3.3.51

添加剂　additive,sorbent

为了不同的目的(例如:为减少 SO_x、NO_x 的排放或液态排渣炉中降低灰渣熔点等)直接加入锅炉炉膛或加入燃料中的物质。

3.3.52

火床　fire bed

炉排上燃烧的燃料层。

注:火床分为固定火床和移动火床两种。

3.3.53

流化床　fluidized bed

当空气自下而上地穿过铺设在固定床上的固体颗粒料层,而且气流速度达到或超过颗粒的临界流化速度时,料层中颗粒呈上下翻腾,处于流态化状态。

4 原理、结构和设计

4.1 基本工作原理

4.1.1

水循环　water circulation

锅水在回路中的循环流动。

4.1.2

机械携带　mechanical carry-over,moisture carry-over

锅筒内饱和蒸汽携带含盐水滴使蒸汽污染的现象。

注:机械携带系数(mechanical carry-over coefficient)为饱和蒸汽中来自含盐水滴的含盐量与锅水含盐量之比。

4.1.3

溶解携带　vaporous carry-over

锅筒内饱和蒸汽溶解有硅酸盐等使蒸汽污染的现象,又称蒸汽携带。

注:SiO_2 携带系数(distribution coefficient of silica)为饱和蒸汽中所溶解的硅酸盐含量与锅水中硅酸盐含量的百分比。

4.1.4

汽水分离 steam-water separation

利用离心分离、惯性分离、重力分离和水膜分离等方法，使水雾从汽水混合物中分离出去而使饱和蒸汽达到一定干度的过程。

4.1.5

蒸汽清洗 steam washing

使饱和蒸汽穿过给水层和水雾空间，导致蒸汽中溶解携带的部分盐分向给水转移，从而降低饱和蒸汽溶解携带的过程。

4.1.6

分段蒸发 stage evaporation

用隔板将锅筒内的水容积分成含盐量较低的净段和较高的盐段（或设有外置式分离器），隔板上设有连通管。给水进入净段，而净段中循环后的部分锅水经连通管进入盐段，并从盐段进行排污。绝大部分蒸汽由净段中产生，仅5%～20%的蒸汽由盐段产生。以其提高蒸汽品质和降低排污量。

4.1.7

悬浮燃烧 suspension combustion

燃料以粉状、雾状或气态随同空气经燃烧器喷入锅炉炉膛，在悬浮状态下进行燃烧的方式。又称火室燃烧。

4.1.8

层状燃烧 grate firing

将燃料置于炉排（或炉箅）上，形成一定厚度燃料层所进行的燃烧方式。又称火床燃烧。

4.1.9

切向燃烧 tangential firing

直流式燃烧器布置在炉膛四角，每层喷口射流的几何轴线都与位于炉膛中央的一个或多个同心水平假想圆相切（极限条件下假想圆直径可以为零，称为四角对冲燃烧），各层射流的旋转方向或相同或相反，这些气流相遇时发生强烈混合，并在炉内形成一个充满炉膛的旋转上升火焰的燃烧方式。又称角式燃烧（corner firing）。

注：燃烧器喷口布置在炉膛四角时又称四角切圆燃烧；也有将直流燃烧器布置成六角或八角射流相切；或将燃烧器布置在四面墙上称为墙式切圆燃烧，均属切向燃烧。

4.1.10

墙式燃烧 wall firing，horizontally firing

在炉膛一面或两面（前、后墙或两侧墙）墙壁上布置多个旋流（或平流）燃烧器，所形成的燃烧火焰由水平射入炉膛后转折向上的燃烧方式。燃烧器仅布置在前墙的又称前墙燃烧（front wall firing）。

4.1.11

对冲燃烧 opposite（opposed）firing

燃烧器在两面墙上或在同一条轴线上相对布置，燃料和空气喷入炉膛，并在中心撞击后形成上升火焰的燃烧方式。包括前后墙对冲、两侧墙对冲和四角对冲。

4.1.12

拱式燃烧 arch firing

采用直流缝隙式、套筒式或弱旋流式燃烧器成排布置在炉膛前墙的炉拱上，煤粉火焰向下射入炉膛一定深度后转折向上形成"U"形火炬；或当燃烧器同时布置在前后墙的炉拱上时，形成"W"形火炬。这两种燃烧方式也统称下射式燃烧（down-shot firing）。具有前后墙炉拱的又称双拱燃烧（double-arch firing），或称"W"形火焰燃烧（W-flame firing）。是燃烧难于着火的煤种（无烟煤、贫煤）常采用的一种燃烧方式。

4.1.13

旋风燃烧 cyclone firing, cyclone combustion

粒状或粉状燃料由高速气流带动在圆筒形燃烧室内作旋涡运动并燃烧的方式。

4.1.14

流化床燃烧 fluidized bed combustion (FBC)

利用气固两相流态化实现固体燃料燃烧的方式。也称沸腾燃烧。

注：常用的流化床燃烧方式分为鼓泡流化床燃烧(BFBC)和循环流化床燃烧(CFBC)两大类。

4.1.15

鼓泡流化床燃烧 bubbling fluidized bed combustion (BFBC)

在较低的流化速度下，利用鼓泡流化床工艺，进行固体燃料燃烧的一种流化床燃烧方式。

注：在大气压力下工作的鼓泡流化床燃烧工艺称为常压鼓泡流化床燃烧(ABFBC)；在几个或十几个大气压力下工作的鼓泡流化床燃烧工艺称为增压鼓泡流化床燃烧(PBFBC)。

4.1.16

循环流化床燃烧 circulating fluidized bed combustion (CFBC)

利用气固两相流化床工艺，在较高的流化速度条件下实现湍流流化状态并使大部分逸出的细粒料形成循环，重返床内燃烧的一种固体燃料的流化床燃烧方式。

注：在大气压力下工作的循环流化床燃烧工艺称为常压循环流化床燃烧(ACFBC)；在几个或十几个大气压力下工作的循环流化床燃烧工艺称为增压循环流化床燃烧(PCFBC)。

4.1.17

低 NO_x 燃烧 low NO_x combustion

采用适当的燃烧装置或燃烧技术，以降低燃烧产物(烟气)中的氮氧化物的燃烧方式。

4.1.18

密相区 dense-phase zone, emulsion zone

在流化床锅炉炉膛的下部，因气固两相流中含有固相颗粒的浓度高而称为密相区。

4.1.19

稀相区 lean-phase zone, splash zone, dilute phase

在流化床锅炉炉膛的上部(通常为二次风喷口以上)，因气固两相流中含有固体颗粒的浓度低而称为稀相区。

4.1.20

临界流化速度 critical fluidized velocity

从固定床开始转化为流化状态时按布风板面积计算的空气流速，此时床层向上膨胀，床层阻力不变。

4.1.21

流化速度 fluidizing velocity

流化床燃烧中床层物料达到完全流化状态时的空床截面气流速度。

4.1.22

钙硫(摩尔)比 Ca/S mole ratio

入炉钙基脱硫剂量与燃料中含硫量的摩尔比。按下式计算：

$$S_t = \frac{\text{脱硫剂数量} \times \text{Ca 的含量}/40.1}{\text{燃料消耗量} \times \text{S 的含量}/32}$$

4.1.23

分级燃烧 staged combustion

组织燃料和燃烧所需空气分期分批参加燃烧过程的燃烧方式。

4.1.24

空气分级 air staging

将燃料燃烧所需的空气分阶段送入炉膛。先将理论空气量的80%左右送入主燃烧器区，形成缺氧富燃料区，在燃烧后期将燃烧所需空气的剩余部分以二次风形式送入，使燃料在空气过剩区燃尽，实现总体抑制 NO_x 生成的燃烧方法。

注：空气分级燃烧分为炉膛整体空气分级及单只燃烧器的空气分级。

4.1.25

炉膛整体空气分级 air staging over burner zone

燃烧过程先在炉膛内主燃烧器区处于过量空气系数较低的富燃料区，而后由紧靠燃烧器上部的燃尽风(CCOFA)喷口或/和远离主燃烧器上部的燃尽风喷口(SOFA)送入燃烧所需的其余空气，形成空气分级燃烧过程，以抑制 NO_x 排放的燃烧方式。

4.1.26

富燃料 fuel-rich

在炉膛或其局部区域内空气与燃料之比远低于平均值，或远低于燃料燃烧所需最佳比值(空气不足)的现象。

4.1.27

贫燃料 fuel-lean

富空气 air-rich

在炉膛或其局部区域内空气与燃料之比远高于平均值，或远高于燃料燃烧所需最佳比值(空气富裕)的现象。

4.1.28

燃料分级 fuel staging

组织燃料分批分阶段参加燃烧反应，抑制 NO_x 生成的燃烧技术。

4.1.29

浓淡燃烧 dense-weak(dense-lean) combustion

使燃料在燃烧器不同的喷口中以不同的比例和空气混合，一部分燃料在富燃料条件下燃烧，另一部分燃料则在贫燃料条件下燃烧(总过量空气系数在合理范围内)，实现燃料浓淡分道的燃烧方法。

4.1.30

低氧燃烧 low oxygen combustion

在炉内过量空气系数 α 低于常规设定值(对于煤粉锅炉 $\alpha<1.15$，油炉 $\alpha<1.05$)工况下组织燃烧。

4.1.31

预混(无焰)燃烧 premixed combustion

在着火前就将气体燃料和部分或全部空气相互均匀混合的燃烧方式。

4.1.32

扩散燃烧 diffusion combustion

在燃烧过程中将气体燃料和空气边相互混合边进行燃烧的燃烧方式。

4.1.33

煤清洁燃烧技术 clean coal combustion technology (CCCT)

从煤炭开采到火电站利用的全过程中，旨在减少污染物排放与提高利用效率的加工、燃烧、转化及污染控制的技术。

注：包括煤燃烧前的处理和净化技术，燃烧中的净化技术、燃烧后的净化技术和煤的气化与液化技术以及煤的高效低污染燃烧技术。

4.1.34

燃料再燃烧　fuel re-burning

将炉膛内燃烧过程设计成三个区域：主燃烧区、再燃还原区及完全燃烧区。在主燃烧区送入大部分燃料，主燃烧区的上部（火焰的下游）喷入二次燃料（通常与主燃料不同，如天然气等）进行再燃烧，在高温和还原性气氛下产生碳氢基团，将主燃烧区生成的 NO_x 还原成分子 N_2 及中间产物 HCN、CN、NH_i 等基团。在第三区送入燃烧所需其余空气，完成燃尽过程。

4.1.35

自然通风　natural draft

仅依靠空气与烟气的密度不同，并利用烟囱的高度对锅炉进风口所产生的压差（即自生通风压头）克服烟风道阻力的通风方式。

4.1.36

正压通风　forced draft

用送风机压头克服烟风道阻力使炉膛内呈现正压的通风方式。

4.1.37

平衡通风　balanced draft

用送风机和引风机压头以及自生通风压头克服烟风道阻力使炉膛顶部保持微负压的通风方式。

4.1.38

负压通风　induced draft

用引风机压头及自生通风压头克服烟风道阻力使炉膛内呈现负压的通风方式。

4.1.39

分段送风　zone air control

将机械炉排下的风室分隔成几段，根据沿炉排长度上各区段所需的燃烧空气量进行分段调节的送风方式。

4.1.40

惯性分离器　inertial separator

利用改变两相流体方向，依靠惯性而使两相流体分开来的设备。

4.1.41

离心分离器　centrifugal separator

利用两相流体的旋转运动，使两相流体在离心力的作用下分开来的设备。

4.1.42

锅炉灰平衡　boiler ash split

锅炉入炉煤灰量与排出燃烧残余物（炉渣、烟道各部飞灰及漏煤）含灰量之间的平衡。通常以炉渣、飞灰与漏煤的灰分质量各占入炉煤灰量的质量分数表示。

4.1.43

漏风率　air leakage rate

漏入某段烟道烟气侧的空气质量占进入该段烟道的烟气质量分数。

4.1.44

漏风系数　air leakage factor

漏入锅炉烟道的空气量与燃料燃烧所需理论空气量之比。亦为该烟道出口、进口断面处烟气的过量空气系数之差值。

4.1.45

理论空气量　theoretical air

每千克固、液体燃料或每标准立方米气体燃料在化学当量比之下完全燃烧所需的空气量。

4.1.46

理论燃烧温度　theoretical combustion temperature, adiabatic combustion temperature

假设燃料在绝热条件下完全燃烧时燃烧产物所能达到的温度。

4.1.47

过量空气　excess air

燃料燃烧时实际供给的空气量与理论空气量的差值，通常用其占理论空气量的体积分数表示。

4.1.48

过量空气系数　excess air ratio (coefficient)

燃料燃烧时实际供给的空气量与理论空气量之比值。

4.1.49

气泡雾化　bubbling atomization

利用压缩空气或蒸汽与油在混合室中形成含有大量气泡的泡状流，流出喷口时压力突降，气泡急速膨胀而产生爆裂的雾化。

4.1.50

机械雾化　mechanical atomization

利用油在压力下旋转喷出时的紊流脉动和空气撞击力使油雾化的工艺方法，又称压力雾化(pressure atomization)。

4.1.51

蒸汽雾化　steam atomization

利用蒸汽射流扩散的撕裂作用和与周围介质的撞击力使油雾化的工艺方法。

4.1.52

空气雾化　air atomization

利用压缩空气射流扩散的撕裂作用和与周围介质的撞击力使油雾化的工艺方法。

4.1.53

旋杯雾化；转杯雾化　rotary-cup atomization

利用油在高速旋转体中获得的离心力使油雾化。

4.1.54

直接泄漏　direct leakage, air infiltration

回转式空气预热器中，由于空气和烟气间存在静压差，使空气通过密封间隙流入烟气侧的泄漏现象。

4.1.55

间接泄漏　bypass leakage

回转式空气预热器中，转子或风罩在旋转时将其通道空间中的空气带入烟气中的泄漏现象。也称携带泄漏(entrained leakage)。

4.2　结构

4.2.1

锅炉本体　boiler proper

由锅筒、受热面及其集箱和连接管道，炉膛、燃烧器和空气预热器(包括烟道和风道)，构架(包括平台和扶梯)，炉墙和除渣设备等所组成的整体。

4.2.2

受热面　heating surface, heat transfer surface

从炉膛及烟道内的放热介质中吸收热量并传递给工质的金属或非金属表面(管子或空气预热器波纹板等)。

4.2.3

辐射受热面　radiant heating surface

在炉膛及其出口部位，主要以辐射换热方式从火焰及高温放热介质吸收热量的受热面。

4.2.4

对流受热面　convective heating surface

布置在锅炉对流烟道中，主要以对流换热方式从烟气吸收热量的受热面。

4.2.5

受压部件(元件)　pressure component (part)

内部或外部承受工质压力作用的部件(元件)。对于常规锅炉主要指组成水、汽系统的诸部件，如锅筒、集箱、水冷壁、过热器、再热器和省煤器等。

4.2.6

集箱　header

在汽水系统中用于汇集和分配工质的圆筒形压力容器。也称联箱。

注：向并联管束分配工质的集箱，称为分配集箱(distributing header)；由并联管束汇集工质的集箱，称为汇集集箱(collecting header)。

4.2.7

管屏　tube panel

由同一进口集箱和出口集箱之间并联管子所组成的屏状受热面。

4.2.8

垂直上升管屏　vertical(up flow) riser tube panel

用于工质一次或多次垂直上升的蒸发受热面管屏。

4.2.9

回带管屏　ribbon panel

多行程水平或垂直迂回上升的水冷壁管屏。

4.2.10

螺旋管圈　spirally-wound tubes

多根并联的微倾斜或部分微倾斜、部分水平的管子，沿整个炉膛四周壁面盘旋上升的水冷壁管屏。

注：又称水平围绕管圈。

4.2.11

管束　tube bundle, tube bank

由同一进口集箱和出口集箱(或锅筒)之间并联管子所组成的束状对流受热面。

4.2.12

烟道　gas duct, flue duct

烟气流动的通道(包括其中布置有受热面的)。

4.2.13

对流烟道　convection pass

布置以对流换热为主的受热面的烟道。

4.2.14

并联烟道　parallel gas pass

在对流烟道中用隔墙或膜式受热面管所分成的两个并联双流烟气通道，可在其后分别布置挡板用以调节再热蒸汽温度。

4.2.15

风道　air duct

输送空气的通道。

4.2.16

拱　arch

由炉膛水冷壁管向炉内弯曲形成缩腰，或用耐火材料等所砌筑或敷设的曲面结构。

4.2.17

折焰角　nose，deflection arch

后墙水冷壁在炉膛出口处向炉内延伸所形成的凸出部分，用以改善炉膛上部烟气流场分布。

4.2.18

冷灰斗　water-cooled hopper，ash pit

煤粉锅炉炉膛下部由前后墙水冷壁所形成的斗状（水平倾角一般为 50°～55°）结构，用以冷却下落的炉渣，使其呈固态便于集中排出。

4.2.19

悬吊管　hanging（supporting）tube

悬吊受热面并用汽、水工质进行冷却的管子。

4.2.20

防渣管　furnace outlet screen

弗斯顿管　фестон

布置在炉膛出口密排受热面之前，具有较大节距的蒸发受热面管束，用以避免或减轻该部位的沾污结渣。

4.2.21

炉膛　furnace

燃料及空气发生连续燃烧反应直至燃尽，并产生辐射传热过程的有限空间，是锅炉本体的一部分。现代电站锅炉炉膛形状多呈高大的长方体，由蒸发受热面管子（部分可能是过热器或再热器管子）组成的气密性炉壁构成。亦称燃烧室（combustor，combustion chamber）。

注：切向燃烧煤粉锅炉炉膛有单炉膛与双炉膛之分，后者为沿炉膛中轴线布置一平行于两侧墙的双面露光水冷壁，将其分隔为左右两个炉膛；拱式燃烧炉膛的拱顶上折点以下为下炉膛，拱顶上折点以上为上炉膛。

4.2.22

液态排渣炉膛　wet-bottom furnace，slag-tap furnace

燃烧器区域水冷壁及炉底全部敷以耐火涂料，减少工质吸热、提高炉内温度，保持灰渣熔化后顺利排出的一种炉膛结构形式。

注：液态排渣炉膛又有闭式、半开式和开式炉膛之分，前者用拉稀的捕渣管束将整个炉膛分隔成下部的熔渣室和上部的冷却室。少数开式液态排渣炉膛燃烧器区域水冷壁采用无耐火涂料的光管，依靠水冷壁的自然造渣减少工质吸热。

4.2.23

开式液态排渣炉膛　open wet-bottom furnace

炉膛下部敷以耐火材料的熔渣段与上部不敷设耐火材料的冷渣段之间无缩腰的液态排渣炉膛结构形式。

4.2.24

半开式液态排渣炉膛　semi-open wet-bottom furnace

在液态除渣炉膛下部前后墙形成缩腰，将炉膛分隔成下部为熔渣段和上部为冷却段的液态排渣炉膛结构形式。

4.2.25

闭式液态排渣炉膛　closet wet-bottom furnace

在熔渣室出口处用几排敷有耐火涂料的受热面管子（称之为捕渣管束）将熔渣段和冷却段隔开，形成独立的熔渣室和冷却室的液态排渣炉膛结构形式。

4.2.26

"U"型火焰炉膛　U-flame furnace

采用"U"形火焰燃烧方式(见 4.1.12 拱式燃烧)的单拱结构炉膛(单拱炉膛)。

4.2.27

"W"型火焰炉膛　W-flame furnace

采用"W"形火焰燃烧方式(见 4.1.12 拱式燃烧)的双拱结构炉膛(双拱炉膛)。

4.2.28

高温分离器　high-temperature separator

循环流化床锅炉的飞灰分离装置中工作温度在 850℃左右的烟气/循环灰分离器。

4.2.29

中温分离器　medium temperature separator

循环流化床锅炉的飞灰分离装置中工作温度在 500℃左右的烟气/循环灰分离器。

4.2.30

低温分离器　low temperature separator

循环流化床锅炉的飞灰分离装置中工作温度在 300℃以下的烟气/循环灰分离器。

4.2.31

Ω 管屏　Ω-tube platen

布置于 Pyroflow 型循环流化床炉膛中,由特殊结构形状的 Ω 管组成的屏式受热面。

4.2.32

外置流化床换热器　external fluidized bed heat exchanger (EFBHE)

布置在循环流化床锅炉炉膛外部灰循环回路上的一种流化床式换热器,简称外置床(external heat exchanger-EHE)。其作用是将循环灰载有的一部分热量传递给一组或数组受热面,并兼有循环灰回送功能。

4.2.33

整体化循环物料换热器　integrated recycle heat exchanger (bed)(INTREX)

FW 型循环流化床锅炉中,外置床热交换器向炉膛靠拢并合为一体的换热器。

4.3　设计参数和指标

4.3.1

设计压力　design pressure

受压部件(元件)强度计算时按规定使用的压力数值。也称计算压力。

4.3.2

最高允许工作压力　maximum allowable working pressure

受压部件或受压元件按规定条件所能承受的最大压力。

4.3.3

最高允许壁温　maximum allowable metal temperature

受热金属材料按规定条件所允许使用的最高壁温。

4.3.4

炉膛设计压力　furnace enclosure design pressure

设计炉膛壁面及构架时按要求所取用的结构强度计算压力。

4.3.5

炉膛设计瞬态承受压力　furnace enclosure design transient pressure

在非正常情况下炉膛结构所能承受的最大瞬态压力。在此压力下,炉膛不应由于任何支撑部件发生屈服或弯曲而导致永久变形。

4.3.6

锅炉输入热量 boiler heat input

热功率

单位时间内输入锅炉的总热量，包括入炉燃料完全燃烧释放的化学能、外来热源携带入炉的热能，以及用外来热源加热燃料或空气时所带入的热量的总和。

注：随着采用热平衡计算标准和方法的不同，输入热量所包含的热量项目有所不同，但至少应有燃料收到基低位发热量。

4.3.7

锅炉有效利用热量 boiler heat output(boiler utilizition heat),heat absorbed

单位时间内工质在锅炉中所吸收的总热量，包括水和蒸汽吸收的热量以及排污水和自用蒸汽所消耗的热量。

4.3.8

燃料消耗量 fuel consumption rate

单位时间内锅炉所消耗的燃料量。

4.3.9

计算燃料消耗量 fuel consumption rate for calculation

扣除固体未完全燃烧热损失后的燃料消耗量。

4.3.10

喷水量 injection flow (rate),spray water rate

喷水减温器的减温水流量。

4.3.11

排污量 blow-down flow(rate)

连续排污的排污水流量。

注：一般用排污量占锅炉额定蒸发量的百分数即排污率表示。

4.3.12

热风温度 hot air temperature

空气预热器出口的空气温度。

4.3.13

排烟温度 exhaust gas temperature

锅炉最末级受热面出口处的平均烟气温度。

4.3.14

炉膛出口烟气温度 furnace exit gas temperature

炉膛出口截面上的平均烟气温度。

注：炉膛出口截面的位置随不同的炉型和制造厂而有所不同。

4.3.15

汽水阻力 pressure drop

工质在锅炉本体汽水流程中，由于流动阻力、重位压差所造成的压降。

4.3.16

通风阻力 draft loss(一般用于负压区段的压降);pressure drop(一般用于正压区段的压降)

气体(空气或烟气)在锅炉烟、风道流程中由于流动阻力所造成的压降。

4.3.17

自生通风压头(力) stack draft

由于热烟(空)气和外部大气密度差，沿烟(风)道(包括烟囱)高度所产生的通风压头。

4.3.18

运动压头　available static head

沿循环回路高度，下降和上升系统中工质密度差所产生的压头，在自然循环锅炉中用以克服回路的总流动阻力。

4.3.19

循环水速　circulation velocity

锅炉循环回路中，上升管入口按工作压力下饱和水密度折算的水流速度。

4.3.20

质量含汽率　steam quality by mass

干度

汽水混合物中，蒸汽的质量流量与汽水混合物总质量流量之比。

4.3.21

容积含汽率　steam quality by volume

汽水混合物中，蒸汽的体积流量与汽水混合物总体积流量之比。

4.3.22

截面含汽率　steam quality by section

汽水混合物中，蒸汽所占管子截面积与总截面积之比。

4.3.23

质量流速　mass velocity, mass flux

单位截面上工质的质量流量。

4.3.24

临界含汽率　critical steam quality

在一定的热流密度、工作压力和质量流速下，蒸发管中汽水混合物沸腾换热开始恶化，使壁温急剧升高时的质量含汽率。

4.3.25

炉膛有效容积　effective furnace volume

炉膛边界范围以内进行燃料燃烧及有效辐射换热过程的空间的几何容积。

注：锅炉制造业界对炉膛有效容积的确定原则常有不同，对同一炉膛可能得出不同的炉膛有效容积数值。

4.3.26

炉膛容积放热强度　furnace volume heat release rate

单位炉膛有效容积在单位时间内的释热量(热功率)，它等于锅炉输入热功率与炉膛有效容积之比，简称炉膛容积热强度，又称炉膛容积热负荷。

4.3.27

炉膛断面放热强度　furnace cross-section(sectional-area) heat release rate

单位炉膛断面积在单位时间内的释热量(热功率)，它等于锅炉输入热功率与炉膛横断面面积之比，简称炉膛断面热强度，又称炉膛断面热负荷。

4.3.28

燃烧器区域壁面放热强度　burner zone wall(area) heat release rate

锅炉输入热功率与炉膛内燃烧器区域的四周炉壁面积之比。

注1：按 DL/T 831—2002《大容量煤粉燃烧锅炉炉膛选型导则》。燃烧器区域四周炉壁面积按炉膛水平周界与燃烧器区域高度的乘积计算，其中燃烧器区域高度为最上、最下排燃烧器燃料喷口中心线之间的垂直距离加 3 m。

注2：拱式燃烧炉膛不计此项特征参数。

4.3.29

炉膛辐射受热面放热强度　heat release rate of furnace radiant heating surface

单位炉膛辐射受热面在单位时间内的释热量。它等于锅炉输入热功率与炉膛辐射受热面面积之比。

4.3.30

炉壁热流密度　furnace wall heat flux density

每小时通过炉膛单位辐射受热面积的平均热流量。

4.3.31

临界热流密度　critical heat flux density

在一定的工作压力、质量流量和质量含汽率下，使蒸发管中管壁向工质的放热系数大幅度下降，壁温开始急剧上升时的热流密度。

4.3.32

炉排面积放热强度　grate heat release rate

每小时单位炉排面积上的平均释热量。

注：对流化床燃烧锅炉，即为炉床面积放热强度。

4.3.33

燃烧器热功率　burner heat input

单只燃烧器单位时间内输入锅炉的热量，也称燃烧器出力。

4.3.34

点火能量　ignition energy

在主燃烧器规定的点火条件下，点火器为保证稳定点燃单只燃烧器所必须输出的能量。

4.3.35

受热面蒸发率　heating surface evaporation rate

蒸发受热面单位面积上每小时的产汽量。

4.3.36

省煤器沸腾率　percentage of economizer evaporation

省煤器出口处工质的质量含汽率。

4.3.37

一次风　primary air

首先参加燃料燃烧的那部分空气。如：煤粉燃烧时携带煤粉经由主燃烧器送入炉膛的空气；油燃烧时从火焰根部送入炉膛的空气；火床燃烧时从炉排下部送入的空气(undergrate air)；流化床燃烧时从布风板下送入料层的流化空气。

4.3.38

一次风率　primary air ratio (rate)

燃料燃烧时，一次风量占进入炉膛总空气量(有组织进入炉膛的空气量与炉膛漏风量之和)的体积分数。

4.3.39

二次风　secondary air

随一次风后参加燃料燃烧的那部分空气。燃料燃烧时进入炉膛的总空气量中扣除一次风、三次风(乏气风)和炉膛漏风以外的部分；火床燃烧时从炉排上部送入的空气。

4.3.40

二次风率　secondary air ratio (rate)

燃料燃烧时，二次风量占进入炉膛总空气量的体积分数。

4.3.41

三次风　exhaust air，tertiary air

热风送粉的贮仓式制粉系统中通过专用喷口送入炉膛的乏气(exhaust gas)；通过布置在拱式燃烧炉膛前后墙上的喷口送入炉膛的分级二次风(tertiary air)。

4.3.42

三次风率　exhaust air ratio (rate)

三次风(乏气风)量占进入炉膛总空气量的体积分数。

4.3.43

旋流强度　swirling intensity

用以表达旋流燃烧器喷出的旋转气流旋转强烈程度的特征参数,它是气流旋转动量矩与轴向动量矩的比值。

4.3.44

燃尽风　over fire air (OFA)

为降低 NO_x 的生成,炉膛内采用分级送风方式而在主燃烧器上部单独送入的二次风,以使可燃物在后期进一步燃尽。

注:燃尽风可分为两种:一种设在紧靠燃烧器的(例如,紧靠切向燃烧直流燃烧器顶部的或旋流燃烧器侧面的)称为紧密燃尽风 CCOFA(closed coupled OFA);另一种为用于炉膛内整体分级送风而单独设在远离主燃烧器上方的称为独立燃尽风 SOFA(seperated OFA)。

4.3.45

假想切圆　imaginary circle

以四角布置直流燃烧器同一标高度喷口的几何轴线作为切线,在炉膛横截面中心所形成的假想几何切圆。

4.3.46

通风截面比　percentage of air space

炉排片的总通风截面积占炉排面积的百分比。

注:流化床锅炉为床上风帽开孔率。

4.3.47

爆炸界限　explosion mixture limits

当可燃混合物遇到火源时迅速燃烧而引起爆炸的可燃物浓度上下限。

4.3.48

捕渣率　ash-retention rate

锅炉单位时间内排出炉渣的含灰量占入炉煤含灰量的百分率,又称排渣率。

5　主要零部件

5.1　炉膛、制粉与燃烧设备

5.1.1

膜式水冷壁　membrane wall

由轧制鳍片管或光管加扁钢拼焊成的气密管屏所组成的水冷壁。

5.1.2

销钉管水冷壁　stud tube wall

水冷壁管上焊有错列布置销钉,再敷设耐火涂料的水冷壁。用于炉膛卫燃带、旋风炉和液态排渣炉。

5.1.3

卫燃带　wall with refractory lining,refractor belt

在炉膛内燃烧区域的销钉管水冷壁表面敷设的耐火涂料覆盖层,以减少该部分水冷壁的吸热量。

5.1.4

燃烧器　burner

将燃料和空气,按所要求的比例、速度、湍流度和混合方式送入炉膛,并使燃料能在炉膛内稳定着火与燃烧的装置。

5.1.5

煤粉燃烧器　pulverized-coal burner

将煤粉制备系统供来的煤粉/空气混合物(一次风)和燃烧所需的二次风分别以一定的配比和速度射入炉膛,在悬浮状态下实现稳定着火燃烧的装置。

注:煤粉燃烧器分直流煤粉燃烧器和旋流煤粉燃烧器两类。

5.1.6

直流煤粉燃烧器　impellerless(straight flow) pulverized coal burner

出口气流为直流射流或直流射流组的煤粉燃烧器。

5.1.7

旋流煤粉燃烧器　swirl pulverized coal burner

出口气流包含有旋转射流的煤粉燃烧器。此时燃烧器出口气流可以是几个同轴旋转射流的组合,也可以是旋转射流和直流射流的组合。

注:由于旋流燃烧器出口截面的几何形状都是圆形,故又称为圆型燃烧器(circular burner)。

5.1.8

摆动式燃烧器　tilting burner

喷口(nozzle)可上下摆动一定角度的燃烧器,属直流煤粉燃烧器的一种。

5.1.9

角式燃烧器　corner burner

布置于炉膛四角的燃烧器。

5.1.10

油燃烧器　oil burner

燃油通过油喷嘴雾化成一圆锥形油雾射流与调风器射出的空气射流在炉膛内强烈混合着火燃烧的燃油装置。

注:油喷嘴按雾化原理主要有压力(机械)雾化、蒸汽雾化和空气雾化三种方式。常用调风器有直(平)流式和旋流式两种。

5.1.11

调风器　register

燃烧器中调节气流分布的装置,用以加强混合和调节火焰形状。在旋流燃烧器中由沿圆周方向设置的可调叶片组成的,用来调节气流分配、旋流强度及实现空气分级的装置。

注:调风器按气流特性可分为:旋流式调风器、直流式调风器、平流式调风器及交叉混合式旋流调风器等。

5.1.12

直流式调风器　jet air register

组织油燃烧所需空气通过矩形或文丘里型通道,形成高速直流射流喷入炉膛参与油雾射流燃烧的配风装置。

5.1.13

平流式调风器　paralled flow register

在油喷嘴四周设置稳燃叶轮,通过一小部分低旋流风起稳定火焰作用,其余燃烧空气以直流风的形式高速喷入炉内以实现油的低氧燃烧的配风装置,常用于墙式圆形重油燃烧器中。

5.1.14

旋流式调风器　swirl air register

组织油燃烧所需空气通过切向或轴向旋流叶片产生旋转射流参与油雾燃烧的配风装置。

5.1.15

油雾化器　oil atomizer

将油雾化，使其适应燃烧要求的装置。也称油喷嘴。

5.1.16

蒸汽雾化油燃烧器　steam atomizing oil burner

采用蒸汽雾化方式的油燃烧器。

5.1.17

空气雾化油燃烧器　air atomizing oil burner

采用空气雾化方式的油燃烧器。

5.1.18

压力雾化油燃烧器　pressure atomizing oil burner

采用压力(机械)雾化方式的油燃烧器。也称机械雾化油燃烧器。

5.1.19

转杯雾化油燃烧器　rotary atomizer oil burner

采用转杯雾化方式的油燃烧器。

5.1.20

气泡雾化油燃烧器　bubbling atomizing oil burner

采用气泡雾化方式的油燃烧器。

5.1.21

双调风旋流燃烧器　dual register (swirl) burner

将二次风分成内二次风和外二次风两股气流，通过调风器和旋流叶片分别控制各自的风量和旋流强度，以调节一、二次风的混合，实现空气分级的旋流燃烧器。

5.1.22

一次风交换旋流燃烧器　dual register burner with PAX(primary air exchange)

一次风煤粉气流送入燃烧器时用简单的弯头作惯性分离，将其分成两股，将原来在弯头中心部位约50%的一次风(含约10%煤粉)作为三次风通过开设在燃烧器周围水冷壁上的三次风口喷入炉内；另一股原来靠近一次风管管壁的约50%的一次风(携带总煤粉量的约90%)，再掺入热风后作为一次风喷出的旋流燃烧器。如不掺入热风，则可称为一次风浓缩型旋流燃烧器。

5.1.23

低 NO_x(煤粉)燃烧器　low NO_x(pulverized-coal)burner

能降低和抑制 NO_x 生成的(煤粉)燃烧器。

5.1.24

点火油枪　torch oil gun

供煤粉燃烧锅炉点火及稳燃用的热功率较小的燃油装置。

5.1.25

启动油枪　warm-up oil gun

用于锅炉启动过程中暖炉、升压、冲管和带低负荷的油枪。

5.1.26

点火器　ignitor，lighter

能在一瞬间提供足够的能量点着主燃烧器燃料并能稳定火焰的常设装置，包括电火花(或等离子)发生器和点火的油、气枪。点火器的容量大小与主燃料的着火特性、燃烧器型式以及对点火器功能的要求密切相关。

5.1.27

点火装置　ignition equipment

由点火器、煤粉锅炉点火油系统(包括前部供油系统和炉前油系统)、无油或少油点火器以及点火自控仪表系统构成的全套装置。

5.1.28

气体燃烧器　gas burner

由燃气喷嘴与调风器组成的一种燃烧气体燃料的装置。

注：气体燃烧器按工作机理分为预混合式燃烧器(无焰燃烧器)和扩散式燃烧器两种。

5.1.29

内调风器　inner vanes

在二次风分级的双调风旋流燃烧器中,用于调节内二次风旋流强度的调风器。

5.1.30

外调风器　outer vanes

在二次风分级的双调风旋流燃烧器中,用于调节外二次风旋流强度的调风器。

5.1.31

稳燃器　flame stabilizer

在燃烧器出口造成一次风气流有一定程度扩散或旋转,形成高温烟气回流,或产生局部燃料浓度升高以稳定着火燃烧的装置。

5.1.32

风箱　wind box

将来自风道中空气分配给各燃烧器的箱形部件。

5.1.33

燃烧器喷口　burner nozzle

将燃料和空气按燃烧要求的浓度、速度、方向或旋流强度送进炉膛的孔口,不同燃烧器喷口具有不同的结构形状。

5.1.34

多种燃料燃烧器　multi-fuel burner

可以同时燃用气、油和煤或任意两种或两种以上燃料的燃烧器。

5.1.35

流化床点火装置　warm up facility for FBC boilers

为流化床锅炉(包括鼓泡流化床锅炉和循环流化床锅炉)起动提供热源,将点火床料加热并引燃给煤,使之达到正常燃烧的加热设备。

5.1.36

炉底布风板　air distributor

构成流化床锅炉炉底,用以支承床料、均布空气、保证正常流化状态的装置。

5.1.37

风帽　air button,bubbling cap,nozzle button

使进入流化床的空气产生第二次分流并具有一定的动能,以减少初始气泡的生成和使床料底部粗颗粒产生强烈扰动,避免粗颗粒沉积,减少冷渣含碳损失的布风装置构件。

5.1.38

流化床埋管　submerged tube

埋置于流化床料层或浓相区内的受热面管子。

5.1.39

回料控制阀　loop seal

循环流化床锅炉灰循环回路中，将分离器收集下来的灰可控而稳定地送回压力较高的炉膛下部，并阻止炉底气固流体反向进入分离器的装置。

5.1.40

排渣控制阀　bottom ash discharge valve

在流化床锅炉的排渣口处，用以控制底渣排放量的装置。

5.1.41

槽型分离器　U-beam separator

CFB

将U形槽钢件多排错列布置于循环流化床锅炉炉膛上部，利用惯性将颗粒从气流中分离并回落床内循环燃烧的一种分离器。

5.1.42

水冷旋风分离器　water-cooled cyclone separator

分离器壳体由水冷膜式壁构成，并与锅炉本体水冷壁相连接，利用旋转含灰气流在其内所产生的离心力将灰颗粒从气流中分离出来的循环流化床锅炉灰分离器。

5.1.43

汽冷旋风分离器　steam-cooled cyclone separator

圆形分离壳体由汽冷膜式壁构成，作为锅炉蒸汽回路的一部分，利用旋转含灰气流在其内所产生的离心力将灰颗粒从气流中分离出来的循环流化床锅炉灰分离器。

5.1.44

筒式磨煤机　tubular ball mill，ball-tube mill

在旋转的卧式钢制筒内，利用提升到一定高度的钢球所具有的能量将煤磨成煤粉的机械设备，常称钢球磨煤机。因其筒体回转速度较其他型式磨煤机低(15 r/min～25 r/min)，故又称低速磨煤机。

注：筒式磨煤机依进出料口装置的不同可分为单进单出钢球磨煤机及双进双出钢球磨煤机(double-ended ball mill)两种。前者简称钢球磨煤机。

5.1.45

中速磨煤机　medium speed mill

磨煤部件转速介于钢球磨煤机和风扇磨煤机之间，磨盘转速为20 r/min～50 r/min，利用碾磨件在一定压力下作相对运动时，煤在其间受挤压、碾磨而被粉碎的各种磨煤机的总称，因磨盘驱动轴均为垂直布置，故又称立轴式磨煤机(vertical spindle mill)。

注：燃煤电站应用较多的中速磨煤机有：球环式中速磨煤机(E型)；平盘式中速磨煤机(LM型)；轮式中速磨煤机(MPS型，MBF型)；碗式中速磨煤机(RP型，HP型)。

5.1.46

高速磨煤机　high speed pulverizer

叶轮或转子转速为425 r/min～1 000 r/min，利用高速转动的转子的撞击将煤粉碎的磨煤机。

注：燃煤电厂中应用较多的高速磨煤机有：风扇磨煤机(fan mill，beater wheel mill)及锤击磨煤机(hammer mill)。

5.1.47

风扇磨煤机　fan mill，beater wheel mill

利用高速旋转的风扇式冲击叶轮将煤制成煤粉的磨煤机。

5.1.48

锤击磨煤机　hammer mill，impact mill

利用高速旋转锤头的动能把煤击碎的磨煤机。

5.1.49

给煤机　coal feeder

按锅炉负荷或磨煤机出力要求，将煤连续均匀并可调节地送往磨煤机或炉膛的设备。

5.1.50

粗粉分离器　mill classifier，classifier

将磨煤机输出的煤粉中不合格的粗粉从气粉混合物中分离出来，返回磨煤机继续磨碎的装置。

5.1.51

细粉分离器　cyclone collector

中间贮仓式或半直吹式制粉系统中，置于粗粉分离器之后，将制成的煤粉从气粉混合物中分离并收集起来的装置，又称旋风分离器。

5.1.52

回转式分离器　rotary mill classifier，rotating classifier

分离器出口设有由多枚叶片制成的叶轮，通过调整叶轮的转速改变输出煤粉细度的分离设备。也称动态分离器(dynamic mill classifier)。

5.1.53

给粉机　pulverized coal feeder

在中间贮仓式制粉系统中，将来自煤粉仓的煤粉连续、稳定并可调地送入一次风管道的设备。

5.1.54

煤粉分配器　pulverized coal distributor

在直吹或半直吹式制粉系统中，将风和煤粉均匀地分配到其后各一次风管中去的装置。

5.1.55

煤粉混合器　pulverized coal mixer

保证煤粉自给粉机下的落粉管均匀连续地落入一次风管而形成气粉混合物的设备。

5.1.56

排粉风机　exhauster，vent fan

煤粉制备系统中置于细(或粗)煤粉分离器后用以输送干燥剂-煤粉混合物的风机。

5.1.57

一次风机　primary air fan (PAF)

单独供给锅炉燃料制备和燃烧所需一次空气的风机。按其在系统中的安装位置，设在空气预热器前的称为冷一次风机，设在空气预热器出口的称为热一次风机。

5.1.58

抽烟风机　flue-gas fan

用炉烟作为干燥介质的制粉系统中，用以抽取冷(低温)炉烟的风机。

注：若用以抽取冷(低温)炉烟返回炉膛的风机，称为烟气再循环风机(gas recirciulation fan)。

5.1.59

再循环风机　recirculating fan

在有烟气再循环的系统中，用来抽取和输送再循环烟气的风机。

5.1.60

密封风机　seal air fan

向正压运行的磨煤机和给煤机供送高压密封风，防止含粉气流外泄的风机。

5.1.61

送风机　forced draft fan (FDF)

供给锅炉燃料燃烧所需空气的风机。

5.1.62

引风机　induced draft fan（IDF）

在负压锅炉和平衡通风锅炉中用以吸排烟气的风机。

5.1.63

锁气器　flap，flap(per) valve，flapper，clapper

制粉系统中装设于细粉分离器下部落粉管上和粗粉分离器的回粉管上，防止卸粉时空气由此漏入分离器内并保证卸粉的装置。通常有重力式和电动式两类。

5.1.64

一次风煤粉喷口　primary air nozzle

燃烧器中向炉膛喷射一次风煤粉混合物气流的喷口。

5.1.65

二次风喷口　secondary air nozzle

燃烧器中向炉膛喷射二次风气流的喷口[在四角布置的直流煤粉燃烧器中有时称为辅助风喷口(auxiliary air nozzle)]。

5.1.66

周界风喷口　circumferential air nozzle，peripheral air nozzle

直流煤粉燃烧器中沿一次风喷口外缘四周向炉膛喷射二次风气流的喷口。有时称为燃料风喷口(fuel air nozzle)。

5.1.67

燃尽风喷口　over fire air（OFA）nozzle

采用炉膛整体分级送风低 NO_x 燃烧技术时，从燃烧器上部送入分级二次风，使燃烧后期的可燃物进一步燃尽的喷口(参见 4.3.44)。

5.1.68

三次风喷口　exhaust gas nozzle，tertiary air nozzle

中间贮仓式热风送粉系统中，向炉膛内喷射磨煤乏气的喷口，常称为三次风喷口，也称乏气风喷口(**exhaust gas nozzle**)；设置在拱式燃烧锅炉前后墙上的分级二次风喷口也常称为三次风喷口(**tertiary air nozzle**)。

5.1.69

宽调节比一次风喷口　wide-range（WR）primary air nozzle

喷口内装有三角形或波形钝体扩锥，利用入口弯管和水平隔板或用扭转隔板将一次风煤粉气流分隔成上下或左右浓淡两股气流的一次风喷口。这种一次风喷口，使煤粉锅炉有较宽的负荷调节比。

5.1.70

炉排　grate

火床燃烧时，承载固体燃料并从其孔隙送入空气进行燃烧的装置。

5.1.71

手烧炉排　hand-fired grate

用人工加入燃料和清除灰渣的炉排。

5.1.72

机械炉排　stoker-fired grate

用机械加入燃料和清除灰渣的炉排。

5.1.73

链条炉排　traveling grate stoker

连续加入燃料和排出灰渣、具有连续移动闭合炉排面的炉排，包括链带式炉排、横梁式炉排和鳞片式炉排。

5.1.74

链带式炉排　chain grate stoker

用长销将许多链片状的炉排片串联成带，以组成炉排面的链条炉排。

5.1.75

横梁式炉排　bar grate stoker

用支承在链条上的横梁将炉排片串联成带，以组成炉排面的链条炉排。

5.1.76

鳞片式炉排　louver stoker

用套管或滚筒将鳞片状的炉排片串联成带，以组成炉排面的链条炉排。

5.1.77

振动炉排　vibrating stoker

以振动方式周期地加入燃料和排出灰渣的炉排。

5.1.78

往复炉排　inclined reciprocating grate

以往复运动方式周期地加入燃料和排出灰渣的炉排。

5.1.79

阶梯炉排　step grate stoker

由活动炉排片在固定炉排片上形成阶梯状并往复运动，使燃料在燃烧过程中不断下落、搅动和翻滚的一种炉排形式，常用于垃圾焚烧炉。

5.1.80

抛煤机　spreader stoker

用机械或(和)风力将燃料连续地播散到炉排面上使其燃烧的装置。

5.1.81

风室　air compartment

炉排或布风板下部的进风室。

5.1.82

防焦箱　anti-clinker box

装设在炉排两侧炉墙内壁上防止炉墙粘附熔渣的水冷集箱。

5.1.83

烟管　smoke tube

烟气在管内流动的蒸发受热面。又称火管(fire tube)。

5.1.84

飞灰复燃装置　flyash reinjection equipment

见3.3.41。

5.2　锅筒及其内部装置

5.2.1

锅筒　drum

水管锅炉中用以进行蒸汽净化、组成水循环回路和蓄水的筒形压力容器。俗称汽包。

注：在小型锅炉中，锅筒按其布置位置可分为：

a)　上锅筒(steam drum)——既有汽空间又有水空间；

b)　下锅筒(water drum)——只有水空间。

5.2.2

锅筒内部装置　drum internals

布置在锅筒内部用以进行给水分配、蒸汽净化、防止下降管带汽以及加药和排污的装置，俗称汽包内部装置。

5.2.3

清洗装置　steam washer，steam scrubber

为减少蒸汽中溶解盐类的含量，将饱和蒸汽(全部或部分)穿过给水层和水雾进行清洗的装置。

注：清洗装置按清洗方式分为雨淋式、水膜式和汽泡穿层式等。

5.2.4

旋风分离器　cyclone separator

使汽水混合物切向进入筒体作旋转运动，以分离水滴的器件，有立式与卧式之分。

5.2.5

涡轮式旋风分离器　turbo separator

使汽水混合物轴向进入筒体并流经螺旋叶片作旋转运动以分离水滴的器件。也称轴流式分离器。

5.2.6

缝隙挡板　baffle plate

使汽水混合物流经挡板时折流以分离水滴的器件。

5.2.7

百叶窗分离器　corrugated (plate) scrubber

使湿蒸汽穿过多块波形板时折流，分离水分并形成水膜以提高饱和蒸汽干度的器件。

5.2.8

钢丝网分离器　screen separator

使湿蒸汽穿过钢丝网时分离水分并形成水膜以提高饱和蒸汽干度的器件。

5.2.9

多孔板　perforated distribution plate

利用汽水混合物或饱和蒸汽穿过板上小孔时的节流作用使汽流均匀分布的器件，包括水下孔板和均汽孔板。

5.2.10

集汽管　dry pipe

利用汽流穿过缝隙通道或管上小孔时的节流作用使蒸汽均匀分布并汇集引出锅筒的器件。

5.2.11

筒体　cylindrical shell

锅筒、锅壳或集箱的圆筒形部分。

5.2.12

封头　head

锅筒或集箱两端的封口部分。

注：锅壳的封口部分也可采用管板。

5.2.13

平端盖　end plate

集箱的平板状封口部分。

5.3　蒸发受热面

5.3.1

蒸发受热面　evaporating heating surface

将工质加热并产生饱和蒸汽的受热面。

5.3.2

水冷壁　water wall，water-cooled wall

敷设在锅炉炉膛四周由多根并联管组成的水冷受热面。主要吸收炉膛中高温燃烧产物的辐射热量，工质在其中受热、蒸发并作上升运动。

注：水冷壁有光管水冷壁及膜式水冷壁两种形式。现代大型锅炉均为膜式水冷壁，直流锅炉的水冷壁主要为螺旋管圈水冷壁（spiral tube water wall）与垂直管屏水冷壁（vertical tube water wall）。按管子内壁表面又有光管与内螺纹管之分（ribbed tube water wall）。

5.3.3

上升管　riser

水循环回路中，锅水吸收炉内烟气热量自下而上流动的管路，亦即水冷壁管。

5.3.4

内螺纹管　ribbed tube

内壁带有特定几何形状螺纹槽线的钢管。

5.3.5

双面水冷壁　division wall

沿炉高布置在炉膛空间能双面吸收辐射热的水冷壁。

5.3.6

锅炉管束　generating tube bank，boiler convection tube bank

用作对流蒸发受热面的管束。

5.3.7

混合器　mixer

工质（单相或双相）在其中进行混合的筒形或球形压力容器。

5.3.8

节流圈　orifice

装在集箱或管子内用于增大阻力，改变管屏或管组中各管内的工质流量分配的圆形孔圈。

5.4　过热器和再热器

5.4.1

过热器　superheater（SH）

将饱和温度的或高于饱和温度的蒸汽加热到规定过热温度的受热面。

5.4.2

辐射过热器　radiant superheater

布置在炉膛中，主要直接吸收炉膛火焰辐射热的过热器。

5.4.3

半辐射式过热器　semi-radiant superheater

布置在炉膛出口进入对流烟道之前，既吸收炉膛辐射热，也吸收烟气对流热的过热器。

5.4.4

墙式过热器　wall superheater

布置在炉膛内壁上（通常布置在炉膛的前墙或两侧墙上）的辐射式过热器，又称壁式过热器。

5.4.5

屏式过热器　platen superheater

以管屏形式布置在炉膛上部或炉膛出口处的过热器。

5.4.6

对流过热器　convection superheater

布置在对流烟道中，主要以对流换热方式吸热的过热器。

5.4.7

包墙管过热器　wall enclosed surperheater(steam-cooled wall)

布置在水平烟道和尾部烟道内壁上的过热器。

5.4.8

顶棚管过热器　ceiling superheater(steam-cooled roof)

布置在炉顶内壁上的过热器。

5.4.9

再热器　re-heater (RH)

将汽轮机高压缸或中压缸排汽再次加热到规定温度的锅炉过热蒸汽受热面。

5.4.10

减温器　attemperator, desuperheater

用不同温度的介质进行汽温调节的装置。

5.4.11

面式减温器　surface type attemperator

利用管内流动的锅炉给水冷却管外蒸汽的调温装置。

5.4.12

喷水减温器　spray(-type) desuperheater

将减温水直接喷入过热蒸汽,在容器内进行混合的减温器。又称混合式减温器(contact attemperator)。

注:在近代大型锅炉中由于给水品质的提高,均采用给水直接喷入;在有些中压锅炉中利用给水在面式换热器内将锅炉自身饱和蒸汽凝结为冷凝水,以此作为喷水,称为自制冷凝水喷水减温器。

5.4.13

汽-汽热交换器　bi-flux heat exchanger

布置在烟道外,利用过热蒸汽加热再热蒸汽,用于调节再热汽温的热交换装置。

5.4.14

烟气比例调节挡板　gas proportioning damper, gas-bypass damper

用膜式壁将锅炉尾部烟道分成前后两部分,分别布置卧式低温再热器和低温过热器、省煤器(视制造厂不同,有的在前后烟道内同时布置了省煤器),在出口装设烟气调节挡板,利用挡板的不同开度改变流经前后烟道的烟气流量之比,进行汽温调节的装置。

5.4.15

旁路挡板　bypass damper

布置在旁路烟(风)道中,用以改变烟气(风)流量分配的挡板。

5.5　省煤器

5.5.1

省煤器　economizer (Eco)

利用给水吸收锅炉尾部低温烟气的热量,降低烟气温度的对流受热面。

5.5.2

沸腾式省煤器　steaming economizer

出口沸腾率大于零的省煤器。

5.5.3

钢管省煤器　steel tube economizer

由钢管弯制成蛇形管的省煤器。也称光管省煤器(bare tube economizer)。

5.5.4

肋片管省煤器　helically-finned tube economizer

在钢管的直段部分周向焊上螺旋形(或环状、或H型)肋片而形成扩展受热面的省煤器。

5.5.5

膜式省煤器　membrane economizer

同列钢管的直段部分之间用扁钢焊成整体膜式结构的省煤器。

5.5.6

铸铁省煤器　cast-iron gilled tube economizer

由铸铁肋片管所组成的省煤器。

5.6　空气预热器

5.6.1

空气预热器　air heater (AH)

利用锅炉尾部烟气的热量加热燃料燃烧所需空气,改善燃料燃烧条件并提高锅炉效率的热交换装置。

注:按传热方式,空气预热器可分为导热式和再生式两种。

5.6.2

管式空气预热器　tubular air heater

烟气、空气分别在管内外流动,通过管壁进行热交换的空气预热器,有立式和卧式两种。

5.6.3

回转式空气预热器　rotary air heater

通过旋转器件使烟气和空气交替冲刷传热元件,进行放热和吸热的空气预热器。又称再生式空气预热器(regenerative air heater)。

注:回转式预热器有两种基本类型:受热面回转式及风罩回转式。

5.6.4

受热面回转式空气预热器　rotating-rotor air heater

通过装填蓄热元件转子的旋转,使烟气和空气交替冲刷蓄热元件,进行放热和吸热的回转式空气预热器。又称容克式空气预热器(Ljungström-type air heater)。

注:受热面回转式空气预热器有二分仓和三分仓两种型式。

5.6.5

三分仓回转式空气预热器　tri-sector air heater

将空气通道分成两部分,分别与一次风、二次风通道相接的回转式空气预热器。用于中速磨煤机冷一次风机直吹式制粉系统。

5.6.6

四分仓回转式空气预热器　quad-sector air-preheater

在三分仓回转式空气预热器基础上,将空气通道分成一个一次风和两个二次风,一次风通道夹在两个前后二次风通道中间,它们分别与一次风、二次风通道相连的回转式空气预热器。

5.6.7

风罩回转式空气预热器　rotating-ducts air heater

蓄热元件放在不动的定子之内,上、下方对称布置的两个风罩同步旋转,使烟气和空气交替冲刷蓄热元件,进行放热和吸热的回转式空气预热器。又称罗脱缪勒式空气预热器(Rothemühle-type air heater)。

5.6.8

热管空气预热器　heat-pipe air heater

由管组的每根直管内注有部分传热液体,并抽成真空后两端密封好的钢管或鳍片钢管(称为热管,锅炉上主要为水重力式热管)管束制成的空气预热器,其蒸发端置于烟气侧,凝结端置于空气侧。

5.6.9

暖风器 air preheater coils

布置在空气预热器进口前，用蒸汽（或其他工质）加热进口冷空气的热交换器，以防止预热器的冷端低温腐蚀。又称前置预热器。

5.7 构架

5.7.1

锅炉构架 boiler structure

用以支承和固定锅炉的各个部件，并保持它们之间相对位置的构架。

5.7.2

刚性梁 buckstay

沿炉膛四壁分层布置，对炉膛起箍紧和提高刚度作用的钢梁构件。使锅炉在运行压力或炉膛设计瞬态承受压力下不受破坏。

5.7.3

内护板 inner casing

装设在水冷壁管子背火侧的金属密封板。

5.7.4

外护板 outer casing

装设在炉墙外壁的金属护板。

5.7.5

膨胀中心 expansion center

悬吊式锅炉中所设置的锅炉膨胀零点。

5.8 管道和附件

5.8.1

锅炉汽水系统 boiler steam and water circuit

由受热面和锅炉范围内管道所组成的汽水流程系统。

5.8.2

下降管 down-take tube，down comer

水循环回路中，由锅筒向水冷壁下集箱的供水管路。

5.8.3

启动系统 warm-up system，drain start-up system

在直流锅炉或复合循环锅炉上，为在启动和低负荷运行时保证炉内受热面得到良好的冷却保护而专门设置的系统，包括汽水分离器及其管道等。

5.8.4

启动分离器 water separator，start-up flash tank

在直流锅炉的启动系统中，用来扩容和汽水分离的筒形压力容器。

注：设置在蒸发受热面与过热器之间，当完成启动进入纯直流工况运行时被切除在汽水系统之外的称为外置式汽水分离器(flash tank)；设置在蒸发受热面与过热器之间，当完成启动进入纯直流工况运行时分离器干态运行，成为蒸汽通道中的一部分，不需切除的称为内置式汽水分离器(separator)。

5.8.5

安全阀 safety valve

当进口侧工质静压超过其起座压力时能立即起跳，自动泄压，以防止因压力过高而导致压力容器破坏的阀门。用于蒸汽或气体。

5.8.6

安全泄放阀　safety relief valve

当阀门进口侧静压超过其起座压力时，根据使用情况以不同方式自动泄压的阀门，可立即起跳至全开(用于蒸汽)或起跳后随压差增加而进一步开大(用于液体)。

5.8.7

动力排放阀　power control valve (PCV)

安装在过热器出口的电动(或气动)控制阀门，当压力达到一定值时，以自动或手动指令方式开启阀门泄压。

5.8.8

水位表　water level indicator

显示锅筒或其他容器中水位的表计。

5.8.9

膨胀节　expansion joint, expansion piece, expansion pipe

在烟、风管道和风粉管道(或设备)中，能补偿两固定端之间的冷/热胀差并使接点自由移动的装置。

5.8.10

翼型测风装置　aerofoil flow measuring element

采用机翼型结构，用于锅炉的矩形风道内测量空气流量的装置。

5.8.11

文丘里测风装置　Venturi flow measuring element

利用流体流经缩放形文丘里管的节流作用测量流体流量的装置。

5.8.12

注水器　injector

利用锅炉本身蒸汽喷射作用所造成的真空，吸入给水并进行混合送入锅炉的给水装置。

5.9　其他

5.9.1

炉墙　boiler setting

用耐火和保温材料等所砌筑或敷设的锅炉外墙。

5.9.2

锅炉密封　boiler seal

在锅炉受热面本身和各受热面相互间以及穿墙管处装设(焊)金属或非金属密封件等，以有效防止炉膛和烟道内/外泄漏的结构措施。

5.9.3

吹灰器　soot blower

利用蒸汽、压缩空气或水作介质在运行中清除受热面烟气侧沉积物的装置。

注：常用吹灰器按结构型式分有：短行程炉膛吹灰器、长伸缩式吹灰器、固定式吹灰器、振动除灰装置、钢珠清灰装置、摇动式和伸缩式吹灰器；按吹灰介质分有蒸汽吹灰器、水力吹灰器、压缩空气吹灰器、气脉冲及声波吹灰装置等。

5.9.4

除渣设备　slag removal equipment

收集由炉膛中或炉排上所落下的灰渣并将其排出的设备。

注：有水力除渣、风冷及机械除渣设备等。

5.9.5

炉水循环泵　boiler water circulating pump

串联安装在锅炉水循环系统下降管的出口，使炉水在循环系统内作强制流动的大流量、低扬程单级离心泵。又称控制循环泵。

在直流锅炉的启动系统中,为保证炉内受热面的冷却及减少工质和热量的损失,通常设有启动循环泵(recirculation pump)。

5.9.6

冷渣器 bottom ash cooler

流化床锅炉中用于底渣的冷却并回收其物理热的设备。

注:主要有水冷螺旋冷渣器、风冷式流化床冷渣器及风水共冷流化床冷渣器等。

6 运行和维修

6.1 运行

6.1.1

启动 start-up

锅炉由点火、升压到并汽或向汽轮机供汽至带规定负荷的过程。

6.1.2

上水 filling

在点火前将符合给水品质要求和一定温度的水送入锅炉的过程。

6.1.3

水位 water level

容器(锅筒和汽水分离器等)中水面的位置。

注:水位分为正常水位、控制水位和极限水位。

6.1.4

点火水位 ignition water level

锅炉启动点火前锅筒中所应建立的水位。

注:根据点火后炉水膨胀和汽化使水位上升的数值确定点火水位。通常自然循环锅炉点火水位可维持在正常水位的下限;控制循环锅炉在炉水循环泵启动前,点火水位维持在正常水位的上限。

6.1.5

吹扫 purge

点火前将规定流量的空气通入炉膛,替换积聚在炉膛及烟道内的原有气体的过程,以期有效清除其中所含的可燃物,防止可能发生的炉膛爆炸。

6.1.6

放水 blow-off

升压时以排出残渣和使受热面受热均匀,满水时以降低水位,停炉时以防止腐蚀或检修时将锅炉中的水放出的过程。

6.1.7

疏水 drain

将受热面或管道中所产生的凝结水放出。另外,从热力系统排出的水也称为疏水。

6.1.8

升压 raising pressure

点火后工质受热汽化,锅炉压力按规定速度升至工作压力的过程。

6.1.9

并汽 bringing a boiler onto the line

母管制锅炉启动时将压力和温度均符合规定的蒸汽送入母管的过程。

6.1.10

启动压力　start-up pressure

直流锅炉和复合循环锅炉启动时，为保证蒸发受热面的水动力稳定性(不产生脉动现象)所必须建立的给水压力。

6.1.11

启动流量　start-up flow rate

直流锅炉和复合循环锅炉启动时，为保证蒸发受热面良好冷却(防止垂直上升管屏的个别管中发生停滞、倒流)所必须建立的锅水流量，即最低循环流量。一般为额定蒸发量的30%左右。

6.1.12

滑参数启动　sliding-pressure start-up

单元制机组在汽轮机电动主汽门全开状态下，随着锅炉点火及不断地升压升温而完成机组启动的方式。此时，电动主汽门前的蒸汽参数随机组负荷升高而升高。

6.1.13

滑压运行　sliding-pressure operation

保持汽轮机进汽调节汽门全开或部分全开，通过改变锅炉出口蒸汽压力(温度不变)进行电网调负荷的运行方式。也称变压运行(variable-pressure operation)。

注：分为纯变压运行、节流变压运行和复合变压运行三种方式。

6.1.14

定压运行　constant-pressure operation

保持汽轮机进汽压力基本恒定，通过改变调节汽门的个数和开度调整负荷的运行方式。

6.1.15

定压-滑压复合运行　modified sliding-pressure operation

在机组不同负荷范围内，分别采用定压或滑压的变负荷运行方式。如高负荷时采用额定压力运行方式，中间负荷时采用滑压运行方式，当负荷低至某一值时，又改为定压运行方式。

6.1.16

调峰运行　peak(-shaving) operation, variable load operation

锅炉机组承担电网负荷曲线中最低负荷到最高负荷之间调节任务的运行方式。

6.1.17

非设计工况运行　operation at undesigned conditions, off-design condition operation

锅炉在负荷、燃料特性、给水温度和过量空气系数等偏离设计值条件下的运行。

6.1.18

定压启动　constant-pressure start-up

锅炉首先启动，蒸汽参数升至额定值，然后再冲动汽轮机，汽轮机从冲转至带额定负荷，电动主汽门前的蒸汽参数始终保持为额定值的启动方式。仅用于一些母管制的小机组启动。

6.1.19

冷态启动　cold start-up

锅内已无压力，温度接近环境温度时的启动。

6.1.20

热态启动　hot start-up

锅炉停运时间较短，还保持有一定的压力和温度情况下的启动方式。

注：包括温态(warm start-up，停运时间为24 h～48 h)、热态(hot start-up，停运时间为8 h～24 h)和极热态(very hot start-up，停运时间为2 h～8 h)三种启动方式。

6.1.21

停炉　shutdown，outage

按规定程序切断燃料和水，停止送、引风机，使锅炉停止运行的过程。

注：停炉分为正常停炉、故障停炉及紧急停炉三种情况。

6.1.22

停用　out of service

锅炉因检修或其他原因需较长时间停止运行的状态。

6.1.23

滑参数停运　sliding-pressure shutdown（outage）

在汽轮机调节汽门全开的情况下，锅炉逐渐减弱燃烧，降低蒸汽压力和温度，汽轮机负荷逐渐降低，直到机组停运的过程。

6.1.24

强迫停运　forced shutdown，forced outage

因设备发生故障而锅炉被迫停止运行的过程，也称故障停炉。因发生重大事故而被迫在尽可能短的时间内停止运行的过程称紧急停炉。

6.1.25

汽水膨胀　water swelling

直流锅炉起动过程中，当水冷壁管内某处炉水达到相应压力下的饱和温度时即开始汽化，比容急剧增大，引起局部压力升高，使水冷壁排出的汽水混合物流量远大于给水量的现象。

6.1.26

汽温调节　steam temperature control

在锅炉运行中对过热蒸汽温度和再热蒸汽温度进行调节，使其稳定在规定的数值范围内。

6.1.27

锅炉排污　boiler blow-down

锅筒锅炉运行中将带有较多盐类和水渣的锅水排放到锅炉外，是锅炉连续排污和定期排污的统称。

6.1.28

连续排污　continuous blow-down

锅筒锅炉运行中，为了保证锅水含盐量在规定的限度内，将部分含盐较浓的锅水从锅筒中连续不断排出的排污方式。

6.1.29

定期排污　periodic blow-down

锅筒锅炉运行中，将锅水中的沉渣和铁锈从汽水系统的较低处定期排出的排污方式。

6.1.30

吹灰　soot-blowing，lancing

锅炉运行时清除锅炉受热面烟气侧的积灰和结渣的操作，尤指利用吹灰器进行的操作。

6.1.31

锅内水处理　boiler water conditioning

为使锅内在各种运行条件下不形成沉积物，不发生腐蚀和获得清洁蒸汽，而对锅水进行处理的运行措施。

6.1.32

压火　banking fire

炉排锅炉作热备用时，暂停供给燃料但适当进行通风，使火床保持适量燃烧而不致熄灭的状态；鼓泡流化床锅炉则关闭快速风门，停送、引风机，使床料压火保温。

6.2 维修

6.2.1

停炉保护 storage

锅炉停用时期,为防止汽水系统金属内表面受到空气或水中溶解氧的腐蚀而采取的保护措施。

6.2.2

化学清洗 chemical cleaning

采用化学方法清除锅炉水汽系统中的各种沉积物、金属氧化物和其他污物,并使金属表面形成保护膜,防止发生腐蚀或结垢的方法。通常采用酸性介质,故又称酸洗。

6.2.3

(碱)煮炉 boiling-out

使用氢氧化钠与磷酸三钠混合溶液注入锅炉汽水系统,在0.5 MPa～2 MPa压力下经24 h～48 h加热、除油、去垢并使金属内表面钝化的方法。适用于压力在9.8 MPa以下的锅筒锅炉。

6.2.4

冲管 flushing

用具有一定流速的清水清除汽水系统和管道内表面上杂物的方法,又称水清洗。

6.2.5

蒸汽系统吹洗 scavenging of steam system

在机组投产前,利用高速蒸汽流的动能吹净锅炉蒸汽管路及设备在制造、运输、保管、安装过程中发生的污物和大气腐蚀产物,并在金属表面形成保护膜的方法,简称吹管(steam-line blowing)。为提高吹洗效果,当在吹洗过程中加入一定量的氧气时称为加氧吹洗(steam purging with oxygen)。

6.2.6

钝化 passivating

在经酸洗后的金属表面上用钝化液进行流动清洗或浸泡清洗以形成保护层的方法。

6.2.7

烘炉 drying-out

用点火或其他加热方法以一定的温升速度和保温时间烘干炉墙的过程。

6.2.8

事故检修 break maintenance (BM)

设备发生故障或其他失效时进行的非计划性维修,又称故障检修。

6.2.9

改进性检修 corrected maintenance (CM)

为消除设备的缺陷、频发性故障或改善设备性能,对设备的局部结构或零部件的设计加以改进而实施的一种检修。

6.2.10

状态检修 condition-based maintenance (CBM)

根据状态监测、分析诊断确定的设备实际技术状况来决定检修日期和对象的预防性检修。也称预知性检修(predictive maintenance-PDM)。

6.2.11

预防性定期检修 time-based maintenance (TBM)

以时间为基础的预防检修方式,可分为大修、小修和节日检修。又称计划检修。

6.3 故障

6.3.1

汽水分层 separation of steam-water flow

汽水混合物在水平或倾角较小的管内流动,当流速较低时水在下部,汽在上部分层流动的现象。

6.3.2

汽塞　vapor lock, steam binding, steam blanketing

蒸汽泡在蒸发受热面上升管中聚集,导致阻塞水循环的现象。

6.3.3

流动停滞　flow stagnation

自然循环锅炉循环回路中,在接入锅筒水空间的并联管屏中,某些上升管受热减弱到一定程度时,进入管中水量仅只等于该管所蒸发掉的水量时水流停滞的现象(当接入锅筒汽空间时,受热弱的上升管中将出现自由水面)。

6.3.4

循环倒流　flow reversal

自然循环锅炉循环回路中,接入锅筒水空间的并联管屏中,工质在受热减弱的上升管内发生自上而下的逆向流动现象。

6.3.5

脉动　pulsation

直流锅炉蒸发受热面发生的一种不稳定的水动力现象。当锅炉工况变动时,在蒸发受热面并联工作的管圈之间,某些管子内流量随时间发生的周期性的变化。

6.3.6

汽水共腾　priming

锅筒锅炉运行中,蒸汽流量突然增大而炉膛内燃烧放热还来不及增大时,由于锅筒内压力急剧下降,导致锅水汽化,锅炉水容积中含汽量急剧增大的现象。

6.3.7

泡沫共腾　foaming

当锅水中含有油脂、悬浮物或锅水浓度过高时,蒸汽泡表面水膜因含有杂质而不易撕破,在锅筒水面上产生大量泡沫的现象。

6.3.8

烟气侧沉积物　external deposit

从烟气中沉积到受热面外表面或炉墙内壁上的物质,包括烟炱、熔渣、高温粘结灰、低温沉积灰和疏松灰等。

6.3.9

汽水侧沉积物　internal deposit

从水或蒸汽中沉积到受热面和管道内表面或汽轮机叶片上的矿物质或盐类,包括水渣、水垢和积盐等。

6.3.10

结渣　slagging

处在粘结温度以上的高温灰渣粘附在炉膛内壁或辐射受热面、高温对流受热面上的现象。

6.3.11

结焦　agglormeration, clinkering, coking

在燃煤和燃油锅炉中,局部积聚在燃烧器喷口、燃料床或受热面上的燃料,在高温缺氧的情况下析出挥发分后形成焦块的现象。

6.3.12

积灰　fouling

处在粘结温度以下的灰粒沉积在锅炉受热面上的现象,也称沾污。

6.3.13

结垢　incrustate，scale formation

在锅炉受热面和换热设备水侧生成固态附着物的现象。

6.3.14

堵灰　clogging

对流受热面的烟气侧沉积物厚度不断增加，使烟气通道发生堵塞或灰渣在输送系统中局部沉积发生堵塞的现象。

6.3.15

点状腐蚀　pitting attack

由于给水中溶解氧含量过大，造成给水系统和省煤器内表面的电化学腐蚀，状如麻点。

6.3.16

延性腐蚀　ductile gouging

水垢或水渣下的受热面金属由于锅水含有游离碱而产生的腐蚀凹坑，腐蚀部位管材的金相组织和机械性能均无变化。又称垢下腐蚀。

6.3.17

氢脆　hydrogen-damage

水垢或水渣下的受热面金属由于锅水中的氢所产生的细小裂纹，腐蚀部位的金相组织和机械性能发生变化，有明显的脱碳现象。

6.3.18

苛性脆化　caustic embrittlement

锅筒的铆接或胀接部位因局部应力集中和游离碱（氢氧化钠）含量过高（因长期漏汽）产生金属晶间裂纹的脆化现象。

6.3.19

应力腐蚀　stress corrosion

由拉应力与腐蚀性介质联合作用而引起的低应力脆性断裂现象。

6.3.20

疲劳腐蚀　fatigue corrosion

在循环载荷和腐蚀介质并存时，腐蚀介质在金属材料的疲劳过程中促进了裂纹的萌生和扩展，使金属材料产生的破坏。

6.3.21

高温蒸汽氧化腐蚀　high temperature steam corrosion

高温水蒸气与铁（Fe）反应生成 Fe_3O_4 放出 H_2 的化学腐蚀，温度越高则腐蚀越剧烈。

注：通常在超临界压力锅炉中，过热蒸汽温度在540℃以上时比较突出，此外，腐蚀的程度还与金属材料密切相关。

6.3.22

高温烟气腐蚀　high temperature corrosion on the fire side

通常发生在锅炉炉膛水冷壁和过热器、再热器等高温受热面烟气侧金属管壁的腐蚀现象。

注：水冷壁管的腐蚀多属于高温硫腐蚀范畴；过热器多为碱金属的复合硫酸盐或钒酸盐的熔盐型腐蚀。

6.3.23

低温烟气腐蚀　low temperature corrosion on the fire side

当壁温低于烟气露点时，烟气中含有的硫酸蒸气在壁面凝结所造成的腐蚀。

6.3.24

超温　overtemperature

锅炉运行中受热面金属管壁温度或出口蒸汽温度超过其额定值的现象。

6.3.25

热偏差 heat deviation

过热器热偏差

并列管组中个别或局部管圈(偏差管)内工质焓增与整个管组工质平均焓增不一的现象。

6.3.26

过热 overheating

受热面或管道的金属壁温超过钢材最高许用温度的现象。

6.3.27

炉膛出口烟气能量不平衡 gas side energy imbalance at furnace exit

沿锅炉炉膛出口截面上烟气能量(包括烟气温度、速度和粉尘浓度)分布不均匀的现象,俗称炉膛出口烟气热偏差。

6.3.28

回火 flashback

由于燃烧器出口处可燃混合物的法向速度小于燃烧火焰传播速度,使火焰向燃烧器内部传播的现象。

6.3.29

脱火 blow off

由于燃烧器出口处可燃混合物的法向速度大于燃烧火焰传播速度,使火焰远离燃烧器被吹灭的现象。

6.3.30

灭火 loss of ignition, loss of fire

熄火

炉膛变暗,看不到火焰或燃烧器丧失火焰的现象。

注:发生灭火时的其他现象主要有:

a) 负压燃烧锅炉的炉膛负压剧烈波动后显著增大,正压燃烧锅炉的炉膛正压减小;

b) 蒸汽压力下降。

6.3.31

锅炉爆管 boiler tube explosion, boiler tube failure/rupture

锅炉受热面管子在运行中损伤失效而爆漏的现象。

6.3.32

炉膛爆炸 furnace explosion

炉膛内可燃混合物发生爆燃导致炉内烟气压力瞬时剧增,所产生的爆炸力超过炉墙结构强度而造成向外爆破的事故,或称外爆。

6.3.33

炉膛内爆 furnace implosion

平衡通风锅炉由于炉膛负压非正常增大,致使内外气体压差骤增,超过炉膛结构瞬态承压强度而造成的向内爆破事故。

6.3.34

炉膛爆燃 furnace puff

当连续进入炉膛的可燃混合物没有即时着火燃烧而在炉膛内聚集,突然被引燃,发生剧烈燃烧而致使炉膛内压力瞬时大幅升高的现象(此时的火焰传播速度高于声速)。

注:发生爆燃时,由于炉膛内聚集的可燃混合物数量还不太多,突然发生燃烧的能量较小,炉内气体压力瞬时大幅度增加,尚不足以导致炉膛结构破坏,仅发生看火孔等处大量向外喷烟的现象。

6.3.35

制粉系统爆炸　explosion of pulverized (coal preparation)system

制粉系统内积聚的煤粉在一定的温度下热解，释放出可燃挥发分，形成可燃混合物(可燃气体、煤粉和空气混合物)当其浓度和热量达到一定数值时导致自燃爆炸或遇到火源时发生爆燃(剧烈燃烧并以高于声速传播)，导致系统内压力急剧上升使设备爆破的现象。

6.3.36

尾部烟道再燃烧　flue dust reburning in flue duct

二次燃烧　secondary combustion

锅炉炉膛燃烧不完全，导致未燃尽的燃料积存于尾部烟道内或受热面上，在适宜条件时发生自燃的现象。

6.3.37

(液态排渣炉)析铁　formation of iron (in slag-tape furnace)

液态排渣炉膛(包括旋风炉)运行中，在炉底渣池内形成积铁或积铁熔化后经渣口流出的现象。

6.3.38

氢爆　hydrogen explosion

液态排渣炉运行中炉底积铁在高温下熔化，铁水经渣口流入粒化水箱而产生氢气，发生爆燃/炸的现象。

6.3.39

锅炉满水　drum flooding

运行中锅筒内水位超过水位计上部可见水位的故障现象。

6.3.40

锅炉缺水　loss of water level

运行中锅筒内水位在水位计中消失的故障现象。

7　测试和检验

7.1　试验

7.1.1

锅炉效率试验　boiler heat efficiency test

确定锅炉效率的试验，有正平衡法和反平衡法之分，又称锅炉热效率试验。

7.1.2

燃烧调整试验　boiler combustion adjustment(regulation) test

通过对锅炉燃料供给和配风参数的调整，以及对其控制方式的改变等，保证送入锅炉炉内的燃料及时、稳定、完全和连续燃烧，并在满足机组负荷需要前提下，获得最佳燃烧工况的试验。又称燃烧优化试验(combustion optimization test)。

7.1.3

锅炉性能试验　boiler performance test

新机组投运后一定期限内，按合同规定的试验规程(标准)进行的、考核卖方在商务合同中所规定的锅炉各项性能指标是否达到保证值的试验。针对罚款保证值项目进行的称为性能考核试验(guaranteed performance test)，针对非罚款保证值项目进行的称为性能验收试验(performance acceptance test)。

7.1.4

锅炉性能鉴定试验　boiler performance certificate test

对新型机组或改造后的机组，按照国家标准进行的锅炉全面的运行性能试验，为该机组的设计(或改造)与运行性能做出鉴定，作为该型机组定型生产或进一步改进的依据。

7.1.5

炉膛空气动力场试验　furnace aerodynamic test

根据冷、热态空气动力场相似理论的要求，计算室温下各次喷口的风量和风速，并在此工况条件下测量炉膛内的空气流动速度场的分布，以便掌握和评价炉内气流的流动特性的试验。该项试验可在实际炉膛内进行，也可在按几何相似缩小的模型上进行，后者称之为炉膛冷态模型试验。

7.1.6

制粉系统冷态风平衡试验　cold air distributing test of pulverizing system

冷态下调节一次风管上的缩孔或挡板，使各一次风管间风量均衡(相对偏差值不大于±5%)的试验。

7.1.7

漏风试验　air leakage test

检查锅炉炉膛、烟风道或制粉系统漏风的试验。

7.1.8

风压试验　pressure decay test

按规定的压力和保持时间对炉膛或烟道用空气进行的压力试验，以检查其严密性是否符合要求。

7.1.9

水循环试验　water circulation test

检查锅炉在启动、停炉和各种运行工况下水循环可靠性的试验。又称水动力特性试验。

7.1.10

热化学试验　thermal chemical test

测定锅炉在启动和各种运行工况下蒸汽品质和水化学特性的试验。以确定汽水分离元件和系统的合理结构及运行方式，了解盐分在锅炉受热面中的沉积规律。

7.1.11

水压试验　hydrostatic test

按规定的压力和保持时间对锅炉受压元件、受压部件或整台锅炉机组用水进行的压力试验。以检查其有无泄漏和残余变形。

7.1.12

过热器、再热器试验　thermal test of superheater & reheater

确定过热器和再热器的热偏差与管壁温度等热力特性、汽温调节特性以及阻力特性的试验。

7.1.13

负荷试验　load test

为确定锅炉的经济负荷、最低负荷以及相应于机组各种出力下的锅炉负荷所进行的试验。

7.2　测试

7.2.1

煤质特性分析　coal characteristic analysis

为了解煤的质量和燃烧特性，用物理和化学的方法对煤样进行的化验和测试工作。

7.2.2

烟气分析　flue gas analysis

取样测定烟气中气相成分容积比例的定量分析。

7.2.3

奥氏(烟气)分析仪　Orsat (gas) analyser

用化学选择性吸收法测定干烟气试样中气相成分容积比例的仪器。

7.2.4

抽气式热电偶　suction pyrometer

抽出烟气冲刷热电偶工作端及其外面加装的单层或多层遮热罩，以减少炉内烟气温度测量误差的热电偶高温计（包括二次仪表和抽气系统）。

7.2.5

气力式高温计　venturi pneumatic pyrometer

利用抽出烟气流经高温和低温节流元件时烟气绝对温度与密度成反比原理测量烟气温度的高温计。

7.2.6

热流计　heat flux meter

测量辐射热流密度的仪器。

7.2.7

热重分析仪　thermogravimetric analyzer

在程序控制和按规定速度缓慢升温条件下，测量煤样（或其他试样）的质量随加热程度变化的仪器。

7.2.8

等速取样　isokinetical sampling

在含粉尘的气流中，使进入粉尘取样探头进口的吸入速度与探头周围的来流速度（如锅炉烟道中的烟气速度、输粉管路中的煤粉气流速度等）相等条件下的取样方法。

7.2.9

锅炉排烟监测　boiler flue gas monitoring

用规定的测试方法测定和监视锅炉排烟中污染物质（如粉尘、SO_2、NO_x 等）的浓度。

7.2.10

火焰检测器　flame detector

通过接收的火焰光波信号来判别被检燃料是否在合适的位置着火的器件。

7.2.11

烟温探针　gas-temperature probe

用于测量烟气温度的可伸缩式热电偶测温器件。布置在炉膛出口前的烟温探针，用来监测锅炉启动时该处烟温状况。

8　技术性能与经济指标

8.1　技术性能

8.1.1

锅炉热效率　boiler heat efficiency

单位时间内锅炉有效利用热量与所消耗燃料的输入热量的百分比（正平衡热效率）。

8.1.2

给水品质　feed water quality (condition)

给水水质达到规定标准值的程度，如酸碱度、硬度和杂质含量。

8.1.3

蒸汽品质　steam purity

蒸汽的纯洁程度。

8.1.4

锅水浓度　boiler water concentration

锅水的酸碱度和杂质含量，也称炉水浓度。

8.1.5

临界含盐量　critical dissolved salt

锅炉运行负荷(蒸发量)不变工况下,使蒸汽含盐量突然增多的锅水含盐量。

8.1.6

总含盐量　total dissolved salt

水中所含盐类的总量。

8.1.7

全固形物　total solid (matter)

水中悬浮物和溶解固形物质含量的总和。

8.1.8

溶解固形物　dissolved solid (matter)

溶解于水中的物质(不包括溶解气体),即将水样滤出其悬浮物后进行蒸发和干燥所得的残渣。

8.1.9

悬浮物　suspended solid (matter)

不溶解于水中的无机物和有机物,即用规定的过滤材料在水样中所分离出的固形物。

8.1.10

(总)硬度　total hardness

水中钙和镁离子的总含量。

注:总硬度等于非碳酸盐硬度(永久硬度)与碳酸盐硬度(暂时硬度)之和,分析时用络合滴定法所测出的硬度为总硬度。

8.1.11

碱度　alkalinity

水中所含能接受氢离子的物质的含量。

注:碱度分为酚酞碱度和甲基橙碱度(全碱度)两种。

8.1.12

锅炉负荷调节范围　boiler load range

锅炉在规定工况下安全运行所允许的最低和最高负荷的范围。

8.1.13

(保持)额定汽温负荷范围　load range at constant temperature

锅炉出口过热蒸汽、再热蒸汽温度保持额定值的负荷范围。

8.1.14

经济负荷　economic load

运行热效率最高时的锅炉负荷。

8.1.15

锅炉最低稳定燃烧负荷　boiler minimum stable load without auxiliary fuel support

锅炉不投辅助燃料助燃而能长期连续稳定运行的最低负荷。对燃煤锅炉,常称最低不投油稳燃负荷(boiler minimum stable load without oil support)。

注:每台煤粉锅炉有三个不同含义的最低稳燃负荷:设计保证值、试验值及可供调度值。

8.1.16

最低稳燃负荷率　boiler minimum combustion stable load rate (BMLR)

不投辅助燃料助燃的最低稳定燃烧负荷与锅炉最大连续出力(BMCR)或额定出力(BRL)之比。

8.1.17

液态排渣临界负荷　slag tapping critical load in wet bottom furnace

液态排渣炉运行中能保证顺利流渣时的最低负荷。

8.1.18

燃烧器调节比　turndown ratio

单只燃烧器的最大燃料量与最小燃料量之比。

8.1.19

烟气含尘量　dust density (dust loading) in flue gas

单位容积(标准状态下)的烟气中所含烟尘量。

8.1.20

烟气污染物排放量　pollutants density in flue gas

锅炉运行期间排入环境的烟气中所含大气污染物的数量。

注：锅炉排烟中大气污染物主要有：烟尘、SO_2、NO_x、CO及微量的有害重金属等。

8.1.21

锅炉设计性能　boiler design performance

锅炉设计单位根据锅炉的技术规范、设计条件以及用户的要求，设计时预期的锅炉应具有的性能。

8.1.22

锅炉非设计工况运行　boiler operation at un-designed conditions

锅炉在负荷、燃料特性、给水温度和过量空气系数等偏离设计数据条件下的运行。

8.1.23

安全阀排汽量　discharge capacity of safety valve

按有关规程规定通过试验所确定的安全阀或安全泄压阀排出的蒸汽量。

8.2　经济指标

8.2.1

热损失　heat loss

输入热量中未能为工质所吸收利用的部分，一般用所损失的热量占输入热量的百分率表示。

8.2.2

气体不完全燃烧热损失　unburned gases heat loss in flue gas

由于排烟中残留的可燃气体(如CO等)未放出其燃烧热所造成的热损失。

8.2.3

固体不完全燃烧热损失　unburned carbon heat loss in residue

由于飞灰、炉渣和漏煤中未燃碳未放出其燃烧热所造成的热损失。

8.2.4

散热损失　radiation and convection heat loss

炉墙、锅炉范围内管道和烟风道向周围环境散热所造成的热损失。

8.2.5

灰渣物理热损失　sensible heat loss in residue

锅炉排出灰渣的物理显热所造成的热损失。

8.2.6

排烟热损失　sensible heat loss in exhaust flue gas

锅炉排出烟气的显热所造成的热损失。

8.2.7

飞灰可燃物含量　unburned combustible in fly ash

锅炉对流烟道飞灰中可燃物(碳)含量，又称飞灰含碳量(unburned carbon in fly ash)。

8.2.8

炉渣可燃物含量　unburned combustible in bottom ash

锅炉从冷灰斗或出渣口处排出炉渣中的可燃物(碳)含量，又称炉渣含碳量(unburned carbon in

bottom ash)。

8.2.9

漏煤可燃物含量　unburned combustible in sifting

炉排下漏煤的可燃物含量。

8.2.10

制粉电耗　power consumption of pulverizing system

制粉系统磨制每吨煤所消耗的电能，包括磨煤机磨煤电耗和排粉风机或一次风机的通风电耗。

8.3　可靠性指标

8.3.1

可用状态　available state

锅炉机组处于能运行的状态，是运行状态和备用状态的总称。

8.3.2

运行状态　state in service

锅炉机组处于联接到电力系统工作的状态，可以是全出力运行，也可以是(计划或非计划)降低出力运行。

8.3.3

备用状态　reserve shutdown state

锅炉机组处于可用、但不在运行状态。

8.3.4

不可用状态　unavailable state

锅炉机组因故不能运行的状态，不论其由什么原因造成。

8.3.5

计划停运　planned outage

锅炉机组处于计划检修的状态，分大修停运、小修停运和节日检修停运三类。

8.3.6

非计划停运　unplanned outage

锅炉机组处于不用而又不是计划停运的状态。根据停运的紧迫程度分为1～5类非计划停运。

第1类非计划停运：机组急需立即停运者；

第2类非计划停运：机组虽不需立即停运，但需在6 h以内停运者；

第3类非计划停运：机组可延迟至6 h以后，但需在72 h以内停运者；

第4类非计划停运：机组可延迟至72 h以后，但需在下次计划停运前停运者；

第5类非计划停运：机组计划停运时间因故超过原定计划工期的延长停运者。

上述第1、第2和第3类非计划停运，统称强迫停运。

8.3.7

(锅炉机组)降低出力　unit derating (UND)

锅炉机组因本身原因不能达到额定负荷而必须在其以下运行的情况(按负荷曲线运行的正常调整出力不在此列)。

8.3.8

计划降低出力　planned derating (PD)

锅炉机组事先计划好的在既定时间内要降低的出力。如季节性的及能预计到的并列入(月度)计划的一些降低出力。

8.3.9

非计划降低出力　unplanned derating (UD)

锅炉机组不能预计到的降低出力。按其需要降低出力的紧急程度分为下述四类：

第1类非计划降低出力(UD1):机组需要立即降低出力者;

第2类非计划降低出力(UD2):机组虽不需立即降低出力,但需在6 h以内降低出力者;

第3类非计划降低出力(UD3):机组可延至6 h以后,但需在72 h内降低出力者;

第4类非计划降低出力(UD4):机组可延至72 h以后,但需在下次计划停运前降低出力者。

8.3.10

运行小时　service hours (SH)

锅炉机组处于运行状态的小时数。

8.3.11

备用小时　reserve shut down hours (RH)

锅炉机组处于备用停机状态的小时数。

8.3.12

计划停运小时　planned outage hours (POH)

锅炉机组处于计划停运状态的小时数。

8.3.13

非计划停运小时　unplanned outage hours (UOH)

锅炉机组处于非计划停运状态的小时数,按状态定义有:

第1类非计划停运小时(UOH1);

第2类非计划停运小时(UOH2);

第3类非计划停运小时(UOH3);

第4类非计划停运小时(UOH4);

第5类非计划停运小时(UOH5)。

$$\mathrm{UOH} = \sum_{i=1}^{5}(\mathrm{UOH}_i)$$

8.3.14

强迫停运小时　forced outage hours (FOH)

锅炉机组处于第1、第2和第3类非计划停运状态的小时数。

$$\mathrm{FOH} = \sum_{i=1}^{3}(\mathrm{UOH}_i)$$

8.3.15

可用小时　available hours (AH)

锅炉机组处于可用状态的小时数。

$$\mathrm{AH}=\mathrm{SH}+\mathrm{RH}$$

8.3.16

不可用小时　unavailable hours (UH)

锅炉机组处于不可用状态的小时数。

$$\mathrm{UH}=\mathrm{POH}+\mathrm{UOH}=\mathrm{PH}-\mathrm{AH}$$

8.3.17

统计期间小时数　period hours (PH)

锅炉机组在统计期间处于可用状态小时数和不可用状态小时数之和。

$$\mathrm{PH}=\mathrm{AH}+\mathrm{UH}$$

8.3.18

机组降低出力运行小时　unit derated service hours (IUNDH)

机组处于降低出力情况下的运行小时数。

8.3.19

机组降低出力备用停机小时　unit derated reserve shutdown hours (RUNDH)

机组处于降低出力情况下的备用小时。

8.3.20

计划降低出力小时　planned derating hours (PDH)

机组处于计划降低出力情况下的可用小时数。

8.3.21

计划降低出力运行小时　planned derating service hours (IPDH)

机组处于计划降低出力情况下的运行小时。

8.3.22

计划降低出力备用停机小时　planned derating reserve shutdown hours (RPDH)

机组处于计划降低出力情况下的备用停机小时。

8.3.23

非计划降低出力小时　unplanned derating hours (UDH)

机组处于非计划降低出力情况下的可用小时数。按上述定义，非计划降低出力小时分为：

第1类非计划降低出力小时(UDH1)；

第2类非计划降低出力小时(UDH2)；

第3类非计划降低出力小时(UDH3)；

第4类非计划降低出力小时(UDH4)。

8.3.24

非计划降低出力运行小时　unplanned derating service hours (IUDH)

机组处于非计划降低出力情况下的运行小时数。按上述定义，非计划降低出力运行小时分为：

第1类非计划降低出力运行小时(IUDH1)；

第2类非计划降低出力运行小时(IUDH2)；

第3类非计划降低出力运行小时(IUDH3)；

第4类非计划降低出力运行小时(IUDH4)。

8.3.25

非计划降低出力备用停机小时　unplanned derating reserve shutdown hours (RUDH)

机组处于非计划降低出力情况下的备用停机小时。按上述定义，非计划降低出力备用停机小时分为：

第1类非计划降低出力备用停机小时(RUDH1)；

第2类非计划降低出力备用停机小时(RUDH2)；

第3类非计划降低出力备用停机小时(RUDH3)；

第4类非计划降低出力备用停机小时(RUDH4)。

8.3.26

等效小时　equivalent hours (E)

机组各类降低出力小时折合成按额定出力(BRL)计算的满负荷停运小时数。

$$E(\quad) = \frac{\sum D(\quad)_i T_i}{\mathrm{BRL}}$$

式中：

$E(\quad)$——按定义中任一方式分类(括号内注明属哪一分类)计算的等效小时；

$D(\quad)_i$——为括号内所指方式分类的第 i 类降低出力数；

T_i——为 i 类降低出力的小时数；

BRL——锅炉额定出力。

8.3.27

可用系数 availability factor (AF)

$$AF = \frac{可用小时(AH)}{统计期间小时(PH)} \times 100\%$$

8.3.28

等效可用系数 equivalent availability factor (EAF)

$$EAF = \frac{可用小时(AH) - 降低出力等效停运小时(EUNDH)}{统计期间小时(PH)} \times 100\%$$

8.3.29

强迫停运率 forced outage rate (FOR)

$$FOR = \frac{强迫停运小时(FOH)}{强迫停运小时(FOH) + 运行小时(SH)} \times 100\%$$

8.3.30

等效强迫停运率 equivalent forced outage rate (EFOR)

$$EFOR = \frac{强迫停运小时 + 第1,第2,第3类非计划降低出力等效停运小时之和}{运行小时 + 强迫停运小时 + 第1,第2,第3类非计划降低出力等效备用停机小时} \times 100\%$$

$$= \frac{FOH + (EUDH1 + EUDH2 + EUDH3)}{SH + FOH + (ERUDH1 + ERUDH2 + ERUDH3)} \times 100\%$$

8.3.31

平均连续可用小时 average continuous available hours (ACAH)

$$ACAH = \frac{可用小时(AH)}{计划停运次数(POT) + 非计划停运次数(UOT)}$$

8.3.32

平均无故障可用小时 mean time between failure (MTBF)

$$MTBF = \frac{可用小时(AH)}{强迫停运次数(FOT)}$$

参 考 文 献

[1] 中国电力百科全书:2版.火力发电卷.北京:中国电力出版社,2001.

[2] S. C. Stultz, J. B. Kitto. STEAM/ITS GENERATION AND USE. 40thedition B&W Barberton, Ohio, U. S. A., 1992.

[3] JOSEPH G. SINGER, P. E. COMBUSTION/FOSSIL POWER. 4thedition CE Windsor, U. S. A., 1991.

[4] MODERN POWER STATION PRACTICE. volume B, boilers and ancillary plant, 1991.

[5] 林宗虎,徐通模.实用锅炉手册.北京:化学工业出版社,1999.

[6] 中国动力工程学会.火力发电设备技术手册:第一卷 锅炉.北京:机械工业出版社,2000.

[7] 田子平.英汉锅炉技术词汇.北京:中国电力出版社,1999.

[8] ASME PTC4—1998 FIRED STEAM GENERATORS

[9] NFPA 85—2001 Boiler and Combustion Systems Hazards Code

[10] 胡荫平.电站锅炉手册.北京:中国电力出版社,2005.

[11] 中国电力可靠性管理年报.中国电力可靠性管理中心.2003.

中 文 索 引

"D"型锅炉 …… 3.1.29
"T"型锅炉 …… 3.1.28
"U"型火焰锅炉 …… 3.1.55
"U"型火焰炉膛 …… 4.2.26
"W"型火焰锅炉 …… 3.1.56
"W"型火焰炉膛 …… 4.2.27
Ω管屏 …… 4.2.31
"Π"型锅炉 …… 3.1.27

A

安全阀 …… 5.8.5
安全阀排汽量 …… 8.1.23
安全泄放阀 …… 5.8.6
奥氏(烟气)分析仪 …… 7.2.3

B

百叶窗分离器 …… 5.2.7
摆动式燃烧器 …… 5.1.8
半辐射式过热器 …… 5.4.3
半开式液态排渣炉膛 …… 4.2.24
半露天锅炉 …… 3.1.11
半直吹式制粉系统 …… 3.3.33
包墙管过热器 …… 5.4.7
爆炸界限 …… 4.3.47
备用小时 …… 8.3.11
备用状态 …… 8.3.3
闭式液态排渣炉膛 …… 4.2.25
并联烟道 …… 4.2.14
并汽 …… 6.1.9
补给水 …… 3.3.6
捕渣率 …… 4.3.48
不可用小时 …… 8.3.16
不可用状态 …… 8.3.4

C

槽型分离器 …… 5.1.41
层燃锅炉 …… 3.1.63
层状燃烧 …… 4.1.8
常压流化床锅炉 …… 3.1.61
超高压锅炉 …… 3.1.16
超临界压力锅炉 …… 3.1.14
超温 …… 6.3.24
沉降灰 …… 3.3.42
冲管 …… 6.2.4
抽气式热电偶 …… 7.2.4
抽烟风机 …… 5.1.58
除渣设备 …… 5.9.4
吹灰 …… 6.1.30
吹灰器 …… 5.9.3
吹扫 …… 6.1.5
垂直上升管屏 …… 4.2.8
锤击磨煤机 …… 5.1.48
粗粉分离器 …… 5.1.50

D

等速取样 …… 7.2.8
等效可用系数 …… 8.3.28
等效强迫停运率 …… 8.3.30
等效小时 …… 8.3.26
低 NO_x 燃烧 …… 4.1.17
低 NO_x(煤粉)燃烧器 …… 5.1.23
低温分离器 …… 4.2.30
低温烟气腐蚀 …… 6.3.23
低压锅炉 …… 3.1.19
低氧燃烧 …… 4.1.30
点火能量 …… 4.3.34
点火器 …… 5.1.26
点火水位 …… 6.1.4
点火油枪 …… 5.1.24
点火装置 …… 5.1.27
点状腐蚀 …… 6.3.15
电站锅炉 …… 3.1.5
调风器 …… 5.1.11
调峰运行 …… 6.1.16
顶棚管过热器 …… 5.4.8
定期排污 …… 6.1.29
定压-滑压复合运行 …… 6.1.15
定压启动 …… 6.1.18
定压运行 …… 6.1.14
动力排放阀 …… 5.8.7

堵灰 …… 6.3.14
对冲燃烧 …… 4.1.11
对流过热器 …… 5.4.6
对流受热面 …… 4.2.4
对流烟道 …… 4.2.13
钝化 …… 6.2.6
多孔板 …… 5.2.9
多种燃料燃烧器 …… 5.1.34

E

额定供热量 …… 3.2.5
(保持)额定汽温负荷范围 …… 8.1.13
额定蒸汽参数 …… 3.2.6
额定蒸汽温度 …… 3.2.8
额定蒸汽压力 …… 3.2.7
二次风 …… 4.3.39
二次风率 …… 4.3.40
二次风喷口 …… 5.1.65

F

防焦箱 …… 5.1.82
防渣管 …… 4.2.20
放水 …… 6.1.6
飞灰 …… 3.3.43
飞灰复燃装置 …… 5.1.84
飞灰可燃物含量 …… 8.2.7
飞灰再循环 …… 3.3.41
非计划降低出力 …… 8.3.9
非计划降低出力备用停机小时 …… 8.3.25
非计划降低出力小时 …… 8.3.23
非计划降低出力运行小时 …… 8.3.24
非计划停运 …… 8.3.6
非计划停运小时 …… 8.3.13
非设计工况运行 …… 6.1.17
沸腾传热恶化 …… 3.3.13
沸腾式省煤器 …… 5.5.2
分段送风 …… 4.1.39
分段蒸发 …… 4.1.6
分级燃烧 …… 4.1.23
风道 …… 4.2.15
风帽 …… 5.1.37
风扇磨煤机 …… 5.1.47
风室 …… 5.1.81
风箱 …… 5.1.32
风压试验 …… 7.1.8
风烟系统 …… 3.3.27
风罩回转式空气预热器 …… 5.6.7
封头 …… 5.2.12
缝隙挡板 …… 5.2.6
辐射过热器 …… 5.4.2
辐射受热面 …… 4.2.3
负荷试验 …… 7.1.13
负压锅炉 …… 3.1.49
负压通风 …… 4.1.38
复合循环锅炉 …… 3.1.33
富燃料 …… 4.1.26
富空气 …… 4.1.27

G

改进性检修 …… 6.2.9
钙硫(摩尔)比 …… 4.1.22
刚性梁 …… 5.7.2
钢管省煤器 …… 5.5.3
钢丝网分离器 …… 5.2.8
高速磨煤机 …… 5.1.46
高温分离器 …… 4.2.28
高温烟气腐蚀 …… 6.3.22
高压锅炉 …… 3.1.17
高温蒸汽氧化腐蚀 …… 6.3.21
给粉机 …… 5.1.53
给煤机 …… 5.1.49
给水 …… 3.3.4
给水品质 …… 8.1.2
给水温度 …… 3.2.9
工业锅炉 …… 3.1.6
工质 …… 3.3.1
拱 …… 4.2.16
拱式燃烧 …… 4.1.12
鼓泡流化床锅炉 …… 3.1.59
鼓泡流化床燃烧 …… 4.1.15
固定式锅炉 …… 3.1.4
固态排渣锅炉 …… 3.1.47
固体不完全燃烧热损失 …… 8.2.3
固体燃料锅炉 …… 3.1.35
管屏 …… 4.2.7
管式空气预热器 …… 5.6.2

管束 …………………………………… 4.2.11
惯性分离器 ………………………………… 4.1.40
锅壳锅炉 ………………………………… 3.1.24
锅炉……………………………………… 3.1.1
锅炉爆管 ………………………………… 6.3.31
锅炉本体………………………………… 4.2.1
锅炉额定负荷…………………………… 3.2.2
锅炉非设计工况运行 …………………… 8.1.22
锅炉负荷调节范围 ……………………… 8.1.12
锅炉构架………………………………… 5.7.1
锅炉管束………………………………… 5.3.6
锅炉灰平衡 ……………………………… 4.1.42
锅炉机组………………………………… 3.1.3
锅炉满水 ………………………………… 6.3.39
锅炉密封………………………………… 5.9.2
锅炉排污 ………………………………… 6.1.27
锅炉排烟监测…………………………… 7.2.9
锅炉汽水系统…………………………… 5.8.1
锅炉缺水 ………………………………… 6.3.40
锅炉热效率……………………………… 8.1.1
锅炉容量………………………………… 3.2.1
锅炉设计性能 …………………………… 8.1.21
锅炉输入热量…………………………… 4.3.6
锅炉效率试验…………………………… 7.1.1
锅炉性能鉴定试验……………………… 7.1.4
锅炉性能试验…………………………… 7.1.3
锅炉有效利用热量……………………… 4.3.7
锅炉最大连续蒸发量…………………… 3.2.3
锅炉最低稳定燃烧负荷 ………………… 8.1.15
锅内过程………………………………… 3.3.8
锅内水处理 ……………………………… 6.1.31
锅水……………………………………… 3.3.5
锅水浓度………………………………… 8.1.4
锅筒……………………………………… 5.2.1
锅筒锅炉 ………………………………… 3.1.20
锅筒内部装置…………………………… 5.2.2
过量空气 ………………………………… 4.1.47
过量空气系数 …………………………… 4.1.48
过热 ……………………………………… 6.3.26
过热器…………………………………… 5.4.1
过热器、再热器试验…………………… 7.1.12

H

核态沸腾 ………………………………… 3.3.14
黑液锅炉 ………………………………… 3.1.45
横锅筒锅炉 ……………………………… 3.1.22
横梁式炉排 ……………………………… 5.1.75
烘炉……………………………………… 6.2.7
滑参数启动 ……………………………… 6.1.12
滑参数停运 ……………………………… 6.1.23
滑压运行 ………………………………… 6.1.13
化石燃料锅炉 …………………………… 3.1.34
化学清洗………………………………… 6.2.2
还原性气氛 ……………………………… 3.3.46
灰渣物理热损失………………………… 8.2.5
回带管屏………………………………… 4.2.9
回火 ……………………………………… 6.3.28
回料控制阀 ……………………………… 5.1.39
回水温度 ………………………………… 3.2.11
回转式分离器 …………………………… 5.1.52
回转式空气预热器……………………… 5.6.3
火焰检测器 ……………………………… 7.2.10
混合器…………………………………… 5.3.7
混烧锅炉 ………………………………… 3.1.41
火床 ……………………………………… 3.3.52

J

机械炉排 ………………………………… 5.1.72
机械雾化 ………………………………… 4.1.50
机械携带………………………………… 4.1.2
机组降低出力备用停机小时 …………… 8.3.19
机组降低出力运行小时 ………………… 8.3.18
积灰 ……………………………………… 6.3.12
基本负荷锅炉 …………………………… 3.1.64
集汽管 …………………………………… 5.2.10
集箱……………………………………… 4.2.6
计划降低出力…………………………… 8.3.8
计划降低出力备用停机小时 …………… 8.3.22
计划降低出力小时 ……………………… 8.3.20
计划降低出力运行小时 ………………… 8.3.21
计划停运………………………………… 8.3.5
计划停运小时 …………………………… 8.3.12
计算燃料消耗量………………………… 4.3.9
假想切圆 ………………………………… 4.3.45

尖峰负荷锅炉 …… 3.1.66
间接泄漏 …… 4.1.55
减温器 …… 5.4.10
碱度 …… 8.1.11
(锅炉机组)降低出力 …… 8.3.7
角式燃烧器 …… 5.1.9
校核煤种 …… 3.3.21
阶梯炉排 …… 5.1.79
节流圈 …… 5.3.8
结垢 …… 6.3.13
结焦 …… 6.3.11
结渣 …… 6.3.10
截面含汽率 …… 4.3.22
介质 …… 3.3.2
经济负荷 …… 8.1.14
经济连续蒸发量 …… 3.2.4

K

开式液态排渣炉膛 …… 4.2.23
开式制粉系统 …… 3.3.31
苛性脆化 …… 6.3.18
可用系数 …… 8.3.27
可用小时 …… 8.3.15
可用状态 …… 8.3.1
空气分级 …… 4.1.24
空气雾化 …… 4.1.52
空气雾化油燃烧器 …… 5.1.17
空气预热器 …… 5.6.1
控制循环锅炉 …… 3.1.31
快速 NO_x …… 3.3.49
宽调节比一次风喷口 …… 5.1.69
扩散燃烧 …… 4.1.32

L

垃圾锅炉 …… 3.1.44
肋片管省煤器 …… 5.5.4
冷灰斗 …… 4.2.18
冷态启动 …… 6.1.19
冷渣器 …… 5.9.6
离心分离器 …… 4.1.41
理论空气量 …… 4.1.45
理论燃烧温度 …… 4.1.46
立式旋风炉 …… 3.1.57
连续排污 …… 6.1.28
链带式炉排 …… 5.1.74
链条炉排 …… 5.1.73
临界含汽率 …… 4.3.24
临界含盐量 …… 8.1.5
临界流化速度 …… 4.1.20
临界热流密度 …… 4.3.31
鳞片式炉排 …… 5.1.76
流动停滞 …… 6.3.3
流化床 …… 3.3.53
流化床点火装置 …… 5.1.35
流化床埋管 …… 5.1.38
流化床燃烧 …… 4.1.19
流化速度 …… 4.1.21
漏风率 …… 4.1.43
漏风试验 …… 7.1.7
漏风系数 …… 4.1.44
漏煤可燃物含量 …… 8.2.9
露天锅炉 …… 3.1.10
炉水 …… 3.3.5
炉壁热流密度 …… 4.3.30
炉底布风板 …… 5.1.36
炉底渣 …… 3.3.44
炉内过程 …… 3.3.24
炉排 …… 5.1.70
炉排面积放热强度 …… 4.3.32
炉前燃料 …… 3.3.19
炉墙 …… 5.9.1
炉水循环泵 …… 5.9.5
炉膛 …… 4.2.21
炉膛爆燃 …… 6.3.34
炉膛爆炸 …… 6.3.32
炉膛出口烟气能量不平衡 …… 6.3.27
炉膛出口烟气温度 …… 4.3.14
炉膛断面放热强度 …… 4.3.27
炉膛辐射受热面放热强度 …… 4.3.29
炉膛空气动力场试验 …… 7.1.5
炉膛内爆 …… 6.3.33
炉膛容积放热强度 …… 4.3.26
炉膛设计瞬态承受压力 …… 4.3.5
炉膛设计压力 …… 4.3.4
炉膛有效容积 …… 4.3.25
炉膛整体空气分级 …… 4.1.25
炉渣可燃物含量 …… 8.2.8

螺旋管圈 …… 4.2.10

M

脉动…… 6.3.5
煤粉分配器 …… 5.1.54
煤粉锅炉 …… 3.1.39
煤粉混合器 …… 5.1.55
煤粉均匀性指数 …… 3.3.35
煤粉燃烧器…… 5.1.5
煤粉细度 …… 3.3.34
煤粉制备系统 …… 3.3.28
煤矸石 …… 3.3.37
煤可磨性指数 …… 3.3.22
煤磨损指数 …… 3.3.23
煤清洁燃烧技术 …… 4.1.33
煤质特性分析…… 7.2.1
密封风机 …… 5.1.60
密相区 …… 4.1.18
面式减温器 …… 5.4.11
灭火 …… 6.3.30
膜式省煤器…… 5.5.5
膜式水冷壁…… 5.1.1
膜态沸腾 …… 3.3.16

N

内调风器 …… 5.1.29
内护板…… 5.7.3
内螺纹管…… 5.3.4
凝结水…… 3.3.7
浓淡燃烧 …… 4.1.29
暖风器…… 5.6.9

P

排粉风机 …… 5.1.56
排污量 …… 4.3.11
排烟热损失…… 8.2.6
排烟温度 …… 4.3.13
排渣控制阀 …… 5.1.40
旁路挡板 …… 5.4.15
抛煤机 …… 5.1.80
泡沫共腾…… 6.3.7
喷水减温器 …… 5.4.12
喷水量 …… 4.3.10
膨胀节…… 5.8.9
膨胀中心…… 5.7.5
疲劳腐蚀 …… 6.3.20
偏离核态沸腾 …… 3.3.15
贫燃料 …… 4.1.27
平端盖 …… 5.2.13
平衡通风 …… 4.1.37
平衡通风锅炉 …… 3.1.50
平均连续可用小时 …… 8.3.31
平均无故障可用小时 …… 8.3.32
平流式调风器 …… 5.1.13
屏式过热器…… 5.4.5

Q

启动…… 6.1.1
启动分离器…… 5.8.4
启动流量 …… 6.1.11
启动系统…… 5.8.3
启动压力 …… 6.1.10
启动油枪 …… 5.1.25
气固两相流 …… 3.3.12
气力式高温计…… 7.2.5
气泡雾化 …… 4.1.49
气泡雾化油燃烧器 …… 5.1.20
气体不完全燃烧热损失…… 8.2.2
气体燃料锅炉 …… 3.1.37
气体燃烧器 …… 5.1.28
汽冷旋风分离器 …… 5.1.43
汽-汽热交换器…… 5.4.13
汽塞…… 6.3.2
汽水(液)两相流 …… 3.3.11
汽水侧沉积物…… 6.3.9
汽水分层…… 6.3.1
汽水分离…… 4.1.4
汽水共腾…… 6.3.6
汽水膨胀 …… 6.1.25
汽水阻力 …… 4.3.15
汽温调节 …… 6.1.26
强迫停运 …… 6.1.24
强迫停运率 …… 8.3.29
强迫停运小时 …… 8.3.14
强制循环锅炉 …… 3.1.31
墙式过热器…… 5.4.4

墙式燃烧 …………………………………… 4.1.10
墙式燃烧锅炉 ………………………………… 3.1.54
切向燃烧………………………………………… 4.1.9
切向燃烧锅炉 ………………………………… 3.1.53
氢爆 ……………………………………………… 6.3.38
氢脆 ……………………………………………… 6.3.17
清洗装置………………………………………… 5.2.3
全固形物………………………………………… 8.1.7

R

燃尽风 …………………………………………… 4.3.44
燃尽风喷口 …………………………………… 5.1.67
燃料分级 ……………………………………… 4.1.28
燃料消耗量…………………………………… 4.3.8
燃料型 NO_x ………………………………… 3.3.47
燃料再燃烧 …………………………………… 4.1.34
燃煤锅炉 ……………………………………… 3.1.38
燃烧调整试验………………………………… 7.1.2
燃烧器…………………………………………… 5.1.4
燃烧器调节比 ………………………………… 8.1.18
燃烧器喷口 …………………………………… 5.1.33
燃烧器区域壁面放热强度 ………………… 4.3.28
燃烧器热功率 ………………………………… 4.3.33
燃烧设备 ……………………………………… 3.3.26
燃烧系统 ……………………………………… 3.3.25
燃油锅炉 ……………………………………… 3.1.40
热风温度 ……………………………………… 4.3.12
热风再循环 …………………………………… 3.3.40
热管空气预热器……………………………… 5.6.8
热化学试验 …………………………………… 7.1.10
热力型 NO_x ………………………………… 3.3.48
热流计…………………………………………… 7.2.6
热偏差 …………………………………………… 6.3.25
热水锅炉………………………………………… 3.1.7
热水温度 ……………………………………… 3.2.10
热损失…………………………………………… 8.2.1
热态启动 ……………………………………… 6.1.20
热重分析仪…………………………………… 7.2.7
容积含汽率 …………………………………… 4.3.21
溶解固形物…………………………………… 8.1.8
溶解携带………………………………………… 4.1.3

S

三次风 …………………………………………… 4.3.41
三次风率 ……………………………………… 4.3.42
三次风喷口 …………………………………… 5.1.68
三分仓回转式空气预热器………………… 5.6.5
四分仓回转式空气预热器………………… 5.6.6
散热损失………………………………………… 8.2.4
上升管…………………………………………… 5.3.3
上水……………………………………………… 6.1.2
设计煤种 ……………………………………… 3.3.20
设计压力………………………………………… 4.3.1
升压……………………………………………… 6.1.8
省煤器…………………………………………… 5.5.1
省煤器沸腾率 ………………………………… 4.3.36
石子煤 ………………………………………… 3.3.36
事故检修………………………………………… 6.2.8
室内锅炉………………………………………… 3.1.9
手烧炉排 ……………………………………… 5.1.71
受热面…………………………………………… 4.2.2
受热面回转式空气预热器………………… 5.6.4
受热面蒸发率 ………………………………… 4.3.35
受压部件(元件)……………………………… 4.2.5
疏水……………………………………………… 6.1.7
双调风旋流燃烧器 ………………………… 5.1.21
双面水冷壁…………………………………… 5.3.5
水管锅炉 ……………………………………… 3.1.21
水冷壁…………………………………………… 5.3.2
水冷旋风分离器 …………………………… 5.1.42
水煤浆锅炉 …………………………………… 3.1.42
水位……………………………………………… 6.1.3
水位表…………………………………………… 5.8.8
水循环…………………………………………… 4.1.1
水循环试验…………………………………… 7.1.9
水压试验 ……………………………………… 7.1.11
水蒸气…………………………………………… 3.3.3
瞬态型 NO_x ………………………………… 3.3.49
酸露点 ………………………………………… 3.3.38
送风机 ………………………………………… 5.1.61
锁气器 ………………………………………… 5.1.63

T

塔式锅炉 ……………………………………… 3.1.26
添加剂 ………………………………………… 3.3.51
停炉 ……………………………………………… 6.1.21
停炉保护………………………………………… 6.2.1

停用 …………………………………………… 6.1.22
通风截面比 ……………………………………… 4.3.46
通风阻力 ………………………………………… 4.3.16
统计期间小时数 ………………………………… 8.3.17
筒式磨煤机 ……………………………………… 5.1.44
筒体 ……………………………………………… 5.2.11
脱火 ……………………………………………… 6.3.29

W

外调风器 ………………………………………… 5.1.30
外护板…………………………………………… 5.7.4
外置流化床换热器 ……………………………… 4.2.32
往复炉排 ………………………………………… 5.1.78
微正压锅炉 ……………………………………… 3.1.52
尾部烟道再燃烧 ………………………………… 6.3.36
卫燃带…………………………………………… 5.1.3
文丘里测风装置 ………………………………… 5.8.11
稳燃器 …………………………………………… 5.1.31
涡轮式旋风分离器……………………………… 5.2.5
卧式旋风炉 ……………………………………… 3.1.58

X

(液态排渣炉)析铁 ……………………………… 6.3.37
稀相区 …………………………………………… 4.1.19
熄火 ……………………………………………… 6.3.30
细粉分离器 ……………………………………… 5.1.51
下降管…………………………………………… 5.8.2
箱型锅炉 ………………………………………… 3.1.25
销钉管水冷壁…………………………………… 5.1.2
悬吊管 …………………………………………… 4.2.19
悬浮燃烧………………………………………… 4.1.7
悬浮物…………………………………………… 8.1.9
旋杯雾化 ………………………………………… 4.1.53
旋风分离器……………………………………… 5.2.4
旋风燃烧 ………………………………………… 4.1.13
旋流煤粉燃烧器………………………………… 5.1.7
旋流强度 ………………………………………… 4.3.43
旋流式调风器 …………………………………… 5.1.14
循环倍率 ………………………………………… 3.3.10
循环倒流………………………………………… 6.3.4
循环回路………………………………………… 3.3.9
循环流化床锅炉 ………………………………… 3.1.60
循环流化床燃烧 ………………………………… 4.1.16
循环水速 ………………………………………… 4.3.19

Y

压火 ……………………………………………… 6.1.32
压力雾化油燃烧器 ……………………………… 5.1.18
亚临界压力锅炉 ………………………………… 3.1.15
烟道 ……………………………………………… 4.2.12
烟管 ……………………………………………… 5.1.83
烟气比例调节挡板 ……………………………… 5.4.14
烟气侧沉积物…………………………………… 6.3.8
烟气分析………………………………………… 7.2.2
烟气含尘量 ……………………………………… 8.1.19
烟气净化 ………………………………………… 3.3.50
烟气露点 ………………………………………… 3.3.38
烟气污染物排放量 ……………………………… 8.1.20
烟气再循环 ……………………………………… 3.3.39
烟温探针 ………………………………………… 7.2.11
延性腐蚀 ………………………………………… 6.3.16
氧化性气氛 ……………………………………… 3.3.45
液态排渣锅炉 …………………………………… 3.1.48
液态排渣临界负荷 ……………………………… 8.1.17
液态排渣炉膛 …………………………………… 4.2.22
液体燃料锅炉 …………………………………… 3.1.36
一次风 …………………………………………… 4.3.37
一次风机 ………………………………………… 5.1.57
一次风交换旋流燃烧器 ………………………… 5.1.22
一次风率 ………………………………………… 4.3.38
一次风煤粉喷口 ………………………………… 5.1.64
翼型测风装置 …………………………………… 5.8.10
引风机 …………………………………………… 5.1.62
应力腐蚀 ………………………………………… 6.3.19
硬度 ……………………………………………… 8.1.10
油燃烧器 ………………………………………… 5.1.10
油雾化器 ………………………………………… 5.1.15
有机热载体锅炉………………………………… 3.1.8
余热锅炉 ………………………………………… 3.1.43
预防性定期检修 ………………………………… 6.2.11
预混(无焰)燃烧 ………………………………… 4.1.31
原子能锅炉 ……………………………………… 3.1.46
运动压头 ………………………………………… 4.3.18
运行小时 ………………………………………… 8.3.10
运行状态………………………………………… 8.3.2

Z

再热器…………………………………… 5.4.9
再循环风机 …………………………… 5.1.59
增压锅炉 ……………………………… 3.1.51
增压流化床锅炉 ……………………… 3.1.62
折焰角 ………………………………… 4.2.17
振动炉排 ……………………………… 5.1.77
蒸发受热面…………………………… 5.3.1
蒸干 …………………………………… 3.3.17
蒸汽锅炉……………………………… 3.1.2
蒸汽净化 ……………………………… 3.3.18
蒸汽品质……………………………… 8.1.3
蒸汽清洗……………………………… 4.1.5
蒸汽雾化 ……………………………… 4.1.51
蒸汽雾化油燃烧器 …………………… 5.1.16
蒸汽系统吹洗………………………… 6.2.5
整体化循环物料换热器 ……………… 4.2.33
整装锅炉 ……………………………… 3.1.12
正压通风 ……………………………… 4.1.36
直吹式制粉系统 ……………………… 3.3.32
直接泄漏 ……………………………… 4.1.54
直流锅炉 ……………………………… 3.1.32
直流煤粉燃烧器……………………… 5.1.6
直流式调风器 ………………………… 5.1.12
制粉电耗 ……………………………… 8.2.10
制粉系统爆炸 ………………………… 6.3.35
制粉系统冷态风平衡试验…………… 7.1.6
质量含汽率 …………………………… 4.3.20
质量流速 ……………………………… 4.3.23
中间负荷锅炉 ………………………… 3.1.65
中间贮仓乏气送粉系统 ……………… 3.3.30
中间贮仓热风送粉系统 ……………… 3.3.29
中速磨煤机 …………………………… 5.1.45
中温分离器 …………………………… 4.2.29
中压锅炉 ……………………………… 3.1.18
周界风喷口 …………………………… 5.1.66
(碱)煮炉……………………………… 6.2.3
注水器………………………………… 5.8.12
铸铁省煤器…………………………… 5.5.6
转杯雾化油燃烧器 …………………… 5.1.19
状态检修 ……………………………… 6.2.10
自然通风 ……………………………… 4.1.35
自然循环锅炉 ………………………… 3.1.30
自生通风压头(力) …………………… 4.3.17
总含盐量……………………………… 8.1.6
纵锅筒锅炉 …………………………… 3.1.23
组装锅炉……………………………… 3.1.13
最低稳燃负荷率 ……………………… 8.1.16
最高允许壁温………………………… 4.3.3
最高允许工作压力…………………… 4.3.2
转杯雾化 ……………………………… 4.1.53

英 文 索 引

Ω-tube platen …… 4.2.31
"Π" type boiler …… 3.1.27

A

additive …… 3.3.51
adiabatic combustion temperature …… 4.1.46
aerofoil flow measuring element …… 5.8.10
agent …… 3.3.2
agglormeration …… 6.3.11
air and flue gas system …… 3.3.27
air atomization …… 4.1.52
air atomizing oil burner …… 5.1.17
air button …… 5.1.37
air compartment …… 5.1.81
air distributor …… 5.1.36
air duct …… 4.2.15
air heater(AH) …… 5.6.1
air infiltration …… 4.1.54
air leakage factor …… 4.1.44
air leakage rate …… 4.1.43
air leakage test …… 7.1.7
air preheater coils …… 5.6.9
air-rich …… 4.1.27
air staging …… 4.1.24
air staging over burner zone …… 4.1.25
alkalinity …… 8.1.11
anti-clinker box …… 5.1.82
arch …… 4.2.16
arch firing …… 4.1.12
as-fired fuel …… 3.3.19
ash pit …… 4.2.18
ash recirculation …… 3.3.41
ash-retention rate …… 4.3.48
atmospheric (pressure) fluidized bed boiler (AFBB) …… 3.1.61
attemperator …… 5.4.10
availability factor (AF) …… 8.3.27
available hours (AH) …… 8.3.15
available state …… 8.3.1
available static head …… 4.3.18
average continuous available hours (ACAH) …… 8.3.31

B

baffle plate …… 5.2.6
balanced draft …… 4.1.37
balanced-draft boiler …… 3.1.50
ball-tube mill …… 5.1.44
banking fire …… 6.1.32
bar grate stoker …… 5.1.75
base load boiler …… 3.1.64
beater wheel mill …… 5.1.47
bi-flux heat exchanger …… 5.4.13
bin storage(indirect) pulverizing system with exhuast air used as primary air …… 3.3.30
bin storage(indirect) pulverizing system with hot air used as primary air …… 3.3.29
black liquor recovery boiler …… 3.1.45
blow off …… 6.3.29
blow-down flow(rate) …… 4.3.11
blow-off …… 6.1.6
boiler …… 3.1.1
boiler ash split …… 4.1.42
boiler blow-down …… 6.1.27
boiler capacity …… 3.2.1
boiler combustion adjustment(regulation) test …… 7.1.2
boiler convection tube bank …… 5.3.6
boiler design performance …… 8.1.21
boiler flue gas monitoring …… 7.2.9
boiler heat efficiency …… 8.1.1
boiler heat efficiency test …… 7.1.1
boiler heat input …… 4.3.6
boiler heat output(boiler utilizition heat) …… 4.3.7
boiler load range …… 8.1.12
boiler maximum continuous rating (BMCR) …… 3.2.3
boiler minimum combustion stable load rate (BMLR) …… 8.1.16
boiler minimum stable load without auxiliary fuel support …… 8.1.15
boiler operation at un-designed conditions …… 8.1.22
boiler performance certificate test …… 7.1.4
boiler performance test …… 7.1.3
boiler proper …… 4.2.1
boiler rated load (BRL) …… 3.2.2
boiler seal …… 5.9.2
boiler setting …… 5.9.1
boiler steam and water circuit …… 5.8.1
boiler structure …… 5.7.1
boiler tube explosion …… 6.3.31

boiler tube failure/rupture ······ 6. 3. 31
boiler unit ······ 3. 1. 3
boiler water ······ 3. 3. 5
boiler water circulating pump ······ 5. 9. 5
boiler water concentration ······ 8. 1. 4
boiler water conditioning ······ 6. 1. 31
boiler with dry-ash furnace ······ 3. 1. 47
boiler with dry-bottom furnace ······ 3. 1. 47
boiler with slag-tap furnace ······ 3. 1. 48
boiler with wet-bottom furnace ······ 3. 1. 48
boiling crisis ······ 3. 3. 13
boiling-out ······ 6. 2. 3
bottom ash ······ 3. 3. 44
bottom ash cooler ······ 5. 9. 6
bottom ash discharge valve ······ 5. 1. 40
box-type boiler ······ 3. 1. 25
break maintenance (BM) ······ 6. 2. 8
bringing a boiler onto the line ······ 6. 1. 9
bubbling atomization ······ 4. 1. 49
bubbling atomizing oil burner ······ 5. 1. 20
bubbling cap ······ 5. 1. 37
bubbling fluidized bed boiler (BFBB) ······ 3. 1. 59
bubbling fluidized bed combustion (BFBC) ······ 4. 1. 15
buckstay ······ 5. 7. 2
burner ······ 5. 1. 4
burner heat input ······ 4. 3. 33
burner nozzle ······ 5. 1. 33
burner zone wall(area) heat release rate ······ 4. 3. 28
bypass damper ······ 5. 4. 15
bypass leakage ······ 4. 1. 55

C

Ca/S mole ratio ······ 4. 1. 22
cast-iron gilled tube economizer ······ 5. 5. 6
caustic embrittlement ······ 6. 3. 18
ceiling superheater(steam-cooled roof) ······ 5. 4. 8
centrifugal separator ······ 4. 1. 41
chain grate stoker ······ 5. 1. 74
checked coal ······ 3. 3. 21
chemical cleaning ······ 6. 2. 2
circulating fluidized bed boiler (CFBB) ······ 3. 1. 60
circulating fluidized bed combustion (CFBC) ······ 4. 1. 16
circulation circuit ······ 3. 3. 9

circulation ratio …… 3. 3. 10
circulation velocity …… 4. 3. 19
circumferential air nozzle …… 5. 1. 66
clapper …… 5. 1. 63
classifier …… 5. 1. 50
clean coal combustion technology (CCCT) …… 4. 1. 33
clinkering …… 6. 3. 11
clogging …… 6. 3. 14
closet wet-bottom furnace …… 4. 2. 25
coal abrasiveness index …… 3. 3. 23
coal characteristic analysis …… 7. 2. 1
coal feeder …… 5. 1. 49
coal fired boiler …… 3. 1. 38
coal gangue …… 3. 3. 37
coal grindability index …… 3. 3. 22
coal pulverizing system …… 3. 3. 28
coal water slurry boiler …… 3. 1. 42
coking …… 6. 3. 11
cold air distributing test of pulverizing system …… 7. 1. 6
cold start-up …… 6. 1. 19
combined circulation boiler …… 3. 1. 33
combustion equipment …… 3. 3. 26
combustion system …… 3. 3. 25
condensate water …… 3. 3. 7
condition-based maintenance (CBM) …… 6. 2. 10
constant-pressure operation …… 6. 1. 14
constant-pressure start-up …… 6. 1. 18
continuous blow-down …… 6. 1. 28
controlled circulation (CC) boiler …… 3. 1. 31
convection pass …… 4. 2. 13
convection superheater …… 5. 4. 6
convective heating surface …… 4. 2. 4
corner burner …… 5. 1. 9
corner fired boiler …… 3. 1. 53
corrected maintenance (CM) …… 6. 2. 9
corrugated (plate) scrubber …… 5. 2. 7
critical dissolved salt …… 8. 1. 5
critical fluidized velocity …… 4. 1. 20
critical heat flux density …… 4. 3. 31
critical steam quality …… 4. 3. 24
cross drum boiler …… 3. 1. 22
cyclone collector …… 5. 1. 51
cyclone combustion …… 4. 1. 13

cyclone firing …… 4. 1. 13
cyclone separator …… 5. 2. 4
cylindrical shell …… 5. 2. 11

D

"D" type boiler …… 3. 1. 29
deflection arch …… 4. 2: 17
dense-phase zone …… 4. 1. 18
dense-weak(dense-lean) combustion …… 4. 1. 29
departure from nucleate boiling (DNB) …… 3. 3. 15
design coal …… 3. 3. 20
design pressure …… 4. 3. 1
desuperheater …… 5. 4. 10
diffusion combustion …… 4. 1. 32
dilute phase …… 4. 1. 19
direct fired pulverizing system …… 3. 3. 32
direct leakage …… 4. 1. 54
discharge capacity of safety valve …… 8. 1. 23
dissolved solid (matter) …… 8. 1. 8
division wall …… 5. 3. 5
down comer …… 5. 8. 2
down-fired boiler …… 3. 1. 55
down-fired boiler …… 3. 1. 56
down-take tube …… 5. 8. 2
draft loss …… 4. 3. 16
drain …… 6. 1. 7
drain start-up system …… 5. 8. 3
drum …… 5. 2. 1
drum boiler …… 3. 1. 20
drum flooding …… 6. 3. 39
drum internals …… 5. 2. 2
dry out (DO) …… 3. 3. 17
dry pipe …… 5. 2. 10
drying-out …… 6. 2. 7
dual register (swirl) burner …… 5. 1. 21
dual register burner with PAX(primary air exchange) …… 5. 1. 22
ductile gouging …… 6. 3. 16
dust density (dust loading) in flue gas …… 8. 1. 19

E

economic load …… 8. 1. 14
economical continuous rating (ECR) …… 3. 2. 4
economizer (Eco) …… 5. 5. 1

effective furnace volume …… 4.3.25
emulsion zone …… 4.1.18
end plate …… 5.2.13
equivalent availability factor (EAF) …… 8.3.28
equivalent forced outage rate (EFOR) …… 8.3.30
equivalent hours (E) …… 8.3.26
evaporating heating surface …… 5.3.1
excess air …… 4.1.47
excess air ratio(coefficient) …… 4.1.48
exhaust air …… 4.3.41
exhaust air ratio (rate) …… 4.3.42
exhaust gas nozzle …… 5.1.68
exhaust gas temperature …… 4.3.13
exhauster …… 5.1.56
expansion center …… 5.7.5
expansion joint …… 5.8.9
expansion piece …… 5.8.9
expansion pipe …… 5.8.9
explosion mixture limits …… 4.3.47
explosion of pulverized (coal preparation)system …… 6.3.35
external deposit …… 6.3.8
external fluidized bed heat exchanger (EFBHE) …… 4.2.32

F

fan mill …… 5.1.47
fatigue corrosion …… 6.3.20
feed water …… 3.3.4
feed water quality (condition) …… 8.1.2
feed water temperature …… 3.2.9
filling …… 6.1.2
film boiling …… 3.3.16
fire bed …… 3.3.52
flame detector …… 7.2.10
flame stabilizer …… 5.1.31
flap …… 5.1.62
flap(per) valve …… 5.1.62
flapper …… 5.1.62
flashback …… 6.3.28
flow reversal …… 6.3.4
flow stagnation …… 6.3.3
flue duct …… 4.2.12
flue dust reburning in flue duct(secondary combustion) …… 6.3.36
flue gas acid dew point …… 3.3.38

flue gas analysis …… 7. 2. 2
flue gas cleaning …… 3. 3. 50
flue-gas fan …… 5. 1. 58
fluidized bed …… 3. 3. 53
fluidized bed combustion (FBC) …… 4. 1. 14
fluidizing velocity …… 4. 1. 21
flushing …… 6. 2. 4
fly ash …… 3. 3. 43
flyash reinjection equipment …… 5. 1. 84
foaming …… 6. 3. 7
forced circulation boiler …… 3. 1. 31
forced draft …… 4. 1. 36
forced draft fan (FDF) …… 5. 1. 61
forced outage …… 6. 1. 24
forced outage hours (FOH) …… 8. 3. 14
forced outage rate (FOR) …… 8. 3. 29
forced shutdown …… 6. 1. 24
formation of iron (in slag-tape furnace) …… 6. 3. 37
fossil fuel fired boiler …… 3. 1. 34
fouling …… 6. 3. 12
fuel consumption rate …… 4. 3. 8
fuel consumption rate for calculation …… 4. 3. 9
fuel NO_x …… 3. 3. 47
fuel re-burning …… 4. 1. 34
fuel staging …… 4. 1. 28
fuel-lean …… 4. 1. 27
fuel-rich …… 4. 1. 26
furnace …… 4. 2. 21
furnace aerodynamic test …… 7. 1. 5
furnace cross-section(sectional-area) heat release rate …… 4. 3. 27
furnace enclosure design pressure …… 4. 3. 4
furnace enclosure design transient pressure …… 4. 3. 5
furnace exit gas temperature …… 4. 3. 14
furnace explosion …… 6. 3. 32
furnace implosion …… 6. 3. 33
furnace outlet screen …… 4. 2. 20
furnace puff …… 6. 3. 34
furnace volume heat release rate …… 4. 3. 26
furnace wall heat flux density …… 4. 3. 30

G

garbage fired boiler …… 3. 1. 44
gas burner …… 5. 1. 28

gas duct …… 4.2.12
gas fuel fired boiler …… 3.1.37
gas proportioning damper …… 5.4.14
gas recirculation …… 3.3.39
gas side energy imbalance at furnace exit …… 6.3.27
gas-bypass damper …… 5.4.14
gas-solid two-phase flow …… 3.3.12
gas-temperature probe …… 7.2.11
generating tube bank …… 5.3.6
grate …… 5.1.70
grate fired boiler …… 3.1.63
grate firing …… 4.1.8
grate heat release rate …… 4.3.32

H

hammer mill …… 5.1.48
hand-fired grate …… 5.1.71
hanging(supporting) tube …… 4.2.19
head …… 5.2.12
header …… 4.2.6
heat absorbed …… 4.3.7
heat deviation …… 6.3.25
heat flux meter …… 7.2.6
heat loss …… 8.2.1
heat recovery boiler …… 3.1.43
heat recovery steam generator (HRSG) …… 3.1.43
heat release rate of furnace radiant heating surface …… 4.3.29
heat transfer surface …… 4.2.2
heating surface …… 4.2.2
heating surface evaporation rate …… 4.3.35
heat-pipe air heater …… 5.6.8
helically-finned tube economizer …… 5.5.4
high pressure boiler …… 3.1.17
high speed pulverizer …… 5.1.46
high temperature corrosion on the fire side …… 6.3.22
high temperature steam corrosion …… 6.3.21
high-temperature separator …… 4.2.28
horizontal cyclone furnace …… 3.1.58
horizontally firing …… 4.1.10
hot air recirculation …… 3.3.40
hot air temperature …… 4.3.12
hot start-up …… 6.1.20
hot water boiler …… 3.1.7

hot water temperature …… 3.2.10
hydrogen explosion …… 6.3.38
hydrogen-damage …… 6.3.17
hydrostatic test …… 7.1.11

I

ignition energy …… 4.3.34
ignition equipment …… 5.1.27
ignition water level …… 6.1.4
ignitor …… 5.1.26
imaginary circle …… 4.3.45
impact mill …… 5.1.48
impellerless(straight flow) pulverized coal burner …… 5.1.6
inclined reciprocating grate …… 5.1.78
incrustate …… 6.3.13
indoor boiler …… 3.1.9
induced draft …… 4.1.38
induced draft boiler …… 3.1.49
induced draft fan (IDF) …… 5.1.62
industrial boiler …… 3.1.6
inertial separator …… 4.1.40
injection flow (rate) …… 4.3.10
injector …… 5.8.12
inner casing …… 5.7.3
inner vanes …… 5.1.29
integrated recycle heat exchanger (bed) (INTREX) …… 4.2.33
inter-boiler process …… 3.3.8
inter-furnace process …… 3.3.24
internal deposit …… 6.3.9
isokinetical sampling …… 7.2.8

J

jet air register …… 5.1.12

L

Lancing …… 6.1.30
lean-phase zone …… 4.1.19
lighter …… 5.1.26
liquid-fuel fired boiler …… 3.1.36
load range at constant temperature …… 8.1.13
load test …… 7.1.13
longitudinal drum boiler …… 3.1.23
loop seal …… 5.1.39

loss of fire …… 6.3.30
loss of ignition …… 6.3.30
loss of water level …… 6.3.40
louver stoker …… 5.1.76
low NO_x combustion …… 4.1.17
low NO_x(pulverized-coal)burner …… 5.1.23
low oxygen combustion …… 4.1.30
low pressure boiler …… 3.1.19
low temperature corrosion on the fire side …… 6.3.23
low temperature separator …… 4.2.30

M

make-up water …… 3.3.6
mass flux …… 4.3.23
mass velocity …… 4.3.23
maximum allowable metal temperature …… 4.3.3
maximum allowable working pressure …… 4.3.2
mean time between failure (MTBF) …… 8.3.32
mechanical atomization …… 4.1.50
mechanical carry-over …… 4.1.2
medium …… 3.3.2
medium pressure boiler …… 3.1.18
medium speed mill …… 5.1.45
medium temperature separator …… 4.2.29
membrane economizer …… 5.5.5
membrane wall …… 5.1.1
mill classifier …… 5.1.50
mixed fuel fired boiler …… 3.1.41
mixer …… 5.3.7
modified sliding-pressure operation …… 6.1.15
moisture carry-over …… 4.1.2
mono-tube boiler …… 3.1.32
multi-fuel burner …… 5.1.34
multi-fuel fired boiler …… 3.1.41

N

natural circulation boiler …… 3.1.30
natural draft …… 4.1.35
nose …… 4.2.17
nozzle button …… 5.1.37
nuclear energy steam generator …… 3.1.46
nucleate boiling …… 3.3.14

O

off-design condition operation …… 6. 1. 17
oil atomizer …… 5. 1. 15
oil burner …… 5. 1. 10
oil-fired boiler …… 3. 1. 40
once-through boiler …… 3. 1. 32
open pulverizing system …… 3. 3. 31
open wet-bottom furnace …… 4. 2. 23
operation at undesigned conditions …… 6. 1. 17
opposite (opposed) firing …… 4. 1. 11
organic fluid boiler …… 3. 1. 8
orifice …… 5. 3. 8
orsat (gas) analyzer …… 7. 2. 3
out of service …… 6. 1. 22
outage …… 6. 1. 21
outdoor boiler …… 3. 1. 10
outer casing …… 5. 7. 4
outer vanes …… 5. 1. 30
over fire air (OFA) …… 4. 3. 44
over fire air (OFA) nozzle …… 5. 1. 67
overheating …… 6. 3. 26
overtemperature …… 6. 3. 24
oxidizing atmosphere …… 3. 3. 45

P

package boiler …… 3. 1. 12
paralled flow register …… 5. 1. 13
parallel gas pass …… 4. 2. 14
passivating …… 6. 2. 6
peak load boiler …… 3. 1. 66
peak(-shaving) operation …… 6. 1. 16
percentage of air space …… 4. 3. 46
percentage of economizer evaporation …… 4. 3. 36
perforated distribution plate …… 5. 2. 9
period hours (PH) …… 8. 3. 17
periodic blow-down …… 6. 1. 29
peripheral air nozzle …… 5. 1. 65
pitting attack …… 6. 3. 15
planned derating (PD) …… 8. 3. 8
planned derating hours (PDH) …… 8. 3. 20
planned derating reserve shutdown hours (RPDH) …… 8. 3. 22
planned derating service hours (IPDH) …… 8. 3. 21

planned outage 8.3.5
planned outage hours (POH) 8.3.12
platen superheater 5.4.5
pollutants density in flue gas 8.1.20
power consumption of pulverizing system 8.2.10
power control valve (PCV) 5.8.7
power plant boiler 3.1.5
power station boiler 3.1.5
premixed combustion 4.1.31
pressure atomizing oil burner 5.1.18
pressure component (part) 4.2.5
pressure decay test 7.1.8
pressure drop 4.3.15
pressure drop 4.3.16
pressurized boiler 3.1.52
pressurized fluidized bed boiler (PFBB) 3.1.62
primary air 4.3.37
primary air fan (PAF) 5.1.57
primary air nozzle 5.1.64
primary air ratio (rate) 4.3.38
priming 6.3.6
prompt NO_x 3.3.49
pulsation 6.3.5
pulverized coal distributor 5.1.54
pulverized coal feeder 5.1.53
pulverized coal mixer 5.1.55
pulverized-coal burner 5.1.5
pulverized-coal fineness 3.3.34
pulverized-coal fired boiler 3.1.39
pulverized-coal uniformity index 3.3.35
pulverizer rejects 3.3.36
purge 6.1.5
pyrites 3.3.36

Q

quad-sector air-preheater 5.6.6

R

radiant heating surface 4.2.3
radiant superheater 5.4.2
radiation and convection heat loss 8.2.4
raising pressure 6.1.8
rated heat capacity 3.2.5

rated steam condition ………… 3.2.6
rated steam pressure ………… 3.2.7
rated steam temperature ………… 3.2.8
recirculating fan ………… 5.1.59
recirculation ratio ………… 3.3.10
reducing atmosphere ………… 3.3.46
refractor belt ………… 5.1.3
refuse boiler ………… 3.1.44
register ………… 5.1.11
re-heater (RH) ………… 5.4.9
reserve shut down hours (RH) ………… 8.3.11
reserve shutdown state ………… 8.3.3
return water temperature ………… 3.2.11
ribbed tube ………… 5.3.4
ribbon panel ………… 4.2.9
riser ………… 5.3.3
rotary air heater ………… 5.6.3
rotary atomizer oil burner ………… 5.1.19
rotary mill classifier ………… 5.1.52
rotary-cup atomization ………… 4.1.53
rotating classifier ………… 5.1.52
rotating-ducts air heater ………… 5.6.7
rotating-rotor air heater ………… 5.6.4

S

safety relief valve ………… 5.8.6
safety valve ………… 5.8.5
saltation ash ………… 3.3.42
scale formation ………… 6.3.13
scavenging of steam system ………… 6.2.5
screen separator ………… 5.2.8
seal air fan ………… 5.1.60
secondary air ………… 4.3.39
secondary air nozzle ………… 5.1.65
secondary air ratio (rate) ………… 4.3.40
semi-direct fired pulverizing system ………… 3.3.33
semi-open wet-bottom furnace ………… 4.2.24
semi-outdoor boiler ………… 3.1.11
semi-radiant superheater ………… 5.4.3
sensible heat loss in exhaust flue gas ………… 8.2.6
sensible heat loss in residue ………… 8.2.5
separation of steam-water flow ………… 6.3.1
service hours (SH) ………… 8.3.10

settled ash …… 3.3.42
shale …… 3.3.37
shell boiler …… 3.1.24
shop-assembled boiler …… 3.1.13
shutdown …… 6.1.21
slag removal equipment …… 5.9.4
slag tapping critical load in wet bottom furnace …… 8.1.17
slagging …… 6.3.10
slag-tap furnace …… 4.2.22
sliding-pressure operation …… 6.1.13
sliding-pressure shutdown (outage) …… 6.1.23
sliding-pressure start-up …… 6.1.12
smoke tube …… 5.1.83
solid-fuel fired boiler …… 3.1.35
soot blower …… 5.9.3
soot-blowing …… 6.1.30
sorbent …… 3.3.51
spirally-wound tubes …… 4.2.10
splash zone …… 4.1.19
spray water rate …… 4.3.10
spray(-type) desuperheater …… 5.4.12
spreader stoker …… 5.1.80
stack draft …… 4.3.17
stage evaporation …… 4.1.6
staged combustion …… 4.1.23
start-up …… 6.1.1
start-up flash tank …… 5.8.4
start-up flow rate …… 6.1.11
start-up pressure …… 6.1.10
state in service …… 8.3.2
stationary boiler …… 3.1.4
steam …… 3.3.3
steam atomization …… 4.1.51
steam atomizing oil burner …… 5.1.16
steam binding …… 6.3.2
steam blanketing …… 6.3.2
steam boiler …… 3.1.2
steam generator …… 3.1.2
steam purification …… 3.3.18
steam purity …… 8.1.3
steam quality by mass …… 4.3.20
steam quality by section …… 4.3.22
steam quality by volume …… 4.3.21

steam temperature control ········ 6.1.26
steam washer steam scrubber ········ 5.2.3
steam washing ········ 4.1.5
steam-cooled cyclone separator ········ 5.1.43
steaming economizer ········ 5.5.2
steam-water separation ········ 4.1.4
steam-water two-phase flow ········ 3.3.11
steel tube economizer ········ 5.5.3
step grate stoker ········ 5.1.79
stoker fired boiler ········ 3.1.63
stoker-fired grate ········ 5.1.72
storage ········ 6.2.1
stress corrosion ········ 6.3.19
stud tube wall ········ 5.1.2
sub-critical pressure boiler ········ 3.1.15
submerged tube ········ 5.1.38
suction boiler ········ 3.1.49
suction pyrometer ········ 7.2.4
supercharged boiler ········ 3.1.51
supercritical pressure boiler ········ 3.1.14
superheater (SH) ········ 5.4.1
super-high pressure boiler ········ 3.1.16
surface type attemperator ········ 5.4.11
suspended solid (matter) ········ 8.1.9
suspension combustion ········ 4.1.7
swirl air register ········ 5.1.14
swirl pulverized coal burner ········ 5.1.7
swirling intensity ········ 4.3.43

T

"T" type boiler ········ 3.1.28
tangential fired boiler ········ 3.1.53
tangential firing ········ 4.1.9
tertiary air ········ 4.3.41
tertiary air nozzle ········ 5.1.67
theoretical air ········ 4.1.45
theoretical combustion temperature ········ 4.1.46
thermal chemical test ········ 7.1.10
thermal NO_x ········ 3.3.48
thermal test of superheater & reheater ········ 7.1.12
thermogravimetric analyzer ········ 7.2.7
tilting burner ········ 5.1.8
time-based maintenance (TBM) ········ 6.2.11

torch oil gun …… 5.1.24
total dissolved salt …… 8.1.6
total hardness …… 8.1.10
total solid (matter) …… 8.1.7
tower boiler …… 3.1.26
traveling grate stoker …… 5.1.73
tri-sector air heater …… 5.6.5
tube bank …… 4.2.11
tube bundle …… 4.2.11
tube panel …… 4.2.7
tubular air heater …… 5.6.2
tubular ball mill …… 5.1.44
turbo separator …… 5.2.5
turndown ratio …… 8.1.18
two-pass boiler …… 3.1.27

U

U-beam separator …… 5.1.41
U-flame boiler …… 3.1.55
U-flame furnace …… 4.2.26
unavailable hours (UH) …… 8.3.16
unavailable state …… 8.3.4
unburned carbon heat loss in residue …… 8.2.3
unburned combustible in bottom ash …… 8.2.8
unburned combustible in fly ash …… 8.2.7
unburned combustible in sifting …… 8.2.9
unburned gases heat loss in flue gas …… 8.2.2
unit derated reserve shutdown hours (RUNDH) …… 8.3.19
unit derated service hours (IUNDH) …… 8.3.18
unit derating (UND) …… 8.3.7
unplanned derating (UD) …… 8.3.9
unplanned derating hours (UDH) …… 8.3.23
unplanned derating reserve shutdown hours (RUDH) …… 8.3.25
unplanned derating service hours (IUDH) …… 8.3.24
unplanned outage …… 8.3.6
unplanned outage hours (UOH) …… 8.3.13
urban refuse incineration boiler …… 3.1.44
utility boiler …… 3.1.5

V

vapor lock …… 6.3.2
vaporous carry-over …… 4.1.3
variable load boiler …… 3.1.65

variable load operation …… 6.1.16
vent fan …… 5.1.56
venturi flow measuring element …… 5.8.11
venturi pneumatic pyrometer …… 7.2.5
vertical cyclone furnace …… 3.1.57
vertical(up flow) riser tube panel …… 4.2.8
vibrating stoker …… 5.1.77

W

wall enclosed surperheater(steam-cooled wall) …… 5.4.7
wall firing …… 4.1.10
wall superheater …… 5.4.4
wall with refractory lining …… 5.1.3
wall-fired boiler …… 3.1.54
warm up facility for FBC boilers …… 5.1.35
warm-up oil gun …… 5.1.25
warm-up system …… 5.8.3
water circulation …… 4.1.1
water circulation test …… 7.1.9
water level …… 6.1.3
water level indicator …… 5.8.8
water separator …… 5.8.4
water swelling …… 6.1.25
water tube boiler …… 3.1.21
water wall …… 5.3.2
water-cooled cyclone separator …… 5.1.42
water-cooled hopper …… 4.2.18
water-cooled wall …… 5.3.2
wet-bottom furnace …… 4.2.22
W-flame boiler …… 3.1.56
W-flame furnace …… 4.2.27
wide-range(WR) primary air nozzle …… 5.1.69
wind box …… 5.1.32
working fluid …… 3.3.1
working substance …… 3.3.1

Z

zone air control …… 4.1.39

ICS 01.040.29
K 04

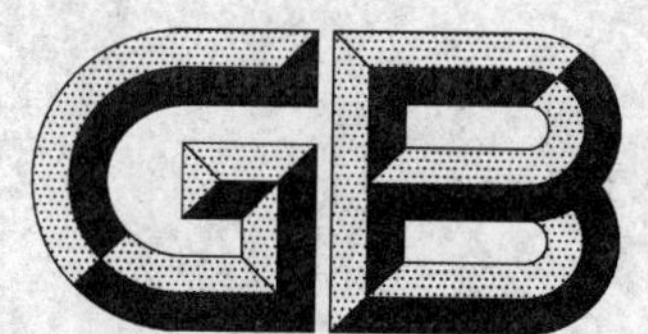

中华人民共和国国家标准

GB/T 2900.50—2008
代替 GB/T 2900.50—1998

电工术语
发电、输电及配电　通用术语

Electrotechnical terminology—
Generation, transmission and distribution of electricity—
General

(IEC 60050-601:1985, MOD)

2008-06-18 发布　　2009-05-01 实施

中华人民共和国国家质量监督检验检疫总局
中国国家标准化管理委员会　发布

前 言

本部分为GB/T 2900的第50部分。

本部分修改采用IEC 60050-601:1985《国际电工词汇　第601部分:发电、输电及配电　通用术语》,并参考国际电工委员会2003年文件(1/1902/CD)修改了部分术语的定义及增加了附录A。

本部分与IEC 60050-601:1985相比,存在如下技术差异:

——增加了601-01-33。

——修改了601-01-17、601-01-10、601-02-06、601-02-06、601-02-32、601-02-33、601-03-10等的定义。

——删除"601-01-28 中压 middle voltage(MV)"条。

——"601-03-06 气体绝缘线路"条中英文名词"gas insulated line"的缩写词不用IEC原"GIC",而采用目前国际及我国正式采用的"GIL"。

——根据1/1902/CD增加了如下术语:

601-02-28　回路(电力系统的)　circuit (in electric power systems);

601-02-29　分接点　line tap,T接点 tee point;

601-02-30　线路段　line section;

601-02-31　线路分隔段　line segment;

601-02-32　交接点　interchange point;

601-02-33　分界点(设备的或计量的)　delivery point。

——增加了附录A(规范性附录),补充了几条关于电压等级的术语(根据全国科技名词审定委员会审定的电力名词)。

本部分代替GB/T 2900.50—1998《电工术语　发电、输电及配电　通用术语》。

本部分与GB/T 2900.50—1998相比主要变化如下:

——修改了术语条目编号;

——修改了一些术语的定义;

——增加了附录A。

附录A为规范性附录。

本部分由全国电工术语标准化技术委员会(SAC/TC 232)提出并归口。

本部分负责起草单位:中国电力科学研究院、机械科学研究总院、中国电力企业联合会。

本部分主要起草人:辛德培、许颖、杨芙。

本部分所代替标准的历次版本发布情况:

——GB/T 2900.50—1998。

电工术语
发电、输电及配电　通用术语

1 范围

本部分规定了发电、输电及配电领域中有关通用部分的术语。

本部分适用于电力系统的规划、管理、设计、发电、输电及配电等领域。

2 术语和定义

2.1 基本术语

601-01-01

电力系统　**electrical power system；electricity supply system**

发电、输电及配电的所有装置和设备的组合。

601-01-02

电力网　**electrical power system；electrical power network**

输电、配电的各种装置和设备、变电站、电力线路或电缆的组合。

注：电力网各部分的范围可视具体情况(例如地理位置、所有权和电压等级等)确定。

601-01-03

交流系统　**alternating current system；AC system**

由交流电压供电的系统。

601-01-04

直流系统　**direct current system；DC system**

由直流电压供电的系统。

601-01-05

工频　**power frequency**

交流电力系统的标称频率值。

601-01-06

发电　**generation of electricity**

将其他形式的能量转换成电能的过程。

601-01-07

变流　**conversion of electricity**

换流

由换流器改变电流、电压和频率的特性。

601-01-08

变电　**transformation of electricity**

通过电力变压器的电能传递。

601-01-09

输电　**transmission of electricity**

从发电站向用电地区输送电能。

601-01-10

配电　distribution of electricity

在一个用电区域内向用户供电。

601-01-11

互联(电力系统的)　interconnection(of power systems)

在电力系统之间,通过线路和(或)变流、变电等设备的连接进行电能交换。

601-01-12

互联系统　interconnected systems

几个电力系统通过互联线路连接起来的系统。

601-01-13

异步联接　asynchronous link

以不同频率运行的交流系统之间的连接。

601-01-14

短路容量　short-circuit power

在系统一点上的短路电流与约定电压(通常指运行电压)之乘积。

601-01-15

系统负荷　load in a system

1)　在系统内产生、输送或分配的有功、无功或视在功率。

2)　根据用户的特点和性质(例如热力负荷、日无功负荷等)划分的一组用户所需的功率。

601-01-16

尖峰负荷　peak load

在给定的期间(例如一天、一个月或一年)内的负荷最大值。

601-01-17

负荷曲线　load curve

观察到的或期望的负荷变化,作为时间函数的图形化表示。

601-01-18

负荷持续时间曲线　load duration curve

在规定的时间间隔内,等于或超过给定值的负荷与持续时间的关系曲线。

601-01-19

有功电能　active energy

可以转换为某些其他形式能量的电能。

601-01-20

无功电能　reactive energy

在交流系统内,与电力系统和其所接设备的运行有关的电场和磁场之间连续交换的电能。

601-01-21

系统标称电压　nominal voltage of a system

用以标志或识别系统电压的给定值。

601-01-22

运行电压(系统中的)　operating voltage (in a system)

正常情况下,系统的指定点在指定时刻的电压值。

601-01-23

系统最高电压　highest voltage of a system

系统正常运行的任何时间,系统中任何一点上所出现的最高运行电压值。

注:瞬态过电压(例如由开关操作引起的)及不正常的暂态电压变化均不包括在内。

601-01-24

系统最低电压　lowest voltage of a system

系统正常运行的任何时间,系统中任何一点上所出现的最低运行电压值。

注:瞬态过电压(例如由开关操作引起的)及不正常的暂态电压变化均不包括在内。

601-01-25

电压等级　voltage level

在电力系统中使用的标称电压值系列。

601-01-26

低[电]压　low voltage ;LV

用于配电的交流电力系统中 1 000 V 及其以下的电压等级。

601-01-27

高[电]压　high voltage(1);HV(1)

① 通常指超过低压的电压等级。

② 特定情况下,指电力系统中输电的电压等级。

601-01-29

线电压　line to line voltage;phase to phase voltage

电路中的给定点上两线[相]导体间的电压。

601-01-30

相电压　line to neutral voltage; phase-to-neutral voltage

交流电路的给定点上线[相]导体和中性导体之间的电压。

601-01-31

线对地电压　line to ground voltage; phase to earth voltage

电路中的给定点上线[相]导体与参考地之间的电压。

601-01-32

中性点位移电压　neutral point displacement voltage

多相系统中,实际的或等效的中性点与参考地之间的电压。

2.2 系统结构

601-02-01

系统图　system diagram

表示系统中符合规定要求的拓扑图形。

601-02-02

系统运行图　system operational diagram

表示特定运行方式的系统图。

601-02-03

三相系统图　three-phase system diagram

三相系统中每条相线和中性线均用单根线条表示的系统图。

601-02-04

单线图　single-line diagram

多相系统中用单根线条表示的系统图。

601-02-05

系统连接方式　system pattern

系统节点的布局及其连接的方式。

601-02-06

系统结构　system configuration

类似的或不同的系统连接方式的永久或暂时的组合。

601-02-07

系统联接　link in a system

系统中两节点之间的连接。

注：通常包括一条线路、一台变压器或两母线之间的连接线。

601-02-08

馈线　feeder

由主变电站向一个或多个二次变电站供电的电力线路。

601-02-09

单馈线　single feeder；radial feeder

仅从一端受电的电力线路。

601-02-10

支线　branch line；spur

连接到主线路中一点上的电力线路。

注：支线为最终电路。

601-02-11

T接线路　tapped line；teed line

连接有支线的线路。

601-02-12

接户线路　supply service；line connection

进户线

从配电系统供电到用户装置的分支线路。

601-02-13

环形馈线　ring feeder

由单电源供电组成环形网的馈电线路。

注：环形馈线可以开环运行，也可以闭环运行。

601-02-14

网格(系统的) mesh (of a system)

由若干个电源供电的多条电力线路构成的闭合回路。

601-02-15

辐射系统　radial system

由单一电源供电的若干个单馈线路组成的系统或子系统。

601-02-16

树形系统　treed system

有支线的辐射系统。

601-02-17

网格系统　meshed system

由多个网格组成的系统或子系统。

601-02-18

单电源供电　single supply

仅由一个电源回路向负荷供电。

601-02-19

双电源供电　duplicate supply

由两个相互独立的电源回路以安全供电条件向负荷供电。

601-02-20

备用电源　stand-by supply

当正常电源中断或不适宜使用时能够使用的电源。

601-02-21

分接变电站　tapped substation

T 接变电站　tee off substation

由单支线馈电的单电源变电站。

601-02-22

多相系统中性点　neutral point in a polyphase system

星形连接的设备中(例如电力变压器或接地变压器)的 n 绕组的公共点。

601-02-23

中性点接地方式　neutral point connection

中性点与参考地的电气连接方式。

601-02-24

中性点不接地系统　isolated neutral system

除保护或测量用途的高阻抗接地以外,中性点不连接到参考地的系统。

601-02-25

中性点直接接地系统　solidly earthed [neutral] system

至少有一个中性点直接接地的系统。

601-02-26

中性点阻抗接地系统　impedance earthed [neutral] system

至少有一个中性点通过具有阻抗的器件接地以限制接地故障短路电流的系统。

601-02-27

中性点谐振接地系统　resonant earthed [neutral] system

中性点消弧线圈接地系统　arc-suppression-coil-earth [neutral] system

一个或多个中性点通过具有感抗的器件接地的系统。这些器件在单相对地短路时能大体上补偿线路的容性效应。

601-02-28

回路(电力系统的)　circuit (in electric power systems)

电力线路或它的一部分,它可以通过断路器或开关从运行中切除,线路的其余部分不受影响。

601-02-29

分接点　line tap

T 接点　tee point

多端电力线路的接点,该接点直接或间接地与三端或多端的线段连接。

601-02-30

线路段　line section

由线路的两点(终端或 T 接点)界定的电力线路的一部分。

601-02-31

线路分隔段　line segment

线路段中具有特殊结构形式或容易发生特殊事故的部分,该部分可视为报告或分析事故的独立线段。

601-02-32

交接点　interchange point

在发电、配电和用电的任意两者之间电能转接的交界点。

601-02-33

分界点(设备的或计量的)　**delivery point**

电力系统与电能买主之间(设备或计量)的交界点。

注：买主可能是终端用户或者是向终端用户供电的企业。

2.3　设备

601-03-01

电站　power station

发电厂[站]　electrical generating station

由建筑物、能量转换设备和全部必要的辅助设备组成的生产电能的工厂。

601-03-02

变电站(电力系统的)　substation (of a power system)

电力系统的一部分,它集中在一个指定的地方,主要包括输电或配电线路的终端、开关及控制设备、建筑物和变压器。通常包括电力系统安全和控制所需的设施(例如保护装置)。

注：根据含有变电站的系统的性质,可在变电站这个词前加上一个前缀来界定。例如:(一个输电系统的)输电变电站、配电变电站、500 kV 变电站、10 kV 变电站。

601-03-03

电力线路　electric line

在系统两点间用于输配电的导线、绝缘材料和附件组成的设施。

601-03-04

架空线路　overhead line

用杆塔和绝缘材料将导线架离地面的电力线路。

注：某些架空线路也可由绝缘导线构成。

601-03-05

地下电缆　underground cable

由直接埋在地下或敷设在地下电缆沟、槽或管道内的电缆组成的电力线路。

601-03-06

气体绝缘线路　gas insulated line;GIL

将导体封装在充以压缩绝缘气体管道里的电力线路。

601-03-07

架空系统　overhead system

基本上由架空线路组成的系统。

601-03-08

地下系统　underground system

基本上由地下电缆组成的系统。

601-03-09

相　phase

在正常情况下,多相系统的导线、分裂导线、端子、线圈或元件的标识。

601-03-10

中性　neutral

连接到多相系统中性点的任何导线、端子或任何元件的标识。

601-03-11

设备的极 pole(of an equipment)

在某些设备[例如开关设备]中,对应于交流中的一相或直流中的一个极性的部分。

注:按照设备的极数分别称单极设备、双极设备等。

601-03-12

极(直流系统的) pole(of a DC system)

在正常情况下,直流系统带电的导体、端子或其他元件,例如:正极、负极。

2.4 高压直流系统

601-04-01

高压直流输电 high-voltage DC link

HVDC 输电 HVDC link

包括换流站在内的输送大量高压直流电的设施。

601-04-02

单极直流输电 monopolar DC link

不管直流电流如何返回,只有一个极通电的联接。

601-04-03

双极直流输电 bipolar DC link

具有两个极的联接,正常运行时两极上的电压对地极性相反。

附　录　A
（规范性附录）
补充的术语

A.1　补充的术语

A.1.1

高压　high voltage(2);HV(2)

电力系统中高于 1 kV、低于 330 kV 的交流电压等级。

A.1.2

超高压　extra high voltage;EHV

电力系统中 330 kV 及以上,并低于 1 000 kV 的交流电压等级。

A.1.3

特高压　ultra high voltage;UHV

电力系统中交流 1 000 kV 及以上的电压等级。

A.1.4

高压直流　high voltage direct current;HVDC

电力系统中直流±800 kV 以下的电压等级。

A.1.5

特高压直流　ultra high voltage direct current;UHVDC

电力系统中直流±800 kV 及以上的电压等级。

中文索引

B

备用电源 …… 601-02-20
变电 …… 601-01-08
变电站(电力系统的) …… 601-03-02
变流 …… 601-01-07

C

超高压 …… 601-A.1.2

D

单电源供电 …… 601-02-18
单极直流输电 …… 601-04-02
单馈线 …… 601-02-09
单线图 …… 601-02-04
低[电]压 …… 601-01-26
地下电缆 …… 601-03-05
地下系统 …… 601-03-08
电力网 …… 601-01-02
电力系统 …… 601-01-01
电力线路 …… 601-03-03
电压等级 …… 601-01-25
电站 …… 601-03-01
短路容量 …… 601-01-14
多相系统中性点 …… 601-02-22

F

发电 …… 601-01-06
发电厂[站] …… 601-03-01
分接变电站 …… 601-02-21
分接点 …… 601-02-29
分界点(设备的或计量的) …… 601-02-33
辐射系统 …… 601-02-15
负荷持续时间曲线 …… 601-01-18
负荷曲线 …… 601-01-17

G

高[电]压 …… 601-01-27
高压 …… 601-A.1.1
高压直流 …… 601-A.1.4
高压直流输电 …… 601-04-01
工频 …… 601-01-05

H

互联(电力系统的) …… 601-01-11
互联系统 …… 601-01-12
环形馈线 …… 601-02-13
换流 …… 601-01-07
回路(电力系统的) …… 601-02-28

J

极(直流系统的) …… 601-03-12
架空系统 …… 601-03-07
架空线路 …… 601-03-04
尖峰负荷 …… 601-01-16
交接点 …… 601-02-32
交流系统 …… 601-01-03
接户线路 …… 601-02-12
进户线 …… 601-02-12

K

馈线 …… 601-02-08

P

配电 …… 601-01-10

Q

气体绝缘线路 …… 601-03-06

S

三相系统图 …… 601-02-03
设备的极 …… 601-03-11
输电 …… 601-01-09
树形系统 …… 601-02-16
双电源供电 …… 601-02-19
双极直流输电 …… 601-04-03

T

特高压 …… 601-A.1.3
特高压直流 …… 601-A.1.5

W

网格(系统的) …………………………… 601-02-14
网格系统 ………………………………… 601-02-17
无功电能 ………………………………… 601-01-20

X

系统标称电压 …………………………… 601-01-21
系统负荷 ………………………………… 601-01-15
系统结构 ………………………………… 601-02-06
系统连接方式 …………………………… 601-02-05
系统联接 ………………………………… 601-02-07
系统图 …………………………………… 601-02-01
系统运行图 ……………………………… 601-02-02
系统最低电压 …………………………… 601-01-24
系统最高电压 …………………………… 601-01-23
线电压 …………………………………… 601-01-29
线对地电压 ……………………………… 601-01-31
线路段 …………………………………… 601-02-30
线路分隔段 ……………………………… 601-02-31
相 ………………………………………… 601-03-09
相电压 …………………………………… 601-01-30

Y

异步联接 ………………………………… 601-01-13
有功电能 ………………………………… 601-01-19
运行电压(系统中的) ………………… 601-01-22

Z

支线 ……………………………………… 601-02-10
直流系统 ………………………………… 601-01-04
中性 ……………………………………… 601-03-10
中性点不接地系统 ……………………… 601-02-24
中性点接地方式 ………………………… 601-02-23
中性点位移电压 ………………………… 601-01-32
中性点消弧线圈接地系统 ……………… 601-02-27
中性点谐振接地系统 …………………… 601-02-27
中性点直接接地系统 …………………… 601-02-25
中性点阻抗接地系统 …………………… 601-02-26

HVDC 输电 ……………………………… 601-04-01
T 接变电路 ……………………………… 601-02-21
T 接点 …………………………………… 601-02-29
T 接线路 ………………………………… 601-02-11

英 文 索 引

A

AC system …… 601-01-03
active energy …… 601-01-19
alternating current system …… 601-01-03
arc-suppression-coil-earth
[neutral]system …… 601-02-27
asynchronous link …… 601-01-13

B

bipolar DC link …… 601-04-03
branch line …… 601-02-10

C

circuit [in electric power systems] …… 601-02-28
conversion of electricity …… 601-01-07

D

DC system …… 601-01-04
delivery point …… 601-02-33
direct current system …… 601-01-04
distribution of electricity …… 601-01-10
duplicate supply …… 601-02-19

E

EHV …… 601-A. 1. 2
electric line …… 601-03-03
electrical generating station …… 601-03-01
electrical power network …… 601-01-02
electrical power system …… 601-01-01
electrical power system …… 601-01-02
electricity supply system …… 601-01-01
extra high voltage …… 601-A. 1. 2

F

feeder …… 601-02-08

G

gas insulated line …… 601-03-06
generation of electricity …… 601-01-06

GIL ······ 601-03-06

H

high voltage(1) ······ 601-01-27
high voltage(2) ······ 601-A. 1. 1
high voltage direct current ······ 601-A. 1. 4
highest voltage of a system ······ 601-01-23
high-voltage DC link ······ 601-04-01
HV(1) ······ 601-01-27
HV(2) ······ 601-A. 1. 1
HVDC ······ 601-A. 1. 4
HVDC link ······ 601-04-01

I

impedance earthed [neutral]system ······ 601-02-26
interchange point ······ 601-02-32
interconnected systems ······ 601-01-12
interconnection(of power systems) ······ 601-01-11
isolated neutral system ······ 601-02-24

L

line connection ······ 601-02-12
line section ······ 601-02-30
line segment ······ 601-02-31
line tap ······ 601-02-29
line to ground voltage ······ 601-01-31
line to line voltage ······ 601-01-29
line to neutral voltage ······ 601-01-30
link in a system ······ 601-02-07
load curve ······ 601-01-17
load duration curve ······ 601-01-18
load in a system ······ 601-01-15
low voltage ······ 601-01-26
lowest voltage of a system ······ 601-01-24
LV ······ 601-01-26

M

mesh (of a system) ······ 601-02-14
meshed system ······ 601-02-17
monopolar DC link ······ 601-04-02

N

neutral ······ 601-03-10

neutral point connection ········ 601-02-23
neutral point displacement voltage ········ 601-01-32
neutral point in a polyphase system ········ 601-02-22
nominal voltage of a system ········ 601-01-21

O

operating voltage (in a system) ········ 601-01-22
overhead line ········ 601-03-04
overhead system ········ 601-03-07

P

peak load ········ 601-01-16
phase ········ 601-03-09
phase to earth voltage ········ 601-01-31
phase-to-neutral voltage ········ 601-01-30
phase to phase voltage ········ 601-01-29
pole(of a DC system) ········ 601-03-12
pole(of an equipment) ········ 601-03-11
power frequency ········ 601-01-05
power station ········ 601-03-01

R

radial feeder ········ 601-02-09
radial system ········ 601-02-15
reactive energy ········ 601-01-20
resonant earthed [neutral]system ········ 601-02-27
ring feeder ········ 601-02-13

S

short-circuit power ········ 601-01-14
single feeder ········ 601-02-09
single supply ········ 601-02-18
single-line diagram ········ 601-02-04
solidly earthed [neutral]system ········ 601-02-25
spur ········ 601-02-10
stand-by supply ········ 601-02-20
substation(of a power system) ········ 601-03-02
supply service ········ 601-02-12
system configuration ········ 601-02-06
system diagram ········ 601-02-01
system operational diagram ········ 601-02-02
system pattern ········ 601-02-05

T

tapped substation ········ 601-02-21
tapped line ········ 601-02-11
tee off substation ········ 601-02-21
tee point ········ 601-02-29
teed line ········ 601-02-11
three-phase system diagram ········ 601-02-03
transformation of electricity ········ 601-01-08
transmission of electricity ········ 601-01-09
treed system ········ 601-02-16

U

UHV ········ 601-A. 1. 3
UHVDC ········ 601-A. 1. 5
ultra high voltage ········ 601-A. 1. 3
ultra high voltage direct current ········ 601-A. 1. 5
underground cable ········ 601-03-05
underground system ········ 601-03-08

V

voltage level ········ 601-01-25

ICS 01.040.29
K 04

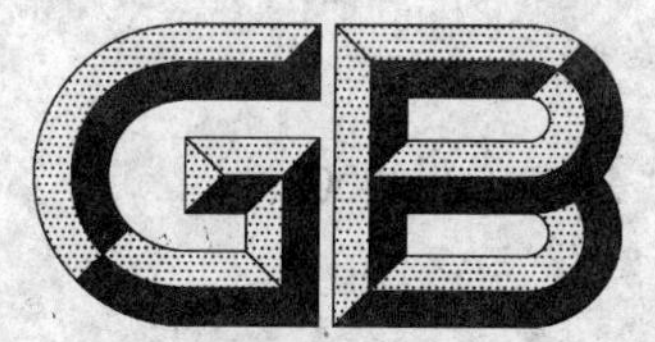

中华人民共和国国家标准

GB/T 2900.52—2008
代替 GB/T 2900.52—2000

电工术语
发电、输电及配电　发电

**Electrotechnical terminology—
Generation, transmission and distribution of electricity—
Generation**

(IEC 60050-602:1983, MOD)

2008-06-18 发布　　2009-05-01 实施

中华人民共和国国家质量监督检验检疫总局
中国国家标准化管理委员会　发布

前　言

本部分为 GB/T 2900 的第 52 部分。

本部分修改采用 IEC 60050-602:1983《国际电工词汇　第 602 部分:发电、输电及配电　发电》,并参考国际电工委员会 2003 年文件(1/1903/CD),修改了部分术语的定义。

本部分与 IEC 60050-602:1983 相比,存在如下技术差异:

——602-02-32[33]、602-03-08[09]、602-03-11[12]、602-03-19[20]、602-03-21[22]、602-03-25[26]分别改为单独的两条;

——602-02-38[39][40]改为单独的三条。

本部分代替 GB/T 2900.52—2000《电工术语　发电、输电及配电　发电》。

本部分与 GB/T 2900.52—2000 相比主要变化如下:

——修改了术语条目编号;

——602-03-16 和 602-03-17 的中文术语增加"[电力系统]"说明;

——修改了 602-01-05、602-02-04 等的定义;

——602-02-32[33]、602-03-08[09]、602-03-11[12]、602-03-19[20]、602-03-21[22]、602-03-25[26]分别改为单独的两条;

——602-02-38[39][40]改为单独的三条。

本部分由全国电工术语标准化技术委员会(SAC/TC 232)提出并归口。

本部分由中国电力科学研究院、中国机械科学研究院和中国电力企业联合会负责起草。

本部分主要起草人:辛德培、许颖、杨芙。

本部分所代替标准的历次版本发布情况:GB/T 2900.52—2000。

电工术语
发电、输电及配电　发电

1　范围

本部分规定了发电、输电及配电领域中有关发电部分的术语。

本部分适用于电力系统的规划、管理、设计、发电、输电及配电等领域。

2　术语和定义

2.1　电站[厂]

602-01-01

电站[厂]　power station，power plant

发电厂[站]

由建筑物、能量转换设备和全部必要的辅助设备组成的生产电的工厂。

602-01-02

发电系统　generation system

电力系统中的全部发电设备。

注：也可能由其中的一部分构成，例如热力系统。

602-01-03

水力发电设施　hydroelectric installation

将水流能量转换成电能的各种工程建筑、机械和装置的组合。

602-01-04

水电站[厂]　hydroelectric power station

将水流能量转换为电能的电站。

602-01-05

径流式水电站[厂]　run-of-river power station

河水直接流入电站进行发电的水电站，其径流量中进入水库的蓄水量可忽略不计。

602-01-06

短期调节水电站[厂]　pondage power station

由径流量向水库蓄水时间最多不超过几个星期的水电站[厂]。

注：特别是低负荷期间，径流量积聚在水库中，以便水轮机在日后的高负荷期间或随后的数天内能够运行。

602-01-07

蓄水式水电站　reservoir power station

由径流量向水库蓄水的时间超过若干星期的水电站。

注：通常在水量充足期间的径流量积聚在水库中，以便水轮机在日后的高负荷期间运行。

602-01-08

潮汐电站　tidal power station

利用潮汐水位差发电的水电站。

602-01-09

抽水蓄能　pumped storage

用泵将水提升储存，供水力发电设施发电。

602-01-10

抽水蓄能电站[厂]　pumped storage power station

利用上水库和下水库中的水循环进行抽水和发电的水电站。

602-01-11

水电站[厂]毛水头　gross head of a hydroelectric power station

水电站上、下游水位的高程差。

602-01-12

水电站[厂]净水头　net head of a hydroelectric power station

水轮机进口和出口测量断面的总水头差,即水轮机做功用的有效水头。

602-01-13

水库有效库容　useful water capacity of a reservoir

水库在正常情况下允许的最低和最高水位之间的容积。

602-01-14

水库电能能力　energy capability of a reservoir

水库有效库容全部供一座或多座电站发电所能产生的电量。

602-01-15

水库可用库存水量　useful water reserve of a reservoir

在给定时刻,水库在正常允许的最低工作水位以上所储存的水量。

602-01-16

水库电能储量　energy reserve of a reservoir

水库可用库存水量全部供电站发电所能发电产生的电量。

602-01-17

水库满度因数　reservoir fullness factor

在给定时刻,水库电能储量与它们的电能能力之比。

602-01-18

径流量　water cumulative flows

在给定时间内,流过水道中一个给定截面的水的总体积。

602-01-19

电能能力[水力发电设施的]　**energy capability** (of one or more hydroelectric installations)

在给定时间内,由上游条件修正的径流量在最佳条件下所能产生的电量。

602-01-20

平均电能能力[水力发电设施的]　**mean energy capability** (of one or more hydroelectric installations)

在给定条件下,多年相同时期内测定的,水力发电设施的电能能力的平均值。

602-01-21

电能能力因数[水力发电设施的]　**energy capability factor** (of one or more hydroelectric installations)

在给定时间内,电能能力与同一时间内的平均电能能力之比。

602-01-22

热力发电站[厂]　thermal power station

将热能转换成电能的电站[厂]。

注:热能可以从多种能源中获得。

602-01-23

火力发电站[厂]　conventional thermal power station

由燃煤或碳氢化合物获得热能的热力发电站。

602-01-24

热电联产　combined heat and power

联合生产电能和热能的生产方式。

602-01-25

压缩空气储存　compressed air storage

将空气压缩、冷却并储存在天然容器中的作业过程。

602-01-26

压缩空气电站　compressed air power station

装有利用压缩空气的气动涡轮机的电站。

602-01-27

核电站[厂]　nuclear (thermal) power station

由核反应堆获得热能的热力发电站。

602-01-28

地热电站　geothermal power station

利用地壳适当部位抽取热能的热力发电站。

602-01-29

太阳能电站　solar power station

直接利用太阳辐射的光电效应或间接利用太阳辐射的热能转换成电能的电站。

602-01-30

风力电站　wind power station

由风能转换成电能的电站。

602-01-31

磁流体电站[厂]　magneto-hydro-dynamic thermal power station, MHD power station

利用电磁场作用于等离子流发电的热力发电站[厂]。

602-01-32

海水温差电站　ocean or sea temperature gradient power station

利用海水表层与深层的温差发电的热力发电站。

602-01-33

燃料电池　fuel cell

通过燃料电离和氧化,直接将化学能转换成电能的发生器。

2.2　设备和设施

602-02-01

发电机组　generating set

将其他形式的能量转换成电能的旋转机组。

602-02-02

电动机组　motor set

将电能转换机械能的旋转电机组。

602-02-03

水轮发电机组　hydroelectric set

水轮机与发电机连接所组成的发电机组。

602-02-04

可逆式水轮发电机组 reversible hydroelectric set

具有发电和抽水蓄能两种功能的旋转机组。

602-02-05

坝 dam

为了特定用途、限流蓄水的构筑物。

602-02-06

重力坝 gravity dam

由混凝土或砌石筑成的靠自重保持稳定的坝。

602-02-07

拱坝 arch dam

筑成拱形以便将水压的大部分传递到其拱基的一种混凝土坝或砌石坝。

602-02-08

土坝 earth dam

整坝体的一半以上是由夯实的细粒物料构成的堤坝。

602-02-09

压力管道 penstock

将水在压力下引入水轮机的管道。

602-02-10

调压塔 surge tank

调压井 surge shaft

减弱压力管道中水锤效应的敞开式塔[井]。

602-02-11

冲击式水轮机 impulse type turbine

转轮只利用水流动能作功的水轮机。

602-02-12

反击式水轮机 reaction type turbine

转轮利用水流的压力能和动能作功的水轮机。

602-02-13

水斗式水轮机 Pelton turbine

贝尔顿水轮机

转轮叶片呈斗形、且射流中心线与转轮节圆相切的冲击式水轮机。

602-02-14

混流式水轮机 Francis turbine

轴面水流径向流入、轴向流出转轮的反击式水轮机。

602-02-15

轴流转浆式水轮机 Kaplan turbine

卡普兰式水轮机

转轮叶片可与导叶协联调节的轴流式水轮机。

602-02-16

灯泡式机组 bulb-type unit

发电机置于流道中灯泡体内的贯流式水轮发电机组。

602-02-17

轴流定桨式水轮机　propeller turbine

转轮叶片不可调的(或停机可调的)轴流式水轮机。

602-02-18

尾水水库　tail water reservoir

用以调节江河水流和流向下游水电站的水流的水库。

602-02-19

热力发电单元　thermal power unit

一般由锅炉、热力发电机组、变压器和它们的辅助设备组成的整体。

602-02-20

热力发电机组　thermal generating set

由热力原动机同发电机相连接组成的发电机组。

602-02-21

汽轮发电机组　turbo-generator set

原动机为汽轮机的热力发电机组。

602-02-22

内燃发电机组　internal combustion set

原动机为内燃机的热力发电机组。

602-02-23

燃气轮发电机组　gas turbine set

原动机为燃气轮机的热力发电机组。

602-02-24

凝汽式机组　condensing set

汽轮机为凝汽式的汽轮发电机组。

602-02-25

再热凝汽式机组　condensing set with reheat

具有对汽轮机内经部分膨胀后的蒸汽进行再加热设备的凝汽式机组。

602-02-26

背压机组　back-pressure set

汽轮机为背压式的汽轮发电机组。

602-02-27

主发电机　main generator

将所产生的电能大部分或部分输入电力系统或直接送给用户的发电机。

602-02-28

厂[站]用发电机　auxiliary generator

向电站辅助设备供电的发电机。

602-02-29

单元机组辅助设备　unit auxiliaries

发电单元机组运行必备的一切专用辅助设备,例如磨煤机、循环泵、引风机等。

602-02-30

公用辅助设备　common auxiliaries

发电单元机组和电站公用的各种辅助设备,例如照明设备、压缩机等。

602-02-31

单元机组发电机变压器 unit generator transformer

机组变压器 set transformer

与发电机端子相连接,并将发电机发出的电力输送到电力系统的变压器。

602-02-32

单元机组用变压器 auxiliary transformer of a unit

向发电单元机组的辅助设备供电的变压器。

602-02-33

厂[站]用变压器 auxiliary transformer of a power station

向电站的辅助设备供电的变压器。

602-02-34

(电站)锅炉 boiler

将水加热在压力下生成蒸汽,将蒸汽过热,并在某些情况下将蒸汽再加热的一种设施。

602-02-35

自然循环锅炉 natural circulation boiler

工质依靠锅炉下降管中的水与上升管中汽水混合物之间的密度差进行循环,且水相与蒸汽相在汽包中分离的一种电站锅炉。

602-02-36

直流锅炉 once-through boiler

由水泵供给的水在同一炉管内蒸发和过热的开式回路的一种电站锅炉。

602-02-37

控制循环锅炉 controlled circulation boiler

用水泵来提高水的循环速度的一种自然循环锅炉。

602-02-38

粉状燃料锅炉 pulverized fuel boiler

为燃烧粉状煤或褐煤设计的锅炉。

602-02-39

气体燃料锅炉 gaseous fuel boiler

为燃烧气体燃料设计的锅炉。

602-02-40

液体燃料锅炉 liquid fuel boiler

为燃烧液体燃料设计的锅炉。

602-02-41

中间储仓制锅炉 bin-and-feeder system boiler

辗磨过的煤粉先经储存,然后送入炉膛燃烧的锅炉。

注:在英文资料中,“中间储仓制锅炉”常用词为:“indirect system boiler”。

602-02-42

直吹式锅炉 directly-fired boiler

辗磨过的煤粉直接送入炉膛燃烧的锅炉。

602-02-43

流化床锅炉 fluidized-bed boiler

煤粒在燃烧过程中由上升的气流保持悬浮状态的锅炉。

602-02-44

过热蒸汽　superheated steam

温度高于给定压力下饱和温度的蒸汽。

602-02-45

过热器　superheater

锅炉中将产生的蒸汽进行过热的部件。

602-02-46

再热器　reheater

锅炉中将汽轮机高压缸排出的蒸汽再次过热的部件。

602-02-47

汽轮机　steam turbine

由蒸汽流体驱动的涡轮机。

602-02-48

凝汽式汽轮机　condensing steam turbine

用凝汽器来冷却排出蒸汽的汽轮机。

602-02-49

抽汽凝汽式汽轮机　condensing steam turbine with bleeding

抽出部分蒸汽供作发电以外其他用途的凝汽式汽轮机。

602-02-50

汽缸［汽轮机的］　**cylinder** ［of a steam turbine］

汽轮机中装有大部分静止部件的壳体之一。

注1：在三汽缸汽轮机中，按进汽压力顺序有：高压汽缸、中压汽缸和低压汽缸。

注2：从广义上讲，可将壳体与转子合称为汽缸。

602-02-51

轴系　line of shafting

连接在同一轴上的一组转子所组成的系统。

602-02-52

单轴系机组　tandem-compound set

在一个轴系上只有一台多缸汽轮机和一台发电机组成的机组。

602-02-53

双轴系机组　cross-compound set

由多缸汽轮机的两个不同的轴系各自驱动一台主发电机组成的机组。

602-02-54

调速器　speed governor

调节汽轮机的进汽阀开度或水轮机的导水叶开度，使转速保持在要求值的装置。

602-02-55

超速保护装置　overspeed device

在汽轮机负荷突降时，关闭进汽阀，以限制转速升高的装置。

602-02-56

凝汽器　condenser

在闭合蒸汽循环中，作为冷源将汽轮机的排汽进行冷凝的热交换器。

602-02-57

冷却塔　cooling tower

在闭路循环中，将凝汽器的冷却水用空气进行降温的热交换器。

602-02-58

干式冷却塔　dry cooling tower

凝汽器的冷却水不直接同空气接触的冷却塔。

602-02-59

湿式冷却塔　wet cooling tower

凝汽器的冷却水直接同空气接触的冷却塔。

602-02-60

强制通风冷却塔　forced draught cooling tower

由外力强制增大空气流量的冷却塔。

2.3　电站[厂]运行

602-03-01

热力发电机组冷态启动　cold start-up of a thermal generating set

发电机组长期停机之后，将其升速，并入电力系统，加负荷的过程。

602-03-02

热力发电机组热态启动　hot start-up of a thermal generating set

发电机组短期停机之后，汽轮机的热状态尚无较大变化时，将其升速，并入电力系统，加负荷的过程。

602-03-03

单元机组最低安全输出功率[出力]　minimum safe output of the unit

维持发电单元机组连续发电而不致使其任何一个组成部分有受损危险的机组最低功率。

602-03-04

机组总输出功率[出力]　gross output of a set

机组的主发电机及辅助发电机的端子处发出的电功率之和。

602-03-05

电站总输出功率[出力]　gross output of a power station

电站的各主发电机及辅助发电机的端子处发出的电功率之和。

602-03-06

机组净输出功率[出力]　net output of a set

机组的总输出功率减去有关辅助设备的消耗。

602-03-07

电站[厂]净输出功率[出力]　net output of a power station

电站[厂]的总输出功率减去有关辅助设备消耗和有关变压器的损耗。

602-03-08

单元机组最大容量　maximum capacity of a unit

发电单元机组所有组成部分处于正常工作状态时，在连续运行中可能发出的最大功率。

注：此功率可以是总输出功率，可以是净输出功率。

602-03-09

电站[厂]最大容量　maximum capacity of a power station

电站发电所有组成部分处于正常工作状态时，在连续运行中可能发出的最大功率。

注：此功率可以是总输出功率，也可以是净输出功率。

602-03-10

过载容量　overload capacity

机组在短时间内能够承受的最大容量。

602-03-11

单元机组可用容量　available capacity of a unit

在实际条件下，发电单元机组可以连续发出的最大功率。

注：此功率可以是总出力，也可以是净出力。

602-03-12

电站[厂]可用容量　available capacity of a power station

在实际条件下，电站可以连续发出的最大功率。

注：此功率可以是总出力，也可以是净出力。

602-03-13

电力系统功率需量　power demand from the system

为了满足需要必须向系统供给的功率。

602-03-14

电力系统备用容量　reserve power of a system

总可用容量与系统功率需量之差。

602-03-15

电力系统动态备用容量　spinning reserve of a system

接入电力系统可运行的全部发电机组的总可用容量与它们的实际负荷之差。

602-03-16

[电力系统]热备用容量　hot stand-by

随时可以起动，能迅速并入电力系统的备用发电机组的总可用容量。

602-03-17

[电力系统]冷备用容量　cold reserve

需要若干小时才能启动的备用发电机组的总可用容量。

602-03-18

即逝能量　unavoidable energy

若不立即将其转换成电能，则将浪费的一次能量。例如，河流的能量和风能等。

602-03-19

单元机组总平均热耗率　gross average heat rate of a unit

在给定时期内，发电单元机组耗用燃料的热能与该装置同期内发出的总电能之比。

602-03-20

单元机组净平均热耗率　net average heat rate of a unit

在给定时期内，发电单元机组耗用燃料的热能与该装置同期内发出的净电能之比。

602-03-21

单元机组总热效率　gross thermal efficiency of a unit

在给定时间内，发电单元机组发出的总电能与该装置同期内耗用燃料的热能在同一量钢下之比。

602-03-22

单元机组净热效率　net thermal efficiency of a unit

在给定时期内，发电单元机组发出的净电能与该装置同期内耗用燃料的热能在同一量钢下之比。

602-03-23

单元机组经济负荷　economical load of a unit

对应于热耗率与负荷关系曲线最低点的负荷。

602-03-24

单元机组装置负荷因数　load factor of a unit

在给定时期内，发电单元机组发出的电能与单元机组在同一时期内以最大容量运行所产生的电能之比。

602-03-25

单套单元机组最大容量利用小时　utilization period at maximum capacity of one unit

在给定时间内，单套发电单元机组发出的电能除以相应的最大容量之所得的商。

602-03-26

几套单元机组最大容量利用小时　utilization period of maximum capacity of several units

在给定时间内，几套发电单元机组发出的电能除以相应的最大容量之所得的商。

602-03-27

单元机组最大容量利用因数　utilization factor of the maximum capacity of a unit

在给定时间内，发电单元机组发出的电能与该单元机组同一时期内一直以最大容量运行所应产生的电能之比。

602-03-28

单元机组隔离　isolation of unit

将发电单元机组从系统断开、能维持对自身辅助设备供电的紧急措施。

中 文 索 引

B

坝 …………………………………… 602-02-05
贝尔顿水轮机 ………………………… 602-02-13
背压机组 …………………………… 602-02-26

C

厂［站］用变压器……………………… 602-02-33
厂［站］用发电机 ……………………… 602-02-28
超速保护装置 ………………………… 602-02-55
潮汐电站 …………………………… 602-01-08
冲击式水轮机 ………………………… 602-02-11
抽汽凝汽式汽轮机 …………………… 602-02-49
抽水蓄能 …………………………… 602-01-09
抽水蓄能电站［厂］ …………………… 602-01-10
磁流体电站［厂］ ……………………… 602-01-31

D

单套单元机组最大容量利用小时 …… 602-03-25
单元机组发电机变压器 ……………… 602-02-31
单元机组辅助设备 …………………… 602-02-29
单元机组隔离 ………………………… 602-03-28
单元机组经济负荷 …………………… 602-03-23
单元机组净平均热耗率 ……………… 602-03-20
单元机组净热效率 …………………… 602-03-22
单元机组可用容量 …………………… 602-03-11
单元机组用变压器 …………………… 602-02-32
单元机组装置负荷因数 ……………… 602-03-24
单元机组总平均热耗率 ……………… 602-03-19
单元机组总热效率 …………………… 602-03-21
单元机组最大容量 …………………… 602-03-08
单元机组最大容量利用因数 ………… 602-03-27
单元机组最低安全输出功率［出力］ … 602-03-03
单轴系机组 ………………………… 602-02-52
灯泡式机组 ………………………… 602-02-16
地热电站 …………………………… 602-01-28
电动机组 …………………………… 602-02-02
［电力系统］冷备用容量 ……………… 602-03-17
［电力系统］热备用容量 ……………… 602-03-16
电力系统备用容量 …………………… 602-03-14
电力系统动态备用容量 ……………… 602-03-15
电力系统功率需量 …………………… 602-03-13
电能能力［水力发电设施的］ ………… 602-01-19
电能能力因数［水力发电设施的］ …… 602-01-21
（电站）锅炉 ………………………… 602-02-34
电站［厂］ …………………………… 602-01-01
电站［厂］净输出功率［出力］ ………… 602-03-07
电站［厂］可用容量 …………………… 602-03-12
电站［厂］最大容量 …………………… 602-03-09
电站总输出功率［出力］ ……………… 602-03-05
短期调节水电站［厂］ ………………… 602-01-06

F

发电厂［站］………………………… 602-01-01
发电机组 …………………………… 602-02-01
发电系统 …………………………… 602-01-02
反击式水轮机 ………………………… 602-02-12
粉状燃料锅炉 ………………………… 602-02-38
风力电站 …………………………… 602-01-30

G

干式冷却塔 ………………………… 602-02-58
公用辅助设备 ………………………… 602-02-30
拱坝 ………………………………… 602-02-07
过热器 ……………………………… 602-02-45
过热蒸汽 …………………………… 602-02-44
过载容量 …………………………… 602-03-10

H

海水温差电站 ………………………… 602-01-32
核电站［厂］ ………………………… 602-01-27
混流式水轮机 ………………………… 602-02-14
火力发电站［厂］ ……………………… 602-01-23

J

机组变压器 ………………………… 602-02-31
机组净输出功率［出力］……………… 602-03-06
机组总输出功率［出力］……………… 602-03-04
即逝能量 …………………………… 602-03-18
几套单元机组最大容量利用小时 …… 602-03-26

径流量 …………………………………… 602-01-18
径流式水电站[厂] ……………………… 602-01-05

K

卡普兰式水轮机 ………………………… 602-02-15
可逆式水轮发电机组 …………………… 602-02-04
控制循环锅炉 …………………………… 602-02-37

L

冷却塔 …………………………………… 602-02-57
流化床锅炉 ……………………………… 602-02-43

N

内燃发电机组 …………………………… 602-02-22
凝汽器 …………………………………… 602-02-56
凝汽式机组 ……………………………… 602-02-24
凝汽式汽轮机 …………………………… 602-02-48

P

平均电能能力[水力发电设施的] …… 602-01-20

Q

气体燃料锅炉 …………………………… 602-02-39
汽缸[汽轮机的] ………………………… 602-02-50
汽轮发电机组 …………………………… 602-02-21
汽轮机 …………………………………… 602-02-47
强制通风冷却塔 ………………………… 602-02-60

R

燃料电池 ………………………………… 602-01-33
燃气轮发电机组 ………………………… 602-02-23
热电联产 ………………………………… 602-01-24
热力发电单元 …………………………… 602-02-19
热力发电机组 …………………………… 602-02-20
热力发电机组冷态启动 ………………… 602-03-01
热力发电机组热态启动 ………………… 602-03-02
热力发电站[厂] ………………………… 602-01-22

S

湿式冷却塔 ……………………………… 602-02-59
双轴系机组 ……………………………… 602-02-53
水电站[厂] ……………………………… 602-01-04
水电站[厂]净水头 ……………………… 602-01-12
水电站[厂]毛水头 ……………………… 602-01-11
水斗式水轮机 …………………………… 602-02-13
水库电能储量 …………………………… 602-01-16
水库电能能力 …………………………… 602-01-14
水库可用库存水量 ……………………… 602-01-15
水库满度因数 …………………………… 602-01-17
水库有效库容 …………………………… 602-01-13
水力发电设施 …………………………… 602-01-03
水轮发电机组 …………………………… 602-02-03

T

太阳能电站 ……………………………… 602-01-29
调速器 …………………………………… 602-02-54
调压井 …………………………………… 602-02-10
调压塔 …………………………………… 602-02-10
土坝 ……………………………………… 602-02-08

W

尾水水库 ………………………………… 602-02-18

X

蓄水式水电站 …………………………… 602-01-07

Y

压力管道 ………………………………… 602-02-09
压缩空气储存 …………………………… 602-01-25
压缩空气电站 …………………………… 602-01-26
液体燃料锅炉 …………………………… 602-02-40

Z

再热凝汽式机组 ………………………… 602-02-25
再热器 …………………………………… 602-02-46
直吹式锅炉 ……………………………… 602-02-42
直流锅炉 ………………………………… 602-02-36
中间储仓制锅炉 ………………………… 602-02-41
重力坝 …………………………………… 602-02-06
轴流定浆式水轮机 ……………………… 602-02-17
轴流转浆式水轮机 ……………………… 602-02-15
轴系 ……………………………………… 602-02-51
主发电机 ………………………………… 602-02-27
自然循环锅炉 …………………………… 602-02-35

英 文 索 引

A

arch dam ………… 602-02-07
auxiliary generator ………… 602-02-28
auxiliary transformer of a power station ………… 602-02-33
auxiliary transformer of a unit ………… 602-02-32
available capacity of a power station ………… 602-03-12
available capacity of a unit ………… 602-03-11

B

back-pressure set ………… 602-02-26
bin-and-feeder system boiler ………… 602-02-41
boiler ………… 602-02-34
bulb-type unit ………… 602-02-16

C

cold reserve ………… 602-03-17
cold start-up of a thermal generating set ………… 602-03-01
combined heat and power ………… 602-01-24
common auxiliaries ………… 602-02-30
compressed air power station ………… 602-01-26
compressed air storage ………… 602-01-25
condenser ………… 602-02-56
condensing set ………… 602-02-24
condensing set with reheat ………… 602-02-25
condensing steam turbine ………… 602-02-48
condensing steam turbine with bleeding ………… 602-02-49
controlled circulation boiler ………… 602-02-37
conventional thermal power station ………… 602-01-23
cooling tower ………… 602-02-57
cross-compound set ………… 602-02-53
cylinder [of a steam turbine] ………… 602-02-50

D

dam ………… 602-02-05
directly-fired boiler ………… 602-02-42
dry cooling tower ………… 602-02-58

E

earth dam ………… 602-02-08

economical load of a unit ········ 602-03-23
energy capability (of one or more hydroelectric installations) ········ 602-01-19
energy capability factor (of one or more hydroelectric installations) ········ 602-01-21
energy capability of a reservoir ········ 602-01-14
energy reserve of a reservoir ········ 602-01-16

F

fluidized-bed boiler ········ 602-02-43
forced draught cooling tower ········ 602-02-60
Francis turbine ········ 602-02-14
fuel cell ········ 602-01-33

G

gas turbine set ········ 602-02-23
gaseous fuel boiler ········ 602-02-39
generating set ········ 602-02-01
generation system ········ 602-01-02
geothermal power station ········ 602-01-28
gravity dam ········ 602-02-06
gross average heat rate of a unit ········ 602-03-19
gross head of a hydroelectric power station ········ 602-01-11
gross output of a power station ········ 602-03-05
gross output of a set ········ 602-03-04
gross thermal efficiency of a unit ········ 602-03-21

H

hot stand-by ········ 602-03-16
hot start-up of a thermal generating set ········ 602-03-02
hydroelectric installation ········ 602-01-03
hydroelectric power station ········ 602-01-04
hydroelectric set ········ 602-02-03

I

impulse type turbine ········ 602-02-11
internal combustion set ········ 602-02-22
isolation of unit ········ 602-03-28

K

Kaplan turbine ········ 602-02-15

L

line of shafting ········ 602-02-51

liquid fuel boiler ········ 602-02-40
load factor of a unit ········ 602-03-24

M

magneto-hydro-dynamic thermal power station ········ 602-01-31
main generator ········ 602-02-27
maximum capacity of a power station ········ 602-03-09
maximum capacity of a unit ········ 602-03-08
mean energy capability (of one or more hydroelectric installations) ········ 602-01-20
MHD power station ········ 602-01-31
minimum safe output of the unit ········ 602-03-03
motor set ········ 602-02-02

N

natural circulation boiler ········ 602-02-35
net average heat rate of a unit ········ 602-03-20
net head of a hydroelectric power station ········ 602-01-12
net output of a power station ········ 602-03-07
net output of a set ········ 602-03-06
net thermal efficiency of a unit ········ 602-03-22
nuclear (thermal) power station ········ 602-01-27

O

ocean or sea temperature gradient power station ········ 602-01-32
once-through boiler ········ 602-02-36
overload capacity ········ 602-03-10
overspeed device ········ 602-02-55

P

Pelton turbine ········ 602-02-13
penstock ········ 602-02-09
pondage power station ········ 602-01-06
power demand from the system ········ 602-03-13
power plant ········ 602-01-01
power station ········ 602-01-01
propeller turbine ········ 602-02-17
pulverized fuel boiler ········ 602-02-38
pumped storage ········ 602-01-09
pumped storage power station ········ 602-01-10

R

reaction type turbine ………… 602-02-12
reheater ………… 602-02-46
reserve power of a system ………… 602-03-14
reservoir fullness factor ………… 602-01-17
reservoir power station ………… 602-01-07
reversible hydroelectric set ………… 602-02-04
run-of-river power station ………… 602-01-05

S

set transformer ………… 602-02-31
solar power station ………… 602-01-29
speed governor ………… 602-02-54
spinning reserve of a system ………… 602-03-15
steam turbine ………… 602-02-47
superheated steam ………… 602-02-44
superheater ………… 602-02-45
surge shaft ………… 602-02-10
surge tank ………… 602-02-10

T

tail water reservoir ………… 602-02-18
tandem-compound set ………… 602-02-52
thermal generating set ………… 602-02-20
thermal power station ………… 602-01-22
thermal power unit ………… 602-02-19
tidal power station ………… 602-01-08
turbo-generator set ………… 602-02-21

U

unavoidable energy ………… 602-03-18
unit auxiliaries ………… 602-02-29
unit generator transformer ………… 602-02-31
useful water capacity of a reservoir ………… 602-01-13
useful water reserve of a reservoir ………… 602-01-15
utilization factor of the maximum capacity of a unit ………… 602-03-27
utilization period at maximum capacity of one unit ………… 602-03-25
utilization period of maximum capacity of several units ………… 602-03-26

W

water cumulative flows ······ 602-01-18
wet cooling tower ······ 602-02-59
wind power station ······ 602-01-30

ICS 01.040.25;25.040.40
K 04

中华人民共和国国家标准

GB/T 2900.56—2008/IEC 60050-351:2006
代替 GB/T 2900.56—2002

电工术语　控制技术

Electrotechnical terminology—Control technology

(IEC 60050-351:2006,IDT)

2008-06-18 发布　　2009-05-01 实施

中华人民共和国国家质量监督检验检疫总局
中国国家标准化管理委员会　发布

前言

本部分为GB/T 2900的第56部分。

本部分等同采用IEC 60050-351:2006《国际电工词汇　第351部分　控制技术》。

本部分中术语条目编号与IEC 60050-351:2006保持一致。

本部分代替GB/T 2900.56—2002《电工术语　自动控制》。

本部分与GB/T 2900.56—2002相比,标准结构变化较大,删除了一些术语,增加了一些新的术语。

本部分由全国电工术语标准化技术委员会(SAC/TC 232)提出。

本部分由全国电工术语标准化技术委员会和全国工业过程测量和控制标准化技术委员会共同归口。

本部分起草单位:机械工业仪器仪表综合技术经济研究所、机械科学研究院中机生产力促进中心、上海工业自动化仪表研究所、上海自动化仪表股份有限公司、清华大学。

本部分主要起草人:王春喜、李明华、欧阳劲松、杨芙、刘铁椎、刘民、高永梅。

本部分所代替标准的历次版本发布情况为:

——GB/T 2900.56—2002。

电工术语 控制技术

1 范围

本部分规定了控制技术领域用术语和定义。

本部分适用于涉及控制技术的所有科学技术领域。

2 规范性引用文件

下列文件中的条款通过本部分的引用而成为本部分的条款。凡是注日期的引用文件，其随后所有的修改单(不包括勘误的内容)或修订版均不适用于本部分，然而，鼓励根据本部分达成协议的各方研究是否可使用这些文件的最新版本。凡是不注日期的引用文件，其最新版本适用于本部分。

GB/T 3187—1994 可靠性、维修性术语(idt IEC 60050-191:1990)

GB/T 2900.61—2002 电工术语 物理和化学(mod IEC 60050-111:1996)

GB/T 2900.69—2005 电工术语 综合业务数字网(ISDN) 第1部分:总则(IEC 60050-716:1995,IDT)

GB/T 5271.9—2001 信息技术 词汇 第9部分:数据通信(eqv ISO/IEC 2382-9:1995)

GB/T 5271.28—2001 信息技术 词汇 第28部分:人工智能 基本概念与专家系统(eqv ISO/IEC 2382-28:1995)

GB/T 18272.5—2000 工业过程测量和控制——系统评估中系统特性的评定 第5部分:系统可信性评估(idt IEC 61069-5:1994)

IEC 60050-101:1998 国际电工词汇 第101部分 数学

IEC 60050-151:2001 国际电工词汇 第151部分 电的和磁的器件

IEC 60050-702:1992 国际电工词汇 第702章:振荡、信号和相关器件

IEC 60050-704:1993 国际电工词汇 第704章:传输

IEC 60050-721:1991 国际电工词汇 第721章:电报、传真和数据通信

IEC 60848:2002 序功能表图用GRAFCET规范语言

ISO/IEC 2382-1:1976 信息技术 词汇 第1部分:基本术语

ISO/IEC 2382-3:1987 数据处理词汇 03部分 设备技术

ISO/VIM:1993 国际计量学术语

3 术语和定义

3.1 一般术语、变量和信号

351-21-01

变量 variable (quantity)

其值可变且通常可测出的物理量或状态。

351-21-02

实际值 actual value

给定时刻的变量值。

351-21-03

期望值 desired value

在规定的条件下，给定时刻所要求的变量值。

351-21-04

偏差　deviation

给定时刻变量的期望值与实际值之差。

351-21-05

[变量的]向量　vector (of variables)

作为一个整体在数学上表示向量空间的一个元素的一组有序的变量。

351-21-06

输入变量　input variable

由外部施加到系统上且与该系统的其他变量无关的变量。

351-21-07

输出变量　output variable

系统的可测量的变量，只受到系统及其输入变量的影响。

351-21-08

状态变量　state variable

在具有以下微分方程的系统中向量 $x(t)$ 的元素：

$\dot{x}(t)=f[x(t),u(t)]$　　状态方程

$v(t)=g[x(t),u(t)]$　　输出方程

和对于线性系统：

$\dot{x}(t)=A\cdot x(t)+B\cdot u(t)$　　状态方程

$v(t)=C\cdot x(t)+D\cdot u(t)$　　输出方程

根据上述方程，在已知任何瞬时 t_0（通常 $t_0=0$）的初始条件和已知输入变量向量 $u(t)$ 各分量的变化时，能够计算出自 t_0 开始输出变量向量 $v(t)$ 各分量的时间响应。（见图 2）

351-21-09

轨迹　trajectory

在状态空间中，以时间为参数的用向量 $x(t)$ 端点的连线表示状态方程的解 $x(t)$。

351-21-10

模拟变量　analogue variable; analog variable (US)

可具有给定连续范围内任一值的变量。

351-21-11

数字变量　digital variable

可具有离散值集合中任一值的变量。

351-21-12

二进制变量　binary variable

可具有两个离散值之一的变量。

注：这两个离散值通常与布尔值 0 和 1 相联系。

351-21-13

状态方程　state equations

把状态变量的一阶时间导数表示为同一系统的状态变量、输入变量、系统参数和时间的函数的一组方程。（见 351-21-08 及图 2）

351-21-14

输出方程　output equations

把输出变量表示为状态变量、输入变量、系统参数和时间的函数的一组方程。（见 351-21-08 及图 2）

351-21-15

输入矩阵　input matrix

描述输入变量值与系统状态变量变化率之间关系的矩阵。(见 351-21-08 及图 2)

351-21-16

输出矩阵　output matrix

描述系统状态变量值与输出变量值之间关系的矩阵。(见 351-21-08 及图 2)

351-21-17

系统矩阵　system matrix

描述系统状态变量值与其变化率之间关系的矩阵。(见 351-21-08 及图 2)

351-21-18

转移矩阵　transition matrix

描述线性系统两种状态之间并非由输入变量激发产生转移的矩阵。

351-21-19

直接输入-输出矩阵　direct input-output matrix

描述输入变量值与输出变量值之间直接关系的矩阵。(见 351-21-08 及图 2)

351-21-20

系统　system

在规定的含意上看成是一个整体并与其环境分开的相互关联的元件的集合。

注 1：系统一般是着眼于它能达到的给定目的而定义的，例如：执行某项确定的功能。

注 2：系统的元件既可以是天然材料的或人造材料的物体也可以是思维模式及其结果(例如，组织形式、数学方法、编程语言)。

注 3：系统可看成是用一个假想面将其与环境和外部系统分开，此假想面切断了该系统与他们之间的联系。

注 4：当从上下文中看不清楚系统是指什么时，应加限定语说明，如控制系统，量热系统，单位制，传送系统。(151-11-27)

351-21-21

结构　structure

系统各元件之间的关系。

351-21-22

系统参数　system parameter

确定给定系统内各变量之间关系的特征量。

注：参数可能是常量，或随时间变化，或随某些系统变量的值变化。

351-21-23

线性系统　linear system

其行为符合叠加原理的系统。

注：叠加原理表明此种系统可以用一组线性方程描述。

351-21-24

线性化，动词　linearize，verb

在规定工作范围内或一个工作点周围，利用线性数学模型以规定的精确度来近似非线性系统。

351-21-25

特征方程　characteristic equation

将闭环系统传递函数的分母取为零，或将有限维向量空间上给定线性变换的或其矩阵表示法的特征多项式取为零所导出的方程。

351-21-26

时不变系统 time invariant system

其行为符合偏移原理的系统。

注1：偏移原理表明方程组及其系数是不随时间变化的。

注2：不具有这一性质的系统称为时变系统。

351-21-27

多变量系统 multivariable system

具有一个以上输入变量及一个或多个输出变量(至少有一个输出变量取决于一个以上输入变量，或至少有一个输入变量影响几个输出变量)的系统。

351-21-28

分布参数系统 distributed parameter system

参数按空间分布需以偏微分方程作数学描述的系统。

351-21-29

控制 control

为达到规定的目标，对过程或在过程内的有目的作用。

注：关于控制技术的应用见图27。

351-21-30

稳定性 stability

受相对于静止位置足够小的初始偏移或扰动时，可使系统状态变量与输出变量保持在该位置足够小的邻域内的系统特性。

351-21-31

渐近稳定性 asymptotic stability

系统状态或输出变量有初始偏移后回复到原稳态的系统特性。

注：这相当于当状态或输出变量受扰动而偏离稳态且扰动已中止的情况。

351-21-32

可控性 controllability

依靠输入变量的适当的时间变化将系统状态变量在有限时间内，从一个初始状态变到一个指定最终状态的系统特性。

注：如果任何一种初始状态和最终状态都能作此改变，则可控性是完全的。

351-21-33

可观测性 observability

根据在有限时间内观测到的输入和输出变量，可推算出系统初始状态的系统特性。

注：如果这种推算对任何一种初始状态都有效，则可观测性是完全的。

351-21-34

作用 action

一个变量对另一个变量的影响。

351-21-35

接口 interface

根据功能特性、信号特性或其他特性定义的两个功能单元之间的共享界面。[GB/T 5271.9-9, 09.01.06 MOD][721-12-11 MOD][GB/T 2900.69,716-01-07 MOD]

注：此概念适用于具有不同功能的两个装置的连接。

351-21-36

模型 model

系统或过程的数学或物理表述。这种表述是足够精确地依据已知定律、辨识或特定假设确定的。

351-21-37

算法　algorithm

能根据输入变量值计算出输出变量值的一个完全确定的、有限的指令序列。

注：算法可以完整描述数字输入、输出变量系统(例如一个切换系统)的行为。对于连续输入、输出变量的系统，其算法由输入、输出变量间的数学关系式确定或导出。

351-21-38

冗余　redundancy

产品中为完成要求的功能具有的一种以上的手段。[191-15-01]

注：在自动控制中，这个手段更可能是一个装置或一个程序。

351-21-39

手动的，形容词　manual，adjective

过程或设备在规定的条件下需要操作者干预才能运行的。

351-21-40

自动的　automatic

过程或设备在规定的条件下无须操作者干预就能运行的。

351-21-41

自动化程度　degree of automation

自动化功能占系统或工厂全部功能的比例。

注1：自动化程度只能用于描述必须规定范围且系统功能经加权的限定系统。

注2：如果给定系统除打开/关闭外的所有功能都已自动化，则称为全自动化工作。否则称为半自动化工作。

351-21-42

自动装置　automaton

自行动作的人工系统，其动作或通过给定的决策规则按步进方式进行控制，或通过规定的关系连续进行控制，且其输出变量由输入和状态变量建立。

注1：程控自动机的基本特征是程序中至少存在一个分支，以提供控制动作的不同选择，这个选择基于外部输入或内部状态来决定。不动作也是程序的一个选择分支。程序顺序由外部激励触发或控制，这个激励或是外部输入的一部分或是输入本身。

例1：在自动售货机中，通过插入一个硬币来启动程序。程序以两种方式响应：或者接受硬币且放出物品，或者退回硬币且物品输出保持关闭。这根据被插入硬币的检查结果和物品库存来决定。

例2：在程序控制下自动执行操作的机床称为自动装置。例子：自动车床、铣床。

注2：在控制回路内，通过规定的关系进行控制的控制器称为自动机。

例3：在温度控制器中，设置了一个与反馈变量比较的参比变量。控制器基于比较的结果来驱动最终控制设备。换句话说，基于参比变量和反馈变量(以被控变量表示温度)的差值，控制器和最终控制设备通过操纵变量(输出变量)影响温度。

351-21-43

[控制技术的]过程　process(in control technology)

系统中籍以完成物质、能量或信息的转换、输送或储存的一整套相互作用的操作序列。

注：各操作或操作组可以分开并组成子过程或全过程。过程变量可为确定变量或随机变量。

过程举例：电站发电、配电、炼油以得到碳氢化合物、高炉制生铁、齿轮制造、集装箱系统的货物运输、飞行计划编制与执行、计算机系统的数据处理、政府部门管理活动的执行。

351-21-44

技术过程　technical process

工厂中的用于解决规定的技术任务的一整套操作。

351-21-45

工厂装备 plant

用于解决规定的技术任务的一整套技术设备和设施。

注：工厂装备包括电器、机械、仪器仪表、装置、运输工具、控制设备和其他工作设备。

351-21-46

控制论 cybernetics

关于生物与机器中的控制和通信的科学。

351-21-47

专家系统 expert system

一种基于知识的系统，它根据由人类专家经验开发出的知识库进行推理，来解决某一特定领域或应用范围中的问题。[GB/T 5271.28,28.01.06]

注1：术语"专家系统"有时与"基于知识系统"同义，但前者强调专家知识。

注2：一些专家系统能根据以前解决问题的经验而改进其知识库并制定新的推理规则。

351-21-48

知识库 knowledge base

一种数据库，它包括推理规则以及有关人类在某个领域的经验和专家经验的信息。[GB/T 5271.28,28.04.06]

注：在自完善系统中，知识库还包括由解决先前遇到的问题所产生的信息。

351-21-49

推理机 inference engine

专家系统的一个组成部分，能运用推理规则从知识库中存储的信息导出结论。[GB/T 5271.28,28.04.07]

351-21-50

白噪声 white noise

在全频率范围内均具有连续频谱和恒定功率谱密度的随机噪声。[702.08.39 MOD]

351-21-51

信号 signal

一种物理量，其一个或多个参数载有表示一个或多个变量的信息。

注：这些参数称为"信息参数"。

351-21-52

信息参数 information parameter

按一定规则表示信息的信号的参数。

注1：就多数信号而言，给定物理量的值与信息参数一致。因此，为简便起见，通常称"信号值"。

注2：对调幅正弦载波来说，瞬时幅值是信号的信息参数；对于按持续时间调制的或按位置调制的脉冲信号来说，每个脉冲的持续时间或位移分别是信号的信息参数。

351-21-53

模拟信号 analogue signal; analog signal(US)

信息参数可取为给定连续范围内任一值的信号。[704-01-03 MOD]

351-21-54

数字信号 digital signal

信息参数可取为离散值集合中任一值的信号。

351-21-55

二进制信号 binary signal

信息参数可取为两个离散值之一的数字信号。

351-21-56

量化,动词 **quantize**, verb

把一个变量的数值范围划分成有限个预先确定的相邻间隔。这些间隔不一定相等,给定间隔内的任意值都由该间隔内被称为"量化值"的单一预定值来表示。[702.04.07,修改]

351-21-57

采样信号 **sampled signal**

信息参数表示采样时刻的变量值的信号。

351-21-58

混叠 **aliasing**

当用处理低频分量幅值的采样间隔分析高频分量时,在采样信号频谱中产生误差。

3.2 控制技术中任务/功能

351-22-01

测量,动词 **measure**, verb

将被测值与单位值进行定量比较。[VIM 2.1 MOD]

351-22-02

计数,动词 **count**, verb

计算所测量的一组元素的"个数"。

351-22-03

监测,动词 **monitor**, verb

按一定的时间间隔检查被选值与规定值、数值范围或转换条件的符合性。

351-22-04

指示,动词 **indicate**, verb

以可视的形式表示变量或开关状态。

351-22-05

报警,动词 **alert**, verb

发出一个由监视获得的二进制变量并以特别显著的方式加以指示。

351-22-06

记录,动词 **record**, verb

供数据处理或文件编制的数据变量的存储。

351-22-07

记日志,动词 **log**, verb

以操作人员可读的方式自发地、周期地或通过轮询复制记录。

351-22-08

操纵,动词 **manipulate**, verb

用最终控制元件改变质量流、能量流或信息流。

注1:可以连续地进行也可以调度操作。

注2:在控制工程中,最终控制元件被认为是被控系统的一部分。

351-22-09

评定,动词 **evaluate**, verb

根据记录变量通过计算或分类确定过程特征。

351-22-10

优化,动词 **optimize**, verb

使用于评价给定过程状态的性能指标在给定限制内达到尽可能最大或尽可能最小的一种过程。

注:性能指标能用来表示诸如高利用率、高效率和高生产率等优化目标。

351-22-11

干预,动词　**intervene**, verb

操作人员对过程控制设备或最终控制元件施加作用。

351-22-12

手工操作,动词　**manipulate by hand**, verb

干预最终控制元件以改变被控系统中的质量流、能量流或信息流。

351-22-13

安全防护,动词　**safeguard**, verb

由施控系统对过程施加影响,使之不会出现危及人身安全或者损害工厂设备、产品或环境的危险或破坏性状态。

351-22-14

构造,动词　**structure**, verb

按给定的准则在系统元件之间建立联系。

351-22-15

配置,动词　**configure**, verb

组态,动词

从一组指定的单元中选出功能单元或模块单元,确定它们之间的连接,组成一个控制设备。

351-22-16

参数整定,动词　**parameter**, verb

设定控制设备的参数,并调整到预期的状态。

351-22-17

自动化,动词　**automate**, verb

提供手段使系统具有自行动作的功能。

3.3　控制系统的结构

351-23-01

功能图　**functional diagram**

以作用连线连接的各个功能块来表示系统各种作用的符号表述。(见图 1)

注 1:作用连线未必表示如电线那样的物理连接。

注 2:就自动控制而言,功能图有时称为方块图。

351-23-02

功能块　**functional block**

指明输入输出变量之间函数关系的矩形符号,表示含有一个或多个输入变量和一个或多个输出变量的系统或元件。

注:可以用算术指令、传递函数、微分方程或差分方程、一条或一组特性曲线或者切换函数来指明函数关系。

351-23-03

作用通路　**action path**

功能图中连接两个选定变量的有向通路。

351-23-04

作用连线　**action line**

功能图中作用通路的图形表述,作用方向以箭头标明。

351-23-05

作用方向　**direction of action**

功能图中作用的方向。

注1：功能块中的作用方向是从功能块的输入到输出。

注2：作用方向不必与质量流或能量流相一致。

351-23-06

相加点　summing point

各信号代数相加的点。

注1：在功能图上，相加点主要用圆形符号表示。(见图1)

注2：代数符号位于引入作用连线的右侧。

351-23-07

分支点　branching point

功能图上的一个点，同一个变量从这个点连接至多个功能块的输入端。

注：用一个圆点表示分支点。

351-23-08

链状结构　chain structure

系统内的一种结构，其中一个功能块的输出变量是下一个功能块的输入变量。

351-23-09

并行结构　parallel structure

系统内的一种结构，其中有共同输入变量的部分系统的输出变量用并排的作用连线进行连接。

351-23-10

环形结构　loop structure

系统内的一种结构，其中从一个子系统的输出变量生成的变量用作前一子系统的附加输入变量。

3.4　传递元件的行为和特性

351-24-01

叠加原理　principle of superposition

系统对若干个输入函数的时间响应等于其对各单个输入函数时间响应之和的原理。

注：这包含特殊情况，一个输入函数与一个常系数相乘，伴随的时间响应也与相同的系数相乘(常称之为“放大原理”)

351-24-02

移位原理　principle of shifting

若输入函数在时间上平移，则系统的时间响应除了在时间上作同样平移外保持不变的原理。

注：移位原理表明该组系统方程及其系数是时不变的。

351-24-03

传递元件　transfer element

系统中由函数关系确定输出变量对输入变量依从关系的部分。

351-24-04

线性传递元件　linear transfer element

其行为服从叠加原理、且可由线性微分方程描述其行为的传递元件。

351-24-05

时不变传递元件　time invariant transfer element

其行为服从移位原理，且可由与时间无关的函数关系及其参数描述其行为的传递元件。

注：不具有这种性质的传递元件称为时变的。

351-24-06

辨识(系统的)　**identification**(of a system)

建立系统静态和瞬态行为的数学模型的过程。

351-24-07

瞬态 transient（behaviour）

变量在两个相邻稳态间的过渡状态。

351-24-08

时间响应 time response

在规定的工作条件下，一个输入变量的规定变化引起的系统输出变量随时间的变化。

351-24-09

稳态，名词 steady state，noun

在所有瞬态效应消失后，当所有输入变量保持恒定时系统所维持的状态。[101-14-01 MOD]

351-24-10

特性曲线 characteristic curve

表征系统的输出变量稳态值与一个输入变量之间函数关系的图表或曲线，此时其他输入变量均保持规定的恒定值。

注：将其他输入变量作为参数处理时，可得到一组特性曲线。

351-24-11

工作点 operating point

特性曲线上系统正在运行的那一点。

注：对特性曲线进行线性化处理时，线性替代函数的系数取决于工作点，线性化处理是围绕该工作点进行的。

351-24-12

饱和 saturation

特性曲线的一部分所表现的现象，其中当输入变量有任何进一步增加时，输出变量只有可忽略的新增的变化。（见图5）

351-24-13

限幅 limitation

特性曲线的一部分所表现的现象，其中当输入变量有任何进一步增加时，输出变量不再有新增的变化。（见图5）

351-24-14

死区 dead band；dead zone

输入变量的变化不至引起输出变量有任何可觉察变化的有限数值区间。

注：当这种特性是特意安排的，有时称此区为中间区。

351-24-15

回差 hysteresis

由包含一条输入变量值增大的线段（称为上升段）和另一条输入变量值减小的线段（称为下降段）的特性曲线所表示的现象。

351-24-16

积分饱卷 reset windup；integral windup

闭环控制回路中的一种现象。在此回路中，积分元件后接一个在其饱和范围内工作的非线性元件，导致输出变量对输入变量符号变化的响应延迟。

注：在控制回路中，这种响应延迟会导致被控变量过量超调。

351-24-17

阻尼 damping

动态过程的衰减特性。

注：阻尼的起因是耗散，例如摩擦、电阻、或控制方式的作用。

351-24-18

阻尼比 damping ratio

在以下列微分方程描述的二阶线性时不变系统中，阻尼比是因数 θ 的值。

$$\frac{d^2x}{dt^2}+2\theta\omega_0\frac{dx}{dt}+\omega_0^2x=0$$

注1：ω_0 为系统的特征角频率。

注2：$\omega_d=\omega_0\sqrt{1-\theta^2}$ 为系统的固有角频率。

351-24-19

单位脉冲响应 unit-pulse response；unit-impulse response（US）

加权函数 weighting function

线性时不变系统在某个输入变量上施加狄拉克函数（即时间的单位脉冲函数）$\delta(t)$ 引起的时不变时间响应。

注：在线性时不变系统中，单位脉冲响应是单位阶跃响应的时间导数。

351-24-20

阶跃响应 step response

在系统的某个输入变量 u 上施加阶跃函数 $\Delta u\varepsilon(t)=u_s\cdot\varepsilon(t)$ 时产生的系统时间响应（见图3），其中 μ_s 为阶跃幅度，$\varepsilon(t)$ 为时间的单位阶跃函数 $e(t)=\int_{-\infty}^{t}\delta(t)dt$。[101-13-02]

注1：为确定阶跃响应的特性（见图3、4与9），通常假定输入变量的变化在 $t=0$ 发生，且输入与输出变量在该时刻的稳态值为 u_0、v_0。

注2：根据时间响应（351-24-08）的定义，阶跃响应定义为差值 $v(t)-v_0$。

351-24-21

单位阶跃响应 unit-step response

线性时不变系统的阶跃响应，除以输入变量的阶跃幅度之商。

351-24-22

斜坡响应 ramp response

在某个输入变量 u 上施加时间的斜坡函数 $\Delta u_\rho(t)=K_r\cdot\rho(t)$ 时产生的系统时间响应，其中 $\rho(t)=t\cdot\varepsilon(t)$ 为单位时间斜坡[101-13-04]，K_r 为斜坡率。

注1：为确定斜坡响应的特性，通常假定输入变量的变化在 $t=0$ 发生，且输入与输出变量在该时刻的稳态值为 u_0、v_0。

注2：根据时间响应（351-24-08）的定义，斜坡响应定义为差值 $v(t)-v_0$。

351-24-23

单位斜坡响应 unit-ramp response

线性时不变系统的斜坡响应除以输入变量斜坡斜率的商。

351-24-24

时间常数 time constant

1. 对于按指数形式增大或衰减而趋于一常量数值的量，存在的一个时间间隔，在该时间间隔终点，该常量数值与该量之差的绝对值已减小到这一时间间隔起点时两者之间的绝对值的 e^{-1}，e 为自然对数的底。

注1：时间常数是描述依赖于时间的量的函数 $F(t)=a+b\cdot e^{-t/\tau}$ 中的 τ。

注2：在控制技术中时间常数通常来自一阶滞后元件的阶跃响应，它是达到阶跃响应稳态值的63.2%[即 $(1-e^{-1})$ 倍]所需的时间间隔长度。

2. 阻尼振荡的阻尼系数的倒数。

注：时间常数是出现于按指数形式的阻尼振荡表示式 $F(t)=a+b\cdot e^{-t/\tau}\cdot f(t)$ 中的 τ，式中 $f(t)$ 为一周期函数[GB/T 2900.61,111-13-06]。

351-24-25

脉冲函数序列　pulse function sequence；impulse function sequence（US）

等距持续采样点上由输入变量调制的狄拉克函数（单位脉冲函数）序列。（见图 6）

351-24-26

等效时滞　equivalent dead-time

输入变量的阶跃变化点与单位阶跃响应拐点上切线在水平轴线的交叉点之间的持续时间间隔。（见图 4）

注：此定义只适用于阶跃响应无超调的系统。

351-24-27

等效时间常数　equivalent time constant

阶跃响应拐点处切线分别与相当于初始值的水平轴线和与其平行的通过最终稳态值的直线的交叉点之间的持续时间间隔。（见图 4）

注：此定义只适用于阶跃响应无超调的系统。

351-24-28

阶跃响应时间　step response time

对于阶跃响应，从一个输入变量发生阶跃变化的时刻起，至输出变量第一次达到最终稳态值与初始稳态值之差的一个规定百分数的时刻为止的持续时间间隔。（见图 3）

351-24-29

建立时间　settling time

过渡过程时间

对于阶跃响应，从输入变量发生阶跃变化的时刻起，至阶跃响应和其稳态值之差保持小于瞬态值允差的时刻的持续时间间隔。（见图 3）

351-24-30

超调（量）　overshoot

对于阶跃响应，为偏离输出变量最终稳态值的最大瞬时偏差，通常以最终稳态值与初始稳态值之差的百分数表示。（见图 3，图 9）

351-24-31

传递函数　transfer function

在线性时不变系统中，当所有初始条件等于零时，输出变量的拉普拉斯变换与相应输入变量的拉普拉斯变换之比。

351-24-32

z-传递函数　z-transfer function

在输入、输出变量同步采样的线性时不变系统中，当所有初始条件均等于零时，输出变量的 z-变换与相应的输入变量的 z-变换之比。

351-24-33

频率响应　frequency response

在稳定的正弦输入变量的线性时不变系统中，输出变量的相量与相应的输入变量的相量之比，以角频率 ω 的函数表示。（见图 7）

注：频率响应等同于复平面虚轴上取得的传递函数。

351-24-34

增益　gain

在稳定的正弦输入变量的线性时不变系统中，输出变量的幅值与相应的输入变量的幅值之比，以角频率 ω 的函数表示。（见图 8）

注 1：增益是给定频率下频率响应的模数（绝对值）。

注 2：在实际使用中，除零频率外，各频率上的增益常被称为“动态增益”，以区别零频率上的“静态增益”。

351-24-35

对数增益 logarithmic gain

增益的对数。

注：对数增益也能以分贝表示。

增益 G 的对数增益当以 dB 为单位时，表示为 20·lgG。（见图 8）

351-24-36

增益响应 gain response

幅值响应 amplitude response

作为角频率 ω 函数的增益。

注 1：用图表示增益时，通常以对数增益与角频率 ω 的对数值的关系曲线来表示。

注 2：增益响应是频率响应的模（绝对值）。

351-24-37

相角 phase angle

在稳定正弦输入变量的线性时不变系统中，输出变量相位与相应的输入变量相位的相位差。（见图 8）

[101-14-40 MOD]

351-24-38

相位响应 phase response

作为角频率 ω 函数的相角。

注 1：用图表示相角时，通常以相角与角频率 ω 的对数值的关系曲线来表示。（见图 8）

注 2：相位响应是频率响应的相角。

351-24-39

频率响应特性图 frequency response characteristic

伯德图 Bode diagram；Bode chart

在对数坐标上表示对数增益和相角与角频率之间函数关系的组合图解。（见图 8）

351-24-40

转折频率 corner（angular）frequency

伯德图中，对数增益曲线的两条相邻渐近直线交点对应的角频率。

351-24-41

频率响应轨迹图 frequency response locus

奈奎斯特图 Nyquist plot

用复平面中极坐标上的一条曲线，以角频率为曲线的参数，表示频率响应的图。（见图 7）

351-24-42

描述函数 describing function

在稳定正弦输入变量的非线性元件中，只取输出变量基波分量时的频率响应。

注：描述函数可取决于输入变量的角频率和幅值，或只取决于输入变量的幅值。

351-24-43

有理传递元件 rational transfer element

线性时不变传递元件，其传递函数可以表示为 s 的两个多项式的商。

$$G(s) = \frac{b_0 + b_1 \cdot s + K + b_m \cdot s^m}{a_0 + a_1 \cdot s + K + a_n \cdot s^n}$$

其中，a_i 和 b_j 为实数，$a_0 \neq 0$，$b_0 \neq 0$，$m \leqslant n$

注 1：在其他情况下，它被称为无理传递元件。

注 2：时滞元件是无理传递元件的一个例子。

351-24-44

最小相位元件　minimal-phase element

其传递函数的全部极点与零点的实部均为负值的稳定有理传递元件。

注：时滞元件或全通元件不属于最小相位元件。

351-24-45

全通元件　all-pass element

其传递函数右半平面的零点位于左半平面极点的虚轴反射像上的稳定有理传递元件。

351-24-46

自调节被控系统　controlled system with self-regulation

在操纵变量取新的常值后，其输出变量能自行改变至新的稳态值的被控系统。

351-24-47

无自调节被控系统　controlled system without self-regulation

在操纵变量取新的常值后，其输出变量无限制地改变并不能自行改变至新的稳态值的被控系统。

3.5　控制系统的行为和特性

351-25-01

控制上升时间　control rise time

在参比变量或扰动变量发生阶跃变化后，从被控变量第一次偏离其期望值附近的规定允差带开始，到被控变量第一次返回允差带为止的持续时间间隔。(见图 9)

351-25-02

控制建立时间　control settling time

在参比变量或扰动变量发生阶跃变化后，从被控变量第一次偏离其期望值附近的规定允差带开始，到被控变量第一次返回允差带并保持在允差带范围内为止的持续时间间隔。(见图 9)

351-25-03

开环频率响应　open-loop frequency response

正向通路和反馈通路上各元件的频率响应之积。

351-25-04

增益交越[角]频率　gain crossover (angular) frequency

开环增益响应值为 1 处的角频率。(见图 8)

351-25-05

相位裕度　phase margin

增益交越频率上的开环相位响应与 $-\pi$ 弧度之差。(见图 8)

351-25-06

相位交越[角]频率　phase crossover (angular) frequency

开环相位响应为 $-\pi$ 弧度处的最低角频率。(见图 8)

351-25-07

增益裕度　gain margin

相位交越频率上开环增益响应的倒数值。(见图 7)

注：开环增益响应的对数表示中，增益裕度的值 $|G_m|$ 可以当作相位交越频率上的负对数 $-\lg|G_m|$ (见图 8)。

351-25-08

控制因子　control factor

当参比变量或扰动变量在给定条件下发生变化时，闭环控制下被控变量的改变和无控制下被控变量的变化的比。

注 1：在正弦输入变量情况下，复控制因子是取决于角频率的这些值的相量商。

注2：在输入变量为阶跃变化时，实控制因子是瞬态过程结束后的这些值的商。如果在前馈通道上存在一个或多个元件时，则真实控制因子的值为0。

在具有开环比例特性的闭环控制中，控制因子由以下公式给出：

$$R = \frac{1}{1 + K_0}$$

K_0——开环增益。

351-25-09

尼科尔斯图　Nichols plot

在开环频率响应 G_0 的对数增益和相位差的直角坐标上描绘的显示闭环频率响应$\frac{G_0}{1+G_0}$的增益和相角等值线的图。

注：在被控变量 x 直接用作反馈变量 r 的情况下，$\frac{G_0}{1+G_0}$是对于参比变量变化的闭环频率响应，设测量元件的传递函数为1。

351-25-10

根轨迹图　root locus plot

复平面上表示传递函数的极点随系统参数的改变而变化的图。

注：控制系统中，经常用于表示闭环传递函数的极点随开环增益的改变而变化。

351-25-11

相平面分析　phase plan analysis

依据表示系统某一状态变量的时间导数与同一状态变量对应各个初始条件值的函数的轨迹，以时间为参数进行的分析。

351-25-12

控制系统参比变量响应　reference variable response of the control system

受参比变量影响的被控变量的行为(见图9)。

351-25-13

控制系统扰动响应　disturbance response of the control system

受扰动变量影响的被控变量的行为(见图9)。

351-25-14

[自动控制的]猎振　hunting(in automatic control)

自控系统不断寻找平衡状态的有一定幅度的持续振荡。

3.6　控制类型

351-26-01

闭环控制　closed loop control

反馈控制　feedback control

对被控变量进行连续测量，并将其与参比变量相比较，以影响被控变量，使之调整到参比变量的过程。

注：被控变量连续在闭环的作用通路上影响自身的闭环作用方式是闭环控制的特征。

351-26-02

开环控制　open loop control

根据系统的固有规律，由一个或多个变量作为输入变量影响作为输出变量的其他变量的过程。

注：开环控制的特征是开环作用通路，或在闭环作用通路时受到输入变量影响的输出变量并不是连续地影响他们自身，也不是被同样的输入变量所影响。

351-26-03

闭环作用通路　closed action path

输入变量与输出变量之间的作用通路,其中一个是从输出变量返回到输入变量的附加作用通路。

351-26-04

闭环作用　closed action

系统闭环作用通路中的作用。在此通路中,输出变量连续地影响输入变量从而连续地影响输出变量本身。

351-26-05

开环作用通路　open action path

输入变量与输出变量之间的作用通路,其中没有从输出变量返回到输入变量的作用通路。

351-26-06

开环作用　open action

系统开环作用通路中的作用,或者闭环作用通路中在某些非永久性作用条件下,输出变量只影响输入变量时的作用。(见图 10)

注:尽管复位电路结构是闭环作用通路,但是存在开环作用。

351-26-07

正向通路　forward path

比较元件的输出连接到被控系统输出的通路。

351-26-08

反馈通路　feedback path

将被控系统的输出连接到相关比较元件的一个输入上的通路。

351-26-09

扰动前馈控制　disturbance feedforward control

操纵变量在取决于控制器输出变量的同时还取决于一个或多个扰动变量的被测值的控制形式。(见图 11)

351-26-10

参比变量前馈控制　reference-variable feedforward control

操纵变量在取决于控制器输出变量的同时还取决于参比变量的控制形式。(见图 11)

351-26-11

控制回路　control loop

闭环控制的闭环作用所包含的元件组合。

351-26-12

控制链　control chain

以串联结构相互作用的一组元件或系统。

351-26-13

连续[反馈]控制　continuous (feedback) control

时间上连续地取得参比变量和被控变量,由连续作用产生操纵变量的一种控制形式。

351-26-14

多位控制　multi-position control

操纵变量只能取有限个值的控制形式。

351-26-15

采样控制　sampling control

时间上不连续地取得主控系统的输入变量,产生新的操纵变量值的控制形式。新的操纵变量值的更新在时间上是不连续的，两次更新间隔期间的操纵变量值由保持元件维持。

351-26-16

采样周期　sampling period

周期性采样控制系统中相邻的两次实测的时间间隔。

351-26-17

定值控制　fixed set-point control

参比变量值固定的闭环控制。

351-26-18

时间程序闭环控制　time scheduled closed-loop control

参比变量根据给定时间函数变化的闭环控制。

注：白天降低供暖设备的锅炉温度就是一个例子。

351-26-19

随动控制　follow-up control

参比变量因其他变量而随时间变化的闭环控制，但其时间进程并不预知。

351-26-20

串级控制　cascade control

一个控制器的输出变量是一个或多个次级控制回路的参比变量的控制形式。（见图 12）

351-26-21

辅助控制　secondary control; subsidiary control

串级控制的一部分，以主控制器提供的参比变量工作，且只测量和反馈辅助被控变量。（见图 12）

351-26-22

比值控制　ratio control

预定的两个或多个变量之比值必须保持恒定的控制形式。

351-26-23

状态反馈控制　state feedback control

比例反馈全部被测的或估计的状态变量的控制形式。（见图 13 和图 14）

351-26-24

输出反馈控制　output feedback control

仅反馈被测输出变量的控制形式。

351-26-25

分布反馈控制　distributed feedback control

除了被控变量外，另将被控系统的一个或多个变量作为反馈变量反馈给控制器的控制形式。

351-26-26

观测器　observer

根据被测输入和输出变量和被控系统的模型，重构被控系统状态的系统。

351-26-27

基于观测器的控制　observer-based control

当不能测量用于状态反馈的状态变量时，使用观测器重构的状态变量的控制形式。（见图 14）

351-26-28

基于模型的控制　model-based control

在结构中显式地包括表示操纵变量和被控变量间动态关系过程的实时模型的控制。

351-26-29

模态控制 modal control

在系统本征向量确定的状态空间内选择状态变量的控制形式。

351-26-30

多变量控制 multivariable control

用几个控制器对多变量系统的几个被控变量的控制。

351-26-31

解耦 decoupling

利用适当的手段消除单一系统各变量之间不希望的耦合。

351-26-32

分散控制 decentralized control

在耦合子系统中的控制结构，其中每个控制器只考虑与其相连的子系统的输出变量来形成其输出变量。

351-26-33

集中控制 centralized control

每个控制器都考虑所有子系统的输出变量以形成其自身输出变量的耦合子系统控制结构。

351-26-34

递阶控制 hierarchical control

有上下层排列的几个控制级的控制结构，其中较高级的控制器协调其下一级控制器的工作，提供命令变量、参比变量或被控变量。

351-26-35

最优控制 optimal control

在规定的条件下性能指标达到最大或最小值的控制。

注 1：性能指标是表征在给定条件下控制的质量的数学表述。

注 2：最优控制参数经常可从被称为来自积分几何解释的控制面积的最小化积分准则得出。最重要的几个准则为：

$IIAE=\int_0^\infty |e(t)|\cdot dt$ 绝对误差积分准则

$IISE=\int_0^\infty e^2(t)\cdot dt$ 二次方误差积分准则

$IITAE=\int_0^\infty t|e(t)|dt$ 时间乘以绝对误差积分准则

式中 $e(t)$ 为类似对于合乎技术任务的输入进行应答的时间函数的误差变量，例如对参比变量的逐级变化的响应。

351-26-36

（自）适应控制 adaptive control

自动修改主控系统的结构或参数，以补偿工作条件和状态不断变化的控制形式。

351-26-37

参数辨识 parameter identification

通过测量系统的时变变量确定系统的参数。

351-26-38

参数灵敏度 parameter sensitivity

系统基本性能（例如特征值）的变化量，它与系统参数（例如控制器增益）的变化有关。

351-26-39

鲁棒控制 robust control

尽管过程参数变化显著，仍能进行满意操作的控制。

351-26-40

扰动估计 disturbance estimation

采用以扰动模型予以扩展的经过改进的观测器模型对确定性扰动的决定。

351-26-41

预测 prediction

根据现有的及以往的某些系统状态变量值估计将来某个时候的系统变量值。

351-26-42

极限控制 limiting control

只有当给定变量达到预定极限时才起作用的附加闭环控制。

351-26-43

交替控制 alternative control

由两台或多台控制器作用于一台最终控制元件,并由控制器的最大或最小绝对值输出确定操纵变量的控制形式。

351-26-44

分程控制 split-range control

为了覆盖整个操纵范围,由一台或多台控制器作用于几台不同范围或作用的最终控制元件的控制形式。

351-26-45

切换控制 switching control

由多台控制器作用于一台最终控制元件的控制形式。采用此种控制形式时,从一个控制回路到另一回路的切换由外部条件确定,并能保证平稳切换。

351-26-46

计算机控制 computer control

施控系统中采用计算机的控制形式。

351-26-47

分时控制 time shared control

由一个控制器依次对多个控制回路进行采样控制。

351-26-48

位置算法 position algorithm

计算每一采样周期所需的最终控制元件输入变量值的一种计算机控制算法。

351-26-49

速度算法 velocity algorithm

计算每一采样周期所需的最终控制元件输入变量值速度变化的一种计算机控制算法。

351-26-50

模糊控制 fuzzy control

根据经验和直觉,用事实、推理规则和量词以模糊逻辑方法表示控制算法的一种控制形式。

351-26-51

隶属函数 membership function

表示集合的一个元素在何种程度上属于某一给定模糊子集的函数。

351-26-52

基于规则的控制 rule-based control

控制算法明显包含多系列规则的控制形式。

351-26-53

顺序控制　sequential control

步进完成控制动作的开环控制形式。由一步到下一步的转移是由程序按规定转移条件确定的。

注：顺序控制的步，取决于技术过程顺次的离散操作条件，如几个终端被控变量或几个参比变量。

351-26-54

面向过程的顺序控制　process-oriented sequential control

转移条件主要取决于被控系统状态的顺序控制。

351-26-55

面向时间的顺序控制　time-oriented sequential control

转移条件只取决于时间的顺序控制。

351-26-56

复位电路　reset circuit

闭环作用通路至少含有一个二进制存储元件的切换系统。在由被控系统产生的复位条件生效之前，被控系统受该存储元件设定条件的影响。(见图10)

注：复位电路有一个开环作用，尽管其结构事实上是一个闭环作用通路。(见图10)

351-26-57

极点配置　pole assignment

利用状态或输出反馈，使给定时不变线性系统的极点或本征值配置到给定 s 平面或 z 平面上一组特定位置的设计过程。

3.7　控制系统中变量和信号

351-27-01

被控变量　controlled variable

受一个或多个操纵变量作用的被控系统的输出变量。(见图1)

351-27-02

参比变量　reference variable

由命令变量导出，输送给主控系统的比较元件，以设定被控变量期望值的输入变量。(见图1)

351-27-03

反馈变量　feedback variable

代表被控变量并返回到比较元件的变量。(见图1)

351-27-04

偏差变量　error variable

参比变量与反馈变量之差。(见图1)

351-27-05

稳态偏差变量　steady-state error variable

稳态时的偏差变量。

351-27-06

控制器输出变量　controller output variable

由偏差变量导出的控制器输出变量，它也是执行机构的输入变量。

351-27-07

操纵变量　manipulated variable

施控系统的输出变量，即被控系统的输入变量。(见图1)

351-27-08

扰动变量　disturbance variable

自外界作用于系统上的非期望、独立且通常难以预料的输入变量。(见图1)

351-27-09

命令变量　command variable

不受控制影响，而是从外界引入控制系统，旨在使最终被控变量按给定关系跟随其变化的变量。(见图1)

351-27-10

最终被控变量　final controlled variable

应受控制影响的变量或变量的组合。

注：最终被控变量是来源于控制任务的变量。它功能上必须与被控变量连接，但不必是控制回路的一部分。与此相反，被控变量总是属于控制回路。在授权时，区分被控变量和最终被控变量是有益的。

例：在控制混合物的成分时，最终控制变量——混合物比例可以不必直接测量，而通过用作被控变量的混合物比例相关属性(例如，密度、不透明度、电导率或热导率)加以描述。

351-27-11

测量范围　measuring range

由两个限值限定的数值范围，在此范围内可按规定的精确度测量变量。[VIM 5.4 MOD]

351-27-12

测量量程　measuring span

测量范围两个限值之差的绝对值。[VIM 5.2 MOD]

351-27-13

被控变量范围　range of the controlled variable

被控变量可在特定工作条件下变化的数值范围。

351-27-14

参比变量范围　range of the reference variable

参比变量可在其间变化的数值范围。

351-27-15

最终被控变量范围　range of the final controlled variable

最终被控变量可在特定工作条件下变化的数值范围。

351-27-16

操纵变量范围　range of the manipulated variable

操纵变量可在其间变化的数值范围。

351-27-17

操纵时间　manipulating time

操纵变量以最高速穿越全部范围的持续时间间隔。

351-27-18

扰动变量范围　range of the disturbance variable

扰动变量可在其间变化而不至严重影响控制系统正常工作的数值范围。

351-27-19

确认信号　checkback signal

确认执行命令的信号。

351-27-20

使能信号　enabling signal

允许信号传输、元件动作或命令执行的信号。[ISO 2382-3,03. 01. 13]

351-27-21

联锁信号　interlock signal

阻止信号传输、元件动作或命令执行的信号。

3.8 控制系统的功能单元

351-28-01

被控系统 controlled system

根据控制任务接受控制的功能单元。(见图 1)。

351-28-02

施控系统 controlling system

根据控制任务控制被控系统的全部功能单元。(见图 1)。

351-28-03

比较元件 comparing element

具有两个输入和一个输出,输出变量为两个输入变量之差的功能单元。(见图 1)

351-28-04

控制元件 controlling element

从输入变量(即源自比较元件的偏差变量)生成控制器输出变量的功能单元,可在出现扰动变量时控制回路的被控变量仍能按需尽快准确地跟随参比变量。

351-28-05

[控制技术]测量元件 measuring element (in control technology)

从施加到其输入的被控变量在其输出生成反馈变量的功能单元。

351-28-06

控制系统 control system

由被控系统及其施控系统、测量元件和相关传感元件组成的系统。(见图 1)。

351-28-07

执行机构 actuator

由控制器的输出变量产生驱动最终控制元件所需的操纵变量的功能单元。

注:如果最终控制元件是机械致动的,会有一个执行驱动器控制它,这种情况下执行机构驱动这个执行驱动器。

举例:直接作用于最终控制元件的执行机构的实例是直流驱动器。该控制单元完成执行机构的功能。最终控制元件由可控硅集合构成,它产生变化的直流电压作为输出变量。该控制单元和可控硅集合一起组成最终控制设备。

351-28-08

最终控制元件 final controlling element

终端控制元件

安排在输入处,组成控制系统一部分的功能单元,其由操纵变量驱动并操纵质量流或能量流。(见图 1)

注 1:如果最终控制元件是机械致动的,有些情形还使用一个附加的执行机构(定位器)。

注 2:最终控制元件输出变量通常含有反馈。因此,在执行机构与最终控制元件之间的界面应选为操纵变量不受最终控制元件反馈的影响。

351-28-09

最终控制设备 final controlling equipment

终端控制设备

执行器

包含执行机构和最终控制元件的功能单元。

351-28-10

参比变量发生器 reference variable generator

从施加到输入的目标变量在输出产生参比变量的功能单元。

注:在许多情况下,参比变量发生器被用于防止参比变量、参比变量的导数或其他过程变量的临界限值被超过。

例1：电子斜坡功能产生器。其输出信号只在输入信号达到最大允许变化率以前跟随输入信号的改变。当输入信号的变化率超过允许限值时，输出信号只以预设的最大变化率跟随输入信号改变。

例2：涡轮壁温度设备确保涡轮输出功率的变化速率恰当，可使涡轮壁不同区域间的温度差不超过允许值。

351-28-11

[闭环控制的]控制器 controller (for closed loop control)

由比较元件和控制元件组成，执行规定控制功能的功能单元。

351-28-12

滞后元件 lag element

其传递函数以负实部极点和无零点为特征的线性时不变传递元件。

351-28-13

一阶滞后元件 first-order lag element

其传递函数恰只有一个负实部极点且无零点的线性时不变传递元件。

注：一阶滞后元件的传递函数表示为：

$$\frac{V(s)}{U(s)}=\frac{K_P}{1+T_1\cdot s}$$

其中：

K_P——比例作用系数；

T_1——时间常数；

s——拉普拉斯变换复变量；

$U(s)$——输入变换；

$V(s)$——输出变换。

351-28-14

二阶滞后元件 second-order lag element

其传递函数只有两个负实部极点(可以是实数极点或复数共轭极点)且无零点的线性时不变传递元件。

注：二阶滞后元件的传递函数表示为：

$$\frac{V(s)}{U(s)}=\frac{K_P}{(1+T_1\cdot s)\cdot(1+T_2\cdot s)}\quad \text{对于两个实数极点}$$

和

$$\frac{V(s)}{U(s)}=\frac{K_P}{1+T_1\cdot s}\quad \text{对于一对复数共轭极点}$$

其中：

K_P——比例作用系数；

T_1,T_2——时间常数；

θ——阻尼比；

ω_0——特征角频率；

s——拉普拉斯变换复变量；

$U(s)$——输入变换；

$V(s)$——输出变换。

351-28-15

超前-滞后元件 lead-lag element

其传递函数以极点和零点数量相等且均具有负实部为特征的线性时不变传递元件。

351-28-16

比例元件 proportional element

P-元件 P-element

输出变量的变化与输入变量的相应变化成比例的线性时不变传递元件。

注：P-元件的传递函数为：$\frac{V(s)}{U(s)}=K_P$

式中：

K_P——比例作用系数；

s——拉普拉斯变换复变量；

$U(s)$——输入变换；

$V(s)$——输出变换。

351-28-17

比例作用系数 proportional action coefficient

比例元件中，输出变量的变化除以相应的输入变量变化的商。

351-28-18

控制器的比例带 proportional band of a controller

控制器中仅由比例元件引起，使输出产生一个全范围变化所需的输入变化。

注：比例带是控制器增益的倒数，常以测量量程的百分数表示。

351-28-19

积分元件 integral element

I-元件 I-element

输出变量的时间导数与相应的输入变量的值成比例的线性时不变传递元件。

注 1：实体单元称为积分器。

注 2：I-元件的传递函数为：

$$\frac{V(s)}{U(s)}=\frac{K_I}{s}$$

式中：

K_I——积分作用系数；

s——拉普拉斯变换复变量；

$U(s)$——输入变换；

$V(s)$——输出变换。

351-28-20

积分作用系数 integral action coefficient

积分元件中，输出变量的时间导数除以输入变量的固定值的商。

351-28-21

积分作用时间 integral action time

积分元件中，当输入变量和输出变量以同一单位度量时，积分作用系数的倒数。

注 1：这时积分作用时间由下式表示：

$$T_I=\frac{1}{K_I}$$

式中：

T_I——积分作用时间；

K_I——积分作用系数。

注 2：积分作用时间也可以表示为输出变量达到输入变量阶跃变化相同值所需的时间。

351-28-22

比例积分元件 proportional plus integral element

PI 元件 PI element

比例元件和积分元件相加组合而成的线性时不变传递元件。

注：理想 PI-元件的传递函数为：

$$\frac{V(s)}{U(s)}=K_P\left\{1+\frac{1}{T_I s}\right\}$$

式中：

T_i——再调时间；

K_P——比例作用系数；

s——拉普拉斯变换复变量；

$U(s)$——输入变换；

$V(s)$——输出变换。

351-28-23

再调时间　reset time

比例积分元件(PI 元件)中，当输入变量作阶跃变化时，输出变量达到施加阶跃后立即出现的变化值的两倍所需的时间。(见图 15)

注：再调时间 T_i 由下式表示：

$$T_i = \frac{K_P}{K_I} = K_P T_I$$

式中：

K_I——积分作用系数；

K_P——比例作用系数；

T_I——积分作用时间。

351-28-24

微分元件　derivative element

D 元件　D element

输出变量值与输入变量的时间导数成比例的线性时不变传递元件。

注 1：实体单元称为微分器；

注 2：D 元件的传递函数为：

$$\frac{V(s)}{U(s)} = K_D \cdot s$$

式中：

K_D——微分作用系数；

s——拉普拉斯变换复变量；

$U(s)$——输入变换；

$V(s)$——输出变换。

351-28-25

微分作用系数　derivative action coefficient

微分元件中，输出变量值除以输入变量的固定的时间导数的商。

351-28-26

微分作用时间　derivative action time

微分元件中，当输入变量和输出变量以同一单位度量时，与微分作用系数相同。

注 1：这时微分作用时间由下式表示：

$$T_D = K_D$$

式中，K_D 为微分作用系数。

注 2：微分作用时间也可以表示为输入变量作斜坡变化达到与输出变量阶跃变化相同值所需的时间。

351-28-27

比例微分元件　proportional plus derivative element

PD 元件　PD element

比例元件与微分元件组合而成的线性时不变传递元件。

注：理想 PD 元件的传递函数为：

$$\frac{V(s)}{U(s)} = K_P \cdot (1 + T_d \cdot s)$$

式中：

T_d——预调时间；

s——拉普拉斯变换复变量；

$U(s)$——输入变换；

$V(s)$——输出变换。

351-28-28

预调时间　rate time

比例微分元件中，当输入变量发生斜坡变化时，输出变量达到施加斜坡后立即出现的变化值的两倍所需的时间。（见图 9）

注：预调时间 T_d 由下式表示：

$$T_d = \frac{K_D}{K_P} = \frac{T_D}{K_P}$$

式中：

K_D——微分作用系数；

K_P——比例作用系数；

T_D——微分作用时间。

351-28-29

微分作用增益　derivative action gain

在比例微分元件并附加一阶延迟（称作 PD-T1 元件）中，具有一阶延迟的比例微分控制作用产生的最大增益与单纯比例控制作用引起的增益之比。（见图 16）

注：带一阶延迟的 PD 元件的传递函数为：

$$\frac{V(s)}{U(s)} = K_P \cdot \frac{1 + T_d \cdot s}{1 + T_1 \cdot s}$$

和使用微分增益 $\alpha = \frac{T_d}{T_1}$ 时的传递函数为：

$$\frac{V(s)}{U(s)} = K_P \cdot \frac{1 + T_d \cdot s}{1 + \frac{T_d \cdot s}{a}}$$

式中：

K_P——比例作用系数；

T_d——预调时间；

T_1——时间常数；

a——微分作用增益，$1 < a < \infty$；

s——拉普拉斯变换复变量；

$U(s)$——输入变换；

$V(s)$——输出变换。

351-28-30

比例积分微分元件　proportional plus integral plus derivative element

PID 元件　PID element

比例元件、积分元件和微分元件相加组合而成的线性时不变传递元件。

注：理想 PID 元件的传递函数为：

$$\frac{V(s)}{U(s)} = K_P \cdot \left(1 + \frac{1}{T_i \cdot s} + T_d \cdot s\right)$$

式中：

K_P——比例作用系数；

T_d——预调时间；

T_i——再调时间；

s——拉普拉斯变换复变量；

$U(s)$——输入变换；

$V(s)$——输出变换。

351-28-31

多位元件 multi-position element

具有两个或多个输出变量离散值的元件。

351-28-32

两位元件 two-position element

只有两个输出变量离散值的元件。(见图 17)

注：输出变量的变化可依据输入变量的变化方向在输入变量不同值时发生；这些值的差称为切换差。

351-28-33

通断元件 on-off element

两个输出变量离散值之一指定为零值的两位元件。

351-28-34

三位元件 three-position element

输出变量只有三个离散值：一个为零值，另两个值符号相反的元件。(见图 18)

351-28-35

切换值 switching value

多位元件中，输出变量值发生变化时的任何输入变量值。(见图 17 和图 18)

注：输出变量可在两个值之间变化，这两个值对应于由输入变量的变化方向决定的两个不同的切换值，上切换值和下切换值。

351-28-36

切换差 differential gap

上切换值与下切换值之差，与多位元件每一个位上输入变量变化方向有关。(见图 17 和图 18)

351-28-37

中间区 neutral zone

三位元件中两个切换值之间的区域。(见图 18)

注：如果三位元件有切换差，则中间区可定义为选定的两个切换值之间的区域。

351-28-38

极限监测器 limit monitor

将输入变量与一个切换值作比较以产生一个二进制极限信号的两位元件。

351-28-39

采样元件 sampling element; sampler

在特定时刻观察输入变量值并将其转换成采样输出变量的传递元件。

注 1：过程计算机的模—数转换器就是一种采样元件。

注 2：特定时刻在多数情况下是等距的。

351-28-40

保持元件 holding element

在输入变量采样间隔期内保持输出变量恒定的传递元件。(见图 6d)

注：输出变量的时间变化是个阶跃函数。

351-28-41

时滞 dead-time

从输入变量产生变化的时刻起，至随后输出变量开始变化的时刻为止的持续时间间隔。

351-28-42

时滞元件 dead-time element

线性时不变传递元件，其输出变量再现时间迁移等于时滞的输入变量。

注 1：时滞元件的传递函数为$\frac{V(s)}{U(s)}=e^{-sT_t}$，其中 T_t 为时滞。

注2：物质、能量或信息的传输滞后由时滞元件描述。

3.9 切换系统的功能单元

351-29-01

切换系统 switching system

由各个切换变量间相互作用并执行切换函数的切换元件组成的系统。

注：顺序控制和组合控制均由切换系统执行。

351-29-02

切换元件 switching element

执行切换函数的元件。

注：二进制逻辑元件、存储元件和延迟元件都属于切换元件。

351-29-03

切换函数 switching function

输入变量和输出变量只能取有限个值的一种函数。

351-29-04

组合电路 combinatorial circuit

在某一特定时刻的输出变量值仅与该时刻输入变量值有关的切换系统。

注：组合电路只能由二进制逻辑元件组成。

351-29-05

顺序电路 sequential circuit

有限自动机 finite automaton

在某一特定时刻其输出变量值取决于该时刻输入变量值及系统状态，而系统状态取决于系统的初始状态和该时刻作用于系统的输入变量值的切换系统。

注1：有限自动机由以下方程描述：

$x_{i+1}=f(x_i,u_i)$ 转移函数

$v_i=g(x_i,u_i)$ 输出函数

式中：

x_i——状态变量；

x_{i+1}——下一状态；

u_i——输入变量；

v_i——输出变量。

注2：对于有限自动机，存在特定的稳定性。这种稳定性是指下述性质，即引起向特定状态转变的输入变量不能再作用于此状态或再作用于此状态时不会导致另一种转变。

351-29-06

状态转移表 state transition table

列出一个顺序电路全部状态序列的表格，表中列出了任意一种状态和任意一个输入变量值导致的下一状态和输出变量值。（见图19）

注：在自动售货机（图19）例中有：

——输入变量（输入）：$u=\{g, b\}$ （真币或假币）

——输出变量（输出）：$v=\{w, c\}$ （商品或硬币）

——状态变量（状态）：$x=\{k, k-1, \cdots, 1, 0\}$ （库存中的 k 件商品）

351-29-07

转移函数 transition function

从系统一个给定状态以及当时的输入变量值确定系统下一状态的一组关系式。

注 1：转移函数完全可以用由状态转移表的 1、2 和 4 栏组成的一个转移表来描述。(见图 19)

注 2：转移函数 $f(x_i, u_i)$ 可以用下式表示：

$$u_i \times x_i \Rightarrow x_{i+1}$$

式中，笛卡儿积 $u_i \times x_i$ 表示元素 u 和 x 所有成序对的集合。

$$u_i \times x_i \times \{(g,k),(g,k-1),\cdots\cdots(g,1),(g,0),(b,k),(b,k-1),\cdots\cdots(b,1),(b,0)\}$$

$$x_{i+1} = \{(k-1),0,k\}$$

这里给出了与下一状态的对应关系。

351-29-08

输出函数　output function

从系统一个给定状态以及当时的输入变量值确定系统输出变量值的一组关系式。

注 1：输出函数完全可以用由状态转换表的 1、3 和 5 栏组成的一个输出表来描述。(见图 19)

注 2：输出函数 $g(x_i, u_i)$ 用下式表示：

$$u_i \times x_i \Rightarrow v_i$$

从所有的序对 $u_i \times x_i$ 给出与输出变量的对应关系(见图 20)。

$$u_i \times x_i = \{(g,k),(g,k-1),\cdots,(g,1),(g,0),(b,k)(b,k-1),\cdots,(b,1),(b,0)\}$$

$$v_i = \{w,c\}$$

351-29-09

状态表　state table

列出切换函数的输入变量值与相应的输出变量值所有组合的表格。

351-29-10

判定表　decision table

列出输入变量值与相应作用的所有组合的表格。

351-29-11

状态图 state graph

有限自动机的有向图表示，其中顶点表示状态，边表示状态转移与输出。

351-29-12

布尔运算　Boolean operation

基于布尔代数运算的二进制切换变量的切换函数。

注：基本运算有“或”、“与”以及“求反”。

351-29-13

二进制逻辑元件　binary-logic element

执行一级或二级布尔运算的组合元件。

注：二进制逻辑元件有：

“非”元件：求反；

“与”元件：逻辑积；

“或”元件：逻辑和；

“与非”元件：求反逻辑积；

“或非”元件：求反逻辑和；

“异或”元件：按位加。

351-29-14

存储元件　storage element

即使输入变量不再作用于系统时，仍然保持输入变量值或状态变量值或由输入变量引起的输出变量的元件。

351-29-15

双稳态元件　bistable element

有两个稳定状态，经适当激活，可从一种稳定状态转入另一种稳定状态的存储元件。

注1：RS-触发器和JK-触发器是两种最常用的双稳态元件。

注2：输入变量S的值为1时激活RS-触发器使输出变量Q置位(设为值1)，输入变量R的值为1时激活RS-触发器使输出变量Q复位(设为值0)。

351-29-16

[切换系统的]动态输入　dynamic input(in switching systems)

仅在其输入变量从0变为1或从1变为0时才有效的输入。

注：动态输入可与静态输入结合。

351-29-17

触发双稳态元件　triggered bistable element

只有当触发器的附加输入值为1时其输入变量才有效的双稳态元件。

注：通常附加输入标有C。

351-29-18

单稳态多谐振荡器　monostable multivibrator; one shot

输入变量从0变为1后，输出变量置1且维持规定时间的切换元件。

351-29-19

二进制延迟元件　binary delay element

输出变量延时再现输入变量变化的切换元件，即输入变量从0变到1时，输出延迟时间间隔 t_1，输入变量从1变到0时，输出延迟时间间隔 t_2。

注1：术语“延迟”在此处的含义与连续传递元件的不同。

注2：可根据不同的应用情况采用开通时延迟 t_1、关断时延迟 t_2 或两者一起使用。

注3：如果输入变量值为1的时间间隔 t_0 小于开通时延迟 t_1，则输出变量保持为0。

351-29-20

寄存器　register

由n个相同的单元组成，每个单元有一个逻辑输出和一组公共控制输入，如禁止输入、清除输入等，用于储存一个n位数的二进制数的逻辑系统。

351-29-21

计数器　counter

储存着一个数字并依据其输入上的切换变量，以代数法在此数字上加一个恒定整数的顺序电路。

351-29-22

[顺序控制的]功能图　function chart (for sequential control)

用符号表示顺序控制系统的图形描述工具。

注1：步、命令、转移和指定链接的符号表示以输入和输出布尔变量以及内部状态变量和二进制延迟元件为依据。

注2：功能图的要素、规则和基本结构见IEC 60848。以下351-29-23～351-29-35所列出的术语皆与此相关。

351-29-23

步　step

参与确定系统在给定时间的状态的功能图要素。它可以是激活的也可以是未激活的。

注1：步由转移隔开。

注2：一组激活的步可确定所考虑系统的状况。

注3：命令或动作可能与每一步有关。一个激活的步只能激活一个命令。

351-29-24

转移　transition

允许从前一步转移到下一步的功能图要素。转移与转移条件有关。

注 1：如果按指定链接连到此转移上的前几步全部激活，则此转移被激活。

注 2：如果转移被激活，且其相关转移条件为“真”，此转移即被清除。接着该清除动作激活下一步，并去活前一步。（见图 21）

注 3：单一转移只能把一个或几个前面的步链接到一个或几个后面的步。

351-29-25

转移条件 transition condition

为清除步之间的转移所必需满足的一组条件。

351-29-26

顺序链 sequence chain

步与转移无发散的交替顺序。

351-29-27

顺序选择开始 beginning of sequence selection

顺序选择发散 sequence selection divergence

允许从随后的若干个顺序链中选择一个顺序链的一组链接和转移。

351-29-28

顺序选择结束 end of sequence selection

顺序选择汇聚 sequence selection convergence

若干个顺序链聚集。

注：每个顺序链的合并需要一个转移。

351-29-29

同时顺序开始 beginning of simultaneous sequences

同时顺序发散 simultaneous sequences divergence

允许同时激活随后的几个顺序链的单一转移。

351-29-30

同时顺序结束 end of simultaneous sequences

同时顺序汇聚 simultaneous sequences convergence

由转移使之同步的若干个同时顺序链的聚集。

351-29-31

[功能图中的]命令 command (in a function chart)

功能图所描述的由主控系统发出的输出布尔变量。（见图 21）

注：IEC 60848 对非存贮命令，存贮命令，延迟命令、限时命令、条件命令等各种类型的命令及其组合作了定义，并用约定的字母标识。

351-29-32

存贮命令 stored command

相关的步被激活后立即发出，且当明显被下一步复位时中止的命令。

注：IEC 60848 用约定字母“S”标识存贮命令。

351-29-33

条件命令 conditional command

当相关的步被激活且必要条件获得满足时发出的命令。

注：IEC 60848 用约定字母“C”标识条件命令。

351-29-34

延迟命令 delayed command

相关的步被激活后在规定的延迟时间后发出，并在该相关的步被去活后立即终止的命令。如果相关的步被激活后在规定的延迟时间内去活，则不发出命令。

注：IEC 60848 用约定字母“D”标识延迟命令。

351-29-35

限时命令　time-limited command

相关的步被激活后立即发出,并在到达规定时间后立即终止,或当相关步在未到达规定时间即被去活后立即终止的命令。

注：IEC 60848 用约定字母"L"标识限时命令。

351-29-36

等待时间　waiting time

命令发出之前应经过的时间。

注：等待时间由延迟命令执行。

351-29-37

校验时间　check time

一段持续的时间间隔,此后命令必需无效。

3.10　过程计算机系统

351-30-01

过程计算机系统　process computer system

通过适当的输入/输出接口直接与一个工厂技术装备连接进行过程数据的实时获取、处理和输出的计算机系统。

351-30-02

集中过程计算机系统　central process computer system

用于全部过程控制的所有信息处理功能都位于单独技术单元内的计算机系统。

351-30-03

递阶过程计算机系统　hierarchical process computer system

按高、低分级管理的一组交互过程计算机系统。

注：特定控制级的过程计算机系统影响较低级的过程计算机系统,并传输输出信息到更高级的过程计算机系统。

351-30-04

冗余过程计算机系统　redundant process computer system

几个过程计算机系统的专门安排,它们用相同的过程数据解决相同的问题,因此在一个过程计算机系统失效时,过程仍能正常运行。

注：可用性和可靠性见 GB/T 18272.5。

351-30-05

分布过程计算机系统　distributed process computer system

用于基本自主子过程的监视和控制的一套空间分散的过程计算机系统。

注：网络提供控制指令、数据存取和过程管理。

351-30-06

过程接口　process interface

过程计算机与工艺过程之间的接口,用于在两者之间进行数据通信。

351-30-07

实时能力　real-time capability

保持任务在运行状态,因而它们能够在预定的时间间隔内对工艺过程事件做出反应的过程计算机的能力。

351-30-08

中断能力　interrupt capability

通过内部或外部产生的事件来中断一个正在运行中的任务的能力。过程计算机系统确保被中断任务在后一时刻能正确恢复。

351-30-09

重启能力　restart capability

任务在故障或损坏后恢复的能力。其要求是在损坏或故障前总能立刻保存任务状态。重启能够自动继续。

351-30-10

实时操作系统　real-time operating system

能够连续管理任务,因而在直接联机处理过程事件时可能在预定期间内做出反应的操作系统。

注:操作系统见 ISO/IEC 2382-1。

351-30-11

过程联结　process interfacing

工厂装备和过程计算机系统之间用于过程数据传输的接口。

351-30-12

过程监测系统　process monitoring system

用于连续观察和记录,并用于工艺过程操作的设备。

351-30-13

过程外围设备　process peripherals

用于过程接口的所有输入/输出设备,包括传感器和终端主控元件。

注:复合术语"现场装置"经常以各种变化形式用于传感器和最终控制元件。

351-30-14

模拟输出单元　analogue output unit; analog output unit (US)

从过程计算机系统输出模拟信号的功能单元。

351-30-15

数字输出单元　digital output unit

从过程计算机系统输出数字信号的功能单元。

351-30-16

模拟输入单元　analogue input unit ;analog input unit (US)

输入模拟信号到过程计算机系统的功能单元。

351-30-17

数字输入单元　digital input unit

输入数字信号到过程计算机系统的功能单元。

351-30-18

定时器　timer

实时时钟　real-time clock

提供绝对、相对或增量时间值的功能单元。

注:时间值到过程计算机系统的输入能够通过轮询或运行任务的直接中断来实现。

351-30-19

中断输入单元　interrupt input unit

用于输入能中断运行任务的信号的功能单元。

351-30-20

中断反应时间　interrupt reaction time

从中断信号到达中断输入单元到做出是否执行中断的决策的时刻之间经过的时间间隔。

351-30-21

输入传输率　input transfer rate

单位时间间隔从接口到过程计算机系统传输的位、字节或字的数目。

351-30-22

输出传输率　output transfer rate

单位时间间隔从过程计算机系统到连接点传输的位、字节或字的数目。

3.11　控制体系

351-31-01

操作模式　operating mode

操作人员在控制设备中介入方式和程度的特征。

351-31-02

手动操作　manual operation

由操作人员执行控制设备所有功能的操作模式。

351-31-03

自动操作　automatic operation

控制设备所有功能均无需操作人员介入的操作模式。

351-31-04

半自动操作　semi-automatic operation

只有部分控制设备功能无需操作人员介入的操作模式。

351-31-05

步设定操作　step setting operation

顺序控制的顺序链中任意一步都能直接设定的操作模式。

351-31-06

时间程序　time program

只按时间函数规定系统的作用的程序。

351-31-07

优先级　priority

排序位值，当几个平行作用被同时请求时，在作出决定的时刻据此确定将要执行的作用。

注：作用于过程的最重要的控制功能，其优先权顺序通常如下表所示：

所需的控制功能	优　先　级
安全防护	1
干预	2
开环控制	3
闭环控制	4
优化	5

表格中，数字较小的功能有较高的优先级。

351-31-08

控制结构　control structure

按照控制设备组成部件的功能命令和通信关系，或按照控制设备空间的和与装置相关的排列对控制设备进行的分类。

注：对于控制系统结构，必须在功能命令和通信结构，以及空间的和与装置相关的排列上进行区分。下述的集中、分散和递阶被专用于功能意义上。在空间的和与装置相关的意义上，使用术语分布和紧凑。

351-31-09

集中控制结构　centralized control structure

具有互连子过程的控制设备功能结构，其中每个控制设备根据其子过程的所有信息来生成输出信息(见图22)。

注:集中控制结构也能由互相通信的分布互连控制设备建立。

351-31-10

分散控制结构 decentralized control structure

具有互连子过程的控制设备功能结构,其中每个子过程控制系统只根据其相关子过程的信息来生成输出信息。

注:紧凑的过程计算系统也能实现分散控制机构,如果每一控制环路都使用简单的控制器不考虑子过程之间的任何链接。

351-31-11

递阶控制结构 hierarchical control structure

具有多个控制级的功能控制结构(见图23和24),其中较高级的子过程控制器通过如预定控制任务、参比变量或命令变量,来匹配比其低一级的各子过程控制器的任务。

注:取决于应用,使用不同的控制级模型(见图26)。在今天标准化是不可能的。图26中的控制级模型应该作为可能的递阶结构的例子。

351-31-12

控制级 control level

一个控制体系内由同一等级的全部控制设备组成的一个整体。

351-31-13

单控制级 individual control level

由直接作用于最终控制元件的所有控制设备组成的控制级。

351-31-14

群控制级 group control level

由分别作用于单控制级的不同特定部分的所有控制设备组成的控制级。

注:群控制级可细分为多个控制级。

351-31-15

工厂装备控制级 plant control level

作用于群控制级的所有控制设备的控制级。

注:工厂设备控制级是控制体系中最高的控制级。

351-31-16

分布控制结构 distributed control structure

相关联的过程控制系统的设备位于不同地点的控制结构。

351-31-17

过程控制功能 process control function

对过程变量操作的功能,它由专用于设备单元的基本过程控制功能组成。

注:除与特定控制级相关的过程控制功能外,也可有联系几个控制级间输入和输出变量的过程控制功能。例如,在以被控变量作为输入变量、操纵变量作为输出变量的反馈通路上的过程控制功能,它描述了从传感器经由控制器到终端主控元件的作用通路。另一个过程控制功能连接操作员和过程变量指示器。考虑到过程控制功能定义的多样性,现时进行标准化是不适当的。

3.12 控制技术中特定功能单元

351-32-01

考虑项 item under consideration

按功能和应用范围确定的被考虑对象。

351-32-02

功能单元 functional unit

按功能或效果确定的考虑项。

注1：功能单元产生输入变量和输出变量之间的交互效应。

注2：功能单元可以由一个或几个实体单元或程序模块执行。

注3：如果使用复合术语来指称功能单元，则应使用下列各词作术语尾语(按升序排列)：

——元件；

——设备；

——系统。

对所考虑的对象，在每种情况下"元件"应该理解为是最小的功能单元。

351-32-03

实体单元 physical unit

按构造或位形确定的考虑项。

注1：在一个单独的实体单元内可以执行一个或几个功能单元。在某些情况下，并不明确指定相应的功能单元。

注2：实体单元的不同部分不需要功能上相关。例如，一个实体单元可能采取与4个独立AND模块集成的形式。

注3：如果使用复合术语来指称实体单元，则应使用下列各词作术语尾语(按升序排列)：

——部件；

——组件；

——装置；

——工厂装备。

对所考虑的对象在每种情况下"元件"应该理解为是最小的实体单元。

注4：如果概念上对应于功能单元和实体单元被经常使用但互相不同，则它们的名称在下面一起说明。

351-32-04

信号发生器 signal generator

提供作用于闭环控制电路或开环控制电路的信号的功能单元。

351-32-05

滤波元件 filter element

用于生成只包含输入变量中有用分量的输出变量的功能单元。

注：相应的实体单元称为滤波器。

351-32-06

定值器 adjuster

设置和保持特定的值作为本单元输出信号的功能单元。

注1：相应的实体单元有相同的名称。

注2：通常在十进制系统(十位开关)基础上进行设置。

351-32-07

控制装置 control device

在模块/子组件或装置中包括选模器、执行驱动器的手动控制调节器及(需要的话)控制器的参比变量调节器的实体单元，此单元还可补充一个参比变量、被控变量和操纵变量的显示单元。

351-32-08

时间程序定值器 time scheduler

设置参比变量随时间变化的功能单元。

注：相应的实体单元有相同的名称。

351-32-09

时钟发生器 clock generator

以等距时间信号提供时钟信号的功能单元。

注：相应的实体单元有相同的名称。

351-32-10

总线　bus

在多个参与者(用于数据处理的功能单元)间通过公共传输通路传输数据的功能单元,其中各参与者不介入其他参与者间的数据传输。

注1:一个总线的逻辑和功能定义与其拓扑结构和物理实现无关,总线可有线型或环型结构。

注2:有时,传输权由另一参与者,即总线仲裁器来分派。

351-32-11

环形　ring

在多个参与者(用于数据处理的功能单元)间通过公共环形传输通路传输数据的功能单元,其中每个参与者也传递不涉及自身的数据到下一个参与者。

351-32-12

星形　star

在多个参与者(用于数据处理的功能单元)间传输数据的功能单元,其中一个具有网络控制功能的中心连接所有其他不具有网络控制功能的参与者,并管理只能经由控制中心处理的通信。

351-32-13

协议　protocol

在相互连接多个参与者的系统中传输数据的一套规则。

注1:协议可以规定建立到传输媒体连接的条件、管理对媒体访问的规则、差错保护的程序、数据交换的功能性和程序性方法、传输机制、通信控制、数据表示和应用数据交换。协议规定,例如:

——参与者间传输的数据单元

——数据单元的含义(语义上的)

——数据单元的格式(语法),和

——数据交换的逻辑时序

注2:在系统中使用的协议可以根据例如OSI/ISO七层参考模型进行组织。

351-32-14

总线耦合器　bus coupler

连接总线到数据处理单元的功能单元。它执行数据传输、数据接收和自监视功能。

351-32-15

存储器　memory;storage

时序电路中存储和保持用于后续恢复的数字数据的功能单元。

注:相应的实体单元有相同的名称。

351-32-16

加法元件　adding element;summing element

有两个或多几个输入和一个输出的功能元件,其输出变量值等于输入变量值与按下式的常数权因子的乘积的代数和:

$$v(t)=K_1\cdot u_1(t)+K_2\cdot u_2(t)+K$$

注:相应实体单元称为"加法器"或"求和器"。

351-32-17

乘法元件　multiplying element

有两个输入和一个输出的功能元件,其输出变量值等于输入变量值乘以常数权因子按下式的乘积:

$$v(t)=K_0\cdot K_1\cdot u_1(t)+K_2\cdot u_2(t)$$

注:相应实体单元称为"乘法器"。

351-32-18

除法元件　dividing element

有两个输入和一个输出的功能元件,其输出变量值等于第一个输入变量值乘以常数权因子除以第二个输入变量值乘以数权因子按下式的商：

$$v(t) = K_0 \cdot \frac{K_1 \cdot u_1(t)}{K_2 \cdot u_2(t)}$$

注：相应实体单元称为“除法器”。

351-32-19

函数发生器　function generator

根据确定的、时不变数学函数生成、作为输入变量函数的输出变量的功能单元：

$$v(t) = f[u(t)]$$

注：相应实体单元有同样的名称。

351-32-20

平方根元件　square-root element

提取输入变量值的平方根并乘以常数权因子，按下式生成输出变量值的功能单元：

$$v(t) = K \cdot \sqrt{u(t)}$$

注：相应实体单元称为“平方根提取器”。

351-32-21

乘方元件　squaring element

把输入变量值的平方乘以常数权因子，按下式生成输出变量值的功能单元：

$$v(t) = K \cdot u^2(t)$$

注：相应实体单元称为“乘方装置”。

351-32-22

绝对值发生器　absolute-value generator

产生其值按下式等于的输入变量值的输出变量的功能单元：

$$v(t) = |u(t)|$$

注：相应实体单元有相同的名称。

351-32-23

符号发生器　sign generator

产生其标称值按下式取决于输入变量值的符号的输出变量：

$$v(t) = \begin{cases} v_1 & \text{当 } u(t) > 0 \\ 0 & \text{当 } u(t) = 0 \\ v_1 & \text{当 } u(t) < 0 \end{cases}$$

注：相应实体单元有相同的名称。

351-32-24

执行驱动器　actuating drive

用于机械驱动被执行的最终控制元件的实体单元。

注 1：执行驱动器的例子有电动、液压、气动执行驱动器，隔膜系统或活塞最终控制元件。

注 2：如果控制器输出上的操纵变量能直接影响质量流或能量流，即没有任何机械的中间变量，则最终控制元件不需要执行驱动器。

351-32-25

定位器　positioner

组合执行驱动器和由执行驱动器机械操纵的最终控制元件的实体单元。

注：位置调节器只用于连接机械操纵的最终控制元件。

351-32-26

指示元件　indicating element

用于数据可视表示的功能单元。

注：相应实体单元称为“指示器”。

351-32-27

输出元件 output element

传送用于在过程中记录或显示或作为到终端主控元件的命令的模拟变量、二进制变量或数字变量的功能单元。

注：相应实体单元称为“输出装置”。

351-32-28

解耦输出 decoupled output

准备用于与同类其他装置的输出进行非交互式互连的装置输出。

注：解耦输出的例子有：

a) 幻象电路输出；

b) 三态特性输出；

c) 二极管—解耦输出。

351-32-29

运行条件 conditions of operation

不考虑受装置影响的变量时，设备所承受的条件。

351-32-30

[控制设备的]积极故障 active fault (in control equipment)

尽管程序规定的条件没有得到满足，仍引起控制设备动作的故障。

351-32-31

[控制设备的]消极故障 passive fault (in control equipment)

尽管程序规定的所有条件都得到满足，仍阻碍控制设备动作的故障。

351-32-32

控制设备 control equipment

用于控制任务的全部装置、程序和更广泛意义上的所有说明和程序。(见图 25)

注 1：控制设备也包含过程控制站和包括操作手册的说明。

注 2：使用控制设备提供过程就意味着过程自动化。

351-32-33

可编程[序]控制器 programmable controller

基于微处理器的控制器，带有一个可编程序存储器，供内部存储用户确定的指令。

351-32-34

可存储-可编程[序]逻辑控制器 storage-programmable logic controller

计算机辅助控制设备或系统，其逻辑序列能通过直接或远程控制连接的编程装置，如编程板、主计算机或手持终端改变。

351-32-35

程序控制 programmed control

由预先输入程序决定功能的控制。

351-32-36

硬连线程序逻辑控制 hardwired programmed logic control

其程序由所使用的功能单元的类型及其相互间的连接方式确定的程序控制。

351-32-37

非时钟控制 non-clocked control

不用时钟信号进行工作的开环控制，其中信号的改变只由输入信号的改变而释放。

351-32-38

时钟控制　clocked control

开环控制，其中信号处理同步于时钟信号。

351-32-39

敏感器　sensor

在输入处感知被测变量的影响，并在输出处产生相应的测量信号的功能单元。

注1：对应的实体单元称为敏感器或检测元件。

注2：敏感器的例子：a)热电偶；b)箔式应变计；c)pH电极。

351-32-40

传感元件　transducing element

把模拟输入变量转换为与输入变量明确相关的模拟输出变量的功能元件。

注：相应实体单元称为“传感器”。

351-32-41

测量传感器　measuring transducer

精度符合测量任务的传感器。

351-32-42

测量变送器　measuring transmitter

输出变量为标准化信号的一种测量传感器。

351-32-43

(控制)变换器　(control) transformer

输入变量和输出变量的物理类型相同，且无需辅助能源的传感器。

351-32-44

(隔离)栅　barrier

无故障条件下其输出变量等于输入变量，而发生故障时它限制某些变量(不一定是信号本身)在允许值内的(控制)变换器。

351-32-45

放大器　amplifier

利用辅助源使信号增大的装置。

351-32-46

运算放大器　operational amplifier

高增益、高输入阻抗、低输出阻抗的放大器。

注：在运算放大器上增添外部元件后，就可实现加法线路、积分线路和通常任何线性传递函数或非线性变换。

351-32-47

磁放大器　magnetic amplifier

利用磁芯的饱和特性工作的放大器。

注：磁放大器可用作为一种电流控制装置。

351-32-48

转换器　converter

一种改变信息表示方式的功能单元。

注1：相应实体单元有相同的名称；

注2：转换器的例子有：模-数转换器、数-模转换器、代码转换器、并串行转换器和串并行转换器。

351-32-49

模-数转换器　analogue-to-digital converter；analog-to-digital converter (US)

将模拟输入信号转换成数字输出信号的转换器。

351-32-50

数-模转换器　digital-to-analogue converter；digital-to-analog converter（US）

将数字输入信号转换成模拟输出信号的转换器。

351-32-51

串-并转换器　serial-to-parallel converter

转换时序数字数据到并行数字数据的转换器。

351-32-52

并-串转换器　parallel-to-serial converter

转换并行数字数据到时序数字数据的转换器。

A	控制系统
B	被控系统
C	施控系统
D	比较元件
E	控制元件
F	测量传感器
G	执行机构
H *	最终控制元件
I	最终控制设备
J	参比变量发生器
K	终端被控变量发生器
c	命令变量
w	参比变量
e	偏差变量
m	控制器输出变量
y	操纵变量
z	扰动变量
x	被控变量
q	终端被控变量
r	反馈变量

* 按(351-28-08)定义，最终控制元件 H 是被控系统 B 的一部分。

注：控制器(351-28-11)由比较元件 D 和控制元件 E 组成。

图 1　基本控制系统典型组成的功能图

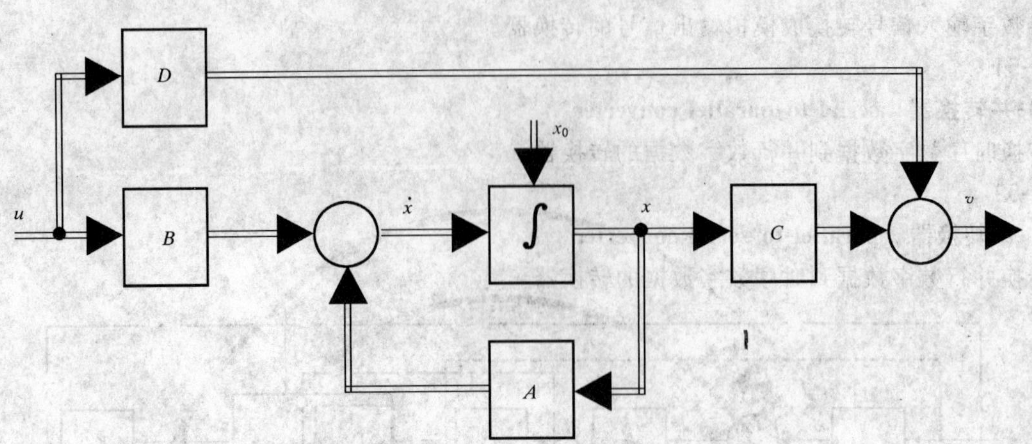

A	系统矩阵
B	输入矩阵
C	输出矩阵
D	直接输入—输出矩阵
u	输入向量
x	状态向量
x_0	初始状态向量
v	输出向量

状态方程：$\dot{x}(t) = A \cdot x(t) + B \cdot u(t)$

输出方程：$v(t) = C \cdot x(t) + D \cdot u(t)$

图 2　状态变量

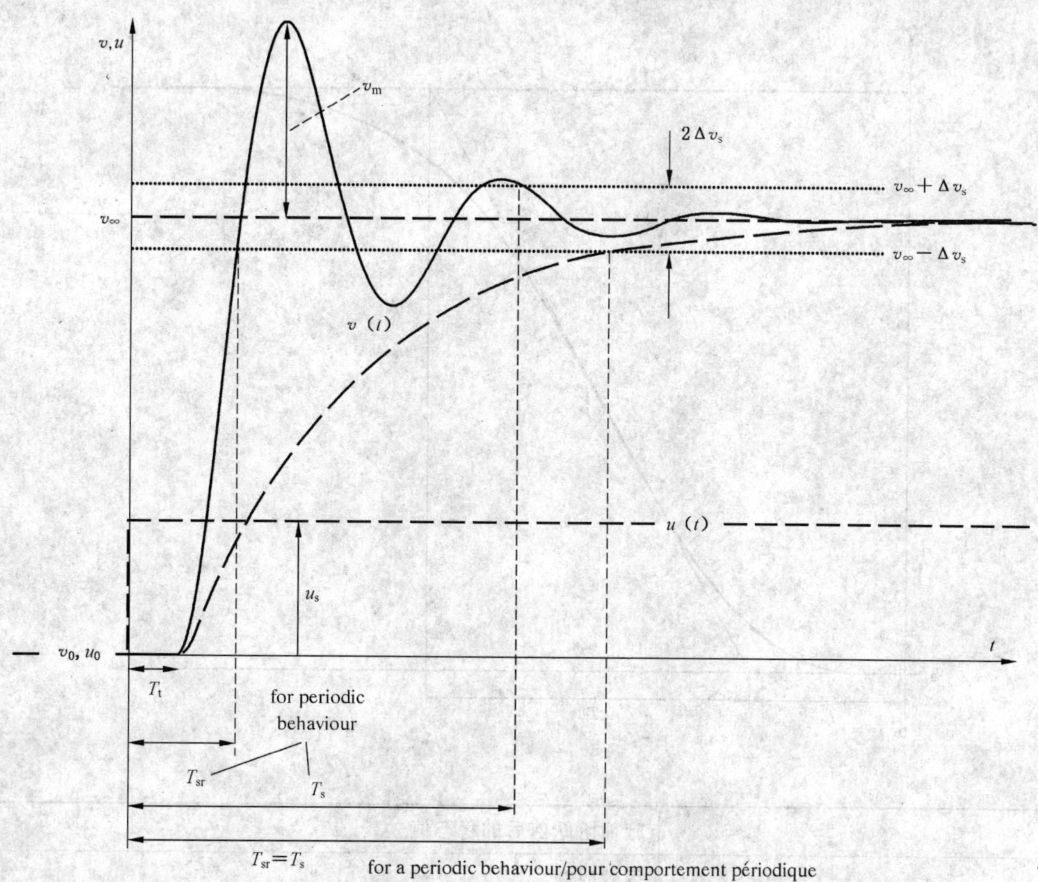

u	输入变量
u_0	输入变量初始值
u_s	输入变量阶跃幅值
v	输出变量
v_0，v_∞	施加阶跃前后输出变量的稳态值
v_m	超调(对稳态值的最大瞬时偏差)
$2\Delta v_s$	规定允差
T_{sr}	阶跃响应时间
T_s	建立时间
T_t	时滞

图 3　系统对阶跃的典型时间响应

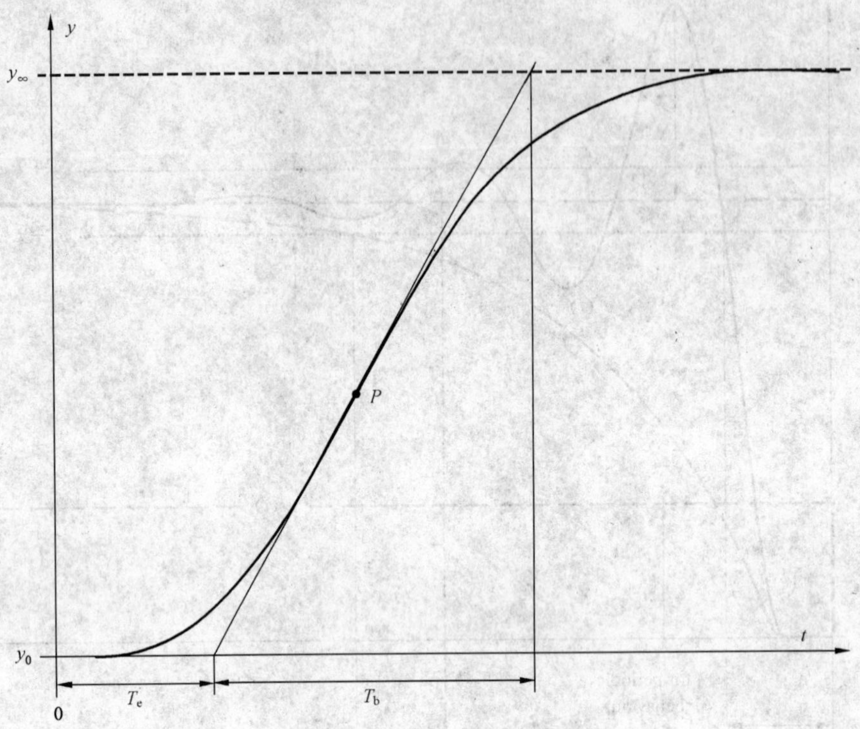

y_0, y_∞	施加阶跃前后的稳态值
T_e	等效时滞
T_b	等效时间常数;平衡时间
P	拐点

图 4　等效时间常数和等效时滞的确定

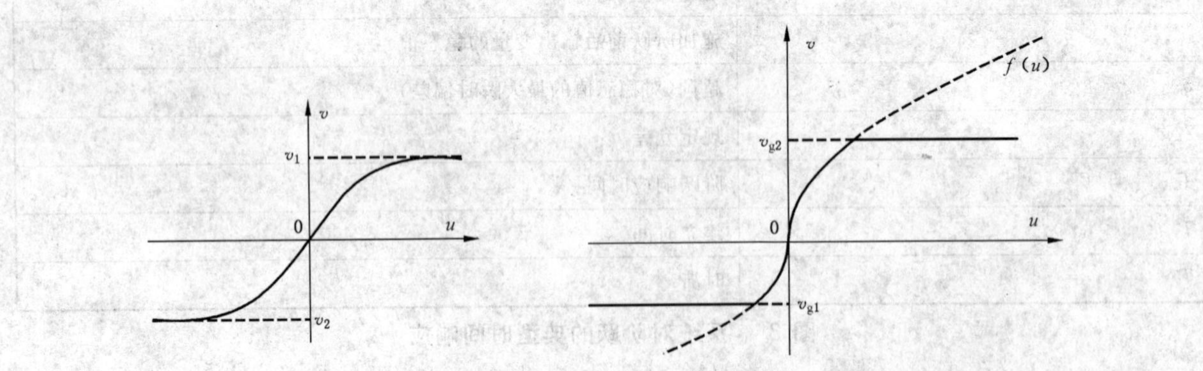

图 5　饱和特性(左)与极限特性(右)

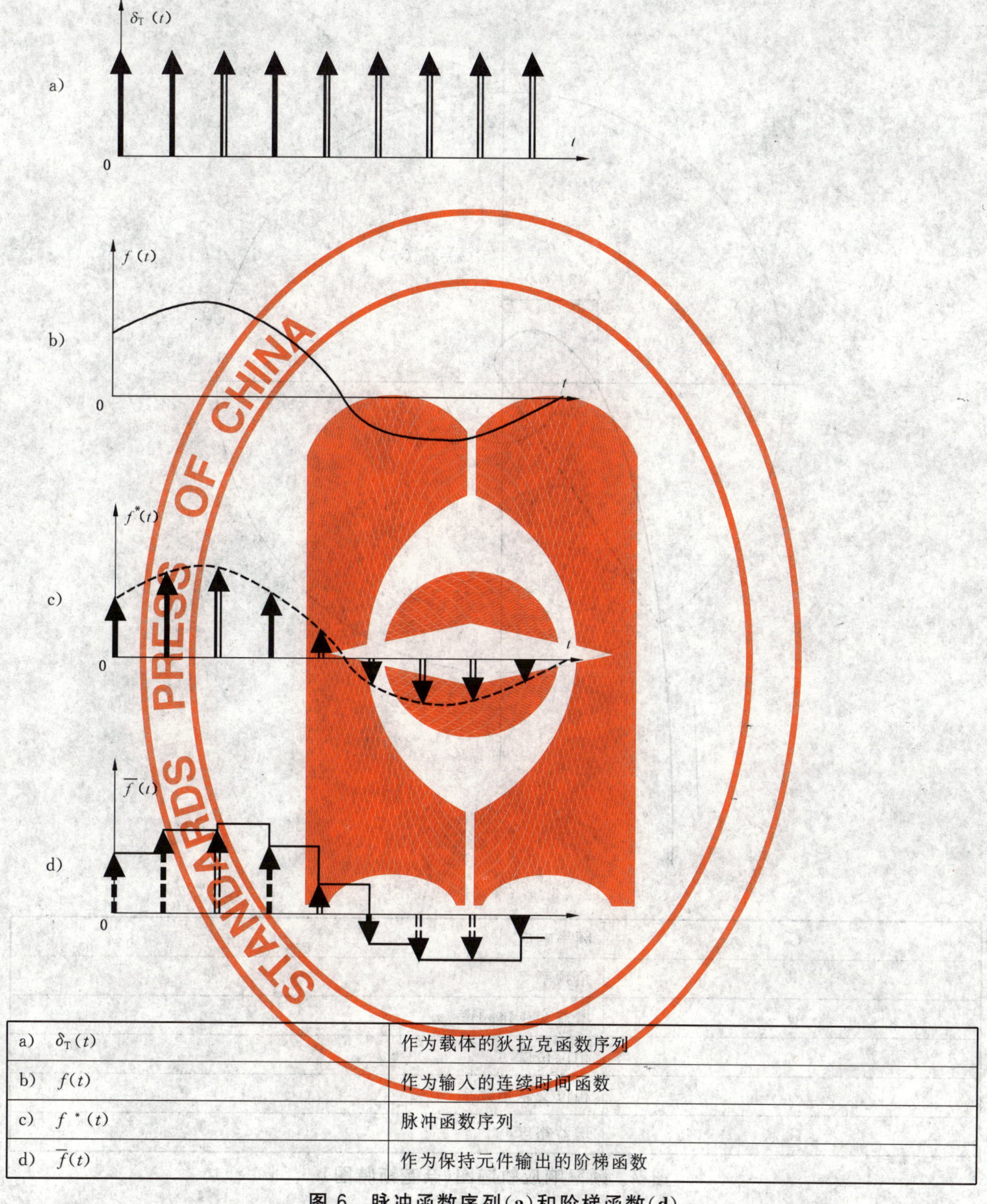

a) $\delta_T(t)$	作为载体的狄拉克函数序列
b) $f(t)$	作为输入的连续时间函数
c) $f^*(t)$	脉冲函数序列
d) $\overline{f}(t)$	作为保持元件输出的阶梯函数

图 6 脉冲函数序列(a)和阶梯函数(d)

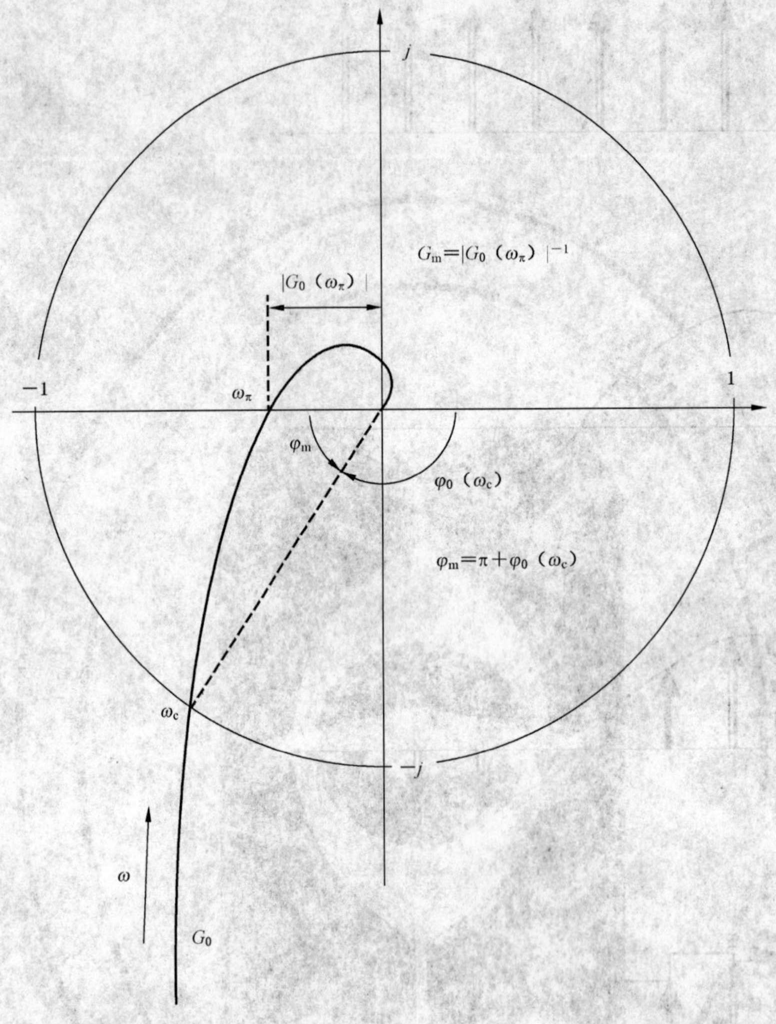

G_0	频率响应
ω	角频率
ω_c	增益交越角频率
φ_m	相位裕度
ω_π	相位交越角频率
G_m	增益裕度

图 7　频率响应轨迹图(奈奎斯特图)

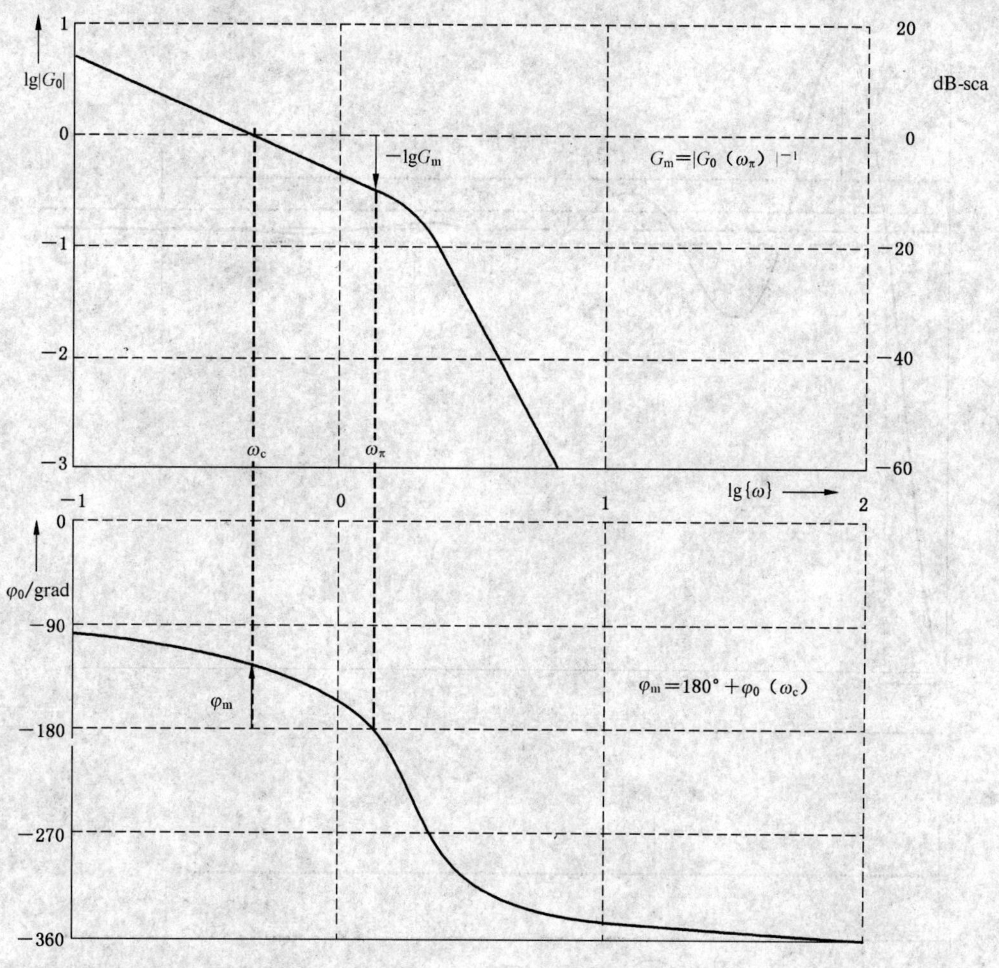

G_0	频率响应
$\|G_0\|$	增益响应,放大响应
φ_0	相位响应
ω	角频率
$\{\omega\}$	ω 数字值
ω_c	增益交越角频率
φ_m	相位裕度
ω_π	相位交越角频率
G_m	增益裕度

图 8 频率响应特性图

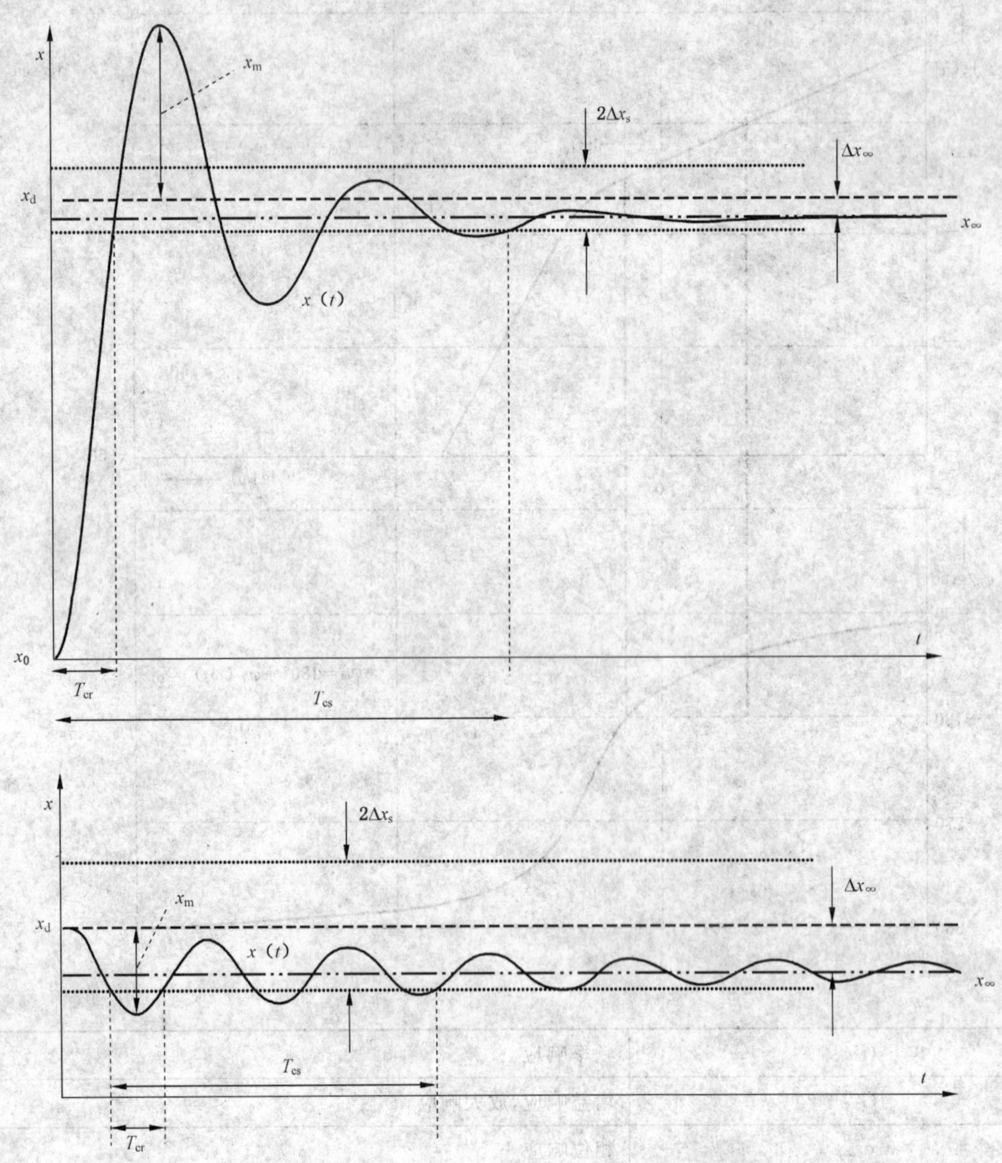

x_0，x_∞	被控变量的稳态值
Δx_∞	稳态偏差
X_d	期望值
X_m	超调
Δx_s	规定允差
T_{cr}	控制上升时间
T_{cs}	控制建立时间

图 9　控制系统对参比变量阶跃(上)与扰动变量阶跃(下)的典型阶跃响应

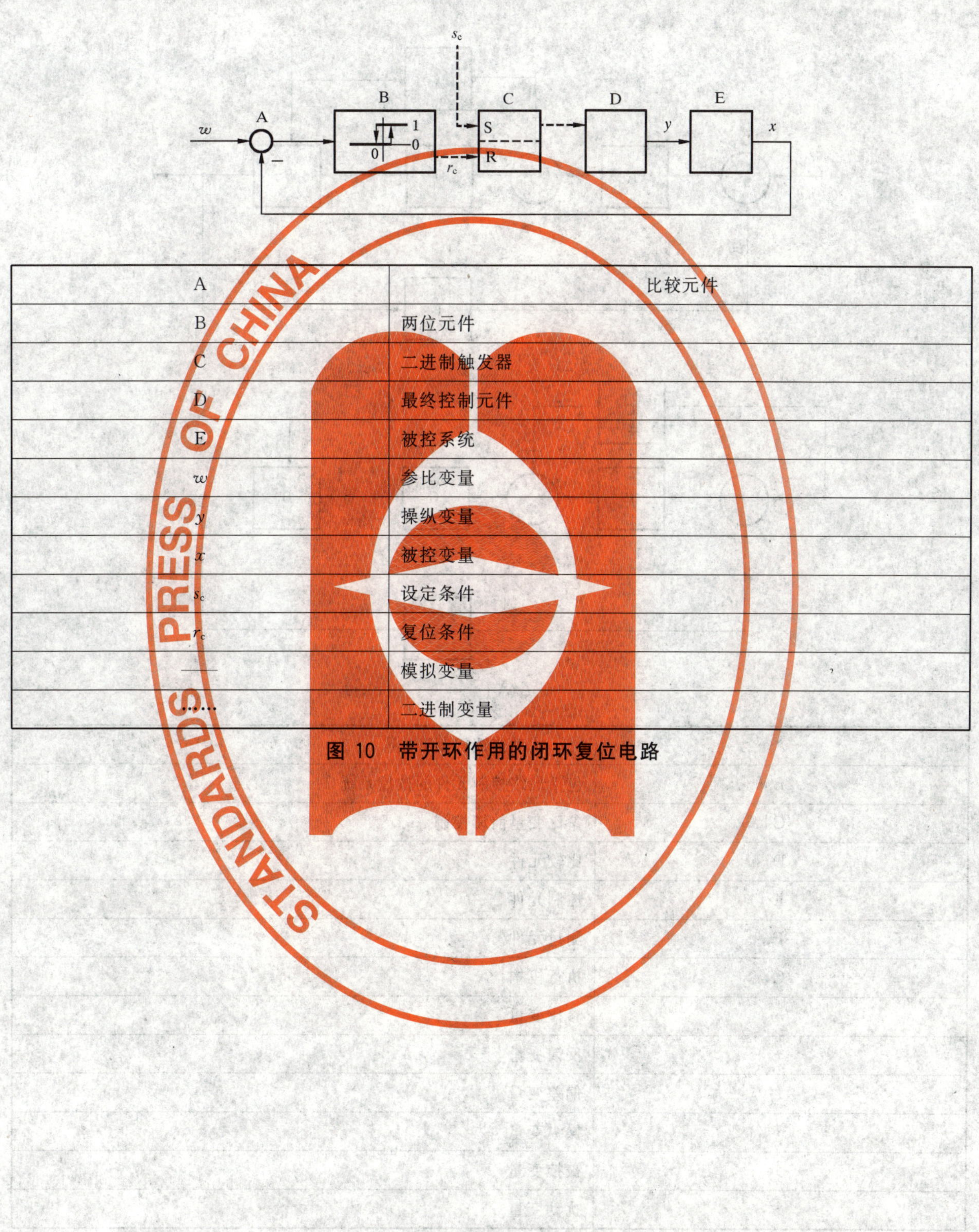

A	比较元件
B	两位元件
C	二进制触发器
D	最终控制元件
E	被控系统
w	参比变量
y	操纵变量
x	被控变量
s_c	设定条件
r_c	复位条件
——	模拟变量
......	二进制变量

图 10　带开环作用的闭环复位电路

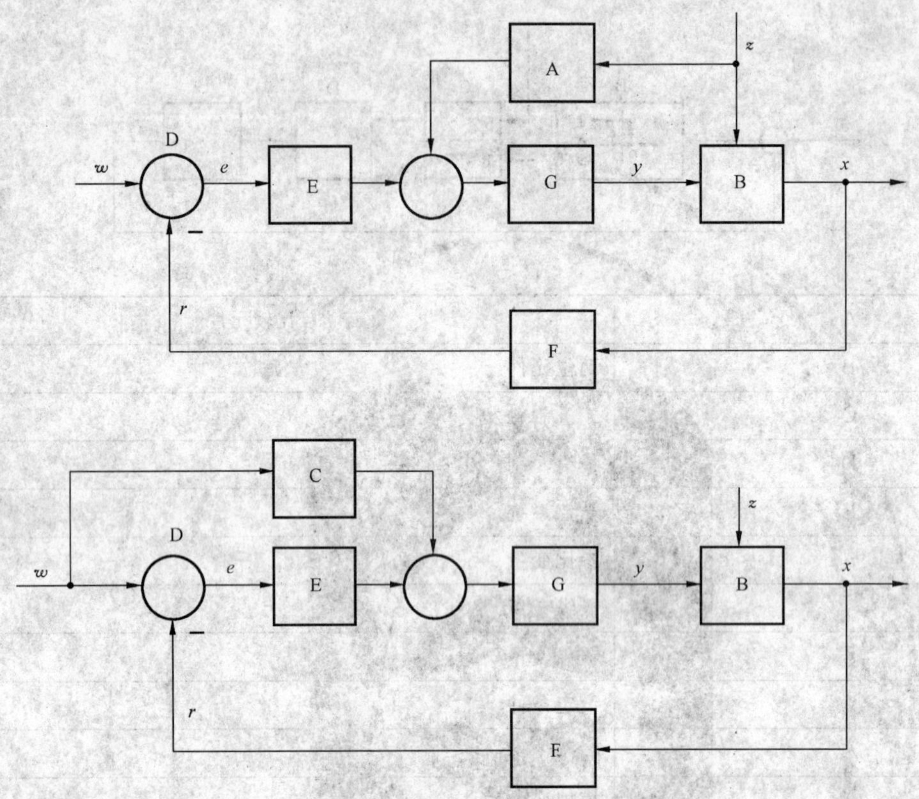

A	扰动前馈控制
B	包括最终控制元件的被控系统
C	参比变量前馈控制
D	比较元件
E	控制元件
F	测量元件
G	执行机构
w	参比变量
r	反馈变量
e	偏差变量
y	操纵变量
x	被控变量
z	扰动变量

图 11　扰动前馈控制(上)与参比变量前馈控制(下)的功能图

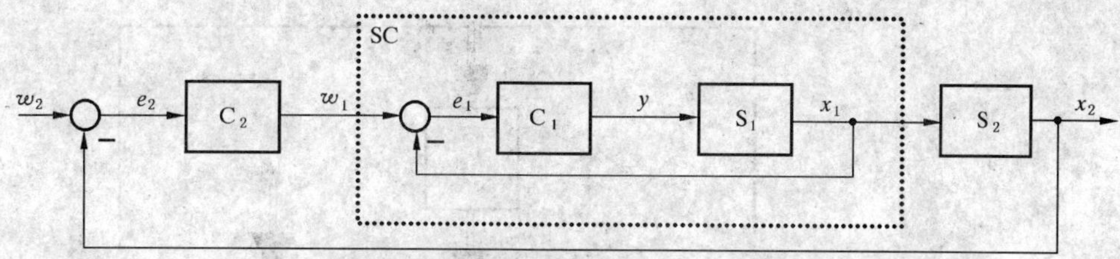

C_1	辅助控制器,随动控制器
C_2	主控制器
S_1，S_2	被控系统部件
SC	辅助控制,附属控制
w_1	辅助控制器的参比变量
w_2	主控制器的参比变量
e_1	辅助控制器的偏差变量
e_2	主控制器的偏差变量
y	被控系统 S_1 的操纵变量
x_1	被控系统 S_1 的被控变量＝被控系统 S_2 的操纵变量
x_2	被控系统 S_2 的被控变量

图 12　串级控制的功能图

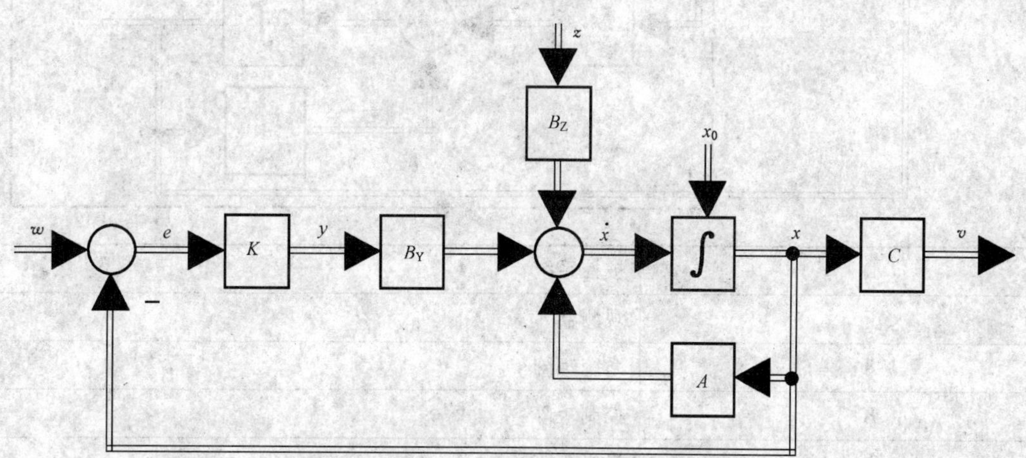

A	系统矩阵
K	控制矩阵
B_Y	操纵矩阵
B_Z	扰动输入矩阵
C	输出矩阵
e	偏差向量
y	操纵向量
z	扰动向量
w	参比向量
x	状态向量＝被控变量的向量
x_0	初始状态向量
v	输出向量

图 13　状态反馈控制

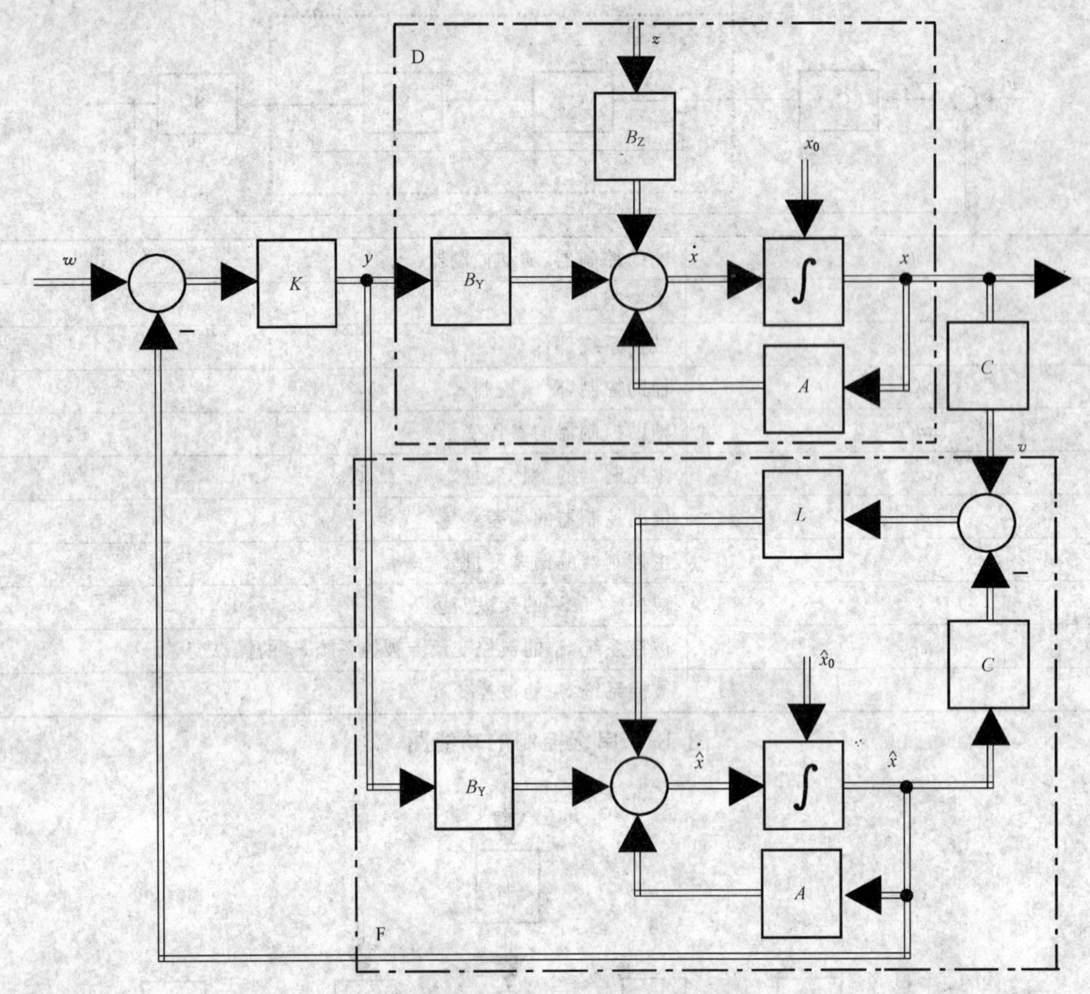

D	被控系统
F	观测器
A	系统矩阵
K	控制矩阵
B_Y	操纵矩阵
B_Z	扰动输入矩阵
C	输出矩阵
L	观测器矩阵
y	操纵向量
z	扰动向量
w	参比向量
x	状态向量
x_0	初始状态向量
v	输出向量
$\hat{x}$	观测器状态向量
$\hat{x}_0$	观测器初始状态

图 14　基于观测器的控制

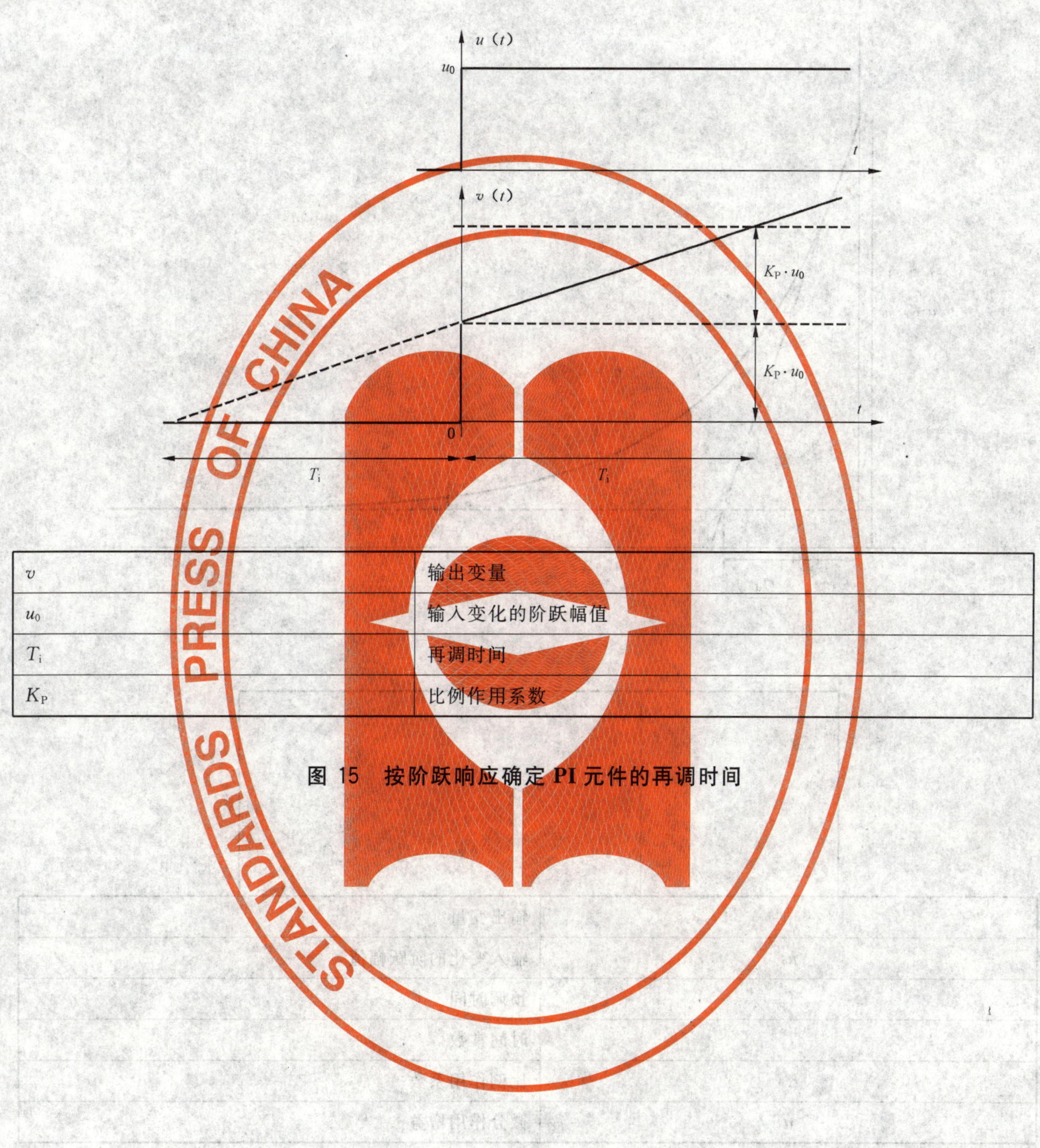

v	输出变量
u_0	输入变化的阶跃幅值
T_i	再调时间
K_P	比例作用系数

图 15　按阶跃响应确定 **PI** 元件的再调时间

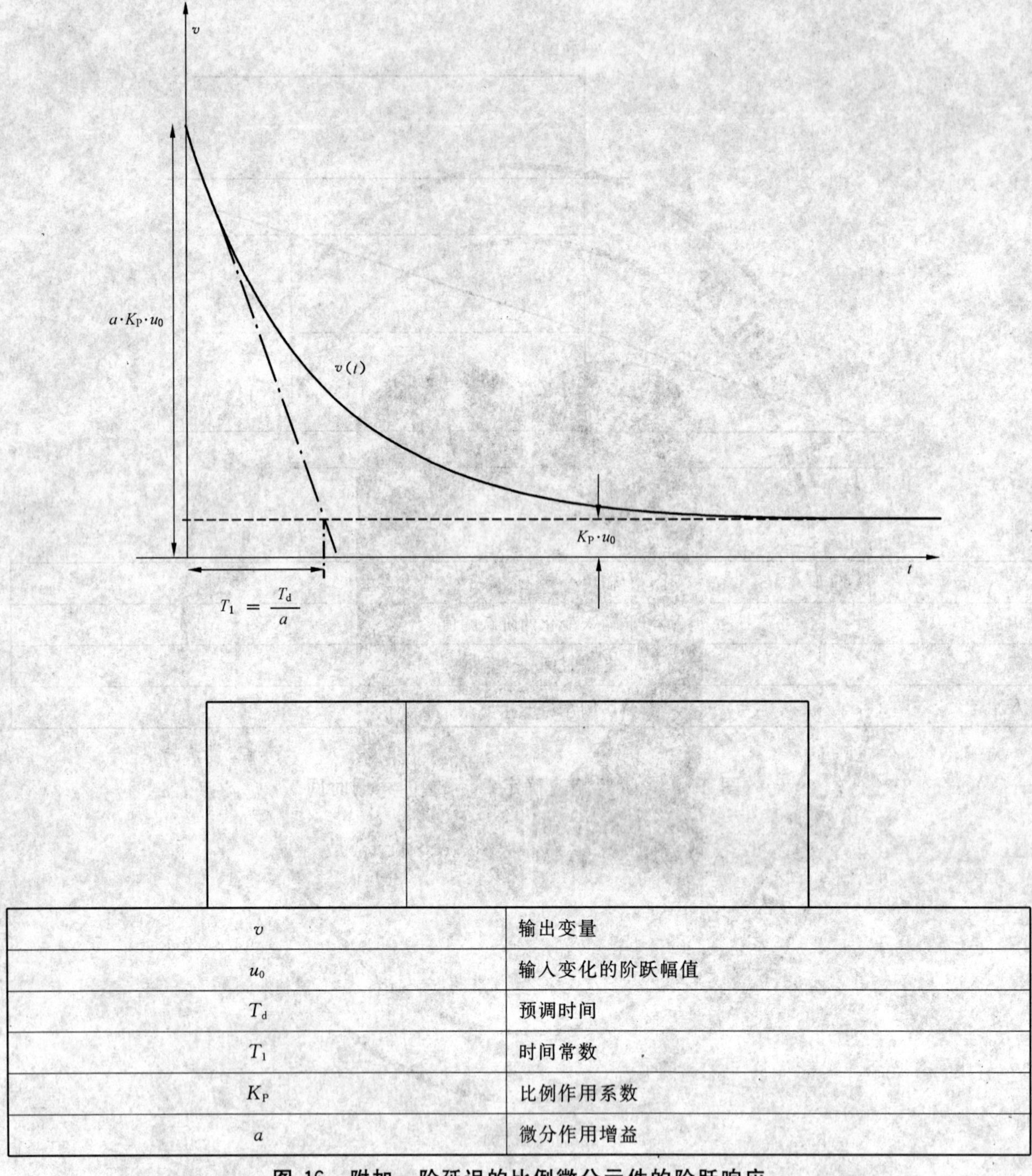

v	输出变量
u_0	输入变化的阶跃幅值
T_d	预调时间
T_1	时间常数
K_P	比例作用系数
a	微分作用增益

图 16　附加一阶延迟的比例微分元件的阶跃响应

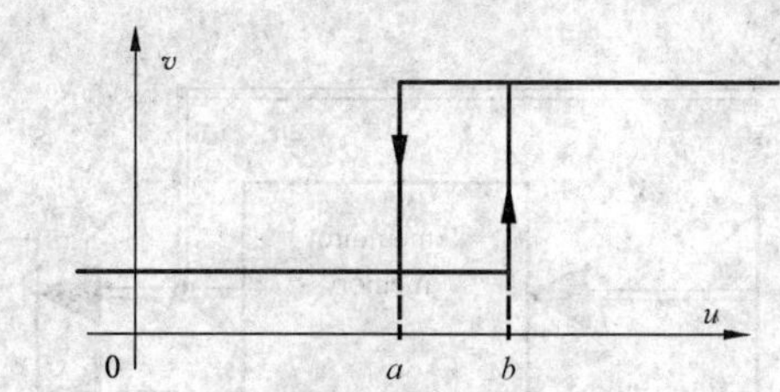

a	下切换值
b	上切换值
$b-a$	切换差

图 17 两位元件的静态特性

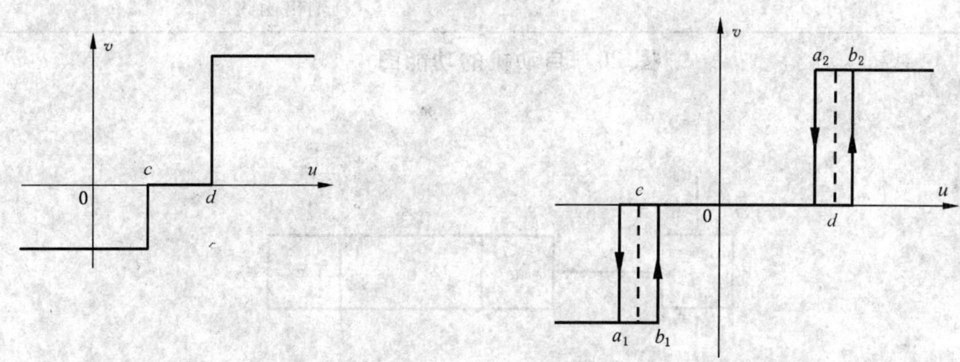

a_1, a_2	下切换值
b_1, b_2	上切换值
$d-c$	中间区

图 18 三位元件的静态特性

状态 库存商品数	输入变量(输入)			
	真币 g		假币 b	
	下一状态	输出	下一状态	输出
k 件	$k-1$ 件	商品	k 件	硬币
$k-1$ 件	$k-2$ 件	商品	$k-1$ 件	硬币
$k-2$ 件	$k-3$ 件	商品	$k-2$ 件	硬币
……	……	……	……	……
0 件	0 件	硬币	0 件	硬币

图 19 自动售货机状态转换表

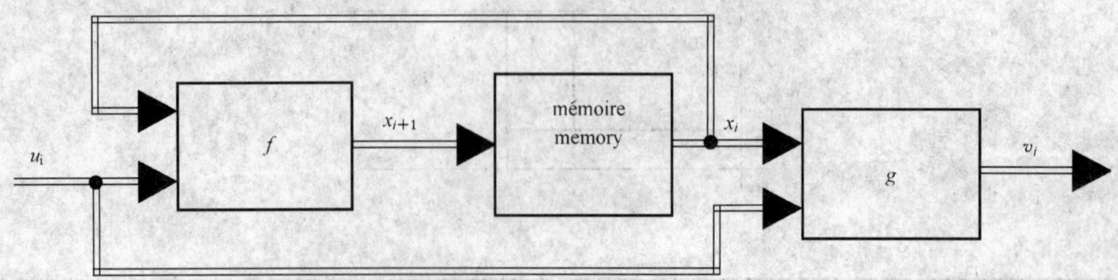

u_i	t_i 时刻的输入变量
v_i	t_i 时刻的输出变量
X_i, x_{i+1}	分别在 t_i 或 t_{i+1} 时刻的状态变量
f	转移函数
g	输出函数

图 20　自动机的功能图

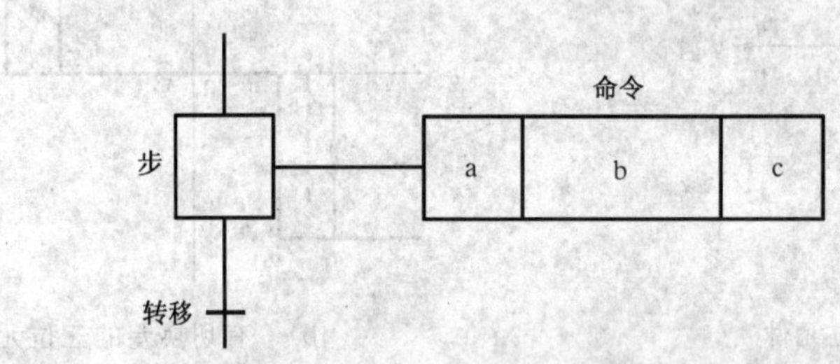

a	字母符号或字母符号组合，描述步产生的二进制信号的处理方式
b	描述命令的符号或文字说明
c	相应核对信号的参考标志

图 21　顺序控制中的步、转移和命令符号(IEC 60848)

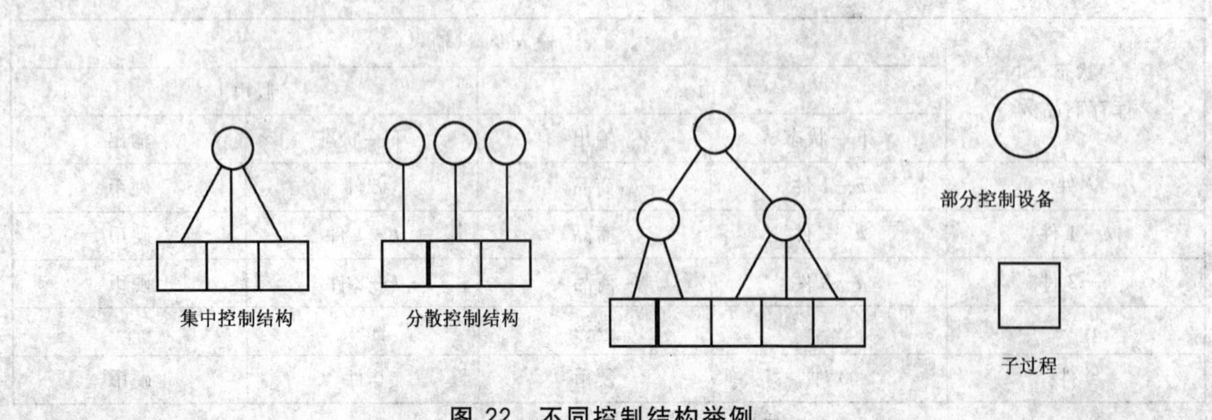

图 22　不同控制结构举例

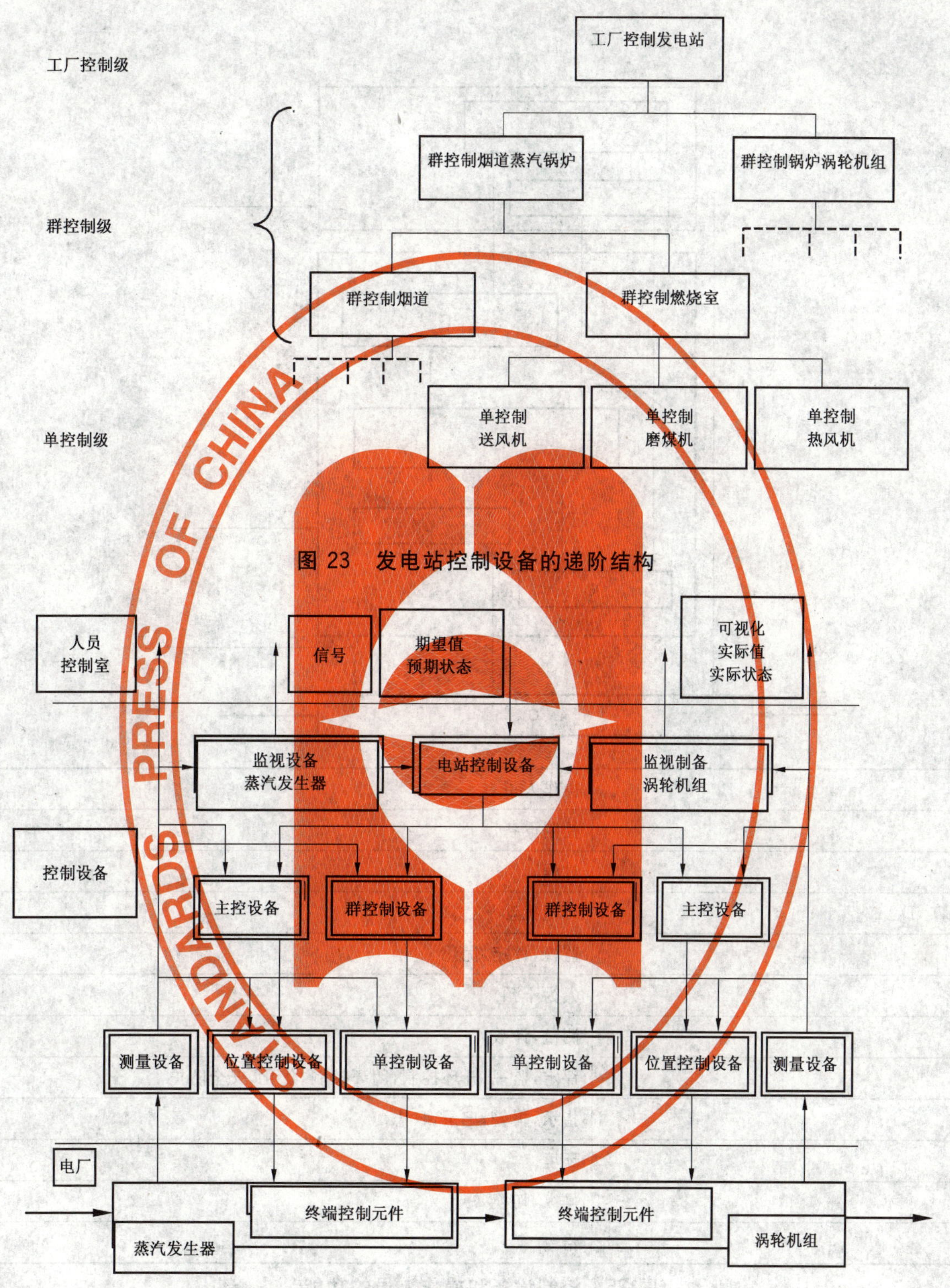

图 23　发电站控制设备的递阶结构

图 24　发电站中控制设备与操作人员的功能

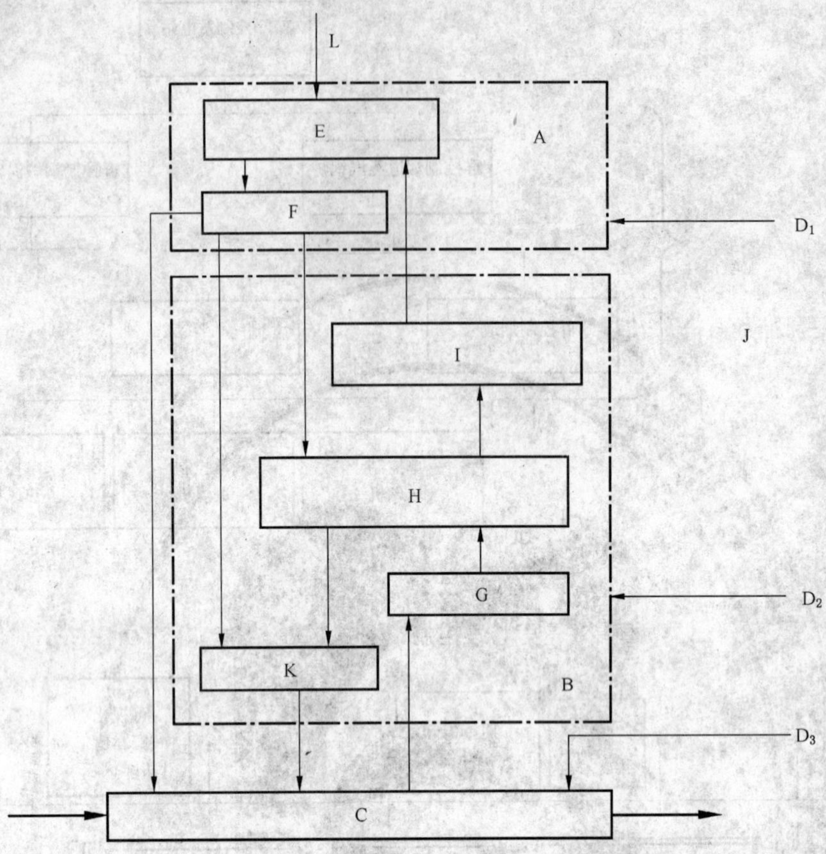

A	操作人员
B	控制设备
C	过程
D_1,D_2,D_3	环境扰动
E	监视,评定,优化
F	人为干预
G	测量,计数
H	评定,监视,开环控制,闭环控制,优化,安全防护
I	指示,报警,记录,日志
J	环境
K	操纵,切换
L	指令

图 25　控制设备和操作人员的功能

	级	举例	任务	(典型)功能
1	企业管理级	电厂公司	企业管理(决定性的)	成本分析,策略
2	厂管理级	发电站	工厂管理(决定性的)	容量最优化
3	厂控制级	发电站组	生产管理(操作性的/决定性的)	评价,质量控制
4	群控制级 1	蒸汽锅炉	工厂控制(操作性的/决定性的)	最优化,能量管理,扰动管理
5	群控制级 2	燃烧室	功能群控制(操作性的)	控制,监视,安全,防护
6	单控制级	供油	独立过程控制	开环与闭环控制
7	现场级	装置,控制阀	过程变量测量,独立过程执行	测量,操纵

图 26 a) 发电站控制级模型举例

	级	举例	任务	(典型)功能
1	企业管理级	化学公司	企业管理(决定性的)	成本分析,生产和库存指标
2	生产管理级	硅生产	所有硅制品生产的管理 位置管理(决定性的)	生产协调优化的相关分支
3	工厂管理级 (全厂)	防水砖生产厂	全厂管理(操作性的/决定性的)	基本配方,数量和质量管理,质量控制
4	群控制级 1	硅树脂厂	工厂控制(操作性的/决定性的)	部分配方,资源管理,升压,降压,载荷变化
5	群控制级 2 (单元)	给水箱 分裂蒸馏塔	功能群控制(操作性的)	基本操作:剂量,回火监视,扰动管理
6	单控制级 (器械)	混合容器 物质剂量	独立过程控制	基本功能:开环与闭环控制,安全,防护
7	现场级	温度传感器 搅拌驱动器	过程变量测量,独立过程执行	基本功能元素:测量,操纵

图 26 b) 化学公司控制级模型举例

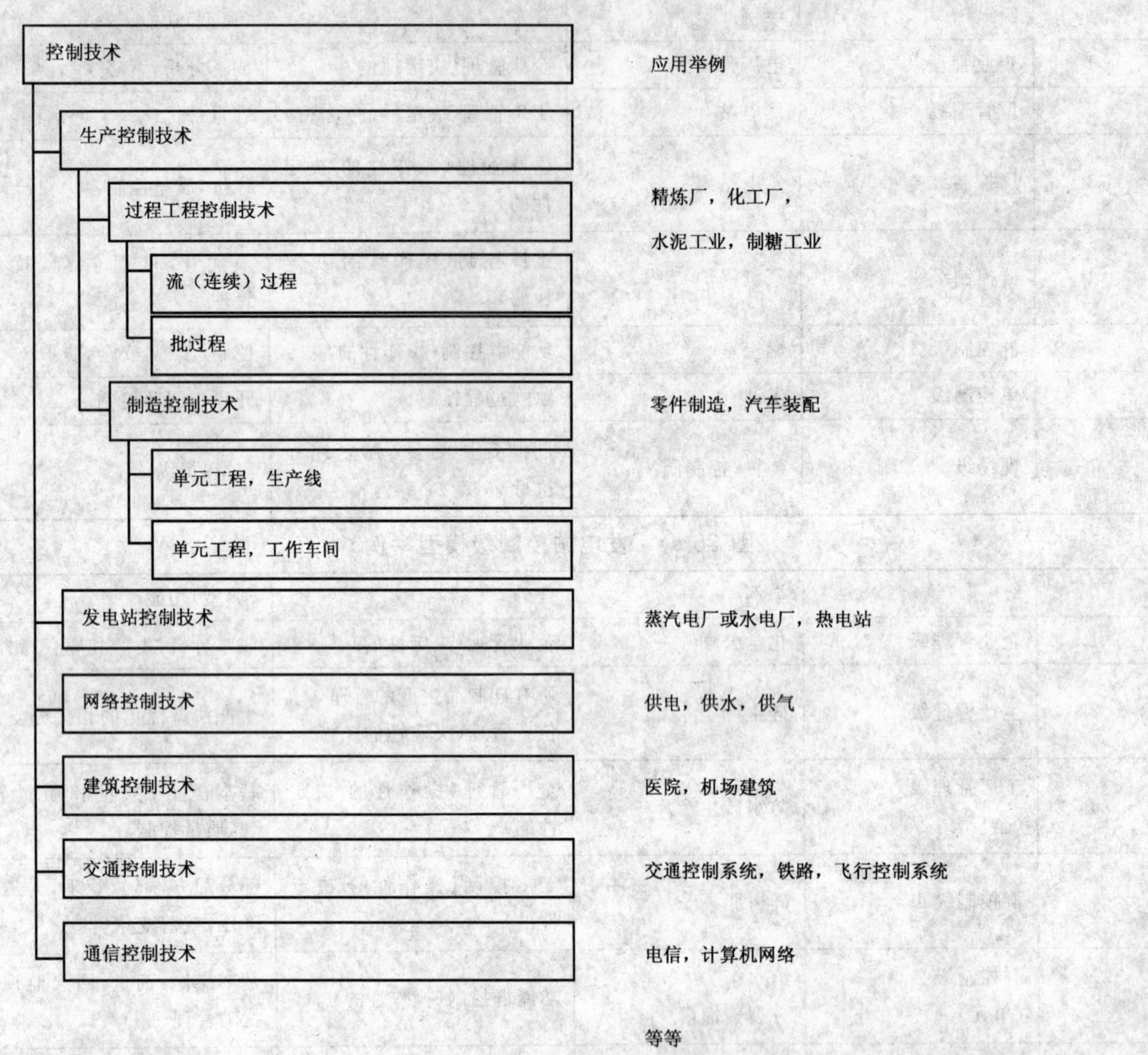

图 27　控制技术的典型应用

中 文 索 引

A

安全防护,动词 …… 351-22-13

B

白噪声 …… 351-21-50
半自动操作 …… 351-31-04
饱和 …… 351-24-12
保持元件 …… 351-28-40
报警,动词 …… 351-22-05
被控变量 …… 351-27-01
被控变量范围 …… 351-27-13
被控系统 …… 351-28-01
比较元件 …… 351-28-03
比例积分微分元件 …… 351-28-30
比例积分元件 …… 351-28-22
比例微分元件 …… 351-28-27
比例元件 …… 351-28-16
比例作用系数 …… 351-28-17
比值控制 …… 351-26-22
闭环控制 …… 351-26-01
[闭环控制的]控制器 …… 351-28-11
闭环作用 …… 351-26-04
闭环作用通路 …… 351-26-03
变量 …… 351-21-01
[变量的]向量 …… 351-21-05
辨识(系统的) …… 351-24-06
并-串转换器 …… 351-32-52
并行结构 …… 351-23-09
伯德图 …… 351-24-39
布尔运算 …… 351-29-12
步 …… 351-29-23
步设定操作 …… 351-31-05

C

采样控制 …… 351-26-15
采样信号 …… 351-21-57
采样元件 …… 351-28-39
采样周期 …… 351-26-16
参比变量 …… 351-27-02
参比变量发生器 …… 351-28-10
参比变量范围 …… 351-27-14
参比变量前馈控制 …… 351-26-10
参数辨识 …… 351-26-37
参数灵敏度 …… 351-26-38
参数整定,动词 …… 351-22-16
操纵,动词 …… 351-22-08
操纵变量 …… 351-27-07
操纵变量范围 …… 351-27-16
操纵时间 …… 351-27-17
操作模式 …… 351-31-01
测量,动词 …… 351-22-01
测量变送器 …… 351-32-42
测量传感器 …… 351-32-41
测量范围 …… 351-27-11
测量量程 …… 351-27-12
超调(量) …… 351-24-30
超前-滞后元件 …… 351-28-15
乘法元件 …… 351-32-17
乘方元件 …… 351-32-21
程序控制 …… 351-32-35
重启能力 …… 351-30-09
除法元件 …… 351-32-18
触发双稳态元件 …… 351-29-17
传递函数 …… 351-24-31
传递元件 …… 351-24-03
传感元件 …… 351-32-40
串-并转换器 …… 351-32-51
串级控制 …… 351-26-20
磁放大器 …… 351-32-47
存储器 …… 351-32-15
存储元件 …… 351-29-14
存贮命令 …… 351-29-32

D

单控制级 …… 351-31-13
单位阶跃响应 …… 351-24-21
单位脉冲响应 …… 351-24-19
单位斜坡响应 …… 351-24-23
单稳态多谐振荡器 …… 351-29-18

等待时间 …………………………… 351-29-36
等效时间常数 ……………………… 351-24-27
等效时滞 …………………………… 351-24-26
递阶过程计算机系统 ……………… 351-30-03
递阶控制 …………………………… 351-26-34
递阶控制结构 ……………………… 351-31-11
叠加原理 …………………………… 351-24-01
定时器 ……………………………… 351-30-18
定位器 ……………………………… 351-32-25
定值控制 …………………………… 351-26-17
定值器 ……………………………… 351-32-06
对数增益 …………………………… 351-24-35
多变量控制 ………………………… 351-26-30
多变量系统 ………………………… 351-21-27
多位控制 …………………………… 351-26-14
多位元件 …………………………… 351-28-31

E

二阶滞后元件 ……………………… 351-28-14
二进制变量 ………………………… 351-21-12
二进制逻辑元件 …………………… 351-29-13
二进制信号 ………………………… 351-21-55
二进制延迟元件 …………………… 351-29-19

F

反馈变量 …………………………… 351-27-03
反馈通路 …………………………… 351-26-08
反馈控制 …………………………… 351-26-01
放大器 ……………………………… 351-32-45
非时钟控制 ………………………… 351-32-37
分布参数系统 ……………………… 351-21-28
分布反馈控制 ……………………… 351-26-25
分布过程计算机系统 ……………… 351-30-05
分布控制结构 ……………………… 351-31-16
分程控制 …………………………… 351-26-44
分散控制 …………………………… 351-26-32
分散控制结构 ……………………… 351-31-10
分时控制 …………………………… 351-26-47
分支点 ……………………………… 351-23-07
符号发生器 ………………………… 351-32-23
幅值响应 …………………………… 351-24-36
辅助控制 …………………………… 351-26-21
复位电路 …………………………… 351-26-56

G

干预，动词 ………………………… 351- 22-11
（隔离）栅 ………………………… 351-32-44
根轨迹图 …………………………… 351-25-10
工厂装备 …………………………… 351-21-45
工厂装备控制级 …………………… 351-31-15
工作点 ……………………………… 351-24-11
功能单元 …………………………… 351-32-02
功能块 ……………………………… 351-23-02
功能图 ……………………………… 351-23-01
[功能图中的]命令 ………………… 351-29-31
构造，动词 ………………………… 351-22-14
观测器 ……………………………… 351-26-26
轨迹 ………………………………… 351-21-09
过程计算机系统 …………………… 351-30-01
过程监测系统 ……………………… 351-30-12
过程接口 …………………………… 351-30-06
过程控制功能 ……………………… 351-31-17
过程联结 …………………………… 351-30-11
过程外围设备 ……………………… 351-30-13

H

函数发生器 ………………………… 351-32-19
环形结构 …………………………… 351-23-10
环形 ………………………………… 351-32-11
回差 ………………………………… 351-24-15
混叠 ………………………………… 351-21-58

J

积分饱卷 …………………………… 351-24-16
积分元件 …………………………… 351-28-19
积分作用时间 ……………………… 351-28-21
积分作用系数 ……………………… 351-28-20
基于观测器的控制 ………………… 351-26-27
基于规则的控制 …………………… 351-26-52
基于模型的控制 …………………… 351-26-28
极点配置 …………………………… 351-26-57
极限监测器 ………………………… 351-28-38
极限控制 …………………………… 351-26-42
集中过程计算机系统 ……………… 351-30-02
集中控制 …………………………… 351-26-33
集中控制结构 ……………………… 351-31-09

计数,动词 …… 351-22-02
计数器 …… 351-29-21
计算机控制 …… 351-26-46
记录,动词 …… 351-22-06
记日志 …… 351-22-07
技术过程 …… 351-21-44
寄存器 …… 351-29-20
加法元件 …… 351-32-16
加权函数 …… 351-24-19
监测,动词 …… 351-22-03
建立时间 …… 351-24-29
渐近稳定性 …… 351-21-31
交替控制 …… 351-26-43
校验时间 …… 351-29-37
阶跃响应 …… 351-24-20
阶跃响应时间 …… 351-24-28
接口 …… 351-21-35
结构 …… 351-21-21
解耦 …… 351-26-31
解耦输出 …… 351-32-28
绝对值发生器 …… 351-32-22

K

开环控制 …… 351-26-02
开环频率响应 …… 351-25-03
开环作用 …… 351-26-06
开环作用通路 …… 351-26-05
考虑项 …… 351-32-01
可编程[序]控制器 …… 351-32-33
可存储-可编程[序]逻辑控制器 …… 351-32-34
可观测性 …… 351-21-33
可控性 …… 351-21-32
控制 …… 351-21-29
(控制)变换器 …… 351-32-43
控制回路 …… 351-26-11
控制级 …… 351-31-12
[控制技术]测量元件 …… 351-28-05
[控制技术的]过程 …… 351-21-43
控制建立时间 …… 351-25-02
控制结构 …… 351-31-08
控制链 …… 351-26-12
控制论 …… 351-21-46
控制器的比例带 …… 351-28-18
控制器输出变量 …… 351-27-06
控制上升时间 …… 351-25-01
控制设备 …… 351-32-32
[控制设备的]积极故障 …… 351-32-30
[控制设备的]消极故障 …… 351-32-31
控制系统 …… 351-28-06
控制系统参比变量响应 …… 351-25-12
控制系统扰动响应 …… 351-25-13
控制因子 …… 351-25-08
控制元件 …… 351-28-04
控制装置 …… 351-32-07

L

隶属函数 …… 351-26-51
连续[反馈]控制 …… 351-26-13
联锁信号 …… 351-27-21
链状结构 …… 351-23-08
两位元件 …… 351-28-32
量化,动词 …… 351-21-56
鲁棒控制 …… 351-26-39
滤波元件 …… 351-32-05

M

脉冲函数序列 …… 351-24-25
面向过程的顺序控制 …… 351-26-54
面向时间的顺序控制 …… 351-26-55
描述函数 …… 351-24-42
敏感器 …… 351-32-39
命令变量 …… 351-27-09
模糊控制 …… 351-26-50
模拟变量 …… 351-21-10
模拟输出单元 …… 351-30-14
模拟输入单元 …… 351-30-16
模拟信号 …… 351-21-53
模-数转换器 …… 351-32-49
模态控制 …… 351-26-29
模型 …… 351-21-36

N

尼科尔斯图 …… 351-25-09
奈奎斯特图 …… 351-24-41

P

判定表 …… 351-29-10

配置,动词 …………………………… 351-22-15
偏差 ………………………………… 351-21-04
偏差变量 …………………………… 351-27-04
频率响应 …………………………… 351-24-33
频率响应轨迹图 …………………… 351-24-41
频率响应特性图 …………………… 351-24-39
平方根元件 ………………………… 351-32-20
评定,动词 …………………………… 351-22-09

Q

期望值 ……………………………… 351-21-03
切换差 ……………………………… 351-28-36
切换函数 …………………………… 351-29-03
切换控制 …………………………… 351-26-45
切换系统 …………………………… 351-29-01
[切换系统的]动态输入 …………… 351-29-16
切换元件 …………………………… 351-29-02
切换值 ……………………………… 351-28-35
全通元件 …………………………… 351-24-45
确认信号 …………………………… 351-27-19
群控制级 …………………………… 351-31-14

R

扰动变量 …………………………… 351-27-08
扰动变量范围 ……………………… 351-27-18
扰动估计 …………………………… 351-26-40
扰动前馈控制 ……………………… 351-26-09
冗余 ………………………………… 351-21-38
冗余过程计算机系统 ……………… 351-30-04

S

三位元件 …………………………… 351-28-34
施控系统 …………………………… 351-28-02
时不变传递元件 …………………… 351-24-05
时不变系统 ………………………… 351-21-26
时间常数 …………………………… 351-24-24
时间程序 …………………………… 351-31-06
时间程序闭环控制 ………………… 351-26-18
时间程序定值器 …………………… 351-32-08
时间响应 …………………………… 351-24-08
时滞 ………………………………… 351-28-41
时滞元件 …………………………… 351-28-42
时钟发生器 ………………………… 351-32-09
时钟控制 …………………………… 351-32-38
实际值 ……………………………… 351-21-02
实时操作系统 ……………………… 351-30-10
实时能力 …………………………… 351-30-07
实时时钟 …………………………… 351-30-18
实体单元 …………………………… 351-32-03
使能信号 …………………………… 351-27-20
手动操作 …………………………… 351-31-02
手动的,形容词 ……………………… 351-21-39
手工操作,动词 ……………………… 351-22-12
输出变量 …………………………… 351-21-07
输出传输率 ………………………… 351-30-22
输出反馈控制 ……………………… 351-26-24
输出方程 …………………………… 351-21-14
输出函数 …………………………… 351-29-08
输出矩阵 …………………………… 351-21-16
输出元件 …………………………… 351-32-27
输入变量 …………………………… 351-21-06
输入传输率 ………………………… 351-30-21
输入矩阵 …………………………… 351-21-15
数-模转换器………………………… 351-32-50
数字变量 …………………………… 351-21-11
数字输出单元 ……………………… 351-30-15
数字输入单元 ……………………… 351-30-17
数字信号 …………………………… 351-21-54
双稳态元件 ………………………… 351-29-15
顺序电路 …………………………… 351-29-05
顺序控制 …………………………… 351-26-53
[顺序控制的]功能图 ……………… 351-29-22
顺序链 ……………………………… 351-29-26
顺序选择发散 ……………………… 351-29-27
顺序选择汇聚 ……………………… 351-29-28
顺序选择结束 ……………………… 351-29-28
顺序选择开始 ……………………… 351-29-27
瞬态 ………………………………… 351-24-07
死区 ………………………………… 351-24-14
速度算法 …………………………… 351-26-49
算法 ………………………………… 351-21-37
随动控制 …………………………… 351-26-19

T

特性曲线 …………………………… 351-24-10
特征方程 …………………………… 351-21-25

条件命令 ………………………………… 351-29-33
通断元件 ………………………………… 351-28-33
同时顺序发散 …………………………… 351-29-29
同时顺序汇聚 …………………………… 351-29-30
同时顺序结束 …………………………… 351-29-30
同时顺序开始 …………………………… 351-29-29
推理机 …………………………………… 351-21-49

W

微分元件 ………………………………… 351-28-24
微分作用时间 …………………………… 351-28-26
微分作用系数 …………………………… 351-28-25
微分作用增益 …………………………… 351-28-29
位置算法 ………………………………… 351-26-48
稳定性 …………………………………… 351-21-30
稳态 ……………………………………… 351-24-09
稳态偏差变量 …………………………… 351-27-05
无自调节被控系统 ……………………… 351-24-47

X

系统 ……………………………………… 351-21-20
系统参数 ………………………………… 351-21-22
系统矩阵 ………………………………… 351-21-17
线性传递元件 …………………………… 351-24-04
线性化，动词 …………………………… 351-21-24
线性系统 ………………………………… 351-21-23
限幅 ……………………………………… 351-24-13
限时命令 ………………………………… 351-29-35
相加点 …………………………………… 351-23-06
相角 ……………………………………… 351-24-37
相平面分析 ……………………………… 351-25-11
相位交越[角]频率 ……………………… 351-25-06
相位响应 ………………………………… 351-24-38
相位裕度 ………………………………… 351-25-05
协议 ……………………………………… 351-32-13
斜坡响应 ………………………………… 351-24-22
信号 ……………………………………… 351-21-51
信号发生器 ……………………………… 351-32-04
信息参数 ………………………………… 351-21-52
星形 ……………………………………… 351-32-12

Y

延迟命令 ………………………………… 351-29-34
一阶滞后元件 …………………………… 351-28-13
移位原理 ………………………………… 351-24-02
硬连线程序逻辑控制 …………………… 351-32-36
优化，动词 ……………………………… 351-22-10
优先级 …………………………………… 351-31-07
有理传递元件 …………………………… 351-24-43
有限自动机 ……………………………… 351-29-05
预测 ……………………………………… 351-26-41
预调时间 ………………………………… 351-28-28
运算放大器 ……………………………… 351-32-46
运行条件 ………………………………… 351-32-29

Z

再调时间 ………………………………… 351-28-23
增益 ……………………………………… 351-24-34
增益交越[角]频率 ……………………… 351-25-04
增益响应 ………………………………… 351-24-36
增益裕度 ………………………………… 351-25-07
正向通路 ………………………………… 351-26-07
知识库 …………………………………… 351-21-48
执行机构 ………………………………… 351-28-07
最终控制元件 …………………………… 351-28-08
执行驱动器 ……………………………… 351-32-24
直接输入-输出矩阵 ……………………… 351-21-19
指示，动词 ……………………………… 351-22-04
指示元件 ………………………………… 351-32-26
滞后元件 ………………………………… 351-28-12
中断反应时间 …………………………… 351-30-20
中断能力 ………………………………… 351-30-08
中断输入单元 …………………………… 351-30-19
中间区 …………………………………… 351-28-37
最终控制设备 …………………………… 351-28-09
终端控制元件 …………………………… 351-28-08
专家系统 ………………………………… 351-21-47
转换器 …………………………………… 351-32-48
转移 ……………………………………… 351-29-24
转移函数 ………………………………… 351-29-07
转移矩阵 ………………………………… 351-21-18
转移条件 ………………………………… 351-29-25
转折频率 ………………………………… 351-24-40
状态变量 ………………………………… 351-21-08
状态表 …………………………………… 351-29-09
状态反馈控制 …………………………… 351-26-23

状态方程 ································ 351-21-13
状态图 ································ 351-29-11
状态转移表 ································ 351-29-06
(自)适应控制 ································ 351-26-36
自调节被控系统 ································ 351-24-46
自动操作 ································ 351-31-03
自动的,形容词 ································ 351-21-40
自动化,动词 ································ 351-22-17
自动化程度 ································ 351-21-41
自动装置 ································ 351-21-42
[自动控制的]猎振 ································ 351-25-14
执行器 ································ 351-28-09
总线 ································ 351-32-10
总线耦合器 ································ 351-32-14
终端控制设备 ································ 351-28-09
阻尼 ································ 351-24-17
阻尼比 ································ 351-24-18
组合电路 ································ 351-29-04
组态,动词 ································ 351-22-15
最小相位元件 ································ 351-24-44
最优控制 ································ 351-26-35
最终被控变量 ································ 351-27-10
最终被控变量范围 ································ 351-27-15
作用 ································ 351-21-34
作用方向 ································ 351-23-05
作用连线 ································ 351-23-04
作用通路 ································ 351-23-03

D 元件 ································ 351-28-24
I 元件 ································ 351-28-19
P 元件 ································ 351-28-16
PD 元件 ································ 351-28-27
PI 元件 ································ 351-28-22
PID 元件 ································ 351-28-30
Z-传递函数 ································ 351-24-32

英 文 索 引

A

absolute-value generator ········ 351-32-22
action ········ 351-21-34
action line ········ 351-23-04
action path ········ 351-23-03
active fault（**in control equipment**） ········ 351-32-30
actual value ········ 351-21-02
actuating drive ········ 351-32-24
actuator ········ 351-28-07
adaptive control ········ 351-26-36
adding element ········ 351-32-16
adjuster ········ 351-32-06
alert，verb ········ 351-22-05
algorithm ········ 351-21-37
aliasing ········ 351-21-58
all-pass element ········ 351-24-45
alternative control ········ 351-26-43
amplifier ········ 351-32-45
amplitude response ········ 351-24-36
analogue input unit ········ 351-30-16
analog input unit（US） ········ 351-30-16
analogue output unit ········ 351-30-14
analog output unit（US） ········ 351-30-14
analogue signal ········ 351-21-53
analog signal（US） ········ 351-21-53
analogue variable ········ 351-21-10
analog variable（US） ········ 351-21-10
analogue-to-digital converter ········ 351-32-49
asymptotic stability ········ 351-21-31
automate，verb ········ 351-22-17
automatic ········ 351-21-40
automatic operation ········ 351-31-03
automaton ········ 351-21-42

B

barrier ········ 351-32-44
beginning of sequence selection ········ 351-29-27
beginning of simultaneous sequences ········ 351-29-29
binary delay element ········ 351-29-19

binary signal …… 351-21-55
binary variable …… 351-21-12
binary-logic element …… 351-29-13
bistable element …… 351-29-15
Bode chart …… 351-24-39
Bode diagram …… 351-24-39
Boolean operation …… 351-29-12
branching point …… 351-23-07
bus …… 351-32-10
bus coupler …… 351-32-14

C

cascade control …… 351-26-20
central process computer system …… 351-30-02
centralized control …… 351-26-33
centralized control structure …… 351-31-09
chain structure …… 351-23-08
characteristic curve …… 351-24-10
characteristic equation …… 351-21-25
check time …… 351-29-37
checkback signal …… 351-27-19
clock generator …… 351-32-09
clocked control …… 351-32-38
closed action …… 351-26-04
closed action path …… 351-26-03
closed-loop control …… 351-26-01
combinatorial circuit …… 351-29-04
command（in a function chart） …… 351-29-31
command variable …… 351-27-09
comparing element …… 351-28-03
computer control …… 351-26-46
conditional command …… 351-29-33
conditions of operation …… 351-32-29
configure, verb …… 351-22-15
continuous（feedback）control …… 351-26-13
control …… 351-21-29
control chain …… 351-26-12
control device …… 351-32-07
control equipment …… 351-32-32
control factor …… 351-25-08
control level …… 351-31-12
control loop …… 351-26-11
control rise time …… 351-25-01

control settling time ······ 351-25-02
control structure ······ 351-31-08
control system ······ 351-28-06
controllability ······ 351-21-32
controlled system ······ 351-28-01
controlled system with self-regulation ······ 351-24-46
controlled system without self-regulation ······ 351-24-47
controlled variable ······ 351-27-01
controller (for closed-loop control) ······ 351-28-11
controller output variable ······ 351-27-06
controlling element ······ 351-28-04
controlling system ······ 351-28-02
converter ······ 351-32-48
corner (angular) frequency ······ 351-24-40
count, verb ······ 351-22-02
counter ······ 351-29-21
cybernetics ······ 351-21-46

D

damping ······ 351-24-17
damping ratio ······ 351-24-18
dead band, dead zone ······ 351-24-14
dead-time ······ 351-28-41
dead-time element ······ 351-28-42
decentralized control ······ 351-26-32
decentralized control structure ······ 351-31-10
decision table ······ 351-29-10
decoupled output ······ 351-32-28
decoupling ······ 351-26-31
degree of automation ······ 351-21-41
delayed command ······ 351-29-34
derivative action coefficient ······ 351-28-25
derivative action gain ······ 351-28-29
derivative action time ······ 351-28-26
derivative element D element ······ 351-28-24
describing function ······ 351-24-42
desired value ······ 351-21-03
deviation ······ 351-21-04
differential gap ······ 351-28-36
digital input unit ······ 351-30-17
digital output unit ······ 351-30-15
digital signal ······ 351-21-54
digital variable ······ 351-21-11

digital-to-analogue converter …… 351-32-50
direct input-output matrix …… 351-21-19
direction of action …… 351-23-05
distributed control structure …… 351-31-16
distributed feedback control …… 351-26-25
distributed process computer system …… 351-30-05
distributed-parameter system …… 351-21-28
disturbance estimation …… 351-26-40
disturbance feedforward control …… 351-26-09
disturbance response of the control system …… 351-25-13
disturbance variable …… 351-27-08
dividing element …… 351-32-18
dynamic input (in switching systems) …… 351-29-16

E

enabling signal …… 351-27-20
end of sequence selection …… 351-29-28
end of simultaneous sequences …… 351-29-30
equivalent dead-time …… 351-24-26
equivalent time constant …… 351-24-27
error variable …… 351-27-04
evaluate, verb …… 351-22-09
expert system …… 351-21-47

F

feedback control …… 351-26-01
feedback path …… 351-26-08
feedback variable …… 351-27-03
filter element …… 351-32-05
final controlled variable …… 351-27-10
final controlling element …… 351-28-08
final controlling equipment …… 351-28-09
finite automaton …… 351-29-05
first-order lag element …… 351-28-13
fixed set-point control …… 351-26-17
follow-up control …… 351-26-19
forward path …… 351-26-07
frequency response …… 351-24-33
frequency response characteristic …… 351-24-39
frequency response locus Nyquist plot …… 351-24-41
function chart (for sequential control) …… 351-29-22
function generator …… 351-32-19
functional block …… 351-23-02

functional diagram ············ 351-23-01
functional unit ············ 351-32-02
fuzzy control ············ 351-26-50

G

gain ············ 351-24-34
gain crossover (angular) frequency ············ 351-25-04
gain margin ············ 351-25-07
gain response ············ 351-24-36
group control level ············ 351-31-14

H

hardwired programmed logic control ············ 351-32-36
hierarchical control ············ 351-26-34
hierarchical control structure ············ 351-31-11
hierarchical process computer system ············ 351-30-03
holding element ············ 351-28-40
hunting (in automatic control) ············ 351-25-14
hysteresis ············ 351-24-15

I

I-element ············ 351-28-19
identification (of a system) ············ 351-24-06
impulse function sequence(US) ············ 351-24-25
indicate, verb ············ 351-22-04
indicating element ············ 351-32-26
individual control level ············ 351-31-13
inference engine ············ 351-21-49
information parameter ············ 351-21-52
input matrix ············ 351-21-15
input transfer rate ············ 351-30-21
input variable ············ 351-21-06
integral action coefficient ············ 351-28-20
integral action time ············ 351-28-21
integral element ············ 351-28-19
integral windup ············ 351-24-16
interface ············ 351-21-35
interlock signal ············ 351-27-21
interrupt capability ············ 351-30-08
interrupt input unit ············ 351-30-19
interrupt reaction time ············ 351-30-20
intervene, verb ············ 351-22-11
item under consideration ············ 351-32-01

K

knowledge base ········ 351-21-48

L

lag element ········ 351-28-12
lead-lag element ········ 351-28-15
limit monitor ········ 351-28-38
limitation ········ 351-24-13
limiting control ········ 351-26-42
linear system ········ 351-21-23
linear transfer element ········ 351-24-04
linearize, verb ········ 351-21-24
log, verb ········ 351-22-07
logarithmic gain ········ 351-24-35
loop structure ········ 351-23-10

M

magnetic amplifier ········ 351-32-47
manipulate by hand, verb ········ 351-22-12
manipulate, verb ········ 351-22-08
manipulated variable ········ 351-27-07
manipulating time ········ 351-27-17
manual operation ········ 351-31-02
manual, adjective ········ 351-21-39
measure, verb ········ 351-22-01
measuring element
(in control technology) ········ 351-28-05
measuring range ········ 351-27-11
measuring span ········ 351-27-12
measuring transducer ········ 351-32-41
measuring transmitter ········ 351-32-42
membership function ········ 351-26-51
memory ········ 351-32-15
minimal-phase element ········ 351-24-44
modal control ········ 351-26-29
model ········ 351-21-36
model-based control ········ 351-26-28
monitor, verb ········ 351-22-03
monostable multivibrator ········ 351-29-18
multiplying element ········ 351-32-17
multi-position control ········ 351-26-14
multi-position element ········ 351-28-31

multivariable control ········ 351-26-30
multivariable system ········ 351-21-27

N

neutral zone ········ 351-28-37
Nichols plot ········ 351-25-09
non-clocked control ········ 351-32-37
Nyquist plot ········ 351-24-41

O

observability ········ 351-21-33
observer ········ 351-26-26
observer-based control ········ 351-26-27
on-off element ········ 351-28-33
one shot ········ 351-29-18
open action ········ 351-26-06
open action path ········ 351-26-05
open-loop control ········ 351-26-02
open-loop frequency response ········ 351-25-03
operating mode ········ 351-31-01
operating point ········ 351-24-11
operational amplifier ········ 351-32-46
optimal control ········ 351-26-35
optimize, verb ········ 351-22-10
output element ········ 351-32-27
output equations ········ 351-21-14
output function ········ 351-29-08
output matrix ········ 351-21-16
output transfer rate ········ 351-30-22
output variable ········ 351-21-07
output-feedback control ········ 351-26-24
overshoot ········ 351-24-30

P

p-element ········ 351-28-16
parallel structure ········ 351-23-09
parallel-to-serial converter ········ 351-32-52
parameter identification ········ 351-26-37
parameter sensitivity ········ 351-26-38
parameter, verb ········ 351-22-16
passive fault (in control equipment) ········ 351-32-31
PD element ········ 351-28-27
phase angle ········ 351-24-37

phase crossover (angular)
frequency ········ 351-25-06
phase margin ········ 351-25-05
phase plan analysis ········ 351-25-11
phase response ········ 351-24-38
physical unit ········ 351-32-03
plant ········ 351-21-45
plant control level ········ 351-31-15
pole assignment ········ 351-26-57
position algorithm ········ 351-26-48
positioner ········ 351-32-25
prediction ········ 351-26-41
principle of shifting ········ 351-24-02
principle of superposition ········ 351-24-01
priority ········ 351-31-07
process (in control technology) ········ 351-21-43
process computer system ········ 351-30-01
process control function ········ 351-31-17
process interface ········ 351-30-06
process interfacing ········ 351-30-11
process monitoring system ········ 351-30-12
process peripherals ········ 351-30-13
process-oriented sequential control ········ 351-26-54
programmable controller ········ 351-32-33
programmed control ········ 351-32-35
proportional action coefficient ········ 351-28-17
proportional band of a controller ········ 351-28-18
proportional element ········ 351-28-16
proportional plus derivative
element ········ 351-28-27
proportional plus integral element
PI element ········ 351-28-22
PID element ········ 351-28-30
proportional plus integral plus derivative
element ········ 351-28-30
protocol ········ 351-32-13
pulse function sequence ········ 351-24-25

Q

quantize, verb ········ 351-21-56

R

ramp response ········ 351-24-22

range of the controlled variable 351-27-13
range of the disturbance variable 351-27-18
range of the final controlled variable 351-27-15
range of the manipulated variable 351-27-16
range of the reference variable 351-27-14
rate time 351-28-28
ratio control 351-26-22
rational transfer element 351-24-43
real-time capability 351-30-07
real-time clock 351-30-18
real-time operating system 351-30-10
record, verb 351-22-06
redundancy 351-21-38
redundant process computer system 351-30-04
reference variable 351-27-02
reference variable generator 351-28-10
reference variable response
of the control system 351-25-12
reference-variable feedforward control 351-26-10
register 351-29-20
reset circuit 351-26-56
reset time 351-28-23
reset windup 351-24-16
restart capability 351-30-09
ring 351-32-11
robust control 351-26-39
root locus plot 351-25-10
rule-based control 351-26-52

S

safeguard, verb 351-22-13
sampled signal 351-21-57
sampler 351-28-39
sampling control 351-26-15
sampling element 351-28-39
sampling period 351-26-16
saturation 351-24-12
secondary control 351-26-21
second-order lag element 351-28-14
semi-automatic operation 351-31-04
sensor 351-32-39
sequence chain 351-29-26
sequence selection cowvergence 351-29-28

sequence selection divergence ………… 351-29-27
sequential circuit ………… 351-29-05
sequential control ………… 351-26-53
serial-to-parallel converter ………… 351-32-51
settling time ………… 351-24-29
sign generator ………… 351-32-23
signal ………… 351-21-51
signal generator ………… 351-32-04
simultaneous sequences converyence ………… 351-29-30
simultaneous sequences divergence ………… 351-29-29
split-range control ………… 351-26-44
square-root element ………… 351-32-20
squaring element ………… 351-32-21
stability ………… 351-21-30
star ………… 351-32-12
state equations ………… 351-21-13
state graph ………… 351-29-11
state table ………… 351-29-09
state transition table ………… 351-29-06
state variable ………… 351-21-08
state-feedback control ………… 351-26-23
steady state, noun ………… 351-24-09
steady-state error variable ………… 351-27-05
step ………… 351-29-23
step response ………… 351-24-20
step response time ………… 351-24-28
step-setting operation ………… 351-31-05
storage ………… 351-32-15
storage element ………… 351-29-14
storage-programmable logic controller ………… 351-32-34
stored command ………… 351-29-32
structure ………… 351-21-21
structure, verb ………… 351-22-14
subsidiary control ………… 351-26-21
summing element ………… 351-32-16
summing point ………… 351-23-06
switching control ………… 351-26-45
switching element ………… 351-29-02
switching function ………… 351-29-03
switching system ………… 351-29-01
switching value ………… 351-28-35

system ………… 351-21-20
system matrix ………… 351-21-17
system parameter ………… 351-21-22

T

technical process ………… 351-21-44
three-position element ………… 351-28-34
time constant ………… 351-24-24
time program ………… 351-31-06
time response ………… 351-24-08
time scheduled closed-loop control ………… 351-26-18
time scheduler ………… 351-32-08
time-invariant system ………… 351-21-26
time-invariant transfer element ………… 351-24-05
time-limited command ………… 351-29-35
time-oriented sequential control ………… 351-26-55
timer ………… 351-30-18
time-shared control ………… 351-26-47
trajectory ………… 351-21-09
transducing element ………… 351-32-40
transfer element ………… 351-24-03
transfer function ………… 351-24-31
transformer (control) ………… 351-32-43
transient (behaviour) ………… 351-24-07
transition ………… 351-29-24
transition condition ………… 351-29-25
transition function ………… 351-29-07
transition matrix ………… 351-21-18
triggered bistable element ………… 351-29-17
two-position element ………… 351-28-32

U

unit-pulse response ………… 351-24-19
unit-impulse response (US) ………… 351-24-19
unit-ramp response ………… 351-24-23
unit-step response ………… 351-24-21

V

variable (quantity) ………… 351-21-01
vector (of variables) ………… 351-21-05
velocity algorithm ………… 351-26-49

W

waiting time ········· 351-29-36
weighting function ········· 351-24-19
white noise ········· 351-21-50

Z

Z-transfer function ········· 351-24-32